应用技术大学系列教材

物 理 化 学

（第二版）

主 编 卫应亮

副主编 关振民

中国环境出版社·北京

图书在版编目（CIP）数据

物理化学 / 卫应亮主编. —2 版. —北京：中国环境出版社，2014.8（2017.1 重印）
应用技术大学系列教材
ISBN 978-7-5111-2047-2

Ⅰ. ①物… Ⅱ. ①卫… Ⅲ. ①物理化学－高等学校－教材 Ⅳ. ①O64

中国版本图书馆 CIP 数据核字（2014）第 176503 号

出 版 人　王新程
责任编辑　黄晓燕　李兰兰
责任校对　扣志红
封面设计　宋　瑞

更多信息，请关注
中国环境出版社
第一分社

出版发行　中国环境出版社
（100062　北京市东城区广渠门内大街 16 号）
网　　址：http://www.cesp.com.cn
电子邮箱：bjgl@cesp.com.cn
联系电话：010-67112765（编辑管理部）
010-67112735（第一分社）
发行热线：010-67125803，010-67113405（传真）

印　　刷　北京中科印刷有限公司
经　　销　各地新华书店
版　　次　2010 年 8 月第 1 版　2014 年 8 月第 2 版
印　　次　2017 年 1 月第 2 次印刷
开　　本　787×960　1/16
印　　张　29
字　　数　540 千字
定　　价　36.00 元

前言

物理化学是高等院校环境、材料、化学、化工、轻工、制药、食品等专业的一门重要的专业基础课程，历来受到广大师生的重视和喜爱。近年来，随着我国经济建设和社会发展的需要，我国的高等教育也在不断进取，不断改革，尤其是新形势下应用技术大学应用型人才培养的需求，要求教材适应国家经济建设、与高等教育改革发展同步。如今，新的知识大量涌现，多学科交叉已成为普遍现象，物理化学也要不断吸收新的理论、新的技术、新的教研成果，才能培养出高素质人才。为了满足新时期应用技术大学教学的需要，我们组织骨干教师，编写了这本教材。编写中我们力求体现如下特点：

一、突出经典，广泛覆盖　重点编写了物理化学中的经典内容，如热力学、动力学、电化学、界面现象、胶体等，舍去了难度较大的统计热力学和量子力学。在热力学中，以状态函数为基线，串联各个知识点，强调热力学能、焓、熵、亥姆霍兹函数、吉布斯函数五大判据，突出吉布斯函数和亥姆霍兹函数判据；在动力学中，突出介绍速率和机理，以速率系数串联各个知识点，强调常用的一级反应和二级反应的有关计算；在电化学中，由于无机化学中已经讲过能斯特方程等内容，我们重点介绍电解质溶液的性质，适当介绍电化学系统动力学。在界面现象一章，重点介绍实用性较强的液体界面现象和固体吸附；在胶体与粗分散系统一章，重点介绍目前应用较多的胶体和高分子溶液。

二、提纲挈领，便于学习　每章后面都附有复习与思考题和自测题。复习与思考题巩固概念性内容，做本章的全面练习，并以自测题检验学习效果。本书既可以作为在校生的教材，也可以供自学者使用。

三、强化基础，力求精准　随着现代化学理论和技术的飞速发展，知识越来越多，不可能在一本教材中罗列出全部物理化学内容。我们着力讲基础理论，讲准讲透，培养学生的自学能力，达到举一反三的目的，如在有关相图的内容里，我们重点讲解相图中具有规律性的东西，培养学生看相图、画相图的能力。他们将来工作以后，就能在许多领域施展才能。

本教材共分十章。绪论、第二章、第三章由关振民编写；第一章由周国强编写；第四章由宋霞编写；第五章、第六章由卫应亮编写；第七章由李娟编写；第八章由白晓华编写；第九章、第十章由郝晓光编写；附录数据由关振民、郝晓光、白晓华共同负责收集和整理；全书由主编卫应亮、副主编关振民统稿。

本教材在编写过程中参考了大量最新的有关教材和书籍，虽然我们力求做到要点突出、语言精练、内容完整、概念准确、易教易学，但因时间较紧，水平有限，书中的错误、遗漏之处是难免的，恳请读者不吝批评指教。

编　者

2014 年 7 月

目　录

绪　论

一、物理化学今昔

物理化学是用物理的方法研究化学的一门学科。化学是中心学科，其中包括无机化学、有机化学、分析化学、结构化学、物理化学等很多子学科。化学变化必然包含物理变化，化学反应会产生温度、压强等变化，物理化学正是通过这些物理现象对化学进行研究，从而造福人类。运用物理化学理论，我们可以研究飞机和汽车的发动机效率，可以研究新材料等。在不同领域中物理化学又产生了许多它自己的子学科，如冶金过程物理化学、材料物理化学、硅酸盐物理化学、生物物理化学等。

最早提出物理化学概念的是俄国的化学家和物理学家罗蒙诺索夫（Lomonosov），1736 年，当时还是学生的罗蒙诺索夫提出了“物理化学”的概念，并进行了大量研究，提出了气体分子运动论，认为产生大气压力的原因是空气微粒对器壁的撞击，这些理论我们今天仍在用。1752 年，他还向学生讲授自己编写的《物理化学教程》。这一时期虽然有一些科学家在从事这方面研究，但物理化学还没有真正成为一门学科。19 世纪初叶，欧洲工业革命以后，随着大规模机械工业的出现，化学也逐渐向近代科学发展。到 19 世纪中叶，化学已经积累了很多实践经验，亟待总结和提高，使之上升为理论，1840 年盖斯（Hess）提出了热化学定律，1869 年门捷列夫（Mendeleyev）提出了元素周期律，这些都为物理化学成为一门独立学科提供了条件。1887 年德国化学家奥斯特瓦尔德（Ostwald）和荷兰化学家范特荷夫（Van’t Hoff）共同创办了德文的《物理化学》杂志，标志着物理化学真正成为一门独立学科。在《物理化学》的创刊号上还摘要发表了瑞典化学家阿仑尼乌斯（Arrhenius）的“电离学说”，该学说今天仍然是物理化学的重要理论基础。

18 世纪中叶到 20 世纪初叶，化学热力学得到了长足的发展，日臻完善，热力学第一定律和第二定律在化学中得到广泛应用。拉乌尔（Raoult）在 1887 年发表著名的拉乌尔定律，指出：等温等压下的稀溶液中，溶剂的蒸气压等于同温同压下纯溶剂的蒸气压与溶液中溶剂摩尔分数的乘积。1884 年范特荷夫出版了《化学动力学研究》一书，书中阐明了化学动力学中的反应速率等问题。他还首次提出，等容条件下，温度上升，化学平衡将向吸热方向移动，并给出把温度、反应热和平衡常数联系起来的数学公式。范特荷夫是第一位诺贝尔化学奖获得者，1901 年 12 月 10 日，他在瑞典科学院的颁奖仪式上阐述了关于溶液理论的科学成就。阿仑尼乌斯在范特荷夫工作的启发下，研究了温度对反应速率的影响，提出了阿仑尼乌斯方程，阐明了速率系数与温度的关系，他因此获得 1903 年诺贝尔化学奖。能斯特（Nernst）是德国物理化学家，他在 1889 年提出了电化学中的能斯特方程，阐明了电极电势与浓度、温度的关系。能斯特还用量子论的观点研究低温下的固体，1906 年他根据对低温现象的研究，提出了热力学第三定律，他也因此获得 1920 年诺贝尔化学奖。

20 世纪 20—40 年代，是结构化学领先发展的时期，物理化学的研究深入微观的原子分子层次。量子力学的建立，对物理化学的研究给予了重要基础理论和帮助。丹麦物理学家玻尔（Niels Bohr）因为成功地提出了原子结构的假设而获得 1922 年诺贝尔化学奖，玻尔理论的主要观点是：定态系统的运动可以用经典力学来描述，定态之间的变化会引起单频辐射，其频率和能量满足普朗克理论给出的关系式。奥地利物理学家薛定谔（Erwin Schrödinger）1921 年起在瑞士苏黎世大学任教，在那里他创立了著名的薛定谔方程，提出了波函数的变化规律，这是量子力学中描述微观粒子运动的基本规律，有人认为这一定律可以与经典力学中的牛顿定律媲美。1927 年薛定谔来到柏林大学任教，同年在莱比锡出版了他的《波动力学论文集》。1933 年他与狄拉克共同获得诺贝尔物理奖。美国化学家泡林（Pauling）1932 年应用量子力学研究了原子和分子的电子结构及化学键的本质，建立了杂化轨道理论，泡林因此获得 1954 年诺贝尔化学奖。

第二次世界大战以后，光学技术和计算机技术飞速发展，物理化学的实验手段和检测技术有了极大的提高，我们可以捕捉到反应过程出现时间极短的中间产物，可以研究极薄层面、极小范围内发生的反应。物理化学出现了一些发展趋势：

（1）从宏观到微观。传统的物理化学研究压力、温度等宏观现象较多，光谱和磁谱研究，使得我们能测定空间结构。2002 年诺贝尔化学奖由 3 位化学家共同获得，美国科学家约翰 • 芬恩（John B. Fenn）与日本科学家田中耕一“发明了对生物大分子的质谱分析法”，他们两人共享 2002 年诺贝尔化学奖一半的奖金；另一半奖金由瑞士科学家库尔特 • 维特里希（Kurt Wiithrich）获得，他发明了利用磁共振技术测定溶液中生物大分子三维结构的方法。

（2）从平衡态到非平衡态。经典热力学主要研究封闭系统的平衡状态和可逆过程，其理论已经比较完善和成熟，但生产实践中的敞开系统比较多，其状态一般都不是平衡态，至于可逆过程更是难得一见，这样促生了一个新的学科分支——非平衡态热力学。比利时化学家普里高京（Prigogin）长期从事非平衡态研究，他把热力学第二定律扩展到研究非平衡态，用于处理远离平衡态的非线性不可逆过程，提出著名的“耗散结构”理论，获得 1977 年诺贝尔化学奖。

（3）从体相到表相。体相是指物体内部，表相是指只有几个分子厚度的物体表层。如果物体与气体接触，它的表层就被称为表面。由于表相微粒所处的力场等情况与体相不同，表相的许多性质与体相有很大差别，随着实验技术的进步，表面化学已经成为一个学科分支。其成果广泛用于建材、冶金、涂料、能源等行业。德国化学家格哈德·埃特尔（Gerhard Ertl）由于在表面化学方面的杰出贡献获得 2007 年诺贝尔化学奖。

（4）从静态到动态。经典热力学从静态出发，根据系统所处的条件，选用不同的状态函数判断过程进行的方向，不能描述详细的变化过程。由于实验手段的限制，传统的动力学也只能根据实验现象猜想变化过程的细节。激光技术的出现改变这一情况，20 世纪 80 年代飞秒（10^{-15} s）激光器研制成功，艾哈迈德·泽维尔（Ahmed H. Zewail）把这一技术应用于过渡状态的研究，他研究了碘化钠的分解反应、氢原子和二氧化碳的反应等，他的飞秒“摄像机”能够把反应过程全部录下来，揭开了这些反应过渡状态的奥秘，获得 1999 年诺贝尔化学奖。

（5）从定性到定量。定量关系的计算任务艰巨，计算机技术的飞速发展，使数据处理变得轻松快捷，完成过去的艰巨任务已经不再困难了。

（6）从单一学科到多学科交叉。化学内部各个分支交叉渗透，化学和其他学科相互结合，相互影响，一个研究成果往往既有化学成分也有其他学科成分，也不易分清是物理化学、有机化学还是结构化学。2008 年诺贝尔化学奖获得者钱永健发明的多色荧光蛋白标记技术，为细胞生物学和神经生物学带来一场革命，这一成果是化学和生物学结合的范例。钱永健本身就是美国加州大学圣迭戈分校化学及药理学两个系的教授。

21 世纪化学信息学将有大的发展，计算机信息处理在化学中会有广泛的应用，实验方法将不断更新，研究的系统会越来越复杂，结构多样性研究将与功能研究结合。

二、物理化学基本内容

物理化学有三大理论支柱：热力学、统计力学和量子力学。主要内容为：化学热力学、化学动力学、量子力学、结构化学、统计热力学、电解质溶液与电化学系统、界面现象、胶体分散系统与粗分散系统。下面对这些内容作一简单介绍。

（一）化学热力学

化学热力学研究系统的宏观性质，只考虑大量粒子的集体平均行为，不考虑个别粒子的个体行为。它的理论基础是热力学第一定律和第二定律。这里将定义或引出热力学能 U、焓 H、熵 S、亥姆霍兹函数 A、吉布斯函数 G，5 个状态函数，再加上可以由实验直接测出的压力 p、温度 T 和体积 V，一共 8 个基本的热力学函数，再由这些函数导出一系列公式。

热力学解决的基本问题是过程的方向和限度。例如我们熟知的氢气、氮气和氨气组成的混合物系统，所谓方向就是反应朝哪个方向走，是氢气和氮气生成氨气，还是氨气分解成氢气和氮气。所谓限度就是平衡时 3 种气体的含量是多少。换句话说，热力学是研究始态和终态，以及外界条件如温度、压力、浓度对反应的影响。

利用状态函数我们还能够计算伴随过程而产生的能量变化，如等容热效应 Q_V、等压热效应 Q_p 等，这在生产实践中有着非常重要的用途。

热力学不能解决的问题是过程的机理和速率。机理指反应通过哪些步骤、什么方法进行。速率即反应的快慢。

（二）化学动力学

化学动力学研究反应机理和速率问题，其中包括浓度、温度、催化剂、溶剂、光、电等对速率的影响。

动力学和热力学相互补充，相得益彰。热力学告诉我们反应生成什么，生成多少，即解决了可能性问题。动力学则把这种可能性变为现实。如氢气和氧气反应生成水，根据热力学计算可知，反应进行非常完全，只要原料配比得当，氢气和氧气几乎可以全部变成水。但在常温下氢气和氧气却几乎不反应，为什么？因为常温下反应速率太慢，氢气和氧气混合物多少年也不会全部变成水。动力学告诉我们，升高温度可以加快反应速率，点燃混合物，立刻反应完全，生成水。

动力学研究起步于 19 世纪中后期，当时的主要理论是质量作用定律和活化能理论。质量作用定律由古德堡（Guldbger）和瓦格（Waage）提出，解决了浓度对反应速率的影响问题。活化能理论由阿仑尼乌斯提出，他还提出了阿仑尼乌斯方程，解决了温度对反应速率的影响问题。20 世纪初期，动力学研究深入微观领域，在反应机理方面出现了我们熟悉的碰撞理论和过渡状态理论。碰撞理论由路易斯（Lewis）提出，主要观点是反应物微粒沿着一定方向，以一定速率发生碰撞，就能反应；过渡状态理论由艾琳（Exring）和鲍兰义（Polanyi）提出，主要观点是，反应物先生成能量较高的活化络合物，活化络合物再分解为生成物。动力学理论没有热力学那样成熟，计算机技术的发展和分子束实验技术的出现，把研究扩展到分子水平，发展成为分子反应动力学，也叫微观反应动力学。目前，动力学研究仍然是物理化学比较活跃的领域，有志研究物理化学的读者可以在动力学中大显身手。

（三）量子力学和结构化学

量子力学的研究对象是由原子核和个别电子组成的微观系统。玻尔模型是旧量子论的杰出代表，它曾经成功地解释了氢原子光谱等现象，推动了量子力学的进步。玻尔模型认为电子类似地球绕太阳运动那样，绕着原子核运动，运动状态可以用牛顿力学来描述。新的量子论认为电子等微观粒子的运动具有 3 个特征：能量量子化、波粒二象性和不确定关系。这些特征决定它不能用牛顿力学描述。量子力学中用薛定谔方程解出波函数，描述微观粒子的运动。

结构化学是在量子力学的基础上，研究原子结构、化学键、分子结构等，揭示物质性质与其结构的关系。

（四）统计热力学

热力学适用于宏观系统，量子力学适用于微观系统，统计热力学是宏观和微观的桥梁。热力学研究系统的宏观性质，只考虑大量粒子的集体平均性质，不考虑个别粒子的个体性质。统计热力学用统计的方法，通过配分函数，把粒子的微观性质与系统的宏观性质联系起来，阐述宏观系统的平衡规律和有关传递过程的规律。

（五）电解质溶液与电化学系统

在电解质溶液方面，主要研究电解质溶液的热力学性质、导电性等。电化学系统研究原电池、电解池等。电化学系统的性质分为热力学性质和动力学性质，其研究方法也分为热力学方法和动力学方法。另外，电极反应必然包含电子等微观粒子的运动，因此肯定服从量子力学规律，这样就兴起一个新的研究领域——量子电化学。

（六）界面现象与分散系统

多相系统中，相和相之间的交界面称为界面。界面由五种类型：气-液、气-固、液-液、液-固、固-固。通常把气-液和气-固界面称为表面。表面分子处于不对称力场中，受力不均，许多性质与内部分子不同。如溶液表面的浓度不同于本体浓度。界面现象在工业上有广泛的应用，如浮选矿石、注水采油、固体催化剂、隐形飞机外面的纳米材料涂层等。表面化学是一个大有作为的领域。

把一种或几种物质分散到另一种物质中的系统称为分散系统。按照被分散物质粒子的大小。分散系统可分为溶液、胶体和粗分散系统 3 类。其中胶体是我们研究的重点之一。

本书不涉及量子力学、结构化学和统计热力学，化学热力学和动力学是基本内容，它们的研究方法贯穿到其他内容之中。

三、物理化学中的计算和法定计量单位

物理化学中有许多状态函数和大量的公式，正确表示各种物理量且准确地进行计算是本课程的基本要求。

（一）物理量的表示

物理量 A 由其单位$[A]$和数值$\{A\}$共同表示，写作 $A=\{A\}[A]$。例如体积单位为 m^3，表示为 $V=5\ m^3$。

量的符号一般用单个拉丁字母或希腊字母表示，必须是斜体，如压力 p，热力学能 U 等。量的符号有时也带有说明性下标或其他标记，下标如果是物理量也必须是斜体，如果是其他说明性标记用正体，如摩尔定容热容 $C_{V,\mathrm{m}}$，其中的 C 和 V 为物理量用斜体，m 表示摩尔，用正体。

单位符号通常是小写字母，但来源于人名的单位，其第一个字母为大写，单位符号都用正体，如热力学温度 K、压力 Pa、物质的量 mol、能量 J、时间 s 等。

Pa、J 等单位太小，我们常用 kPa、kJ 表示，如 $p=100\ \mathrm{kPa}$ 、$\Delta H=100\ \mathrm{kJ}$ 等，这里 kPa、kJ 是单位，其中的 k 为小写正体。

如图 1 所示，在坐标图中，坐标轴是数轴，上面写的数字为纯数字，坐标轴用物理量与单位的比值表示。

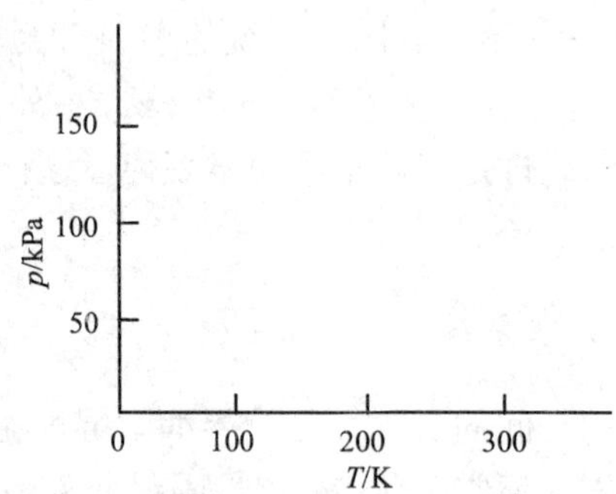

图 1　坐标图中物理量的表示

如表 1 所示，物理量的表示方法与坐标图中类似，用物理量与单位的比值表示。

表 1　表格中物理量的表示

T/K	200	400	800	1 600
V/m^3	10	20	40	80

（二）物理量的计算

在对数中必须用纯数，或者用物理量与其单位的比值。如：

$\ln V/\mathrm{m}^3 = \ln 30 = 3.401$　　不能写成 $\ln V = \ln 30 = 3.401$

若写成后一种形式，就成了 V=30，物理量 V 不能没有单位，错误就在于此。

计算中的方程式分为量方程式和数值方程式两种。

物理化学的方程式一般都是量方程式，用量方程式进行计算应写出量方程式，再代入数字和单位进行运算，如：

$$V = \frac{nRT}{p} = \frac{1\ \mathrm{mol} \times 8.314\ \mathrm{J \cdot mol^{-1} \cdot K^{-1}} \times 273.15\ \mathrm{K}}{101\ 325\ \mathrm{Pa}} = 0.022\ 4\ \mathrm{m^3}$$

用量方程式计算，可以把一些单位省去，简写为

$$V = \frac{nRT}{p} = \left\{\frac{1 \times 8.314 \times 273.15}{101\,325}\right\}\mathrm{m^3} = 0.022\ 4\ \mathrm{m^3}$$

如果用数值方程式计算，则为

$$\frac{V}{\mathrm{m^3}} = \frac{n/\mathrm{mol} \times R/\mathrm{J \cdot mol^{-1} \cdot K^{-1}} \times T/\mathrm{K}}{p/\mathrm{Pa}} = \frac{1 \times 8.314 \times 273.15}{101\,325} = 0.022\ 4$$

（三）法定计量单位

早期，计量单位不统一，长度单位有 m、dm、cm 等，压力单位有 Pa、atm 等，能量单位有 J、erg、cal 等，造成很多混乱，计算中大量精力消耗在单位换算中。1984 年 2 月 27 日，国务院颁布了《关于在我国统一实现法定计量单位的命令》，规定我国计量单位一律采用《中华人民共和国法定计量单位》。在我国的法定计量单位中包括：国际单位制的基本单位、国际单位制中具有专门名称的导出单位和国家选定的非国际单位制单位等 6 个方面。物理化学中常用的法定计量单位有：长度 m，质量 kg，物质的量 mol，温度 K，压力 Pa 等。其中 m、kg、mol 和 K 属于国际单位制的基本单位，Pa 属于国际单位制中具有专门名称的导出单位。值得注意的是，国家选定的一些非国际单位制单位也出现在化学中，在计算中会

与其他法定计量单位冲突，产生错误。如国家选定的非国际单位制单位升L即dm^3，常出现在浓度单位 $mol \cdot dm^{-3}$ 中。动力学中计算速率系数、计算电解质溶液摩尔电导率需要的浓度单位是 $mol \cdot m^{-3}$，我们应该加以换算。在一般计算中我们要尽量采用国际单位制的基本单位及其导出单位，杜绝非法定计量单位的出现，以减少错误。

四、物理化学的学习方法和数学基础

物理化学是环境、材料、化工等专业的一门重要基础课，在许多领域中有广泛的应用。初学的同学往往感到概念多、公式多、状态函数难以理解、计算困难。如何学好这门课，为后续课程打下基础，这里给大家提供一些方法。

（1）物理化学是无机化学、高等数学和大学物理的后续课程。无机中的气体、热化学方程式、化学平衡、反应速率理论、氧化还原等知识，高等数学中微积分概念及计算，大学物理中的热学、电学，与物理化学关系密切。在学习物理化学的过程中应结合所学内容，有计划地复习这些知识。如在公式推导中我们常用微分的概念，在计算时常用积分，这就要求我们在理解公式时要先熟悉微分，在计算时，要记住一些常见的积分公式。在学习动力学时，要先复习无机中的速率理论。

（2）对一些难以理解的概念、状态函数等，在基本理解书中的说法以后，要争取用自己的语言，用一两句话，甚至几个字加以概括，这些概括可能不太严密，但记忆简单，可以达到举一反三、事半功倍的效果。如熵变ΔS的计算，不同过程有许多不同的公式，我们可以总结为“可逆过程的热温商”，换句话说就是“可逆过程的热量除以温度”。

如理想气体等温可逆膨胀或压缩，热量$Q=-nRT\ln\frac{V_2}{V_1}=-nRT\ln\frac{p_1}{p_2}$，除以温度就有$\Delta S=-nR\ln\frac{V_2}{V_1}=-nR\ln\frac{p_1}{p_2}$。

再如正常相变$Q=\Delta H$，除以温度就有$\Delta S=\frac{\Delta H}{T}$。

（3）公式多、记忆困难是初学者对物理化学的印象之一。其实许多公式之间有联系，记住一个其他几个也就记住了。

如状态函数变随温度的变化：

$$\Delta H(T_2)=\Delta H(T_1)+\int_{T_1}^{T_2}\sum_{B}\nu_B C_{p,m}^{\ominus}(B)dT$$

$$\Delta U(T_2)=\Delta U(T_1)+\int_{T_1}^{T_2}\sum_{\mathrm{B}}\nu_{\mathrm{B}}C_{V,\mathrm{m}}^{\ominus}(\mathrm{B})\mathrm{d}T$$

$$\Delta S(T_2)=\Delta S(T_1)+\int_{T_1}^{T_2}\frac{\sum_{\mathrm{B}}\nu_{\mathrm{B}}C_{p,\mathrm{m}}^{\ominus}(\mathrm{B})}{T}\mathrm{d}T$$

对比一下，不难看出以上 3 个公式的相似性。

再如克劳修斯-克拉贝龙方程：

$$\ln\frac{p_2}{p_1}=-\frac{\Delta_{\mathrm{l}}^{\mathrm{g}}H_{\mathrm{m}}^{*}}{R}\left(\frac{1}{T_2}-\frac{1}{T_1}\right)$$

范特荷夫方程：

$$\ln\frac{K^{\ominus}(T_2)}{K^{\ominus}(T_1)}=-\frac{\Delta_{\mathrm{r}}H_{\mathrm{m}}^{\ominus}(T)}{R}\left(\frac{1}{T_2}-\frac{1}{T_1}\right)$$

阿仑尼乌斯方程：

$$\ln\frac{k_{\mathrm{A},2}}{k_{\mathrm{A},1}}=-\frac{E_{\mathrm{a}}}{R}\left(\frac{1}{T_2}-\frac{1}{T_1}\right)$$

以上三个方程分别在第三章、第六章、第七章，把它们联系起来，不但可以使公式记忆牢固，还可以把各章的知识串联起来。

（4）物理化学中公式多，推导过程复杂，作为工科学生对于推导过程初步有个印象就行，重点放在公式的应用上，先用公式做一些作业，逐步熟悉公式，如果精力充沛再去研究公式推导。

（5）听课、作业、考试是不可缺少的学习环节，逐渐走向学习的高级阶段。课听懂了，是学习的第一步，有些人以为知识已经掌握，其实这是一种假象，一做作业才知道许多地方不懂，通过作业掌握了概念，学会了公式的应用，才算初步掌握本次课的内容。到考试复习的时候，发现以前的知识忘了，连不起来了，许多公式放在一起，又不知道怎么用了，通过复习考试，把知识连为一体，才算基本掌握了物理化学知识。所以听课、作业、测验和考试都必须认真对待。

初等数学中的对数在物理化学中用得较多，尤其是自然对数和常用对数。我们要非常熟悉对数的概念和这两种对数的换算。

对数的概念是，如果 $a^{b}=N$，则有 $\log_a N=b$

根据对数换底公式有 $\ln N=\ln 10\times \lg N=2.303\lg N$

物理化学中许多公式是由积分得来的，其中的对数原本都是自然对数，早期由于没有计算机，自然对数难以计算，人们把它换算成常用对数，这部分公式今天仍有一些出现在物理化学中。这样同一个公式就会出现自然对数和常用对数两种表示方式，我们应注意它们的换算。如德拜-休克尔极限公式可写为两种形式：

$$-\ln\gamma_{\pm}=C|z_{+}z_{-}|I^{\frac{1}{2}} \qquad -\lg\gamma_{\pm}=C'|z_{+}z_{-}|I^{\frac{1}{2}}$$

在 298.15 K 时，$C=1.171$，$C'=0.509$，两者的差别就是由两种对数的换算引起的。

微分在物理化学的公式推导中用得较多，我们要理解微分和导数的几何意义，会求简单的全微分和偏微分。若 $Z=f(x,y)$，则 $\mathrm{d}Z=\left(\frac{\partial f}{\partial x}\right)_{y}\mathrm{d}x+\left(\frac{\partial f}{\partial y}\right)_{x}\mathrm{d}y$。

积分在计算中用得多，定积分的几何意义要记住。以下几个积分公式更要记牢。

$$\int\mathrm{d}x=x+C$$

$$\int x^{n}\mathrm{d}x=\frac{1}{n+1}x^{n+1}+C \qquad n\neq-1$$

$$\int\frac{\mathrm{d}x}{x}=\ln x+C$$

第一章　气体的 pVT 性质

物质的气、液、固三种状态中，气体和液体均可流动，统称为流体；液体和固体统称为凝聚态。三种状态中气体最为简单，容易用分子模型进行研究，人们对它的研究最多。气体分为理想气体和真实气体两种类型，理想气体最简单，各种气体简化为理想气体后，可用相同的方程式进行研究和计算。我们先掌握理想气体的模型和状态方程式，再做某些修正后，过渡到真实气体。因此，理想气体是气体研究的基础，真实气体是高一级阶段。

气体有许多性质，如压力 p、体积 V、温度 T、密度 ρ 等，在诸多性质中 pVT 物理意义明确，易于测量，是本章研究的重点。对于纯气体，物质的量一定时，pVT 三者中只要任意两个量确定，第三个量也随之确定，物质所处的状态也就确定了。对于气体混合物，物质的量一定时，知道 pVT 中的任意两个量，还需要知道气体的组成，其状态才能确定。

气体 pVT 之间的关系用状态方程表示，不论是理想气体还是真实气体，状态方程都是研究的重点。

第一节　理想气体及其状态方程

一、理想气体微观模型

真实气体分子自身有体积，分子间有作用力。一般来说，分子越大，分子间作用力也越大；温度越低或压力越大时，分子间距离越小，气体分子间的作用力越大，分子自身体积与气体总体积之比也越大。

理想气体是分子自身没有体积，分子间没有作用力的气体，这就是理想气体微观模型。显然理想气体实际上并不存在，真实气体在温度较高、压力较低时，分子间距离较大，分子自身体积和分子间作用力都可以忽略不计，能近似地按理想气体处理。究竟多高温度或多低压力，才能把真实气体视为理想气体？这方面没有明确的界限。一般来说，小分子气体分子间作用力和分子自身体积都比较小，可以在较宽的温度和压力范围内按照理想气体处理。换句话说，在相同温度和压力下，小分子气体按理想气体计算时误差较小。

二、理想气体状态方程

联系气体 pVT 三者关系的方程式称为气体状态方程。理想气体状态方程为

$$pV = nRT \tag{1.1}$$

式（1.1）中，$R = 8.314\ \text{J} \cdot \text{mol}^{-1} \cdot \text{K}^{-1}$ 为理想气体摩尔气体常数，p 的单位为 Pa，V 的单位为 m^3，T 的单位为 K。计算时一定要把单位弄清楚。

物质的量 n 一定，$nR=C_1$ 为常数，式（1.1）可变为

$$\frac{pV}{T} = C_1 \tag{1.2}$$

这样就有

$$\frac{p_1V_1}{T_1} = \frac{p_2V_2}{T_2} \tag{1.3}$$

如果物质的量和温度都恒定，式（1.1）可写为

$$pV = C_2 \tag{1.4}$$

式（1.4）称为波义耳-马路特定律，1662 年英国科学家波义耳（Boyle）首先发现了这个定律，1679 年法国科学家马路特（Mariotte）也独立发现了它。

如果物质的量和压力都恒定，式（1.1）可写为

$$\frac{V}{T} = C_3 \tag{1.5}$$

式（1.5）称为盖·吕萨克定律，由法国科学家盖·吕萨克（Gay-Lussac）在 1802 年发现。

如果温度和压力恒定，式（1.1）可写为

$$\frac{V}{n} = C_4 \tag{1.6}$$

式（1.6）称为阿伏伽德罗定律，由意大利科学家阿伏伽德罗（Avogadro）在 1811 年提出。

实际上式（1.1）是在式（1.4）、式（1.5）和式（1.6）的基础上总结出来的，我们也可以把式（1.4）、式（1.5）和式（1.6）看做式（1.1）的特例。一般情况下我们用式（1.1）就可以进行有关计算，但在特定条件下用式（1.4）、式（1.5）和式（1.6）更加便捷。

【例 1.1】 某工厂有一气柜，用来装氢气（可视为理想气体），气柜容积为 2 000 m^3，压力保持为 104.0 kPa，设夏季最高气温为 42.00℃，冬季最低气温为−38.00℃。求气柜在冬季比夏季多装多少氢气。

解：$V = 2\,000\ m^3$ $p = 104\,000\ Pa$ $T_{夏} = \{273.15 + 42.00\}K = 315.15\ K$

$T_{冬} = \{273.15 + (-38.00)\}K = 235.15\ K$ $M = 2.016 \times 10^{-3}\ kg \cdot mol^{-1}$

由 $pV = nRT$ 和 $n = \dfrac{m}{M}$ 得

$$m_{冬} = \frac{pVM}{RT_{冬}} = \left\{\frac{104\,000 \times 2\,000 \times 2.016 \times 10^{-3}}{8.314 \times 235.15}\right\} kg = 214.5\ kg$$

$$m_{夏} = \frac{pVM}{RT_{夏}} = \left\{\frac{104\,000 \times 2\,000 \times 2.016 \times 10^{-3}}{8.314 \times 315.15}\right\} kg = 160.0\ kg$$

$$\Delta m = m_{冬} - m_{夏} = \{214.5 - 160.0\}\ kg = 54.5\ kg$$

第二节 理想气体混合物

若干种理想气体混合在一起，构成理想气体混合物。混合前后分子间都没有作用力，分子本身也都没有体积。理想气体状态方程仍然适用，同时还适用理想气体的分压定律和分体积定律。

一、混合物组成的表示方法

（一）摩尔分数 y_B

B 物质的摩尔分数定义为：

$$y_B \overset{\text{def}}{=} \frac{n_B}{\sum_B n_B} \tag{1.7}$$

显然 y_B 的量纲为 1，y_B 也叫物质的量分数。$\sum_B n_B$ 为混合物中全部物质的量之和。全部物质的摩尔分数之和等于 1，即 $\sum_B y_B = 1$。

（二）质量分数 w_B

B 物质的质量分数定义为：

$$w_B \overset{\text{def}}{=} \frac{m_B}{\sum_B m_B} \tag{1.8}$$

显然 w_B 的量纲也为 1。$\sum_B m_B$ 为混合物中全部物质的质量之和。全部物质的质量分数之和等于 1，即 $\sum_B w_B = 1$。

（三）体积分数 φ_B

B 物质的体积分数定义为：

$$\varphi_B \overset{\text{def}}{=} \frac{V_B}{V} \tag{1.9}$$

其中

$$\frac{V_B}{V} = \frac{y_B V_{m,B}^*}{\sum_A y_A V_{m,A}^*} \tag{1.10}$$

$V_{m,A}^*$ 是纯物质 A 在相同温度和压力下的摩尔体积。由于理想气体分子间没有作用力，混合物的体积等于各纯物质的体积和，所以在式（1.9）中可以用纯物质的体积。显然 φ_B 的量纲也为 1。全部物质的体积分数之和等于 1，即 $\sum_B \varphi_B = 1$。

二、理想气体状态方程对理想气体混合物的应用

由于理想气体分子间没有作用力，分子本身没有体积，所以理想气体的性质与气体种类无关，理想气体状态方程 $pV = nRT$，对纯净物和混合物都成立。对混合物

$$pV = nRT = \left(\sum_B n_B\right) RT \tag{1.11}$$

或

$$pV = nRT = \frac{m}{M_{mix}} RT \tag{1.12}$$

在式（1.11）和式（1.12）中，p、V 为混合物的总压力和总体积；m 为混合物总质量；M_{mix} 为混合物的平均摩尔质量。

$$M_{mix} \stackrel{def}{=} \sum_B y_B M_B \tag{1.13}$$

对混合物中的任一组分 B 有 $m_B = n_B M_B$，$n_B = y_B n$，故 m 和 M_{mix} 的关系为

$$m = \sum_B m_B = \sum_B n_B M_B = n\sum_B y_B M_B = nM_{mix} \tag{1.14}$$

即：

$$M_{mix} = \frac{m}{n} = \frac{\sum_B m_B}{\sum_B n_B} \tag{1.15}$$

$$\rho = \frac{m}{V} = \frac{pM_{mix}}{RT} \tag{1.16}$$

用以上几个式子，我们可以进行理想气体混合物的有关计算。

三、理想气体分压定律和分体积定律

一瓶混合气体，它究竟是用什么方法混合的？往往难以考证，也没有必要考证。分压定律和分体积定律可以认为是混合气体的两种方法，用这两种方法可以进行一些计算，哪种方法方便我们就用哪种。

（一）分压定律

分压定律认为各理想气体混合前温度、体积分别相等，混合后 T、V 不变，压力为各气体的压力和。

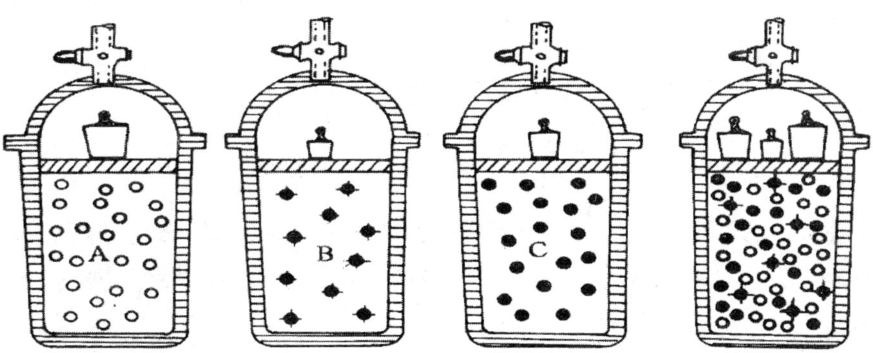

气体 A　　气体 B　　气体 C　　混合气体 ABC

图 1.1　分压定律

$$V_A=V_B=V_C=V \qquad T_A=T_B=T_C=T$$

$$p=\sum_A p_A \tag{1.17}$$

任一气体 B 的摩尔分数等于其压力分数

$$y_B=\frac{n_B}{n}=\frac{p_B}{p} \tag{1.18}$$

对任一气体 B，理想气体状态方程仍成立

$$p_B=\frac{n_B RT}{V} \tag{1.19}$$

式（1.17）、式（1.18）和式（1.19）都可以视为分压定律的表达式，计算时要注意，温度和体积不变。

【例 1.2】 在 300 K 温度下，在 1 m^3 体积内装入 1 mol H_2、2 mol Ne、7 mol He，设气体为理想气体，求总压力。

解：方法一：

$$p_{H_2}=\frac{n_{H_2}RT}{V}=\left\{\frac{1\times 8.314\times 300}{1}\right\}\text{Pa}=2\,494.2\ \text{Pa}$$

$$p_{Ne}=\frac{n_{Ne}RT}{V}=\left\{\frac{2\times 8.314\times 300}{1}\right\}\text{Pa}=4\,988.4\ \text{Pa}$$

$$p_{He}=\frac{n_{He}RT}{V}=\left\{\frac{7\times 8.314\times 300}{1}\right\}\text{Pa}=17\,459.4\ \text{Pa}$$

$$p=p_{H_2}+p_{Ne}+p_{He}=\{2\,494.2+4\,988.4+17\,459.4\}\text{Pa}=24\,942\ \text{Pa}$$

方法二：

$$n=n_{H_2}+n_{Ne}+n_{He}=\{1+2+7\}\text{mol}=10\ \text{mol}$$

$$p=\frac{nRT}{V}=\left\{\frac{10\times 8.314\times 300}{1}\right\}\text{Pa}=24\,942\ \text{Pa}$$

【例 1.3】 某水蒸气与天然气组成的混合气体，温度为 300 K，压力为 104 kPa，在此条件下水蒸气的分压为 3.2 kPa。求水蒸气和天然气的摩尔分数。

解：$y_{H_2O}=\dfrac{p_{H_2O}}{p}=\dfrac{3.2}{104}=0.031 \qquad y_d=1-y_{H_2O}=1-0.031=0.969$

（二）分体积定律

分体积定律认为各理想气体混合前温度、压力分别相等，混合后 T、p 不变，体积为各气体的体积之和。

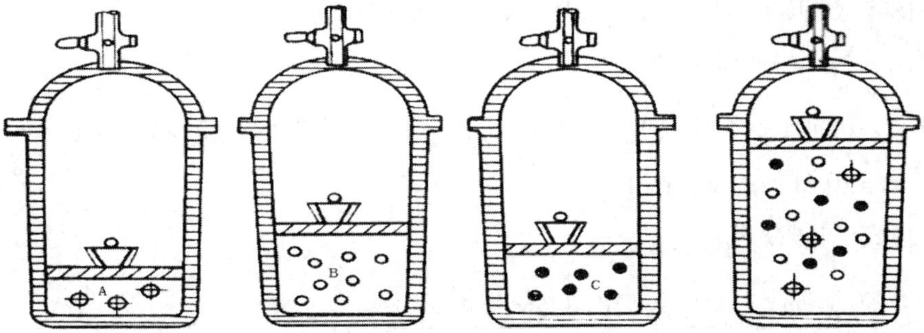

图 1.2　分体积定律

$$p_A = p_B = p_C = p \qquad T_A=T_B=T_C=T$$

$$V=\sum_A V_A \tag{1.20}$$

任一气体 B 的摩尔分数等于其体积分数

$$y_B = \frac{n_B}{n} = \frac{V_B}{V} \tag{1.21}$$

对任一气体 B，理想气体状态方程仍成立

$$V_B = \frac{n_B RT}{p} \tag{1.22}$$

式（1.20）、式（1.21）和式（1.22）都可视为分体积定律的表达式，计算时要注意温度和压力不变。

【例 1.4】　某种只含 CO_2 一个酸性组分的混合气体，于室温常压下取样 100.00 mL。经过 NaOH 溶液充分洗涤后，在同样的温度和压力下，测得剩余气体体积为 90.50 mL。设混合气体为理想气体，求混合气体中 CO_2 的摩尔分数。

解： 根据式（1.20），$V_{CO_2} = V - V_{余} = \{100.00 - 90.50\}$ mL=9.50 mL

由式（1.21）得 $y_{CO_2} = \frac{V_{CO_2}}{V} = \left\{\frac{9.50}{100.00}\right\} = 0.095$

【例 1.5】　某工厂的烟道气中各组分的体积分数 φ 分别为 φ_{CO_2}= 0.131，φ_{O_2}=

0.077，φ_{N_2}= 0.792。设气体为理想气体，求此烟道气在 273.15 K，101 325 Pa 下的密度ρ。

解：CO_2、O_2、N_2 的摩尔质量分别为 44.01×10^{-3} kg · mol^{-1}，32.00×10^{-3} kg · mol^{-1} 和 28.01×10^{-3} kg · mol^{-1}。

由式（1.13）和式（1.21）得

$$
\begin{aligned}
M_{\text{mix}} &= \sum_{\text{B}} y_{\text{B}} M_B = \sum_{\text{B}} \varphi_{\text{B}} M_B \\
&= \left\{0.131\times44.01\times10^{-3} + 0.077\times32.00\times10^{-3} + 0.792\times28.01\times10^{-3}\right\}\text{kg}\cdot\text{mol}^{-1} \\
&= 30.41\times10^{-3}\text{kg}\cdot\text{mol}^{-1}
\end{aligned}
$$

由式（1.16）得

$$
\rho = \frac{m}{V} = \frac{pM_{\text{mix}}}{RT} = \left\{\frac{101\,325\times30.41\times10^{-3}}{8.314\times273.15}\right\}\text{kg}\cdot\text{m}^{-3} = 1.357\ \text{kg}\cdot\text{m}^{-3}
$$

第三节　真实气体的液化与临界参数

一、液体的饱和蒸气压

理想气体分子间没有作用力，所以任何温度和压力下都不能使之液化。真实气体分子间有作用力，总的来说，随着分子间距离减小，分子间引力增大，降低温度或增加压力都能使气体的摩尔体积减小，分子间距离减小，这样就使得分子间引力增大，导致真实气体变成液体。

在一个密闭容器中放入某种液体，液体蒸发变成气体，气体凝聚成为液体。在一定温度下，蒸发与凝聚速率相等，达到动态平衡，称为气液平衡。这时的气体称为饱和蒸气，饱和蒸气具有的压力称为该液体在该温度下的饱和蒸气压。饱和蒸气压简称蒸气压，与物质的种类和温度有关，同一种物质温度越高，蒸气压越高。

温度一定时，某液体的蒸气压大于外压时，液体就变为气体；小于外压时气体就变为液体；若蒸气压等于外压，气液平衡。蒸气压等于大气压时的温度称为该液体的沸点。习惯上把外压为 101.325 kPa 时的沸点称为正常沸点。外压一定，温度升高时，蒸气压高的液体的蒸气压最先达到外压，所以液体蒸气压越高沸点越低，蒸气压越低沸点越高。由表 1.1 可知，水、乙醇和苯三种物质，水的蒸气压最低，沸点最高。对于同一种液体，外压越大沸点越高，如在海平面大气压为

101.325 kPa，水的沸点为 373.15 K；在高原，大气压降低，水的沸点也降低，用普通锅就煮不熟东西。

表 1.1　水、乙醇、苯不同温度下的蒸气压

水		乙醇		苯	
t/℃	p^*/kPa	t/℃	p^*/kPa	t/℃	p^*/kPa
20	2.338	20	5.671	20	9.971 2
40	7.376	40	17.395	40	24.411
60	19.916	60	46.008	60	51.993
80	47.343	78.4	101.325	80.1	101.325
100	101.325	100	222.48	100	181.44
120	198.54	120	422.35	120	308.11

一定温度下，在气液共存系统中，如果蒸气的压力小于其饱和蒸气压，液体就会气化；反之如果蒸气的压力大于其饱和蒸气压，气体就会液化。如在 20℃时，水的饱和蒸气压为 2.338 kPa，当大气中水蒸气的压力小于这个数时，液体水就蒸发；当大气中水蒸气压力大于这个数时，水蒸气就凝聚成液体水。白天温度高，水的饱和蒸气压高，液体水蒸发；晚上温度低，水的饱和蒸气压也低，这时，由于白天的蒸发，使得水蒸气压力大于饱和蒸气压，水蒸气就凝聚为露水。

我们把一定温度下水蒸气的实际压力与其饱和蒸气压的比值称为相对湿度。相对湿度过低，容易产生疾病。相对湿度过高，由于大气压不变，氧气的压力就会降低，在夏天有时相对湿度达 90%，人们会感到闷热、呼吸困难。一般来说相对湿度在 40%～50%比较合适。

二、临界状态

一般情况下，加压可以使气体液化，把压力增加到大于液体的饱和蒸气压时，气体液化。由于液体的饱和蒸气压随温度升高而升高，所以温度越高，使气体液化所需的压力越大。每一种气体都有一个特殊温度，在这个温度以上无论多高压力，都不能使气体液化。这个温度称为临界温度，用 T_c 表示。临界温度是气体能够液化的最高温度。

在临界温度 T_c 时的饱和蒸气压称为临界压力，用 p_c 表示。在临界温度和临界压力下，物质的摩尔体积称为临界摩尔体积，用 $V_{m,c}$ 表示。临界温度和临界压力下的状态称为临界状态。T_c、p_c、$V_{m,c}$ 统称为物质的临界参数，代表物质的特性。

在临界点气态和液态已经不能区分，处于混沌状态，气体和液体的摩尔体积

和其他性质完全相同，称为临界状态。温度和压力略高于临界点的状态称为超临界状态，这时气态与液态仍混为一体，无法区分，它既不是气体，也不是液体，称为超临界流体。超临界流体具有液体的密度，气体的黏度，有很强的溶解性，是理想的萃取剂，可用来提取某些物质，这种技术称为超临界萃取。目前用得较多的是 CO_2 超临界流体，$T_c = 304.13\ K$，$p_c = 7.375\ MPa$，这个条件容易实现，且价格低廉、无毒、无味，常用来提取药物和油脂等。

三、真实气体的 p-V_m 图及其液化

图 1.3 是根据实验数据绘制的真实气体的 p-V_m 等温线图，不同的物质图形会有差异，但图 1.3 所示的基本规律是相同的。

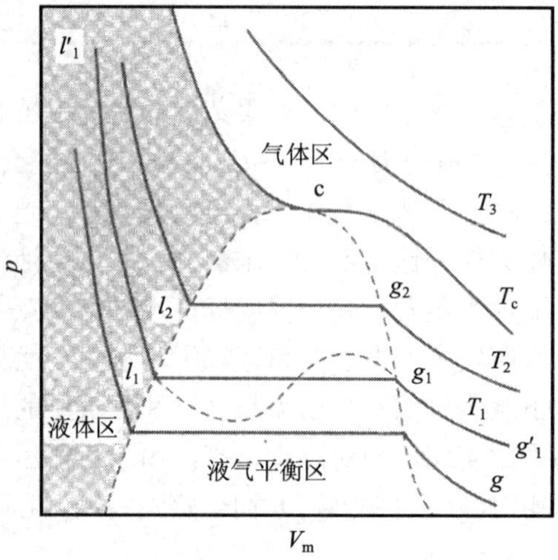

图 1.3 真实气体的 p-V_m 等温线图

图 1.3 可分为 3 个区，气体区、液体区和液气平衡区。灰色部分为液体区，门形虚线围成的区域为液气平衡区，其余部分为气体区。

图 1.3 中的每一条实线上温度都是相等的，称为等温线。位于上面的等温线温度高，即 $T_1 < T_2 < T_c < T_3$。等温线可分为 3 种类型：

（1）$T > T_c$。曲线描述的全部都是气体，光滑平直，表明 V_m 随压力变化大。

（2）$T < T_c$。这些曲线形态相似，现以温度为 T_1 的曲线为例加以说明。设曲线起点为 g_1'，从 g_1' 到 g_1 处于气体区，曲线较为平直，说明气体易压缩，随着压力增加体积很快缩小，到 g_1 出现状态为 l_1 的液体，水平线 g_1l_1 位于气液平衡区，代表气液两相平衡的情况，摩尔体积为两相共存的摩尔体积，有：

$$V_m = \frac{n_g V_{m,g}}{n} + \frac{n_l V_{m,l}}{n} \tag{1.23}$$

其中 n 为气体和液体物质的量之和。随着气体不断变为液体，摩尔体积也不断减小，到达 l_1 时全部变成液体，这时的摩尔体积是液体的摩尔体积 $V_{m,l}$。l_1 以后，曲线位于液体区，形状较垂直，说明液体难以压缩，摩尔体积随压力变化很小。g_1 到 l_1 之间的波形曲线与水平线不同，后面会讲到，曲线是根据范德华方程画的，水平线是根据实验数据画的，说明理论与实验有误差。

随着温度升高，水平段逐渐变短，在临界温度 T_c 时，平段缩为一个点 c，即临界点。

（3）$T=T_c$。曲线形状与 T_1 相似，只是水平段缩为临界点。在临界点，气体和液体成为一个相，没有界面。不同的物质，临界点也不同，水的临界温度为 373.91℃，临界压力为 22.05 MPa。等温线在临界点时有：

$$\left(\frac{\partial p}{\partial V_m}\right)_{T_c} = 0 \qquad \left(\frac{\partial^2 p}{\partial V_m^2}\right)_{T_c} = 0 \tag{1.24}$$

式（1.24）可用来求范德华气体的临界值 T_c，p_c 和 $V_{m,c}$，这在 1.4 节会讲到。

第四节　真实气体的范德华方程

一、范德华方程

真实气体与理想气体的区别在于，真实气体分子间有作用力，分子自身有体积；理想气体分子间没用作用力，分子自身没有体积。描述真实气体的方程很多，它们的共同特征是对理想气体状态方程做某些修正。1873 年荷兰科学家范德华（Van der Waals）提出了著名的范德华方程。认为真实气体分子是不能变形的刚性小球，分子间有作用力，分子自身有体积。由于分子间引力使得真实气体分子对器壁撞击力减小，因此压力小于理想气体，也就是说我们测得的真实气体压力加上一个修正值等于理想气体压力。范德华认为压力修正值为 $\frac{a}{V_m^2}$，如果真实气体压力为 p，则理想气体压力为 $p+\frac{a}{V_m^2}$。范德华认为，由于理想气体分子自身没有体积，气体的体积全部都是分子的自由活动空间；真实气体分子自身占据一部分体积，其体积减去一个修正值后，剩余部分才是分子自由活动空间，每摩尔气

体体积的修正值为 b，b 的数值约为每摩尔气体分子自身体积的 4 倍，活动空间为 $V_m - b$。把修正后的压力 $p + \frac{a}{V_m^2}$ 和修正后的体积 $V_m - b$ 代入理想气体状态方程，就是范德华方程：

$$\left(p + \frac{a}{V_m^2}\right)(V_m - b) = RT \tag{1.25}$$

式（1.25）为每摩尔气体的范德华方程。对 n 摩尔气体，范德华方程为：

$$\left(p + \frac{n^2 a}{V^2}\right)(V - nb) = nRT \tag{1.26}$$

a 和 b 称为范德华常数，常见物质的范德华常数见附录 4。

【例 1.6】 在 300 K 时，把 10.00 mol 乙烷充入 4.86 dm^3 的容器中。

（1）根据理想气体状态方程计算其压力。

（2）根据范德华方程计算其压力。

把以上计算值与测定值 3.445 MPa 比较。

解：（1）根据理想气体状态方程

$$p = \frac{nRT}{V} = \left\{\frac{10.00 \times 8.314 \times 300}{4.86 \times 10^{-3}}\right\} \text{Pa} = 5.132 \times 10^6 \text{ Pa} = 5.132 \text{ MPa}$$

与测定值相对误差 $\frac{\Delta p}{p} = \frac{5.132 \text{ MPa} - 3.445 \text{ MPa}}{3.445 \text{ MPa}} \times 100\% = 48.97\%$

（2）由附录 4 得 $a = 556.2 \times 10^{-3}\ \text{Pa} \cdot \text{m}^6 \cdot \text{mol}^{-2}$，$b = 63.80 \times 10^{-6}\ \text{m}^3 \cdot \text{mol}^{-1}$，根据范德华方程

$$\begin{aligned} p &= \frac{nRT}{V - nb} - \frac{n^2 a}{V^2} \\ &= \left\{\frac{10.00 \times 8.314 \times 300}{4.86 \times 10^{-3} - 10.00 \times 63.80 \times 10^{-6}} - \frac{10.00^2 \times 556.2 \times 10^{-3}}{(4.86 \times 10^{-3})^2}\right\} \text{Pa} \\ &= 3.553 \times 10^6 \text{ Pa} \\ &= 3.553 \text{ MPa} \end{aligned}$$

与测定值的相对误差 $\frac{\Delta p}{p} = \frac{3.553 \text{ MPa} - 3.445 \text{ MPa}}{3.445 \text{ MPa}} \times 100\% = 3.13\%$

由计算结果可以看出，范德华方程比理想气体状态方程更接近实验值。

二、范德华方程的应用

用范德华方程可以在低压或中压范围内（约几MPa），计算真实气体的压力、体积或温度，计算结果比较接近实际，精确度高于理想气体状态方程。对于高压下的气体，仍有较大误差，这是因为范德华方程没有考虑温度和压力对a、b值的影响，把它们都当做常数，实际上它们与温度和压力有关。

根据范德华方程求p和T比较容易，求V时，常需要求解高次方程。本书对高次方程不作要求。

用范德华方程计算p-V_m等温线时，在临界温度以上，计算所得的等温线与实验所得的等温线比较一致；在临界温度以下的气液两相区有较大差别，如图1.3所示，按照实验值画出的是水平直线，按照范德华方程的计算值画出的是波形曲线，有一个极大值和一个极小值。

范德华方程提出了真实气体与理想气体的区别，给出了一种真实气体的简单模型，至今仍然是真实气体计算的经典方程。

三、由临界参数计算a、b的值

一般情况下，a、b的值可由附录4或有关手册中查出。我们再学习一种由临界参数计算的方法。由式（1.24）可知，在临界点，压力对摩尔体积的一次和二次偏微分都等于零，即

$$\left(\frac{\partial p}{\partial V_m}\right)_{T_c}=0 \qquad \left(\frac{\partial^2 p}{\partial V_m^2}\right)_{T_c}=0$$

将范德华方程$\left(p+\frac{a}{V_m^2}\right)(V_m-b)=RT$变形可得

$$p=\frac{RT}{V_m-b}-\frac{a}{V_m^2} \tag{1.27}$$

求一阶、二阶偏导数，并令其为零，得

$$\left(\frac{\partial p}{\partial V_m}\right)_{T_c}=\frac{-RT_c}{(V_{m,c}-b)^2}+\frac{2a}{V_{m,c}^3}=0 \tag{1.28}$$

$$\left(\frac{\partial^2 p}{\partial V_m^2}\right)_{T_c}=\frac{2RT_c}{(V_{m,c}-b)^3}-\frac{6a}{V_{m,c}^4}=0 \tag{1.29}$$

联立式（1.28）和式（1.29），可得

$$V_{m,c} = 3b \tag{1.30}$$

把式（1.30）代入式（1.29）得

$$T_c = \frac{8a}{27Rb} \tag{1.31}$$

把式（1.30）和式（1.31）代入式（1.27）得

$$p_c = \frac{a}{27b^2} \tag{1.32}$$

式（1.30）、式（1.31）和式（1.32）表明范德华常数 a、b 是临界参数的函数。由于 $V_{m,c}$ 较难测准，所以常把 a、b 表示为 p_c 和 T_c 的函数

$$a = \frac{27R^2T_c^2}{64p_c} \tag{1.33}$$

$$b = \frac{RT_c}{8p_c} \tag{1.34}$$

第五节　对应状态原理与普遍化压缩因子图

理想气体状态方程对任何理想气体都适用，可以说是一个普遍化方程。真实气体方程中一般都包含有因物质而异的常数，如范德华方程中的 a、b。这样实际上每一种真实气体都有不同的范德华方程。导出一个在较大压力范围内对一般真实气体都适用的状态方程，是本节的主要内容。

一、压缩因子

范德华方程从压力和体积两个方面，用 a、b 两个因子，对理想气体状态方程进行修正，使之成为真实气体方程。两个因子显得麻烦，现在我们用一个因子，即压缩因子 Z 对理想气体方程进行修正

$$pV = ZnRT \tag{1.35}$$

或

$$pV_m = ZRT \tag{1.36}$$

所以

$$Z=\frac{pV}{nRT}=\frac{pV_{\rm m}}{RT} \tag{1.37}$$

Z 的量纲为 1。对于理想气体 $p_{理}V_{理}=nRT$ 。式（1.37）可写为 $Z=\frac{V_{\rm m,真}}{V_{\rm m,理}}$ 。这样 Z 实际上是同等压力下真实气体与理想气体体积的比值，也可以说 Z 反映了真实气体压缩的难易程度，所以称之为压缩因子。$Z>1$ 说明真实气体体积大于理想气体，即真实气体难压缩；$Z<1$ 说明真实气体体积小于理想气体，即真实气体易压缩；对理想气体 $Z=1$。

这样，我们只要求出 Z，就可以把理想气体方程修正为真实气体方程，也避免了用范德华方程求 V 时遇到高次方程的麻烦。

把临界参数代入式（1.37）可得临界压缩因子

$$Z_{\rm c}=\frac{p_{\rm c}V_{\rm m,c}}{RT_{\rm c}} \tag{1.38}$$

把实际测得的各物质的 $p_{\rm c}$，$V_{\rm m,c}$ 和 $T_{\rm c}$ 代入式（1.38），可以求出它们的 $Z_{\rm c}$ 值，计算结果表明大多数物质的 $Z_{\rm c}$ 在 0.26～0.29 范围内。

如果我们不用实际测得的各物质的 $p_{\rm c}$，$V_{\rm m,c}$ 和 $T_{\rm c}$ 计算它们的 $Z_{\rm c}$，用式（1.30）、式（1.31）和式（1.32）求出 $p_{\rm c}$，$V_{\rm m,c}$ 和 $T_{\rm c}$，再代入式（1.38），可得

$$Z_{\rm c}=\frac{3}{8}=0.375$$

这表明用范德华常数求出的各种气体的 $Z_{\rm c}$ 都是 0.375，与由实验值计算出的 0.26～0.29 有较大误差。这说明范德华模型只是一个近似模型，与实际情况有差距。不论是由范德华常数求出的 0.375 还是由实验数据求出的 0.26～0.29，都说明气体的临界压缩因子 $Z_{\rm c}$ 大体上是一个与气体性质无关的常数，这为后面要讲的普遍化压缩因子奠定了基础。

二、对应状态原理

各种气体在临界点有一个共同性质，就是气液不分，同为一相。我们从临界点出发，以临界参数为基准，把气体实际的 p，$V_{\rm m}$ 和 T 与其临界参数相比，有

$$p_{\rm r}=\frac{p}{p_{\rm c}} \tag{1.39}$$

$$V_{\rm r}=\frac{V_{\rm m}}{V_{\rm m,c}} \tag{1.40}$$

$$T_r = \frac{T}{T_c} \tag{1.41}$$

p_r，V_r，T_r分别称为对比压力、对比体积和对比温度，统称为对比参数，量纲都是 1。对比参数体现出气体实际状态偏离临界状态的倍数。计算对比温度时要注意，必须使用热力学温度。

不同的气体，只要有两个对比参数相同，第三个对比参数必然大致相同，这就是对应状态原理。如果气体的对比参数相同，我们就称它们处于相同的对应状态。

三、普遍化压缩因子图

式（1.37）定义了压缩因子，将式（1.39）、式（1.40）和式（1.41）代入可得

$$Z \stackrel{\text{def}}{=} \frac{pV_m}{RT} = \frac{p_c V_{m,c}}{RT_c} \cdot \frac{p_r V_r}{T_r} = Z_c \frac{p_r V_r}{T_r} \tag{1.42}$$

前面讲到大多数气体的 Z_c 在 0.26 到 0.29 之间，可近似看做常数，这样，不同的气体只要它们的对比状态相同，压缩因子必然相同。而对比状态反映了气体偏离临界状态的程度，压缩因子反映了气体偏离理想气体的程度，因此，也可以说，不同气体偏离其临界状态程度相同时，它们偏离理想气体的程度也相同。前面还讲到，p_r，V_r，T_r三个对比参数中只要其中两个相同，第三个也基本相同。所以 Z 是两个对比参数的函数，我们一般选 p_r，T_r为变量，认为 Z 是 p_r 和 T_r的函数：

$$Z = f(p_r, T_r) \tag{1.43}$$

从式（1.43）出发，20 世纪 40 年代，科学家绘出了图 1.4 双参数普遍化压缩因子图，该图把 Z 表示为 p_r和 T_r的函数，横坐标为对比压力 p_r，不同的曲线代表不同的 T_r，由它们决定的 Z 在纵坐标上查出。每一条曲线上的 T_r都是相等的。如某气体 $p_r = 2.0$，$T_r = 1.0$，我们在横坐标 $p_r = 2.0$ 的垂线上方，找到 $T_r = 1.0$ 的曲线，可以看出垂线和曲线交点所对应的 $Z = 0.31$，此即普遍化压缩因子。该图适用于各种气体，但精确程度不高，可满足一般工业计算。

由图 1.4 可以看出，不论 T_r大小，当 $p_r \to 0$ 时，都有 $Z \to 1$，这说明低压气体接近理想气体；在压力相同时，T_r越大，Z 越接近 1，这说明，高温气体接近理想气体。在第一节我们讲到，真实气体在压力较低，温度较高时接近理想气体，与现在讲的普遍化压缩因子的观点是一致的。

由图 1.4 也可以看出，在 $T_r < 1$ 时，曲线出现中断。这是因为低于临界温度时，

升高压力可以使气体液化，中断以后，气体变成了液体，作为气体的曲线自然就不存在了。

由图 1.4 还可以看出，在 T_r 不太高时，随着 p_r 的升高，大多数 Z - p_r 曲线先下降后上升，出现一个极小值，这说明真实气体在加压过程中，从易压缩到难压缩。影响真实气体压缩的因素有两个，分子间引力使其易压缩，分子自身体积使其难压缩。在加压过程中，开始引力是主要因素，后来体积是主要因素，压缩也就由易到难。

普遍化压缩因子图有很多用途，最简单最常用的是由 p，T 求 Z 和 V_m。方法是先求出 p_r 和 T_r，再从图中读出 Z，最后，由 $pV_m=ZRT$ 求出 V_m。

【例 1.7】 已知乙烯的 T_c=282.34 K，p_c=5.039×10^3 kPa。300 K 时，在 40 dm^3 的钢瓶中装入乙烯，压力达 1.469×10^4 kPa，请用普遍化压缩因子图求乙烯物质的量。

解： $T_r=\dfrac{T}{T_c}=\dfrac{300\ \text{K}}{282.34\ \text{K}}=1.063$　　$p_r=\dfrac{p}{p_c}=\dfrac{1.469\times10^4\ \text{kPa}}{5.039\times10^3\ \text{kPa}}=2.915$

根据 T_r 和 p_r，由普遍化压缩因子图查出 Z=0.45

由 $pV=ZnRT$ 得

$$n=\frac{pV}{ZRT}=\left\{\frac{1.469\times10^7\times40\times10^{-3}}{0.45\times8.314\times300}\right\}\text{mol=523.49 mol}$$

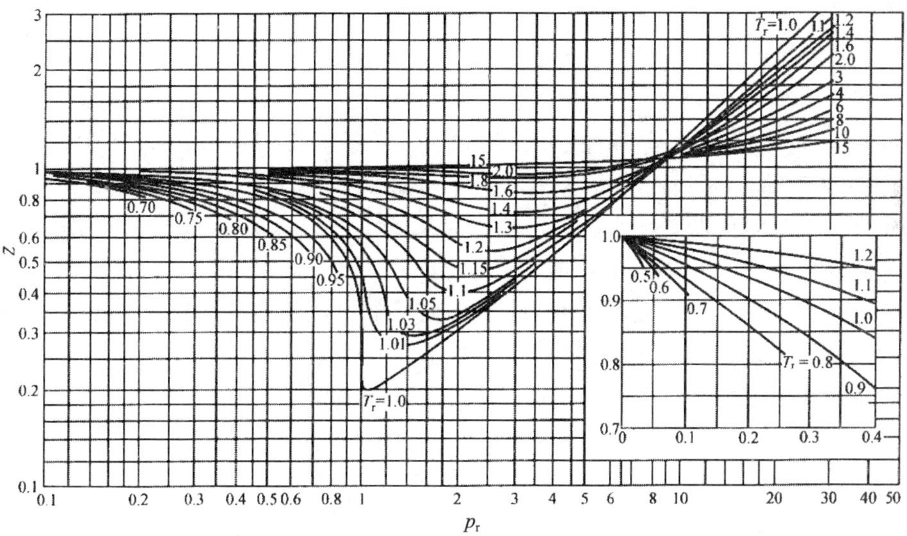

图 1.4　双参数普遍化压缩因子

复习与思考题

1. 什么是理想气体？它与真实气体有什么区别？

2. 在两个体积相等、密封、绝热的容器中装有压力相等的某理想气体，请问两个容器中气体的物质的量是否相等？为什么？

3. 温度为 T 时，体积为 V 的容器中装有 A、B 两种理想气体混合物，它们的分压力和分体积分别是 p_A、p_B 和 V_A、V_B。又往容器中加入理想气体 C，请问 A 和 B 的分压力和分体积是否有变化？为什么？

4. 氧气的压力为 100 kPa，温度为 300 K，体积为 2 m^3。氮气的压力为 200 kPa，温度为 300 K，体积为 1 m^3。将两种气体装入 1 m^3 的容器中，温度为 300 K，混合气体的总压力是多少？

5. 将沸腾的开水迅速倒入保温瓶中，盖上软木塞，常发生软木塞被顶起来的现象，为什么？

6. 什么是相对湿度？在 20℃的房间中使用空气加湿器，最多能使相对湿度达到多少？若大气压力为 101 325 Pa，这时水蒸气的体积分数是多少？

7. 范德华方程与理想气体状态方程有何异同？在什么条件下实验范德华方程误差较小？

8. 什么是临界温度？处于临界点的物质有何特征？

9. 什么是压缩因子？当其大于 1 时，若真实气体与理想气体物质的量、压力、温度都相同，则真实气体比理想气体体积大还是小？

10. 什么是普遍化压缩因子图？它有什么用途？

11. 一球形容器，抽空后质量为 25.000 g，充入 4℃的水（水的密度为 1 000 $kg \cdot m^{-3}$），这时总质量为 125.000 g。若改充 25℃，1.333×10^4Pa 的某碳氢化合物气体，则总质量为 25.016 3 g，试求该气体的摩尔质量。若据测得该碳氢化合物中元素的质量分数为，含碳 0.799，含氢 0.201，求其分子式。（假设气体为理想气体）（30.30×10^{-3} $kg \cdot mol^{-1}$，C_2H_4）

12. 将温度为 300 K，压力为 1 800 kPa 的钢瓶中的氮气放入体积为 20 dm^3 的贮气瓶中，使贮气瓶在 300 K 时压力为 100 kPa，这时原钢瓶中的温度为 300 K，压力降为 1 600 kPa。求原钢瓶的体积。（设氮气为理想气体）（9.98 dm^3）

13. 在生产中，用电石（CaC_2）分析碳酸氢铵中的水分含量，其反应方程式为：

$$CaC_2(s) + 2H_2O(l) = C_2H_2(g) + Ca(OH)_2$$

现称取 2.000 g 碳酸氢铵样品与过量电石完全作用，在 27℃，101.325 kPa 时测得 C_2H_2（g）的体积为 50.0 cm^3，请计算碳酸氢铵样品中水分的质量分数是多少？（设气体为理想气体）（0.0366）

14．把20℃的乙烷和丁烷混合气体，充入一抽成真空的2.00×10^{-4} m^3的容器中，直至压力达到101.325 kPa，测得容器中混合气体的质量为0.389 7 g。求混合气体中两种组分的摩尔分数和分压。（设气体为理想气体）（$y_{乙烷}=0.398$，$y_{丁烷}=0.602$，$p_{乙烷}=40\ 327$ Pa，$p_{丁烷}=60\ 998$ Pa）

15．0℃时将同一初压的4.00 L N_2和1.00 L O_2压缩到一个体积为2.00 L的真空容器中，混合气体的总压力为255.0 kPa，试求：

（1）混合气体中各分担气体的分压；

（2）各气体的物质的量；

（3）两种气体的初压。

（设气体为理想气体）[（1）p_{N_2}=204 kPa，p_{O_2}=51 kPa；（2）n_{N_2}=0.18 mol，n_{O_2}=0.045 mol；（3）$p_{初}$=102 kPa]

16．在298.15 K时，在一抽空的烧瓶中充入2.00 g A气体，此时瓶中压力为1.00×10^5 Pa，今若再充入3.00 g B气体，压力为1.50×10^5 Pa，试求A、B两物质的摩尔质量之比。（设气体为理想气体）（$\dfrac{M_A}{M_B}=\dfrac{1}{3}$）

17. 空气中N_2与O_2的体积比为79∶21，若不考虑其他气体，求在101 325 Pa压力下，N_2与O_2的分压力为多少？（设气体为理想气体）（p_{N_2}=80 046.75 Pa，p_{O_2}=21 278.25 Pa）

18．理想气体混合物中任一组分B的分压为p_B。若将B分离出来，纯B的温度、体积与混合气体相同，试证明纯B的压力与混合气体中B的分压p_B相等。（设B为理想气体）

19．在288 K时，容积为20 dm^3的氧气瓶上压力表读数为10.13 MPa，使用一段时间后压力表读数为2.55 MPa。计算用掉的氧气的质量。（设氧气为理想气体）（2.03 kg）

20．在一个容器中装有氢气和氮气的混合气体，总压力150 kPa，温度为300 K。在恒温下用去氮气后，质量减少了14.01 g，压力降为50 kPa。（设气体为理想气体）试求：

（1）容器的体积。（2）氢气的质量。（3）混合气体的摩尔分数。

[（1）1.247×10^{-2} m^3；（2）5.005×10^{-4} kg；（3）$y_{N_2}=0.666\,7$]

21．某空气y_{N_2}=0.79, y_{O_2}=0.21。某真空容器质量为37.936 5 g。20℃时将空气充入容器后，压力为101.325 kPa，质量为38.073 9 g。同样温度和压力下，若充入甲烷和乙烷混合气体，质量为38.034 7 g。求混合气体的摩尔分数。（设气体为理想气体）（y_{CH_4}=0.763 8）

22．某真空容器体积为 2.0 L，把 4.64 g 的 Cl_2（g）和 4.19 g 的 SO_2（g）装入容器，在 190℃时反应达到平衡，部分转化为 SO_2Cl_2（g），平衡时总压力为 202.65 kPa，计算平衡时各气体的分压。（设气体为理想气体）

（$p_{Cl_2} = 76.723\ kPa$，$p_{SO_2} = 76.662\ kPa$，$p_{SO_2Cl_2} = 49.265\ kPa$）

23．某理想气体混合物中，各气体的体积分数为，氯乙烯 0.89，氯化氢 0.09，乙烯 0.02。在恒定压力 101.325 kPa 时，用水淋洗除去氯化氢，但又混入分压为 2.666 kPa 的水蒸气，求洗涤后氯乙烯和乙烯的分压。（设气体为理想气体）

（$p_{C_2H_5Cl} = 96.49\ kPa$，$p_{C_2H_4} = 2.17\ kPa$）

24．在体积为 0.5 dm^3 的容器中装入 1.00 mol 二氧化碳气体，温度为 50℃。分别用理想气体状态方程和范德华方程计算其压力。（答：5.37 MPa，4.42 MPa）

25．在体积为 10.0 dm^3 的容器中装入 3.00 mol 二氧化硫气体，压力为 1.52 MPa，用范德华方程计算其温度。（623 K）

自 测 题

1．单项选择题

（1）在一个刚性容器中含有一定量理想气体 A 和 B，恒定温度下，再向其中加入理想气体 C，则 B 的分压力（　），B 的分体积（　）。

（A）变大　（B）变小　（C）不变　（D）无法确定

（2）温度恒定为 T，一个刚性容器体积为 V，其中含有理想气体 A 和 B，它们物质的量、分压力、分体积分别为 n_A, p_A, V_A 和 n_B, p_B, V_B；总压力为 p。下式正确的是（　）。

（A）$p_A V = n_A RT$　（B）$pV_B = (n_A + n_B)RT$

（C）$p_A V_A = n_A RT$　（D）$p_B V_B = n_B RT$

（3）真实气体在（　）时接近理想气体。

（A）高温低压　（B）低温高压　（C）高温高压　（D）低温低压

（4）在恒定温度下向一个容积为 2 dm^3 的真空容器中，依次加入初始状态为 100 kPa，2 dm^3 的理想气体 A 和 300 kPa，1 dm^3 的理想气体 B。A 与 B 不发生反应。容器中混合气体的总压力为（　）kPa。

（A）400　（B）200　（C）500　（D）250

（5）某化合物由 C、F、Cl 三种元素组成，在常温下为理想气体。此化合物在 101 325 Pa，27℃时密度为 4.93 kg·m^{-3}，此化合物的分子式为（ ）。

（A）$CFCl_3$　（B）CF_3Cl　（C）CF_2Cl_2　（D）C_2FCl_3

2．填空题

（1）理想气体在恒温下，摩尔体积随压力的变化率$\left(\frac{\partial V_m}{\partial p}\right)_T$ =（　）。

（2）温度为 200 K 时，在容积为 3 m^3 的容器中加入 2 mol 理想气体 A 和 8 mol 理想气体 B，混合气体中 B 的分压为（　）kPa。

（3）烧瓶中装有 20℃的理想气体，在恒压下，为将气体赶出 1/5，需将温度提高到（ ）℃。

（4）在 100℃时把水蒸气的压力增加到（　）Pa 时，开始出现水滴。

（5）氦的临界温度为－267.96℃，临界压力为 0.22 MPa。某钢瓶中装有氦，温度为 25℃，压力为 15 MPa，这时氦处于（ ）状态。

3．在 25℃时把 2 mol H_2 和 1 mol N_2 充入容积为 1 m^3 的抽空容器中，计算：

（1）H_2 和 N_2 没有反应前容器中的压力。

（2）H_2 全部与 N_2 反应生成了 NH_3 后容器中的压力。

（假设 H_2、N_2 和 NH_3 都是理想气体）

4．温度为 300 K 时在一个容积为 2 m^3 的容器中加入 2 mol 甲烷，用范德华方程计算其压力。

第二章　热力学第一定律

第一节　热力学简介

一、热力学的研究对象

工业生产中有许多机器把热量转化为功，火电厂的蒸汽机把烧煤产生的热量转化成电用来做功；汽车、飞机等内燃机把汽油燃烧产生的热量用来做功，开动汽车和飞机。热功转换是工业生产的重大课题，我们输入热机中的热量究竟有多大比例可以变成功？这就是热机的效率问题。热力学是研究热、功及其转化关系的一门自然学科。

热力学的主要依据是三个事实：

（1）永动机不能制成。

（2）自然发生的过程不能完全复原。

（3）绝对零度（−273.15℃）不能达到。

这三个事实也是热力学三定律的主要内容。

不需要输入能量就可以永远开动的机器称为第一类永动机，1850 年英国人焦耳提出能量守恒定律，也就是热力学第一定律，宣告第一类永动机破产。把输入的热量全部变成功，这样的机器称为第二类永动机，英国人开尔文（Kelvin）和德国人克劳修斯（Clausius）分别在 1848 年和 1850 年提出了热力学第二定律，宣告第二类永动机不能制成。这两个定律是热力学的主要基础，它们建立在牢固的实验基础上，是大量工程实践的总结。它们虽不能用逻辑推理的方法来证明，但却被无数事实证明是正确的。自从它们建立以来曾有不少人企图推翻它们，无一获得成功。迄今为止没有发现任何违背这两个定律的事实。

1912 年德国人能斯特提出热力学第三定律，关于热力学第三定律有不同的说法，“绝对零度不能达到”是其中的一种。

热力学研究的过程主要有三大类：单纯 pVT 变化过程、相变过程和化学变化过程。

用热力学的基本原理研究化学过程和与化学有关的物理过程，这就是化学热力学。它的研究对象是：

（1）化学过程以及与化学过程相关的物理过程中的能量转化关系。

（2）判断在特定条件下过程的方向和限度。

化学变化伴随能量变化，燃烧产生热量，生成气体造成压力增加等，把它们转化成人们所需要的能量形式，就可以造福人类。在无机化学中我们对过程的方向和限度已经有所了解，如用氮气和氢气合成氨气，这三种气体混合以后，可能向着生成氨气的方向反应，也可能向着氨气分解的方向反应，究竟向哪个方向前进？这就是方向问题；达到平衡以后，各种物质的含量不再变化，我们可以用平衡常数计算出氨气的含量，这就是限度问题。热力学是解决实际问题的有效工具，从前人们曾多次尝试把石墨变为金刚石，都以失败告终，后来通过热力学计算才知道，只有压力超过大气压力的 15 000 倍，石墨才能向生成金刚石的方向反应，这样就成功研制出了金刚石。

二、热力学研究方法的特点

热力学经过严密的数理推导，得出相关的结论和计算公式，热力学理论已经相当完整和成熟。物理化学的研究方法主要有宏观方法和微观方法两类，热力学则采用宏观方法，其研究方法有如下特点：

（1）只研究系统中大量粒子的集体平均性质（宏观性质），不考虑个别粒子的个体行为（微观性质）。

（2）只研究系统的始态和终态以及过程进行时的外界条件，不研究物质的微观结构和过程进行的机理。

（3）只研究系统的始态和终态，不研究从始态到终态的速率。

热力学系统中的粒子数目非常庞大，粒子运动纷繁复杂。热力学的这些特点把我们从复杂中解脱出来，通过系统的温度、压力等宏观性质，判断过程的方向和限度。同时这些特点使得热力学不能解释变化的内在原因，也没有办法计算变化的速率。有关过程进行的速率和机理属于化学动力学研究的范围。热力学和动力学相互补充，相得益彰。

系统的状态是一个综合的、抽象的概念，热力学通过一些具体的状态函数准确地描述系统的状态，通过始态和终态状态函数的变化，用简单的数据判断过程进行的方向和限度。

热力学是一个非常重要的理论工具，对科研和生产有重要的指导意义。热力学认为不能进行的过程，就肯定不能进行。例如合成新的物质时，先用热力学中有关方向的方法判断一下，如果不能进行，就没有必要搞下去。热力学计算得到的限度，是理论上的最大值，只能接近，不能超越。在实际生产中也没有必要刻意接近或达到这个最大值，那样就要消耗大量的时间和能源，增加成本。我们往往不等达到平衡就取走生成物，使反应重新开始，这样能缩短时间，降低成本。

第二节 热力学的基本概念

一、系统和环境

我们走进实验室，进行热力学研究，必须选定研究对象。这种人为选定的研究对象称为系统，系统以外与系统密切相关的外界称为环境。系统和环境的确定有很强的主观因素，对同一事物进行不同的研究，就会出现不同的系统和环境。例如，有一个加热装置对反应容器进行加热，如果研究反应容器中反应进行的情况，反应容器就是系统，加热装置和空气等就是环境；如果研究燃料消耗情况，加热装置就是系统，反应容器和空气等就是环境；如果计算生产成本，燃料和反应都应考虑，这时加热装置和反应容器都是系统，空气等就是环境。

根据系统与环境之间物质交换和能量交换的情况，把系统分为三种类型。

（1）敞开系统：与环境之间既有能量交换，又有物质交换。

（2）封闭系统：与环境只有能量交换，没有物质交换。

（3）隔离系统：与环境既没有能量交换，又没有物质交换。

在一个开口容器中进行反应，就是敞开系统。这样的系统容易造成环境污染和资源浪费，实际生产中很少使用。同时这种系统比较复杂，物质数量不断变化，能量也不守恒，本书不研究敞开系统。在一个密闭容器中进行反应，就是封闭系统，封闭系统在生产中广泛使用，也是本书研究的重点，在没有指明为其他系统时，所说的系统都是封闭系统。不管绝热效果多好，系统与环境之间都不可能没有一点热量交换，因此不存在绝对意义上的隔离系统。在研究问题时，我们把封闭系统和环境合并起来，算作一个大系统，这样传热就在大系统内部进行，大系统就成了隔离系统，这对于研究熵等状态函数有重要意义。

二、系统的宏观性质

系统的宏观性质有一些是可以测量的，如压力、体积、温度、黏度、表面张力等，也有一些是无法测量的，如后面要讲的热力学能、焓、熵、亥姆霍兹函数、吉布斯函数等。系统的宏观性质又称热力学性质，根据它们不同的特点，可以分为两种类型。

（1）广度性质。也称容量性质，特点是与系统中物质的量有关，具有加和性，系统的某个广度性质的数值是各部分该性质的加和。体积、质量、热力学能、熵、焓、亥姆霍兹函数、吉布斯函数等都是广度性质。例如把一定量的水分成10份，每份体积为1 ml，质量为1 g，它的总体积就等于这10份的体积和，为10 ml，其质量也等于这10份的质量和，为10 g。

（2）强度性质。特点是其数值与系统中物质的量无关，不具有加和性。温度、压力、黏度、摩尔体积等为强度性质。我们取一杯或者一桶自来水，温度都是一样的。在大气中不论选取1 m^3，还是选取10 m^3空气进行研究，其压力也都是一样的。

两个广度性质的比值常常成为强度性质。如质量除以体积得到密度，而密度是强度性质。再如体积除以物质的量得到摩尔体积，摩尔体积也是强度性质。

三、状态、状态函数和状态函数法

状态是系统热力学性质的综合表现。状态确定以后，系统所有的热力学性质都有唯一对应的值；反之，所有的热力学性质都确定以后，系统的状态也是唯一的。即状态与性质之间是单值对应的，热力学性质能准确地描述系统的状态，所以我们把系统的热力学性质称为状态函数。例如，一定量理想气体，当其状态确定之后，其状态函数 pVT 都有定值。

状态函数的特点是，它们的数值只取决于系统当时的状态，与系统此前的经历无关。如某溶液的温度是20℃，这只能说明它现在是20℃，不能说明以前它的温度是多少。

状态函数有相互依赖性，它们之间的关系可以用数学公式表示，如 $p=\dfrac{nRT}{V}$，根据数学公式可以对某个状态函数求全微分或偏微分，如 $\mathrm{d}p=\left(\dfrac{\partial p}{\partial V}\right)_T \mathrm{d}V+\left(\dfrac{\partial p}{\partial T}\right)_V \mathrm{d}T$。

对于纯物质的均相系统来说，需要三个独立的状态函数才能确定系统的状态。一般采用物质的量、温度和压力。对于封闭系统来说，物质的量是一定的，只需要两个独立的状态函数就可以确定系统的状态，一般采用温度和压力。如一定量的理想气体，p 和 T 确定以后，V 就是定值，系统的状态也就确定了。

系统的始态和终态确定以后，不论经历什么过程，其状态函数变都是一样的，这就是状态函数法。只要知道始态和终态就可以求出状态函数变，如始态温度为273 K，终态温度为573 K。过程A：先从273 K升到1 000 K，再降到573 K；过程B：从273 K直接升到573 K。不论哪个过程，对于系统来说都有ΔT=573 K－273 K=300 K。状态函数法是热力学的重要方法，有着广泛的应用，实际过程往往很复杂，根据实际过程不易求出状态函数变，我们可以设计简单的过程来代替。需要注意的是，热力学中有两个非状态函数，功W和热Q，它们的值与过程有关，只能根据实际过程计算。

四、过程

在一定环境条件下，系统从始态到终态所发生的变化，称为热力学过程，简称过程。过程可分为单纯pVT变化过程、相变化过程、化学变化过程三大类，下面分别作一简单介绍。

（一）单纯pVT变化过程

这类过程中，系统没有相变，也没有化学变化，只有压力、体积、温度的变化。关于气体的单纯pVT变化过程比较多。单纯pVT变化过程又可以根据不同情况分成许多子过程，我们先来认识几种。

（1）等温过程。从始态到终态，系统的温度始终不变，且与环境温度相等。即

$$T = T_{\text{su}} = \text{常数}$$

（2）等压过程。从始态到终态，系统的压力始终不变，且与环境的压力相等。即

$$p = p_{\text{su}} = \text{常数}$$

（3）等容过程。从始态到终态，系统的体积始终不变。即

$$V = \text{常数}$$

（4）绝热过程。从始态到终态，系统与环境之间可以有功的传递，但没有热量传递。即

$$Q = 0$$

（5）循环过程。从始态出发，各状态函数可以有变化，但到终态时各状态函数要恢复始态的数值。即所有状态函数变都等于零。

（二）相变化过程

物质聚集状态的变化过程称为相变化过程，其主要形式有：液体的气化、气体的液化、固体的液化、液体的凝固、固体的升华、气体的凝华、固体不同晶型

之间的转化等。一般情况下，相变化是在等温等压条件下进行的。

温度一定，某种液体与其蒸气的蒸发和凝聚达到平衡时，其蒸气的压力称为该物质在该温度时的饱和蒸气压，简称蒸气压。不同物质有不同的蒸气压，蒸气压高的物质易挥发，如酒精的蒸气压比水高。同一物质的蒸气压随温度的升高而升高。蒸气压等于外压时的温度称为液体的沸点，外压相同时，蒸气压高的物质沸点低，如酒精的沸点比水低；同一物质外压越高沸点越高。工业上，可以控制容器的压力，使液体在不同的温度沸腾，石油工业中，为防止油料在高温下分解，常采用减压蒸馏；提炼油脂的过程中，为促使其分解，常采用高温高压的方法。液体有两个常用的沸点，一个是正常沸点，压力为正常大气压，即 101.325 kPa，水的正常沸点温度为 100℃；另一个是标准沸点，压力为标准压力，即 100 kPa，水的标准沸点温度为 99.63℃。

（三）化学变化过程

系统中发生化学反应的过程称为化学变化过程。通常用下面这个通式表示任一化学反应。

$$aA + bB = yY + zZ$$

上式可简写为

$$0 = \sum_{B} \nu_B B$$

上式中 B 代表生成物或反应物；ν_B 为 B 的化学计量数，量纲为 1。反应过程中，反应物不断减少，生成物不断增多，所以规定：反应物的计量数为负值，生成物的计量数为正值，即 $\nu_A = -a$，$\nu_B = -b$，$\nu_Y = y$，$\nu_Z = z$。

五、热力学平衡态

系统的各种性质不随时间改变时，系统所处的状态就称为热力学平衡态。系统必须同时具备四个平衡，才能达到热力学平衡态。

（1）热平衡。系统中各部分温度相等，没有净热量交换。

（2）力平衡。系统中各部分压力相等。

（3）相平衡。系统中各相之间没有物质净转移，各相的组成和数量不随时间改变。

（4）化学平衡。化学反应达到平衡后，正向和逆向反应速率相等，反应物和生成物的量和组成不随时间改变。

以后讲的热力学平衡态都必须同时具备这四个平衡。只有在这种状态下，系统的广度性质和强度性质才有定值。也就是说，系统的状态一定，系统的性质也一定。反过来，系统的性质都确定了，系统的状态也就确定了。

第三节 热力学第一定律

一、热

系统与环境之间有两种能量交换形式，热和功。

系统与环境之间由于温度不同而交换的能量，称为热。用符号 Q 表示，单位是 J。热是大量分子无规则运动的表现，运动强度越大，表征运动强度的物理量——温度就越高。因为热是系统与环境之间的能量交换形式，故系统内部的能量交换就不能称为热。

规定，系统吸热，$Q>0$；系统放热，$Q<0$。

Q 不是状态函数，其数值与过程有关，必须根据具体的过程进行计算。因为不是状态函数，所以不能求全微分，微量的热交换只能写成 δQ，不能写成 dQ。系统从始态到终态，状态函数的变化值为始态和终态的差值，如温度变化可写成 ΔT。Q 不是状态函数，当然，过程的热也就不是状态函数的差值，不能写成 ΔQ，只能写成 Q。

根据系统的变化过程，热分为反应热、溶解热、熔化热、蒸发热、混合热等。如果过程是在等压条件下进行的，其热效应称为等压热，如果过程在等容条件下进行，其热效应就叫做等容热。

二、功

除了热以外，系统与环境之间传递的其他能量都称为功。符号为 W，系统从环境得到功 $W>0$，系统对环境做功 $W<0$，功的单位是 J。

功也不是状态函数，其数值与过程有关，必须根据具体过程计算。功也不能求全微分，微量的功不能写成 dW，只能写成 δW。过程的功也不是状态函数的差值，不能写成 ΔW，只能写成 W。

在物理化学中，功分为体积功和非体积功。体积功也叫膨胀功，是在一定外压下，由于系统的体积变化做的功。显然，系统膨胀时对环境做功，体积功为负值；系统被压缩时，环境对系统做功，体积功为正值。与体积变化无关的功称为非体积功，电功、表面功等是非体积功，如电池在输出电功时，体积没有变化。非体积功用 W' 表示。热力学中讲的功，一般都是体积功，如果不加说明，W 指的就是体积功。

按照物理学的概念，体积功应是克服外力做的功，这个外力就是由外压 p_{su} 造成的力。如图 2.1 所示，活塞为无质量、无摩擦力的理想活塞，dl 为活塞移动的距离，A_s 为活塞面积，外力为 $F = A_s p_{su}$，根据功的定义有

$$\delta W = -F\mathrm{d}l = -p_{su}A_s\mathrm{d}l$$

系统的体积变化 $\mathrm{d}V = A_s\mathrm{d}l$，所以

$$\delta W = -p_{su}\mathrm{d}V \tag{2.1}$$

式（2.1）为体积功的定义式。

当系统膨胀时 $\mathrm{d}V > 0$，$\delta W < 0$；系统压缩时 $\mathrm{d}V < 0$，$\delta W > 0$。当系统向真空膨胀，也叫自由膨胀，$p_{su} = 0$，$W = 0$。宏观过程的体积功为

$$W = -\int p_{su}\mathrm{d}V \tag{2.2}$$

在单纯 pVT 变化中，只有气体的 pVT 变化才考虑体积功，液体和固体在单纯 pVT 变化中体积改变很小，一般不考虑体积功。相变过程中，如果是液体和固体之间的变化，其体积改变也可以忽略不计，也不考虑体积功。同样道理，在化学变化中，如果没有气体出现，也不用考虑体积功。

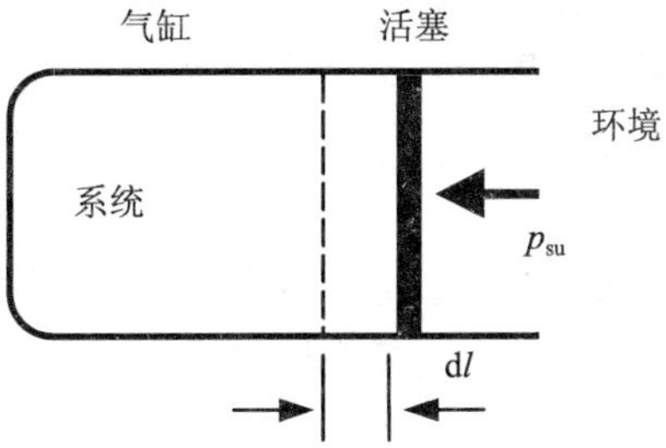

图 2.1 体积功

三、热力学能

焦耳（Joule）从 1840 年开始，经过反复实验，证明了这样一个事实：一定量的物质在绝热条件下，从同样的始态出发，升高同样的温度达到同样的终态，所需的各种形式的功（如机械功、电功等）在数值上完全相等。这表明系统有一个反映其内部能量的函数，该函数的变化值只取决于系统的始态和终态，与系统从始态到终态经历的过程无关。这一函数称为热力学能，符号为 U，单位为 J。由于热力学能反映系统内部的能量，也称为内能。

系统始态热力学能为 U_1，终态热力学能为 U_2，在绝热条件下热力学能的变化值为

$$\Delta U = U_2 - U_1 = W_{(Q=0)} \tag{2.3}$$

式（2.3）为热力学能的定义式，其中 $W_{(Q=0)}$为绝热过程的功。

热力学研究的是宏观静止的平衡系统，热力学能包括系统内部的一切能量，如分子的平动能、转动能、振动能、电子的结合能、原子核能以及分子之间相互作用的势能等。热力学能不包括系统整体的势能和整体的动能，也不考虑电磁场、离心力场等外场力的影响。

热力学能的绝对数值无法测定，只能测定其变化值。热力学能是广度性质，其数值与物质的量有关。摩尔热力学能$U_m = \dfrac{U}{n}$，U_m是强度性质，单位是$J \cdot mol^{-1}$。U是状态函数，ΔU只与系统的始态和终态有关，与过程无关，因此，求ΔU时只用考虑始态和终态，不用考虑从始态到终态经历的过程。

四、热力学第一定律

热力学第一定律就是能量守恒定律。它是人们在长期的生产实践和科学实验中总结出来的，1850 年，科学界已经公认能量守恒是自然界的普遍规律了。所谓能量守恒是指，一切物质都有能量，能量有各种不同形式，能够从一种形式转变为另一种形式，但能量的总值不变。换句话说就是，在隔离系统中，能量的形式可以转化，但其总值不变。

系统从相同的始态到达相同的终态，可以采用许多不同的过程。如果采用绝热过程，系统与环境只有功交换，没有热量交换，有式（2.3）$\Delta U=U_2-U_1=W_{(Q=0)}$；如果采用无功过程则，有

$$\Delta U = U_2 - U_1 = Q_{(W=0)} \tag{2.4}$$

式（2.4）中，$Q_{(W=0)}$为无功过程的热。如果采用与环境既有热量交换又有功交换的过程则，有

$$\Delta U = Q + W \tag{2.5}$$

式（2.5）为热力学第一定律的数学表达式。如果系统与环境交换的是微热和微功，有

$$dU = \delta Q + \delta W \tag{2.6}$$

W代表总功，包括体积功和非体积功，但在热力学中一般不考虑非体积功。

热力学第一定律也可以表达为“第一类永动机不可能制成”。在热力学第一定律确定以前，曾有许多人探索制造一种不消耗能量而永远做功的机器，这就是第一类永动机。热力学第一定律宣告这种探索的失败，要使机器连续工作，就必须

使系统不断循环，循环即系统回到始态，U是状态函数，必有$\Delta U=0$，根据式（2.5）有$-W=Q$。这就是说，若要系统对环境做功，必然要从环境吸收相等数量的热。

【例 2.1】 某热机对环境做功 100 kJ，放热 20 kJ，求其热力学能的变化值。

解： 依题意$W=-100\text{ kJ}$，$Q=-20\text{ kJ}$，根据热力学第一定律有

$$\Delta U=Q+W=\{(-20)+(-100)\}\text{ kJ}=-120\text{ kJ}$$

第四节　等容热、等压热、焓

在实际生产中的热，可分为等容热和等压热两大类。

一、等容热

系统在等容且没有非体积功的过程中与环境之间的热交换称为等容热，符号为Q_V。等容过程系统的体积不变，体积功为零。没有非体积功，即非体积功为零。所以有W=0。根据热力学第一定律有

$$Q_V=\Delta U \tag{2.7}$$

对于微小的变化过程有

$$\delta Q_V=\mathrm{d}U \tag{2.8}$$

式（2.7）和式（2.8）表明，过程的等容热在量值上等于系统的热力学能变。

二、等压热

系统在等压且没有非体积功的过程中与环境之间的热交换称为等压热，符号为Q_p。

等压是指系统与环境的压力相等且为常数，这时式（2.1）可写为$\delta W=-p_{su}\mathrm{d}V=-p\mathrm{d}V$，代入式（2.6）得

$$\mathrm{d}U=\delta Q_p-p\mathrm{d}V$$

即

$$\delta Q_p=\mathrm{d}U+p\mathrm{d}V=\mathrm{d}U+\mathrm{d}(pV)=\mathrm{d}(U+pV) \tag{2.9}$$

令

$$H \overset{\text{def}}{=} U + pV \tag{2.10}$$

将式（2.10）代入式（2.9）得

$$\delta Q_p = \mathrm{d}H \tag{2.11}$$

积分得

$$Q_p = \Delta H \tag{2.12}$$

由于等压热容易测得，式（2.12）有着重要用途。

三、焓

我们把 H 叫做焓。焓本身没有物理意义，它是人为定义的状态函数，单位为 J。焓是广度性质。由于 $H=U+pV$，热力学能的绝对数值目前无法测定，因此 H 的绝对数值也无法测定。

在式（2.10）中，pV 是压力与体积的乘积，不是体积功。对式（2.10）微分得

$$\mathrm{d}H = \mathrm{d}U + p\mathrm{d}V + V\mathrm{d}p$$

系统从状态 1 变到状态 2，有

$$\Delta H = \Delta U + \Delta(pV) = \Delta U + p_2V_2 - p_1V_1$$

如果系统为理想气体

$$\Delta H = \Delta U + \Delta(nRT) \tag{2.13}$$

如果系统发生 pVT 变化、相变化或化学变化前后都只有凝聚态物质，这时系统的体积和压力变化都不大，有 $p_2V_2 - p_1V_1 \approx 0$，故 $\Delta H \approx \Delta U$。在等压且没有非体积功的过程中，由式（2.12）可知，测出 Q_p，就知道了 ΔH，再由式（2.13）就可求出 ΔU，这就是定义 H 这个状态函数的最初目的。

四、热容

（一）热容、比热容、摩尔热容

封闭系统在没有相变、没有化学反应的条件下，整个系统升高单位热力学温度所吸收的热量，称为热容，符号为 C。即

$$C \stackrel{\text{def}}{=} \frac{\delta Q}{\mathrm{d}T} \tag{2.14}$$

C 的单位为 $\mathrm{J{\cdot}K^{-1}}$。

单位质量的物质在没有相变、没有化学反应的条件下，升高单位热力学温度所吸收的热量，称为比热容，符号为 c。即

$$c \stackrel{\text{def}}{=} \frac{C}{m} \tag{2.15}$$

c 的单位为 $\mathrm{J{\cdot}K^{-1}{\cdot}kg^{-1}}$。

单位物质的量的物质在没有相变、没有化学反应的条件下，升高单位热力学温度所吸收的热量，称为摩尔热容，符号为 C_m。即

$$C_\mathrm{m} \stackrel{\text{def}}{=} \frac{C}{n} = \frac{1}{n}\frac{\delta Q}{\mathrm{d}T} \tag{2.16}$$

C_m 的单位为 $\mathrm{J{\cdot}K^{-1}{\cdot}mol^{-1}}$。

影响热容、比热容、摩尔热容的因素很多，首先是系统中物质的种类，不同的物质它们的热容、比热容、摩尔热容都各不相同；其次是升温条件，这里主要指等容升温和等压升温两种条件，相同的物质分别在等容和等压两种条件下升温，其热容、比热容、摩尔热容也各不相同，如热容就可分为等容热容 C_V 和等压热容 C_p；最后是温度，同一种物质在相同条件下，在 200 K 升高 1 K 与在 800 K 时升高 1 K，其热容、比热容、摩尔热容也各不相同。一般情况下，作近似计算可以假定它们与温度无关。

（二）摩尔等容热容和摩尔等压热容

单位物质的量的物质在等容条件下升高单位热力学温度所吸收的热量，称为摩尔等容热容 $C_{V,\mathrm{m}}$。单位物质的量的物质在等压条件下升高单位热力学温度所吸收的热量，称为摩尔等压热容 $C_{p,\mathrm{m}}$。有

$$C_{V,\mathrm{m}} \stackrel{\text{def}}{=} \frac{C_V}{n} = \frac{1}{n}\frac{\delta Q_V}{\mathrm{d}T} = \frac{1}{n}\left(\frac{\partial U}{\partial T}\right)_V \tag{2.17}$$

$$C_{p,\mathrm{m}} \stackrel{\text{def}}{=} \frac{C_p}{n} = \frac{1}{n}\frac{\delta Q_p}{\mathrm{d}T} = \frac{1}{n}\left(\frac{\partial H}{\partial T}\right)_p \tag{2.18}$$

将式（2.17）和式（2.18）积分得

$$Q_V = \Delta U = n\int_{T_1}^{T_2} C_{V,\mathrm{m}}\mathrm{d}T \tag{2.19}$$

$$Q_p = \Delta H = n\int_{T_1}^{T_2} C_{p,m} \mathrm{d}T \tag{2.20}$$

式（2.19）和式（2.20）对气体、液体和固体都适用，可用来计算它们在没有相变、没有化学反应时，在等容、等压条件下单纯温度变化的 Q_V，ΔU，Q_p，ΔH。

同一物质在相同温度下 $C_{V,\mathrm{m}}$ 与 $C_{p,\mathrm{m}}$ 数值不同，气体的 $C_{V,\mathrm{m}}$ 与 $C_{p,\mathrm{m}}$ 差别较大。按照式（2.17）和式（2.18），可看出 $C_{V,\mathrm{m}}$ 与 $C_{p,\mathrm{m}}$ 的关系为：

$$C_{p,\mathrm{m}} - C_{V,\mathrm{m}} = \left(\frac{\partial H_\mathrm{m}}{\partial T}\right)_p - \left(\frac{\partial U_\mathrm{m}}{\partial T}\right)_V \tag{2.21}$$

将 H 的定义公式 $H=U+pV$ 代入式（2.21）得

$$C_{p,\mathrm{m}} - C_{V,\mathrm{m}} = \left[\frac{\partial\left(U_\mathrm{m} + pV_\mathrm{m}\right)}{\partial \mathrm{T}}\right]_p - \left(\frac{\partial U_\mathrm{m}}{\partial T}\right)_V = \left(\frac{\partial U_\mathrm{m}}{\partial T}\right)_p + p\left(\frac{\partial V_\mathrm{m}}{\partial T}\right)_p - \left(\frac{\partial U_\mathrm{m}}{\partial T}\right)_V \tag{2.22}$$

纯物质的摩尔热力学能是 T 和 V_m 的函数，即 $U_\mathrm{m}=U_\mathrm{m}$（$T$，$V_\mathrm{m}$），微分得

$$\mathrm{d}U_\mathrm{m} = \left(\frac{\partial U_\mathrm{m}}{\partial T}\right)_V \mathrm{d}T + \left(\frac{\partial U_\mathrm{m}}{\partial V}\right)_T \mathrm{d}V_\mathrm{m}$$

两边同除以 $\mathrm{d}T$，有

$$\left(\frac{\partial U_\mathrm{m}}{\partial T}\right)_p = \left(\frac{\partial U_\mathrm{m}}{\partial T}\right)_V + \left(\frac{\partial U_\mathrm{m}}{\partial V}\right)_T \left(\frac{\partial V_\mathrm{m}}{\partial T}\right)_p \tag{2.23}$$

将式（2.23）代入式（2.22），得

$$C_{p,\mathrm{m}} - C_{V,\mathrm{m}} = \left[\left(\frac{\partial U_\mathrm{m}}{\partial V_\mathrm{m}}\right)_T + p\right]\left(\frac{\partial V_\mathrm{m}}{\partial T}\right)_p \tag{2.24}$$

式（2.24）表明，$C_{V,\mathrm{m}}$ 与 $C_{p,\mathrm{m}}$ 的差值与物质的摩尔体积随温度的变化 $\left(\frac{\partial V_\mathrm{m}}{\partial T}\right)_p$ 有关。如果 $\left(\frac{\partial V_\mathrm{m}}{\partial T}\right)_p = 0$，则两种摩尔热容就没有差别。液体和固体的摩尔体积随温度的变化很小，即 $\left(\frac{\partial V_\mathrm{m}}{\partial T}\right)_p \approx 0$，所以对于液体和固体有

$$C_{p,\mathrm{m}} - C_{V,\mathrm{m}} \approx 0 \tag{2.25}$$

后面马上要讲到，对于理想气体有 $\left(\frac{\partial U_\mathrm{m}}{\partial V_\mathrm{m}}\right)_T = 0$，根据 $pV_\mathrm{m} = RT$，又有 $\left(\frac{\partial V_\mathrm{m}}{\partial T}\right)_p = \frac{R}{p}$，结合式（2.24）得

$$C_{p,\mathrm{m}} - C_{V,\mathrm{m}} = R \tag{2.26}$$

（三）理想气体的摩尔热容

统计热力学能够证明，通常温度下，对于单原子理想气体

$$C_{V,\mathrm{m}} = \frac{3}{2}R \tag{2.27}$$

$$C_{p,\mathrm{m}} = \frac{5}{2}R \tag{2.28}$$

对于双原子或线型多原子理想气体

$$C_{V,\mathrm{m}} = \frac{5}{2}R \tag{2.29}$$

$$C_{p,\mathrm{m}} = \frac{7}{2}R \tag{2.30}$$

对于非线型多原子理想气体

$$C_{V,\mathrm{m}} = 3R \tag{2.31}$$

$$C_{p,\mathrm{m}} = 4R \tag{2.32}$$

（四）摩尔热容与温度的关系

一般来说，物质的摩尔热容随温度的升高而增大，但摩尔热容与温度的关系比较复杂，不能用一个公式表示所有物质的摩尔热容与温度的关系，科学家们测出了各种物质在不同温度下的 $C_{p,\mathrm{m}}$ 数值，总结出它与温度关系的经验公式：

$$C_{p,\mathrm{m}} = a + bT + cT^2 \tag{2.33}$$

或

$$C_{p,\mathrm{m}} = a + bT + c'T^{-2} \tag{2.34}$$

式（2.33）和式（2.34）中，a、b、c、c'是经验常量，它们的数值与物质及温度有关，可在附录 5 或有关手册中查出，使用时要注意这些数值适用的温度范围，超出范围则误差大；从不同的书籍中查到的数值会不尽相同，但一般计算结果相差不大。

五、理想气体的热力学能和焓

焦耳在 1843 年做了如下实验，见图 2.2，将两个较大且容量相等的容器，放在一绝热的水浴中，用旋塞连通，容器 A 中装有低压气体，容器 B 为真空，水中插有温度计。把气体视为系统。打开旋塞使 A 中的气体向真空膨胀，膨胀达平衡后，发现水温没有发生变化，这说明膨胀过程中系统与环境之间没有热交换，$Q=0$；气体是向真空膨胀的，有 $W=0$；根据热力学第一定律有 $\Delta U = Q + W = 0$。实验过程中，压力和体积都发生了变化，温度没有变化，热力学能没有变化。由此得出结论，温度一定时，低压气体的热力学能为定值，与压力和体积无关，这就是焦耳定律。焦耳定律的数学表达式推导如下：

封闭系统的 U 由 p、V、T 三个量中的任意两个独立量决定，设由 T、V 决定，则有$U = f(T,V)$，微分得

$$\mathrm{d}U = \left(\frac{\partial U}{\partial T}\right)_V \mathrm{d}T + \left(\frac{\partial U}{\partial V}\right)_T \mathrm{d}V$$

将焦耳实验结果 $\mathrm{d}T=0$，$\mathrm{d}U=0$，$\mathrm{d}V>0$ 用于上式，有

$$\left(\frac{\partial U}{\partial V}\right)_T = 0 \tag{2.35}$$

式（2.35）的物理意义是，低压气体在等温下改变体积，其热力学能不变。

同理，设 U 由 T、p 决定，则有$U = f(T,p)$，微分得

$$\mathrm{d}U = \left(\frac{\partial U}{\partial T}\right)_p \mathrm{d}T + \left(\frac{\partial U}{\partial p}\right)_T \mathrm{d}p$$

将焦耳实验结果 $\mathrm{d}T=0$，$\mathrm{d}U=0$，$\mathrm{d}p<0$ 用于上式，有

$$\left(\frac{\partial U}{\partial p}\right)_T = 0 \tag{2.36}$$

式（2.36）的物理意义是，低压气体在等温下改变压力，其热力学能不变。

综合式（2.35）和式（2.36）得

$$U = f(T) \tag{2.37}$$

式（2.37）就是焦耳定律的数学表达式。它表明封闭系统中的低压气体在没有相变化、没有化学变化时，热力学能只是温度的函数，与体积和压力无关。焦耳实验是不够精确的，只有在压力趋于零，即气体趋于理想气体时，焦耳定律才完全正确。也就说只有理想气体的热力学能才只是温度的函数。

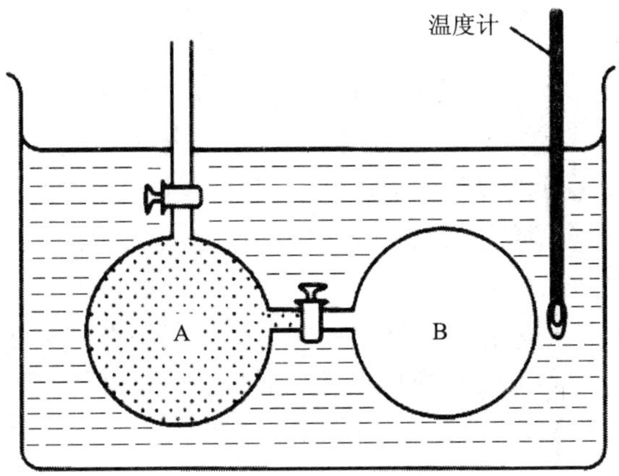

图 2.2　焦耳实验

理想气体的焓也只是温度的函数，证明如下：

根据焓的定义 $H = U + pV$ 和理想气体状态方程 $pV = nRT$ ，有

$$H = U + nRT \tag{2.38}$$

将式（2.38）微分，并结合式（2.37），可得 $\left(\dfrac{\partial H}{\partial V}\right)_T = 0$ 和 $\left(\dfrac{\partial H}{\partial p}\right)_T = 0$ ，所以有

$$H = f(T) \tag{2.39}$$

即封闭系统中的理想气体在没有相变化、没有化学变化时，焓只是温度的函数，与体积和压力无关。

综合式（2.37）和式（2.39），可以得出结论：理想气体的 U 和 H 都只是温度的函数。也就是说，没有相变和化学反应时，理想气体等温过程不论压力和体积如何变化，都有 $\Delta U = 0$ ，$\Delta H = 0$ ，$Q = -W$ 。

第五节 热力学可逆过程与不可逆过程

对热力学过程有不同的分类方法。按照系统和环境是否可以同时复原，分为可逆过程与不可逆过程；按照发生的变化，分为单纯 pVT 变化过程、相变化过程、化学变化过程；按照反应条件，分为等压过程、等容过程、等温过程、绝热过程等。我们根据不同的过程，采取不同的方法，计算过程的 Q、W 和系统的 ΔU、ΔH 。

单纯 pVT 变化、相变化、化学变化都既可以采取可逆方式进行，也可以采取不可逆方式进行。若过程的推动力无限小，系统内部以及系统与环境之间在无限接近平衡的条件下进行的过程叫做可逆过程；若过程的推动力不是无限小，系统与环境之间处于非平衡状态，则过程叫做不可逆过程。由于推动力无限小只是一种理想情况，可逆过程实际上也是一种理想过程。由于可逆过程进行得无限慢，当系统恢复原状时，环境也可以恢复原状。系统发生不可逆过程后，无论采取什么措施，系统和环境不能同时恢复原状。下面以理想气体的膨胀和压缩为例，讨论不可逆过程与可逆过程。

一、不可逆膨胀

如图 2.3 所示，气缸上配有无质量、无摩擦力的理想活塞，气缸中装有理想气体，让气缸与一定温度的热源接触，以保证体积变化在等温条件下进行。始态外压为 4 个砝码，环境压力与系统压力相等，$p_{su,1}=p_1$。终态外压为 1 个砝码，环境压力与系统压力相等 $p_{su,2}=p_2$。尽管相同的始态和终态，膨胀方式不同，做的功却不同。

（1）一步膨胀。如图 2.3（a）所示，把活塞上的砝码同时取走 3 个，环境压力从 p_1 一步降到 p_2，系统发生等外压膨胀，系统对环境做的功为：

$$W=-p_{su,2}(V_2-V_1)=-p_2(V_2-V_1) \qquad (2.40)$$

W 的绝对值等于图 2.3（a）中阴影的面积。

（2）三次膨胀。把活塞上的砝码每次取走 1 个，共取 3 次。取走 1 个砝码 $p_{su}=p'$；取走 2 个砝码 $p_{su}=p''$；取走 3 个砝码 $p_{su}=p_2$。3 次都是等外压膨胀，做的功一共为：

$$W=-p'(V'-V_1)-p''(V''-V')-p_2(V_2-V'') \qquad (2.41)$$

W 的绝对值等于图 2.3（b）中三块阴影面积之和。

显然，三次膨胀比一次膨胀做的功多，如果分更多步膨胀，做的功就会更多。

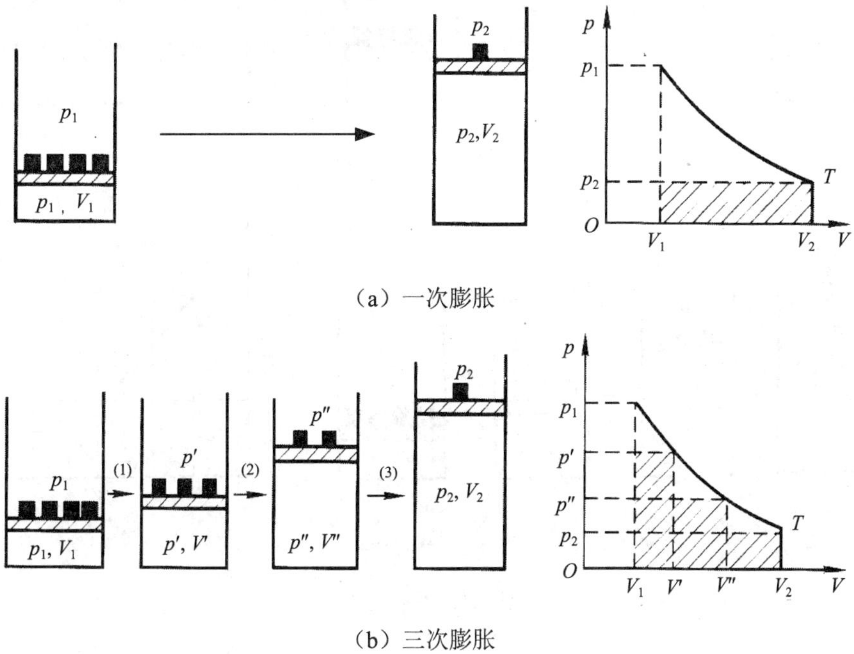

图 2.3　不可逆膨胀

二、不可逆压缩

（1）一步压缩。把系统从 p_2V_2 压缩回 p_1V_1，可以一步压缩，也可以分步压缩。我们先讨论一步压缩。

如图 2.4(a)所示，一次把砝码从 1 个增加到 4 个，把系统从 p_2V_2 压缩回 p_1V_1，这是一个等外压过程，环境对系统做的功为

$$W = -p_1(V_1 - V_2) = p_1(V_2 - V_1) \tag{2.42}$$

W 的数值等于图 2.4（a）中矩形的面积。

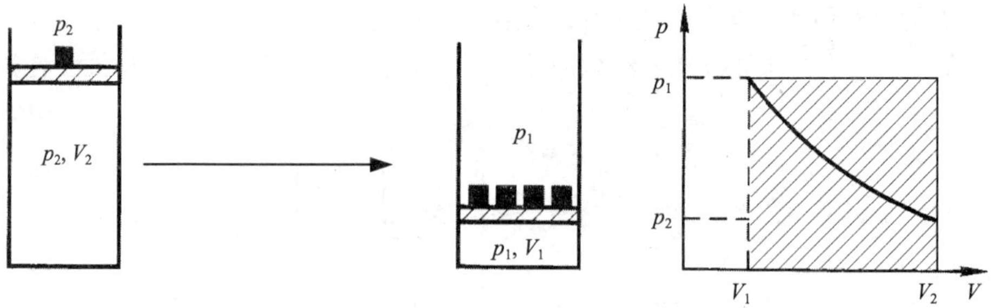

（a）一次压缩

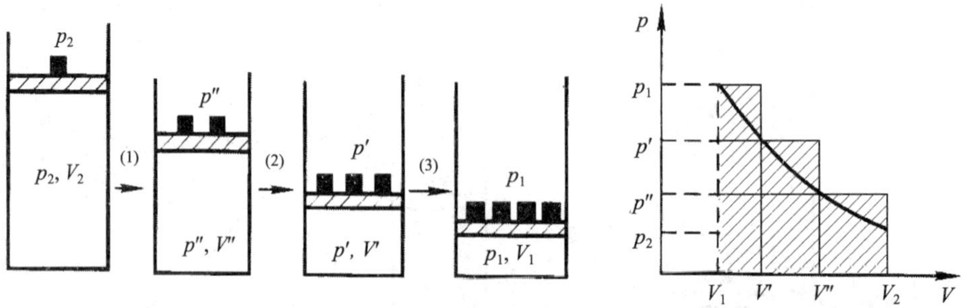

（b）三次压缩

图 2.4 不可逆压缩

（2）三次压缩。在活塞上每次加 1 个砝码，共加 3 次，使砝码从 1 个增加到 4 个。活塞上 2 个砝码时 $p_{su}=p''$；活塞上 3 个砝码时取 $p_{su}=p'$；活塞上 4 个砝码时 $p_{su}=p_1$。3 次都是等外压膨胀，环境对系统做的功一共为：

$$\begin{aligned} W &= -p''(V''-V_2)-p'(V'-V'')-p_1(V_1-V') \\ &= p''(V_2-V'')+p'(V''-V')+p_1(V'-V_1) \end{aligned} \tag{2.43}$$

W 的数值等于图 2.4（b）中三块矩形面积之和。

三、可逆膨胀与可逆压缩

如图 2.5 所示，在活塞上放一堆极细的沙子，沙子重量等于 4 个砝码，每次去掉一粒沙子，环境压力就减少 dp，每去掉一粒沙子就发生一次等外压膨胀，直到沙子减少到与 1 个砝码等重为止。系统对环境做的功为：

$$W=-\int_{V_1}^{V_2}p_{su}\mathrm{d}V=-\int_{V_1}^{V_2}(p-\mathrm{d}p)\mathrm{d}V=-\int_{V_1}^{V_2}p\mathrm{d}V \tag{2.44}$$

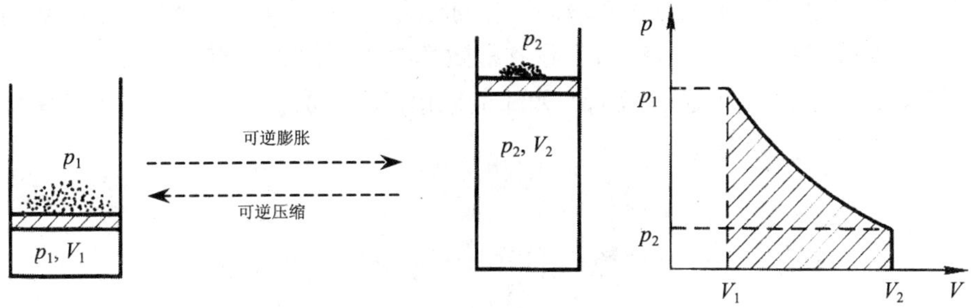

图 2.5 可逆膨胀与可逆压缩

沙子越细，膨胀越慢，沙子无限细时，膨胀无限慢，这就是可逆膨胀，功的绝对值等于图 2.5 中的阴影面积。显然可逆膨胀比不可逆膨胀做的功都大，这是系统对环境做功绝对值的最大值。

压缩回来的过程中，每次加上一粒沙子，环境压力就增加 dp，每增加一粒沙子就发生一次等外压压缩，直到沙子增加到与 4 个砝码等重为止。环境对系统做的功为：

$$W=-\int_{V_2}^{V_1} p_{\mathrm{su}}\mathrm{d}V=-\int_{V_2}^{V_1}(p+\mathrm{d}p)\mathrm{d}V=-\int_{V_2}^{V_1} p\mathrm{d}V \tag{2.45}$$

沙子越细，压缩越慢，沙子无限细时，压缩无限慢，这就是可逆压缩，功的绝对值等于图 2.5 中的阴影面积。显然可逆压缩比不可逆压缩做的功都小，这是环境对系统做功的最小值。

我们希望膨胀过程中系统对环境做的功越大越好，压缩过程中环境对系统做的功越小越好，从图 2.5 可以看出，最好的可能是两者相等。从始态膨胀到终态，再从终态压缩回始态，系统复原了，但环境不一定复原，在不可逆过程中，环境得到的功少，失去的功多，没有复原；在可逆过程中，环境得到的功与失去的功一样多，环境复原了。

可逆过程有很多种，主要有可逆单纯 pVT 变化、可逆相变化、可逆化学变化等。可逆过程共同特征是：

（1）过程进行得无限慢，系统始终无限接近平衡，所以可逆意味着平衡。

（2）可逆过程中系统对环境做的功最大，环境对系统做的功最小，即可逆过程效率最高。

（3）系统按照原过程的逆方向回到始态，系统与环境同时复原，同时复原后系统与环境之间既没有功的交换，也没有热量交换。

现实生产中，任何过程都不能以无限慢的速率进行，因此可逆过程只是一种理想过程，实际上并不存在。但可逆过程有着非常重要的理论意义，通过前面的介绍，我们知道可逆过程的效率最高，实际过程中，分的步骤越多，越接近可逆过程，效率就越高，这就给提高实际过程效率提供了思路。有些状态函数的变量（如熵变），只有通过可逆过程的方程才能求出，这些状态函数的变化值常常能帮助我们解决很多实际问题。

第六节　理想气体的单纯 pVT 变化过程

没有相变、没有化学反应，只是压力、体积、温度发生变化的过程叫做单纯 pVT 变化过程。理想气体的单纯 pVT 变化过程又可分为等温、等压、等容、绝热过程。由于理想气体的 U 和 H 只是温度的函数，所以不管等温、等压、等容还是绝热，在计算 ΔU 和 ΔH 时，只考虑温度，不用考虑压力和体积。有

$$\Delta U = n\int_{T_1}^{T_2} C_{V,\mathrm{m}}\mathrm{d}T = nC_{V,\mathrm{m}}(T_2 - T_1) \tag{2.46}$$

$$\Delta H = n\int_{T_1}^{T_2} C_{p,\mathrm{m}}\mathrm{d}T = nC_{p,\mathrm{m}}(T_2 - T_1) \tag{2.47}$$

Q 和 W 与过程有关，必须根据不同的过程来计算。

一、等温过程

等温过程即 $T = T_{\mathrm{su}} =$ 常数，根据式（2.46）和式（2.47）有

$$\Delta U = \Delta H = 0$$

再由热力学第一定律的数学表达式 $\Delta U = Q + W$ 得 $Q = -W$。

理想气体等温过程又可分为多种形式，分述如下。

（一）等温恒外压过程

$$W = -\int_{V_1}^{V_2} p_{\mathrm{su}}\mathrm{d}V = -p_{\mathrm{su}}(V_2 - V_1) = -p_{\mathrm{su}}nRT\left(\frac{1}{p_2} - \frac{1}{p_1}\right) \tag{2.48}$$

（二）自由膨胀过程

自由膨胀即向真空膨胀，可以认为是等温恒外压过程的一个特例，有

$$p_{\mathrm{su}} = 0 \tag{2.49}$$

$$W = 0 \tag{2.50}$$

（三）等温可逆过程

由 $p_{su} = p \pm dp$ 得

$$W = -\int_{V_1}^{V_2} p_{su} dV = -\int_{V_1}^{V_2} (p \pm dp) dV = -\int_{V_1}^{V_2} p dV = -\int_{V_1}^{V_2} \frac{nRT}{V} dV$$

$$= -nRT \ln \frac{V_2}{V_1} = -nRT \ln \frac{p_1}{p_2} \tag{2.51}$$

式（2.51）在很多计算中都要用到，是非常重要的公式。

二、等压过程

等压过程即 $p = p_{su} =$ 常数，根据式（2.20） 和式（2.47）有

$$Q_p = \Delta H = n\int_{T_1}^{T_2} C_{p,m} dT = nC_{p,m}(T_2 - T_1) \tag{2.52}$$

$$W = -\int_{V_1}^{V_2} p_{su} dV = -\int_{V_1}^{V_2} p dV = -p(V_2 - V_1) = -nR(T_2 - T_1) \tag{2.53}$$

三、等容过程

等容过程系统体积不变，即 V=常数，有

$$W = -\int_{V_1}^{V_2} p_{su} dV = 0 \tag{2.54}$$

根据热力学第一定律的数学表达式和式（2.46）有

$$Q_V = \Delta U = n\int_{T_1}^{T_2} C_{V,m} dT = nC_{V,m}(T_2 - T_1) \tag{2.55}$$

【例 2.2】 已知 N_2 为理想气体，$C_{p,m}$=28.00 J·K^{-1}·mol^{-1}。4 mol N_2 在 27℃，1.0 MPa 等温可逆膨胀到 0.1 MPa，再等压升温至 127℃，求系统的 ΔH 、ΔU 以及过程的 Q 和 W。

解：全过程可用方框图表示如下：

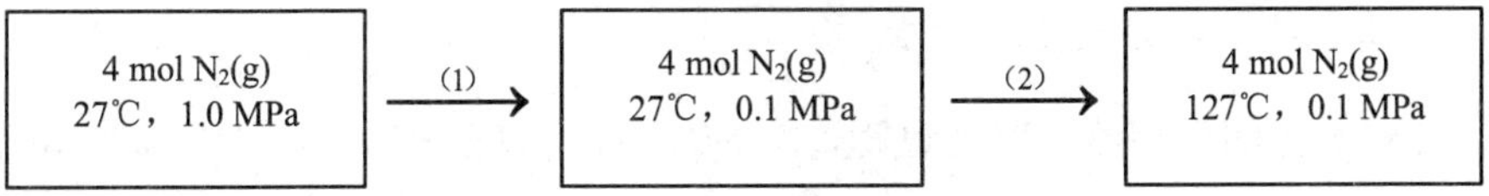

理想气体的 U 和 H 只是温度的函数，即只与始态和终态的温度有关。

$\Delta H = nC_{p,m}(T_2 - T_1) = \{4 \times 28.00 \times (400.15 - 300.15)\}$ J=11 200 J=11.200 kJ

$$\Delta U = nC_{V,\mathrm{m}}(T_2 - T_1) = n(C_{p,\mathrm{m}} - R)(T_2 - T_1)$$
$$= \{4 \times (28.00 - 8.314) \times (400.15 - 300.15)\}\ \mathrm{J} = 7\,874\ \mathrm{J} = 7.874\ \mathrm{kJ}$$

$$W_1 = -nRT\ln\frac{p_1}{p_2} = \left\{-4 \times 8.314 \times 300.15\ln\frac{1.0}{0.1}\right\}\mathrm{J} = -22\,984\ \mathrm{J} = -22.984\ \mathrm{kJ}$$

$$W_2 = -p(V_2 - V_1) = -nR(T_2 - T_1)$$
$$= \{-4 \times 8.314(400.15 - 300.15)\}\ \mathrm{J} = -3\,326\ \mathrm{J} = -3.326\ \mathrm{kJ}$$

$$W = W_1 + W_2 = (-22.984 - 3.326)\mathrm{kJ} = -26.310\ \mathrm{kJ}$$

$$Q = \Delta U - W = [7.874 - (-26.310)]\mathrm{kJ} = 34.184\ \mathrm{kJ}$$

四、绝热过程

理想气体的绝热过程与其他过程的重要区别是，从同一始态出发分别经绝热可逆过程和绝热不可逆过程不能到达相同终态。例如，把始态相同的理想气体压缩到相同的体积，绝热可逆过程系统得到的功少，绝热不可逆过程系统得到的功多，即 $W_\mathrm{r} < W_\mathrm{ir}$（r 代表可逆，ir 代表不可逆），但都有 $Q = 0$，于是，根据热力学第一定律有 $\Delta U_\mathrm{r} < \Delta U_\mathrm{ir}$，理想气体的 U 只是温度的函数，所以可逆过程的终态温度小于不可逆过程，即 $T_{2,\mathrm{r}} < T_{2,\mathrm{ir}}$，这样系统的终态就不相同了。在进行有关计算时，如果始态和终态都已经确定，绝热可逆与不可逆过程不能互相代替。

（一）对绝热可逆过程与绝热不可逆过程都适用的公式

只要是绝热过程，不论可逆或不可逆都有

$$Q = 0 \tag{2.56}$$

$$W = \Delta U = n\int_{T_1}^{T_2} C_{V,\mathrm{m}}\mathrm{d}T = nC_{V,\mathrm{m}}(T_2 - T_1) \tag{2.57}$$

在式（2.57）中，绝热可逆与绝热不可逆过程的 T_2 不同，计算结果也不同。

（二）绝热可逆过程方程式

理想气体的微小绝热可逆过程，有 $\delta Q = 0$，$\mathrm{d}U = \delta W$，如果没有非体积功，则

$$nC_{V,\mathrm{m}}\mathrm{d}T = -p_\mathrm{su}\mathrm{d}V \tag{2.58}$$

可逆过程 $p_{\text{su}} \approx p$，且 $p=\dfrac{nRT}{V}$，代入式（2.58）得

$$C_{V,\text{m}}\frac{\text{d}T}{T}=-R\frac{\text{d}V}{V}$$

将上式积分得　$\int_{T_1}^{T_2} C_{V,\text{m}}\dfrac{\text{d}T}{T}=\int_{V_1}^{V_2}-R\dfrac{\text{d}V}{V}$，即

$$C_{V,\text{m}}\ln\frac{T_2}{T_1}=-R\ln\frac{V_2}{V_1}$$

对理想气体有 $\dfrac{T_2}{T_1}=\dfrac{p_2V_2}{p_1V_1}$，$C_{p,\text{m}}-C_{V,\text{m}}=R$，代入上式得

$C_{V,\text{m}}\ln\dfrac{p_2}{p_1}=C_{p,\text{m}}\ln\dfrac{V_1}{V_2}$，即

$$\frac{p_2}{p_1}=\left(\frac{V_1}{V_2}\right)^{\frac{C_{p,\text{m}}}{C_{V,\text{m}}}} \tag{2.59}$$

对于理想气体定义其热容比为

$$\gamma=\frac{C_{p,\text{m}}}{C_{V,\text{m}}} \tag{2.60}$$

将式（2.60）代入式（2.59）得

$$p_1V_1^{\gamma}=p_2V_2^{\gamma} \tag{2.61}$$

将 $p=\dfrac{nRT}{V}$ 代入式（2.61）得

$$T_1V_1^{\gamma-1}=T_2V_2^{\gamma-1} \tag{2.62}$$

将 $V=\dfrac{nRT}{p}$ 代入式（2.61）得

$$p_1^{1-\gamma}T_1^{\gamma}=p_2^{1-\gamma}T_2^{\gamma} \tag{2.63}$$

在进行理想气体绝热可逆过程的计算时，如果方框图中的某一方框里，pVT 三项中缺一项，通常用 $pV=nRT$ 将缺项求出，比较简便；如果 pVT 三项中缺两项，用 $pVT=nRT$ 无法计算，这时可用式（2.61）、式（2.62）或式（2.63）将缺项求出。

再看绝热可逆过程体积功的计算方法，可逆过程的体积功

$$W = -\int_{V_1}^{V_2} p\mathrm{d}V \tag{2.64}$$

由式（2.61）可知系统的 pV^{γ} 为常数，即

$$pV^{\gamma} = K \tag{2.65}$$

将式（2.65）代入式（2.64）得

$$W = \frac{p_1V_1^{\gamma}}{\gamma - 1}\left(\frac{1}{V_2^{\gamma-1}} - \frac{1}{V_1^{\gamma-1}}\right) \tag{2.66}$$

对理想气体绝热可逆过程用式（2.66）和式（2.57）计算体积功，结果是一样的。

【例 2.3】 某双原子理想气体 4 mol，从始态 p_1＝50 kPa，V_1＝160 dm^3，经绝热可逆过程压缩到终态 p_2＝200 kPa，求 $\Delta U, \Delta H$ 及过程的 W, Q。

解：方法一：

$n = 4\ \mathrm{mol}$ $p_1 = 50\ \mathrm{kPa}$ $V_1 = 160\ \mathrm{dm}^3$ $T_1 = ?$	绝热可逆 →	$n = 4\ \mathrm{mol}$ $p_2 = 200\ \mathrm{kPa}$ $V_2 = ?$ $T_2 = ?$

$$T_1 = \frac{p_1V_1}{nR} = \left\{\frac{50\times10^3\times160\times10^{-3}}{4\times8.314}\right\}\mathrm{K}=240.56\ \mathrm{K}$$

双原子理想气体的热容比 $\gamma = 1.4$。

再由式（2.63）得

$$T_2 = \left(\frac{p_1}{p_2}\right)^{\frac{1-\gamma}{\gamma}} \times T_1 = \left\{\left(\frac{50}{200}\right)^{\frac{1-1.4}{1.4}} \times 240.56\right\}\mathrm{K} = 357.47\ \mathrm{K}$$

理想气体的 U 和 H 都只是温度的函数：

$$W = \Delta U = nC_{V,\mathrm{m}}(T_2 - T_1) = \left\{4\times\frac{5}{2}\times8.314\times(357.47-240.56)\right\}\mathrm{J}=9\ 720\ \mathrm{J}$$

$$\Delta H = nC_{p,\mathrm{m}}(T_2 - T_1) = \left\{4\times\frac{7}{2}\times 8.314\times(357.47-240.56)\right\}\mathrm{J}=13\ 608\ \mathrm{J}$$

绝热过程 $Q=0$。

方法二：

由式（2.61）得

$$V_2 = \left(\frac{p_2}{p_1}\right)^{-\frac{1}{\gamma}} V_1 = \left\{\left(\frac{200}{50}\right)^{-\frac{1}{1.4}}\times 160\times 10^{-3}\right\}\mathrm{m}^3 = 0.059\ 44\ \mathrm{m}^3$$

$$T_2 = \frac{p_2 V_2}{nR} = \left\{\frac{200\times 10^3\times 0.059\ 44}{4\times 8.314}\right\}\mathrm{K} = 357.47\ \mathrm{K}$$

由式（2.66） 得

$$W = \frac{p_1 V_1^{\gamma}}{\gamma - 1}\left(\frac{1}{V_2^{\gamma-1}} - \frac{1}{V_1^{\gamma-1}}\right) = \left\{\frac{50\times 10^3\times 0.16^{1.4}}{1.4-1}\left(\frac{1}{0.059\ 44^{1.4-1}} - \frac{1}{0.16^{1.4-1}}\right)\right\}\mathrm{J} = 9\ 720\ \mathrm{J}$$

绝热过程 $Q=0$。

由焓的定义式 $H=U+pV$ 得

$$\Delta H = \Delta U + \Delta(pV) = \left\{9\ 720 + (200\times 10^3\times 0.059\ 44 - 50\times 10^3\times 0.160)\right\}\mathrm{J}$$
$$= 13\ 608\ \mathrm{J}$$

第七节　化学变化过程

一、化学反应进度与摩尔反应进度

化学反应通常是在等温等压或者等温等容条件下进行的。

对同一个反应的同一个进行程度，若用不同的物质描述，就会出现不同的数字，如 N_2+3H_2 ══ 2NH_3，生成 2 mol 氨气，用氨气描述为 2 mol，用氮气描述为 −1 mol，用氢气描述为 −3 mol。为了避免出现这样的混乱，需要引入一个物理量——化学反应进度，其符号为 ξ 。反应开始时 $\xi = 0$，系统中任一物质 B 的物质的量为 $n_{\mathrm{B}}(0)$，反应进行到 ξ 时，B 的物质的量为 $n_{\mathrm{B}}(\xi)$，定义

$$n_{\mathrm{B}}(\xi) \overset{\mathrm{def}}{=} n_{\mathrm{B}}(0) + \nu_{\mathrm{B}}\xi \tag{2.67}$$

式中ν_B为 B 的化学计量数。由式（2.67）得

$$\xi = \frac{n_B(\xi) - n_B(0)}{\nu_B} = \frac{\Delta n_B}{\nu_B} \tag{2.68}$$

可以看出，ξ 的单位是 mol，如果系统中发生了微量反应，有

$$d\xi = \frac{dn_B}{\nu_B} \tag{2.69}$$

引入了ξ 以后，对同一个反应的同一个进行程度，用任意物质来描述，ξ 的数值都是一样的，就不会出现混乱。

【例 2.4】 对于反应 $N_2+3H_2 = 2NH_3$，若生成 6 mol NH_3，用三种物质分别求化学反应进度。

解：用 NH_3 计算 $\xi = \left\{\frac{6}{2}\right\}\text{mol} = 3\ \text{mol}$

用 N_2 计算 $\xi = \left\{\frac{-3}{-1}\right\}\text{mol} = 3\ \text{mol}$

用 H_2 计算 $\xi = \left\{\frac{-9}{-3}\right\}\text{mol} = 3\ \text{mol}$

需要强调的是，ξ 与化学反应计量方程的写法有关，对例 2.3，若把反应式写为$\frac{1}{2}N_2+\frac{3}{2}H_2=NH_3$，则有$\xi = 6\ \text{mol}$。

当$\xi = 1\ \text{mol}$时的化学反应进度称为摩尔反应进度。

二、物质的热力学标准态

在计算状态函数的变化值时，为方便计算，需要规定某些状态为标准状态（简称标准态），用右上标“$\ominus$”表示，如标准压力写为“$p^{\ominus}$”，标准浓度写为“$c^{\ominus}$”等。当反应物和生成物都处于标准状态时，反应的热力学函数变非常有用。

热力学标准态对温度没有作规定，就是说任意温度下都可以有标准态，在一般的数据表中查到的标准态数据都是 298.15 K 时的数据，例如，我们可以查到 298.15 K 时 CO 的标准摩尔生成焓 $\Delta_f H_m^{\ominus}(298.15,\text{CO}) = -137.285\ \text{kJ}\cdot\text{mol}^{-1}$。

气体的标准态：纯气体 B 的标准态为温度 T，压力为 $p^{\ominus} = 100\ \text{kPa}$，且 B 具有理想气体特性；混合气体中的任一组分 B 的标准态为温度 T，B 的分压为 $p^{\ominus} = 100\ \text{kPa}$，且 B 具有理想气体特性。气体的标准状态只是一种理想状态。

液体或固体的标准态：温度为 T，压力为 $p^{\ominus} = 100\ \text{kPa}$ 时的纯液体或纯固体为标准态。

溶液的标准态：一般规定，对于溶剂温度为 T，压力为 $p^{\ominus}$=100 kPa 时的纯溶剂为标准态；对于溶质，温度为 T，压力为 $p^{\ominus}$=100 kPa，浓度为 $c^{\ominus}$=1 mol · dm^{-3}，或 $b^{\ominus}$=1 mol · kg^{-1} 为其标准态，这一点在多组分系统热力学中还要讲到。

三、标准摩尔生成焓与标准摩尔燃烧焓

焓没有绝对零点，需要我们规定一个零点，规定温度 298.15 K 时，稳定单质的标准摩尔生成焓为零。稀有气体的稳定单质为其单原子气体 He（g），Ne（g）等；氢，氧，氮，氯等的稳定单质为其双原子气体 H_2（g），O_2（g），N_2（g），Cl_2（g）等，O_3 是氧的不稳定单质；碳的稳定单质是石墨，金刚石是碳的不稳定单质；硫的稳定单质是正交硫，单斜硫是硫的不稳定单质。标准摩尔生成焓的符号是 $\Delta_f H_m^{\ominus}$，下标“f”表示“formation”。标准摩尔生成焓的定义是：在温度 T 时，由各处于标准压力 $p^{\ominus}$下的稳定单质生成标准压力 $p^{\ominus}$下的 1 mol B 物质时的焓变，称为 B 物质的标准摩尔生成焓。一般物质在 25℃时的标准摩尔生成焓可在有关的手册或附录中查到，稳定单质的摩尔生成焓为零，就不用查了。

在温度 T 时，1 mol 标准压力 $p^{\ominus}$下的可燃物质 B 完全燃烧，生成标准压力 $p^{\ominus}$下指定产物时的标准摩尔焓变，称为 B 的标准摩尔燃烧焓，符号为 $\Delta_c H_m^{\ominus}$，下标“c”表示“combustion”。所谓指定产物是：C 变成 CO_2（g），H 变成 H_2O（l），S 变成 SO_2（g），N 变成 N_2（g），Cl 变成 HCl（aq）。常见物质的标准摩尔燃烧焓也可以在有关的手册或附录中查到。

四、化学反应的焓[变]和热力学能[变]

化学反应的焓[变]和热力学能[变]的符号分别是 $\Delta_r H$ 和 $\Delta_r U$，下标“r”表示“reaction”。H 和 U 都是广度性质，$\Delta_r H$ 和 $\Delta_r U$ 与反应进度有关，例如，酸碱反应中，生成 1 mol 水与生成 2 mol 水，$\Delta_r H$ 和 $\Delta_r U$ 都不一样。$\Delta_r H_m$ 和 $\Delta_r U_m$ 分别表示反应的摩尔焓[变]和摩尔热力学能[变]：

$$\Delta_r H_m = \frac{\Delta_r H}{\Delta \xi} \tag{2.70}$$

$$\Delta_r U_m = \frac{\Delta_r U}{\Delta \xi} \tag{2.71}$$

需要强调的是 $\Delta_r H_m$ 和 $\Delta_r U_m$ 的单位 J · mol^{-1}，但这里的 mol^{-1} 指的是每摩尔反应进度，而不是物质的量。前面讲到ξ与化学反应计量方程的写法有关，因此$\Delta_r H_m$ 和$\Delta_r U_m$ 也与化学反应计量方程的写法有关，把反应方程式的计量数扩大一倍，$\Delta_r H_m$ 和$\Delta_r U_m$ 也随之扩大一倍。

$$H_2(g)+Cl_2(g) \longrightarrow 2HCl(g) \qquad \Delta_r H_m = -184.6\ kJ \cdot mol^{-1}$$

这里是指 1 mol H_2（g）与 1 mol Cl_2（g）反应生成 2 mol HCl（g）时焓变为－184.6 kJ。

如果参加反应的各物质都处于标准状态，这时的摩尔焓[变]，就是标准摩尔焓[变]，符号为 $\Delta_r H_m^{\ominus}$。

计算反应标准摩尔焓[变]的方法通常有两个，一个是通过标准摩尔生成焓计算，另一个是通过标准摩尔燃烧焓计算。公式为

$$\Delta_r H_m^{\ominus}(T) = \sum_B \nu_B \Delta_f H_m^{\ominus}(B,相态，T) \tag{2.72}$$

$$\Delta_r H_m^{\ominus}(T) = -\sum_B \nu_B \Delta_c H_m^{\ominus}(B,相态，T) \tag{2.73}$$

在有关手册和附录中查到的生成焓和燃烧焓都是 25℃的数据，所以由式（2.72）和式（2.73）得到的反应焓也是 25℃的数据。

下面讨论如何把化学反应的焓[变]换算为热力学能[变]，根据焓的定义

$$H = U + pV$$

$$\Delta H = \Delta U + \Delta(pV)$$

对于反应式两边没有气体出现的反应，液体、固体之间体积变化不大，$\Delta(pV) \approx 0$，所以有

$$\Delta_r H_m^{\ominus} = \Delta_r U_m^{\ominus} \tag{2.74}$$

对于反应式两边有气体出现的反应，并且假定气体是理想气体，有

$$\Delta_r H_m^{\ominus} = \frac{\Delta_r H^{\ominus}}{\Delta\xi} = \frac{\Delta_r U^{\ominus}}{\Delta\xi} + \frac{\Delta(pV)}{\Delta\xi} \approx \frac{\Delta_r U^{\ominus}}{\Delta\xi} + \frac{\Delta(n_g RT)}{\Delta\xi}$$

即

$$\Delta_r H_m^{\ominus} = \Delta_r U_m^{\ominus} + RT\sum_B \nu_B(B,g)$$

亦即

$$\Delta_r U_m^{\ominus} = \Delta_r H_m^{\ominus} - RT\sum_B \nu_B(B,g) \tag{2.75}$$

式（2.75）中 $\sum_B \nu_B(B,g)$ 是反应式中气相物质化学计量数的代数和。式（2.75）

可用来把反应的标准摩尔焓[变]换算成标准热力学能[变]。

如果反应在等压条件下进行，有

$$Q_p = \Delta_r H \tag{2.76}$$

如果反应在等容条件下进行，有

$$Q_V = \Delta_r U \tag{2.77}$$

我们可由式（2.76）和式（2.77）计算反应的等压热和等容热。

五、化学反应焓变、热力学能变与温度的关系

由式（2.72）和式（2.73）得到的化学反应焓变是 25℃的数值，把这样的焓变通过式（2.75）换算得到的热力学能变也是 25℃的数值，实际生产和实验往往不在 25℃进行，这样就需要把 25℃时的数值换算为其他温度的数值。德国化学家基尔霍夫（Kirchhoff）导出了化学反应焓变与温度的关系，称为基尔霍夫定律，现介绍如下：

设反应 $a\text{A}+b\text{B} \longrightarrow y\text{Y}+z\text{Z}$ 实际在温度 T_2 进行，欲求其焓变 $\Delta_r H_m^\ominus(T_2)$，而该反应在 T_1（往往是 25℃）的焓变 $\Delta_r H_m^\ominus(T_1)$ 则可通过式（2.72）、式（2.73）求出，故 $\Delta_r H_m^\ominus(T_1)$ 可看做已知，如图 2.6 所示，我们把 T_2 下的反应分三步完成：

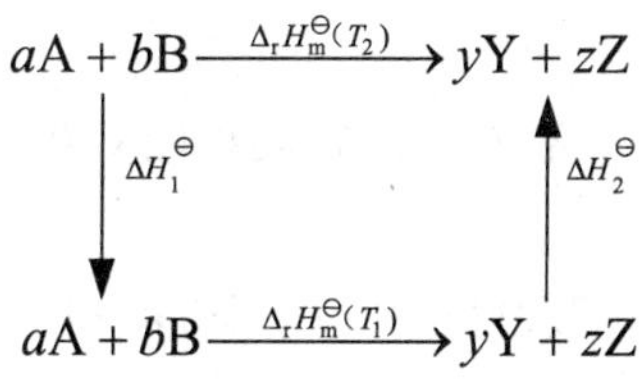

图 2.6　$\Delta_r H_m^\ominus$ 与温度关系

第一步在等压条件下把反应物从 T_2 变到 T_1，第二步在 T_1 时把反应物转化为生成物，第三步在等压条件下把生成物从 T_1 变到 T_2。根据状态函数法，焓是状态函数，焓变只与始态和终态有关，与过程无关，有

$$\Delta_r H_m^\ominus(T_2) = \Delta H_1^\ominus + \Delta_r H_m^\ominus(T_1) + \Delta H_2^\ominus \tag{2.78}$$

其中

$$\Delta H_1^\ominus = \int_{T_2}^{T_1} \left[aC_{p,m}^\ominus(\text{A}) + bC_{p,m}(\text{B}) \right] \mathrm{d}T \tag{2.79}$$

$$\Delta H_2^\ominus = \int_{T_1}^{T_2} \left[yC_{p,m}^\ominus(\text{Y}) + zC_{p,m}(\text{Z}) \right] \mathrm{d}T \tag{2.80}$$

把式（2.79）和式（2.80）代入式（2.78）得

$$\Delta_r H_m^{\ominus}(T_2)=\Delta_r H_m^{\ominus}(T_1)+\int_{T_1}^{T_2}\left[yC_{p,m}(Y)+zC_{p,m}(Z)-aC_{p,m}(A)-bC_{p,m}(B)\right]dT$$

即

$$\Delta_r H_m^{\ominus}(T_2)=\Delta_r H_m^{\ominus}(T_1)+\int_{T_1}^{T_2}\sum_B \nu_B C_{p,m}(B)\,dT \qquad (2.81)$$

式（2.81）即为基尔霍夫定律的表达式，通常 $T_1=298.15\ \mathrm{K}$，式（2.81）可化为

$$\Delta_r H_m^{\ominus}(T)=\Delta_r H_m^{\ominus}(298.15\mathrm{K})+\int_{298.15\mathrm{K}}^{T}\sum_B \nu_B C_{p,m}(B)\,dT \qquad (2.82)$$

【例 2.5】 合成氨的反应如下：

$$N_2(g)+3H_2(g) = 2NH_3(g)$$

已知 298.15 K 时氨气的标准摩尔生成焓 $\Delta_f H_m^{\ominus}(NH_3)=-46.19\ \mathrm{kJ\cdot mol^{-1}}$，各物质的等压热容为：

$$C_{p,m}(N_2)=[26.98+5.912\times10^{-3}T-3.676\times10^{-7}T^2]\mathrm{J\cdot K^{-1}\cdot mol^{-1}}$$

$$C_{p,m}(H_2)=[29.07-0.837\times10^{-3}T+20.12\times10^{-7}T^2]\mathrm{J\cdot K^{-1}\cdot mol^{-1}}$$

$$C_{p,m}(NH_3)=[25.89+33.00\times10^{-3}T-30.46\times10^{-7}T^2]\mathrm{J\cdot K^{-1}\cdot mol^{-1}}$$

请计算该反应在 398.15 K 时的标准摩尔反应焓。

解： N_2 和 H_2 为稳定单质 $\Delta_f H_m^{\ominus}(N_2,298.15\ \mathrm{K})=\Delta_f H_m^{\ominus}(H_2,298.15\ \mathrm{K})=0$

根据由标准摩尔生成焓求标准摩尔反应焓的公式有

$$\begin{aligned}\Delta_r H_m^{\ominus}(298.15\ \mathrm{K})&=\sum_B \nu_B \Delta_f H_m^{\ominus}(B,\text{相态},298.15\ \mathrm{K})\\&=2\Delta_f H_m^{\ominus}(NH_3,g,298.15\ \mathrm{K})-\Delta_f H_m^{\ominus}(N_2,g,298.15\ \mathrm{K})\\&\quad-3\Delta_f H_m^{\ominus}(H_2,g,298.15\ \mathrm{K})\\&=\{2\times(-46.19)-0-3\times0\}\mathrm{kJ\cdot mol^{-1}}\\&=-92.38\ \mathrm{kJ\cdot mol^{-1}}\end{aligned}$$

$$\sum_B \nu_B a(B)=\{2\times25.89-1\times26.98-3\times29.07\}\mathrm{J\cdot K^{-1}\cdot mol^{-1}}=-62.41\ \mathrm{J\cdot K^{-1}\cdot mol^{-1}}$$

$$\sum_B \nu_B b(B) = \left\{[2\times 33.0 - 1\times 5.912 - 3\times(-0.837)]\times 10^{-3}\right\} J\cdot K^{-1}\cdot mol^{-1}$$

$$= 62.60\times 10^{-3} J\cdot K^{-1}\cdot mol^{-1}$$

$$\sum_B \nu_B c(B) = \left\{[2\times(-30.46) - 1\times(-3.376) - 3\times 20.12]\times 10^{-7}\right\} J\cdot K^{-1}\cdot mol^{-1}$$

$$= -117.9\times 10^{-7} J\cdot K^{-1}\cdot mol^{-1}$$

$$\sum_B \nu_B C_{p,m}^{\ominus}(B) = \left\{-62.41 + 62.60\times 10^{-3} T - 117.9\times 10^{-7} T^2\right\} J\cdot K^{-1}\cdot mol^{-1}$$

根据基尔霍夫定律有

$$\Delta_r H_m^{\ominus}(398.15\,K) = \Delta_r H_m^{\ominus}(298.15\,K) + \int_{298.15K}^{398.15K} \sum_B \nu_B C_{p,m}^{\ominus}(B)\,dT$$

$$= \left\{-92\,380 + \int_{298.15K}^{398.15K}(-62.41 + 62.60\times 10^{-3} T - 117.9\times 10^{-7} T^2)dT\right\} J\cdot mol^{-1}$$

$$= -96.59\ kJ\cdot mol^{-1}$$

热力学能变与温度的关系和焓变与温度的关系相似，设反应 $aA+bB \longrightarrow yY+zZ$ 实际在温度 T_2 进行，欲求其热力学能变 $\Delta_r U_m^{\ominus}(T_2)$，而该反应在 T_1（往往是 25℃）的焓变 $\Delta_r U_m^{\ominus}(T_1)$ 则可通过式（2.75）或其他方法求出，故 $\Delta_r U_m^{\ominus}(T_1)$ 可看做已知，如图 2.7 所示，我们把 T_2 下的反应分三步完成：

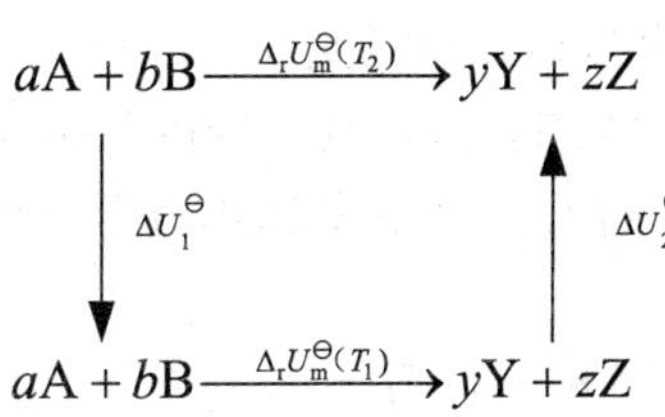

图 2.7　$\Delta_r U_m^{\ominus}$ 与温度关系

第一步在等容条件下把反应物从 T_2 变到 T_1，第二步在 T_1 时把反应物转化为生成物，第三步在等容条件下把生成物从 T_1 变到 T_2。根据状态函数法，热力学能是状态函数，热力学能变只与始态和终态有关，与过程无关，有

$$\Delta_r U_m^{\ominus}(T_2) = \Delta U_1^{\ominus} + \Delta_r U_m^{\ominus}(T_1) + \Delta U_2^{\ominus} \tag{2.83}$$

其中

$$\Delta U_1^{\ominus} = \int_{T_2}^{T_1} \left[aC_{V,\mathrm{m}}^{\ominus}(\mathrm{A}) + bC_{V,\mathrm{m}}^{\ominus}(\mathrm{B}) \right] \mathrm{d}T \tag{2.84}$$

$$\Delta U_2^{\ominus} = \int_{T_1}^{T_2} \left[yC_{V,\mathrm{m}}^{\ominus}(\mathrm{Y}) + zC_{V,\mathrm{m}}^{\ominus}(\mathrm{Z}) \right] \mathrm{d}T \tag{2.85}$$

把式（2.84）和式（2.85）代入式（2.83）得

$$\Delta_{\mathrm{r}} U_{\mathrm{m}}^{\ominus}(T_2) = \Delta_{\mathrm{r}} U_{\mathrm{m}}^{\ominus}(T_1) + \int_{T_1}^{T_2} \left[yC_{V,\mathrm{m}}^{\ominus}(\mathrm{Y}) + zC_{V,\mathrm{m}}^{\ominus}(\mathrm{Z}) - aC_{V,\mathrm{m}}^{\ominus}(\mathrm{A}) - bC_{V,\mathrm{m}}^{\ominus}(\mathrm{B}) \right] \mathrm{d}T$$

即

$$\Delta_{\mathrm{r}} U_{\mathrm{m}}^{\ominus}(T_2) = \Delta_{\mathrm{r}} U_{\mathrm{m}}^{\ominus}(T_1) + \int_{T_1}^{T_2} \sum_{\mathrm{B}} \nu_{\mathrm{B}} C_{V,\mathrm{m}}^{\ominus}(\mathrm{B})\, \mathrm{d}T \tag{2.86}$$

通常 $T_1 = 298.15\ \mathrm{K}$，式（2.86）可化为

$$\Delta_{\mathrm{r}} U_{\mathrm{m}}^{\ominus}(T) = \Delta_{\mathrm{r}} U_{\mathrm{m}}^{\ominus}(298.15\ \mathrm{K}) + \int_{298.15\mathrm{K}}^{T} \sum_{\mathrm{B}} \nu_{\mathrm{B}} C_{V,\mathrm{m}}^{\ominus}(\mathrm{B})\, \mathrm{d}T \tag{2.87}$$

六、盖斯定律

盖斯（Hess）1840 年在实验事实的基础上提出：不论化学反应是一步完成，还是分几步完成，反应的热效应是相同的，这就是盖斯定律。盖斯定律在当时有较大的积极作用，有了它，人们可以根据已经测出的反应的热效应，计算那些不易测出的反应的热效应。

热力学第一定律建立以后，盖斯定律就很容易理解了。等压热效应与焓变相等，$Q_p = \Delta_{\mathrm{r}} U$，等容热效应与热力学能变相等，$Q_V = \Delta_{\mathrm{r}} H$，$U$ 和 H 都是状态函数，状态函数变只与始态和终态有关，与反应的具体步骤无关，所以不论反应是一步反应完毕，还是分几步进行，其焓变和热力学能变都是一样的，热效应自然也就一样了。

【例 2.6】 已知 298.15 K 时，有

（1）$\mathrm{CO(g)} + \frac{1}{2}\mathrm{O_2(g)} = \mathrm{CO_2(g)}$ $\quad \Delta_{\mathrm{r}} H_{\mathrm{m},1}^{\ominus} = -283.0\ \mathrm{kJ \cdot mol^{-1}}$

（2）$\mathrm{H_2(g)} + \frac{1}{2}\mathrm{O_2(g)} = \mathrm{H_2O(l)}$ $\quad \Delta_{\mathrm{r}} H_{\mathrm{m},2}^{\ominus} = -285.0\ \mathrm{kJ \cdot mol^{-1}}$

（3）$\mathrm{C_2H_5OH(l)} + 3\mathrm{O_2(g)} = 3\mathrm{H_2O(l)} + 2\mathrm{CO_2(g)}$ $\quad \Delta_{\mathrm{r}} H_{\mathrm{m},3}^{\ominus} = -1\,367.0\ \mathrm{kJ \cdot mol^{-1}}$

试计算反应

（4）$2\mathrm{CO(g)} + 4\mathrm{H_2(g)} = \mathrm{C_2H_5OH(l)} + \mathrm{H_2O(l)}$ $\quad \Delta_{\mathrm{r}} H_{\mathrm{m},4}^{\ominus} = ?$

解：本题的 4 个反应中，（1）、（2）、（3）是容易实现的反应，它们的焓变也容易测出。（4）则不易实现。4 个反应的关系如下：

（4）=（1）×2+（2）×4－（3）

根据盖斯定律有

$$\begin{aligned}\Delta_r H_{m,4}^{\ominus} &= \Delta_r H_{m,1}^{\ominus} \times 2 + \Delta_r H_{m,2}^{\ominus} \times 4 - \Delta_r H_{m,3}^{\ominus} \\ &= \{(-283.0\times 2) + (-285.0\times 4) - (-1\,367.0)\}\,\mathrm{kJ\cdot mol^{-1}} \\ &= -339.0\,\mathrm{kJ\cdot mol^{-1}}\end{aligned}$$

第八节 相变过程

通常说的相变是指在温度和压力都恒定时，气体、液体和固体之间发生的转变。例如，水可以在普通锅中转化为水蒸气，也可以在高压锅中转化为水蒸气，它们是两个相变点，温度压力各不相同。我们把常压（101 325 Pa）下发生可逆相变称为正常相变，水在 100℃沸腾，0℃结冰，都属于正常相变。一般物质正常相变的一些数据如温度、摩尔相变焓等，可在有关的手册中查出。

一、相变热与相变焓

物质的气化、熔化、升华等过程的摩尔焓变用 $\Delta_l^g H_m$、$\Delta_s^l H_m$、$\Delta_s^g H_m$ 表示，也可以用 $\Delta_{vap} H_m$、$\Delta_{fus} H_m$、$\Delta_{sub} H_m$ 表示。常见物质在正常相变点的 $\Delta_l^g H_m$、$\Delta_s^l H_m$、$\Delta_s^g H_m$ 可通过有关手册查出来。如果在相同的温度和压力下，发生的相变是手册所给相变的逆过程，则它们的相变焓数值相等，符号相反，如水在 100℃，101 325 Pa 时 $\Delta_l^g H_m = 40.67\,\mathrm{kJ\cdot mol^{-1}}$，$\Delta_g^l H_m = -40.67\,\mathrm{kJ\cdot mol^{-1}}$。如果发生相变的物质为 n mol，有

$$\Delta_\alpha^\beta H = n\Delta_\alpha^\beta H_m \tag{2.88}$$

相变一般在等压条件下进行，相变热与相变焓相等，即

$$Q_p = \Delta_\alpha^\beta H \tag{2.89}$$

二、相变的体积功

相变通常在等温等压下进行，由α相变到β相，等压过程 $p = p_{su}$ = 常数，所以体积功为

$$W = -\int_{V_1}^{V_2} p_{su} \mathrm{d}V = -p(V_\beta - V_\alpha)$$

对于液相和固相之间的变化，$V_\beta - V_\alpha \approx 0$，有

$$W = 0 \tag{2.90}$$

若α相为液体或固体，β相为气体，与气体相比，液体和固体的体积可忽略不计，$V_\beta - V_\alpha \approx V_\beta$，有

$$W = -pV_g$$

若气体为理想气体，有

$$W = -pV_g = -nRT \tag{2.91}$$

三、相变的热力学能

由焓的定义式 $H = U + pV$，得

$$\Delta_\alpha^\beta U = \Delta_\alpha^\beta H - \Delta(pV)$$

考虑到相变在等压下进行，有

$$\Delta_\alpha^\beta U = \Delta_\alpha^\beta H - p(V_\beta - V_\alpha) \tag{2.92}$$

如果相变是由液体或固体生成气体，$V_\beta - V_\alpha \approx V_\beta$，有

$$\Delta_\alpha^\beta U = \Delta_\alpha^\beta H - pV_g$$

若气体为理想气体，有

$$\Delta_\alpha^\beta U = \Delta_\alpha^\beta H - nRT \tag{2.93}$$

【例 2.7】 已知水的正常蒸发焓 $\Delta_l^g H_m = 40.67\ \mathrm{kJ \cdot mol^{-1}}$，在正常相变点将

5 mol 液体水蒸发为理想气体，求 $Q,\Delta H,W$ 。

解：正常相变在等压条件下进行，有

$$Q=\Delta H=n\Delta_{\rm l}^{\rm g}H_{\rm m}=\{5\times 40.67\}\,{\rm kJ}=203.35\,{\rm kJ}$$

$$W=-nRT=\{-5\times 8.314\times 373.15\}\,{\rm J}=-15\,512\,{\rm J}=-15.512\,{\rm kJ}$$

四、相变焓与温度的关系

相变焓与温度的关系符合基尔霍夫定律，我们把相变 $B(\alpha)\rightarrow B(\beta)$ 看做化学反应，套用式（2.81）可把 $\Delta_{\alpha}^{\beta}H_{\rm m}^{\ominus}(T_1)$ 换算成 $\Delta_{\alpha}^{\beta}H_{\rm m}^{\ominus}(T_2)$。

第九节 真实气体的节流膨胀与焦耳-汤姆逊效应

一、焦耳-汤姆逊实验

前面讲到，焦耳 1843 年做的气体自由膨胀实验不够精确，该实验所用的水浴较大，不易测出温度变化。1852 年焦耳和汤姆逊（Thomson，即开尔文 Kelvin）又合作进行实验，装置如图 2.8 所示。

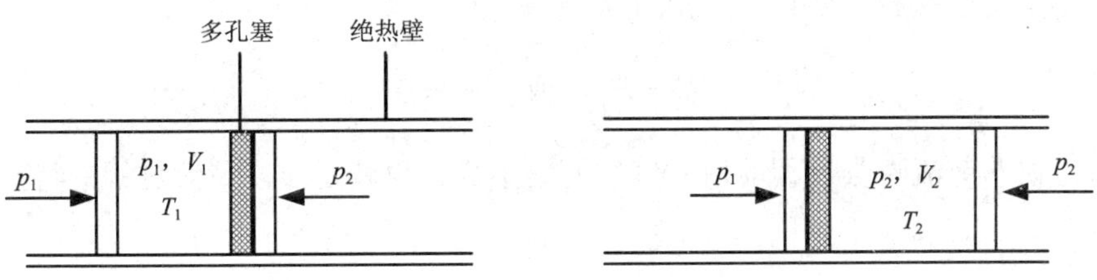

（a）实验前 （b）实验后

图 2.8 焦耳-汤姆逊实验

在一个绝热桶中间装一个刚性多孔塞，两边各配一个绝热活塞，左右两个活塞外边各维持恒定压力，左边外压力为 p_1，右边外压力为 p_2，且 $p_1>p_2$。实验前气体在多孔塞左边，如图 2.8（a）所示，实验时缓缓推进左侧活塞，保持左侧温度和压力始终为 T_1 和 p_1，右侧温度和压力始终为 T_2 和 p_2，由于左侧压力大，气体就会通过多孔塞向右侧膨胀，多孔塞的作用是让气体缓慢通过，压力降全部集

中在多孔塞中。实验结束后，气体位于多孔塞右侧，如图 2.8（b）所示。在实验过程中，气体的状态由 p_1，V_1，T_1 变为 p_2，V_2，T_2。

在绝热条件下，气体的始态压力和终态压力分别保持恒定的膨胀过程称为节流膨胀过程。

二、节流过程的特点

节流过程是在绝热条件下进行的，有 $Q=0$。在左侧环境对气体做功，是等压压缩过程

$$W_{左} = -p_1(0-V_1) = p_1V_1$$

在右侧气体对环境做功，是等压膨胀过程

$$W_{右} = -p_2(V_2-0) = -p_2V_2$$

整个过程系统的体积功为

$$W = W_{左} + W_{右} = p_1V_1 - p_2V_2$$

因为 $Q=0$，根据热力学第一定律有 $\Delta U = W$，即

$$U_2 - U_1 = p_1V_1 - p_2V_2$$

移项得

$$U_2 + p_2V_2 = U_1 + p_1V_1$$

将定义公式 $H = U + pV$ 代入上式得

$$H_2 = H_1 \quad 或 \quad \Delta H = 0 \tag{2.94}$$

这说明节流膨胀过程前后，气体的焓不变，也就是说，节流过程的特点是等焓过程。

三、焦耳-汤姆逊系数

通过温度测量得知，气体经过节流膨胀以后温度改变了，这一现象称为焦耳-汤姆逊效应。节流膨胀后温度随压力的变化，可用导数表示如下：

$$\mu_{\text{J-T}} = \left(\frac{\partial T}{\partial p}\right)_H \tag{2.95}$$

$\mu_{\text{J-T}}$ 称为焦耳-汤姆逊系数，下标 H 表示等焓。$\mu_{\text{J-T}}$ 是强度性质，它是温度和压力的函数。在节流膨胀过程中，$\mathrm{d}p<0$，因此，若 $\mu_{\text{J-T}}>0$，表示经节流膨胀后

温度降低，称为致冷效应；若 $\mu_{J\text{-}T}<0$，表示经节流膨胀后温度升高，称为致热效应；若 $\mu_{J\text{-}T}=0$，表示节流膨胀后温度不变。在常温常压下，多数气体经节流膨胀后温度下降，而氢、氦等少数气体经节流膨胀后温度升高。实验证明，任何气体在压力足够低时，经节流膨胀后温度基本不变。实验还证明，任何气体在实验前温度足够低时均有 $\mu_{J\text{-}T}>0$，在温度足够高时均有 $\mu_{J\text{-}T}<0$，两者之间必有一个温度 $\mu_{J\text{-}T}=0$，这个温度称为转换温度。每种气体有着不同的转换温度。

理想气体恒有 $\mu_{J\text{-}T}=0$。

节流膨胀是等焓过程，真实气体经节流膨胀温度改变了，焓却没有改变，这说明真实气体的焓不仅仅是温度的函数，也是压力和体积的函数。同时也说明真实气体的热力学能也不仅仅是温度的函数，也是压力和体积的函数。

实际生产中，稳定流动的气流经过阻碍后压力突然减小的膨胀过程属于节流膨胀。节流过程在工业上有着广泛应用，在化工生产中，常用这种方法使气体冷却。

复习与思考题

1． $\mathrm{d}U=\left(\frac{\partial U}{\partial T}\right)_V\mathrm{d}T+\left(\frac{\partial U}{\partial V}\right)_T\mathrm{d}V$，由于 $\left(\frac{\partial U}{\partial T}\right)_V=C_V$，所以前式可写作 $\mathrm{d}U=C_V\mathrm{d}T+\left(\frac{\partial U}{\partial V}\right)_T\mathrm{d}V$。又因为 $C_V\mathrm{d}T=\delta Q$，所以前式又可写作 $\mathrm{d}U=\delta Q+\left(\frac{\partial U}{\partial V}\right)_T\mathrm{d}V$，将这个式子与 $\mathrm{d}U=\delta Q-p\mathrm{d}V$ 比较，则有 $\left(\frac{\partial U}{\partial V}\right)_T=-p$，这个结论是错误的。说明造成错误的原因。

2．下列说法是否正确？为什么？

（1）状态函数固定则状态固定，反之亦然。

（2）状态改变后，状态函数一定都改变。

3．下列说法是否正确？

（1）系统的温度越高，所含的热量越多。

（2）系统的温度越高，向外传递的热量越多。

（3）系统与环境之间没有热量传递，则系统的温度必然恒定；反之，系统的温度恒定，则与环境之间必然没有热量传递。

（4）绝热刚性容器一定是隔离系统。

4．从同一始态 (p_1,V_1,T_1) 出发，对理想气体进行等温可逆压缩或绝热可逆压缩至终态体积都是 V_2，所做的压缩功哪个大？为什么？

5．理想气体从同一始态 (p_1,V_1,T_1) 出发，进行绝热可逆膨胀或绝热不可逆膨

胀至终态体积都是 V_2，这时气体的压力相同吗？为什么？

6. 理想气体经过一个等温循环过程，能否将环境的热转化为功？如果是等温可逆循环又怎样？

7. 氢气和氧气经不同的过程化合生成水，过程一：氢气在氧气中燃烧，热量变化 Q_1，焓变 ΔH_1；过程二：在氢氧燃料电池中反应，热量变化 Q_2，焓变 ΔH_2。两个过程的始态和终态分别相同，请问 Q_1 和 Q_2、ΔH_1 和 ΔH_2 是否相同？为什么？

8. 理想气体下列单纯 pVT 变化是否能够实现？为什么？

（1）等温绝热膨胀。

（2）等压绝热膨胀。

（3）绝热情况下，体积不变，温度升高。

（4）吸热但温度不变。

9. 在下表中按各热力学量的变化值填“+，0，–”。

	ΔT	Q	W	ΔU	ΔH
理想气体自由膨胀					
理想气体等温可逆压缩					
理想气体绝热可逆膨胀					
理想气体焦耳-汤姆逊节流过程					

10. 理想气体反抗一定外压进行绝热可逆膨胀，有$\Delta H=Q_p=0$，这一观点是否正确？为什么？

11. 液体水在 100℃，101 325 Pa 时向真空蒸发成为 100℃，101 325 Pa 的理想气体水蒸气。下列说法是否正确？为什么？

（1）因为始态与终态温度相等，所以$\Delta U=0$。

（2）由于是向真空膨胀，有$W=p\Delta V=0$。而$\Delta H=\Delta U+p\Delta V$，所以该过程有$\Delta H=0$。

12. 已知苯的标准沸点为 353.35 K，气化焓 $\Delta_l^g H_m=30.80\ \text{kJ}\cdot\text{mol}^{-1}$。0.1 kg 液体苯在其标准沸点气化，试计算过程的 Q，W，ΔU，ΔH。（$Q=39.5$ kJ，$W=-3.77$ kJ，$\Delta U=35.72$ kJ，$\Delta H=39.5$ kJ）

13. 2 mol 理想气体始态体积为 V_1，初压为 202.65 kPa，进行等温可逆膨胀终态体积为 10 V_1，做功 $W=41.85$ kJ。试求温度 T 和 V_1。（T=1093 K，$V_1=8.97\times10^{-2}\ \text{m}^3$）

14. 一块巧克力在人体内可产生 500 kJ 的能量，一个体重为 60 kg 的人把这块巧克力的能量全部转化为垂直位移所需的功，这些能量可支持他爬多高？（850.34 m）

15. 单原子理想气体 2 mol，始态为 600 K，1.0 MPa，对抗恒定外压 $p^\ominus$ 绝热膨胀到平衡。求过程的 Q，W，ΔU，ΔH。

（$Q=0$，$W=\Delta U=-5.39\,\text{kJ}$，$\Delta H=-8.98\,\text{kJ}$）

16．在 373 K 的恒温条件下，1 mol 理想气体进行膨胀，始态体积为 25 dm^3，终态体积为 100 dm^3，假如膨胀分别按以下四种方式进行：

（1）等温可逆膨胀；

（2）在恒定外压下膨胀至平衡；

（3）自由膨胀；

（4）先把外压恒定为系统体积等于 50 dm^3 时的压力，膨胀至平衡；再把外压恒定为系统体积等于 100 dm^3 时的压力，膨胀至平衡。

分别计算以上四个过程的功。这些功绝对值的大小说明了什么？
[（1）－4 299 J；（2）－2 326 J；（3）0；（4）－3 101 J]

17．1 mol 单原子理想气体始态为 298.15 K，6×101.3 kPa，绝热膨胀至系统压力为 $p^\ominus$，假定绝热膨胀的方式为：

（1）绝热可逆膨胀；

（2）对抗恒定外压 $p^\ominus$ 绝热膨胀。

分别求两种过程气体的最终温度 T_2，W，ΔU，ΔH。[（1）T_2=145.6 K，$W=\Delta U=-1.91\,\text{kJ}$，$\Delta H=-3.17\,\text{kJ}$；（2）$T_2=198.8\,\text{K}$，$W=\Delta U=-1.24\,\text{kJ}$，$\Delta H=$－2.07 kJ]

18．反应 Fe_2O_3（s）+3CO（g）══2Fe（s）+3CO_2（g），已知生成 28 g Fe，求反应进度。（$\xi=0.25\,\text{mol}$）

19．用附录中 298.15 K 的标准摩尔生成焓 $\Delta_f H_m^\ominus$ 数据，计算下列反应在 298.15 K 时的 $\Delta_r H_m^\ominus$ 和 $\Delta_r U_m^\ominus$。

（1）4NH_3（g）+5O_2（g）══ 4NO（g）+6H_2O（g）

（2）3NO_2（g）+H_2O（l）══ 2HNO_3（l）+NO（g）

（3）Fe_2O_3（s）+3C（石墨）══ 2Fe（s）+3CO（g）

[（1）$\Delta_r H_m^\ominus=-905.47\,\text{kJ}\cdot\text{mol}^{-1}$，$\Delta_r U_m^\ominus=-907.95\,\text{kJ}\cdot\text{mol}^{-1}$；
（2）$\Delta_r H_m^\ominus=-71.66\,\text{kJ}\cdot\text{mol}^{-1}$，$\Delta_r U_m^\ominus=-66.70\,\text{kJ}\cdot\text{mol}^{-1}$；
（3）$\Delta_r H_m^\ominus=492.63\,\text{kJ}\cdot\text{mol}^{-1}$，$\Delta_r U_m^\ominus=485.19\,\text{kJ}\cdot\text{mol}^{-1}$]

20．已知 298.15 K 时乙醇的标准摩尔燃烧焓 $\Delta_c H_m^\ominus(C_2H_5OH,l)=-1\,366.8\,\text{kJ}\cdot\text{mol}^{-1}$，$CO_2$ 和 H_2O 的标准摩尔生成焓分别为 $\Delta_f H_m^\ominus(CO_2,g)=-393.51\,\text{kJ}\cdot\text{mol}^{-1}$，$\Delta_f H_m^\ominus(H_2O,l)=-285.83\,\text{kJ}\cdot\text{mol}^{-1}$，求乙醇在 298.15 K 时的标准摩尔生成焓 $\Delta_f H_m^\ominus(C_2H_5OH,l)$。（－277.71 kJ·mol^{-1}）

21．已知反应 B_2H_6（g）+3O_2（g）══B_2O_3（s）+3H_2O（g）在 298.15 K 时 $\Delta_r H_m^\ominus=-2\,020\,\text{kJ}\cdot\text{mol}^{-1}$，又已知 298.15 K 时 $\Delta_f H_m^\ominus(B_2O_3,s)=-1\,264\,\text{kJ}\cdot\text{mol}^{-1}$，$\Delta_f H_m^\ominus(H_2O,g)=-241.825\,\text{kJ}\cdot\text{mol}^{-1}$，试计算 298.15 K 时 B_2H_6（g）的摩尔生成焓。

（$30.5\ kJ\cdot mol^{-1}$）

22. 如图所示，某系统由状态 1 按过程 $1\to a\to 2$，到状态 2 时吸热 Q=200 kJ，同时对外做功 $W=-50\ kJ$ 。

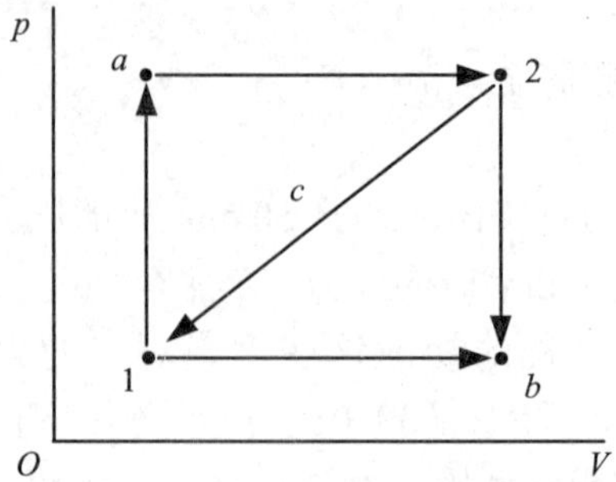

（1）系统按照过程 $1\to b\to 2$ 变化时，$W=-30\ kJ$，Q 是多少？系统是吸热还是放热？

（2）系统按照 c 由 2 返回 1 时，$W=80\ kJ$，Q 是多少？系统是吸热还是放热？[（1）$Q=180\ kJ$，吸热；（2）$Q=-230\ kJ$，放热]

23. 已知 100℃，$p^{\ominus}$ 下，液体水的摩尔蒸发焓 $\Delta_l^g H_m^{\ominus}(373.15K)=40.67\ kJ\cdot mol^{-1}$，液体水和气体水的摩尔定压热容分别为 $C_{p,m}(l)=75.3\ J\cdot K^{-1}\cdot mol^{-1}$，$C_{p,m}(g)=33.2\ J\cdot K^{-1}\cdot mol^{-1}$，求水在 25℃，$p^{\ominus}$ 的摩尔蒸发焓 $\Delta_l^g H_m^{\ominus}(298.15\ K)$ 。（$43.83\ kJ\cdot mol^{-1}$）

24. 在弹式量热计中，0.436 2 g 萘完全燃烧，使温度升高 1.707 K，量热计和水的总热容为 10 293 $J\cdot K^{-1}$，实验平均温度为 298.15 K，不计燃烧丝产生的热量，计算 1 mol 萘燃烧的 ΔU，ΔH 。（$\Delta U=-5164\ kJ$，$\Delta H=-5169\ kJ$）

25. 已知有关物质的 $C_{p,m}$ 和 $\Delta_f H_m^{\ominus}(298.15\ K)$ 的数据如下表所示：

	$C_{p,m}/(J\cdot K^{-1}\cdot mol^{-1})$	$\Delta_f H_m^{\ominus}(298.15K)/(kJ\cdot mol^{-1})$
CH_4（g）	38.40	−76.00
CO_2（g）	38.40	−394.132
H_2O（g）	33.90	−241.500
O_2（g）	29.70	0

求反应 CH_4（g）+$2O_2$（g）$\longrightarrow$ CO_2（g）+$2H_2O$（g）的 $\Delta_r H_m^{\ominus}(398.15\ K)$ 。

（$-800.42\ kJ\cdot mol^{-1}$）

26. 甲醇脱氢反应 CH_3OH（g）$\longrightarrow$ HCHO（g）+H_2（g），25℃时该反应的 $\Delta_r H_m^{\ominus}(298.15\ K)=85.27\ kJ\cdot mol^{-1}$，已知各物质的 $C_{p,m}$ 分别为

$$C_{p,\mathrm{m}}(\mathrm{CH_3OH,g})=(20.42+103.68\times10^{-3}T-24.64\times10^{-6}T^2)\mathrm{kJ\cdot K^{-1}\cdot mol^{-1}}$$

$$C_{p,\mathrm{m}}(\mathrm{H_2,g})=(29.07-0.826\,4\times10^{-3}T+2.013\times10^{-6}T^2)\mathrm{kJ\cdot K^{-1}\cdot mol^{-1}}$$

$$C_{p,\mathrm{m}}(\mathrm{HCHO,g})=(18.82+53.38\times10^{-3}T-15.61\times10^{-6}T^2)\mathrm{kJ\cdot K^{-1}\cdot mol^{-1}}$$

求该反应 600℃时的摩尔反应焓 $\Delta_r H_m^\ominus(873.15\ \mathrm{K})$。（944.01 kJ·mol^{-1}）

27．已知有关物质的 $C_{p,\mathrm{m}}$ 和 $\Delta_f H_m^\ominus(298.15\mathrm{K})$ 的数据如下表所示：

	$C_{p,\mathrm{m}}/(\mathrm{J\cdot K^{-1}\cdot mol^{-1}})$	$\Delta_f H_m^\ominus(298.15\mathrm{K})/(\mathrm{kJ\cdot mol^{-1}})$
A（g）	$13.70+6.40\times10^{-3}T-3.12\times10^5T^{-2}$	－400.0
B（g）	$11.40+1.70\times10^{-3}T-2.00\times10^5T^{-2}$	－300.0
C（g）	$7.80+0.80\times10^{-3}T-2.24\times10^5T^{-2}$	0

求反应 2A（g）⟶ 2B（g）+C（g）的 $\Delta_r H_m^\ominus(1\,000\ \mathrm{K})$。（204.4 kJ·mol^{-1}）

28．3 mol 单原子理想气体 A 与 2 mol 双原子理想气体 B 组成混合物，该混合物初始状态为：T_1=400 K，p_1=200 kPa。混合气体反抗恒定外压 p_{su}=100 kPa，作绝热膨胀至内压与外压相等。计算过程的 W，ΔU，ΔH。（$W=\Delta U=-5.448\ \mathrm{kJ},\Delta H=-8.315\ \mathrm{kJ}$）

29．已知有关反应在 298.15K 时的摩尔反应焓如下：

$$\mathrm{Ag_2O（s）+2HCl=\!=\!=2AgCl（s）+H_2O（l）}\qquad \Delta_r H_m^\ominus=-324.9\ \mathrm{kJ\cdot mol^{-1}}$$

$$\mathrm{2Ag(s)+\frac{1}{2}O_2(g)=\!=\!=Ag_2O(s)}\qquad \Delta_r H_m^\ominus=-30.57\ \mathrm{kJ\cdot mol^{-1}}$$

$$\mathrm{\frac{1}{2}H_2(g)+\frac{1}{2}Cl_2(g)=\!=\!=HCl(g)}\qquad \Delta_r H_m^\ominus=-92.31\ \mathrm{kJ\cdot mol^{-1}}$$

$$\mathrm{H_2(g)+\frac{1}{2}O_2(g)=\!=\!=H_2O(l)}\qquad \Delta_r H_m^\ominus=-285.841\ \mathrm{kJ\cdot mol^{-1}}$$

试计算 AgCl（s）在 298.15 K 时的摩尔生成焓 $\Delta_f H_m^\ominus(\mathrm{AgCl,s})$。（$-127.14\ \mathrm{kJ\cdot mol^{-1}}$）

30．取 0.5 g 正庚烷（相对分子质量为 100.2）在弹式量热计中完全燃烧，量热计的平均温度为 298 K，从贝克曼温度计上读出，温度上升 2.94 K，量热计和水的总热容为 8.177 kJ·K^{-1}。不计燃烧丝产生的热量，试计算 298 K 时正庚烷的摩尔燃烧焓。（$\Delta_c H_m^\ominus = -4\,828\ \mathrm{kJ \cdot mol^{-1}}$）

自 测 题

1．单项选择

（1）关于一定量理想气体的热力学能有以下四种说法：

a. 状态一定，热力学能也一定；

b. 系统某一状态的热力学能，可以通过实验测出；

c. 系统的状态确定以后，热力学能只能有一个数值；

d. 状态改变，热力学能一定改变。

以上四种说法正确的是（ ）。

（A）a，c　　（B）c，d　　（C）a，b　　（D）b，d

（2）某理想气体的热容比$\gamma = \dfrac{C_{p,m}}{C_{V,m}} = \dfrac{5}{3}$，该理想气体为（　）原子理想气体。

（A）单　　（B）双　　（C）三　　（D）四

（3）热力学第一定律表达式为：$\Delta U = Q + W$，其只适用于（　）。

（A）单纯的pVT变化　　（B）相变化

（C）化学变化　　（D）封闭系统的任何变化

（4）一定量的理想气体，从同一始态的压力p_1可逆膨胀到p_2，若将等温可逆膨胀后的体积与绝热可逆膨胀后的体积相比，则（　）。

（A）前者大于后者　　（B）前者小于后者

（C）两者相等　　（D）无法判断

（5）298 K时下列反应中，（　）的摩尔反应焓$\Delta_r H_m^\ominus$既是H_2（g）的摩尔燃烧焓$\Delta_c H_m^\ominus$，又是H_2O（l）的摩尔生成焓$\Delta_f H_m^\ominus$。

(A) $H_2(g)+\frac{1}{2}O_2(g) = H_2O(g)$　　(B) $H_2(g)+\frac{1}{2}O_2(g) = H_2O(l)$

(C) $2H_2(g)+O_2(g) = 2H_2O(g)$　　(D) $2H_2(g)+O_2(g) = 2H_2O(l)$

（6）对于某一化学反应，若$\sum_B \nu_B C_{p,m}(B) > 0$，则（　）。

（A）$\Delta_r H_m^\ominus$随温度升高而减小　　（B）$\Delta_r H_m^\ominus$不随温度变化

（C）$\Delta_r H_m^\ominus$随温度升高而增大　　（D）$\Delta_r H_m^\ominus$随温度无规律变化

（7）某化合物的标准摩尔生成焓的定义是（　）。

（A）在 298 K 和 100 kPa 下由稳定单质生成 1 mol 化合物时焓变

（B）在温度 T 和 1 atm 下由稳定单质生成 1 mol 化合物时焓变

（C）在 1 atm 下由单质生成 1 mol 化合物时的焓变

（D）在温度 T 和各处于 100 kPa 下的纯的稳定单质生成 1 mol 处于温度 T 和 100 kPa 下指定状态的化合物时的焓变

（8）298.15 K 时石墨的标准摩尔生成焓 $\Delta_f H_m^\ominus$（　　）。

（A）<0　　（B）>0　　（C）=0　　（D）无法确定

（9）控制节流膨胀的操作条件，使 $\mu_{J\text{-}T}$（　　），可以达到制冷的目的。

（A）=0　　（B）>0　　（C）<0　　（D）为任意值

（10）温度一定时，反应 $2CO(g)+O_2(g) = 2CO_2(g)$ 的 $\Delta_r H_m^\ominus$ 与 $\Delta_r U_m^\ominus$ 的关系是，$\Delta_r H_m^\ominus$（　　）$\Delta_r U_m^\ominus$。

（A）>　　（B）<　　（C）=　　（D）可能大于也可能小于

2．如图，绝热箱中有水，水中有一电阻丝 R，由电池 E 供电，根据下列情况，按系统 W、Q、ΔU 的值大于零、等于零、小于零，在表中填“+、0、−”。

系统	E	H_2O	H_2O+R	$R+E$
环境	H_2O+R	$R+E$	E	H_2O
W				
Q				
ΔU				

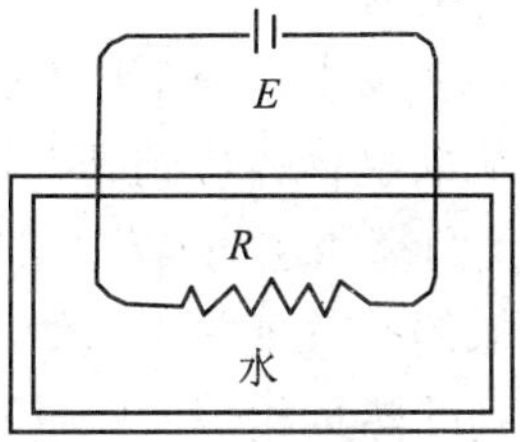

3．证明在理想气体的 p-V 图中，曲线斜率的绝对值相比，总是绝热可逆过程大于等温可逆过程。

4．5 mol 理想气体始态为 300 K，7 500 kPa，等温可逆膨胀到终态，体积为 $0.05\ m^3$，计算过程的 ΔU，ΔH，W，Q。

5．1 mol 单原子理想气体，始态为 2×101 323 Pa，$11.2\times10^{-3}\ m^3$，经过一个 pT=常数的可逆过程，压缩到终态，终态压力为 4×101 323 Pa。计算 ΔU，ΔH，W。

第三章　热力学第二定律和第三定律

第一节　热力学第二定律

一、热力学第一定律的局限性

热力学第一定律反映了能量的守恒和转化以及转化过程中各种能量之间的定量关系，但它不能指出变化的方向和限度。对于任一反应

$$a\mathrm{A}+b\mathrm{B} = y\mathrm{Y}+z\mathrm{Z}$$

当始态和终态确定之后，第一定律能告诉我们反应的$\Delta_r U_m$，$\Delta_r H_m$等状态函数变，也能告诉我们正反应和逆反应的$\Delta_r U_m$，$\Delta_r H_m$数值相等，符号相反。但第一定律不能告诉我们反应是自发地向正方向进行，还是自发地向逆方向进行；也不能告诉我们反应进行到什么程度为止。

违背第一定律的过程肯定不能发生，但不违背第一定律的过程却不一定能自发进行。例如，热量不能自发从低温物体传到高温物体，或者说放在室内的一杯凉水不会自动变成开水，这是我们都知道的常识。但如果这些过程能够自发进行，却并不违背第一定律，温度较低的空气把热量传给温度比空气高的水，使水越来越热，空气给出的热量与水得到的热量相等，能量守恒，也符合第一定律。

根据第一定律，能量之间可以转化。人类关于蒸汽机的研究，使得热量转化为功的问题凸显出来，从而诞生了热力学第二定律。19 世纪初，蒸汽机在工业上得到广泛使用，但当时还没有蒸汽机理论，人们希望蒸汽机的效率越高越好，最好是热量能百分之百转化成功，这并不违背第一定律。当时不知道热机效率是否有一个限度。许多科学家作出了巨大努力，推动了热力学的前进。1824 年卡诺（Carnot）试图解决这一问题，提出了卡诺定理。开尔文在 1852 年，克劳修斯（Clausius）在 1854 年，提出了热力学第二定律。

热功交换问题，虽然最初是用来讨论热机效率的，但事物之间是互相关联的，

第二定律抓住了本质，根据热功交换规律，提出具有普遍意义的熵函数，又根据熵导出了吉布斯函数、亥姆霍兹函数等，从而解决了过程的方向和限度问题。

二、自发过程的共同特征——不可逆性

在一定条件下，不需要外力推动就可以自动进行的过程，叫做自发过程。自发过程具有共同的特征，即不可逆性，也就是说自发过程的逆过程不能自动进行。这方面的例子有很多。例如：

（1）热量从高温物体传到低温物体是自发的，从低温物体传到高温物体是不自发的。

（2）气体向真空膨胀是自发的，它的逆过程气体的压缩不能自动进行。

（3）在一定温度下，氢气和氧气能自动反应生成水，但水不能自动分解成氢气和氧气。

自发过程的逆过程不能自动进行，并不意味着逆过程不能进行，借助外力可以使自发过程的逆过程进行。但是，首先这个逆过程是不自发的；其次通过逆过程系统回到始态，这样系统虽然复原了，却留下了其他变化。在上面举的三个例子中：

（1）我们用制冷机可以使热量再从低温物体传回到高温物体，留下的其他变化是，环境损失了电功或其他功。

（2）我们可以把已经膨胀的气体压缩回去，但也要损失电功或其他功。

（3）可以用电解的方法使水变成氢气和氧气，但也要损失电功。

三、热力学第二定律的经典表述

热力学第一定律和第二定律都是从大量实践中总结出来的。第一定律宣告了第一类永动机不可能制成，第一类永动机是不需要输入能量而永远对外做功的机器，这显然违背第一定律中能量守恒定律的原则。第二类永动机是从单一热源吸热，再把热量全部变成功的机器。例如，有人曾设想造一条船，把温度较高的海水吸进来，把温度较低的海水排回海里，温度变化带来的热量用来开船，海水的量是巨大的，这样船就能一直在海里行进。第二类永动机并不违背第一定律，但无数关于第二类永动机的设计都失败了，人们从失败中又总结出一条重要的规律，这就是热力学第二定律。热力学第二定律有着不同的表述方法，最经典的是如下两种：

克劳修斯说法：不可能把热从低温热源传到高温热源，而不留下任何其他变化。

开尔文说法：不可能从单一热源吸热使之完全变成功，而不留下任何其他变化。

克劳修斯说法与我们前面讲到的凉水在室内不会自动变成开水是一样的，这是最起码的常识。开尔文说法则直接宣告了第二类永动机的失败，第二类永动机就是从单一热源吸热用来做功的机器。按照开尔文说法，热机应工作在两个热源之间，如内燃机工作在高温热源气缸和低温热源大气之间，从气缸吸热，一部分用来做功，另一部分排放到大气中，排放到大气中的热量就造成了其他变化。后来奥斯特瓦尔德（Ostwald）又把开尔文说法简述为：第二类永动机不可能制成。

到现在为止，还没有发现违背热力学第二定律的情况，热力学第二定律诞生一百多年来，根据它推导出的结论和定理都符合客观实际，凡是企图违背第二定律的尝试，都以失败告终。第二定律的正确性是不容置疑的。

四、两个说法的关系

克劳修斯说法和开尔文说法的关系是：两者是等价的，违背一个必然违背另一个，或者说一个不成立另一个也必然不成立。

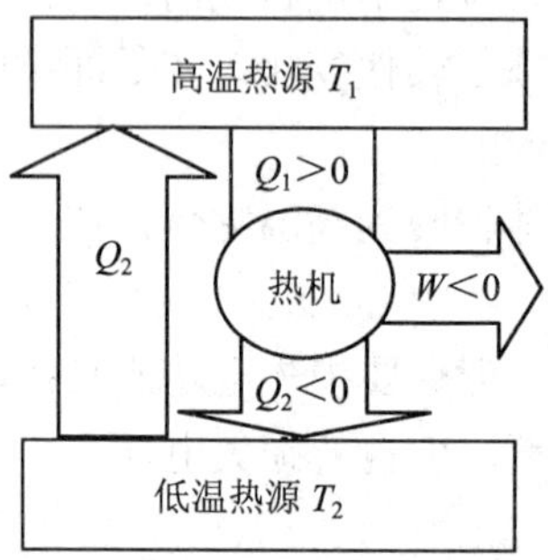

图 3.1　违背克劳修斯说法必然违背开尔文说法

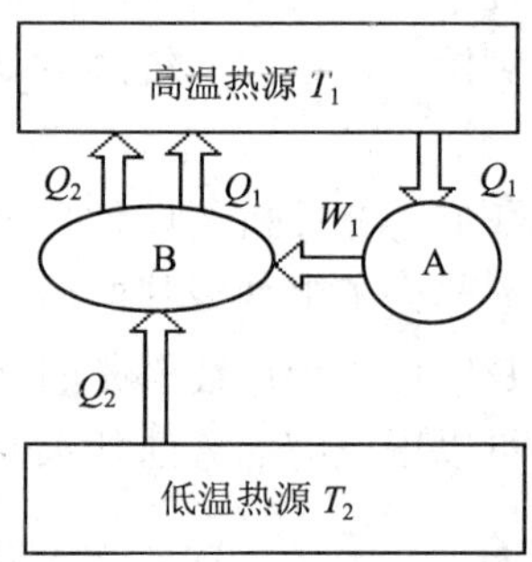

图 3.2　违背开尔文说法必然违背克劳修斯说法

如图 3.1 所示，按照开尔文说法，热机从高温热源 T_1 吸热 Q_1，向低温热源 T_2 放热 Q_2，做功 $W=-(Q_1+Q_2)$。假如可以违背克劳修斯说法，热量可以自动从低温热源 T_2 传到高温热源 T_1，我们就可以让 Q_2 自动传到高温热源 T_1。这样，低温热源 T_2 得失的热量数值相等，没有变化。热机从高温热源 T_1 净吸热为 Q_1+Q_2，这些热全部用来做功，没有产生其他变化，也就违背了开尔文说法。

如图 3.2 所示，A 为热机，B 为制冷机，A 和 B 联合起来工作。若开尔文说法可以违背，A 从 T_1 吸热 Q_1，全部变成功 W_1（注意，热全部变成功违背开尔文说法），用 W_1 驱动 B，把 Q_2 传到 T_1。B 得到了功 $W_1=Q_1>0$，完成一个循环后，B 必有 $\Delta U=0$，$\Delta U=Q+W_1=0$，$Q=-W_1=-Q_1$，因此它必然再散热 Q_1 给 T_1。

T_1 把 Q_1 传给 A，又从 B 得到了 Q_1，这部分热量抵消了。净的结果相当于 Q_2 从 T_2 传到 T_1，没有任何其他变化，即违背了克劳修斯说法。

五、两种说法的局限性

理论上说，用这两个说法可以判断一切实际过程的方向，但判断方法抽象，过程复杂。另外，两个说法虽然能解决过程的方向问题，但都不能说明过程进行的限度。这就需要我们导出新的状态函数，给出热力学第二定律的数学表达式，方便快捷地判断过程的方向和限度。

第二节　卡诺循环和卡诺热机

一、热机效率

热机把热量转化为功，第二类永动机是效率为 1 的热机，第二定律否定了第二类永动机，那么热机的最高效率是多少呢？19 世纪初的蒸汽机效率很低，效率不到 0.05，许多科学家致力于蒸汽机的改进，以提高它的效率。

如图 3.3 所示，蒸汽机、汽轮机和内燃机等热机都工作在两个热源之间，工作介质（水和水蒸气等）从高温热源（锅炉等）吸收热量，一部分热量用来做功，另一部分热量排放到低温热源（大气）。工作介质对环境所做的功的绝对值与从高温热源吸收的热量的绝对值之比叫做热机效率，其符号为 η 。

$$\eta \overset{\text{def}}{=} \frac{-W}{Q_1} = \frac{|W|}{Q_1} \tag{3.1}$$

显然，热机效率越高越好。那么，热机的极限效率是多少呢？极限效率与两个热源的温度有什么关系呢？1824 年法国青年工程师卡诺设计了一个理想热机，解决了这个问题。

二、卡诺循环

卡诺热机工作在高温热源 T_1 和低温热源 T_2 之间，工作介质是理想气体，理想气体分四个过程完成一个循环：等温可逆膨胀，绝热可逆膨胀，等温可逆压缩，绝热可逆压缩。卡诺热机中的循环过程称为卡诺循环。

下面我们根据图 3.4 所示的卡诺循环过程，讨论卡诺热机的工作原理和效率。

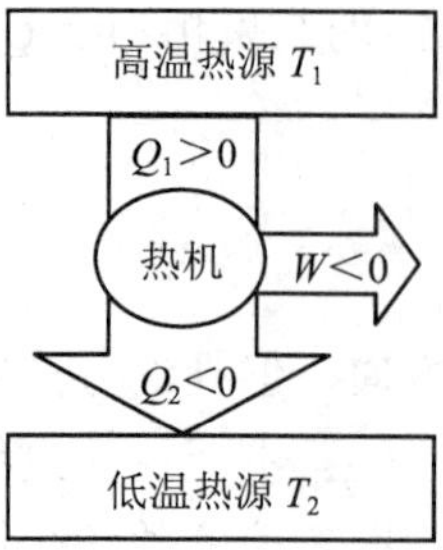

图 3.3 热机工作原理

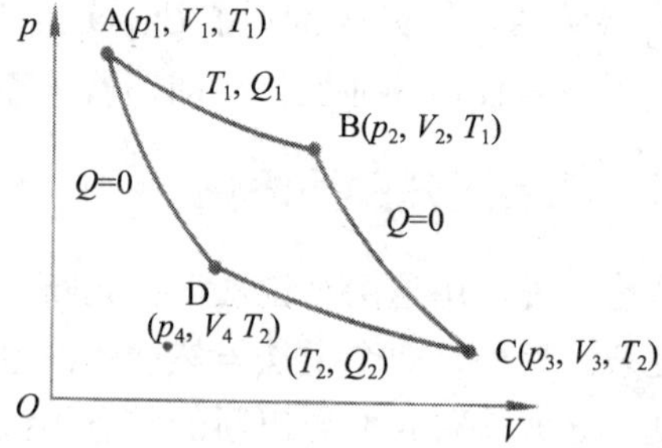

图 3.4 卡诺循环

（1）等温可逆膨胀。在图中为 AB 段，理想气体在高温热源的温度 T_1 下，从 (p_1,V_1,T_1) 等温可逆膨胀到 (p_2,V_2,T_1)，从 T_1 吸热 Q_1，对环境做功 W_1。理想气体的 U 只是温度的函数，对等温可逆过程有：

$$(\Delta U)_1 = Q_1 + W_1 = 0$$

所以，有

$$Q_1 = -W_1 = nRT_1 \ln\frac{V_2}{V_1} \tag{3.2}$$

（2）绝热可逆膨胀。在图中为 BC 段，理想气体从 (p_2,V_2,T_1) 绝热可逆膨胀到 (p_3,V_3,T_2)，系统温度降低，$Q=0$。有

$$W_2 = nC_{V,\mathrm{m}}(T_2 - T_1) \tag{3.3}$$

（3）等温可逆压缩。在图中为 CD 段，理想气体在低温热源的温度 T_2 下，从 (p_3,V_3,T_2) 等温可逆压缩到 (p_4,V_4,T_2)，从环境得功 W_3，向 T_2 放热 Q_2，有

$$(\Delta U)_3 = Q_2 + W_3 = 0$$

所以，有

$$Q_2 = -W_3 = nRT \ln\frac{V_4}{V_3} \tag{3.4}$$

（4）绝热可逆压缩。在图中为 CD 段，理想气体从 (p_4,V_4,T_2) 绝热可逆压缩到 (p_1,V_1,T_1)，温度升高，$Q=0$。有

$$W_4 = nC_{V,\mathrm{m}}(T_1 - T_2) \tag{3.5}$$

对于整个循环，有

$$W = W_1 + W_2 + W_3 + W_4 = -nRT_1 \ln\frac{V_2}{V_1} - nRT_2 \ln\frac{V_4}{V_3} \tag{3.6}$$

$$Q = Q_1 + Q_2 \tag{3.7}$$

对于循环过程有，$\Delta U = Q + W = 0$，即

$$W = -Q = -(Q_1 + Q_2) \tag{3.8}$$

于是，热机效率为

$$\eta = \frac{-W}{Q_1} = \frac{Q_1 + Q_2}{Q_1} = \frac{nRT_1 \ln\dfrac{V_2}{V_1} + nRT_2 \ln\dfrac{V_4}{V_3}}{nRT_1 \ln\dfrac{V_2}{V_1}} = \frac{nT_1 \ln\dfrac{V_2}{V_1} + nT_2 \ln\dfrac{V_4}{V_3}}{nT_1 \ln\dfrac{V_2}{V_1}} \tag{3.9}$$

对于两个绝热可逆过程，根据理想气体绝热可逆过程公式，有

$$T_1 V_2^{\gamma-1} = T_2 V_3^{\gamma-1} \tag{3.10}$$

$$T_1 V_1^{\gamma-1} = T_2 V_4^{\gamma-1} \tag{3.11}$$

将式（3.10）除以式（3.11）得

$$\frac{V_2}{V_1} = \frac{V_3}{V_4} \tag{3.12}$$

将式（3.12）代入式（3.9）得

$$\eta = \frac{Q_1 + Q_2}{Q_1} = \frac{T_1 - T_2}{T_1} \tag{3.13}$$

式（3.13）中第二个等号的推导用了绝热可逆公式，因此，第二步只对可逆过程成立。

将 $\dfrac{Q_1 + Q_2}{Q_1} = \dfrac{T_1 - T_2}{T_1}$ 两边同乘以 $\dfrac{Q_1}{T_2}$ 得

$$\frac{Q_1}{T_1} + \frac{Q_2}{T_2} = 0 \tag{3.14}$$

式（3.14）中 $\dfrac{Q_1}{T_1}$ 和 $\dfrac{Q_2}{T_2}$ 称为过程的热温商，T 代表热源温度，在可逆过程中也是系统的温度，从式（3.14）可得出一个重要结论：卡诺循环的热温商之和为零。从这一结论出发，我们将在 3.3 节导出新的状态函数——熵。

三、卡诺定理

卡诺在 1824 年提出了著名的卡诺定理：所有工作在两个一定温度的热源之间的热机，以卡诺热机效率最高。由卡诺定理又可以得出以下两个推论：

（1）工作在两个一定温度的热源之间的热机，其他可逆热机与卡诺热机效率相等，不可逆热机效率小于卡诺热机。

（2）可逆热机效率只与高温热源和低温热源的温度有关，与工作介质无关。

通常可逆热机效率用η_r表示，不可逆热机效率用η_{ir}表示。

【例 3.1】 某可逆热机在 120℃与 30℃之间工作，若要此热机做 1 000 J 的功，需要从高温热源吸收多少热量？

解：$\eta = \dfrac{-W}{Q_1} = \dfrac{T_1 - T_2}{T_1} = \dfrac{393.2\ \text{K} - 303.2\ \text{K}}{393.2\ \text{K}} \times 100\% = 22.89\%$

$$Q_1 = \frac{-W}{\eta} = \frac{1\,000\ \text{J}}{22.89\%} = 4\,369\ \text{J}$$

第三节　熵函数

一、熵函数的引出

前面我们曾得出一个重要结论：卡诺循环的热温商之和为零。即

$$\frac{Q_1}{T_1} + \frac{Q_2}{T_2} = 0$$

现在我们把这个结论推广到任意可逆循环。如图 3.5 所示，设想有一个可逆循环，在 p-V 图上可以是任意的环状曲线，我们权且画为一个类似椭圆的形状（也可以画成其他形状）。然后，把环形曲线分割为许多微小的卡诺循环，图中各虚线是前一个卡诺循环中绝热可逆压缩过程的一部分，同时也是后一个卡诺循环中绝热可逆膨胀过程的一部分。这样，在虚线表示的范围中，系统与环境之间功的交换正好抵消，留下锯齿状的实线。如果把卡诺循环画得无限多，锯齿状的实线就可与任意的卡诺循环重合。也就是说，可以用无数个微小的卡诺循环代替任意可逆循环。卡诺循环热温商之和为零，有

第 1 个卡诺循环$\dfrac{\delta Q_1}{T_1} + \dfrac{\delta Q_2}{T_2} = 0$

第 2 个卡诺循环$\dfrac{\delta Q_3}{T_3} + \dfrac{\delta Q_4}{T_4} = 0$

……

对全体卡诺循环（任意可逆循环）

$$\frac{\delta Q_1}{T_1} + \frac{\delta Q_2}{T_2} + \frac{\delta Q_3}{T_3} + \frac{\delta Q_4}{T_4} + \cdots\cdots = 0$$

即

$$\sum_i \left(\frac{\delta Q_i}{T_i}\right)_r = 0$$

或者

$$\oint \left(\frac{\delta Q}{T}\right)_r = 0 \tag{3.15}$$

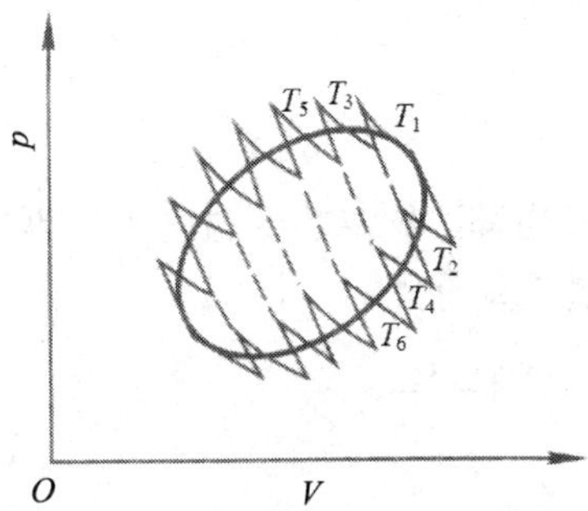

图 3.5 用卡诺循环代替任意可逆循环

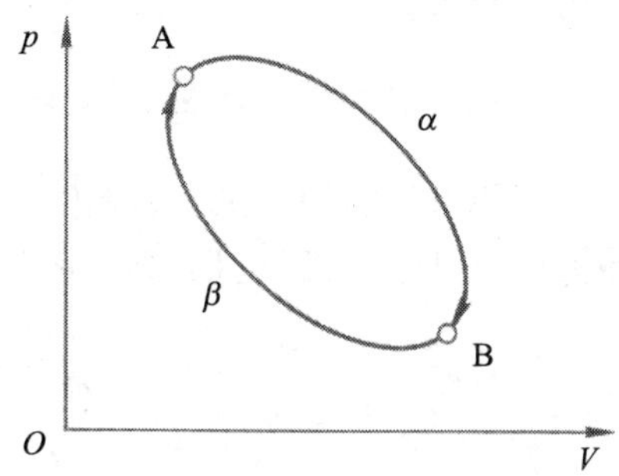

图 3.6 任意可逆循环

现在，再用环形积分讨论可逆过程的热温商。如图 3.6 所示，系统从状态 A 出发经可逆过程α到达状态 B，再由 B 经可逆过程β回到 A，完成一个可逆循环。

由式（3.15）得

$$\oint \left(\frac{\delta Q}{T}\right)_r = \int_A^B \left(\frac{\delta Q}{T}\right)_{r,\alpha} + \int_B^A \left(\frac{\delta Q}{T}\right)_{r,\beta} = 0$$

移项得

$$\int_A^B \left(\frac{\delta Q}{T}\right)_{r,\alpha} = -\int_B^A \left(\frac{\delta Q}{T}\right)_{r,\beta}$$

即

$$\int_A^B \left(\frac{\delta Q}{T}\right)_{r,\alpha} = \int_A^B \left(\frac{\delta Q}{T}\right)_{r,\beta}$$

上式说明，由 A 到 B，经历两个不同的可逆过程，热温商之和相等。也就是说，可逆过程的热温商之和只取决于始态和终态，与过程无关。前面讲过，状态函数的特征是它的变化值只取决于始态和终态，与过程无关。所以，$\int_A^B \left(\frac{\delta Q}{T}\right)_r$ 代表了某个状态函数变。克劳修斯把它定义为新的状态函数——熵，符号是 S，即

$$dS \stackrel{\text{def}}{=} \left(\frac{\delta Q}{T}\right)_{r} \tag{3.16}$$

或

$$\Delta S \stackrel{\text{def}}{=} \int_{A}^{B} \left(\frac{\delta Q}{T}\right)_{r} \tag{3.17}$$

熵是系统的广度性质，它的物理意义将在以后介绍。

二、热力学第二定律数学表达式

设有两组相同的热源，它们的高温热源温度相等，低温热源温度也相等，可逆热机与不可逆热机分别工作在它们之间，热机效率分别为

$$\eta_{r} = \left(\frac{Q_1 + Q_2}{Q_1}\right)_{r} = \left(\frac{T_1 - T_2}{T_1}\right)_{r} = 1 - \frac{T_2}{T_1}$$

$$\eta_{ir} = \left(\frac{Q_1 + Q_2}{Q_1}\right)_{ir} = \left(1 + \frac{Q_2}{Q_1}\right)_{ir}$$

根据卡诺定理，不可逆热机效率小于可逆热机效率，$\eta_{ir} < \eta_{r}$，即

$$\left(1 + \frac{Q_2}{Q_1}\right)_{ir} < 1 - \frac{T_2}{T_1}$$

两边同减去$(1 - \frac{T_2}{T_1})$得

$$\left(\frac{Q_2}{Q_1} + \frac{T_2}{T_1}\right)_{ir} < 0$$

两边同乘$\frac{Q_1}{T_2}$得

$$\left(\frac{Q_1}{T_1} + \frac{Q_2}{T_2}\right)_{ir} < 0 \tag{3.18}$$

根据式（3.18）可得出结论：在两个定温热源之间工作的不可逆热机热温商之和小于零。如果系统在循环过程中与许多热源接触，式（3.18）可写为

$$\sum_{i} \left(\frac{\delta Q_i}{T_i}\right)_{ir} < 0 \tag{3.19}$$

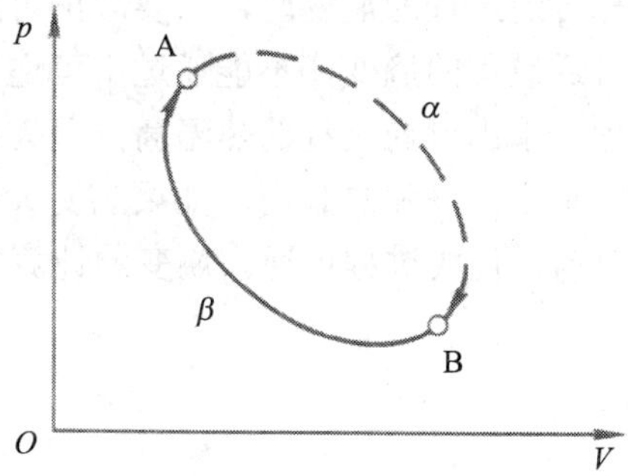

图 3.7　不可逆循环过程

如图 3.7 所示，有一循环过程，系统由 A 经不可逆过程α到达 B，再经可逆过程β回到 A，因为α是不可逆过程，所以整个循环是一个不可逆循环。根据式（3.18）有

$$\sum_i \left(\frac{\delta Q_i}{T_i}\right)_{\mathrm{ir}} = \sum_i {}_{\mathrm{A}}^{\mathrm{B}} \left(\frac{\delta Q}{T}\right)_{\mathrm{ir},\alpha} + \int_{\mathrm{B}}^{\mathrm{A}} \left(\frac{\delta Q}{T}\right)_{\mathrm{r},\beta} < 0 \qquad (3.20)$$

β为可逆过程，有

$$\int_{\mathrm{B}}^{\mathrm{A}} \left(\frac{\delta Q}{T}\right)_{\mathrm{r},\beta} = \Delta S_{\mathrm{B}\to\mathrm{A}} = -\Delta S_{\mathrm{A}\to\mathrm{B}} \qquad (3.21)$$

将式（3.21）代入式（3.20）得

$$\sum_i {}_{\mathrm{A}}^{\mathrm{B}} \left(\frac{\delta Q}{T}\right)_{\mathrm{ir},\alpha} - \Delta S_{\mathrm{A}\to\mathrm{B}} < 0$$

即

$$\Delta S_{\mathrm{A}\to\mathrm{B}} > \sum_i {}_{\mathrm{A}}^{\mathrm{B}} \left(\frac{\delta Q}{T}\right)_{\mathrm{ir}} \qquad (3.22)$$

式（3.22）说明，不可逆过程的热温商之和小于过程的熵变。合并式（3.17）和式（3.22）得

$$\Delta S_{\mathrm{A}\to\mathrm{B}} \geqslant \sum_i {}_{\mathrm{A}}^{\mathrm{B}} \frac{\delta Q}{T} \qquad \begin{array}{|l|}\hline >\text{不可逆} \\ =\text{可　逆} \\ \hline\end{array} \qquad (3.23)$$

微分式

$$\mathrm{d}S \geqslant \frac{\delta Q}{T} \qquad \begin{array}{|l|}\hline >\text{不可逆} \\ =\text{可　逆} \\ \hline\end{array} \qquad (3.24)$$

式（3.23）和式（3.24）叫做热力学第二定律的数学表达式，也称为克劳修斯

不等式。它们表明：计算可逆过程的熵变时，只要求出可逆过程的热温商就可以了，两者相等；计算不可逆过程的熵变，不能通过不可逆过程的热温商来求，必须另外设计一条可逆过程，求出可逆过程的热温商，即为熵变；当我们不知道过程是否可逆时，可以分别求出熵变和热温商，如果熵变大于热温商，说明过程不可逆，如果熵变等于热温商，说明过程可逆。熵变的计算方法将在后面介绍。

三、熵增加原理及熵判据

（一）熵增加原理

绝热过程不论是否可逆，热温商之和都为零。由克劳修斯不等式可得出熵增加原理：绝热情况下，系统发生不可逆过程，熵值增加；系统发生可逆过程，熵值不变；不可能发生熵值减少的过程。即

$$\Delta S_{\text{绝热}} \geqslant 0 \quad \boxed{\begin{array}{l} >\text{不可逆} \\ =\text{可　逆} \end{array}} \tag{3.25}$$

（二）熵判据

隔离系统中发生的过程肯定是绝热过程，这样我们就可以用式（3.25）判断隔离系统中发生的过程是否自发。有

$$\Delta S_{\text{隔离}} \geqslant 0 \quad \boxed{\begin{array}{l} >\text{自发} \\ =\text{平衡} \end{array}} \tag{3.26}$$

式（3.26）就是熵判据的表达式，它可以用来判断隔离系统中过程的方向和限度。如果我们不知道某个过程是否自发，可以求出熵变，若熵变大于零，过程正向自发；如果熵变小于零，过程逆向自发；如果熵变等于零，平衡。可以自发进行的过程，进行到熵值不再变化，就到了平衡，即到了限度。例如，把 AB 混合气体分开，熵值减少，不自发；A、B 两种气体混合，熵值增加，是一个自发过程；如果气体已经混合十分均匀，再混合熵值也不会增加了，这时混合过程就到限度了。平衡时系统发生的变化一定是可逆过程，熵值不再变化。

然而，真正的隔离系统在实际生产和实验中并不存在，为了能用熵变作判据，人们提出了大隔离系统的概念。所谓大隔离系统就是原有的系统加上环境。例如，车间里的反应釜是一个系统，空气等就是环境，大隔离系统就是反应釜加上空气等，这时反应釜与空气之间的热交换就是在大隔离系统内部进行的。对大隔离系统式（3.26）仍然成立，即

$$\Delta S_{\text{大隔离}} = \Delta S_{\text{sys}} + \Delta S_{\text{su}} \geqslant 0 \quad \boxed{\begin{matrix} >\text{自发} \\ =\text{平衡} \end{matrix}} \tag{3.27}$$

我们要判断封闭系统中过程的方向和限度，要求出系统的熵变和环境的熵变，再由式（3.27）进行判断。

第四节 熵变的计算

熵变可用作隔离系统的判据，而隔离系统实际上并不存在，我们把封闭系统和环境加起来算作大隔离系统，根据式（3.27），我们需要分别求出环境的熵变和系统的熵变。

一、环境熵变的计算

一般情况下环境是指大气，大气是巨大的，不论系统向环境传递多少热量，环境的温度几乎是恒定的；不论系统体积变化多大，环境的压力几乎是不变的。也就是说，环境的变化总是无限慢的，可逆过程就是无限慢的过程。所以，不论系统中发生的过程是否可逆，对于环境来说总是可逆的。

系统和环境之间的热交换必有

$$Q_{\text{su}} = -Q_{\text{sys}} \tag{3.28}$$

由于环境的吸热或放热过程总是可逆的，而熵变等于可逆过程的热温商，环境的温度为常数，所以环境的熵变用下式计算

$$\Delta S_{\text{su}} = \frac{Q_{\text{su}}}{T_{\text{su}}} = -\frac{Q_{\text{sys}}}{T_{\text{su}}}$$

通常写作

$$\Delta S_{\text{su}} = -\frac{Q}{T_{\text{su}}} \tag{3.29}$$

式（3.29）是环境熵变的计算公式。

【例 3.2】 已知水在正常沸点的蒸发焓为 $40.670\ \text{kJ} \cdot \text{mol}^{-1}$，把 2 mol 水在 373.15 K，101 325 Pa 的环境中变为气体，求 ΔS_{su}。

解： $\Delta S_{\text{su}} = \dfrac{-Q}{T_{\text{su}}} = \left\{\dfrac{-2 \times 40.670 \times 10^3}{373.15}\right\} \text{J} \cdot \text{K}^{-1} = -218.0\ \text{J} \cdot \text{K}^{-1}$

【例 3.3】 已知液体水的$C_{p,\mathrm{m}} = 75.269\ \mathrm{J\cdot K^{-1}\cdot mol^{-1}}$，将 1 mol 40℃的水放在25℃的室内冷却至室温，求环境的熵变。

解：$Q = nC_{p,\mathrm{m}}(T_2 - T_1) = \{1\times 75.269\times(298.15-313.15)\}\ \mathrm{J} = -1129.44\ \mathrm{J}$

$$\Delta S_{\mathrm{su}} = \frac{-Q}{T_{\mathrm{su}}} = \left\{-\frac{-1129.44}{298.15}\right\}\mathrm{J\cdot K^{-1}} = 3.79\ \mathrm{J\cdot K^{-1}}$$

二、系统熵变的计算

系统的熵变分为：理想气体单纯 pVT 变化、相变、化学变化三种类型。化学变化熵变的计算在下一节介绍，本节介绍理想气体单纯 pVT 变化和相变过程的熵变。

（一）理想气体单纯 pVT 变化

对这类过程我们将推导出一个公式，出发点是熵变的定义公式$\Delta S = \int_{\mathrm{A}}^{\mathrm{B}}(\frac{\delta Q}{T})_{\mathrm{r}}$。基本思路是，熵变是可逆过程的热温商，熵是状态函数，根据状态函数法，熵变与过程无关，不论过程是否可逆，都要按照可逆过程的热温商来计算。如果过程是可逆的，按照其热温商计算即可；如果过程是不可逆的，要设计为可逆过程，再按照可逆过程的热温商计算。

理想气体单纯 pVT 变化又分为：等温过程、等压过程、等容过程、绝热过程四种情况。我们先分别按照前三种情况，推导出各自的公式，再把三个公式融合为一个对理想气体 pVT 变化都适用的公式。

（1）等温过程。不论是否可逆都按等温可逆过程计算。理想气体等温可逆过程有

$$Q = nRT\ln\frac{V_2}{V_1} = nRT\ln\frac{p_1}{p_2}$$

于是$\Delta S = \left(\frac{Q}{T}\right)_{\mathrm{r}}$可化为

$$\Delta S_T = nR\ln\frac{V_2}{V_1} = nR\ln\frac{p_1}{p_2} \tag{3.30}$$

式（3.30）只对理想气体成立。真实气体情况复杂，这里不再讨论。

【例 3.4】 5 mol 某理想气体始态为 300 K，10×10^5 Pa，经下列两种过程膨胀到终态 300 K，2×10^5 Pa。（Ⅰ）等温可逆膨胀，（Ⅱ）自由膨胀。计算系统的熵变。

解：依题意将系统的始态、终态和过程用方框图表示如下：

$$\boxed{\begin{array}{l} n_1 = 5\ \text{mol} \\ T_1 = 300\ \text{K} \\ p_1 = 10\times10^5\ \text{Pa} \end{array}} \begin{array}{c} \xrightarrow{\text{(I)等温可逆}} \\ \xrightarrow{\text{(II)自由膨胀}} \end{array} \boxed{\begin{array}{l} n_2 = 5\ \text{mol} \\ T_2 = 300\ \text{K} \\ p_2 = 2\times10^5\ \text{Pa} \end{array}}$$

（Ⅰ）等温可逆过程：

$$\Delta S_T = nR\ln\frac{p_1}{p_2} = \left\{5\times8.314\ln\frac{10\times10^5}{2\times10^5}\right\}\text{J}\cdot\text{K}^{-1} = 66.9\ \text{J}\cdot\text{K}^{-1}$$

（Ⅱ）自由膨胀过程：

自由膨胀是等温不可逆过程，应按照等温可逆过程来计算，其始态和终态都与（Ⅰ）相同，熵变与（Ⅰ）相等。

$$\Delta S_T = 66.9\ \text{J}\cdot\text{K}^{-1}$$

（2）等压过程。等压过程不论是否可逆，都按等压可逆过程计算。

$$\delta Q_\text{r} = \delta Q_p = \text{d}H = nC_{p,\text{m}}\text{d}T$$

$$\Delta S_p = \int_\text{A}^\text{B}\left(\frac{\delta Q}{T}\right)_\text{r} = n\int_{T_1}^{T_2}\frac{C_{p,\text{m}}}{T}\text{d}T$$

一般情况下 $C_{p,\text{m}}$ 可视为常数，上式可化为

$$\Delta S_p = nC_{p,\text{m}}\ln\frac{T_2}{T_1} \tag{3.31}$$

气体、液体和固体只要 $C_{p,\text{m}}$ 为常数，式（3.31）都成立。

【例 3.5】 一个带活塞的气缸中装有 3 mol H_2（g）（可视为理想气体），$C_{p,\text{m}} = 29.1\ \text{J}\cdot\text{K}^{-1}\cdot\text{mol}^{-1}$，$H_2$（g）在恒定压力 100 kPa 下，由 400 K 向 300 K 的大气散热至平衡，求系统的熵变。

解：依题意作方框图如下：

$$\boxed{\begin{array}{l} n_1 = 3\ \text{mol} \\ T_1 = 400\ \text{K} \\ p_1 = 100\ \text{kPa} \end{array}} \xrightarrow{\text{等压降温}} \boxed{\begin{array}{l} n_2 = 3\ \text{mol} \\ T_2 = 300\ \text{K} \\ p_2 = 100\ \text{kPa} \end{array}}$$

$$\Delta S_p = nC_{p,\mathrm{m}}\ln\frac{T_2}{T_1} = \left\{3\times 29.1\ln\frac{300}{400}\right\}\mathrm{J\cdot K^{-1}} = -25.1\,\mathrm{J\cdot K^{-1}}$$

（3）等容过程。等容过程不论是否可逆，都按等容可逆过程计算。

$$\delta Q_{\mathrm{r}} = \delta Q_V = \mathrm{d}U = nC_{V,\mathrm{m}}\mathrm{d}T$$

$$\Delta S_V = \int_{\mathrm{A}}^{\mathrm{B}}(\frac{\delta Q}{T})_{\mathrm{r}} = n\int_{T_1}^{T_2}\frac{C_{V,\mathrm{m}}}{T}\mathrm{d}T$$

一般情况下 $C_{V,\mathrm{m}}$ 可视为常数，上式可化为

$$\Delta S_V = nC_{V,\mathrm{m}}\ln\frac{T_2}{T_1} \tag{3.32}$$

气体、液体和固体只要 $C_{V,\mathrm{m}}$ 为常数，式（3.32）都成立。

【例 3.6】 设 H_2 为理想气体，将 5 mol H_2 置于刚性容器中，从 0℃加热到 25℃，求 H_2 的熵变。

解： $\Delta S_V = nC_{V,\mathrm{m}}\ln\dfrac{T_2}{T_1} = \left\{5\times\dfrac{5}{2}\times 8.314\ln\dfrac{298.15}{273.15}\right\}\mathrm{J\cdot K^{-1}} = 9.10\,\mathrm{J\cdot K^{-1}}$

（4）理想气体单纯 pVT 过程的通用公式。以上三个过程，我们把问题简化了，让 pVT 三者中有一个是恒定的，如果理想气体 pVT 都有变化，其熵变如何计算呢？例如，n mol 理想气体从 $p_1V_1T_1$ 变到 $p_2V_2T_2$，我们设计分别按以下两个过程进行：

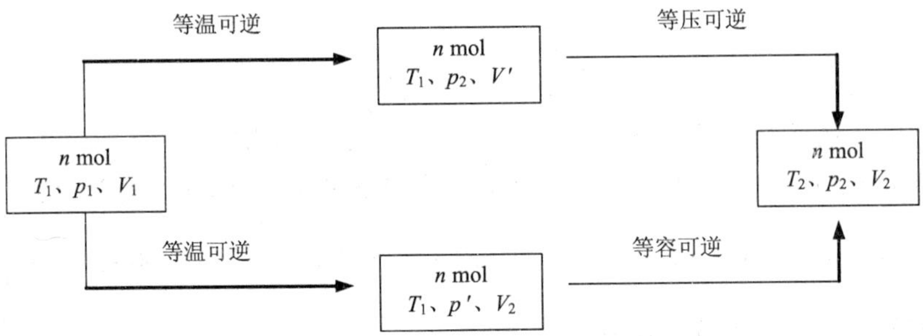

按上面过程

$$\Delta S = \Delta S_1 + \Delta S_2 = nR\ln\frac{p_1}{p_2} + nC_{p,\mathrm{m}}\ln\frac{T_2}{T_1} \tag{3.33}$$

按下面过程

$$\Delta S = \Delta S_1' + \Delta S_2' = nR\ln\frac{V_2}{V_1} + nC_{V,\mathrm{m}}\ln\frac{T_2}{T_1} \tag{3.34}$$

式（3.33）和式（3.34）是对理想气体 pVT 变化都适用的公式，如果是等温过程，它们可化为 $\Delta S_T = nR\ln\frac{V_2}{V_1} = nR\ln\frac{p_1}{p_2}$，即式（3.30）；如果是等压过程，式（3.33）可化为 $\Delta S_p = nC_{p,\mathrm{m}}\ln\frac{T_2}{T_1}$，即式（3.31）；如果是等容过程，式（3.34）可化为 $\Delta S_V = nC_{V,\mathrm{m}}\ln\frac{T_2}{T_1}$，即式（3.32）。

【例 3.7】 假定空气为理想气体，其中只含有 O_2 和 N_2，含 $O_2$21%，$N_2$79%（摩尔分数），将 1 g 空气从 0℃500 mL 状态膨胀到 100℃ 1 000 ml，其熵变为多少？（空气的 $C_{V,\mathrm{m}}$ 为 20.79 $\mathrm{J\cdot K^{-1}\cdot mol^{-1}}$）

解：本题已知 $C_{V,\mathrm{m}}$ 所以按式（3.34）计算，氧气和氮气的相对分子质量分别为 32 和 28。

$$\begin{aligned}\Delta S &= nR\ln\frac{V_2}{V_1} + nC_{V,\mathrm{m}}\ln\frac{T_2}{T_1}\\ &= \left\{\frac{1}{32\times21\%+28\times79\%}\times8.314\ln\frac{1000}{500} + \frac{1}{32\times21\%+28\times79\%}\times20.79\times\ln\frac{373.2}{273.2}\right\}\mathrm{J\cdot K^{-1}}\\ &= 0.425\ \mathrm{J\cdot K^{-1}}\end{aligned}$$

（5）绝热过程。第二章中我们曾讲到，从同一始态出发分别经绝热可逆过程和绝热不可逆过程不能到达相同终态。也就是说，当始态和终态确定以后，如果发生了绝热不可逆过程，不能根据绝热可逆过程来计算绝热不可逆过程的熵变。

理想气体绝热过程是单纯 pVT 变化的一种。如果是绝热可逆过程，这时 $Q_\mathrm{r}=0$，$\Delta S = \left(\frac{Q}{T}\right)_\mathrm{r} = 0$，不用进行计算，可直接判定绝热可逆过程的熵变为零。如果是绝热不可逆过程，可按照式（3.33）或式（3.34）计算；如果不知道是绝热可逆过程还是绝热不可逆过程，也可按照式（3.33）或式（3.34）计算，绝热可逆过程的计算结果肯定为零。

（6）理想气体等温等压混合过程。A、B 两种理想气体，温度均为 T，压力均为 p，体积分别为 V_A 和 V_B，A、B 混合后温度仍为 T，压力仍为 p，体积为 $V=V_\mathrm{A}+V_\mathrm{B}$。混合可在瞬间完成，是等温不可逆过程，计算熵变时应按照等温可逆过程处理。可设想 A 由 V_A 变为 $V=V_\mathrm{A}+V_\mathrm{B}$，B 由 V_B 变为 $V=V_\mathrm{A}+V_\mathrm{B}$，按照理想气体等温可逆过程熵变计算公式，有

$$\Delta S_A = n_A R \ln \frac{V_A + V_B}{V_A}$$

$$\Delta S_B = n_B R \ln \frac{V_A + V_B}{V_B}$$

$$\Delta_{mix} S = \Delta S_A + \Delta S_B = n_A R \ln \frac{V_A + V_B}{V_A} + n_B R \ln \frac{V_A + V_B}{V_B}$$

根据理想气体分体积定律有 $\frac{V_A}{V_A + V_B} = y_A$ 和 $\frac{V_B}{V_A + V_B} = y_B$，所以

$$\Delta_{mix} S = -(n_A R \ln y_A + n_B R \ln y_B) \tag{3.35}$$

式（3.35）就是理想气体混合过程熵变的计算公式，下标 mix 表示混合。式中，y_A 和 y_B 都小于 1，n_A 和 n_B 都大于零，R 大于零，所以有 $\Delta_{mix} S > 0$，因此该混合过程是自发过程。

【例 3.8】 在一定温度下，将 10 mol N_2 与 5 mol H_2 混合，且没有化学反应发生，两种气体都可视为理想气体，求系统的 $\Delta_{mix} S$。

解：由式（3.35）得

$$\Delta_{mix} S = -(n_A R \ln y_A + n_B R \ln y_B)$$

$$= \left\{-(10 \times 8.314 \ln \frac{10}{10+5} + 5 \times 8.314 \ln \frac{5}{10+5})\right\} \text{J} \cdot \text{K}^{-1}$$

$$= 80.596\ \text{J} \cdot \text{K}^{-1}$$

（二）相变过程

（1）可逆相变。在相平衡条件下发生的相变是可逆相变。最常见的可逆相变是在正常熔、沸点发生的相变，称为正常相变。正常相变是在等温等压下进行的，$Q = n\Delta_\alpha^\beta H_m$，我们可以在有关的手册中查出一般物质的摩尔相变焓 $\Delta_\alpha^\beta H_m$，再由式（3.36）计算正常相变的摩尔熵变

$$\Delta_\alpha^\beta S_m = \frac{\Delta_\alpha^\beta H_m}{T} \tag{3.36}$$

由于 $\Delta_s^l H_m$ 和 $\Delta_l^g H_m$ 都大于零，显然，同一物质 $S_m(s) < S_m(l) < S_m(g)$。

（2）不可逆相变。在非平衡条件下进行的相变是不可逆相变，我们可以把它设计为可逆过程来计算其熵变，设计的可逆过程应包括正常相变。

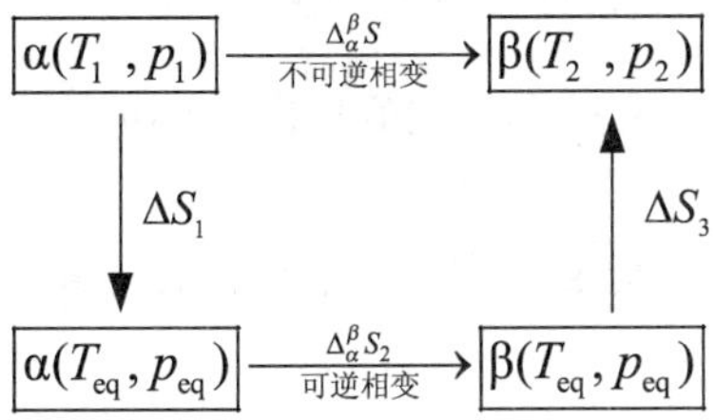

$$\Delta_{\alpha}^{\beta}S = \Delta S_1 + \Delta_{\alpha}^{\beta}S_2 + \Delta S_3$$

【例 3.9】 已知过冷水和冰的等压摩尔热容 $C_{p,\mathrm{m}}(\mathrm{H_2O,l}) = 75.30\ \mathrm{J\cdot K^{-1}\cdot mol^{-1}}$，$C_{p,\mathrm{m}}(\mathrm{H_2O,s}) = 37.60\ \mathrm{J\cdot K^{-1}\cdot mol^{-1}}$，水在 0℃，101 325 Pa 时的摩尔熔化焓 $\Delta_{\mathrm{s}}^{\mathrm{l}}H_{\mathrm{m}}(\mathrm{H_2O})=6\,010\ \mathrm{J\cdot mol^{-1}}$，试计算：

（1）水在 0℃，101 325 Pa 结冰时的摩尔熵变。

（2）水在－10℃，101 325 Pa 结冰时的摩尔熵变。并说明此时水结冰是否为自发过程。

解：（1）将水在 0℃，101 325 Pa 结冰设计方框图如下：

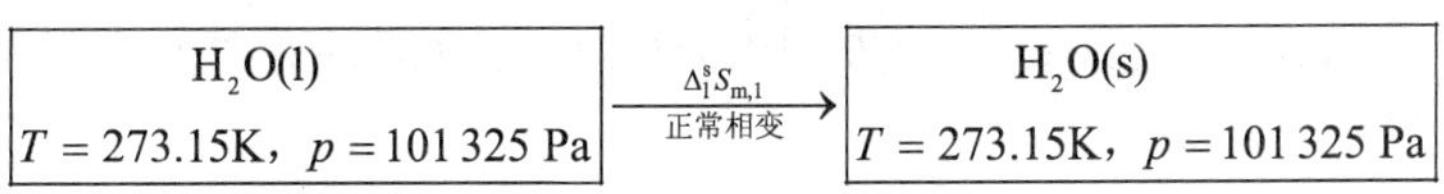

$$\Delta_{\mathrm{l}}^{\mathrm{s}}S_{\mathrm{m,1}} = \frac{\Delta_{\mathrm{l}}^{\mathrm{s}}H_{\mathrm{m}}}{T} = \left\{-\frac{6\,010}{273.15}\right\}\mathrm{J\cdot K^{-1}\cdot mol^{-1}} = -22.0\ \mathrm{J\cdot K^{-1}\cdot mol^{-1}}$$

（2）将水在－10℃，101 325 Pa 结冰设计方框图如下：

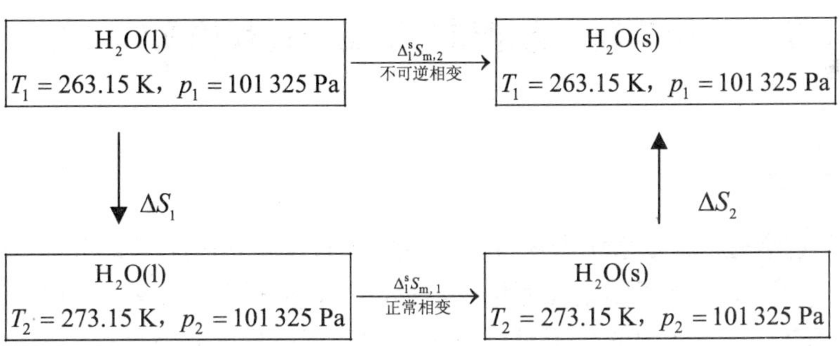

ΔS_1 和 ΔS_2 为等压可逆过程的熵变，计算如下：

$$\Delta S_1 = C_{p,\mathrm{m}}(\mathrm{H_2O,l})\ln\frac{T_2}{T_1} = \left\{75.30\times\ln\frac{273.15}{263.15}\right\}\mathrm{J\cdot K^{-1}\cdot mol^{-1}} = 2.81\ \mathrm{J\cdot K^{-1}\cdot mol^{-1}}$$

$$\Delta S_2 = C_{p,\mathrm{m}}(\mathrm{H_2O,s})\ln\frac{T_1}{T_2} = \left\{37.60\times\ln\frac{263.15}{273.15}\right\}\mathrm{J\cdot K^{-1}\cdot mol^{-1}} = -1.40\ \mathrm{J\cdot K^{-1}\cdot mol^{-1}}$$

$\Delta_l^s S_{m,1}$为正常相变的熵变，已在（1）中计算过

$$\Delta_l^s S_{m,1} = -22.0\,\mathrm{J\cdot K^{-1}\cdot mol^{-1}}$$

$$\Delta_l^s S_{m,2} = \Delta S_1 + \Delta_l^s S_{m,1} + \Delta S_2 = \{2.81 - 22.0 - 1.40\}\,\mathrm{J\cdot K^{-1}\cdot mol^{-1}} = -20.59\,\mathrm{J\cdot K^{-1}\cdot mol^{-1}}$$

$\Delta_l^s S_{m,2}$为系统的熵变，虽然其数值小于零，并不能说明过程不可逆。应该用大隔离系统的熵变判断过程是否可逆。

根据基尔霍夫定律有

$$Q = \Delta_l^s H_m(263.15\mathrm{K}) = \Delta_l^s H_m(273.15\mathrm{K}) + \int_{273.15\mathrm{K}}^{263.15\mathrm{K}} \sum_B \nu_B C_{p,m}(\mathrm{B})\,\mathrm{d}T$$
$$= \{-6\,010 + (37.60 - 75.30)\times(263.15 - 273.15)\}\,\mathrm{J\cdot mol^{-1}}$$
$$= -5\,633\,\mathrm{J\cdot mol^{-1}}$$

$$\Delta S_{su} = -\frac{Q}{T} = \left\{-\frac{-5\,633}{263.15}\right\}\mathrm{J\cdot K^{-1}\cdot mol^{-1}} = 21.41\,\mathrm{J\cdot K^{-1}\cdot mol^{-1}}$$

$$\Delta S_{\text{大隔离}} = \Delta_l^s S_{m,2} + \Delta S_{su} = \{-20.59 + 21.41\}\,\mathrm{J\cdot K^{-1}\cdot mol^{-1}} = 0.82\,\mathrm{J\cdot K^{-1}\cdot mol^{-1}}$$

$\Delta S_{\text{大隔离}} > 0$，说明过程是自发的。根据常识判断 263.15 K，101 325 Pa 时水结冰自发。两者是一致的。

第五节　热力学第三定律和化学反应过程熵变的计算

一、熵的物理意义

熵的物理意义是，熵是系统微观混乱程度的一种度量，系统越混乱熵值越大。固体中的分子、原子或离子固定在晶格上，移动和转动很弱，主要运动形式是振动，混乱程度较小。液体中的分子可以自由移动，混乱程度有所增加，但由于液体体积较小，分子运动范围较小。气体的体积大，分子可以在大范围中自由移动，混乱程度大大增加。同一种物质的熵值，气体大于液体，液体大于固体。温度升高，分子的热运动加剧，混乱程度增加，同种物质的同种状态，温度越高，熵值越大。同一种气体，压力越小，体积越大，分子的运动范围越大，熵值也就越大。当我们把两种气体混合时，混合气体的混乱程度比纯净气体大，所以混合过程是

熵增加过程。

玻尔兹曼（Boltzmann）用统计力学的方法，给出了熵值与混乱程度的定量关系

$$S = k\ln\Omega \tag{3.37}$$

式（3.37）称为玻尔兹曼公式，其中 k 为玻尔兹曼常数，Ω为混乱程度。关于玻尔兹曼公式的计算，属于统计热力学的内容，这里不作详细介绍。

二、热力学第三定律

20 世纪初，人们通过研究低温下的化学反应，发现恒温化学反应的熵变随着温度的降低而减小。1906 年德国科学家能斯特（Nernst）在此基础上提出假定：凝聚系统恒温化学反应的熵变随温度趋于 0 K 而趋于零。用公式表示为

$$\lim_{T\to 0\mathrm{K}}\Delta_{\mathrm{r}}S = 0 \tag{3.38}$$

这就是能斯特热定理。

根据能斯特热定理，0 K 时在任何化学反应中，纯凝聚态反应物的总熵与纯凝聚态生成物的总熵相等。为使这种相等更加简单，普朗克（Plank）和路易斯（Lewis）进一步提出：0 K 时任何纯物质的完美晶体的熵值等于零。其公式为

$$\lim_{T\to 0\mathrm{K}} S_{\mathrm{m}}^{*}(\text{完美晶体，}T) = 0 \tag{3.39}$$

这就是热力学第三定律的数学表达式。所谓完美晶体是指晶体中原子或分子只有一种排列方式。这时混乱程度Ω=1，由式（3.37）可知，其熵为零。例如稀有气体为单原子分子，它们的晶体可以只有一种排列方式，成为完美晶体；而 NO 会有 NO 和 ON 两种排列方式，所以 NO 就不是完美晶体。熵与热力学能、焓等状态函数一样，没有绝对准确的数值，热力学第三定律为我们提出了熵的零点，在此基础上，我们可以计算熵的相对值。

三、规定摩尔熵和标准摩尔熵

纯物质 B 在温度 T 时的熵值等于它在 0 K 时的熵与 0 K 到 T 升温过程的熵变之和，即

$$S_{\mathrm{m}}(\mathrm{B},T) = S_{\mathrm{m}}(\mathrm{B},0\mathrm{K}) + \Delta S_{\mathrm{m}}(\mathrm{B},0\mathrm{K}\to T) \tag{3.40}$$

式中 $\Delta S_{\mathrm{m}}(0\mathrm{K}\to T) = \dfrac{1}{n}\int_{0\mathrm{K}}^{T}(\dfrac{\delta Q}{T})_{\mathrm{r}}$。如果 B 是完美晶体，在热力学第三定律中有规定 $S_{\mathrm{m}}(\mathrm{B},0\mathrm{K}) = 0$。这时式（3.40）可化为

$$S_m(B,T)=\frac{1}{n}\int_{0K}^{T}(\frac{\delta Q}{T})_r \qquad (3.41)$$

式中 $S_m(B,T)$ 称为B物质在温度T时的规定摩尔熵。规定摩尔熵可以理解为，规定了熵的零点以后，B 在温度 T 时的摩尔熵。

标准状态下的规定摩尔熵称为标准摩尔熵。在有关的手册中可以查到常见物质在 298.15 K 时的标准摩尔熵，如 $S_m^{\ominus}(CO,g,298.15\,K)=197.674\,J\cdot K^{-1}\cdot mol^{-1}$ 。

四、化学反应熵变的计算

化学反应一般在等温等压条件下进行。如果反应在标准压力、298.15 K 下进行，应先在有关表格中查出各物质的标准摩尔熵，再由式（3.42）计算 298.15 K 时反应的熵变：

$$\Delta_r S_m^{\ominus}(298.15\,K)=\sum_B \nu_B S_m^{\ominus}(B,298.15\,K) \qquad (3.42)$$

式中，ν_B 为 B 物质的计量数。

如果反应在标准压力下，但不在 298.15 K 进行，就需要对由式（3.42）求出的 $\Delta_r S_m^{\ominus}(298.15\,K)$ 进行换算，公式为

$$\Delta_r S_m^{\ominus}(T_2)=\Delta_r S_m^{\ominus}(T_1)+\int_{T_1}^{T_2}\frac{\sum_B \nu_B C_{p,m}^{\ominus}(B)}{T}dT \qquad (3.43)$$

式（3.43）中通常 T_1=298.15 K，T_2 为反应实际进行时的温度。

【例 3.10】 分别计算反应 C_2H_2（g）+2H_2（g）══C_2H_6（g）在 298.15 K 和 398.15 K 时的熵变，各物质的标准摩尔熵和 $C_{p,m}^{\ominus}$ 见表 3.1。

表 3.1 各物质的标准摩尔熵和 $C_{p,m}^{\ominus}$

物质	$S_m^{\ominus}(298.15\,K)/J\cdot K^{-1}\cdot mol^{-1}$	$C_{p,m}^{\ominus}/J\cdot K^{-1}\cdot mol^{-1}$
H_2（g）	130.684	28.824
C_2H_2（g）	200.94	43.93
C_2H_6（g）	229.60	52.63

解：（1）计算反应在 298.15 K 时的熵变

$$\begin{aligned}\Delta_r S_m^\ominus(298.15\,\text{K}) &= \sum_B \nu_B S_m^\ominus(\text{B}, 298.15\,\text{K}) \\ &= \{229.60 - 2\times 130.684 - 200.94\}\,\text{J}\cdot\text{K}^{-1}\cdot\text{mol}^{-1} \\ &= -232.71\,\text{J}\cdot\text{K}^{-1}\cdot\text{mol}^{-1}\end{aligned}$$

（2））计算反应在 398.15 K 时的熵变

$$\begin{aligned}\Delta_r S_m^\ominus(398.15\,\text{K}) &= \Delta_r S_m^\ominus(298.15\,\text{K}) + \int_{298.15}^{398.15} \frac{\sum_B \nu_B C_{p,m}^\ominus(\text{B})}{T}\,\text{d}T \\ &= \left\{-232.71 + (52.63 - 2\times 28.824 - 43.93)\times \ln\frac{398.15}{298.15}\right\}\text{J}\cdot\text{K}^{-1}\cdot\text{mol}^{-1} \\ &= -246.8\,\text{J}\cdot\text{K}^{-1}\cdot\text{mol}^{-1}\end{aligned}$$

第六节　亥姆霍兹函数与吉布斯函数

判断不同条件下过程的方向和限度，是化学工作者十分关心的问题。通过热力学第二定律的学习，我们掌握了熵函数判据，该判据用来判断隔离系统中过程的方向和限度。实际生产和实验中没有真正的隔离系统，我们把环境和系统加在一起算作大隔离系统，计算环境熵变和系统熵变之和，得出大隔离系统熵变，再进行判断，虽然能判断方向和限度，但计算太麻烦。化学反应和相变最常见的条件是等温等容和等温等压两种条件，如何通过新的状态函数简便地在这两种条件下判断过程的方向和限度，这是本节要解决的主要问题，新的状态函数就是亥姆霍兹函数和吉布斯函数。

一、亥姆霍兹函数的定义及其判据

（1）亥姆霍兹函数的定义。亥姆霍兹函数又叫亥姆霍兹自由能，是由德国科学家亥姆霍兹提出的。对封闭系统中的等温过程，根据克劳修斯不等式，有

$$\Delta S \geqslant \frac{Q}{T} \qquad \boxed{\begin{array}{l} >\text{不可逆} \\ =\text{可逆} \end{array}} \tag{3.44}$$

根据热力学第一定律的数学表达式有 $Q = \Delta U - W$，代入式（3.44）得

$$\Delta U - T\Delta S \leqslant W$$

对于等温过程，T 为常数，上式可写为

$$\Delta (U - TS) \leqslant W \tag{3.45}$$

亥姆霍兹函数 A 的定义

$$A \xlongequal{\text{def}} U - TS \tag{3.46}$$

式（3.46）表明，A 是广度性质，具有能量的量纲，由于 U 和 S 没有绝对准确的数值，A 也没有绝对准确的数值。将式（3.46）代入式（3.45）得

$$\Delta A_T \leqslant W \quad \boxed{\begin{array}{l} <\text{不可逆} \\ =\text{可逆} \end{array}} \tag{3.47}$$

式（3.47）表明，封闭系统在等温可逆过程中所得的功 W 数值上等于 A 的增加，等温不可逆过程中所得的功 W 大于 A 的增加。热力学过程一般都没有非体积功，W 只代表体积功，我们常由等温可逆过程的体积功计算 A 的变化值。

（2）亥姆霍兹函数判据。亥姆霍兹函数是在等温条件下推导出来的，我们把条件增加为：等温等容且没有非体积功。等容即体积功为零，再考虑到非体积功也为零，式（3.47）可写为

$$\Delta A_T \leqslant 0 \quad \boxed{\begin{array}{l} <\text{自发} \\ =\text{平衡} \end{array}} \tag{3.48}$$

式（3.48）为亥姆霍兹函数判据的表达式，它表明：封闭系统在等温等容且没有非体积功的条件下，自发向着 A 减少的方向进行，在 A 最小时达到平衡。在平衡时，系统的任何变化都是可逆的，其亥姆霍兹函数不再变化。

二、等温过程亥姆霍兹函数变的计算

在没有非体积功时，等温过程亥姆霍兹函数变等于等温可逆过程的体积功，ΔA 的计算始终是按照这个思路进行的。

（一）理想气体单纯 pV 变化过程

$$\Delta A_T = W_r = -\int_{V_1}^{V_2} p\mathrm{d}V$$

将理想气体公式 $p = \dfrac{nRT}{V}$ 代入上式，得

$$\Delta A_T = -nRT\ln\frac{V_2}{V_1} = -nRT\ln\frac{p_1}{p_2} \tag{3.49}$$

（二）可逆相变过程

可逆相变是在等压且没有非体积功的条件下进行的，所以有

$$\Delta_{\alpha}^{\beta}A = W = -p\Delta V \tag{3.50}$$

液体与固体之间的变化，$\Delta V \approx 0$，$\Delta A = 0$；若相变是由固体或液体生成理想气体，则有$\Delta V \approx V_g$，代入式（3.50）即

$$\Delta_s^g A = -nRT \tag{3.51}$$

$$\Delta_l^g A = -nRT \tag{3.52}$$

【例 3.11】 5 mol H_2 在 298.2 K 时，等温从 1 L 膨胀到 100 L，求 ΔU、ΔH、ΔS、ΔA。设 H_2 为理想气体。

解：理想气体的 U 和 H 只是温度的函数，$\Delta U = \Delta H = 0$

$$\Delta S = nR\ln\frac{V_2}{V_1} = \left\{5\times 8.314\times \ln\frac{100}{1}\right\}\mathrm{J\cdot K^{-1}} = 191.5\ \mathrm{J\cdot K^{-1}}$$

$$\Delta A = nRT\ln\frac{V_1}{V_2} = \left\{5\times 8.314\times 298\cdot 2\times \ln\frac{1}{100}\right\}\mathrm{J} = -57.086\ \mathrm{J}$$

三、吉布斯函数的定义及其判据

（一）吉布斯函数的定义

吉布斯函数又叫吉布斯自由能，是由美国科学家吉布斯（Gibbs）提出的。对封闭系统中的等温等压过程根据克劳修斯不等式，有

$$\Delta S \geqslant \frac{Q}{T} \quad \boxed{\begin{array}{l} >\text{不可逆} \\ =\text{可逆} \end{array}} \tag{3.53}$$

根据热力学第一定律的数学表达式得

$$Q = \Delta U - W = \Delta U - (-p\Delta V + W') = \Delta U + p\Delta V - W' \tag{3.54}$$

式中，$-p\Delta V$ 为体积功，W' 为非体积功。将式（3.54）代入式（3.53）得

$$\Delta U + p\Delta V - T\Delta S \leqslant W'$$

再考虑等温等压条件有

$$\Delta(U + pV - TS) \leqslant W' \tag{3.55}$$

吉布斯函数的定义

$$G \stackrel{\text{def}}{=} U + pV - TS = H - TS = A + pV \tag{3.56}$$

将式（3.56）代入式（3.55）得

$$\Delta G_{T,p} \leqslant W' \qquad \boxed{\begin{array}{l} <\text{不可逆} \\ =\text{可逆} \end{array}} \tag{3.57}$$

式（3.57）表明，等温等压可逆过程中吉布斯函数变等于非体积功，这一点在电化学、表面张力等计算中要用到。式（3.57）还表明，等温等压不可逆过程中吉布斯函数变小于非体积功。吉布斯函数也是系统的广度性质，具有能量的量纲。

（二）吉布斯函数判据

在等温等压，且没有非体积功时，式（3.57）可化为

$$\Delta G_{T,p} \leqslant 0 \qquad \boxed{\begin{array}{l} <\text{自发} \\ =\text{平衡} \end{array}} \tag{3.58}$$

式（3.58）是非常重要的一个判据，应用的条件是等温等压且没有非体积功的过程，这时封闭系统自发向着 G 减小的方向进行，在 G 最小时达到平衡。在平衡时，系统的任何变化都是可逆的，其吉布斯函数不再变化。

四、吉布斯函数变的计算

这里只讨论等温过程的吉布斯函数变。

（一）理想气体等温过程

这里指理想气体温度不变，且没有相变，也没有化学变化，只是压力和体积发生变化。对 G 的定义公式 $G = A + pV$ 微分，得

$$\mathrm{d}G = \mathrm{d}A + p\mathrm{d}V + V\mathrm{d}p \tag{3.59}$$

没有非体积功时，亥姆霍兹函数变等于可逆过程的体积功，即

$$\mathrm{d}A_T = -p_{\text{su}}\mathrm{d}V = -p\mathrm{d}V \tag{3.60}$$

将式（3.60）代入式（3.59），得

$$\mathrm{d}G_T = V\mathrm{d}p$$

积分，得

$$\Delta G = \int_{p_1}^{p_2} V \mathrm{d}p$$

理想气体有 $V = \dfrac{nRT}{p}$，代入上式，得

$$\Delta G = \int_{p_1}^{p_2} \frac{nRT}{p} \mathrm{d}p = nRT \ln \frac{p_2}{p_1} = nRT \ln \frac{V_1}{V_2} \tag{3.61}$$

结合式（3.49）可知对于理想气体等温过程，有

$$\Delta G_T = \Delta A_T \tag{3.62}$$

（二）等温等压下的相变过程

ΔG 是等温等压条件下的判据，等温等压下的可逆相变过程，必有 $\Delta G = 0$；如果是自发进行的相变则 $\Delta G < 0$；如果是逆向自发的相变，则正向 $\Delta G > 0$。如水在 100℃、101 325 Pa 变为水蒸气是可逆过程，$\Delta G = 0$；水在 110℃、101 325 Pa 变为水蒸气，是自发过程，$\Delta G < 0$；水在 90℃、101 325 Pa 变为水蒸气，逆向自发，正向 $\Delta G > 0$。

【例 3.12】 10 mol 理想气体 H_2 在 298.2 K 时，分别经过以下两个过程从 1 m^3 膨胀到 100 m^3，求 ΔU、ΔH、ΔS、ΔA、ΔG。

（1）等温可逆过程。

（2）等温恒外压过程。

解： 理想气体的 U 和 H 只是温度的函数，两个过程都有 $\Delta U = \Delta H = 0$。

熵变等于可逆过程的热温商，不论过程可逆与否，都应按照可逆过程计算，两个过程都有

$$\Delta S = nR \ln \frac{V_2}{V_1} = \left\{10 \times 8.314 \times \ln \frac{100}{1}\right\} \mathrm{J \cdot K^{-1}} = 382.9\ \mathrm{J \cdot K^{-1}}$$

两个过程都是理想气体等温过程，都有

$$\Delta A_T = \Delta G_T = nRT \ln \frac{V_1}{V_2} = \left\{10 \times 8.314 \times 298.2 \times \ln \frac{1}{100}\right\} \mathrm{J} = -114\,173\ \mathrm{kJ}$$

五、五个热力学判据简介

我们讲过的 U，H，S，A，G 五个状态函数都可以用作判据，其中 S，A，G 三个判据前面已经介绍过。五个判据用来判断不同条件下过程进行的方向和限度。

（1）热力学能判据

$$\Delta U \leqslant 0 \qquad \boxed{\begin{array}{l}<\text{自发}\\=\text{平衡}\end{array}} \tag{3.63}$$

用来判断等容等熵过程的方向和限度。

（2）焓判据

$$\Delta H \leqslant 0 \qquad \boxed{\begin{array}{l}<\text{自发}\\=\text{平衡}\end{array}} \tag{3.64}$$

用来判断等压等熵过程的方向和限度。

（3）熵判据

$$\Delta S \geqslant 0 \qquad \boxed{\begin{array}{l}>\text{自发}\\=\text{平衡}\end{array}} \tag{3.65}$$

用来判断隔离系统中的方向和限度。

（4）亥姆霍兹函数判据

$$\Delta A \leqslant 0 \qquad \boxed{\begin{array}{l}<\text{自发}\\=\text{平衡}\end{array}} \tag{3.66}$$

用来判断等温等容且没有非体积功过程的方向和限度。

（5）吉布斯函数判据

$$\Delta G \leqslant 0 \qquad \boxed{\begin{array}{l}<\text{自发}\\=\text{平衡}\end{array}} \tag{3.67}$$

用来判断等温等压且没有非体积功过程的方向和限度。

这五个判据中，热力学能判据和焓判据因为很难有等熵条件，所以这两个很少用。熵判据因为大隔离系统熵变计算麻烦，也不常用。等温等容和等温等压都是实践中常有的过程，所以亥姆霍兹函数判据和吉布斯函数判据比较常用，其中吉布斯函数判据用得最多。

热力学判据只能解决方向和限度问题，也就是说，它只能告诉我们过程朝哪个方向前进，平衡时产物有多少。但它不能解决速率问题。如氢气和氧气反应生成水，按照热力学判断，平衡时反应进行非常彻底，但实际上常温下反应速率很慢，几乎永远到不了平衡。加快反应速率，是化学动力学研究的范畴。

第七节 热力学函数间的基本关系

一、热力学函数定义式之间的关系

根据定义，U、H、S、A、G 五个状态函数之间的关系为：

$$H = U + pV$$

$$A = U - TS$$

$$G = H - TS$$

这些关系可用图 3.8 表示，以便记忆。从图中可以看出

$$G = A + pV$$

$$A = H - pV - TS$$

$$G = U + pV - TS$$

这些式子有助于理清各状态函数之间的关系。

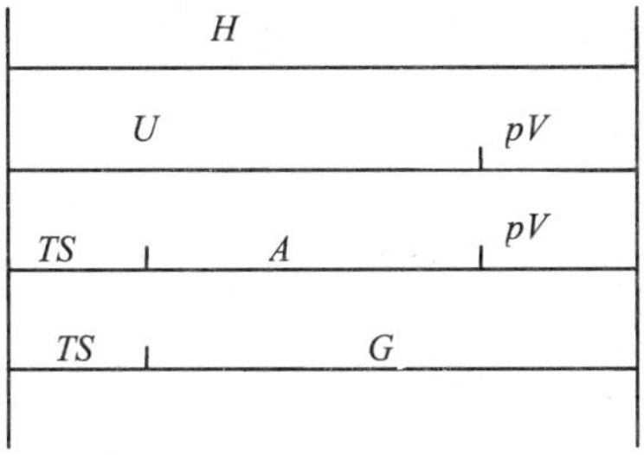

图 3.8 热力学函数定义之间的关系

二、四个热力学基本公式

根据热力学第一定律有

$$dU = \delta Q + \delta W \qquad (3.68)$$

对于可逆且没有非体积功的过程，$\delta Q = TdS$，$\delta W = -pdV$，代入式（3.68）得

$$dU = TdS - pdV \qquad (3.69)$$

式（3.69）是第一个热力学基本公式，是四个公式中最基本、最重要的一个，适用于定量定组成且没有非体积功的封闭系统。

将 $H=U+pV$ 微分得 $dH = dU + pdV + Vdp$，再将式（3.69）代入得

$$dH = TdS + Vdp \tag{3.70}$$

将 $A = U - TS$ 微分得 $dA = dU - (TdS + SdT)$，再将式（3.69）代入得

$$dA = -SdT - pdV \tag{3.71}$$

将 $G = H - TS$ 微分得 $dG = dH - (TdS + SdT)$，再将式（3.70）代入得

$$dG = -SdT + Vdp \tag{3.72}$$

式（3.69）～式（3.72）四个热力学基本公式，适用于定量定组成且没有非体积功的封闭系统。

三、四组对应系数关系式

由式（3.69）和式（3.70）得

$$T = \left(\frac{\partial U}{\partial S}\right)_V = \left(\frac{\partial H}{\partial S}\right)_p \tag{3.73}$$

由式（3.69）和式（3.71）得

$$p = -\left(\frac{\partial U}{\partial V}\right)_S = -\left(\frac{\partial A}{\partial V}\right)_T \tag{3.74}$$

由式（3.70）和式（3.72）得

$$V = \left(\frac{\partial H}{\partial p}\right)_S = \left(\frac{\partial G}{\partial p}\right)_T \tag{3.75}$$

由式（3.71）和式（3.72）得

$$S = -\left(\frac{\partial A}{\partial T}\right)_V = -\left(\frac{\partial G}{\partial T}\right)_p \tag{3.76}$$

式（3.73）～式（3.76）即为四组对应系数关系式。

热力学基本公式和对应系数关系式在公式推导和证明方面有广泛的应用。例如 ΔG 的计算公式，恒温下式（3.72）可变为

$$dG_T = Vdp \tag{3.77}$$

对于理想气体将 $V = \dfrac{nRT}{p}$ 代入式（3.77），得

$$\Delta G_T = nRT\ln\frac{p_2}{p_1} \tag{3.78}$$

这与式（3.61）是一致的。

【例 3.13】 石墨生成金刚石的反应 C（s，石墨）→C（s，金刚石），在 298 K，100 kPa 下，$\Delta_r G_m^{\ominus} = 2\,862\ \text{J}\cdot\text{mol}^{-1}$，金刚石和石墨的密度分别为 3 513 $\text{kg}\cdot\text{m}^{-3}$ 和 2 260 $\text{kg}\cdot\text{m}^{-3}$。在 298 K 下，需要多大压力才能将石墨转变为金刚石？

解：在 298 K，100 kPa 下，$\Delta_r G_m^{\ominus} > 0$，显然反应不能自发进行，要想使反应自发进行至多 $\Delta_r G_m = 0$。由式（3.75）得

$$\left(\frac{\partial G}{\partial p}\right)_T = V \qquad \left(\frac{\partial \Delta G}{\partial p}\right)_T = \Delta V$$

$$\int_{\Delta_r G_m^{\ominus}}^{\Delta_r G_m} \text{d}\Delta G = \int_{p^{\ominus}}^{p} \Delta V \text{d}p$$

$$\Delta_r G_m - \Delta_r G_m^{\ominus} = \Delta V(p - p^{\ominus})$$

$$\Delta V = \left\{\frac{0.012}{3\,513} - \frac{0.012}{2\,260}\right\}\text{m}^3\cdot\text{mol}^{-1} = -1.89\times 10^{-6}\text{m}^3\cdot\text{mol}^{-1}$$

ΔV 为负值说明随着 $\Delta_r G_m$ 减小，压力是增加的。

$$0 - 2\,862 = -1.89\times 10^{-6}(p - 100\times 10^3)$$

$$p = 1.5\times 10^9\,\text{Pa}$$

计算结果表明，在 298 K 时，要想使石墨转变为金刚石，压力应大于 $1.5\times 10^9\,\text{Pa}$。这个压力相当于标准压力的 15 000 倍。

四*、麦克斯韦关系式及其应用

我们先复习数学中讲的函数的全微分性质。设 z 是两个自变量 x，y 的函数，函数关系为 $z=f(x, y)$，若 z 的变化值与过程无关，数学上称 z 具有全微分性质。对 $z=f(x, y)$ 求全微分

$$\text{d}z = \left(\frac{\partial z}{\partial x}\right)_y \text{d}x + \left(\frac{\partial z}{\partial y}\right)_x \text{d}y = M\text{d}x + N\text{d}y$$

式中$M=\left(\frac{\partial z}{\partial x}\right)_y$，$N=\left(\frac{\partial z}{\partial y}\right)_x$，$M$和$N$也是$x$和$y$的函数，把$M$对$y$，$N$对$x$再求一次偏微分，得

$$\left(\frac{\partial M}{\partial y}\right)_x=\frac{\partial^2 z}{\partial x\partial y},\left(\frac{\partial N}{\partial x}\right)_y=\frac{\partial^2 z}{\partial y\partial x}$$

显然有

$$\left(\frac{\partial M}{\partial y}\right)_x=\left(\frac{\partial N}{\partial x}\right)_y \tag{3.79}$$

状态函数的变化值也与过程无关，所以式(3.79)对状态函数成立。将式(3.79)用到四个热力学基本公式[式（3.69）～式（3.72）]中，可得

$$\left(\frac{\partial T}{\partial V}\right)_S=-\left(\frac{\partial p}{\partial S}\right)_V \tag{3.80}$$

$$\left(\frac{\partial T}{\partial p}\right)_S=\left(\frac{\partial V}{\partial S}\right)_p \tag{3.81}$$

$$\left(\frac{\partial S}{\partial V}\right)_T=\left(\frac{\partial p}{\partial T}\right)_V \tag{3.82}$$

$$\left(\frac{\partial S}{\partial p}\right)_T=-\left(\frac{\partial V}{\partial T}\right)_p \tag{3.83}$$

式（3.80）～式（3.83）称为麦克斯韦（Maxwell）关系式，根据这些关系式，我们可用容易测出的偏微商代替不易测出的偏微商，为计算带来方便。

【例3.14】 求证理想气体的U只是温度的函数。

证：热力学基本公式$dU=TdS-pdV$

温度不变时上式两边对V求偏导数，得

$$\left(\frac{\partial U}{\partial V}\right)_T=T\left(\frac{\partial S}{\partial V}\right)_T-p$$

$\left(\frac{\partial S}{\partial V}\right)_T$不易测出，根据式（3.82）$\left(\frac{\partial S}{\partial V}\right)_T=\left(\frac{\partial p}{\partial T}\right)_V$，所以有

$$\left(\frac{\partial U}{\partial V}\right)_T=T\left(\frac{\partial p}{\partial T}\right)_V-p$$

将理想气体公式 $p=\dfrac{nRT}{V}$ 对 T 求偏导数，得

$$\left(\frac{\partial p}{\partial T}\right)_V=\frac{nR}{V}$$

所以有

$$\left(\frac{\partial U}{\partial V}\right)_T=T\frac{nR}{V}-p=p-p=0$$

上式说明 T 不变时，U 不变。即 U 只是温度的函数。 证毕。

五、ΔG 随温度的变化公式：吉布斯-亥姆霍兹方程

压力不变，温度变化时，化学反应或相变的 ΔG 会随之变化，公式推导如下。根据热力学基本公式 $\mathrm{d}G=-S\mathrm{d}T+V\mathrm{d}p$ 有

$$\left(\frac{\partial G}{\partial T}\right)_p=-S$$

根据热力学函数定义公式有

$$S=\frac{H-G}{T}=\frac{H}{T}-\frac{G}{T}$$

所以

$$\left(\frac{\partial G}{\partial T}\right)_p=-S=\frac{G}{T}-\frac{H}{T}$$

移项得

$$\left(\frac{\partial G}{\partial T}\right)_p-\frac{G}{T}=-\frac{H}{T}$$

两边同乘以 $\dfrac{1}{T}$ 得

$$\frac{T\left(\dfrac{\partial G}{\partial T}\right)_p-\left(\dfrac{\partial T}{\partial T}\right)_p G}{T^2}=-\frac{H}{T^2}$$

根据偏微分法则，上式左边为 $\dfrac{G}{T}$ 对 T 的偏导数，所以上式即

$$\left[\frac{\partial\left(\frac{G}{T}\right)}{\partial T}\right]_p = -\frac{H}{T^2}$$

即

$$\left[\frac{\partial\left(\frac{\Delta G}{T}\right)}{\partial T}\right]_p = -\frac{\Delta H}{T^2}$$

上式为吉布斯-亥姆霍兹方程。积分得

$$\int_{\frac{\Delta G_1}{T_1}}^{\frac{\Delta G_2}{T_2}} \mathrm{d}\left(\frac{\Delta G}{T}\right) = \int_{T_1}^{T_2}\left(-\frac{\Delta H}{T^2}\right)\mathrm{d}T$$

$$\frac{\Delta G_2}{T_2} - \frac{\Delta G_1}{T_1} = \int_{T_1}^{T_2}\left(-\frac{\Delta H}{T^2}\right)\mathrm{d}T$$

$$\frac{\Delta G_2}{T_2} = \frac{\Delta G_1}{T_1} - \int_{T_1}^{T_2}\frac{\Delta H}{T^2}\mathrm{d}T \tag{3.84}$$

式（3.84）为吉布斯-亥姆霍兹方程的积分式，它表示了化学反应或相变的ΔG随温度变化的关系，也是该方程的常用形式。

【例 3.15】 在 273.15 K 时，H_2O（s）→H_2O（l）过程中$\Delta H_m^{\ominus}$=6 008 J·mol^{-1}且$\Delta H_m^{\ominus}$不随温度变化，$\Delta G_m^{\ominus}(273.15\ \mathrm{K})=0$，求$\Delta G_m^{\ominus}(270.15\ \mathrm{K})$。并说明在－3℃时上述相变是否自发。

解： 根据吉布斯-亥姆霍兹方程

$$\frac{\Delta G_m^{\ominus}(270.15)}{270.15} = \frac{\Delta G_m^{\ominus}(273.15)}{273.15} - \int_{273.15}^{270.15}\frac{6\ 008}{T^2}\mathrm{d}T$$
$$= 0 + 6\ 008\left(\frac{1}{270.15} - \frac{1}{273.15}\right)$$

$\Delta G_m^{\ominus}(270.15\mathrm{K}) = 66.0\ \mathrm{J\cdot mol^{-1}} > 0$ 说明－3℃时上述相变不自发。

第八节 单组分系统的两相平衡

一、单组分系统两相平衡的条件

在一定温度 T，一定压力 p 时，某物质 B 的两个相 α 和 β 平衡，可用下式表示：

$$B^*(\alpha,T,p)\rightleftharpoons B^*(\beta,T,p)$$

式中，“*”表示单组分的纯物质。平衡在等温等压条件下发生，而吉布斯函数是等温等压条件下的判据，所以必有 $\Delta G^* = G_m^*(B,\beta)-G_m^*(B,\alpha)=0$，即

$$G_m^*(B,\alpha)=G_m^*(B,\beta) \tag{3.85}$$

式（3.85）为单组分系统两相平衡的条件。即单组分系统两相平衡时，两相的摩尔吉布斯函数相等。

二、克拉贝龙方程

接下来讨论单组分系统两相平衡时压力变化与温度变化的关系。

$$B^*(\alpha,T,p)\rightleftharpoons B^*(\beta,T,p)$$

两相平衡必有两相吉布斯函数相等，即：

$$\Delta G_m^*(\alpha)=\Delta G_m^*(\beta)$$

温度增加 $\mathrm{d}T$，压力增加 $\mathrm{d}p$ 达到新平衡：

$$B^*(\alpha,T+\mathrm{d}T,p+\mathrm{d}p)\rightleftharpoons B^*(\beta,T+\mathrm{d}T,p+\mathrm{d}p)$$

达到新平衡过程中，两相吉布斯函数增量分别为 $\mathrm{d}G_m^*(\alpha)$ 和 $\mathrm{d}G_m^*(\beta)$。在新的平衡时，仍有两相吉布斯函数相等，即：

$$\Delta G_m^*(\alpha)+\mathrm{d}G_m^*(\alpha)=\Delta G_m^*(\beta)+\mathrm{d}G_m^*(\beta)$$

$$\mathrm{d}G_m^*(\alpha)=\mathrm{d}G_m^*(\beta)$$

将热力学基本公式 $\mathrm{d}G=-S\mathrm{d}T+V\mathrm{d}p$ 代入上式得：

$$-S_{\mathrm{m}}^{*}(\alpha)\mathrm{d}T+V_{\mathrm{m}}^{*}(\alpha)\mathrm{d}p=-S_{\mathrm{m}}^{*}(\beta)\mathrm{d}T+V_{\mathrm{m}}^{*}(\beta)\mathrm{d}p$$

$$\frac{\mathrm{d}p}{\mathrm{d}T}=\frac{\Delta S_{\mathrm{m}}^{*}}{\Delta V_{\mathrm{m}}^{*}}$$

而相变为可逆过程，$\Delta S=\dfrac{Q}{T}=\dfrac{\Delta H_{\mathrm{m}}^{*}}{T}$，代入上式得

$$\frac{\mathrm{d}p}{\mathrm{d}T}=\frac{\Delta H_{\mathrm{m}}^{*}}{T\Delta V_{\mathrm{m}}^{*}} \tag{3.86}$$

式（3.86）即为克拉贝龙方程，它表示两相平衡时压力变化与温度变化的关系，可广泛应用于单组分系统的升华、熔化、蒸发以及晶形转变等可逆相变过程，$\Delta V_{\mathrm{m}}^{*}$ 为相变时的摩尔体积变，$\Delta H_{\mathrm{m}}^{*}$ 为摩尔相变焓。式（3.86）也可写为

$$\frac{\mathrm{d}T}{\mathrm{d}p}=\frac{T\Delta V_{\mathrm{m}}^{*}}{\Delta H_{\mathrm{m}}^{*}} \tag{3.87}$$

【例 3.16】 101.325 kPa 下，斜方硫转变为单斜硫，转变温度为 96.7℃，体积增加 0.441 6 $\mathrm{cm^3\cdot mol^{-1}}$，又已知斜方硫和单斜硫的燃烧热在 25℃时分别为－296 700 $\mathrm{J\cdot mol^{-1}}$ 和－297 100 $\mathrm{J\cdot mol^{-1}}$，且燃烧焓不随温度变化。求 96.7℃时，转变温度随压力的变化。

解： S（斜方）$\rightleftharpoons$ S（单斜）

$$\Delta H_{\mathrm{m}}^{*}=\{-296\,700-(-297\,100)\}\mathrm{J\cdot mol^{-1}}=400\ \mathrm{J\cdot mol^{-1}}$$

$$\frac{\mathrm{d}T}{\mathrm{d}p}=\frac{T\Delta V_{\mathrm{m}}^{*}}{\Delta H_{\mathrm{m}}^{*}}=\left\{\frac{(96.7+273.15)\times 0.441\,6\times 10^{-6}}{400}\right\}\mathrm{K\cdot Pa^{-1}}=4.08\times 10^{-7}\,\mathrm{K\cdot Pa^{-1}}$$

这表明压力每增加 1 Pa，可逆相变温度将增加 $4.08\times 10^{-7}\,\mathrm{K}$。

三、克劳修斯-克拉贝龙方程

对于液气平衡或固气平衡，由式（3.86）可以求出压力随温度的变化率，但不能求出某温度下饱和蒸气压的具体数值，使用起来不太方便。克劳修斯-克拉贝龙方程将解决这个问题。下面以液气平衡为例加以介绍。

与气体相比，液体的体积可以忽略不计，有

$$\Delta V_{\mathrm{m}}^{*}=V_{\mathrm{m}}^{*}(\mathrm{g})-V_{\mathrm{m}}^{*}(\mathrm{l})\approx V_{\mathrm{m}}^{*}(\mathrm{g})$$

若气体为理想气体$\Delta V_{\mathrm{m}}^{*}=V_{\mathrm{m}}^{*}(\mathrm{g})=\dfrac{RT}{p}$，代入式（3.86）得

$$\frac{\mathrm{d}p}{\mathrm{d}T}=\frac{\Delta_{\mathrm{l}}^{\mathrm{g}}H_{\mathrm{m}}^{*}}{TV_{\mathrm{m}}^{*}(\mathrm{g})}=\frac{\Delta_{\mathrm{l}}^{\mathrm{g}}H_{\mathrm{m}}^{*}}{T\left(\dfrac{RT}{p}\right)}=\frac{p\Delta_{\mathrm{l}}^{\mathrm{g}}H_{\mathrm{m}}^{*}}{RT^{2}}$$

$$\frac{\dfrac{\mathrm{d}p}{p}}{\mathrm{d}T}=\frac{\Delta_{\mathrm{l}}^{\mathrm{g}}H_{\mathrm{m}}^{*}}{RT^{2}}$$

即

$$\frac{\mathrm{d}\ln p}{\mathrm{d}T}=\frac{\Delta_{\mathrm{l}}^{\mathrm{g}}H_{\mathrm{m}}^{*}}{RT^{2}}$$

假定$\Delta_{\mathrm{l}}^{\mathrm{g}}H_{\mathrm{m}}^{*}$为常数，不随温度变化，求定积分得

$$\ln\frac{p_{2}}{p_{1}}=-\frac{\Delta_{\mathrm{l}}^{\mathrm{g}}H_{\mathrm{m}}^{*}}{R}\left(\frac{1}{T_{2}}-\frac{1}{T_{1}}\right)=\frac{\Delta_{\mathrm{l}}^{\mathrm{g}}H_{\mathrm{m}}^{*}(T_{2}-T_{1})}{RT_{1}T_{2}} \tag{3.88}$$

式（3.88）即为克劳修斯-克拉贝龙方程，适用于液气平衡和固气平衡，若为固气平衡将$\Delta_{\mathrm{l}}^{\mathrm{g}}H_{\mathrm{m}}^{*}$换为$\Delta_{\mathrm{s}}^{\mathrm{g}}H_{\mathrm{m}}^{*}$即可。从克拉贝龙方程到克劳修斯-克拉贝龙方程，作了三点近似：一是忽略了液体的体积；二是把实际气体近似为理想气体；三是把$\Delta_{\mathrm{l}}^{\mathrm{g}}H_{\mathrm{m}}^{*}$近似看作常数。

【例 3.17】 已知水的正常沸点为 373.15 K，水的摩尔蒸发焓$\Delta_{\mathrm{l}}^{\mathrm{g}}H_{\mathrm{m}}^{*}=40\,670\ \mathrm{J\cdot mol^{-1}}$，炊事用的高压锅中的压力为 200 kPa，计算高压锅中水的沸点温度。

解： 已知p_1=101 325 Pa，p_2=200 000 Pa，T_1=373.15 K，$\Delta_{\mathrm{l}}^{\mathrm{g}}H_{\mathrm{m}}^{*}=40\,670\ \mathrm{J\cdot mol^{-1}}$，将有关数据代入克劳修斯-克拉贝龙方程，得

$$\ln\frac{200\,000}{101\,325}=-\frac{40\,670}{8.314}\left(\frac{1}{T_{2}}-\frac{1}{373.15}\right)$$

$$T_{2}=393.56\ \mathrm{K}$$

四、特鲁顿规则

一般物质的$\Delta_l^g H_m^*$可在有关手册中查出。对于非极性液体，若查不到$\Delta_l^g H_m^*$，可用下式计算

$$\frac{\Delta_l^g H_m^*}{T_b^*} = \Delta_l^g S_m^* = 88\ \mathrm{J \cdot K^{-1} \cdot mol^{-1}} \tag{3.89}$$

$$\Delta_l^g H_m^* = 88 T_b^* \mathrm{J \cdot mol^{-1}} \tag{3.90}$$

式（3.89）和式（3.90）称为特鲁顿规则，T_b^*为液体的正常沸点。注意，特鲁顿规则只对非极性液体适用，对水等极性液体不适应。同时还应注意，特鲁顿规则只是近似规则，只有查不到$\Delta_l^g H_m^*$时才使用它。

复习与思考题

1．冰箱把热量从低温热源（冰箱内部）传到高温热源（大气），这是否与克劳修斯说法矛盾？为什么？

2．$C_{p,m}$与$C_{V,m}$有何区别？$C_{p,m}$是否一定大于$C_{V,m}$？为什么？

3．理想气体等温可逆膨胀过程，$\Delta S = nR\ln\frac{V_2}{V_1}$，因为$V_2 > V_1$，所以$\Delta S > 0$；但根据熵判据，可逆过程$\Delta S = 0$。这两种说法是否矛盾？为什么？

4．绝热过程是否一定是等熵过程？为什么？

5．某系统从始态 A 到终态 B，如果经历的是等温不可逆过程，能否按照等温可逆过程的热温商计算其熵变？如果经历的是绝热不可逆过程，能否按照绝热可逆过程的热温商计算其熵变？为什么？

6．把两块种类相同，质量相同，但温度不同的金属对接起来，经过热传导，最终两块金属的温度相同。试用熵函数证明热传导过程为不可逆过程。

7．在下列过程中，$W, Q, \Delta U, \Delta H, \Delta S, \Delta A, \Delta G$的数值哪些等于零？

（1）理想气体等温可逆膨胀；（2）理想气体自由膨胀；（3）理想气体绝热可逆膨胀；（4）水在其沸点变成气体；（5）氢气和氧气在绝热刚瓶中反应生成水。

8．反应 $2H_2O(l) \xlongequal{} 2H_2(g) + O_2(g)$ 在 298.15 K，$p^\ominus$ 下 $\Delta_r G_m^\ominus > 0$，说明此时反应不能自发进行。但我们可以电解水获得氢气和氧气。这是否矛盾？为什么？

9．试从理想气体的 T-S 图证明下列结论：

（1）任何两条等压线在同温度下有相同的斜率。

（2）任何两条等容线在同温度下有相同的斜率。

（3）同温度下等容线的斜率大于等压线的斜率，两者斜率之比为 $\dfrac{C_{p,m}}{C_{V,m}}$。

10．如下图所示 n mol 理想气体从始态 A 到终态 C，分别经由两个过程：$A \xrightarrow{(1)} B \xrightarrow{(2)} C$ 和 $A \xrightarrow{(3)} C$，请证明：

（1）两个过程的热效应不相等，即 $Q_1 + Q_2 \neq Q_3$；

（2）两个过程的熵变相等，即 $\Delta S_1 + \Delta S_2 = \Delta S_3$。

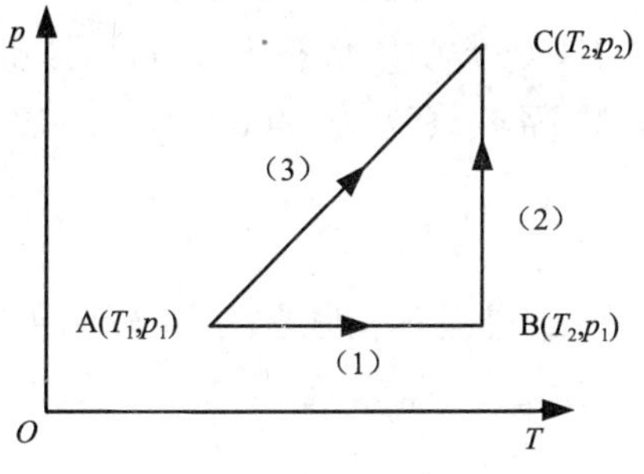

11．在 100℃，101 325 Pa 时，液体水变为气体，由 $\Delta S > 0$ 判断，过程不可逆；由 $\Delta G = 0$ 判断，过程可逆。请问哪个正确？为什么？

12．四个热力学基本公式适用的条件是什么？是否一定要可逆过程？

13．下列公式哪些只适用于理想气体？

（1）$\Delta U = Q + W$　　（2）$p_1V_1^\gamma = p_2V_2^\gamma$

（3）$\Delta G = \Delta H - T\Delta S$　　（4）$\Delta G = -nRT\ln\dfrac{V_2}{V_1}$

（5）$C_{p,m} = C_{V,m} + R$　　（6）$\Delta U = n\int_{T_1}^{T_2} C_{V,m}\mathrm{d}T$

（7）$\Delta S = \left[\dfrac{\partial(\Delta G)}{\partial T}\right]_p$　　（8）$\mathrm{d}G = -S\mathrm{d}T + V\mathrm{d}p$

14．如下图所示：箱子一边是 1 mol N_2，压力为 100 kPa，另一边是 2 mol N_2，压力为 200 kPa，温度恒定为 298 K，抽去隔板后，如何计算气体扩散过程的吉布斯函数变。

1 mol N_2(g)，298 K，100 kPa	2 mol N_2(g)，298 K，200 kPa

15．简要说明熵、亥姆霍兹函数、吉布斯函数作判据时的条件各是什么？

16. 某可逆热机在 $T_1 = 1\,000$ K 的高温热源和 $T_2 = 300$ K 的低温热源之间工作。求：

（1）热机的效率 η 是多少？

（2）若该热机对外做功 $W = -50$ kJ，需从高温热源吸收的热 Q_1 是多少？（答：$\eta = 0.7$，$Q_1 = 71.4$ kJ）

17．卡诺热机在 $T_1 = 900$ K 的高温热源和 $T_2 = 300$ K 的低温热源之间工作。求：

（1）热机的效率 η 是多少？

（2）当热机向低温热源放热 $Q_2 = -100$ kJ 时，热机从高温热源吸的热 Q_1 和对外做的功 W 分别是多少？[（1）$\eta = 0.667$；（2）$Q_1 = 300$kJ，$W = -200$kJ]

18．5 mol 理想气体 H_2（g）初始状态为 300 K，1.0×10^5 Pa。在恒定外压力为 2.0×10^5Pa 下，进行压缩，终态为 300 K，2.0×10^5Pa。计算系统的 ΔS。（$-28.8\ \text{J}\cdot\text{K}^{-1}$）

19．如下图所示：有一绝热且体积固定的容器，中间用导热隔板将容器分为体积相同的两部分，分别充入理想气体氮气和氢气。已知两种气体均有 $C_{V,\text{m}} = \dfrac{5}{2}R$，请计算：

（1）保留隔板系统达到热平衡时的熵变 ΔS。

（2）达到热平衡后，抽去隔板，气体混合过程的 $\Delta_{\text{mix}} S$。

1mol N_2 293 K	1mol H_2 288 K

[（1）$\Delta S = 0.006\ \text{J}\cdot\text{K}^{-1}$，（2）$\Delta_{\text{mix}} S = 11.532\ \text{J}\cdot\text{K}^{-1}$]

20．2 mol 理想气体 He（g）始态为 298 K，5 dm^3，经下列两个连续可逆变化达到终态，（1）等温可逆压缩到体积为原来的 $\dfrac{1}{2}$；（2）再等容冷却到初始压力。已知 $C_{p,\text{m}}$=20.8 $\text{J}\cdot\text{K}^{-1}\cdot\text{mol}^{-1}$，求始态到终态的 Q，W，ΔU，ΔH，ΔS。[Q=－7 156 J，

W=3 435 J，ΔU=－37 216 J，ΔH=－6 194 J，ΔS=28.8 J·K^{-1}]

21．氧的正常沸点为－182.97℃，摩尔焓变$\Delta_l^g H_m$= 6 820 J·mol^{-1}。将－182.97℃的2 mol液态氧放在－182.97℃的环境中，蒸发为101 325 Pa的氧气，求系统的熵变ΔS_{sys}和环境的熵变ΔS_{su}。(ΔS_{sys}=151 J·K^{-1}，ΔS_{su}=－151 J·K^{-1})

22．真实气体N_2有$C_{p,m}$={27.32+6.226×10^{-3}T－0.950 2×10$^{-6}T^2$} J·mol^{-1}·K^{-1}，今有1 mol N_2，始态为300 K，100 kPa。将其置于1 000 K的热源中，经等压过程达平衡，求过程的Q，ΔS和$\Delta S_{隔离}$。(Q=21.65 kJ，ΔS=36.82 J·K^{-1}，$\Delta S_{隔离}$ = 15.17 J·K^{-1})

23．1 mol 某双原子理想气体，始态为$T_1 = 300\ \text{K}$，$p_1 = 200\ \text{kPa}$；终态为$T_2 = 300\ \text{K}$，$p_2 = 100\ \text{kPa}$。假如从始态到终态分别经历以下三种过程，分别计算各过程的Q和ΔS。(1) 等温可逆膨胀；(2) 先等容冷却使压力降到p_2，再等压加热到T_2；(3) 先绝热可逆膨胀使压力降到p_2，再等压加热到T_2。

[(1) Q=1.729 kJ，ΔS=5.76 J·K^{-1}；(2) Q=1.274 kJ，ΔS=5.76 J·K^{-1}；(3) Q= 1.570 kJ，ΔS=5.76J·K^{-1}]

24．4 mol单原子理想气体始态为750 K，150 kPa，先等容冷却使压力降至50 kPa，再等温可逆压缩至100 kPa。计算整个过程的Q，W，ΔU，ΔH，ΔS。[Q=－30.71 kJ，W=5.763 kJ，ΔU=－24.94 kJ，ΔH=－41.57 kJ，ΔS=－77.86 J·K^{-1}]

25．计算1 mol H_2(l)在101 32 5Pa，－10℃转变为冰的熵变。已知水在101 325 Pa，0 ℃时的相变焓$\Delta_l^s H_m = -6\,004\ \text{J}\cdot\text{mol}^{-1}$，水和冰有$C_{p,m}(H_2O,l) = 75.3\ \text{J}\cdot\text{K}^{-1}\cdot\text{mol}^{-1}$，$C_{p,m}(H_2O,s) = 36.8\ \text{J}\cdot\text{K}^{-1}\cdot\text{mol}^{-1}$。($-20.55\ \text{J}\cdot\text{K}^{-1}$)

26．1 mol单原子理想气体可逆地沿$T = aV$(a为常数)的途径，自273 K升温到573 K，计算过程的W，ΔU，ΔS。($W = -2.49\ \text{kJ}$，$\Delta U = 3.74\ \text{kJ}$，$\Delta S = 15.40\ \text{J}\cdot\text{K}^{-1}$)

27．单原子理想气体5 mol，始态为300 K，50 kPa。先绝热可逆压缩至100 kPa，再等压冷却使体积变为85 dm^3，计算整个过程的Q，W，ΔU，ΔH，ΔS。

(Q=－19.892 kJ，W=13.935 kJ，ΔU=－5.958 kJ^{-1}，ΔH=－9.930 kJ，ΔS=－68.66 J·K^{-1})

28．已知丙酮蒸气在273～1 500 K，$C_{p,m}$与T之间的关系为

$$C_{p,m} = \left\{22.47 + 201.8\times10^{-3}T - 63.5\times10^{-6}T^2\right\}\text{J}\cdot\text{K}^{-1}\cdot\text{mol}^{-1}$$

丙酮在298.2 K时的标准摩尔熵$S_m^{\ominus} = 294.9\ \text{J}\cdot\text{K}^{-1}\cdot\text{mol}^{-1}$。计算丙酮蒸气在

1 000 K 时的标准摩尔熵。（$434.9\ J\cdot K^{-1}\cdot mol^{-1}$）

29．两个瓶子中间有旋塞连通，保持温度恒定为 298.15 K。先关闭旋塞，在一边放 0.2 mol O_2，压力为 0.2×101325 Pa；另一边放 0.8 molN_2，压力为 0.8×101 325 Pa。打开旋塞使两种气体混合。若气体为理想气体，求：（1）混合终了瓶中的压力。（2）混合过程的$W,Q,\Delta U,\Delta S,\Delta G$。（3）假如再等温可逆地使混合气体恢复原状，计算恢复过程的 W 和 Q。[（1）$p=50.65\ kPa$；（2）$W=Q=\Delta U=0$，$\Delta S=5.76\ J\cdot K^{-1}$；$\Delta G=-1\,719\ J$；（3）$Q=-1\,719\ J$，$W=1\,719\ J$]

30．在 268.2 K 和$p^{\ominus}$时 1 mol 液体苯变为固体，$Q=-9\,874\ J$，计算该凝固过程系统的熵变ΔS_{sys}和环境的熵变ΔS_{su}，并用熵变判断该过程是否自发。已知苯的标准熔点为 278.7 K 和 $p^{\ominus}$，$\Delta_s^l H_m^{\ominus}=9\,916\ J\cdot mol^{-1}$。$C_{p,m}(C_6H_6,l)=126.80\ J\cdot K^{-1}\cdot mol^{-1}$，$C_{p,m}(C_6H_6,s)=122.60\ J\cdot K^{-1}\cdot mol^{-1}$。（$\Delta S_{sys}=-35.42\ J\cdot K^{-1}$，$\Delta S_{su}=36.82\ J\cdot K^{-1}$，$\Delta S_{隔离}=1.40\ J\cdot K^{-1}>0$，自发）

31．将装有 0.1 mol 液体乙醚的小玻璃瓶放入体积为 10 dm^3 的真空容器，并在 35.51℃的恒温槽中恒温。101 325 Pa，35.51℃为乙醚的正常沸点，此时乙醚的摩尔相变焓 $\Delta_l^g H_m=25.104\ kJ\cdot mol^{-1}$。

打破小玻璃瓶，使乙醚蒸发，计算：（1）乙醚蒸气的压力。（2）蒸发过程的Q, ΔU, ΔH, ΔS。[（1）p=25.662 kPa；（2）$Q=\Delta U$=22.488 kJ，$\Delta H=2.501\,4$ kJ，ΔS=9.275 $J\cdot K^{-1}$]

32．在 101.33 kPa，373 K 下，在一个小球内装入 2 mol 液体水，将小球放入 373 K 的恒温真空箱中，打破小球，刚好使液体水变为 101.33 kPa，373 K 的理想气体水蒸气。已知水在 101.33 kPa，373 K 时摩尔蒸发焓为 $\Delta_l^g H_m$=40.67 $kJ\cdot mol^{-1}$，求

（1）上述过程的Q，W，ΔU，ΔH，ΔS。

（2）若气化过程在 101.33 kPa 的常压下进行，过程的Q，W，ΔU，ΔH，ΔS。

[（1）$Q=75.1\ kJ$，$W=0$，$\Delta U=75.1\ kJ$，$\Delta H=81.3\ kJ$，$\Delta S=218.1\ J\cdot K^{-1}$；（2）$Q=81.3\ kJ$，$W=-6.2\ kJ$，$\Delta U=75.1\ kJ$，$\Delta H=81.3\ kJ$，$\Delta S=218.1\ J\cdot K^{-1}$]

33．1 mol H_2O（l）在其正常沸点 100℃，101 325 Pa 时蒸发为同温同压下的理想气体，然后再等温可逆膨胀到 40 000 Pa。已知水的摩尔焓变 $\Delta_l^g H_m = 40.67\ kJ \cdot mol^{-1}$。计算整个过程的 Q，W，ΔU，ΔH 和ΔS。（Q=43.55 kJ，W=−5.986 kJ，ΔU=37.57 kJ，ΔH=40.67 kJ，ΔS=116.7 $J \cdot K^{-1}$）

34．在 298 K，101 325 Pa 下，发生以下相变：

$CaCO_3$(文石)$\longrightarrow$$CaCO_3$(方解石)

已知过程的$\Delta G_m^{\ominus} = -800\ J \cdot mol^{-1}$，$\Delta V_m = 2.75\ cm^{-3} \cdot mol^{-1}$，且$\Delta V_m$不随压力变化。计算在 298 K 时，压力最少为多大才能使文石稳定？（2.91×10^8 Pa）

35．已知在 298.15 K，$p^{\ominus}$时，反应 $H_2(g)+\frac{1}{2}O_2(g) = H_2O(l)$，反应进度 $\xi = 1$ mol 时，若反应直接进行，放热 285.90 kJ，若反应在可逆电池中进行放热 48.62 kJ。

（1）求在 298.15K，$p^{\ominus}$时，上述单位反应的逆反应的ΔH，ΔS，ΔG；

（2）要使逆反应发生，环境至少需要对系统做多少电功？

[（1）$\Delta H = 285.90$ kJ，$\Delta S = 163\ J \cdot K^{-1}$，$\Delta G = 237.28$ kJ；
（2）$W_r = 237.28$ kJ]

36．根据附录中标准摩尔生成焓 $\Delta_f H_m^{\ominus}$ 和标准摩尔熵 $S_m^{\ominus}$ 数据计算下列反应在 298.15 K 时的 $\Delta_r G_m^{\ominus}$。（1）$H_2(g)+\frac{1}{2}O_2(g) = H_2O(l)$；
（2）$H_2(g)+Cl_2(g) = 2HCl(g)$；（3）$2CH_4(g)+O_2(g) = 2CH_3OH(l)$。

[（1）$\Delta_r G_m^{\ominus} = -237.1\ kJ \cdot mol^{-1}$；（2）$\Delta_r G_m^{\ominus} = -190.6\ kJ \cdot mol^{-1}$；
（3）$\Delta_r G_m^{\ominus} = -232.2\ kJ \cdot mol^{-1}$]

37．化学反应 $CH_4(g)+CO_2(g) = 2CO(g)+2H_2(g)$，假定所有气体都是理想气体。

（1）利用附录中标准摩尔生成焓 $\Delta_f H_m^{\ominus}$ 和标准摩尔熵 $S_m^{\ominus}$ 的数据计算该反应在 298.15 K 时的 $\Delta_r S_m^{\ominus}$ 和 $\Delta_r G_m^{\ominus}$；

（2）298.15 K 时，若始态两种反应物的分压均为 150 kPa，终态两种生成物的分

压均为 50 kPa，求反应的 $\Delta_r S_m$ 和 $\Delta_r G_m$ 。[（1） $\Delta_r S_m^\ominus = 256.71\ J \cdot K^{-1} \cdot mol^{-1}$ ，$\Delta_r G_m^\ominus = 170.73\ kJ \cdot mol^{-1}$ ；（2）$\Delta_r S_m = 286.51\ J \cdot K^{-1} \cdot mol^{-1}$ ，$\Delta_r G_m = 161.86\ kJ \cdot mol^{-1}$]

38. 乙烯的蒸气压与温度的关系近似为 $\ln\left(\frac{p}{Pa}\right) = -\frac{1921}{T} + C$ ，其中 C 为常数，求乙烯的摩尔蒸发焓。（$\Delta_l^g H_m^* = 16.0\ kJ \cdot mol^{-1}$ ）

39. 正丙醇的蒸气压与温度的关系如下表：

T/K	323	333	343	353
p/kPa	11.63	19.60	31.80	50.13

（1）试作 $\ln\left(\frac{p}{kPa}\right) - \frac{1}{T}$ 图，求出其饱和蒸气压与温度的关系式。

（2）求正丙醇的摩尔蒸发焓。

（3）当外压为 26.66 kPa 时，正丙醇的沸点是多少？

[（1） $\ln\left(\frac{p}{kPa}\right) = -\frac{5\,594}{T} + 19.764$ ；（2）46.51 kJ·mol^{-1}；（3）339.43 K]

40. 已知水的摩尔气化焓 $\Delta_l^g H_m^* = 40\,670\ J \cdot mol^{-1}$ ，若水蒸气为理想气体，试求水在 90℃时的饱和蒸气压。（70 622 Pa）

41. 水和氯仿在 101 325 Pa 的正常沸点分别为 100℃和 61.5℃，水和氯仿的摩尔蒸发焓分别为 $\Delta_l^g H_m^*(H_2O) = 40\,670\ J \cdot mol^{-1}$ ，$\Delta_l^g H_m^*(CHCl_3) = 29\,500\ J \cdot mol^{-1}$ 。计算两种液体具有相同饱和蒸气压时的温度。（262.5℃）

42. 证明热力学状态方程式

$$\left(\frac{\partial U}{\partial V}\right)_T = T\left(\frac{\partial p}{\partial T}\right)_V - p$$

自　测　题

1. 单项选择

（1）热力学第二定律的经典表述方式很多，下面哪种说法不是热力学第二定律。（　）

（A）热不能自动从低温物体流向高温物体，而不引起其他变化

（B）不可能从单一热源吸热做功而不产生其他影响

（C）第一类永动机是不可能制成的

（D）第二类永动机是不可能制成的

（2）封闭系统中任意绝热可逆过程的熵变 ΔS（　）。

（A）>0　（B）<0　（C）$=0$　（D）无法确定

（3）若系统经历一任意自发的不可逆过程，则该系统的熵变 ΔS（　）。

（A）一定大于零　（B）一定小于零

（C）一定等于零　（D）可能大于零也可能小于零

（4）封闭系统中，若过程的 $\Delta A = W_r$，则过程应是（　）。

（A）等温可逆过程　（B）等容可逆过程

（C）等温等容可逆过程　（D）等温等压可逆过程

（5）氢气和氧气在绝热钢瓶中化合生成水的过程中，（　）=0。

（A）ΔU　（B）ΔH　（C）ΔS　（D）ΔG

（6）使用吉布斯函数判据 $\Delta G \leqslant 0$ 来判断过程的方向和限度时，所需条件是（　）。

（A）恒温恒容非体积功为零　（B）恒温恒压非体积功为零

（C）隔离系统中发生的过程　（D）绝热系统中发生的过程

（7）热力学第三定律的表述为（　）。

（A）0 K 时固体的熵等于零　（B）标准状态下固体的熵等于零

（C）标准状态下完美晶体的熵等于零　（D）0 K 时完美晶体的熵等于零

（8）将 100℃、101.325 kPa 的 1 mol 水置于密闭真空容器中，蒸发为同温同压下的水蒸气，过程的下列各量何者等于零？（　）

（A）ΔG　（B）ΔH　（C）ΔS　（D）ΔA

（9）封闭系统中，W=0 时的等温等压化学反应，可用来计算系统熵变的式子是（　）。

（A）$\Delta S = \dfrac{Q}{T}$　（B）$\Delta S = \dfrac{\Delta_r H}{T}$　（C）$\Delta S = \dfrac{\Delta_r H - \Delta_r G}{T}$　（D）$\Delta S = nR\ln\dfrac{V_2}{V_1}$

（10）单原子理想气体，在等压过程中温度从 T_1 变到 T_2，熵变为 ΔS_p；在等容过程中温度从 T_1 变到 T_2，熵变为 ΔS_V。$\Delta S_p : \Delta S_V$=（　）。

（A）1∶1　（B）2∶1　（C）3∶5　（D）5∶3

2. 填空题

（1）卡诺循环高温热源为 T_1，低温热源为 T_2，热温商之和 $\dfrac{Q_1}{T_1} + \dfrac{Q_2}{T_2} =$（　）。卡诺热机的热机效率 $\eta =$（ ）。

（2）不可逆循环过程热温商之和 $\oint\left(\frac{\partial Q}{T}\right)_{\mathrm{ir}}$ （　　）0。

（3）在下表中按各热力学量的变化值填“+，0，－”。

过程	Q	W	ΔU	ΔH	ΔS	ΔA	ΔG
$H_2O(g) \xrightarrow[101\,325\mathrm{Pa}]{373.15\mathrm{K}} H_2O(l)$							
$H_2O(l) \xrightarrow[101\,325\mathrm{Pa}]{268.15\mathrm{K}} H_2O(s)$							

（4） 由克拉贝龙方程导出克劳修斯-克拉贝龙方程的积分式，所作的 3 个近似是（　　　　）、（　　　　）、（　　　　）。

3．以 T 为纵坐标，S 为横坐标，画出卡诺循环的 T-S 图，指出图中被线段围成的一块面积所代表的物理意义，并说明理由。

4．300 K 时 1 mol 理想气体，从 100 kPa 经等温可逆过程压缩到 1 000 kPa。求 Q，W，ΔU，ΔH，ΔS，ΔA，ΔG。

5．反应 $2SO_3(g,p^{\ominus}) \rightleftharpoons 2SO_2(g,p^{\ominus}) + O_2(g,p^{\ominus})$，$\Delta_r H_m^{\ominus}=196.56\ \mathrm{kJ \cdot mol^{-1}}$ 且不随温度变化；在 298 K 时 $\Delta_r G_m^{\ominus}=140.00\ \mathrm{kJ \cdot mol^{-1}}$，求 873 K 时的 $\Delta_r G_m^{\ominus}$，并从热力学角度分析升温对反应是否有利。

第四章　多组分系统热力学

在前述章节中为热力学基础部分，主要讲解了热力学第一定律、第二定律，引入了热力学能、焓、熵、亥姆霍兹函数和吉布斯函数（U、H、S、A、G）五个热力学状态函数，其中U与S是基本的，H、A与G是U与S的组合；U与H用于能量衡算方面，S、A与G用来解决过程方向与限度问题。还介绍了定量定组成的均相系统发生单纯pVT变化、相变化和化学变化对功、热及五个状态函数变化的计算。

这里所说的定量定组成的均相系统是指由一个或几个纯物质相和组成不变的相形成的平衡系统。组成不变的相在处理时可以按一种物质对待。

但是常见的系统绝大部分为多组分系统和相组成发生变化的系统。多组分封闭系统内相的组成发生变化的原因是由于发生了相变化或化学变化。因此。继前三章之后，本章介绍多组分系统热力学。

第一节　多组分系统热力学研究的内容和方法

我们所讨论的体系都是纯物质，这种体系叫单组分体系，即定量定组成的均相系统。而在实际的生产与科研中，大量遇到的是多组分多相系统，即由两种或两种以上物质混合而成的多组分系统。在这样的多组分系统中，一般而言，每种物质的性质会与纯物质有所不同。因而，处理多组分多相系统的热力学方法，也与定量定组成均相系统有所不同。两类系统的主要区别在于：

（1）对一个封闭的多组分多相系统中的每一相或每一种物质而言，它不再是封闭的，而是一个敞开的子系统。

例如，在一个封闭容器中，装有一定数量的乙醇水溶液，上方为蒸气，整个容器是一个封闭系统。若分别选取液相或气相作为系统，由于两相之间有物质交换，所以液相或气相都是敞开系统。

（2）多组分系统的某些热力学量（除质量和物质的量以外），一般说来不再具有简单的加和性，即并不等于各组分在纯态时各热力学量之和。

例如，在 100 mL 水中加入 100 mL 水，其总体积为 200 mL。同样，在 100 mL 乙醇中加入 100 mL 乙醇，其总体积亦为 200 mL。然而，在 100 mL 水中加入 100 mL 乙醇，则所形成的溶液其总体积并不等于 200 mL。

（3）描述一个一定量的单组分均相封闭系统的热力学状态只需两个独立的状态函数（通常取温度和压力）即可，而描述一个多组分均相封闭系统的热力学状态则还需确定各组分的物质的量。

比如，在 25℃，$p^{\ominus}$下，

100 mL 水＋100 mL 乙醇＝192 mL 左右≠200 mL；

50 mL 水＋150 mL 乙醇＝193 mL≠200 mL≠192 mL；

150 mL 水＋50 mL 乙醇＝195 mL。

所以，当温度、压力和组成确定之后，混合物的体积才有确定的值，其他状态性质亦如此。

正是由于多组分系统具有上述这样一些与单组分均相系统不同的性质，因此需要引进一些新的概念、新的热力学关系式来描述多组分多相系统的性质。

本章将介绍在讨论多组分、组成可变系统的热力学问题时所需要的两个重要概念：偏摩尔量和化学势，并且在介绍不同形态物质的化学势表达式及化学势的应用实例时，还要介绍非电解质溶液的性质。

第二节　多组分系统组成的表示法

一、多组分系统的分类

在已学内容中，研究的主要对象是定量定组成的均相系统。而在实际中，大量遇到的是多组分多相系统，即由两种或两种以上物质混合而成的多组分系统。多组分系统可以是单相的或多相的。对多相系统，可以把它分成几个多组分单相系统。因此，从多组分单相系统热力学出发加以研究。

多组分单相系统是由两种或两种以上物质以分子大小的粒子相互均匀混合而成的均匀系统。为了热力学上讨论问题时的方便，按处理方法的不同，把它区分为混合物和溶液。对混合物中任意组分选用同样的标准态加以研究；而对溶液将组分区分为溶剂和溶质。且对两者选用不同的标准态加以研究。

按聚集状态的不同，混合物分为气态混合物、液态混合物和固态混合物；溶液则分为液态溶液和固态溶液。今后，除非特别指明，混合物即指液态混合物，

溶液即液态溶液。

液体与液体以任意比例相互混合成均相即形成混合物，气体、液体或固体溶于液体溶剂中即形成溶液。按溶质的导电性能，又把溶液分为电解质溶液和非电解质溶液。本章只讨论混合物及非电解质溶液。

按照规律性来划分，混合物可分成理想混合物及真实混合物，溶液可分成理想稀溶液及真实溶液。理想混合物在全部浓度范围内，理想稀溶液在适当小的范围内，均有着简单的规律性；真实混合物和真实溶液则与理想情况有一定程度的偏差。因此，掌握理想混合物与理想稀溶液的性质对于了解真实混合物与真实溶液的性质有很大的帮助。

二、多组分系统组成的表示法

对于多组分系统，为描述它的状态，除压力、温度和体积外，还应标明各组分的浓度（相对含量），其表示的方法也有多种。对于混合物中任一组分 B 的浓度常用如下几种方法表示。

（1）B 的质量浓度 ρ_B

$$\rho_B = m_B / V \tag{4.1}$$

即用 B 的质量 m_B 除以混合物的体积 V，ρ_B 的单位是 $kg \cdot m^{-3}$。

（2）B 的质量分数 w_B

$$w_B = m_B / \sum_B m_B \tag{4.2}$$

即用 B 的质量 m_B 除以混合物的质量 $\sum_B m_B$，W_B 为量纲 1 的量。

（3）B 物质的量的浓度 c_B（$mol\cdot dm^{-3}$ 或 $mol\cdot m^{-3}$）

$$c_B = \frac{n_B}{V} \tag{4.3}$$

定义：单位体积（dm^{-3} 或 m^{-3}）的溶液中所含的溶质的物质的量。

（4）B 物质的摩尔分数 x_B

定义：物质 B 的物质的量与溶液中总的物质的量之比

$$x_B = n_B / \sum_B n_B \tag{4.4}$$

即用 B 的物质的量 n_B 除以混合物的物质的量 $\sum_B n_B$，x_B 为量纲 1 的量。

（5）B 的体积分数

$$\varphi_B = x_B V^*_{m,B} / (\sum_A x_A V^*_{m,A}) \tag{4.5}$$

$V^*_{m,A}$ 是纯物质 A 在相同温度和压力时的摩尔体积，而 $\sum_A x_A V^*_{m,A}$ 代表在全部物质范围内求和。φ_B 为量纲 1 的量。

以上五个组成标度用于混合物。

由于溶液在热力学上处理的方法有别于混合物（溶液有溶剂与溶质之分），所以溶液的组成的表示法也有所不同。

（6）物质 B 的质量摩尔浓度：b_B（$mol \cdot kg^{-1}$）

定义：每千克溶剂中所含的溶质的物质的量

$$b_B = n_B / m_A \tag{4.6}$$

n_B 为溶质 B 的物质的量，m_A 为溶剂 A 的质量。

（7）溶质 B 的摩尔比 r_B

定义：

$$r_B = \frac{n_B}{n_A} \tag{4.7}$$

n_A，n_B 分别代表溶液中溶剂 A 和溶质 B 的物质的量，r_B 为量纲 1 的量。

【例 4.1】 质量分数为 0.12 的 $AgNO_3$ 水溶液在 20℃及标准压力时的体积质量为 1.108 0 $kg \cdot dm^{-3}$，求溶质 $AgNO_3$ 在此条件下的摩尔分数、质量摩尔浓度和物质的量浓度？

解：$AgNO_3$ 和 H_2O 的摩尔质量分别为 169.87 $g \cdot mol^{-1}$ 和 18.015 $g \cdot mol^{-1}$，每 1 000 g 溶液中含 $AgNO_3$ 120 g，含 H_2O 880 g，120 g $AgNO_3$ 的物质的量为 $\frac{120}{169.87} = 0.706\,4\ mol$

故 $AgNO_3$ 的摩尔分数 x_B 为：

$$x_B = \frac{n_B}{n_A + n_B} = \frac{0.706\,4}{\frac{880}{18.015} + \frac{120}{169.87}} = \frac{0.706\,4}{48.86 + 0.706\,4} = 0.014\,26$$

每 1 kg 溶液的体积 $$V = \frac{1}{1.108\,0} = 0.902\,5\ dm^3$$

所以 $$b_B = \frac{n_B}{m_A} = \frac{0.706\,4}{0.880\,0} = 0.802\,8\ mol \cdot kg^{-1}$$

$$c_B = \frac{n_B}{V} = \frac{0.706\,4}{0.902\,5} = 0.782\,7\ mol \cdot dm^{-3}$$

第三节　偏摩尔量

在纯物质或组成不变的系统中，系统的V、U、H、S、A、G等广度性质只受温度与压力两个变量影响，即当温度、压力不变时，系统的广度性质不变。但是，多组分多相系统发生相变化时，尽管系统的物质总量不变，但随着相变化的进行，有的组分从一部分相中转移至另一部分相中，此时，系统的广度性质不仅受温度、压力的影响，还要受系统内各相中变化的各组分物质的量的影响，并不等于它在纯态时的各热力学量之和。因此，在描述多组分系统所处的状态，除了规定系统的温度和压力外，还必须规定系统中的每一种物质的数量$V=f(T,p,n_B)$，这就要引入一个新的概念——偏摩尔量。

一、偏摩尔量的定义

设在多组分体系中的任意一种广度性质Z（V，U，H，S，A，G）

$Z=f(T,p,n_1,n_2,\cdots,n_k)$，$n$为各物质的量。

当体系的状态发生一微小变化时，Z的改变量$\mathrm{d}Z$为：

$$\mathrm{d}Z=(\frac{\partial Z}{\partial T})_{p,n_1,n_2,\ldots,n_k}\mathrm{d}T+(\frac{\partial Z}{\partial p})_{T,n_1,n_2,\cdots,n_k}\mathrm{d}p+(\frac{\partial Z}{\partial n_1})_{T,p,n_2,\cdots,n_k}\mathrm{d}n_1+(\frac{\partial Z}{\partial n_2})_{T,P,n_1,n_2,\cdots,n_k}\mathrm{d}n_2+$$

$$\cdots+(\frac{\partial Z}{\partial n_k})_{T,P,n_1,n_2,\cdots,n_{k-1}}\mathrm{d}n_k+\cdots$$

在等温等压的条件下：$\mathrm{d}T=0$，$\mathrm{d}p=0$

$$\mathrm{d}Z=(\frac{\partial Z}{\partial n_1})_{T,p,n_2,\cdots,n_k}\mathrm{d}n_1+(\frac{\partial Z}{\partial n_2})_{T,p,n_1,\cdots,n_k}\mathrm{d}n_2+\cdots+(\frac{\partial Z}{\partial n_k})_{T,p,n_1,n_2,\cdots,n_k-1}\mathrm{d}n_k+\cdots$$

$$\mathrm{d}Z=\sum_{B=1}^{k}(\frac{\partial Z}{\partial n_B})_{T,p,n_c}\mathrm{d}n_B$$

令

$$Z_B=(\frac{\partial Z}{\partial n_B})_{T,p,n_C}(C\neq B) \qquad (4.8)$$

n_C是除了B以外的其他各项。

Z_B称为多组分体系中B物质的偏摩尔量，式（4.8）就是偏摩尔量的定义式。用文字描述为：在温度、压力及除了组分B以外其余各组分的物质的量均不变的条件下，广度量Z随组分B的物质的量n_B的变化率Z_B称为组分B的偏摩尔量。如果Z是V，V_B就叫偏摩尔体积。Z是U，U_B就是偏摩尔热力学能，Z是G，G_B就叫偏摩尔吉布斯函数，Z是H，H_B就是偏摩尔焓，Z是S，S_B就是偏摩尔熵，Z

是 A，A_B 就是偏摩尔亥姆霍兹函数。

$$dZ = \sum_{B=1}^{k} Z_B, dn_B \tag{4.9}$$

偏摩尔量的物理意义。它的物理意义是在等温等压的条件下，在大量的系统中，其他组分不变，加入 1 mol B 所引起该系统广度性质 Z 的改变。或者是在有限量的系统中加入 dn_B 后，系统的广度性质变化了 dZ，dZ 与 dn_B 的比值就是 Z_B（由于只加入 dn_B，所以实际上系统的浓度可视为不变）。

关于偏摩尔量应注意几点：

（1）必须是系统中的某一广度性质，也就是说，只有广度性质才有偏摩尔量，而强度性质却没有偏摩尔量，因为只有广度性质才与物质的数量有关。由于某组分 B 的偏摩尔量 Z_B 为该组分在混合物所在 T、p 及组成条件下每摩尔 B 组分对系统容量性质 Z 的贡献，故偏摩尔量为强度性质。它与体系中总的物质量的多少无关；

（2）偏摩尔量和摩尔量不同，但当系统仅有一种物质时（纯物质），偏摩尔量和摩尔量的数值相同；

（3）必须是等温、等压条件才称偏摩尔量；

（4）偏摩尔量与浓度有关。在温度压力不变时，体系的浓度不同，各物质的偏摩尔量就不同。浓度不变，偏摩尔量就不变。

二、偏摩尔量的集合公式

在 T、p 一定时

$$dZ = \sum_{B=1}^{k} \left(\frac{\partial Z}{\partial n_B}\right)_{T,p,n_C(C\neq B)} dn_B$$

$$dZ = \sum_{B=1}^{k} Z_B \, dn_B$$

等温等压下，偏摩尔量与系统的组成有关。若系统中原有各物质的量分别为 n_A, n_B，…，按照系统中各物质原有比例关系，加入 A、B 等各物质，$dn_A : dn_B : dn_C \cdots = n_A : n_B : n_C \cdots$ 这时某广度性质 Z 有体系的浓度不变，这时 Z_A 和 Z_B 为一常数。将上式积分：

$$\int_0^Z dZ = Z_A \int_0^{n_A} dn_A + Z_B \int_0^{n_B} dn_B + \cdots$$

$$Z = n_A Z_A + n_B Z_B + \cdots + = \sum_{B=1}^{k} n_B Z_B \tag{4.10}$$

这就是偏摩尔量的集合公式（也叫加和公式）。其物理意义是：系统的广度性质 Z 等于系统中各组分的量与其相应的偏摩尔量乘积之和。它为计算系统中某一个广度性质的值提供了方便。在上边的积分中，我们把 Z 看作常数，这只是特殊情况的一种情形，实际上，它是 T，p，n_1，n_2，…，n_k 的函数。该式表示，多组分体系中的任一广度性质等于各组分对该广度性质的贡献之和。

偏摩尔量的加和公式说明系统的广度性质绝不是各物质的这种性质简单加和。

凡是广度性质都有偏摩尔量：

$$V=\sum_{\mathrm{B}} n_{\mathrm{B}} V_{\mathrm{B}} \qquad V_{\mathrm{B}}=\left(\frac{\partial V}{\partial n_{\mathrm{B}}}\right)_{T,p,n_{\mathrm{C}}(\mathrm{C}\neq \mathrm{B})} \tag{4.11}$$

$$U=\sum_{\mathrm{B}} n_{\mathrm{B}} U_{\mathrm{B}} \qquad U_{\mathrm{B}}=\left(\frac{\partial U}{\partial n_{\mathrm{B}}}\right)_{T,p,n_{\mathrm{C}}(\mathrm{C}\neq \mathrm{B})} \tag{4.12}$$

$$H=\sum_{\mathrm{B}} n_{\mathrm{B}} H_{\mathrm{B}} \qquad H_{\mathrm{B}}=\left(\frac{\partial H}{\partial n_{\mathrm{B}}}\right)_{T,p,n_{\mathrm{C}}(\mathrm{C}\neq \mathrm{B})} \tag{4.13}$$

$$S=\sum_{\mathrm{B}} n_{\mathrm{B}} S_{\mathrm{B}} \qquad S_{\mathrm{B}}=\left(\frac{\partial S}{\partial n_{\mathrm{B}}}\right)_{T,p,n_{\mathrm{C}}(\mathrm{C}\neq \mathrm{B})} \tag{4.14}$$

$$A=\sum_{\mathrm{B}} n_{\mathrm{B}} A_{\mathrm{B}} \qquad A_{\mathrm{B}}=\left(\frac{\partial A}{\partial n_{\mathrm{B}}}\right)_{T,p,n_{\mathrm{C}}(\mathrm{C}\neq \mathrm{B})} \tag{4.15}$$

$$G=\sum_{\mathrm{B}} n_{\mathrm{B}} G_{\mathrm{B}} \qquad G_{\mathrm{B}}=\left(\frac{\partial G}{\partial n_{\mathrm{B}}}\right)_{T,p,n_{\mathrm{C}}(\mathrm{C}\neq \mathrm{B})} \tag{4.16}$$

【例 4.2】　在 288 K，101.325 kPa 时，某酒窖中发现有 10 000 dm^3 的酒，其中含有 0.96（质量分数）的乙醇。今欲加水使其变为含乙醇为 0.56 的酒，试求算：

（1）应加水多少 dm^3？（2）能得到多少 dm^3 0.56 的酒？

已知：288 K，101.325 kPa 时水的体积质量为 $0.999\,1\times10^3\,\mathrm{kg\cdot m^{-3}}$，水与乙醇的偏摩尔体积如下表所示：

酒中乙醇的质量分数	$V_{水}/\mathrm{dm^3\cdot mol^{-1}}$	$V_{乙醇}/\mathrm{dm^3\cdot mol^{-1}}$
0.96	14.61×10^{-3}	58.01×10^{-3}
0.56	17.11×10^{-3}	56.58×10^{-3}

解： 设 0.96 的酒中乙醇（A）及水（B）的物质的量为 n_{A} 和 n_{B}，质量为 m_{A} 和 m_{B}，$m_{\mathrm{A}}:m_{\mathrm{B}}=96:4$。

乙醇的摩尔质量　　$M_{\mathrm{A}}=46.05\times10^{-3}\,\mathrm{kg\cdot mol^{-1}}$

水的摩尔质量　　$M_B=18.02\times10^{-3}\ kg\cdot mol^{-1}$

根据集合公式 $V=n_AV_A+n_BV_B$

得 $10\ 000\ dm^3=n_A\cdot58.01\times10^{-3}dm^3\cdot mol^{-1}+n_B\cdot14.61\times10^{-3}dm\cdot mol^{-1}$

$$\frac{n_A}{n_B}=\frac{m_A/M_A}{m_B/M_B}=\frac{96}{4}\cdot\frac{18.02\times10^{-3}kg\cdot mol^{-1}}{46.05\times10^{-3}kg\cdot mol^{-1}}=9.392$$

解得：$n_A=1.679\times10^5 mol$；$n_B=1.788\times10^4 mol$

设使 0.96 的酒变成 0.56 的酒需加水 X mol

则：$\frac{n_A}{n_B+X}=\frac{m'_A}{m'_B}\cdot\frac{M_B}{M_A}=\frac{56}{44}\cdot\frac{M_B}{M_A}=0.498\ 0$

解得：$X=3.193\times10^5 mol$

纯水的摩尔体积为：

$$V^*_{m,B}=\frac{M_B}{\rho}=\frac{18.02\times10^{-3}kg\cdot mol^{-1}}{0.999\ 1\times10^3kg\cdot m^{-3}}=18.04\times10^{-6}m^3\cdot mol^{-1}$$
$$=18.04\times10^{-3}dm^3\cdot mol^{-1}$$

（1）加入水的体积为：

$$V=V_B=X\cdot V^*_B=(3.193\times10^5\times18.04\times10^{-3})dm^3=5.760\times10^3dm^3$$

（2）能得到 0.56 酒的体积为：

$$V=n_A\cdot V_A+(n_B+X)V_B$$
$$=1.679\times10^5\times56.58\times10^{-3}+(1.788\times10^4+3.193\times10^5)\times17.11\times10^{-3}\ dm^3$$
$$=1.527\times10^4dm^3$$

由计算可知，求多组分混合系统的广度性质，必须使用偏摩尔量与集合公式，而在使用偏摩尔量时，要注意其对应的浓度。

三、吉布斯-杜亥姆公式

如果体系中各物质的量不是按原比例同时增加的，而是分批加入（n_1，n_2，…，n_k），也就是说系统的浓度发生了变化，那么浓度不同偏摩尔量也不同。

在等温等压条件下，对集合公式进行微分：

$$dZ=n_1dZ_1+Z_1dn_1+\cdots+n_kdZ_k+Z_kdn_k=\sum n_BdZ_B+\sum Z_Bdn_B$$

将此式与下式比较　　　　$\mathrm{d}Z=\sum Z_{\mathrm{B}}\mathrm{d}n_{\mathrm{B}}$

所以

$$\sum_{\mathrm{B}=1}^{k} n_{\mathrm{B}}Z_{\mathrm{B}}=0 \tag{4.17}$$

若用系统物质的总量除以式（4.17）得：

$$\sum_{\mathrm{B}=1}^{k} x_{\mathrm{B}}Z_{\mathrm{B}}=0 \tag{4.18}$$

式（4.17）和式（4.18）都称吉布斯-杜亥姆公式。x_{B}是组分 B 的摩尔分数。它表明在等温等压下，混合物的组成发生变化时，各组分同一偏摩尔量变化的相互依赖关系。

若为两组分混合物，则有 $x_{\mathrm{B}}\mathrm{d}Z_{\mathrm{B}}=-x_{\mathrm{C}}\mathrm{d}Z_{\mathrm{C}}$

可见在等温等压下，当混合物的组成发生微小变化时，如果一组分的偏摩尔量增加，则另一组分的偏摩尔量必然减小，且增大与减小的比例与混合物中两组分的摩尔分数（或物质的量）成反比。

四、同一组分不同偏摩尔量之间的关系

混合物中同一组分，如组分 B，它的不同偏摩尔量如 V_{B}，U_{B}，H_{B}，S_{B}，A_{B}，G_{B} 等之间的关系与纯物质各摩尔量的关系相似。如

$$H_{\mathrm{B}}=U_{\mathrm{B}}+pV_{\mathrm{B}}$$

$$A_{\mathrm{B}}=U_{\mathrm{B}}-TS_{\mathrm{B}}$$

$$G_{\mathrm{B}}=U_{\mathrm{B}}+pV_{\mathrm{B}}-TS_{\mathrm{B}}=H_{\mathrm{B}}-TS_{\mathrm{B}}=A_{\mathrm{B}}+pV_{\mathrm{B}}$$

$$\left(\frac{\partial G_{\mathrm{B}}}{\partial p}\right)_{T,n_{\mathrm{B}}}=V_{\mathrm{B}} \tag{4.19}$$

$$\left(\frac{\partial G_{\mathrm{B}}}{\partial T}\right)_{p,n_{\mathrm{B}}}=-S_{\mathrm{B}} \tag{4.20}$$

第四节　化学势

化学势是化学热力学中最重要的一个物理量。我们将看到，相平衡或化学平衡的条件首先要通过化学势来表达；利用化学势与系统稳定、压力、组成的关系可以建立平衡温度、平衡压力及平衡组成间的关系。

一、化学势的定义

对于多组分体系，由于实际所遇到的体系常常会有质量或各组分含量的变化，那么为了处理敞开体系或组成发生变化的封闭体系的热力学关系，吉布斯和路易斯引进了化学势的概念。

前面讲到，凡是广度性质都有偏摩尔量，$(\frac{\partial V}{\partial n_B})_{T,p,n_C}$，$(\frac{\partial S}{\partial n_B})_{T,p,n_C}$，$(\frac{\partial U}{\partial n_B})_{T,p,n_C}$，$(\frac{\partial A}{\partial n_B})_{T,p,n_C}$，$(\frac{\partial H}{\partial n_B})_{T,p,n_C}$，$(\frac{\partial G}{\partial n_B})_{T,p,n_C}$。其中最重要的就是偏摩尔吉布斯函数。我们专门给它起了个名字叫化学势，用“μ_B”来表示。

$$\mu_B = G_B = (\frac{\partial G}{\partial n_B})_{T,p,n_C} \tag{4.21}$$

式（4.21）为化学势的定义式。它的物理意义是：在恒温恒压下，向无限大的体系中，加入 1 mol 某物质所引起体系吉布斯函数的增量；或是在恒温恒压下，体系的吉布斯函数相对于某组分物质的量的变化率。今后主要使用化学势这一术语。化学势的表示式是本章的核心内容。

二、多组分单相系统的热力学公式

封闭的纯组分或组成不变的系统发生单纯 p，V，T 变化时 U，H，A，G 四个热力学量的变化可以用热力学基本方程式表示：

$$dU = TdS - pdV$$

$$dH = TdS + Vdp$$

$$dA = -SdT - pdV$$

$$dG = -SdT + Vdp$$

以上 U，H，A，G 四个热力学量的变化是两个参量的函数。但是，如果多组分单相系统中的某些组分的物质的量发生了变化，则会影响这四个热力学函数的变量，也就是说四个热力学函数的变量除了热力学基本方程式中的两个变量外还有各组分物质的量的变量。

以吉布斯函数为例，若将混合物的吉布斯函数 G 表示成 T，p 及构成此混合物各组分 B，C，D…的物质的量 n_B、n_C、n_D…的函数，即

$$G = G(T, p, n_B, n_C, n_D \cdots)$$

对此式求全微分，得

$$dG = \left(\frac{\partial G}{\partial T}\right)_{p,n_B} dT + \left(\frac{\partial G}{\partial p}\right)_{T,n_B} dp + \sum_B \left(\frac{\partial G}{\partial n_B}\right)_{T,p,n_C} dn_B \tag{4.22}$$

式中前两项偏导数下标 n_B 表示系统中各组分的物质的量均不变，即是组成不变的情况，我们知道有

$$\left(\frac{\partial G}{\partial T}\right)_{p,n_B} = -S \qquad\qquad \left(\frac{\partial G}{\partial p}\right)_{T,n_B} = V$$

S、V 为多组分单相系统的熵和体积。代入式（4.22），并结合式（4.21）得

$$dG = -SdT + Vdp + \sum_B \mu_B dn_B \tag{4.23}$$

将式（4.23）代入 $dU = d(G + pV + TS)$， $dH = d(G + TS)$，dA=d(G−pV)的展开式，可得

$$dU = TdS - pdV + \sum_B \mu_B dn_B \tag{4.24}$$

$$dH = TdS + Vdp + \sum_B \mu_B dn_B \tag{4.25}$$

$$dA = -SdT - pdV + \sum_B \mu_B dn_B \tag{4.26}$$

这四个方程是适用于多组分单相系统的更为普遍的热力学基本方程，不仅适用于变组成的封闭系统，也适用于开放系统。在封闭系统内的任一均匀部分（纯物质、混合物或溶液）中组分 B、C 等的物质的量发生变化，是由于系统内部发生了相变化或化学变化引起的。当 $dn_B = 0$，即此多组分单相系统中任一组分的物质的量不发生变化，则上述四个方程就成为基本热力学方程。当 $dn_B \neq 0$，但 $\sum_B \mu_B dn_B = 0$，这四个方程也变成基本热力学方程。$\sum_B \mu_B dn_B = 0$ 说明系统处于均相化学平衡状态。

三、广义化学势的定义及物质平衡判据

另外，化学式还有其他形式（广义化学势）：

$$U = f(S, V, n_1, n_2, \cdots, n_k)$$

$$dU = \left(\frac{\partial U}{\partial S}\right)_{V,n_B} dS + \left(\frac{\partial U}{\partial V}\right)_{S,n_B} dV + \sum_{B=1}^{k} \left(\frac{\partial U}{\partial n_B}\right)_{S,V,n_C} dn_B$$

$$dU = TdS - pdV + \sum_{B=1}^{k}(\frac{\partial U}{\partial n_B})_{S,V,n_C}dn_B$$

$$dG = -SdT + Vdp\sum_{B=1}^{k}\mu_B dn_B$$

两边同时减去一个 $d(pV - TS)$

$$dG - d(pV - TS) = -SdT + Vdp + \sum_{B=1}^{k}\mu_B dn_B - d(pV - TS)$$

左边：$H - TS - pV + TS = H - pV = U$　　　∴左边 $= dU$

右边：$-SdT + Vdp - pdV - Vdp + TdS + SdT = TdS - pdV$

$$dU = TdS - pdV + \sum_{B=1}^{k}\mu_B dn_B$$

与 $dU = TdS - pdV + \sum_{B=1}^{k}(\frac{\partial U}{\partial n_B})_{S,V,n_C}dn_B$ 比较

$$\mu_B = (\frac{\partial U}{\partial n_B})_{S,V,n_C} \tag{4.27}$$

可见，等容等熵条件下，热力学能对B物质的偏微商也是物质B的化学势。

同理还可以得出：

$$\mu_B = (\frac{\partial H}{\partial n_B})_{S,P,n_C} = (\frac{\partial A}{\partial n_B})_{T,V,n_C} \tag{4.28}$$

式（4.27）及式（4.28）中的三个偏导数都叫广义的化学势。但应注意的是，它们都不是偏摩尔量，而且用得比较少。只有式（4.21）中的偏导数既是化学势又是偏摩尔量。因为一般化学反应、相变化都是等温等压过程，所以用偏摩尔吉布斯函数定义化学势最方便，应用也最广泛。对多组分体系：

由　　　　　　　　　　$G = U + pV - TS$

取微分后　　　　　　　$dG = -SdT + Vdp - \delta W'$

两式相比较，且在等温等压时

$$dG = \sum_B \mu_B dn_B \qquad \sum_B \mu_B dn_B = -\delta W' \tag{4.29}$$

实际上，$-\sum_B \mu_B dn_B$ 就是在等温等压条件下，一个多组分均相体系在发生状态变化时所能做的最大有效功。因为在 T、p 一定时，我们可用 $dG \leqslant 0$ 作为判据，又因为在该条件下，$dG = \sum_B \mu_B dn_B$，所以可用 $\sum_B \mu_B dn_B \leqslant 0$ 作为多组分体系过程

方向和限度的判据。当$\sum_{B}\mu_{B}dn_{B}<0$时，过程能自发进行，$\sum_{B}\mu_{B}dn_{B}=0$时达到平衡。因此，化学势是一个可用来判断物质转移方向和限度的强度性质。

四、化学势在多相平衡中的应用

在等温等压时

$$dG=\sum_{B}\mu_{B}dn_{B}$$

当体系达平衡时　　$dG=0$　　$\sum_{B}\mu_{B}dn_{B}=0$

设体系有两个相，一个是α相，另一个是β相，在T、p一定时，如果有dn_B的物质从α相转移到β相，则体系自由能的改变量为dG。

α相　　α相的自由能变化　　$dG_{\alpha}=-\mu_{B}^{\alpha}dn_{B}$

β相　　β相的自由能变化　　$dG_{\beta}=\mu_{B}^{\beta}dn_{B}$

$$dG=dG_{\alpha}+dG_{\beta}=(\mu_{B}^{\beta}-\mu_{B}^{\alpha})dn_{B}$$

当体系达平衡时，　　$dG=0$

$$(\mu_{B}^{\beta}-\mu_{B}^{\alpha})dn_{B}=0$$

因为$dn_{B}\neq 0$，所以：$\mu_{B}^{\beta}-\mu_{B}^{\alpha}=0$

$$\mu_{B}^{\beta}=\mu_{B}^{\alpha}$$

这就是说，在多组分体系中，各个相达到平衡时，除体系的温度和压力相同外，各物质在各相中的化学势必须相等。

即　$\mu_{B}^{\beta}=\mu_{B}^{\alpha}=\mu_{B}^{\gamma}=\cdots$，这就是相平衡的条件。

如果$\mu_{B}^{\beta}>\mu_{B}^{\alpha}$，B物质从β相自发地转移至α相中，也就是说物质B在发生相转移时，一定是从化学势较大的相进入到化学势较小的相中，直到两相的化学势相等为止。也就是说，物质的化学势的高低决定物质在相变化过程中的转移方向与限度，因此，也可将化学势看做物质在两相中转移的推动力。

五、化学势在化学平衡中的应用

例如：

$$2SO_2 + O_2 \longrightarrow 2SO_3$$
$$-2dn \quad -dn \qquad 2dn$$

在反应中如果有 dn 摩尔的 O_2 消失，就有 2dn 摩尔的 SO_2 消失，同时生成 2dn 摩尔的 SO_3。

在等温等压的条件下，上述反应的自由能变化为

$$dG = \sum_B \mu_B dn_B = 2\mu_{SO_3}dn - 2\mu_{SO_2}dn - \mu_{O_2}dn = (2\mu_{SO_3} - 2\mu_{SO_2} - \mu_{O_2})dn$$

反应达平衡时，$dG = 0$

$$2\mu_{SO_3} - 2\mu_{SO_2} - \mu_{O_2} = 0$$

$2\mu_{SO_3} = 2\mu_{SO_2} + \mu_{O_2}$ 这就是反应达平衡的条件。

说明反应达平衡时，反应物的化学势之和等于产物的化学势之和。推广到任意化学反应：

反应物的化学势之和等于产物的化学势之和：平衡；

反应物的化学势之和大于产物的化学势之和：正向自发；

反应物的化学势之和小于产物的化学势之和：逆向自发。

第五节　气体的化学势

一、纯态理想气体的化学势

多组分体系中某物质的化学势就是偏摩尔吉布斯函数，$\mu_B = G_B$。对于纯物质来说，其化学势就是摩尔吉布斯函数，$\mu^* = G_m^*$。

当 $W' = 0$ 时，$d\mu^* = -SdT + Vdp$　　　　$\left(\frac{\partial \mu^*}{\partial p}\right)_T = V_m$

在恒温下，$d\mu^* = V_m dp$

对理想气体 $V_m = RT/p$，于是有 $d\mu^* = (RT/p)dp$

做定积分　$\int d\mu^* = \int_{p^\ominus}^{p} (RT/p)dp$

$$\mu^* - \mu^\ominus = RT\ln(p/p^\ominus)$$

$$\mu^* - \mu^\ominus(g) = RT\ln(p/p^\ominus)$$

$$\mu^*(g) = \mu^\ominus(g) + RT\ln(p/p^\ominus) \quad (4.30)$$

这是纯态理想气体的化学势等温表达式。式中 $p^\ominus$代表标准压力；$\mu^\ominus(g)$为纯理想气体标准化学势，这个标准态是温度为 T，压力为 $p^\ominus$下的纯理想气体状态（假想状态）。因为压力已经给定，所以它仅是温度的函数，即$\mu^\ominus(g)=f(T)$。$\mu^*(g)$为纯理想气体任意态化学势，这个任意态的温度与标准态相同亦为 T，而压力 p 是任意给定的，故$\mu^*(g)=f(T,p)$，即纯理想气体的化学势是温度和压力的函数。

二、混合理想气体中组分 B 的化学势

对于混合理想气体，其中任一气体的行为与它单独占由混合气体的总体积时的行为相同，因此混合气体的化学势与纯态时的形式相同。

$$\mu_B(g) = \mu_B^\ominus(g) + RT\ln\frac{p_B}{p^\ominus} \quad (4.31)$$

p_B 为组分 B 气体的分压，$\mu_B^\ominus(g)$ 是气体 B 的分压 $p_B = p^\ominus$（标准压力）、温度 T 时的化学势，它仅是温度的函数；y_C 为除 B 以外的其他组分的摩尔分数，所以 $y_B + y_C = 1$。

根据理想气体的分压定律，$p_B=px_B$（其中 p 为混合气体的中压力）。代入式（4.31）得：

$$\mu_B = \mu_B^\ominus(g) + RT\ln(p/p^\ominus) + RT\ln x_B$$

或

$$\mu_B = \mu_B^*(g) + RT\ln x_B \quad (4.32)$$

x_B 是混合理想气体中组分 B 物质的量分数；$\mu_B^*(g)$ 是当 $x_B=1$ 时纯物质 B 在指定温度 T、压力 p 的化学势，这个状态不是标准态。对于真实气体的化学势，将在下文讨论。

第六节　拉乌尔定律与亨利定律

稀溶液中两个经验定律：拉乌尔定律与亨利定律。

描述一定温度下理想稀溶液中溶剂或理想液态混合物中任一组分的蒸气压与液相组成的公式即拉乌尔定律；描述一定温度下理想稀溶液中挥发性溶质的蒸气压或在溶剂中难溶解气体的压力与溶液组成的公式即亨利定律。

混合物的组成标度以摩尔分数最为方便，因为这种组成变量对混合物中各个组分均是相同的，液态混合物任一组分 B 的摩尔分数用 x_B 表示。溶液的组成标度主要用溶质 B 的质量摩尔浓度 b_B，也介绍以前使用过的溶质 B 的物质的量浓度 c_B。

一、拉乌尔定律

在溶剂当中加入非挥发性的溶质后，溶剂的蒸气压要降低。拉乌尔归纳多次的实验结果，于 1887 年发表了定量关系，叫做拉乌尔定律。其内容是：在一定温度下，稀溶液中溶剂的蒸气压 p_A 与溶剂在溶液中物质的摩尔分数 x_A 成正比，其比例系数是纯溶剂的蒸气压 p_A^*：

$$p_A = p_A^* x_A \quad (x_A \to 1) \tag{4.33}$$

式（4.33）不仅适用于两种物质构成的溶液，对多种物质也适用。若溶液是由两种物质 A 和 B 构成的，$x_A + x_B = 1$，A 代表溶剂，B 代表溶质。

当溶剂中加入溶质后，引起蒸气压的降低值为：

$$\Delta p = p_A^* - p_A = p_A^* - p_A^* x_A = p_A^* (1 - x_A) = p_A^* x_B \ (x_B \to 0) \tag{4.34}$$

溶液蒸气压的降低与溶质在溶液中的量分数成正比。

注意：拉乌尔定律只适用于稀溶液（溶质的浓度很小）。因为在稀溶液中，溶质很少，溶剂分子间的引力受溶质分子的影响很小，溶剂分子的周围几乎被本身所包围，与纯态时基本相同。所以溶剂的蒸气压只与单位体积中溶剂的分子数有关，而与溶质分子的性质无关。当浓度较大时，溶剂分子的周围就有较多的溶质分子，所以溶质分子对溶剂分子间的引力产生很大的影响，此时溶剂的蒸气压不仅与溶剂的浓度有关，还与溶质的性质有关，所以溶剂蒸汽压与溶剂物质的量分数之间不再成正比关系，即浓度大时就不遵守拉乌尔定律。但是对由结构和性质很近似的组分形成的溶液，如：同系物混合物、光学异构体混合物、同位素化合物，在所有浓度范围内都遵循拉乌尔定律。

拉乌尔定律的微观解释为：如果忽略两种分子的差异，在加入溶质后，两种分子不发生相互作用（$\Delta_{mix}V=0$），在加入溶质以后，溶液表面单位面积上溶剂的分子数减少，也降低了溶剂蒸发的速度，致使溶剂的蒸汽压降低。

在使用拉乌尔定律时，需要注意的是，在计算溶剂的物质的量时，其摩尔质量应该使用溶剂在气相的摩尔质量。

【例 4.3】 在 373.15 K 时，己烷的蒸气压为 245.2 kPa，辛烷为 47.1 kPa，其组成的液相混合物于 373.15 K 时，在 101.3 kPa 下沸腾，试计算该液相的组成。

解：因为己烷与辛烷的分子结构很相似，故可以认为它们的液相混合物在所有浓度范围内都遵循拉乌尔定律。

已知：$p^*_{己烷}=245.2\text{kPa}$，$p^*_{辛烷}=47.1\text{kPa}$，$p=101.3\text{kPa}$

而 $p_{己烷}=p^*_{己烷}\cdot x_{己烷}$，$p_{辛烷}=p^*_{辛烷}\cdot x_{辛烷}=p^*_{辛烷}(1-x_{己烷})$，$p_{总}=p_{己烷}+p_{辛烷}$

代入数据，得 $101.3=245.2x_{己烷}+47.1(1-x_{己烷})$

解得：$x_{己烷}=0.274$，$x_{辛烷}=0.726$

二、亨利定律

亨利在研究一定温度下气体在一溶剂中的溶解度时发现这样一个规律，气体在溶液中的溶解度与气体在溶液上方的平衡压力成正比，并且这个规律也适用于挥发性的溶质。所以亨利定律可以表述为：

在一定的温度和平衡状态下，气体在液体中的溶解度（溶质的物质的量分数）和该气体的平衡分压成正比。

$$p_B=k_{x,B}x_B \quad 或 \quad x_B=k^{-1}_{x,B}p_B \quad (x_B\to 0) \tag{4.35}$$

式中 p_B 为挥发性溶质 B（或溶解的气体）在平衡气相中的分压力；x_B 为气体或挥发性溶质 B 的溶解度（摩尔分数）。$k_{x,B}$ 是比例系数，称为亨利系数，它与 p_B 具有相同的量纲，其单位为 Pa。从形式上看，亨利定律与拉乌尔定律一样，但比例系数 $k_{x,B}$ 不是纯溶质的蒸汽压，它不仅与溶质的性质有关，还与溶剂的性质有关。理论和实践均已证明，在等温等压下，任何含有挥发性非电解质溶质的稀薄溶液在某一浓度范围内遵守亨利定律。

当溶液浓度很稀时，亨利定律可以简化地用质量摩尔浓度或物质的量浓度表

示

$$p_B = k_{x,B}x_B = k_x \frac{n_B}{n_A + n_B} \approx k_{x,B} \frac{n_B}{n_A}$$

因为 $n_B << n_A$

上式可变为

$$p_B = k_{x,B}M_A \frac{n_B}{m_A}$$

所以

$$p_B = k_{b,B}b_B \quad (k_b = k_x M_A) \tag{4.36}$$

式中 b_B 是溶质的质量摩尔浓度；$k_{x,B}$ 是与这种浓度表示法相应的亨利常数。

同理，亨利定律还可表示为：

$$p = k_{c,B}c_B \tag{4.37}$$

式中 c_B 是溶质的物质的量浓度；$k_{c,B}$ 是相应的亨利常数。

式（4.35）、式（4.36）及式（4.37）中出现的 $k_{x,B}$、$k_{b,B}$ 和 $k_{c,B}$ 均称为亨利常数。$k_{x,B} \neq k_{b,B} \neq k_{c,B}$ 表示形式不同，单位不同：$k_{x,B}$ 为 Pa，$k_{b,B}$ 为 $Pa \cdot mol^{-1} \cdot kg$，$k_{c,B}$ 为 $Pa \cdot mol^{-1} \cdot m^3$。

对同一种溶液，这三种亨利常数分别适用于不同的浓度表示法，它们的数值亦不相同，但计算出来的 p_B 却是相同的。

亨利定律中的 p_B 是溶质在气相中的分压，若溶液中有多种溶质，可分别运用亨利定律，因为该组分的气相分压与其他组分的分压无关。在运用亨利定律时须注意溶质在气相和液相中的分子状态应一致，否则不适用。如果溶质分子在溶液中发生溶剂化，或发生聚合、电离，亨利定律就不适用了。例如亨利定律不能用来计算盐酸液面上氯化氢的分压，因为氯化氢在气相以 HCl 形式存在，而在液相中 HCl 电离为 H^+ 和 Cl^-，两相中的形态不一样。气体在液相溶剂中的溶解度一般随着温度的升高而降低，亨利常数的值随之减小。但对于某些有机溶剂，也有气体的溶解度随温度的升高而增大的情况。亨利定律一般只适用于稀溶液，当溶液浓度较高时亨利定律会产生较大偏差。

使用亨利定律应注意的一些问题：

（1）拉乌尔定律指的是溶剂，p_B 是纯溶剂的蒸气压（实际存在）。亨利定律指的是溶质，p_B 为挥发性溶质 B 在液面上的平衡压力，$k_{x,B}$ 仅为比例常数（不是纯溶剂的蒸气压）。

（2）亨利定律是对一种溶质而言的，它可以近似地认为与其他气体的分压无关。

（3）亨利定律要求溶质的气相和溶液中的分子状态必须是相同的。

（4）大多数气体的溶质随温度的升高而降低。

（5）在温度较高、气体的分压较低时应用亨利定律能得到较满意的结果。

（6）当溶质能部分地与溶剂作用或解离时，亨利公式中所采用的浓度应该是溶解态分子的浓度。例如，NH_3 溶于水中时，溶液中除了 NH_3 分子以外，还有 NH_4^+和 OH^-离子，计算 NH_3 浓度时只考虑水中 NH_3 的浓度，NH_4^+离子不应包括在内。

亨利定律是化工生产中“吸收”操作的理论依据，而亨利常数是设计吸收工程时需要的重要数据。

【例 4.4】　将合成氨的原料气通过水洗塔除去其中的 CO_2，如果气体混合物中含有摩尔分数为 0.28 的 CO_2，水洗塔内压力为 1 013 kPa，操作温度为 293.15 K。试计算每立方米的水能吸收多少 kg CO_2。

已知：293.15 K 时，$k_{x,B}$=1.44×10^5 kPa。

解：设水洗塔内压力为 $p_{总}$、塔内 CO_2 分压为 p_{CO_2}、气相 CO_2 的物质的量分数为 y_{CO_2}、液相 CO_2 的物质的量分数为 x_{CO_2}。

假设气体混合物为理想气体混合物，则塔内 CO_2 分压为：

$$p_{CO_2} = p_{总} \cdot y_{CO_2} = (1\,013 \times 0.28)\ \text{kPa} = 283.6\ \text{kPa}$$

按亨利定律：$p_{CO_2} = k_{x,B} \cdot x_{CO_2}$

$$x_{CO_2} = \frac{p_{CO_2}}{k_{x,B}} = \frac{283.6}{1.44 \times 10^5} = 1.97 \times 10^{-3}$$

因为：$x_{CO_2} = \dfrac{n_{CO_2}}{n_{H_2O} + n_{CO_2}}$，而 $n_{H_2O} >> n_{CO_2}$

$$\therefore \qquad x_{CO_2} \approx \frac{n_{CO_2}}{n_{H_2O}} = \frac{m_{CO_2}/M_{CO_2}}{m_{H_2O}/M_{H_2O}}$$

每立方米水的 m_{H_2O} 为 1 000 kg

则每立方米水吸收 CO_2 的千克数为：

$$m_{CO_2}=x_{CO_2}\cdot\frac{m_{H_2O}}{M_{H_2O}}\cdot M_{CO_2}=\left(1.97\times10^{-3}\times\frac{1\,000}{18.02\times10^{-3}}\times44.01\times10^{-3}\right)\text{ kg}$$
$$=4.82\text{ kg}$$

拉乌尔定律和亨利定律都是阐明挥发性物质在溶液中的蒸气压所遵循的规律，但必须注意这两个定律的区别和联系。这两个定律都说明溶液中某组分的平衡蒸汽分压与该组分在溶液中的浓度成正比，并且都适用于稀溶液。但拉乌尔定律讨论的对象是稀溶液的溶剂，此时溶剂物质的量分数 x_A 接近于 1，比例常数为纯溶剂的蒸汽压，而亨利定律讨论的对象是稀溶液的溶质，此时溶质物质的量分数 x_B 接近于零，比例常数为一实验值，不像拉乌尔定律中的比例常数那样具有确切的物理意义。而且实验证实，当溶剂 A 在某一浓度区间内遵从拉乌尔定律，则溶质 B 在该浓度区间内必遵从亨利定律。

第七节　理想液态混合物

一、理想液态混合物的定义和特征

（一）理想液态混合物的定义

在一定温度和压力下，溶液中任意物质在任意浓度范围内，均遵守拉乌尔定律的溶液称为理想溶液混合物，又称理想溶液。

$$p_B=p_B^*x_B\quad(0\leqslant x_B\leqslant1)\tag{4.38}$$

B 是指溶液中的任意物质。

理想溶液和理想气体一样，也是一个极限概念，但理想溶液确实存在，在实践中可以找到这样的溶液。那么在什么情况下才能形成理想溶液呢？如果溶液中各种分子间的相互作用力完全相同，即溶剂分子之间，溶质分子之间，溶质与溶剂分子之间均相同的话，溶液中的任何一种分子，不论它被溶剂分子包围，还是被溶质分子包围，它的处境都与在纯态时是一样的，所以其蒸气压也只与它的浓度有关。当两种物质组成一溶液时，如果这两种物质的化学结构与性质非常相似的话，就可以形成理想溶液。如异构体混合物、同位素混合物等可以看做理想液态混合物，此外许多同系物形成的液态混合物，如苯+甲醛，正己烷+正庚烷，这两种溶液就可认为是理想溶液。

（二）理想液态混合物的特征

1．微观特征

（1）理想液态混合物各组分的分子结构非常相似，分子体积几近相等。该特征可表示为

$$V（\text{A 分子}）=V（\text{B 分子}）$$

（2）理想液态混合物各组分的分子间作用力与各组分在混合前纯组分的分子间作用力几乎相等。该特征可表示为$f_{A-A}=f_{A-B}=f_{B-B}$。f_{A-A}表示纯组分 A 与 A 分子间作用力，f_{B-B}表示纯组分 B 与 B 分子间作用力，f_{A-B}则表示纯组分 A 与 B 分子间作用力。

2．宏观特征

由于理想液态混合物具有上述微观特征，于是在宏观上必须具有如下特征：

（1）由纯组分在等温、等压下混合成理想液态混合物的过程的焓变为零，该特征可表示为

$$\Delta_{mix}H=0 \tag{4.39}$$

式中的下标“mix”表示混合。

（2）由纯组分在等温、等压下混合成理想液态混合物的过程的体积变化为零，该特征可表示为

$$\Delta_{mix}V=0 \tag{4.40}$$

理想溶液中组分 B 的偏摩尔体积等于纯 B 的摩尔体积。

（3）由纯组分在等温、等压下混合成理想液态混合物的过程的熵增加，可表示为

$$\Delta_{mix}S=-R\sum n_B\ln x_B \tag{4.41}$$

若生成的液态混合物的物质的量为单位物质的量，则

$$\Delta_{mix}S_m=-R\sum x_B\ln x_B \tag{4.42}$$

（4）由纯组分在等温、等压下混合成理想液态混合物的过程的吉布斯函数减少，是自发过程，即

$$\Delta_{mix}G_m=RT\sum n_B\ln x_B \tag{4.43}$$

或

$$\Delta_{mix}G_m=RT\sum x_B\ln x_B \tag{4.44}$$

以上四个特征称为理想液态混合物的混合性质，都可以用热力学证明。

（5）对于理想溶液，拉乌尔定律和亨利定律没有区别。在定温定压下，某理想溶液的气相与液相达成平衡，

$$\mu_B(\text{溶液}) = \mu_B(\text{蒸气})$$

$$\mu_B^*(l) + RT\ln x_B = \mu_B^\ominus(g) + RT\ln\frac{p_B}{p^\ominus}$$

$$\frac{p_B}{x_B} = p^\ominus \exp\left(\frac{\mu_B^*(l) - \mu_B^\ominus(g)}{RT}\right)$$

在 T，p 一定的条件下，右边为常数，令其等于 k，则上式可写为

$$p_B = kx_B$$

这实际上是亨利定律，我们所设的 k 就是亨利系数 $k_{x,B}$，又因为理想溶液在全部浓度范围内符合此式，当 x_B=1 时，$k_{x,B} = p_B^*$，$\therefore\ p_B = p_B^* x_B$（拉乌尔定律）

二、理想液态混合物中任意组分的化学势

设有一理想液态混合物在等温等压下与其蒸气呈平衡。由于通常情况下蒸气相的压力不高，故可将其视为理想气体混合物。若在温度 T 下，组分 B，C，D…形成理想液态混合物。各组分的摩尔分数分别为 x_B，x_C，x_D…

气、液两相平衡时，任意组分 B 在各相的化学势应相等，即有

$$\mu_B(l) = \mu_B(g) \tag{4.45}$$

式中 $\mu_B(l)$ 为该理想液态混合物中任意组分 B 的化学势，x_C 表示除 B 以外的所有其他组分的摩尔分数，显然亦有 $x_B + x_C = 1$。$\mu_B(g)$ 为该理想气态混合物中组分 B 的化学势。

而由式（4.32），$\mu_B(g) = \mu^\ominus{}_B(g) + RT\ln\frac{p_B}{p^\ominus}$，所以

$$\mu_B(l) = \mu_B^\ominus(g) + RT\ln\frac{p_B}{p^\ominus} \tag{4.46}$$

式（4.46）原则上适用于在常温常压下任何液气两相平衡系统中的任意组分。

又因为理想液态混合物任意组分 B 都遵守拉乌尔定律，则 $p_B = p_B^* x_B$，代入式（4.46）得

$$\mu_B(l) = \mu_B^{\ominus}(g) + RT\ln\frac{p_B^* x_B}{p^{\ominus}}$$

$$= \mu_B^{\ominus}(g) + RT\ln\frac{p_B^*}{p^{\ominus}} + RT\ln x_B$$

式中 $\mu_B^{\ominus}(g) + RT\ln\frac{p_B^*}{p^{\ominus}}$ 表示气相中 B 的分压力为纯液体 B 在温度 T、压力 p 下的饱和蒸气压 p_B^* 时的化学势 $\mu_B^*(l)$，即

$$\mu_B^*(l) = \mu_B^{\ominus}(g) + RT\ln\frac{p_B^*}{p^{\ominus}}$$

故组成为 x_C 的理想液态混合物中 B 的化学势

$$\mu_B(l) = \mu_B^*(l) + RT\ln x_B \tag{4.47}$$

过去的一些书刊中规定 $\mu_B^*(l)$ 为混合物中组分 B 的标准态化学势，这样规定的标准态为温度 T、压力 p 下的纯液体。对纯液体 B，其饱和蒸气压 p_B^* 是 T、p 的函数。按照最新国际标准和我国国家标准，标准态的压力为 $p^{\ominus}$=100 kPa。由 $\mathrm{d}G = -S\mathrm{d}T + V\mathrm{d}p$ 可知，相同温度下纯液体 B 在压力 p 下的化学势 $\mu_B^*(l)$ 与标准压力 $p^{\ominus}$ 下的化学势 $\mu_B^{\ominus}(l)$ 的关系为

$$\mu_B^*(l) = \mu_B^{\ominus}(l) + \int_{p^{\ominus}}^{p} V_{m,B}^*(l)\mathrm{d}p$$

以此式代入式（4.47），得

$$\mu_B(l) = \mu_B^{\ominus}(l) + RT\ln x_B + \int_{p^{\ominus}}^{p} V_{m,B}^*(l)\mathrm{d}p \tag{4.48}$$

式（4.48）即为理想液态混合物中任意组分 B 的化学势等温表示式。通常情况下，p 与 $p^{\ominus}$ 相差不大，式中积分项可以忽略，于是式（4.48）可近似化为

$$\mu_B(l) = \mu_B^{\ominus}(l) + RT\ln x_B \tag{4.49}$$

式中 $\mu_B^{\ominus}(l)$ 为标准态化学势，这个标准态就是温度为 T、压力为 $p^{\ominus}$ 下纯液体 B 的状态。

应该强调指出，对理想液态混合物中各组分不区分为溶剂和溶质，都选择相同的标准态，任意组分 B 的化学势等温表示式可以是式（4.48）或式（4.49）。

三、理想液态混合物的液气平衡

甲苯和苯组成的二组分混合物可作为理想混合物的例子，可以推出若干个有

助于计算理想液态混合物的液气平衡的公式及结论。以A和B分别代表甲苯和苯。在一定温度下，由于两种组分在所有浓度范围内均符合拉乌尔定律，故A、B的分压p_A、p_B和总压p分别为：

$$p_A = p_A^* x_A = p_A^* (1 - x_B) \tag{4.50}$$

$$p_B = p_B^* x_B \tag{4.51}$$

$$p = p_A + p_B = p_A^* x_A + p_B^* (1 - x_A) = (p_A^* - p_B^*) x_A + p_B^* \tag{4.52}$$

由式（4.50）～式（4.52）可以得到三个直线方程。

在压力-组成图上，若以p_A、p_B及p分别对液相中B的摩尔分数x_B作图，则可得到三条直线。图4.1为100℃时，甲苯（A）-苯（B）混合物的蒸气压-液相组成图。p_A^*＝74.17 kPa为100℃时纯甲苯的蒸气压；p_B^*＝180.1 kPa为100℃时纯苯的蒸气压。标以p_A、p_B及p的三条直线分别是不同浓度甲苯-苯混合物气相中甲苯蒸气分压、苯蒸气分压及蒸气总压对液相中苯的摩尔分数作图的结果。这三条实测蒸气压-液相组成线与式（4.50）～式（4.52）相吻合。

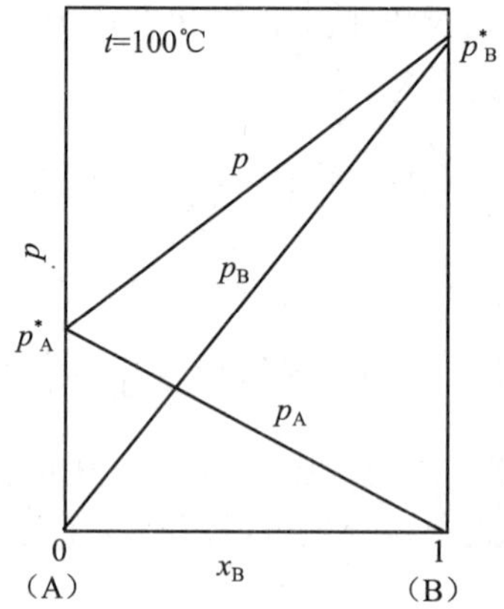

图4.1 甲苯（A）-苯（B）混合物的蒸气压—液相组成

该图可作为二组分理想混合物蒸气压—液相组成图的代表。从图4.1可以看出，二组分理想混合物的蒸气压（p）总是介于两个纯组分蒸气压（p_A^*，p_B^*）之间的，如本例为$p_A^* < p < p_B^*$。

p—x_B线表示系统的压力（蒸气总压）与系统液相组成的关系，称为液相线。液相线上任何一点所代表的系统均处于气、液平衡状态，若以y_A和y_B分别表示气相中A和B的摩尔分数，通常与理想混合物相平衡的蒸气为理想气体混合物，故按分压定律及拉乌尔定律：

$$y_A = p_A / p = p_A^* x_A / p \tag{4.53}$$

$$y_B = p_B / p = p_B^* x_B / p \tag{4.54}$$

在此系统中，由于 $p_B^* > p_A^*$，按前面的讨论。$p > p_A^*$，则 $p_A^*/p<1$。从式（4.53）可以看出：

$$y_A < x_A$$

由于 $p_B^* > p$，则 $p_B^*/p > 1$。由式（4.55）可以看出：

$$y_B > x_B$$

由A与B组成混合物时，通常将纯组分蒸气压较大的组分叫做易挥发组分，纯组分蒸气压较小的组分称为难挥发组分。对于甲苯-苯混合物来说，同温度下纯苯的蒸气压比纯甲苯的蒸气压大，故苯（B）为易挥发组分，甲苯（A）为难挥发组分。这里得到 $y_A < x_A$ 及 $y_B > x_B$ 的结果表明：由蒸气压不同的两种液体组成的理想混合物达到气-液平衡时，两相的组成不同。易挥发组分在气相中的相对含量大于它在液相中的相对含量；难挥发组分在液相中的相对含量大于它在气相中的相对含量。即二组分理想混合物达到气-液平衡时，由于两组分的挥发性不同，挥发性较大的组分较多地进入气相，留在液相中较少；挥发性较小的组分进入气相的较少，留在液相中较多。这就是通过精馏将这两种组分分开的理论根据。

由 $p = p_A^* + (p_B^* - p_A^*)x_B$ 并结合 $p_B^* x_B = y_B p$，得

$$p = \frac{p_A^* p_B^*}{p_B^* - (p_B^* - p_A^*) y_B} \tag{4.55}$$

用二组分理想混合物的蒸气总压 p 对气相中B的摩尔分数 y_B 作图，所得的 $p - y_B$ 线叫气相线。将 $p - x_B$ 线（液相线）和 $p - y_B$ 线（气相线）画在同一张图上，且为区分液相线和气相线，分别用实线和虚线表示液相线和气相线，这样就得到图4.2的甲苯（A）-苯（B）混合物的压力—组成图。

二组分理想混合物的压力—组成图有两个特点：首先，液相线总在气相线之上。系统处于液相线之上时呈液态；系统处于气相线以下时则呈气态；而系统若处于气相线与液相线之间（包括在两条线上）为气、液两相平衡状态。通常对气相区、液相区和气-液两相共存区分别标示g、l及g+l。其次，液相线为一条直线，

这条直线符合式(4.52)，而气相线则为曲线。气相线和液相线上各点的压力（ p ）均介于两种纯组分蒸气压（ p_A^* 和 p_B^* ）之间。

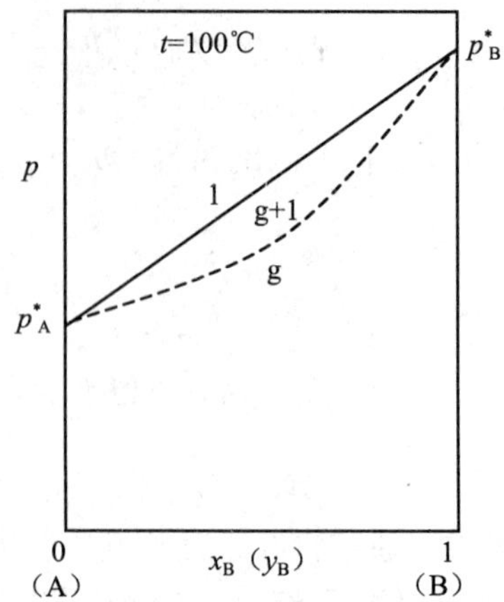

图 4.2　甲苯（A）-苯（B）混合物的压力—组成图

第八节　理想稀溶液

关于液态混合物与溶液的界定，一般来说，在液态混合物中，对其任一组分在热力学上是等同的。而对于溶液来说，有溶剂与溶质之分，它们的标准态不同，需要进行不同的处理。

一、理想稀溶液的定义和液气平衡

（一）理想稀溶液的定义

在等温等压下，在全部浓度范围内，溶剂符合拉乌尔定律，溶质符合亨利定律的溶液为稀溶液，称为理想稀溶液。在这种溶液中，溶质分子间距离很远，溶剂和溶质分子周围几乎全是溶剂分子。

理想稀溶液的定义与理想液态混合物的定义不同，理想液态混合物不分溶剂和溶质，任意组分都遵守拉乌尔定律；而理想稀溶液则区分为溶剂和溶质，溶剂遵守拉乌尔定律，溶质却不遵守拉乌尔定律而遵守亨利定律。

理想稀溶液的特征也不同理想液态混合物。微观上，理想稀溶液各组分分子体积并不相等，溶剂与溶质分子间的相互作用力与溶剂分子间的相互作用力及溶质分子间的相互作用力大不相同；宏观上，当溶剂与溶质混合成理想稀溶液时会有体积变化并产生吸热或放热现象。

（二）理想稀溶液的液气平衡

对溶剂与溶质都挥发的二组分理想稀溶液，在达成液气两相平衡时，溶液的平衡蒸气总压力与溶液各组分分压力的关系为 $p = p_A + p_B$。

因为溶剂与溶质分别遵守拉乌尔定律，所以溶液的平衡蒸气总压力与溶液组成的关系为

$$p = p_A^* x_A + k_{x,B} x_B \qquad (x_B \to 0) \tag{4.56}$$

$$p = p_A^* x_A + k_{b,B} b_B \qquad (b_B \to 0) \tag{4.57}$$

若溶质不挥发，则溶液的平衡蒸气总压力仅为溶剂的气相平衡分压力，$p = p_A = p_A^* x_A$。

二、理想稀溶液中溶剂和溶质的化学势

（一）理想稀溶液中溶剂 A 的化学势

由于溶剂符合拉乌尔定律，所以

$$\mu_A(l) = \mu_A^{\ominus}(l) + RT\ln x_A (x_A \to 1) \tag{4.58}$$

式中 x_C 为溶液中溶剂 A 的摩尔分数；$\mu_A^{\ominus}(l)$ 为标准态化学势，此标准态为纯液体 A 在温度为 T、压力为 $p^{\ominus}$ 下的状态。

（二）理想稀溶液中溶质 B 的化学势

理想稀溶液中溶质 B 组分在气液两相达成平衡时

$$\mu_B(l) = \mu_B(g)$$

$$\mu_B(l) = \mu_B^{\ominus}(T) + RT\ln(p_B / p^{\ominus})$$

p_B 是溶液上方蒸气相中溶质的分压，由于溶质遵守亨利定律，所以 $p_B = k_{x,B} x_B$。

$$\mu_{\rm B}(\rm l) = \mu_{\rm B}^{\ominus}(T) + RT\ln(k_{x,\rm B}/p^{\ominus}) + RT\ln x_{\rm B}$$

令 $\mu_{\rm B}^{*}(T,p) = \mu_{\rm B}^{\ominus}(T) + RT\ln(k_{x,\rm B}/p^{\ominus})$

$$\mu_{\rm B}(\rm l) = \mu_{\rm B}^{*}(T,p) + RT\ln x_{\rm B} \tag{4.59}$$

这就是用物质的量分数表示浓度时溶质的化学势。这时的标准态是纯物质B，其中 $\mu_{\rm B}^{*}(T,p)$ 是温度和压力的函数。它可以看做是当 $x_{\rm B}=1$，而且溶质仍然服从亨利定律时的化学势。这种标准态也是一种假想的状态，实际上也是不存在的。因为当溶液较稀时，溶质遵守亨利定律，但当 $x_{\rm B}$ 由小到大，溶质与亨利定律就产生了偏差。当 $x_{\rm B}$ 接近于1时，实际上溶质的浓度就很大了，已经是溶剂了，这时它应遵守拉乌尔定律。可见 $\mu_{\rm B}^{*}(T,p)$ 是指当 $x_{\rm B}$ 由0→1时均遵守亨利定律的一种假想状态图 R（图4.3）这一点。

如果溶液的浓度用质量摩尔浓度 b 和体积摩尔浓度 c 来表示，则亨利定律表示为：

$$p_{\rm B} = k_{b,\rm B}b_{\rm B} \qquad\qquad p_{\rm B} = k_{c,\rm B}c_{\rm B}$$

溶质在液气平衡时，液体和气体化学势相等，有

$$\mu_{\rm B}(\rm l) = \mu_{\rm B}(\rm g) = \mu_{\rm B}^{\ominus}(T) + RT\ln(p_{\rm B}/p^{\ominus})$$

代入亨利定律，有

$$\mu_{\rm B}(\rm l) = \mu_{\rm B}^{\ominus}(T) + RT\ln(k_{b,\rm B}/p^{\ominus}) + \ln\frac{b_{\rm B}}{b^{\ominus}}$$

令 $\mu_{\rm B}^{\ominus}(T，p) = \mu_{\rm B}^{\ominus}(T) + RT\ln(k_{b,\rm B}/p^{\ominus})$，有

$$\mu_{\rm B}^{\ominus}(\rm l) = \mu_{\rm B}^{\ominus}(T,p) + RT\ln\frac{b_{\rm B}}{b^{\ominus}} \tag{4.60}$$

$\mu_{\rm B}^{\ominus}(T,p)$ 是当 $b=1\,\rm mol\cdot kg^{-1}$，并且服从亨利定律状态时的化学势，$b^{\ominus}$ 称为标准质量摩尔浓度，$b^{\ominus}=1\,\rm mol\cdot kg^{-1}$。这个状态也是假想的（图4.4）。

同理，当浓度用体积摩尔浓度表示时，溶质的化学势为：

$$\mu_{\rm B}(\rm l) = \mu_{\rm B}^{\ominus}(T,p) + RT\ln(c/c^{\ominus}) \tag{4.61}$$

$c^{\ominus}$ 称为标准体积摩尔浓度，$c^{\ominus}=1\,\rm mol\cdot dm^{-3}$。$\mu_{\rm B}^{\ominus}(T,p)$ 是 $c=1\,\rm mol\cdot dm^{-3}$ 时，且服从亨利定律的那个状态的化学势，这个标准状态也是假想状态。

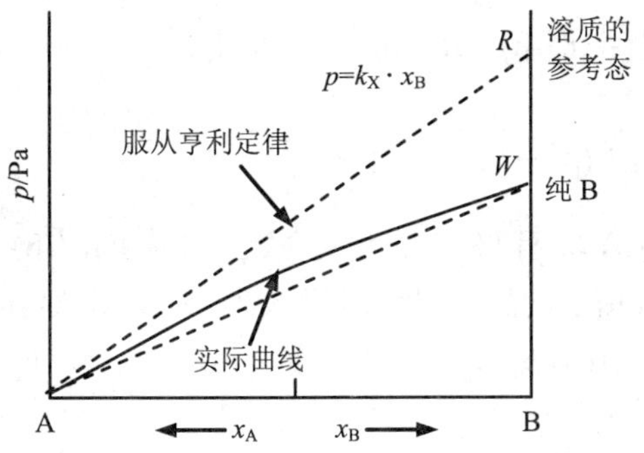

图 4.3　溶液中溶质的标准状态
（浓度为摩尔分数）

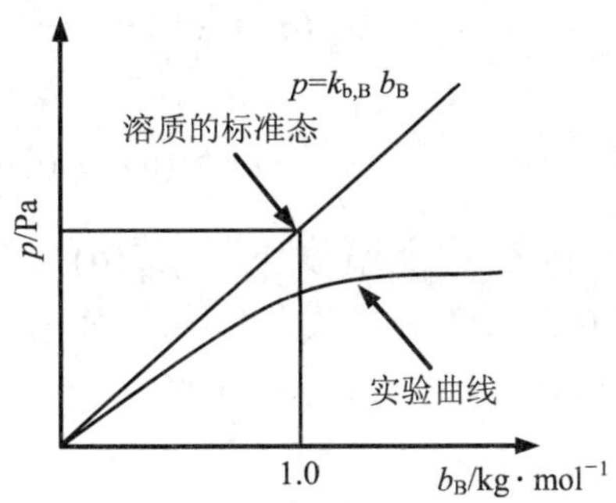

图 4.4　溶液中溶质的标准状态
（浓度为质量摩尔浓度）

三、分配定律

能斯特从实验结果中总结出如下规律：在一定温度、压力下，当溶质溶解在两种不互溶的液体中达到平衡时，若所形成的溶液浓度不大，则溶质在这两个液相中的浓度之比为一常数。这条规律称为分配定律或能斯特分配定律。写成数学式为：

$$K_c = \frac{c_B(\alpha)}{c_B(\beta)} \tag{4.62}$$

K_c 为比例系数，称为分配系数或分配常数，影响 K 的因素有温度、压力、溶质及两种溶剂的性质。当溶液浓度不大时，该式能很好地与实验结果相符。这个经验定律也可以从热力学得到证明——溶质化学势表示式的应用举例。这一经验定律可由溶质 B 在 α、β 两不互溶的液相间达平衡时的化学势相等推导得出。

溶质 B 在 α、β 两相中具有相同的分子形式，在一定温度压力下，B 在 α、β 两相中的质量摩尔浓度分别为 b_B（α）和 b_B（β）。当 B 在两相中均成理想稀溶液时，

根据式（4.60），有 $\mu_B(\alpha) = \mu_B^\ominus(\alpha) + RT\ln[b_B(\alpha)/b^\ominus]$

$$\mu_B(\beta) = \mu_B^\ominus(\beta) + RT\ln[b_B(\beta)/b^\ominus]$$

因 B 在 α,β 两相间达相平衡时 $\mu_B(\alpha) = \mu_B(\beta)$，故有

$$\mu_B^\ominus(\alpha) + RT\ln[b_B(\alpha)/b^\ominus] = \mu_B^\ominus(\beta) + RT\ln[b_B(\beta)/b^\ominus]$$

$$\ln[b_B(\alpha)/b_B(\beta)] = [\mu_B^\ominus(\beta) - \mu_B^\ominus(\alpha)]/RT$$

因在一定温度下，$\mu_B^\ominus(\alpha)$、$\mu_B^\ominus(\beta)$ 均有确定的值，故上式中 $[\mu_B^\ominus(\beta) - \mu_B^\ominus(\alpha)]/RT$ 为常数，与溶质 B 在两液相中的质量摩尔浓度大小无关。即尽管稀溶液中 $b_B(\alpha)$、$b_B(\beta)$ 可以改变，但比值 $b_B(\alpha)/b_B(\beta)$ 为常数，即推出

$$K_b = \frac{b_{B(\alpha)}}{b_{B(\beta)}}$$

分配定律是萃取操作的理论基础。符合分配定律的条件除要求溶质在两液相中的浓度均不大外，还要求它在两相中具有相同的存在形式。若溶质 B 在 α 相中以单分子存在，在 β 相中完全以二聚体形式 B_2 存在，则分配定律为：

$$K_c = \frac{c_B^2(\alpha)}{c_B(\beta)} \tag{4.63}$$

在实验及工业生产中，常利用分配定律计算萃取效率等有关问题。

第九节　理想稀溶液的依数性

由于在溶剂中加入了溶质，使溶剂的化学势不同于纯溶剂的化学势，所以表现出了溶液的沸点升高，冰点降低以及渗透压的性质。这些性质的出现都来源于溶液中溶剂的蒸气压低于纯溶剂的蒸气压（或溶液中溶剂的化学势低于纯溶剂的化学势）。故称这些性质为理想稀溶液的依数性。

溶液的依数性就是仅依赖于溶质微粒的数目，而与微粒的本质无关的一些性质。

一、蒸气压下降

理想稀溶液中，在等温等压下，如果溶液上方的平衡蒸气压 p 就是溶剂的蒸气压 p_A，而溶剂遵守拉乌尔定律，所以有：$p = p_A = p_A^* x_A$

和同温同压下纯溶剂的蒸气压 p_A^* 比较，蒸气压的降低值为

$$\Delta p = p_A^* - p = p_A^* - p_A = p_A^* - p_A^* x_A = p_A^*(1 - x_A) = p_A^* x_B \tag{4.64}$$

式（4.64）表明，蒸气压的降低值 Δp 仅与溶剂的性质 p_A^* 和溶液中溶质的数量（摩尔分数 x_B ）有关，而与溶质的本性无关。

二、凝固点降低（溶质溶剂不形成固态溶液）

凝固点是在一定外压下液体变成固体的温度，这时液体饱和蒸气压等于固体的饱和蒸气压。凝固点是测定物质及其纯度的一个重要的物理性质。在液体纯溶剂中加入溶质后，溶剂的蒸气压下降，蒸气压是温度和溶液组成的函数。在凝固时，若溶质与溶剂不生成固态溶液即凝固时析出固态纯溶剂，则固体的饱和蒸气压与溶质存在与否无关，而只与温度有关。

凝固点降低定律：在一定外压下，当溶质加入溶剂中时，只要溶质与溶剂不形成固溶体，在某一浓度范围内，溶液的凝固点就必然降低，而且溶质的浓度越大，溶液的凝固点越低。

设：溶液中溶剂的浓度为 x_A ，并在温度为 T 和压力 p 时和固相达成平衡（固相由纯 A 组成，不形成固溶体），由平衡条件：

$$\mu_A^l(T,p,x_A)=\mu_A^s(T,p)$$

在压力不变的条件下，使溶液的浓度变化 dx_A，则平衡的温度为 T+dT，由相平衡时化学势相等的条件，化学势的改变必相等。

$$\mathrm{d}\mu_A^l=\mathrm{d}\mu_A^s$$

$$\left(\frac{\partial\mu_A^l}{\partial T}\right)_{p,x_A}\mathrm{d}T+\left(\frac{\partial\mu_A^l}{\partial x_A}\right)_{T,p}\mathrm{d}x_A=\left(\frac{\partial\mu_A^s}{\partial T}\right)_p\mathrm{d}T$$

对于稀溶液，$\mu_A=\mu_A^*+RT\ln x_A$，又已知$\left(\frac{\partial\mu_B}{\partial T}\right)_{p,n_C,n_B}=-S_B$，代入上式得

$$-S_{A,m}^l\mathrm{d}T+RT\mathrm{d}\ln x_A=-S_{A,m}^s\mathrm{d}T$$

$$\mathrm{d}\ln x_A=\frac{S_{A,m}^l-S_{A,m}^s}{RT}\mathrm{d}T$$

$\because S_{A,m}^l-S_m^s(A)=\frac{\Delta_{fus}H_m^*}{T}\mathrm{d}T$ 代入上式，积分得

$$\int_1^{x_A}\mathrm{d}\ln x_A=\int_{T_f^*}^{T_f}\frac{\Delta_{fus}H_m^*}{RT^2}\mathrm{d}T$$

$$\ln x_A = -\frac{\Delta_{fus}H_m^*}{R}\left(\frac{1}{T_f}-\frac{1}{T_f^*}\right) = -\frac{\Delta_{fus}H_m^*}{RT_f^{*2}}\left(T_f^* - T_f\right)$$

在这里，使用了 $T_f^* T_f \approx T_f^{*2}$ 的假定，令 $\Delta T_f = T_f^* - T_f$ 为溶剂的凝固点降低的数值，上式变成

$$-\ln x_A = \frac{\Delta_{fus}H_m^*}{RT_f^{*2}}\Delta T_f$$

$$\because -\ln x_A = \ln(1-x_B) = -\left(x_B + \frac{x_B^2}{2} + \frac{x_B^3}{3} + \cdots\right) \approx -x_B$$

$$\therefore \Delta T_f = \frac{RT_f^{*2}}{\Delta_{fus}H_m^*}x_B$$

又由 $$x_B = \frac{n_B}{n_A+n_B} \approx \frac{n_B}{n_A} = \frac{n_B}{m_A/M_A} = b_B M_A$$

代入上式 $$\therefore \Delta T_f = \frac{RT_f^{*2}}{\Delta_{fus}H_m^*}b_B M_A = K_f b_B \tag{4.65}$$

式（4.65）为凝固点降低公式，其中 $K_f = \dfrac{RT_f^{*2}M_A}{\Delta_{fus}H_m^*}$ 为凝固点降低常数，其单位为 $K \cdot kg \cdot mol^{-1}$。它是溶剂的特性常数，与溶质的性质无关。由式（4.65）表明溶液的凝固点降低只与一定量溶剂中溶质的物质的量有关，而与其种类无关。表 4.1 列出几种溶剂的 K_f 值。

表 4.1 几种溶剂的 T_f^* 和 K_f 值

溶剂	水	醋酸	苯	环己烷	萘	樟脑
T_f^*/K	273.15	289.75	278.68	279.65	353.4	446.15
$K_f/K \cdot kg \cdot mol^{-1}$	1.86	3.90	5.10	20	6.9	40

凝固点降低公式的应用：分子量的测定

由于 $b_B = \dfrac{m_B}{M_B m_A}$，故

$$M_B = K_f \frac{m_B}{\Delta T m_A} \quad (4.66)$$

其中：m_A，m_B为溶液中溶剂和溶质的质量，所以，根据实验测得的ΔT，利用K_f就可算出溶质的摩尔质量M_B，也就是溶质的相对分子量。

【例 4.5】 2.441 g 苯甲酸溶解在 250 g 苯中的溶液，其凝固点降低值为0.204 8 K，求苯甲酸在苯中的相对分子质量。

解：由表 4.1 查得：苯的K_f=5.07 K·kg·mol^{-1}

$$M = \left(5.07\times\frac{2.441}{0.204\,8\times 250}\right)\text{kg}\cdot\text{mol}^{-1} = 0.242\ \text{kg}\cdot\text{mol}^{-1}$$

故，苯甲酸在苯中的相对分子质量测得为 242，它近似为苯甲酸相对分子质量 122 的两倍，该结果表明苯甲酸在苯中是双分子缔合的，这从形成氢键是很容易理解的。

【例 4.6】 凝固点降低的另一重要应用是测定熔化热，特别是金属的熔化热。因为在高温下用量热法直接测定实验上有较大困难。0.100 0 kgPb(A)中有 2.500×10^{-3} kg Ag（B）的溶液，其凝固点为 573.2 K，纯 Pb 的熔点为 600.5 K。已知 Ag 在固体 Pb 中的溶解度很小，而且它们的液态是单原子理想溶液。求铅的摩尔熔化热。

解：查表得：$M_A = 0.207\,2\ \text{kg}\cdot\text{mol}^{-1}$，$M_B = 0.107\,9\ \text{kg}\cdot\text{mol}^{-1}$

$$\Delta T_f = T_f^* - T_f = (600.5 - 573.2)\ \text{K} = 27.3\ \text{K}$$

而$\Delta T_f = K_f \cdot b_B = \dfrac{R(T_f^*)^2 M_A}{\Delta_{\text{fus}} H_m^*}\cdot\dfrac{m_B}{M_B\cdot m_A}$

所以$\Delta_{\text{fus}} H_m^* = \dfrac{R(T_f^*)^2\cdot M_A\cdot m_B}{\Delta T_f\cdot M_B\cdot m_A}$

$$= \left[\frac{8.314\times(600.5)^2\times 0.207\,2\times 2.500\times 10^{-3}}{27.3\times 0.107\,9\times 0.100\,0}\right]\text{J}\cdot\text{mol}^{-1} = 5\,272\ \text{J}\cdot\text{mol}^{-1}$$

三、沸点升高

沸点是溶液的蒸气压等于外压时的温度，它同样是测定物质及其纯度一项重要的物理性质。

沸点升高是指溶液的沸点随非挥发性溶质浓度变化的规律，其定性描述为“在一定外压下，当非挥发性溶质溶于溶剂中时，它的沸点比纯溶剂的要高”。加入溶质后，由于蒸气压降低，使溶液的沸点比纯溶剂的沸点升高，采用凝固点降低公式推导方法类似的推导方法，可以得到

$$\Delta T_b = K_b b_B \tag{4.67}$$

$$K_b = \frac{RT_b^{*2}}{\Delta_{vap}H_m^*} M_A$$

式中 K_b 为溶剂的沸点升高常数，单位为 $K \cdot kg \cdot mol^{-1}$。它是溶剂的特性常数，与溶质的性质无关。溶液的沸点升高值仅与一定量溶剂中溶质的量有关，而与溶质的种类无关。

我们可以利用沸点升高公式预测溶液沸点升高的程度，或可利用它来测定溶质的摩尔质量。

利用沸点升高测定溶质的摩尔质量与利用凝固点降低测定溶质的摩尔质量比较来说，因 $\Delta_{fus}H_m$ 比 $\Delta_{vap}H_m$ 数值小，故 K_f 比 K_b 值要大得多，所以凝固点降低法的实验相对误差要比沸点升高法小得多。

K_b 的数值可以根据 $K_b = \frac{RT_b^{*2}}{\Delta_{vap}H_m^*} M_A$ 计算得到，也可用实验方法测得。表 4.2 列出某些溶剂的 T_b^* 和 K_b。

表 4.2 几种溶剂的 T_b^* 和 K_b 值

溶剂	水	甲醇	乙醇	丙酮	氯仿	苯	四氯化碳
T_b^*/K	373.15	337.66	351.48	329.3	334.35	353.1	349.87
$K_b/K \cdot kg \cdot mol^{-1}$	0.52	0.83	1.19	1.73	3.85	2.60	5.02

【例 4.7】 在 5.0×10^{-2} kg CCl_4（A）中溶入 5.126×10^{-4} kg 萘（B）（M_B=0.128 16 $kg \cdot mol^{-1}$），测得溶液的沸点较纯溶剂升高 0.402 K。若在同量的溶剂 CCl_4 中溶入 6.216×10^{-4} kg 的未知物，测得沸点升高约 0.647 K。求该未知物的摩尔质量。

解：$\Delta T_b = K_b b_B$，$b_B = \frac{m_B}{M_B \cdot m_A}$

所以 $\Delta T_b = K_b \cdot \frac{m_B}{M_B \cdot m_A}$

代入相应的数据得：$0.402 = (K_b \cdot \frac{5.126 \times 10^{-4}}{0.128\,16 \times 5.0 \times 10^{-2}})$

$$0.647 = K_b \cdot \frac{6.216 \times 10^{-4}}{M_{未} \cdot 5.0 \times 10^{-2}}$$

两式相除，消去 K_b，解得 $M_{未}=9.67 \times 10^{-2}$ $kg \cdot mol^{-1}$。或利用第一式解得

K_b=5.03 K·kg·mol^{-1}，再代入第二式，可求得 $M_{未}$。

四、渗透压

有许多人造的或天然的膜对于物质的透过有选择性。例如亚铁氰化铜膜只允许水而不允许水中的糖透过；有些动物膜如膀胱等，可以使水透过，却不能使摩尔质量高的溶质或胶体粒子透过。这类膜称为半透膜。

在一定温度下用一个只能使溶剂透过而不能使溶质透过的半透膜把纯溶剂与溶液隔开，溶剂就会通过半透膜渗透到溶液中使溶液液面上升，直到溶液液面升到一定高度达到平衡状态，渗透才停止，如图 4.5（a）所示。这种对于溶剂的膜平衡，叫做渗透平衡。渗透平衡时，溶剂液面和同一水平的溶液截面上所受的压力分别为 p 及 $p+\rho gh$（ρ 是平衡时溶液的密度，g 是重力加速度，h 是溶液液面与纯溶剂液面的高度差），后者与前者之差称作渗透压，以Π表示。任何溶液都有渗透压，但是如果没有半透膜将溶液与纯溶剂隔开，渗透压即无法体现。测定渗透压的有一种方法，是在溶液一侧施加一额外压力使达到渗透平衡，此额外压力即为渗透压Π，如图 4.5（b）所示。

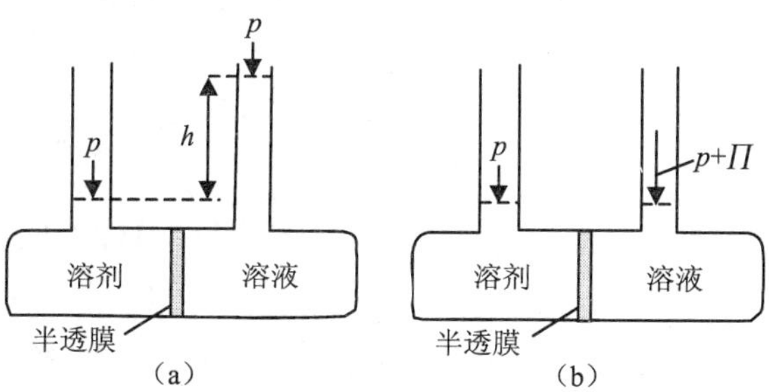

图 4.5 渗透平衡

渗透压的大小与溶液的浓度有关，应用渗透平衡时半透膜两侧溶剂的化学势相等即可推导出这一关系。

温度 T 一定时，在相同的外压 p 下，溶液中溶剂 A 的化学势 $\mu_A(\mathrm{l})$ 小于纯溶剂 A 的化学势 $\mu_A^*(\mathrm{l})$。因此，纯溶剂一侧的 A 就会自发地穿过半透膜到达溶液这一侧，这就是渗透的原因。但若将溶液一侧的外压从 p 增加到 $p+\Pi$，使溶液中溶剂 A 的化学势等于压力 p 下纯 A 的化学势时，宏观上渗透不再进行，达到渗透平衡。因此，在渗透平衡的前提下，$\mu_A(\mathrm{l})=\mu_A^*(\mathrm{l})$。

渗透压与溶液中溶质浓度的关系为

$$V\Pi = n_B RT \tag{4.68}$$

或

$$\Pi = c_B RT \tag{4.69}$$

式中的 R 为摩尔气体常数。此式就是稀溶液的范特霍夫渗透压公式。由此式可以看出，溶液渗透压的大小只由溶液中溶质的浓度决定，而与溶质的本性无关，故渗透压也是溶液的依数性质。从形式上看，渗透压公式与理想气体状态方程式是相似的。

通过渗透压的测定，可以求出大分子溶质的摩尔质量。

当施加在溶液与溶剂上的压力差大于溶液的渗透压时，溶液中的溶剂将通过半透膜渗透到纯溶剂中，这种现象称为反渗透。利用反渗透原理在 20 世纪 60 年代发展成一项反渗透的新技术，它最初用于海水和苦水的淡化，后来又用于工业废水的处理。工业上用于反渗透技术比较成功的两种半透膜是：醋酸纤维素膜和用芳香族酰胺制成的空心纤维膜。

【例 4.8】 某溶质的水溶液 b_B=0.001 mol·kg^{-1}，求此溶液 25℃时蒸气压下降 Δp，凝固点降低 ΔT_f，沸点升高 ΔT_b 及渗透压 Π 的值。已知 25℃水的饱和蒸气压为 3 168 Pa。

解： 由表 4.1 得水的 $K_f = 1.86\ \mathrm{K \cdot kg \cdot mol^{-1}}$，表 4.2 得水的 K_b=0.52 K· kg· mol^{-1}

$$x_B \approx \frac{n_B}{m_A / M_A} = \frac{0.001}{1/(18.016\times10^{-3})} = 1.8\times10^{-5}$$

$$c_B \approx 0.001\ \mathrm{mol \cdot dm^{-3}} = 1\ \mathrm{mol \cdot m^{-3}}$$

$$\Delta p = p_A^* x_B = (3\,168\times1.8\times10^{-5})\ \mathrm{Pa} = 0.057\ \mathrm{Pa}$$

$$\Delta T_f = K_f b_B = (1.86\times0.001)\ \mathrm{K} = 1.86\times10^{-3}\ \mathrm{K}$$

$$\Delta T_b = K_b b_B = (0.52\times0.001)\ \mathrm{K} = 5.2\times10^{-4}\ \mathrm{K}$$

$$\Pi = c_B RT = (1\times8.314\times298.15)\ \mathrm{Pa} = 2.479\ \mathrm{kPa}$$

计算结果表明，理想稀溶液的几个依数性中渗透压是最显著的。

五、理想稀溶液 4 种依数性之间的关系

理想稀溶液 4 种依数性：蒸气压降低、沸点升高、凝固点降低及渗透压都与溶液中溶质的浓度有关，而与溶质的性质无关。

理想稀溶液 4 种依数性可写出如下公式：

$$x_B = \frac{\Delta p}{p_A^*}$$

$$x_B = \frac{\Delta_{fus} H_m^*}{RT_f^{*2}} \Delta T_f$$

$$x_B = \frac{\Delta_{vap} H_m^*}{RT_b^{*2}} \Delta T_b$$

$$x_B = \frac{V_{m,A} \Pi}{RT}$$

故 4 种依数性之间存在着如下的关系

$$x_B = \frac{\Delta p}{p_A^*} = \frac{\Delta_{fus} H_m^*}{RT_f^{*2}} \Delta T_f = \frac{\Delta_{vap} H_m^*}{RT_b^{*2}} \Delta T_b = \frac{V_{m,A} \Pi}{RT} \tag{4.70}$$

这种关系的存在，反映了稀溶液 4 种依数性都是溶液内在性质在不同条件下的表现，同时，它们提供了由易算性质求算难测性质的途径，从而扩大了每个规律的应用范围。现举例说明。

【例 4.9】 凝固点为 271.3 K 的海水，在 293.2 K 用反渗透法使其淡化，问最少需要加多大的压力？水的 $\Delta_{fus} H_m^*$ =6 004 J · mol^{-1}，V=0.018 dm^3 · mol^{-1} 。

解： 这是一个凝固点降低解决渗透压问题的实例。假设海水为稀溶液，由渗透压Π与凝固点降低的值 ΔT 的关系式

$$\frac{\Delta_{fus} H_m^*}{RT_f^{*2}} \Delta T_f = \frac{V\Pi}{RT}$$

得

$$\begin{aligned}\Pi &= \frac{T\Delta_{fus} H_m^*}{VT_f^{*2}} \Delta T_f \\ &= \left[\frac{293.2 \times 6\,004}{0.018 \times 10^{-3} \times 273.2^2} \times (273.2 - 271.3)\right] \text{Pa} \\ &= 24.9 \times 10^5 \text{ Pa}\end{aligned}$$

因而最少需要加的压力为 $p = \Pi + p^{\ominus} = 26 \times 10^5 \text{ Pa}$

这个结果是在假设海水为稀溶液的条件下得到的。凝固点为 271.3 K 的海水显然不是稀溶液，为什么用稀溶液的规律来解决呢？第一，海水的浓度并不太大，接近稀溶液，这是基点；第二，用稀溶液的规律近似估算会有一定的误差，但是这样的近似估算是有实际意义的，它可使海水淡化工作的可行性有数量的依据。

第十节　逸度与活度

一、真实气体的化学势及逸度

（一）纯真实气体的化学势及逸度

真实气体的状态方程比较复杂，如果用真实气体的 pV 关系代入 $dG_m = V_m dp$ 中进行积分，求出来的化学势也比较复杂，应用也不方便，而且不同形式的状态方程所得出的化学势表达式也不相同。那么为了方便起见，并且使真实气体的化学势也保持理想气体的那种简单形式，路易斯提出了一个既简便又巧妙的方法。将真实气体的压力乘上一个校正因子 φ，这样校正以后的压力代入理想气体的化学势表达式，就得真实气体的化学势：

$$\tilde{p} = \varphi p \tag{4.71}$$

φp 为真实气体的有效压力，φ 为校正因子，也叫逸度因子（逸度系数）。$\tilde{p}$ 叫逸度。

$$\varphi = \tilde{p} / p \tag{4.72}$$

逸度因子标志着该气体与理想气体的偏差程度，其数值不仅与气体的本性有关，还与温度、压力有关。一定温度下，压力较小时，$\varphi<1$；压力较大时，$\varphi>1$。当压力趋近于零时，$\varphi \to 1$。这时真实气体的行为接近理想气体的行为。此时的逸度值趋近于压力的数值。

$$\lim_{p\to 0}\frac{\tilde{p}}{p} = 1 \tag{4.73}$$

真实气体的化学势等温表示式：

$$\mu^*(g) = \mu^\ominus(g) + RT\ln(\tilde{p} / p^\ominus) \tag{4.74}$$

式中 $\mu^\ominus(g)$ 是真实气体的标准态化学式，是真实气体的压力等于标准压力时，并且符合理想气体行为时的化学势。注意：该标准态与理想气体的标准态相同（$p = p^\ominus = 100\ \text{kPa}$）。这对真实气体来说是一种假想状态（图 4.6）。

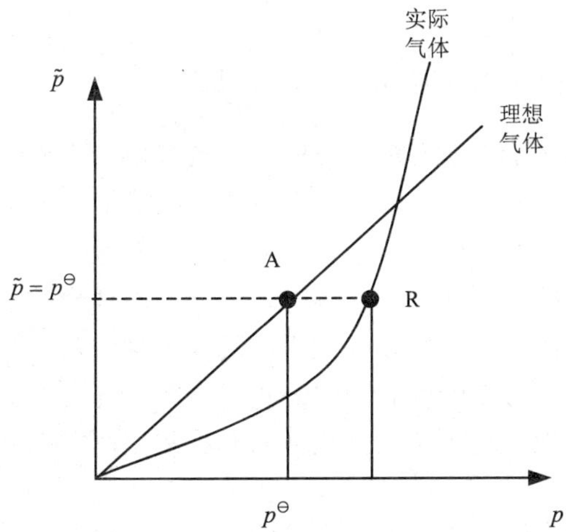

图 4.6　真实气体和理想气体的 $\tilde{p}$ - p 关系及标准态

对于理想气体，压力等于 100 kPa 时的状态是 A 点，真实气体的标准态选的是这一点。那么为什么不选 $\tilde{p}=100\,\text{kPa}$ 的 R 点呢？因为对于不同的真实气体来说，对真实气体产生偏差的程度不同，有的 φ 值大，有的 φ 值小，所以在 $\tilde{p}=101.325\,\text{kPa}$ 时，p 值不同，它所处的状态不同。这样就没有一个统一的标准，所以真实气体仍然是选理想气体作为标准态。

（二）真实混合气体中任一组分的化学势及逸度

真实混合气体中任一组分的化学势等温表示式为

$$\mu_{\text{B}}(\text{g})=\mu_{\text{B}}^{\ominus}(\text{g})+RT\ln\left(\tilde{p}/p^{\ominus}\right) \tag{4.75}$$

在压力不太大时，式（4.75）中 $\tilde{p}$ 可按式（4.76）近似计算：

$$\tilde{p}=y_{\text{B}}\tilde{p}^{*} \tag{4.76}$$

y_{B} 为混合气体中组分 B 的摩尔分数。$\tilde{p}^{*}$ 为在同温同压下 B 单独存在时的逸度。

需要指出的是，还可由 pTV 数据精确计算逸度，但因方程较烦琐，这里省略。

二、真实液态混合物中各组分的化学势——活度的概念

（一）真实液态系统对理想液态系统的偏差

理想溶液，溶质和溶剂在所有浓度范围内均遵守拉乌尔定律。那么只有溶液中不同种分子间的引力与同种分子间的引力相同时才能形成理想溶液。根据理想溶液的特征，在混合时没有热效应和体积的变化。但是能够形成理想溶液的物质毕竟是少数的，大多数的物质在形成溶液时，由于不同种分子之间的引力与同种分子之间的引力有较大的差别，所以对理想溶液要产生偏差，并且混合时要伴有体积的变化和热效应，这种溶液就叫真实液态混合物。真实液态混合物中溶质和溶剂都不遵守拉乌尔定律，蒸气压与理想液态系统相比要产生偏差。偏差一般有两种，正偏差和负偏差。

正偏差：这种真实液态混合物在一定浓度时的蒸气压大于同浓度时的理想液态系统的蒸气压。溶液蒸气压的数值比用拉乌尔定律计算值要大，并且当溶液中某一种物质形成正偏差，另一种物质一般也产生正偏差。溶液在产生正偏差时一般来说要伴有吸热现象。各物质的化学势大于理想溶液中物质的化学势。产生正偏差的主要原因是由于 AB 分子间的引力小于 AA、BB 的引力。真实液态混合物对理想系统呈正偏差，但在全部组成范围内，蒸气总压力均介于两个纯组分的饱和蒸气压之间。这类例子如苯-丙酮系统，如图 4.7 所示。图中下面两条虚线为按拉乌尔定律计算的两个组分的蒸气分压值，最上面一条虚线为按拉乌尔定律计算的蒸气总压力值；图中三条实线为各自相应的实验值。

负偏差：真实液态混合物的蒸气压比同浓度的理想溶液的蒸气压要小，因此这种溶液的化学势比理想溶液中物质的化学势小。实验表明，如果溶液中某一物质对理想溶液产生负偏差，另一物质肯定也会产生负偏差。并且这种溶液混合时，会产生放热现象 $\Delta H<0$。产生负偏差的主要原因是不同种分子间的引力大于同种分子间的引力。真实液态混合物对理想系统呈负偏差，但在全部组成范围内，蒸气总压力均介于两个纯组分的饱和蒸气压之间。这类例子如氯仿-乙醚系统，如图 4.8 所示。图中下面两条虚线为按拉乌尔定律计算的两个组分的蒸气分压值，最上面一条虚线为按拉乌尔定律计算的蒸气总压力值；图中三条实线为各自相应的实验值。

（1）具有极大正偏差系统。真实系统的蒸气总压力对理想系统呈正偏差，但在某一组成范围内，蒸气总压力会大于两个纯组分的饱和蒸气压，因而出现极大值。这类例子如甲醇-氯仿系统，如图 4.9 所示。图中下面两条虚线为按拉乌尔定律计算的两个组分的蒸气分压值，最上面一条虚线为按拉乌尔定律计算的蒸气总

压力值；图中三条实线为各自相应的实验值。

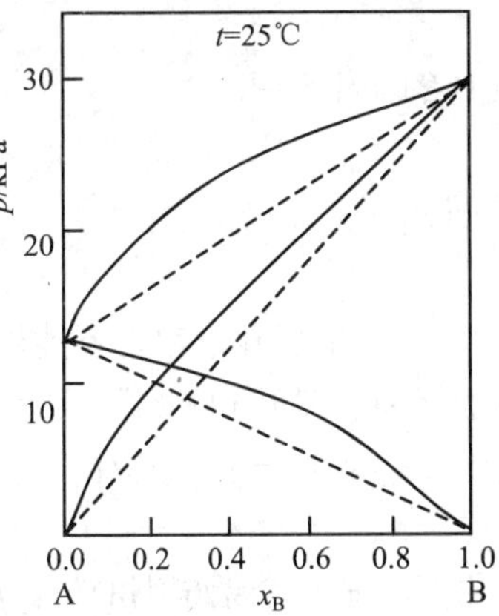

图 4.7 苯（A）-丙酮（B）系统的蒸汽压与液相组成的关系（一般正偏差）

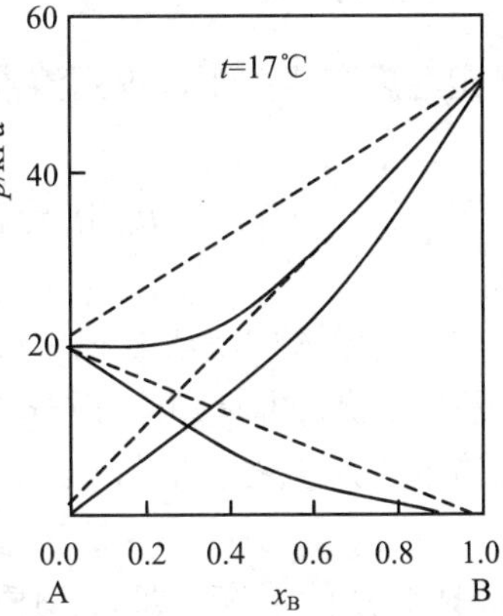

图 4.8 氯仿（A）-乙醚（B）系统的蒸汽压与液相组成的关系（一般负偏差）

（2）具有极大负偏差系统。真实系统的蒸气总压力对理想系统呈负偏差，但在某一组成范围内，蒸气总压力会小于两个纯组分的饱和蒸气压，因而出现极小值。这类例子如氯仿-丙酮系统，如图 4.10 所示。图中下面两条虚线为按拉乌尔定律计算的两个组分的蒸气分压值，最上面一条虚线为按拉乌尔定律计算的蒸气总压力值；图中三条实线为各自相应的实验值。

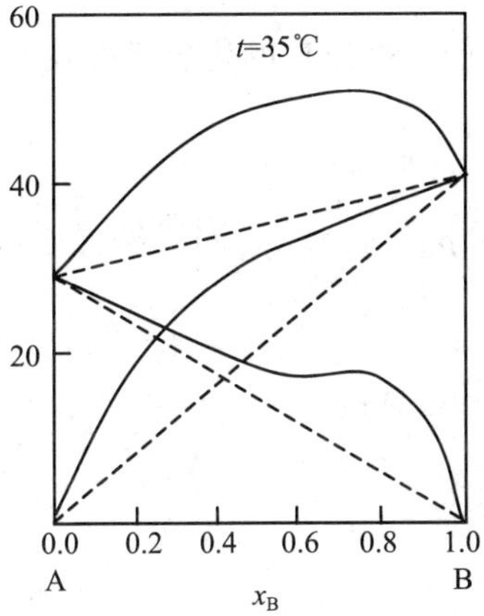

图 4.9 甲醇（A）-氯仿（B）系统的蒸汽压与液相组成的关系（极大正偏差）

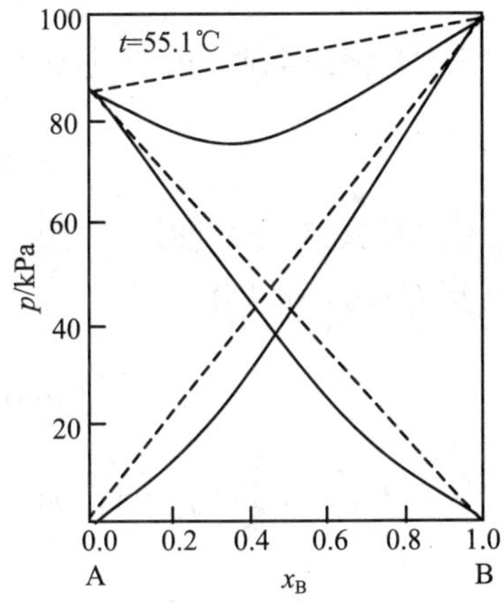

图 4.10 氯仿（A）-丙酮（B）系统的蒸汽压与液相组成的关系（极大负偏差）

（二）活度的概念

在一定温度和压力下，理想溶液中物质 B 的化学势

$$\mu_B(l) = \mu_B^*(l) + RT\ln x_B \tag{4.77}$$

由于非理想溶液中物质 B 已不遵守拉乌尔定律，所以化学势也不能用式（4.77）表示。但是为了保持非理想溶液与理想溶液化学势具有相同的形式，通常采用引入逸度同样简单的办法来处理，将真实溶液的浓度 x_B 乘上一个校正因子 f_B。

$$a_B = f_B x_B \tag{4.78}$$

a_B 叫 B 物质的活度，即 B 物质的有效浓度，是一个无量纲的量。f_B 叫 B 物质的活度系数，表示真实溶液对理想溶液的偏差程度。由于 f_B 是选择纯溶剂作为参比标准引进的校正系数，所以属于“溶剂型活度系数”。当 x_A 趋于 1 时（即纯溶剂时），溶液极稀而趋近纯溶剂，则 $f_A \approx 1$。活度系数也是一个无量纲的量，其与温度、压力、溶液浓度等有关。

非理想溶液中，拉乌尔定律修正为：

$$p_B = p_B^* f_B x_B \tag{4.79}$$

（三）真实液态混合物中各组分的化学势

在理想液态混合物中，无溶剂与溶质之分，任一组分 B 的化学势可以表示为：

$$\mu_B(l) = \mu_B^*(l) + RT\ln x_B \tag{4.80}$$

在导出式（4.80）时，应用了拉乌尔定律（ $p_B = p_B^* x_B$ ），对真实液态混合物 $p_B = p_B^* f_B x_B$ ，所以有：

$$\mu_B(l) = \mu_B^*(l) + RT\ln f_B x_B \tag{4.81}$$

令 $a_B = f_B x_B$，$\lim\limits_{x_B \to 1} f_B = 1$。式（4.81）可以写成

$$\mu_B(l) = \mu_B^*(l) + RT\ln a_B \tag{4.82}$$

式（4.82）适用于真实液态混合物中的任一组分。

在气相压力不大时，B 可以认为是理想气体，故气相中 B 的化学势

$$\mu_B(g)=\mu_B^\ominus(g)+RT\ln(p_B/p^\ominus)=\mu_B^\ominus(g)+RT\ln(p^*/p^\ominus)+RT\ln(p_B/p_B^*)$$

而 $\mu_B^\ominus(g)+RT\ln(p_B^*/p^\ominus)=\mu_B^*(l)$，故

$$\mu_B(g)=\mu_B^*(l)+RT\ln(p_B/p^*) \tag{4.83}$$

液气平衡时 $\mu_B(g)=\mu_B(l)$，对照式（4.82）和式（4.83）得

$$a_B=p_B/p_B^* \tag{4.84}$$

结合式（4.81）、式（4.82）和式（4.84）得

$$f_B=a_B/x_B=p_B/p_B^*x_B \tag{4.85}$$

对理想液态混合物来说因 $p_B=p_B^*x_B$，所以其任一组分的活度系数等于 1，活度就等于它的摩尔分数。

对真实液态混合物，蒸气分压为 p_B 的液相中 B 的活度就等于具有这样蒸气分压的理想液态混合物中 B 的摩尔分数。

活度系数是描述真实液态混合物中组分 B 对理想情况下的偏差。一定组成 x_B 中 B 的活度系数就等于该组分在气相中的实际分压与该混合物具有理想性质时 B 所具有的分压（遵守拉乌尔定律）的倍数。

【例 4.10】 三氯甲烷（$CHCl_3$）以 B 代表，丙酮[$(CH_3)_2CO$]以 C 代表，两者形成的某液态混合物，其 x_B=0.287。在 28.15℃时蒸气总压为 p =29.398 kPa，气相组成 y_B=0.182。

已知该温度下纯三氯甲烷的饱和蒸气压 p_B^*=29.571 kPa，求在液态混合物中的活度系数。

解：气相三氯甲烷的蒸气分压

$$p_B=y_Bp=（0.182\times29.398）\text{kPa}=5.350\ \text{kPa}$$

液态混合物中三氯甲烷活度

$$a_B=p_B/p_B^*=5.350/29.571=0.181$$

三氯甲烷的活度系数

$$f_B=a_B/x_B=0.181/0.287=0.630$$

（四）真实溶液中溶剂和溶质的化学势

（1）真实溶液中溶剂的化学势。为了使真实溶液中溶剂的化学势表示式分别与理想稀溶液中的形式相同，只是以溶剂的活度 a_A 代替 x_A。

对于溶剂A，在温度 T，压力 p 下 $$\mu_A(l)=\mu_A^*(l)+RT\ln a_A \tag{4.86}$$

在 p 与 $p^\ominus$ 相差不大时

$$\mu_A(l)=\mu_A^\ominus(l)+RT\ln a_A \tag{4.87}$$

$$p_A=p_A^* a_A=p_A^* f_A x_A \tag{4.88}$$

（2）真实溶液中溶质的化学势。溶质的浓度通常有 x_B、b_B 和 c_B 3 种表示方法，根据亨利定律有

$$p_B=k_{x,B}a_{x,B} \qquad a_{x,B}=f_{x,B}x_B \tag{4.89}$$

$$p_B=k_{b,B}a_{b,B} \qquad a_{b,B}=f_{b,B}\frac{b_B}{b^\ominus} \tag{4.90}$$

$$p_B=k_{c,B}a_{c,B} \qquad a_{c,B}=f_{c,B}\frac{c_B}{c^\ominus} \tag{4.91}$$

溶质的化学势为

$$\mu_B(l)=\mu_B^\ominus(l,x_B=1)+RT\ln a_{x,B} \tag{4.92}$$

$$\mu_B(l)=\mu_B^\ominus(l,b_B=b^\ominus)+RT\ln a_{b,B} \tag{4.93}$$

$$\mu_B(l)=\mu_B^\ominus(l,c_B=c^\ominus)+RT\ln a_{c,B} \tag{4.94}$$

溶质 B 在同一溶液中化学势只有一个数值，所以用以上 3 个式子求出的 $\mu_B(l)$ 是一样的。但由于所选的标准态不同，3 个式子中的 $\mu_B^\ominus$ 不相等。由于 c_B、b_B 比 x_B 更接近稀溶液的实际，所以溶质一般选用 $b_B=1\,\text{mol}\cdot\text{kg}^{-1}$ 或 $c_B=1\,\text{mol}\cdot\text{dm}^{-3}$ 为标准态。

【例 4.11】 水（A）和丙酮（B）组成二组分体系，混合物中丙酮的摩尔分数为 0.1。298.15 K 时平衡蒸气中丙酮和水的蒸气分压分别为 1 760 Pa 和 3 027 Pa。同温度时纯水的蒸气压为 3 167 Pa。$k_{x,B}$=4.178×10^4 Pa。试按照纯物质为标准态计算它们的活度因子。假定蒸气符合理想气体。

解： $a_{x,\mathrm{A}}=\dfrac{p_{\mathrm{A}}}{p_{\mathrm{A}}^{*}}=f_{x,\mathrm{A}}\cdot x_{\mathrm{A}}$　　　$f_{x,\mathrm{A}}=\dfrac{p_{\mathrm{A}}}{p_{\mathrm{A}}^{*}x_{\mathrm{A}}}=\dfrac{3\,027}{3\,167(1-0.1)}=1.062$

$$f_{\mathrm{B}}=\frac{p_{\mathrm{B}}}{k_{x,\mathrm{B}}x_{\mathrm{B}}}=\frac{1\,760}{4.178\times10^{4}\times0.1}=0.421\,3$$

综上所述，对于溶液中各组分的化学势表达式可以用下述公式予以表达：

$$\mu_{\mathrm{B}}(\mathrm{l})=\mu_{\mathrm{B}}^{\ominus}(\mathrm{l})+RT\ln a_{\mathrm{B}} \tag{4.95}$$

式中的 $\mu_{\mathrm{B}}^{\ominus}$ 为标准态的化学势，a_{B} 是活度。对不同的标准态，$\mu_{\mathrm{B}}^{\ominus}$ 及 a_{B} 可有不同的含义和数值。

复习与思考题

1．多组分系统可区分为混合物及溶液，区分的目的是什么？

2．“偏摩尔量与化学势的定义式是一个公式的两种不同说法”，这种理解是否正确？为什么？

3．比较公式 $\mathrm{d}G=-S\mathrm{d}T+V\mathrm{d}p$ 与 $\mathrm{d}G=-S\mathrm{d}T+V\mathrm{d}p+\sum\limits_{\mathrm{B}}\mu_{\mathrm{B}}\mathrm{d}n_{\mathrm{B}}$ 的应用对象和条件。

4．化学势在解决相平衡及化学平衡上有什么用处？如何解决的？

5．理想液态混合物和理想气体的微观模型有何不同？

6．理想稀薄溶液要“稀”到什么程度才算理想稀薄溶液？

7．比较拉乌尔定律 $p_{\mathrm{A}}=p_{\mathrm{A}}^{*}x_{\mathrm{A}}$ 与亨利定律 $p_{\mathrm{B}}=k_{x,\mathrm{B}}x_{\mathrm{B}}$ 的应用对象和条件。p_{A}^{*} 与 $k_{x,\mathrm{B}}$ 都和哪些因素有关？

8．亨利定律能否也像拉乌尔定律一样，写成 $p_{\mathrm{A}}=p_{\mathrm{A}}^{*}\dfrac{b_{\mathrm{A}}}{b^{\ominus}}$ 或 $p_{\mathrm{A}}=p_{\mathrm{A}}^{*}\dfrac{c_{\mathrm{A}}}{c^{\ominus}}$ 等形式？为什么？

9．在理想稀薄溶液中，溶质 B 的组成可分别用 x_{B}，b_{B} 和 c_{B} 表示，相应有不同的标准态，因而其化学势等温表示式也有不同的形式。试问溶质 B 的各个不同标准态的化学势是否相同？各个不同表示式中溶质 B 的化学势是否相同？

10．理想稀薄溶液的凝固点一定下降，沸点一定上升吗？为什么？

11．在相同温度和压力下，相同质量摩尔浓度的葡萄糖和食盐水溶液的渗透压是否相同？

12．活度的量纲是什么？举例说明。

13．下列说法是否正确？为什么？

（1）溶液的化学势等于溶液的各组分化学势之和。

（2）温度、压力没有偏摩尔量。

（3）体系无限稀释时，溶质 B 的偏摩尔体积为 0。

（4）温度不同的两种理想气体在绝热恒容下混合，其过程熵变 $S=-R[n_1\ln X_1+n_2\ln X_2]$这种说法对吗？为什么？

14．下列哪些是偏摩尔量，哪些是化学势？

（1）$(\partial A/\partial n_B)_{T,p,n_C(C\neq B)}$　（2）$(\partial G/\partial n_B)_{T,V,n_C(C\neq B)}$

（3）$(\partial H/\partial n_B)_{T,p,n_C(C\neq B)}$　（4）$(\partial U/\partial n_B)_{S,V,n_C(C\neq B)}$

（5）$(\partial H/\partial n_B)_{s,p,n_C(C\neq B)}$　（6）$(\partial V/\partial n_B)_{T,p,n_C(C\neq B)}$

（7）$(\partial A/\partial n_B)_{T,V,n_C(C\neq B)}$

15．20℃时，在 1 dm^3 NaBr 水溶液中含 NaBr（B）321.99 g，密度为 1.238 $g\cdot cm^{-3}$。计算该溶液的：（1）溶质 B 的摩尔分数 x_B；（2）溶质 B 的质量摩尔浓度 b_B；（3）溶质 B 的浓度 c_B。

[（1）0.058；（2）3.414 $mol\cdot kg^{-1}$；（3）3.128 $mol\cdot dm^{-3}$]

16．25℃时，将 1 mol 纯苯加入到大量的、苯的摩尔分数为 0.200 的苯和甲苯的溶液中。求算此过程的ΔG。　（-3.99×10^3J）

17．在 20℃及标准压力下，将 1 mol NH_3(g)溶于组成为 $n(NH_3)$∶$n(H_2O)$1∶21 的大量溶液中，已知该溶液中氨的蒸气压为 3.60×10^3 Pa。求此过程的ΔG。

（-8.13×10^3 J）

18．20℃时，纯苯和纯甲苯的蒸气压分别为 9.92×10^3 Pa 和 2.93×10^3 Pa。一未知组成的苯和甲苯蒸气混合物与等质量的苯和甲苯的液态混合物呈平衡（假定苯与甲苯可形成理想液态混合物），试求平衡气相中：（1）苯的分压力；（2）甲苯的分压力；（3）总蒸气压；（4）苯和甲苯在气相中的摩尔分数。

[（1）5.36×10^3 Pa；（2）1.35×10^3 Pa；（3）6.71×10^3 Pa；（4）0.80，0.20]

19．两种挥发性液体 A 和 B 混合形成理想液态混合物。某温度时溶液上面的蒸气总压力为 5.41×10^4Pa，气相中 A 的摩尔分数为 0.45，液相中为 0.65。求此温度时纯 A 和纯 B 的蒸气压。　（3.75×10^4 Pa，8.50×10^4 Pa）

20．20℃时，当 HCl 的分压力为 1.013×10^5 Pa，它在苯中的平衡组成 x（HCl）为 0.042 5。若 20℃时纯苯的蒸气压为 0.100×10^5 Pa，问苯和 HCl 的总压力为 1.013×10^5 Pa 时，100 g 苯中至多可溶解 HCl 多少克？　（1.87 g）

21．在 100℃时，纯 CCl_4 和纯 $SnCl_4$ 的蒸气压分别为 1.933×10^5Pa 和 6.66×10^4 Pa。这两种液体可组成理想液态混合物。假定以某种配比混合成的这种混合物，在外压为 1.013×10^5 Pa 的条件下，加热到 100℃时开始沸腾。计算：

（1）该混合物的组成；

（2）该混合物开始沸腾时的第一个气泡的组成。　[（1）0.726；（2）0.478]

22．A（l）和 B（l）可形成理想液态混合物。现将 A 的摩尔分数为 0.4 的混合蒸气放在一个带活塞的圆筒内，温度恒定为 T，使活塞慢慢压缩，试求：

（1）气体压缩到刚出现液体时的总压力为多少？液体的组成为多少？

（2）当液态混合物的正常沸点为 T 时，求混合物的组成。已知在该温度 T 时，$p_{\mathrm{A}}^{*}=40\,530\ \mathrm{Pa}$，$p_{\mathrm{B}}^{*}=121\,590\ \mathrm{Pa}$。

［（1）67.550 Pa，x_{A}=0.67，x_{B}=0.33；（2）x_{A} =0.25，x_{B} =0.75］

23．D-果糖 $C_6H_{12}O_6$（B）溶于水（A）中形成的某溶液，质量分数 w_{B}=0.095，此溶液在 20℃时的密度 ρ =1.036 5 $\mathrm{Mg\cdot m^{-3}}$。求：此溶液中 D-果糖的（1）摩尔分数；（2）物质的量浓度；（3）质量摩尔浓度。

［（1）0.010 4；（2）0.547 $\mathrm{mol\cdot dm^{-3}}$；（3）0.583 $\mathrm{mol\cdot kg^{-1}}$］

24．在 18℃，气体压力 101.325 kPa 下，1 $\mathrm{dm^3}$ 的水中能溶解 $O_2$0.045 g，能溶解 N_2 0.02 g。现将 1 $\mathrm{dm^3}$ 被 202.65 kPa 空气所饱和了的水溶液加热至沸腾，赶出所溶解的 O_2 和 N_2，并干燥之，求此干燥气体在 101.325 kPa，18℃下的体积及其组成。设空气为理想气体混合物，其组成体积分数为：φ（O_2）=21%，φ（N_2）=79%。　　　（V=41.1 $\mathrm{cm^3}$；y（O_2）=0.344；y（N_2）=0.656）

25．H_2，N_2 与 100 g 水在 40℃时处于平衡，平衡总压为 105.4 kPa。平衡气体经干燥后的组成为体积分数 φ（H_2）=40%。假设可以认为溶液的水蒸气压等于纯水的蒸气压，即 40℃时的 7.33 kPa。已知 40℃时 H_2，N_2 在水中的亨利系数分别为 7.6l GPa 及 10.5 GPa，求 40℃时水中溶解 H_2 和 N_2 的质量。

［m（H_2）=57.2 μg；m（N_2）=868 μg］

26．试用吉布斯-杜亥姆方程证明在稀溶液中若溶质服从亨利定律，则溶剂必然服从拉乌尔定律。

27．A，B 两液体能形成理想液态混合物。已知在温度 T 时纯 A 的饱和蒸气压 $p_{A}^{*}=40\ \mathrm{kPa}$，纯 B 的饱和蒸气压 $p_{\mathrm{B}}^{*}=120\ \mathrm{kPa}$。

（1）在温度 T 下，于气缸中将组成为 y（A）=0.4 的 A、B 混合气体恒温缓慢压缩，求凝结出第一滴微细液滴时系统的总压及该液滴的组成（以摩尔分数表示）为多少？

（2）若将 A、B 两液体混合，并使此混合物在 100 kPa，温度 T 下开始沸腾。求该液态混合物的组成及沸腾时饱和蒸气的组成（摩尔分数）。

［（1）p=66.7 kPa，x（A）=0.667，x（B）=0.333；
（2）x（A）=0.25，x（B）=0.75；y（A）=0.1，y（B）=0.9］

28．25 g 的 CCl_4 中溶有 0.545 5 g 某溶质，与此溶液成平衡的 CCl_4 的蒸气分压为 11.188 8 kPa，而在同一温度时纯 CCl_4 的饱和蒸气压 11.400 8 kPa。

（1）求此溶质的相对分子质量；

（2）根据元素分析结果，溶质中含 C 为 94.34%，含 H 为 5.66%（质量分数），

确定溶质的化学式。 [（1）117.35；（2）$C_{14}H_{10}$]

29．在 25℃时，10 g 某溶质溶于 1 dm^3 溶剂中，测出该溶液的渗透压为 $\Pi = 0.4000$ kPa，确定该溶质的相对分子量。 [6.20×10^4]

30．实验室新制备出一种精制蛋白质物质，为了测出相对分子质量，在 298 K，101.325 kPa 下，将 19.0 g 的该物质溶于 100 g 水中形成稀溶液，测得凝固点下降 0.022 K。

（1）求该物质的相对分子质量。

（2）估算该溶液的沸点升高、蒸气压下降和渗透压。

（3）欲精确测定该物质的相对分子质量，选用哪种依数性能得到较好的结果。

（水：$K_{f,m}$=1.86K·kg·mol^{-1}，$K_{b,m}$=0.52 K·kg·mol^{-1}，在 298 K 时，$p^*_{H_2O}$=3.173kPa）

31．在某一温度下，将碘溶解于 CCl_4 中。当碘的摩尔分数 x（I_2）在 0.01～0.04 范围内时，此溶液符合稀溶液规律。今测得平衡时气相中碘的蒸气压与液相中碘的摩尔分数之间的两组数据如下：

p（I_2，g）/kPa	1.638	16.72
x（I_2）	0.03	0.5

求 $x(I_2)$=0.5 时溶液中碘的活度及活度系数。[答：α（I_2）=0.306；γ(I_2)=0.612]

32．25℃下，由各为 0.5 mol 的 A 和 B 混合形成理想液态混合物，试求混合过程的ΔV，ΔH，ΔS及ΔG。

（ΔV=0，ΔH=0，ΔS=5.76 J·K^{-1}，ΔG=－1.72 kJ）

自 测 题

1．判断题

（1）任何一个偏摩尔量均是温度、压力、组成的函数。（ ）

（2）$\left(\frac{\partial U}{\partial n_B}\right)_{S,V,n_C}$ $(C \neq B)$ 是偏摩尔热力学能，不是化学势。（ ）

（3）$\left(\frac{\partial G}{\partial n_B}\right)_{S,V,n_C}$ $(C \neq B)$ 既是偏摩尔量，又是化学势。（ ）

（4）理想稀薄溶液中的溶质遵守亨利定律，溶剂遵守拉乌尔定律。（ ）

（5）由纯组分混合成理想液态混合物，熵值一定增大。（ ）

（6）真实液态混合物任意组分的活度因子 f_B 一定大于零。（ ）

2．选择题

（1）273 K，10 $p^{\ominus}$ 下，液态水和固态水（冰）的化学势分别为 $\mu(\mathrm{l})$ 和 $\mu(\mathrm{s})$，两者的关系为（ ）。

（A）$\mu(\mathrm{l}) > \mu(\mathrm{s})$　　（B）$\mu(\mathrm{l}) = \mu(\mathrm{s})$

（C）$\mu(\mathrm{l}) < \mu(\mathrm{s})$　　（D）不能确定

（2）比较如下，两筒氮气化学势的大小（f 为逸度系数），答案应为（ ）。

N_2（g），1 mol，300 K　$p^{\ominus}$，理想气体 μ_1

N_2（g），1 mol，300 K　10 $p^{\ominus}$，f=0.1　实际气体 μ_2

（A）$\mu_1 > \mu_2$　（B）$\mu_1 < \mu_2$　（C）$\mu_1 = \mu_2$　（D）不能比较

（3）下列四个偏摩尔量中哪个不是化学势？（ ）

（A）$(\frac{\partial U}{\partial n_B})_{S,V,n_C}$　（B）$(\frac{\partial H}{\partial n_B})_{S,p,n_C}$　（C）$(\frac{\partial A}{\partial n_B})_{T,p,n_C}$　（D）$(\frac{\partial G}{\partial n_B})_{T,p,n_C}$

（4）恒温下，单一组分的过冷液体的化学势比其固体的化学势（ ）。

（A）高　（B）低　（C）相等　（D）不可比较

（5）下式中（ ）是偏摩尔量。

（A）$\left(\frac{\partial T}{\partial n_B}\right)_{p,V,n_C}$　（B）$\left(\frac{\partial H}{\partial n_B}\right)_{T,p,n_C}$　（C）$\left(\frac{\partial S}{\partial n_B}\right)_{T,p,n_C}$　（D）$\left(\frac{\partial U}{\partial n_B}\right)_{T,V,n_C}$

（6）在冬季进行建筑施工时，为了保证施工质量，常在浇注混凝土里加入少量盐类，其主要作用是（ ）。

（A）增加混凝土的强度　　（B）防止建筑物被腐蚀

（C）降低混凝土的固化温度　　（D）吸收混凝土中的水分

（7）323 K 时，液体 A 的饱和蒸气压是 B 的饱和蒸气压的 3 倍，A、B 两液体形成理想液态混合物，气液平衡时，在液相中 A 的物质的量分数为 0.5，则气相中 B 的物质的量分数为（ ）。

（A）0.15　（B）0.25　（C）0.5　（D）0.65

（8）有四杯含有不同溶质相同浓度 b_B=1 mol·kg^{-1} 的水溶液，分别测定其沸点，沸点升得最高的是（ ）。

（A）$Al_2(SO_4)_3$　（B）$MgSO_4$　（C）K_2SO_4　（D）$C_6H_5SO_3H$

（9）101.325 kPa 的过冷水的化学势（ ）同温同压下冰的化学势。

（A）大于　（B）小于　（C）等于　（D）不能确定

（10）将蔗糖溶于纯水中形成稀溶液，与纯水比较，其沸点（ ）。

（A）降低　（B）升高　（C）不能确定

3．填空题

（1）理想液态混合物的定义是____________________；理想稀薄溶液的定义是____________。

（2）理想气体混合物中组分 B 的化学势 μ_B 与温度 T 及组分 B 的分压力 p_B 的关系式是____________，其标准态选为____________。

（3）在温度、压力和组成均已确定的溶液中，只有再进一步确定了________，组分 B 的活度 a_B 才能有确定的数值。

（4）已知温度 T 时，纯液体 A 和 B 的饱和蒸气压分别为 1.20×10^5Pa 和 6.00×10^4 Pa。设 A、B 形成理想液态混合物。当 A 在气相中的摩尔分数为 $\frac{2}{3}$ 时，则液相中 A 的摩尔分数为____________。若此系统中气、液相各有 5 mol，则系统的总组成为 A 的摩尔分数等于____________。

（5）在 15℃时，1 mol NaOH 在 4.559 mol H_2O 中形成溶液的蒸气压为 5.96×10^2 Pa，而纯水的蒸气压为 1.70×10^3Pa。据此可知该溶液中水的活度（以纯水为标准态）为______；水在纯水中和在上述溶液中的化学势相差________$\text{kJ}\cdot\text{mol}^{-1}$。

4．问答题

下列说法是否正确？为什么？

（1）对于纯组分化学势等于其摩尔吉布斯函数。

（2）等温等压下，纯物质的量越多，其化学势越大。

（3）偏摩尔吉布斯函数是化学势。

（4）在非理想溶液中，浓度大的组分的活度也大，活度系数也越大。

（5）对二组分理想溶液有 $x_1+x_2=1$，而对二组分非理想溶液亦有 $a_1+a_2=1$。

5．计算题

（1）有一水和乙醇形成的均相混合物，水的摩尔分数为 0.4，乙醇的偏摩尔体积为 57.5 $\text{cm}^3\cdot\text{mol}^{-1}$，混合物的密度为 0.849 4 $\text{g}\cdot\text{cm}^{-3}$。试计算此混合物中水的偏摩尔体积。 （16.18 $\text{cm}^3\cdot\text{mol}^{-1}$）

（2）20℃时，从一组成为 $n(NH_3)$∶$n(H_2O)$=1∶8.5 的大量溶液中取出 1 mol NH_3 转移到另一组成为 $n(NH_3)$∶$n(H_2O)$=1∶21 的大量溶液中，求此过程的 ΔG。 （-2.05×10^{-3}kJ）

（3）HCl（g）溶于氯苯中的亨利系数 $k_{b,B}=4.44\times10^4\ \text{Pa}\cdot\text{kg}\cdot\text{mol}^{-1}$。试计算当溶液中 HCl（g）的质量分数 w_B=1.00%时，溶液上面 HCl 的分压力为多少？

（1.23×10^4 Pa）

（4）实验测得某水溶液的凝固点为－15℃，求该水溶液中水的活度及 25℃时，该溶液的渗透压。 （2.012×10^7 Pa）

第五章　相平衡

在化学化工的科研和生产活动中，经常需要对原料、试剂、产品进行分离和提纯。常用的分离提纯手段是蒸馏、结晶、冷凝、萃取等，这些过程的理论基础就是相平衡原理。还有钢铁和各种合金的冶炼中生产条件及成分的控制，水泥和耐火材料生产中确定最佳配料比，金属与非金属材料的性能，上述这些问题都与相平衡或相组成密切相关。所以，学习多相系统的相平衡原理具有重要的实际意义。

研究多相系统的状态如何随浓度、温度、压力等变量的改变而发生变化，并用图形来表示系统状态的变化，这种图就叫做相图。通过相图，可知在某种条件下，系统处于相平衡时存在哪几个相，每相的组成如何，各相的量之间有什么关系，以及条件变化时，相变化的方向和限度。

本章首先介绍各种相平衡系统共同遵守的普遍规律——相律，其次学习一些典型的相图，依次介绍单组分、二组分、三组分系统的最基本的几种相图。要求在相律的指导下，学会分析相图的方法，并利用相图解决简单的实际问题。

第一节　相平衡与相律

一、相与相数

在自然界中，物质常见的状态有气态、液态、固态，此外随着科学的发展，又相继发现物质还存在一些其他形式，如等离子态等。在系统中，物理性质和化学性质完全相同的均匀部分称为一个相，相与相之间有明显的物理界面。在热力学中，这种均匀部分的种类数称之为相数，用“Φ”来表示。

气体系统：在通常情况下，气体均能以任意比例混合到均匀一致的程度，所以系统中不论有多少物质，只能形成一个相。

液体系统：液体视其相互溶解程度可以形成一相、二相、甚至三相，但一般不超过三相。互溶的为一相，不互溶的各为一相，如水和乙醇混合为一相，水和苯混合各为一相。

固体系统：一般来说，系统中有多少种固体就有几个相存在，但有时两种固体可以形成固溶体，一种固溶体就是一个相，例如合金，其中粒子是呈分子分散状态且均匀分布，与液态溶液完全相同。

二、相平衡

相平衡是指在一定的条件下，当一个多相系统中各相的性质和数量均不随时间变化时，称此系统处于相平衡。此时从宏观上看，没有物质从一相向另一相的净迁移，但从微观上看，不同相间分子转移并未停止，只是两个方向的迁移速率相同而已。

一个系统可以是多组分的并含有许多相，当相与相间达到物理和化学的平衡时，则称系统达到相平衡。相平衡的热力学条件是各相的温度和压力相等，任一组分在各相的化学势相等。

三、物种数与组分数

物种数：系统中所包含的化学物质数称为物种数，用符号“S”来表示。这就意味着系统中有几种物质，物种数就是几。但要注意的是，不同聚集状态的同一物质不能算两个物种。

组分数：系统内的化学物种数，并不一定都是独立可变的，可能某种物质变化后，能引起其他物种的变化。我们把在一定条件下，构成平衡系统中各相组成所需要的最少的独立物种数称为独立组分数（或组分数），用符号“C”来表示。显然组分数和物种数是两个不同的概念。它们之间的关系可分为下面几种情况。

（1）如果系统中没有化学反应（没有化学平衡存在），这时系统中

$$组分数=物种数，即\ C=S$$

（2）如果系统中有化学反应存在，且建立了平衡关系。在一定条件下，只要知道其中的几个物质的量，另一个物质的量可根据平衡关系（平衡常数）确定。系统中独立化学平衡方程式的数目用符号“R”表示。所谓“独立”是指其中任何一个化学平衡不能通过系统中其他化学平衡线性组合得来。如系统中含有C（s），CO（g），H_2O（g），CO_2（g），H_2（g）五种物质，在它们之间可以写出三个化学平衡式：

a：$C(s) + H_2O(g) \rightleftharpoons CO(g) + H_2(g)$

b：$C(s) + CO_2(g) \rightleftharpoons 2CO(g)$

c：$CO(g) + H_2O(g) \rightleftharpoons CO_2(g) + H_2(g)$

但这三个平衡并不是相互独立的，因为式 a－b＝c，即 a 和 b 的线性组合可

以得到 c，方程 c 就不是独立的。故其独立化学平衡数是 $R=2$ 而不是 3。在这种情况下，C 与 S 的关系可表示为：$C=S-R$，因此上述系统的独立组分数 $C=S-R=5-2=3$。

（3）在含有 S 个物种的系统中，存在化学反应平衡，且某几个物种在同一相中的浓度能保持某种数量关系，常称这种关系的数目为“独立浓度限制数”，用“R'”来表示。在这种情况下，C 与 S 的关系可表示为：$C=S-R-R'$。

例如，由 PCl_5（g）分解达到的平衡系统，平衡系统中三种物质之间存在下列化学平衡：

$$PCl_5(g) \rightleftharpoons PCl_3(g) + Cl_2(g)$$

系统中的物种数 $S=3$，化学平衡关系式 $R=1$。另外，由 PCl_5（g）分解产生的 PCl_3（g）和 Cl_2（g）的浓度相等，即$[PCl_3]:[Cl_2]=1:1$，这个比例关系是平衡常数未能包含的，这时就存在一个浓度关系的限制条件，$R'=1$。因此上述系统的独立组分数 $C=S-R-R'=3-1-1=1$。这里需要注意的是，浓度限制关系必须是物质在同一个相中才能应用。

四、自由度

在不引起旧相消失和新相形成的前提下，可以在一定范围内独立变动的强度变量数称为系统的自由度，通常用“f”表示。这些强度变量通常是压力、温度和浓度等。例如水和水蒸气成平衡，系统中有两个相存在，这个系统中只有一个独立可变的因素，即 $f=1$。因为前提是水和水蒸气成平衡，如果改变温度，压力就不能任意改变，而只能是该温度下的饱和蒸气压。否则就会引起相变。又如任意组成的二组分盐水溶液和水蒸气两相平衡系统，可改变的变量为：温度、压力（水蒸气压）和盐水溶液的组成。但水蒸气压是温度和溶液组成的函数，或者说溶液的沸腾温度是压力和溶液组成的函数。因此，这个系统中独立可变的因素为 2，即 $f=2$。

从以上两个例子可以看出，相平衡系统的自由度数是和系统内的物种数、相数有关的。对于物种数、相数较少的系统，可根据经验判断其自由度数。但对于多物种、多相的复杂系统，要确定系统的自由度数，单靠经验就很困难了，这就需要相律来指导。

五、相律

相律就是指多相平衡系统中，联系系统内相数、组分数、自由度数及影响物质性质的外界因素之间关系的一种普遍规律。外界因素，通常有温度、压力、重力场、磁场、表面能等。如果只考虑温度和压力，而不考虑其他因素，自由度数与组分数、相数、具有如下关系：

$$f=C-\Phi+2$$

该式是由吉布斯通过大量相平衡的研究推导出来的，所以叫做吉布斯相律。从上式可以看出，如果系统中增加一个组分数，自由度就增加一个，每增加一个相数，自由度就减少一个。

相律的推导是热力学基本原理在相平衡中的应用。具体地说，就是在多相平衡系统中，每一种物质在所有各相中的化学势相等。在这一热力学基本原理的基础上，再应用代数定理，即 n 个方程式能限制 n 个变量。因此，确定系统状态的总变量数与关联变量的方程式数之差就是独立变量数，也就是自由度数，即

自由度数＝总变量数－方程式数

对于多相平衡系统，相平衡的条件为：

$$T^{\alpha}=T^{\beta}=\cdots=T^{\Phi}$$

$$p^{\alpha}=p^{\beta}=\cdots=p^{\Phi}$$

$$\vdots \qquad \vdots$$

$$\mu_i^{\alpha}=\mu_i^{\beta}=\cdots=\mu_i^{\Phi}$$

就是说多相平衡系统，不论系统中由多少种物质、多少个相所构成，平衡时系统有共同的温度和压力，并且任何一种物质在各相中的化学势都是相等的。设一平衡系统中包含有 S 种化学物质，有Φ个相，并且每一种物质在每一相中均存在，S 种化学物质在一个相中浓度变量数应是（$S-1$）个，系统中有Φ个相，所以要想描述整个系统的组成所需要的浓度变量应为：Φ（$S-1$），再加上温度和压力变量，就得到确定系统总状态的总变量数为：

$$\Phi(S-1)+2$$

但这些变量并不是相互独立的，若用 1，2，…，S 表示系统中每种物质，用 α，β，…，Φ表示系统中的每个相，则根据相平衡的条件，

第 1 种物质，$\mu_1^{\alpha}=\mu_1^{\beta}=\cdots=\mu_1^{\Phi}$，　　（$\Phi-1$）个等式

第 2 种物质，$\mu_2^{\alpha}=\mu_2^{\beta}=\cdots=\mu_2^{\Phi}$，　　（$\Phi-1$）个等式

…

第 S 种物质，$\mu_S^{\alpha}=\mu_S^{\beta}=\cdots=\mu_S^{\Phi}$，　　（$\Phi-1$）个等式

由于化学势是温度、压力和浓度的函数，因此，化学势的等式就是关联变量的方程式。对一种物质来说，就有（$\Phi-1$）个化学势相等的方程式，根据假设 S 种物质分布在Φ个相中，所以 S 种物质共有 S（$\Phi-1$）个这样的方程式。所以要从总变量数中减去这些方程式数，才是描述系统的独立变量。

$$f = \Phi(S-1) + 2 - S(\Phi-1)$$
$$= S - \Phi + 2$$

如果多相平衡系统中存在 R 个化学平衡，R'个浓度限制关系，则 $f=S-R-R'-\Phi+2$。

由于 $C=S-R-R'$，故 $f=C-\Phi+2$

这就是著名的吉布斯相律数学表达式。式中的 2 是强度变量数，指的是温度和压力。当温度和压力有一个指定时，则：

$f^{*}=C-\Phi+1$，f^{*}叫条件自由度。

若考虑到磁场、电场等因素，相律公式可写为 $f^{*}=C-\Phi+n$

【例 5.1】 碳酸钠与水可以形成下列几种水合物，$Na_2CO_3 \cdot H_2O$、$Na_2CO_3 \cdot 7H_2O$、$Na_2CO_3 \cdot 10H_2O$。（1）试说明标准压力下，与碳酸钠水溶液和冰共存的含水盐最多可以有几种？（2）试说明在 30℃时，可与水蒸气平衡共存的含水盐最多可以有几种？

解：（1）压力恒定，$f^{*}=C-\Phi+1$

$C=2$，Φ最多时，f应最小，f最小为 0

$C-\Phi+1=0$

∴ $\Phi=3$，溶液和冰各占一相，仅剩一相，所以，含水盐最多有一种。

（2）指定温度，$f^{*}=C-\Phi+1$ 当 $f^{*}=0$ 时 $\Phi=3$

水蒸气占一相，还剩二相，所以含水盐最多只能有两种。

第二节 单组分系统相图

对于单组分系统，必有 $C=1$，根据相律 $f=C-\Phi+2=1-\Phi+2=3-\Phi$。

若$\Phi=1$，则 $f=2$，说明单组分单相系统中最多可以有两个自由度，称为双变量系统。这两个变量一个是温度，另一个是压力，它们可以在一定范围内同时任意选定。若以 p 和 T 为坐标，那么在 p-T 图上可用面来表示这类系统。

若$\Phi=2$，则 $f=1$，说明单组分两相平衡系统中只有一个自由度，称为单变量系统，温度和压力两个变量中只有一个是独立的。在一定温度下，只有一个确定的平衡压力，反之依然；也就是说，平衡压力和平衡温度之间有一定的依赖关系。因此，在 p-T 图上可用线来表示这类系统。

表 5.1 水的相平衡数据

温度/℃	系统的蒸气压 p/ kPa		平衡压力 p/kPa	温度/℃	系统的蒸气压 p/ kPa		平衡压力 p/kPa
	水 $\rightleftharpoons$ 水蒸气	冰 $\rightleftharpoons$ 水蒸气	冰 $\rightleftharpoons$ 水		水 $\rightleftharpoons$ 水蒸气	冰 $\rightleftharpoons$ 水蒸气	冰 $\rightleftharpoons$ 水
−20	0.126	0.103	193.5	80	47.343		
−15	0.191	0.165	156.0	100	101.325		
−10	0.287	0.265	110.4	150	476.02		
−5	0.422	0.414	59.8	200	1 554.2		
0.01	0.610	0.610	0.610	250	3 975.4		
20	2.338			300	8 590.3		
40	7.376			350	16 532		
60	19.196			374	22 060		

若$\Phi=3$，则$f=0$，说明单组分三相平衡系统的自由度数为零，称为无变量系统。温度和压力两个量的数值都是一定的，不能任意选定。在$p-T$图上可用点来表示这类系统。单组分系统的相态随温度和压力的变化用平面几何图形表示出来，就是单组分系统的相图，如水的相图。

一、水的相平衡实验数据

水在中常压下可以以气（水蒸气）、液（水）、固（冰）三种不同的相态存在，相应存在冰$\rightleftharpoons$水、冰$\rightleftharpoons$水蒸气及水$\rightleftharpoons$水蒸气三种两相平衡，也可能是三相平衡共存，水$\rightleftharpoons$冰$\rightleftharpoons$水蒸气。实验测得三种两相平衡的温度和压力数据列于表 5.1 中。从表 5.1 中可看出，（1）水与水蒸气平衡，蒸气压力随温度升高而增大；（2）冰与水蒸气平衡，蒸气压力也随温度升高而增大；（3）冰与水平衡，随压力增大，冰的熔点降低；（4）在 0.01℃，0.610 kPa 下，冰、水、水蒸气同时共存，呈现三相平衡状态。

二、水的相图

根据表 5.1 实验数据，以p为纵坐标，T为横坐标作出水的相图，如图 5.1 所示。水的相图可分为：三个单相区、三条两相平衡线和一个三相点。下面对相图上的点、线、面进行分析。

在三个面上，系统都是单相，$\Phi=1$，$f=2$，每个单相区表示一个双变量系统，两个自由度，温度和压力可以独立改变，而不会引起相变化。由于有两个自由度，我们必须同时指定温度和压力，系统的状态才能确定。

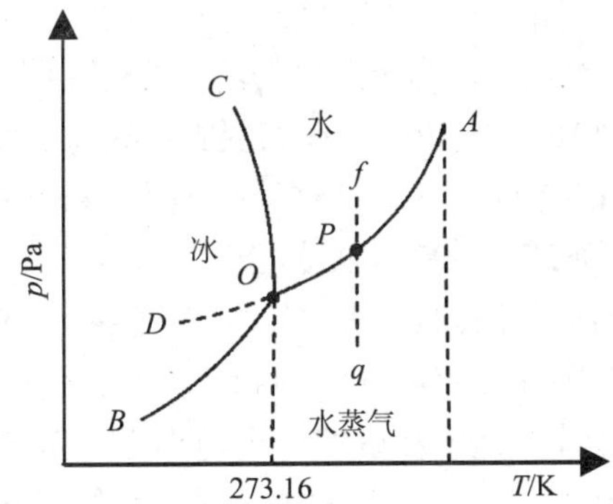

图 5.1 水的相图

图 5.1 中的三条实线都是两个区域的交界线，在这三条线上系统都是处于两相平衡，表示三个单变量系统。$\Phi=2$，$f=1$，这类系统温度、压力只有一个是独立可变的。

OA 线：水$\rightleftharpoons$水蒸气呈平衡的两相平衡线，即水在不同温度下的蒸气压曲线或蒸发曲线。

OB 线：冰$\rightleftharpoons$水蒸气呈平衡的两相平衡线，即冰的蒸气压曲线或冰的升华线。

OC 线：冰$\rightleftharpoons$水呈平衡的两相平衡线，也叫冰的熔点线。*OC* 线不能无限延长，大约在 2.03×10^8 Pa 时就有不同结构的冰生成，相图就变得复杂了。*OA* 线也不能无限延长，它终止于临界点 *A* 点（647 K，2.0×10^7 Pa），在临界点时，液体的密度与蒸汽的密度相等，液态和气态间的界面已经消失，在临界点以上液态的水就不存在了。

关于 *OA*、*OB*、*OC* 线的坡度，可根据 $\dfrac{dp}{dT}=\dfrac{\Delta H_m^*}{T\Delta V}$，水结冰 $\Delta_l^s H<0$，$\Delta V>0$，所以 $\dfrac{dp}{dT}<0$，*OC* 线的斜率为负，主要是由于冰的摩尔体积大于水的摩尔体积的缘故，这是水相图的特征之一。

OD 线：是 *OA* 的延长线，使水冷到 273.16 K 以下而仍无冰产生的现象，就是水的过冷现象。*OD* 线代表过冷水的饱和蒸气压曲线。*OD* 线在 *OB* 线以上，它的蒸气压比同温度下处于稳定状态的冰的蒸气压大，因此过冷水使处于不稳定状态，一旦稍有振动或向液体中加入点冰削，过冷水马上就会变成冰。

O 点：是三条线的交点，称为三相点，是个无变量系统。在该点是水$\rightleftharpoons$冰$\rightleftharpoons$水蒸气呈平衡，$\Phi=3$，$f=0$，没有独立变量。系统的温度、压力（273.16 K，610.62 Pa）均不能改变。三相点为三相平衡，冰点为两相平衡；三相点代表的

系统为单组分系统，通常的冰点为多组分系统。而冰点则是在 101.325 kPa 压力下被空气饱和了的水的凝固点。由于空气的溶解，使凝固点降低 0.002 3℃，又由于压力从 0.610 kPa 增加到 101.325 kPa，又使得凝固点降低 0.007 5℃。这两种效果的总结果使得水的三相点比冰点高 0.009 8℃。国际上将水的三相点定为 273.16 K（0.01 ℃），而冰点则为 273.15 K（0℃）。

在两相平衡线上的点：例如 *P* 点，在该点可能有三种情况。（1）从 *f* 点起，在恒温下降压，在无限接近 *P* 点时（刚刚到达 *P* 点），在这之前气体还没有生成，系统仍是一个液相，这时 *P* 是液相区的一个边界点，若要保持液相，系统只能降温或升压。（2）当系统到达 *P* 点有气相生成时，系统出现气液两相平衡，此时 *P* 点代表气液两相平衡，$f=1$。（3）当液体完全变成蒸汽时（液相刚刚消失时），*P* 点就成为气相区的一个边界点。要维持气相只能是升温或降压。

三、硫的相图

硫可以有四种不同的物态，单斜硫、正交硫、液态硫、气态硫。对单组分系统来说，系统中最多可以出现三相平衡共存，根据实验得到硫的相图如图 5.2 所示：该相图中有 3 个三相点、1 个亚稳平衡点、6 条两相平衡线和 3 条亚稳平衡线，4 个单相面和 3 个亚稳单相面。

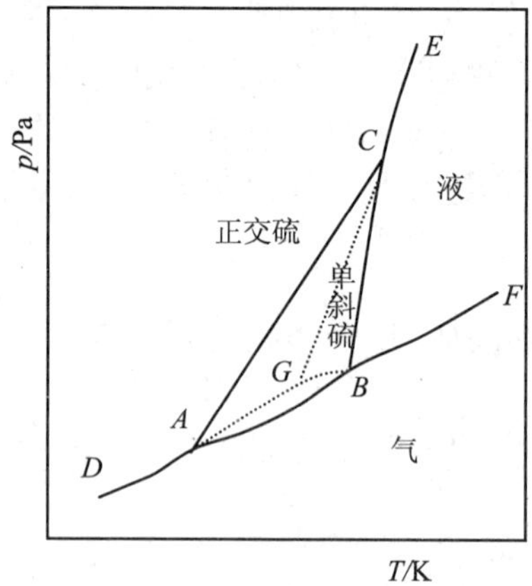

图 5.2　硫的相图

如果物质的固体存在两个以上的晶型，其相图从形式上看要复杂一些，但规律仍与图 5.1 一样。图 5.2 中已注明各面所代表的单相。例如温度、压力处于 *ABC* 以内为单斜硫。每一条平衡线代表两边共存的相达到平衡时，温度与压力的依赖关系。其中 *BC* 是单斜硫的熔点随压力的变化，*AB* 是单斜硫的饱和蒸气压随温度的变化，AC 则为单斜硫与正交硫的转变温度随压力的变化。A、B、C 分别为 3 个三相点。由于晶型转变比较困难，当很快加热正交硫时，即使温度超过 AC 线，也不致转变为单斜硫，而是在 CG 虚线处直接熔化或在 AG 虚线处直接气化。这时正交硫与液体或气体的平衡是亚稳平衡，相应虚线是亚稳平衡线，AGC 区是过热的正交硫，CGB 区是过冷的液体硫，AGB 区是过冷的硫蒸气，G 则是亚稳平衡三相点。当正交硫、液体与气体三相亚稳平衡时，温度、压力坐标必定落在 G 点上。

第三节　二组分液态完全互溶系统的气液平衡相图

二组分系统的相律表达式：$f=2-\Phi+2=4-\Phi$，当 $f=0$ 时，$\Phi=4$，二组分系统最多可出现四相平衡。系统的自由度最多有几个呢？$\Phi=1$ 时 $f=3$，说明系统最多可以有三个自由度，即温度、压力和组成（x）。因此要描述二组分系统所处的状态，需要三个坐标，用一个立体图形来描述。但为了实际应用，通常固定其中一个变量，用两个坐标即平面图形来进行描述。平面图可以有三种：$p-x$、$T-x$、$p-T$，前两种比较常见。二组分系统的相图类型较多，本节介绍二组分液态完全互溶系统的相图。

一、理想完全互溶双液系统

如果两种液体在全部浓度范围内能以任意比例互溶形成单一的液相，这种系统就叫完全互溶双液系统。根据相似相容原则，一般来说，只有两种物质的结构非常相似，才能形成这种系统。它分为理想完全互溶双液系统和非理想完全互溶双液系统。

两个纯液体可以按任意比例相互混合成均一液相的系统，称为完全互溶双液系。若任一组分在全部浓度范围内都遵从拉乌尔定律，则称为理想完全互溶双液系。理想溶液即属于这一类系统。

（一）等温下的 p-x 图

设组分 A 和 B 可形成理想溶液，由于 A、B 两个组分的蒸气压不同，所以当气液两相平衡时，气相的组成与液相的组成是不同的。蒸气压较大的组分在气相中的含量比液相中要大。根据拉乌尔定律有 $p_B=p_B^*x_B$，$p_A=p_A^*x_A=p_A^*(1-x_B)$，则定温下溶液总蒸气压 $p=p_A+p_B=p_A^*(1-x_B)+p_B^*x_B=p_A^*+(p_B^*-p_A^*)x_B$。据此以 x_B 为横坐标，p 为纵坐标作 p–x 图为一直线，如图 5.3 所示。

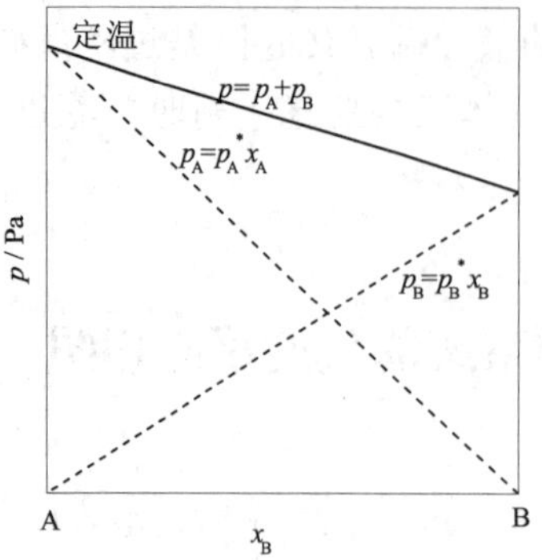

图 5.3 理想溶液的 p-x

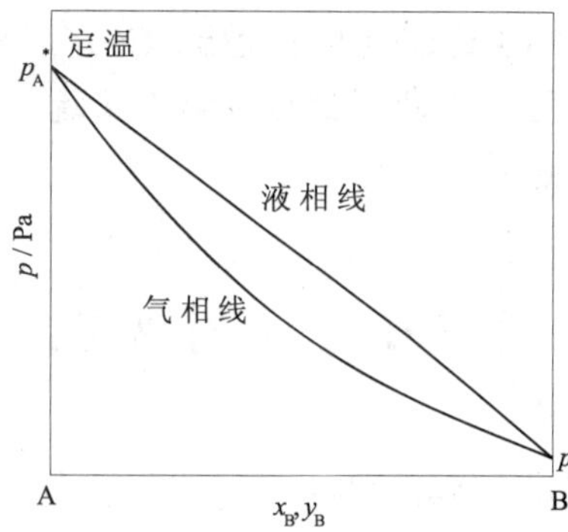

图 5.4 理想溶液的 p-x-y

在图 5.3 中，由于 A、B 二组分蒸气压不同，则在某一温度下，当气、液两相平衡共存时，气液两相的组成也不相同。用 y 表示气相组成，根据分压定律，$y_A=\dfrac{p_A}{p}=\dfrac{p_A^*x_A}{p_A^*+(p_B^*-p_A^*)x_B}$，$y_B=\dfrac{p_B^*x_B}{p_A^*+(p_B^*-p_A^*)x_B}$，可求出平衡时的气相组成 y_A 和 y_B，同时可知 $\dfrac{y_A}{y_B}=\dfrac{p_A^*x_A}{p_B^*x_B}$。设 $p_A^*>p_B^*$，A 为易挥发组分，则可得 $\dfrac{y_A}{y_B}>\dfrac{x_A}{x_B}$。由于 $y_A+y_B=1$，$x_A+x_B=1$，故 $y_A>x_A$。表明易挥发的组分在气相中的组成大于它在液相中的组成。同理，$x_B>y_B$ 即不易挥发的组分在液相中的组成较大。图 5.4 给出了蒸气压 p 与液相组成 x、气相组成 y 间的关系。在图 5.4 中，在等温条件下，p-x-y 图分为三个区域。在液相线（直线）之上，系统压力高于任一混合物的饱和蒸气压，气相无法存在，是液相区。在气相线（曲线）之下，系统压力低于任一混合物的饱和蒸气压，液相无法存在，是气相区。在液相线和气相线之间的梭形区内，是气-液两相平衡。

（二）等压下的 T-x 图

亦称为沸点—组成图。外压为大气压，当溶液的蒸气压等于外压时，溶液沸腾，这时的温度称为沸点。某组分的蒸气压越高，其沸点越低，反之亦然。T-x 图在讨论蒸馏时非常有用，这是由于蒸馏通常在等压下进行。T-x 图可以从实验数据直接绘制。也可以从已知的 p-x 图求得。下面以甲苯-苯双液系统为例：

根据 p-x 图，首先在一系列不同温度下测定混合溶液总蒸气压与组成的关系，绘出一系列 p-x 线，如图 5.5 所示。在图 5.5 中，纵坐标压力为标准压力 $p^{\ominus}$ 处作一条平行于横坐标的水平线，与各 p-x 线分别交于 x_1、x_2、x_3、x_4 各点，代表了组成与沸点之间的关系，即组成为 x_1 的液体在 381 K 时沸腾，x_2、x_3、x_4 各点所对应沸点分别为 373 K、365 K、357 K。将组成与沸点的关系标在一张以温度和组成为坐标的图上，就得到了 T-x 图；将 x_1，x_2，x_3 和 x_4 的对应温度连成曲线就得 T-x 图上的液相线，用同样方法可得到气相线，如图 5.6 所示。在 T-x 图中气相线在上，气相线以上为气态单相区，液相线以下为液态单相区，中间梭形区是气-液两相区。也可测出一系列不同组成的溶液沸点所对应的气、液两相组成直接绘制 T-x 相图。

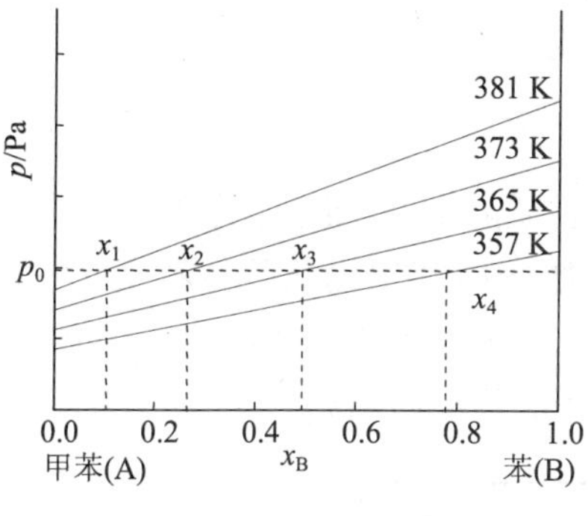

图 5.5 由 p-x 图绘 T-x

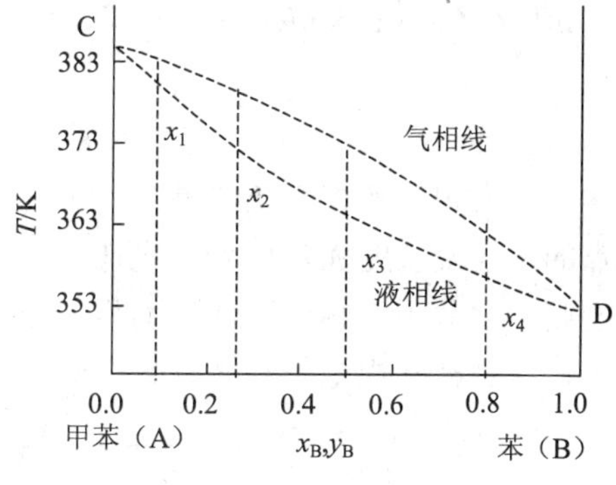

图 5.6 等压下的 T-x

（三）杠杆规则

在二组分 T-x 图中，由温度和总组成确定的点叫系统点，由温度和每一相组成确定的点叫相点。若系统点落在单相区，系统点就是相点。系统点落在两相区，过系统点的水平线与两相平衡线的交点就是相点，与液相线的交点叫液相点，与气相线的交点叫气相点。现在将组成为 $x_{M,A}$ 的溶液进行加热，当加热到温度为 T_1 时，系统的系统点落在两相平衡区的 M 点，这时系统出现了两个相，一个是液相，一个是气相。通过 M 点作平行于横坐标的平行线，与液相线相交的是液相点 L，与气相线相交的是气相点 G，所以 L、G 就叫做两个相的相点，LG 线就叫做等温连接线。落在 LG 线上所有系统点的对应的液相和气相组成，都由 L 点和 G 点的组成表示，如图 5.7 所示。需要强调的是，单相区中的点既是相点又是系统点，两相区中的点只是系统点，不是相点。这条连接线可分成两个部分，ML、MG，那么这两条线段的长度比就可代表两个相所含物质的数量比。设系统所含物质总量为 n，其中 A 物质的摩尔分数为 $x_{M,A}$，设液相中所含物质的量为 n（l)，物质 A 的量分数为 $x_{L,A}$，设气相中所含物质的量为 n（g)，物质 A 的量分数为 $x_{G,A}$，系统所含物质总量一定等于两个相物质的量的加和：

$$n=n(\mathrm{l})+n(\mathrm{g}) \tag{5.1}$$

整个系统中 A 物质的量为：$nx_{M,A}=n(\mathrm{l})\,x_{L,A}+n(\mathrm{g})\,x_{G,A}$ （5.2）

将式（5.1）两边乘以 $x_{M,A}$ 得：

$$nx_{M,A}=n(\mathrm{l})\,x_{M,A}+n(\mathrm{g})\,x_{M,A} \tag{5.3}$$

结合式（5.2）得：

$$n(\mathrm{l})\,x_{M,A}+n(\mathrm{g})\,x_{M,A}=n(\mathrm{l})\,x_{L,A}+n(\mathrm{g})\,x_{G,A}$$

$$n(\mathrm{l})\times(x_{M,A}-x_{L,A})=n(\mathrm{g})\times(x_{G,A}-x_{M,A})$$

$$n(\mathrm{l})\times ML=n(\mathrm{g})\times MG$$

或

$$\frac{n(\mathrm{l})}{n(\mathrm{g})}=\frac{MG}{ML}$$

上式表明，液相物质的量 n（l）与气相物质的量 n（g）之比等于以 M 点为支点的两线段长度 ML 与 MG 之比。由于与力学中的杠杆原理相似，故称之为杠杆规则，它适用于相图上任何两相平衡共存的区域。如果系统的组成以质量分数表示，通过杠杆规则得到的就是平衡共存两相的相对质量。

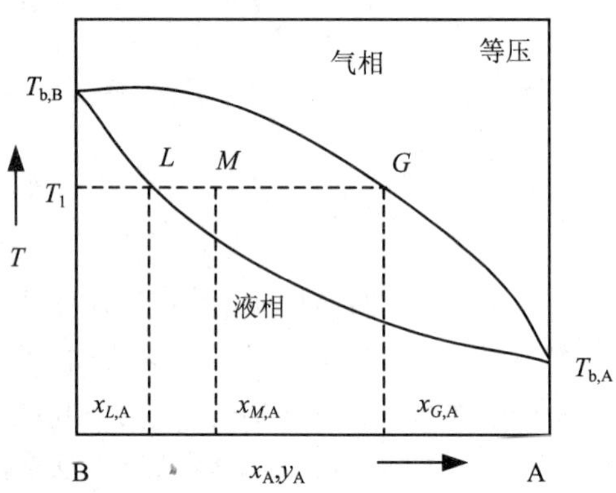

图 5.7 杠杆规则

【例 5.2】 标准压力下，A 和 B 组成理想混合物，其温度—组成如图 5.8 所示。现有 10.0 mol A-B 混合物在 373 K（图 5.8 上 T_1 处）时，系统中 B 的摩尔分数为 0.45。计算在此条件下，该混合物达到气-液平衡时气、液各相物质的量。

解：设液相和气相物质的量分别为 n_a 和 n_b。从相图上可找到系统点、液相点和气相点分别为 o、a、b。根据杠杆规则 $\frac{n_a}{n_b}=\frac{ob}{ao}$，由于 $n_b=n-n_a=10\ \text{mol}-n_a$，代入上式，可得 $\frac{n_a}{10-n_a}=\frac{ob}{ao}$，线段 ob 与 ao 的长度可由线段端点对应的横坐标读数求得。o 点对应的横坐标 $x_0=0.45$，a 点对应的横坐标 $x_1=0.22$，b 点对应的横坐标 $x_2=0.72$，将以上数据代入上式，解得：$n_a=5.4\ \text{mol}$，$n_b=10\ \text{mol}-n_a=4.6\ \text{mol}$。

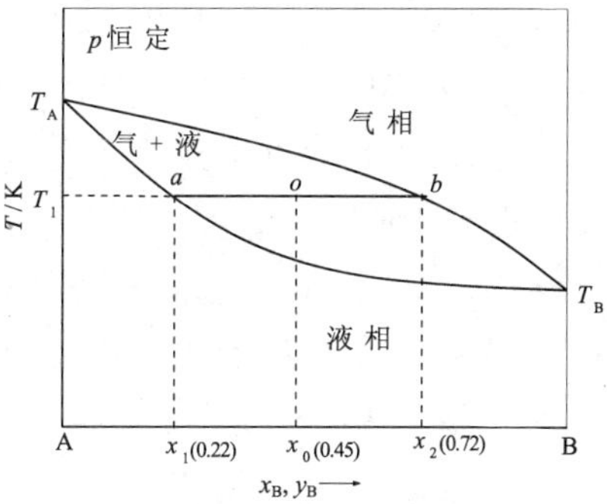

图 5.8　二组分理想混合物气液平衡相

（四）精馏原理

实验或化工生产中的精馏，就是利用液态混合物在发生相变过程中挥发程度的差异将各组分分离的一种操作。其原理可用图 5.9 来说明。

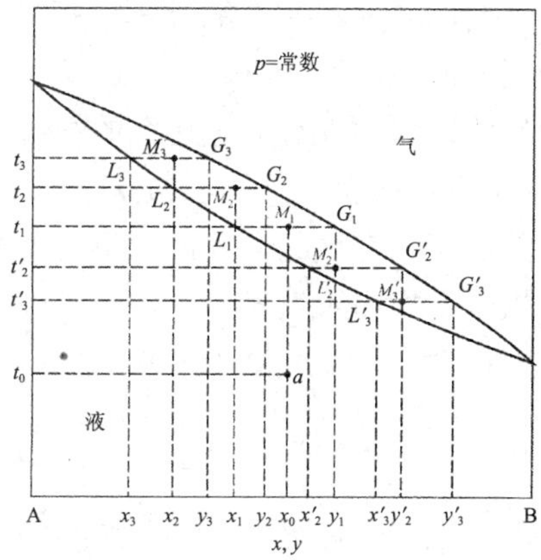

图 5.9　精馏过程 *T-x*

设液态混合物的原始组成为 x_0，温度为 t_0，如图中 a 点。在恒压下，将系统的温度升到 t_1，系统点为 M_1，混合物部分汽化，平衡时气、液两相的相点分别为 G_1 和 L_1，其组成分别为 y_1 和 x_1。分开气、液两相后，将液相 L_1 加热到 t_2 至 M_2 点，液体又部分汽化，气相点、液相点分别为 G_2 和 L_2，其组成分别为 y_2 和 x_2。再使气、液两相分开，将液相 L_2 加热到 t_3 至 M_3 点，液体又部分汽化成气相点 G_3、液相点 L_3，其组成分别为 y_3 和 x_3。由于 $x_3<x_2<x_1<x_0$，因此液相每部分气化一次，液相中 A 的相对含量就增大一些，多次重复操作，最后即可获得纯 A。将 t_1 温度下分离出来的气相 G_1 冷却到 t'_2 至 M'_2 点，气体部分冷凝，气相点、液相点分别为 G'_2 和 L'_2，其组成分别为 y'_2 和 x'_2。使气、液两相分开，气相 G'_2 冷却到 t'_3 至 M'_3 点，气体部分冷凝，这时气相点、液相点分别为 G'_3 和 L'_3，其组成分别为 y'_3 和 x'_3。由于 $y_1<y'_2<y'_3$，因此气相每部分冷凝一次，气相中 B 的相对含量就增大一些，多次重复操作，最后即可获得纯 B。

由此可知，将气相部分冷凝和液相部分气化，可使气相组成沿气相线下降，最后得到易挥发的低沸点组分；液相组成沿液相线上升，最后得到难挥发的高沸点组分。这种连续地进行部分气化与部分冷凝，使混合液得以分离就是精馏的原理。

二、非理想完全互溶双液系统

正如前文所述，理想溶液是指溶质和溶剂在所有浓度范围内均遵守拉乌尔定律。但大多数的物质在形成溶液时，由于不同种分子之间的引力与同种分子之间的引力有较大的差别，所以对理想溶液要产生偏差，其压力—组成图与理想溶液最大的差别是液相线不再是直线。真实溶液各组分的蒸气压只在其摩尔分数接近于 1 的很小范围内符合拉乌尔定律，而在其他的浓度时偏离拉乌尔定律，发生的偏差可正可负。在全部浓度范围内互溶又不能遵守拉乌尔定律的二组分液态混合物，叫做非理想完全互溶双液系统。

若组分的蒸气压大于同浓度时的理想液态系统的蒸气压，则称为正偏差，例如苯-丙酮系统。反之，则称为负偏差，例如氯仿-乙醚系统。两组分组成的溶液在产生正偏差时一般来说要伴有吸热现象，若产生负偏差时会产生放热现象。通常真实液态混合物中两种组分或均为正偏差，或均为负偏差。但在某些情况下也可能一个（或两个）组分在某一组成范围内为正偏差，而在另一范围内为负偏差。

（一）压力—组成图

对于非理想完全互溶双液系统大体可以分为三种类型：

第一类：溶液的总蒸气压总是在两纯组分蒸气压之间。如苯-丙酮、氯仿-乙醚等系统。

第二类：溶液的总蒸气压曲线中有一最大点。如甲醇-氯仿、水-乙醇等系统。

第三类：溶液的总蒸气压曲线中有一最小点。如氯仿与丙酮、水-盐酸等系统。

在一定温度下的压力—组成图，由液相线和气相线将相图分成液相区、气相区和气-液平衡两相区。液相线即液态混合物的蒸气总压曲线。真实系统的液相线和气相线均由实验测定获得。

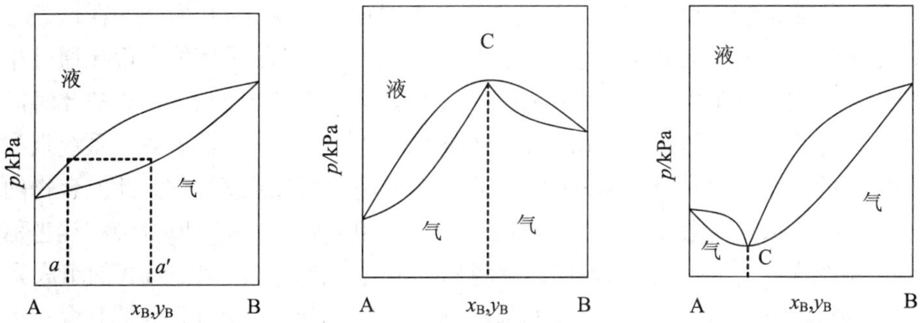

（a）第一类溶液　　（b）第二类溶液　　（c）第三类溶液

图 5.10　三类溶液的压力—组成图

根据柯诺华洛夫的经验规则，在压力—溶液组成图中：（1）各种类型溶液的气相线应在液相线下面；（2）在最大点或最小点时，液相线和气相线相切交为一点。所以，以上所述三类的溶液组成和蒸气组成的关系可用图 5.10 表示。图 5.10 中 l 线代表液相线，g 线代表气相线。对第一类溶液来说，其压力—组成图与理想系统的（图 5.4）相似，主要的区别是液相线不再是直线，而是略向上凸的曲线。由于加入组分 B 使系统蒸气压增加，故平衡蒸气相中 B 的浓度将大于溶液中 B 的浓度。因此，气相线在液相线下面。例如当溶液组成为 a 时，与此溶液成平衡的蒸气相组成为 a'。对第二类溶液来说，此类系统具有最高点，最高点将气-液两相区分成左、右两部分。当溶液浓度在 A 和 C 之间时，由于加入 B 将使系统蒸气压增加，故 B 在平衡蒸气相中浓度将大于 B 在溶液中的浓度；当溶液浓度在 C 和 B 之间时，由于加入 A 将使系统蒸气压增加，故 A 在平衡蒸气相中的浓度将大于 A 在溶液中的浓度；溶液组成为 C 时，则液相组成和气相组成相同。对第三类溶液来说，这类系统液相线和气相线在最低点处相切。溶液浓度在 A 和 D 之间时，A 在平衡蒸气相中浓度将大于 A 在溶液中的浓度；当溶液浓度在 D 和 B 之间时，B 在平衡蒸气相中的浓度将大于 B 在溶液中的浓度；溶液组成为 D 时，则液相组成和气相组成相同。

（二）温度—组成图

在恒定压力下，实验测定一系列不同组成液体的沸腾温度及平衡时气、液两相的组成，即可作出该压力下的温度—组成图。

（1）第一类溶液的 T-x 图

第一类溶液的温度—组成图与理想系统的类似，如图 5.11 所示。在这类相图中，由于易挥发的物质其沸点较低，在图 5.11 中 B 组分较易挥发。现在通过相图来分析 a 点在外界条件改变时系统相态的变化。由于 a 点处于液相区，故此时混合物为液态。等压下加热此混合物，系统点 a 将垂直上升。升温至 t_1 时，系统点到达液相线上的 P 点。此时混合物开始出现第一个气泡，所以温度 t_1 称为此混合物的泡点。液相线表示不同组成液态混合物的泡点与液相组成的关系，所以液相线也称泡点线。系统在 P 点处开始出现气、液两相，不过气相则刚出现。气相的组成为 V 点相应的横坐标读数 y_V，V 点是 t_1P 线的延长线与气相线的交点。继续升温，系统点进入气-液两相平衡区，例如 t'时到达 M 点。M 点为表示系统总组成的点，即系统点，此时系统实际上分成气、液两相。G 和 L 即为 t'时的气相点和液相点，这两点对应的横坐标读数 y_G 和 x_L 分别代表呈平衡的气、液两相的组成。继续升温，系统点垂直上升，气相点和液相点分别沿气相线和液相线上升。升温至 t_2 时，系统点到达 F，此时气相点和液相点也汇合于此，系统几乎完全变为蒸气。温度高于 t_2，液相完全消失，系统进入气相，系统点与相点合为一点。

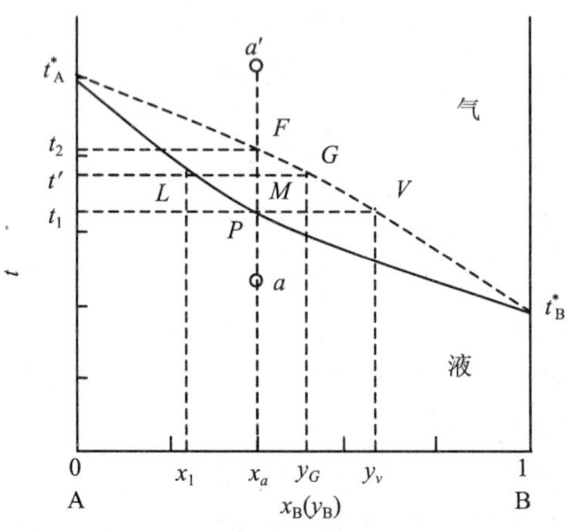

图 5.11 第一类溶液的温度—组成图

若将状态为 a'的系统等压降温，则系统点垂直下降。系统点到达 F 点时，蒸气开始凝结而析出第一个液滴。与 F 点相应的温度 t_2 称为二组分混合物蒸气的露点。气相线表示露点于气相组成的关系，也叫露点线。

（2）第二类溶液的 T-x 图

若一个二组分溶液的蒸气压—组成曲线为正偏差而且有一最高点，例如甲醇-氯仿系统，则在此溶液的沸点—组成图中出现最低点，在此点气相线和液相线相切，如图 5.12。l 线以下以液相区，$\Phi=1$，$f=2$。在 g 线以上为气相区，$\Phi=1$，$f=2$。在 g～l 线之间区域，$\Phi=2$，$f=1$。在相图中有一个最低点，在最低点处，液相组成与气相组成是相同的。如果将具有这个组成（图中 C 点）的溶液进行加热，从开始沸腾到完全气化，其沸点不变，故这一浓度的溶液称为“恒沸点混合物”。这一温度又是液态混合物沸腾的最低温度，对应的沸点叫做最低恒沸点。

（3）第三类溶液的 T-x 图

若一个二组分溶液的蒸气压—组成曲线为负偏差而且有一最低点，例如氯仿与丙酮，则在此溶液的沸点—组成图中出现一最高点，如图 5.13。各区域相数、自由度数与图 5.12 中类似，与最高点的组成相应的溶液称为“最高恒沸混合物”，其沸点称为“最高恒沸点”。

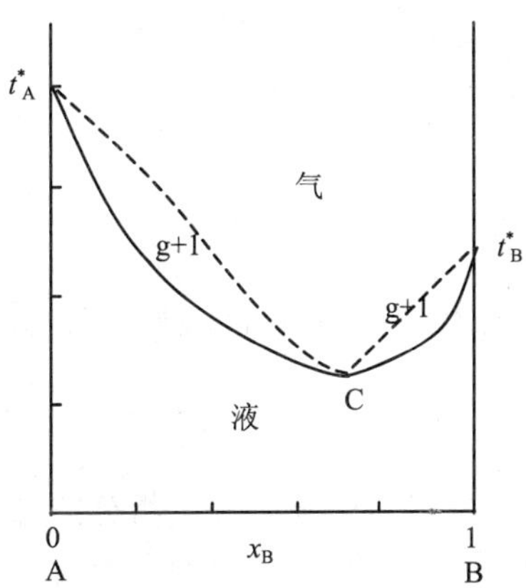

图 5.12　第二类溶液的温度—组成图

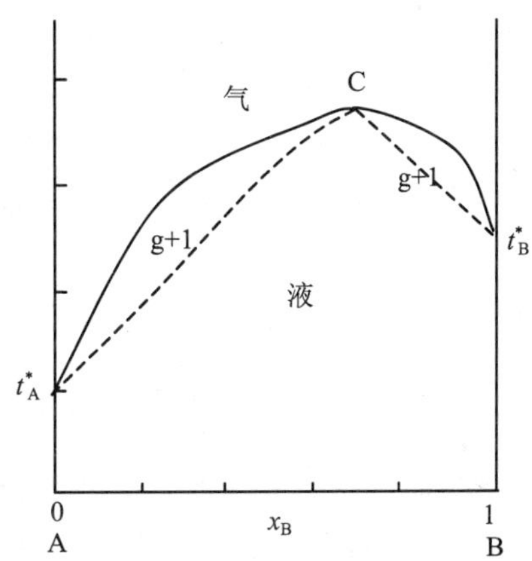

图 5.13　第三类溶液的温度—组成图

在一定压力下，恒沸混合物的沸点不变，这似乎像纯化合物，但它并不是化合物。因为从微观上看，恒沸混合物的两组分的分子之间并没有形成化学键；从宏观上看，压力改变时，恒沸混合物的组成要改变，沸点也将改变，而化合物的化学组成却不会因压力改变而改变。

第四节　二组分液态完全不互溶系统的气液平衡相图

一、完全不互溶双液系统的气液平衡相图

如果 A、B 两种液体彼此互溶程度极小，以致可以忽略不计，这样的系统称完全不互溶双液系统，如 $H_2O—C_6H_5Br$、$H_2O—CS_2$ 等。

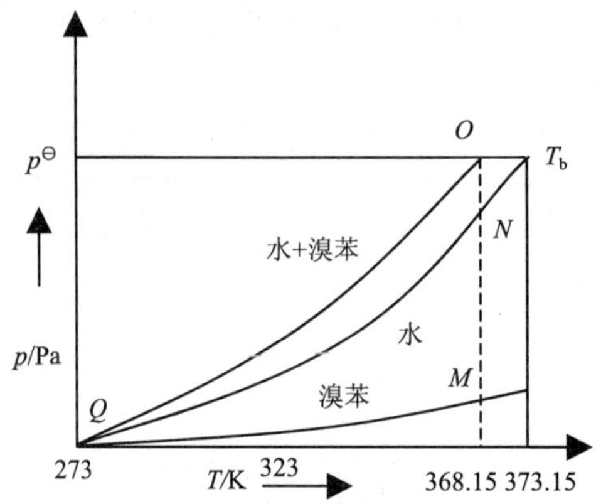

图 5.14　两种互不相溶液体水-溴苯系统的蒸气压曲线

此类系统中，A 与 B 共存时，各组分的蒸气压与单独存在时一样，液面上的总蒸气压等于两纯组分饱和蒸气压之和，即 $p = p_A^* + p_B^*$，总压高于任一组分的分压，当 $p = p_{外}$时，混合物沸腾，因此混合物的共沸点恒低于任一组分的沸点。

完全不互溶双液系统的温度—组成图如图 5.15 所示，四个区域相平衡关系已于图中注明。当液体 A、液体 B 及气相达三相平衡时 f=2－3+1=0，可知共沸点为定值。不论系统总组成如何，只要这三相共存，平衡时的三相组成及温度就不变。L_1L_2 线为三相线，L_1 点、L_2 点为平衡时两液相点，G 点为气相点。

在共沸点，两液相受热转变为气相时

$$A(l)+B(l) \underset{冷却}{\overset{加热}{\rightleftharpoons}} g$$

液体 A 和液体 B 的物质的量可按线段 GL_2 和 L_1G 之比转变的。若液体 A、液体 B 的量正好是这一比例（图中 G 点所对应的组成），系统受热离开三相线时两液体同时消失而进入气相区。若两液体的量大于这一比例（相当于图中 G 点所对

应的组成的左侧)，系统受热离开三相线时，液体 A 的量较多，而液体 B 的量较少，故而液体 B 先消失而液体 A 则与气相两相平衡，即系统处于 A（l）+g 两相区。在此区域，f=2−2+1=1，故两相平衡温度可以改变，气相组成是温度的函数。若两液体的量小于这一比例（相当于图中 G 点所对应的组成的右侧)，系统受热离开三相线时，系统处于 B（l）+g 两相区。

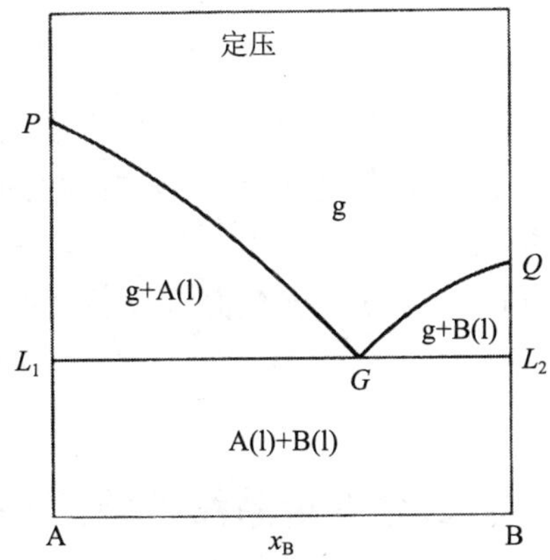

图 5.15　完全不互溶双液系统的温度—组成

二、水蒸气蒸馏原理

利用共沸点低于每一种纯液体沸点这一原理，可以把不溶于水的高沸点的液体和水一起蒸馏，使两液体在略低于水的沸点下共沸，以保证高沸点液体不致因温度过高而分解，可达到提纯的目的。馏出物经冷却成为该液体和水，由于两者不互溶，所以很容易分开。这种方法称为水蒸气蒸馏。高沸点、稳定性差且不溶于水的有机化合物，常采取水蒸气蒸馏进行提纯。以水-溴苯系统为例，溴苯沸点约 429 K，水沸点 373.2 K，混合物共沸点 368.15 K。在溴苯中通入水后，此完全不互溶双液系统的共沸点比两个纯物的沸点都低。当混合物达共沸点温度时，系统开始沸腾，溴苯与水同时馏出。由于两者不互溶，很容易从馏出物中将两者分开。提纯效率可用水蒸气消耗系数来衡量。

水蒸气消耗系数＝m_{H_2O}/m_B，m_{H_2O} 和 m_B 分别为馏出物中水与有机化合物 B 的质量。因有

$$p^*_{H_2O} = py_{H_2O} = p\frac{n_{H_2O}}{n_{H_2O}+n_B}，\quad p^*_B = py_B = p\frac{n_B}{n_{H_2O}+n_B}$$

式中，$p^*_{H_2O}$，p^*_B，p 分别为在水蒸气蒸馏的温度下，纯水、有机物的饱和蒸气压和蒸气总压力；y_{H_2O} 和 y_B 分别为蒸出物中水及有机物的摩尔分数；n_{H_2O} 和 n_B 分别为蒸出物中水及有机物的物质的量。

可得 $$\frac{p^*_{H_2O}}{p^*_B}=\frac{n_{H_2O}}{n_B}=\frac{m_{H_2O}}{m_B}\cdot\frac{M_B}{M_{H_2O}} \qquad \frac{m_{H_2O}}{m_B}=\frac{p^*_{H_2O}}{p^*_B}\cdot\frac{M_{H_2O}}{M_B}$$

水蒸气消耗系数表示蒸馏出单位质量有机物所需水蒸气的用量，此系数越小，表明水蒸气蒸馏的效率越高。从上式可看出，有机物的蒸气压 p^*_B 越高，摩尔质量 M_B 越大，水蒸气消耗系数越小，效率越高。目前实验室及生产中已广泛采用低压蒸馏的方法提纯有机物质，但由于水蒸气蒸馏设备简单，操作容易，仍具有重要的实际意义。

第五节　二组分液态部分互溶系统的液液平衡与气液平衡相图

一、二组分部分互溶系统

当两种液体性质相差比较大时，它们只能相互部分溶解，出现两个部分互溶的液相。恒压下升高温度或降低温度通常使相互溶解度增大。当系统的蒸气压等于外压时，就有气相出现。因此这类系统的完整相图包括液液平衡及气液平衡两部分。

二、液液平衡相图

（一）具有最高会溶温度的系统

以水（A）-异丁醇（B）二组分系统为例，常温常压下，将少量异丁醇加到水中，搅动后它可完全溶解于水中。继续往水中滴加异丁醇，超过异丁醇在水中的溶解度后，多加的异丁醇将不再溶于水中，静置后分成相互平衡的两个液层。上层为水在异丁醇中的饱和溶液（称为醇相），下层为异丁醇在水中的饱和溶液（称为水相）。这两个呈平衡的液层称为共轭溶液。无论往这种系统中再添水或醇，只要温度不变，这两层溶液的组成总不改变，只是它们的数量改变。改变温度时，两个共轭溶液的组成会改变，即水在醇中的溶解度及醇在水中的溶解度同时随温度而改变。进一步增加异丁醇，只是改变两液层的相对数量，上层相对增多，下层相对减少，但两层的浓度保持不变。当系统中异丁醇总组成增加到 83.6%时，下层消失，只留下水在异丁醇中的饱和溶液。若再加入异丁醇，则又完全溶解成为均匀一相。这个过程也可从在异丁醇中滴加水开始，上述现象就倒过来发生。这种液相不能完全互溶的系统，称为部分互溶系统。

在一定压力下，以温度对两层共轭溶液的浓度（两种液体的相互溶解度）作图，得到的水（A）-异丁醇（B）混合物的温度—组成图（如图 5.16 所示）。

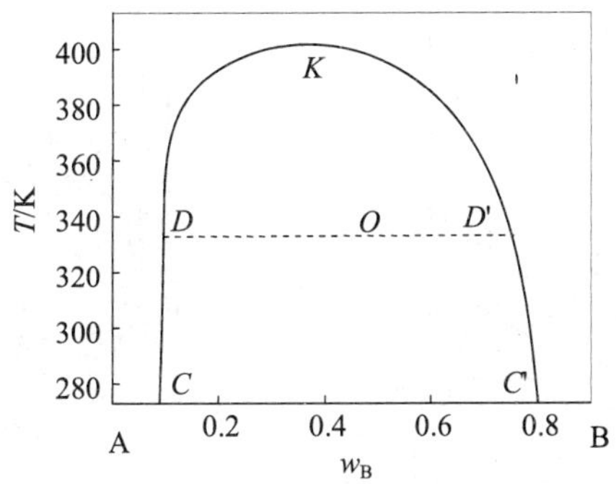

图 5.16 水(A)-异丁醇(B)液液平衡相图

在图 5.16 中，其中 *CK* 线是水相中异丁醇的溶解度随温度的变化曲线，*C'K* 线是醇相中水的溶解度随温度的变化曲线。随温度升高，水层中的异丁醇溶解度沿溶解度曲线 *CK* 上升，异丁醇层中水的溶解度沿溶解度曲线 *C'K* 上升。当温度升高到 406 K 时，两条溶解度曲线相交于一点 *K*。*K* 点称为高临界会溶点，简称高会溶点。与高会溶点相对应的温度称为高临界溶解温度，简称高会溶温度。温度高于高会溶温度，水和异丁醇可以完全互溶，两液层合并成一相。两条溶解度曲线以上的区域均为完全互溶的液态混合物，为单相区。由溶解度曲线与横坐标轴包围的区域内为两液层共存区，即两相区。在任意温度下作水平线，交于 *CK* 线与 *C'K* 线上的两点 *D* 与 *D'*（相点），即代表该温度下的两个共轭相。联结两个共轭点相点的直线 *DD'* 称为结线。若系统总组成处于结线上，例如图中 *O* 点（系统点），就分成相互平衡的两个液相 *D* 与 *D'*，它们的相对数量可以根据杠杆规则计算。若系统处于 *CKC'* 线以外，则为单一的液相。

（二）具有最低会溶温度的系统

有些系统，降低温度可使两种液体的溶解度增加，例如水-三乙基胺混合物。这种混合物的温度—溶解度图上会出现低临界会溶点，相应的温度称为低临界溶解温度或低会溶温度，水-三乙基胺的液液平衡相图如图 5.17 所示。在 T_B 温度（约为 291.2 K）以下，两者可以任意比例互溶，温度升高反而使水和三乙胺互溶的程度减小，分成两层溶液。由图可看到，这类溶解度曲线的底部很平坦，较难准确测定低会溶点的组成。T_B 以下是单一液相区，以上是两相区。

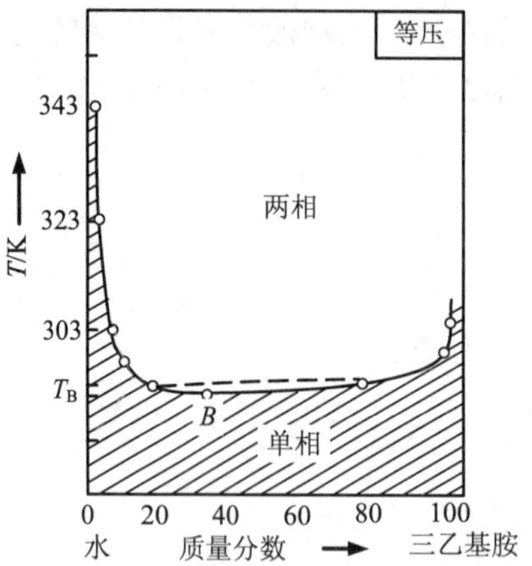

图 5.17 水（A）-三乙基胺（B）液液平衡相

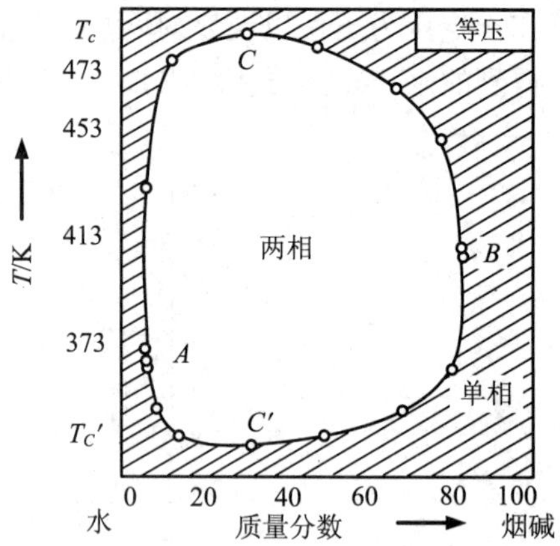

图 5.18 水（A）-烟碱（B）液液平衡相

（三）同时具有最高和最低会溶温度的系统

有时系统同时具有高会溶温度和低会溶温度，如水和烟碱的二组分系统，见图 5.18。在 T_C 以下或 T_C 以上，水和烟碱能以任何比例互溶。在 334～483 K 分成两层。这一系统形成一个完全封闭的溶解度曲线，曲线之内是两液相区，曲线之外是单一液相区。

（四）不具有会溶温度的系统

不具有会溶温度的系统是指一对液体在它们成为溶液存在的温度范围内一直是彼此部分互溶的，例如，乙醚和水组成的部分互溶双液系统就没有会溶温度。

三、气液平衡相图

对于图 5.16 的二组分系统来说，在恒压下，当温度超过上部会溶温度且继续升高时，系统的蒸气压增大将等于外压，从而出现气相，这时一般出现具有最低恒沸点型的气液平衡，见图 5.19。压力对液液平衡影响很小，液液平衡曲线位置随压力变化不明显，但对气液平衡曲线影响很大，不但位置将随压力减小而显著下降，而且形状也会发生变化，见图 5.20。

当压力降低到一定程度时，气液平衡曲线将和液液平衡曲线相交，这时相图将具有特殊的形状。图 5.21 水（A）-异丁醇（B）二组分系统在 101.325 kPa 下的恒压相图。图中 a 点和 b 点分别为水和异丁醇的沸点。CD 线和 $C'D'$线分别为异丁醇在水中的溶解度曲线和水在异丁醇中的溶解度曲线。aD 线为异丁醇溶于水中所形成溶液的沸点—液相组成关系线（液相线）。aH 为该溶液的沸点与气相组成的关系线（气相线）。$D'b$ 线为水溶于异丁醇中所形成溶液的沸点—液相组成关系线（液相线），bH 线为该溶液的沸点与气相组成的关系线（气相线）。

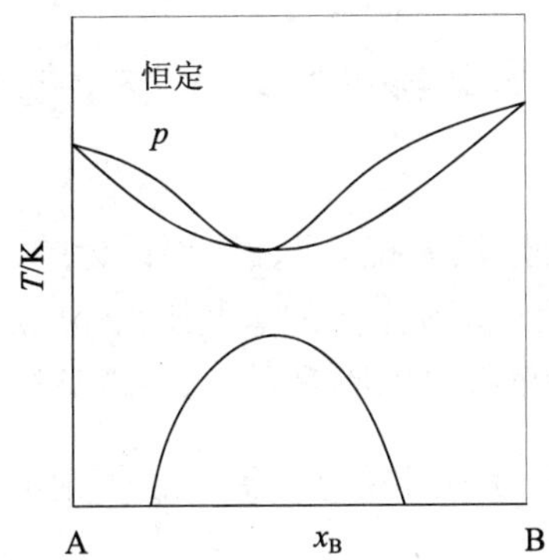

图 5.19　恒压下的气液相

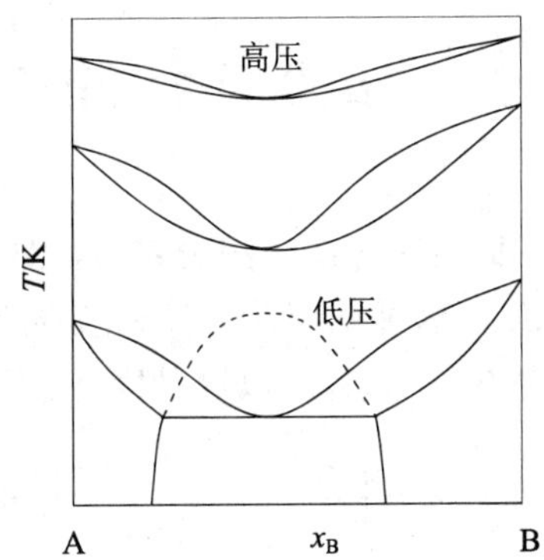

图 5.20　变压下的气液相

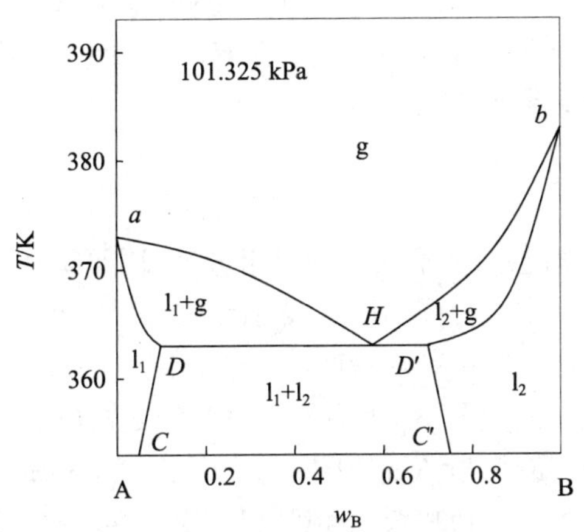

图 5.21　水（A）-异丁醇（B）气液平衡相

上半部分与具有最低恒沸点的气液相图类似，但在最低恒沸点 363 K 时，溶液已经不能完全互溶而分成两个部分互溶的液相，一个是 D，是异丁醇在水中的饱和溶液，即水相；另一个是 D'，是水在异丁醇中的饱和溶液，即醇相。连接 D、

H 和 D' 三个相点的直线称为三相平衡线。处于三相平衡线上的系统都是三相共存的系统，即液相 D、D' 和气相 H。压力恒定情况下，应用相律 $f=C-\Phi+1=2-3+1=0$。压力确定后，D、D'、H 三点均不能任意变动。若温度进一步降低，则蒸气消失，只有两个液相，即 $CD\,D'\,C'$ 区域。在 CD 线和 $C'D'$ 线以外，由于浓度小于饱和溶解度，仍为单一的液相。相图中已注明各个面所代表的相，其中 l_1 代表醇的水溶液，l_2 代表水的醇溶液。

第六节　二组分固态完全不互溶系统的凝聚系统平衡相图

前面我们所讨论的二组分系统，都是液-液系统。下面所要讨论的二组分系统是固-液系统，这种系统在固体和液体平衡时，其上方的蒸气压很小，压力对系统的影响通常不予考虑，所以这种固-液平衡系统又叫凝聚系统。对这类系统的研究，通常指定压力为标准压力 $p^{\ominus}$，然后讨论温度与组成的关系。相律表达式：$f=2-\Phi+1=3-\Phi$。系统中最多有两个自由度 $f=2$。当 $f=0$ 时，$\Phi=3$，系统最多可出现三相平衡。

在二组分凝聚系统中，因为固体与固体间、液体与液体间有完全互溶、部分互溶和完全不互溶三种情况，因此与二组分气液平衡相图相比较，二组分凝聚系统相图较为复杂，本节首先介绍液态完全互溶、固态完全不互溶系统的相图及生成化合物的二组分凝聚系统相图。

一、相图的分析

液态完全互溶而固态完全不互溶的二组分液-固平衡相图是二组分凝聚系统相图中最简单的一种，这类相图如图 5.22 所示。

根据相图的制作过程（由冷却曲线法制作相图）可知，相图中的 a 点是纯组分 A 的凝固点。b 点是纯组分 B 的凝固点。aE 线是析出 A 晶相的温度与液相组成关系线，在这条线上液相和 A 晶相两相平衡共存。bE 线是析出 B 晶相的温度与液相组成关系线，线上液相和 B 晶相两相平衡共存。aE 线、bE 线都称为液相线。根据相律，在液相线上 $\Phi=2$，$f=1$。通过 E 点的水平线 GH 称为三相线，是不同组成的熔体结晶结束温度的连线。两条液相线，一条固相线把整个相图分为 4 个相区：液相线以上的区域是液相的单相区，用 l 表示，在单相区内 $\Phi=1$，$f=2$。液相线和固相线之间的两个相区 aEG 和 bEH 分别为固体 A 和液相平衡共存(l+A)以及固体 B 和液相平衡共存（l+B）的二相区，固相线以下的区域是固体 A 和固体 B 平衡共存（A+B）的相区。根据相律，在这三个两相区内 $f=2-2+1=1$，可选温度作为独立变量。两条液相线与固相线的交点 E 称为低共熔点，在这点上组成为 E'的液相与固体 A、固体 B 三相平衡共存，该点温度是固体 B 能够同时熔化成液相的最低温度，称为低共熔点。该两相固体混合物称为低共熔混合物。

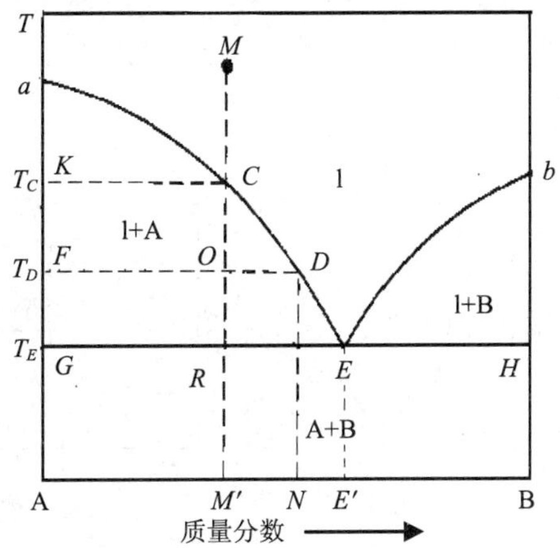

图 5.22 固态不互溶系统的相图

凝聚系统相图是由实验数据绘制的，根据实验方法的不同可分为热分析法和溶解度法。

二、热分析法

热分析法是绘制相图最常用的方法之一。它的基本原理是，当将系统进行缓慢而均匀地加热或冷却时，如果系统内不发生相变，则温度随时间的变化是均匀的。当系统内有相变发生时，由于相变潜热的存在，温度随时间的变化要发生改变，在温度与时间关系图上会出现一个转折点或水平段。记录冷却过程中温度随时间的变化曲线叫做步冷曲线（或冷却曲线）。根据冷却曲线的形状来判断系统中是否发生了相变化。测出若干个组成不同的系统的冷却曲线，就可绘制出相图。下面以 Bi-Cd 系统为例说明。

首先配制 5 个样品，其中 Cd 在 Bi-Cd 系统中的质量分数分别为：① 0%；② 20%；③ 40%；④ 70%；⑤ 100%，然后把 5 个样品进行加热熔融后，放在一定的环境中进行冷却，观察温度随时间的变化，每隔一定的时间记录一次温度。然后以温度为纵坐标，时间为横坐标，绘制 5 个样品的步冷曲线，如图 5.23（a）所示。

图 5.23（a）中的曲线 a 是纯 Bi 的冷却曲线。$a\,a_1$ 线是纯 Bi（l）的降温过程，温度均匀下降，冷却至 a_1 点（Bi 的凝固点，273℃）时，开始有固体 Bi 析出，随

后温度随时间不再变化，步冷曲线上出现一个水平段，说明系统中有相变发生。由 $f=1-\Phi+1$ 可知，当系统有固体 Bi 析出时，$\Phi=2$，$f=0$，此时系统中没有变量，所以步冷曲线才出现平台（a_1a_1'段），即从开始凝固到全部凝固的过程中系统保持凝固点的温度不变，只有当液相完全消失后，系统的温度才开始下降。

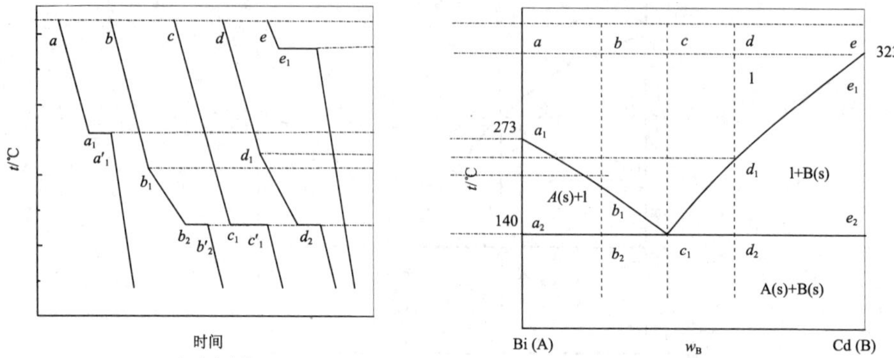

（a）步冷曲线　（b）相图

图 5.23　Bi-Cd 系统的步冷曲线及相图

曲线 e 是纯 Cd 的冷却曲线，其形状与曲线 a 相似，水平段所对应的温度为 323℃，是纯 Cd 的凝固点（熔点）。

曲线 b 是 Cd 的质量分数为 20%的 Bi-Cd 混合物的冷却曲线。在 b_1 点之前，温度随时间的变化是均匀的，系统没有相变发生。当温度降到 b_1 点，曲线出现转折，说明系统中有相变发生，这是系统中先析出固体 Bi，系统出现两相平衡，$\Phi=2$，$f=1$，系统中还有一个自由度，因为系统组成已经确定，所以这个自由度应为温度，温度仍然随时间而变化，但由于凝固放出的热部分地补偿了系统向环境的热散失，温度的下降速率减缓。当温度降到 b_2 点时，曲线出现平台，温度不再随时间而变化。此时，液相中的 Cd 也达到饱和状态，开始凝固，这时系统出现了三相平衡。根据相律 $f=2-3+1=0$，为无变量系统，温度不随时间变化。只有液相完全消失后，温度才又继续下降。水平线段 $b_2b'_2$ 所对应的温度为 140℃。b'_2 点之后是 Bi（s）和 Cd（s）混合物的均匀降温过程。

曲线 d 是 Cd 的质量分数为 70%的 Bi-Cd 系统的冷却曲线，其形状与曲线 b 类似，所不同的是转折点 d_1 处先析出固体 Cd，到 d_2 点时析出固体 Bi。三相共存时所对应的温度也是 140℃。

曲线 c 是 Cd 的质量分数为 40%的 Bi-Cd 系统的冷却曲线。该样品比较特殊，系统的总组成恰好是低共熔混合物的组成。这条步冷曲线没有拐点，只是温度下

降到 c_1 点时开始凝固，出现了水平段。在平台前，系统是以单一的液相形式存在，系统有两个自由度。当达到 c_1 点时，同时达到了 Cd 和 Bi 的凝固点，两种金属同时析出而出现三相平衡，使 $f=0$。只有液相完全消失后，系统的温度才会下降。$c_1c'_1$ 水平线段时，温度恒定为 140℃。c'_1 点后液相完全消失，此后是固态低共熔混合物的均匀降温过程。这条冷却曲线的形状与纯物质的完全相同，没有转折点，只有水平线段。

实验测出足够多的冷却曲线，将这些冷却曲线上的转折点、水平线段所对应的温度及相应系统的组成都点在温度—组成图上，然后将各转折点连成平滑的曲线，将各三相点联结成水平的直线，即得到图 5.23（b）所示的 Bi-Cd 系统相图。此相图的特征是具有低共熔混合物，固态完全不互溶。下面对相图进行分析。

区域：$a_1c_1e_1$ 线以上区域，是单一的液相区，系统点落在此区域，$\Phi=1$，$f=2$，温度和浓度可独立改变。

$a_1c_1a_2$ 区：两相平衡区，$\Phi=2$，固体 Bi＋液相，$f=2-2+1=1$，自由度为 1 说明温度和压力只能改变一个。

$e_1c_1e_2$ 区：两相平衡区，$\Phi=2$，固体 Cd＋液相，$f=1$。

$a_2c_1e_2$ 线以下：两固相平衡区，Bi（s）＋Cd（s），$\Phi=2$，$f=1$。

线：a_1c_1 线为液相与 Bi（s）的两相平衡线，称为 Bi 的饱和溶解度曲线或 Bi 的凝固点降低曲线。代表纯固态 Bi 与熔化物呈两相平衡时，熔化物组成与温度的关系。

e_1c_1 线为液相与 Cd（s）的两相平衡线，称为 Cd 的饱和溶解度曲线或 Cd 的凝固点降低曲线。代表固态 Cd 与熔化物平衡时，熔化物的组成与温度的关系。

$a_2c_1e_2$ 线为三相共存线，根据相律 $f=2-3+1=0$，为无变量系统，温度及三个相的组成皆保持不变。

点：a_1 点（$t=273$℃）、e_1 点（$t=323$℃）分别为纯 Bi 和纯 Cd 的凝固点。c_1 点是三相平衡共存。由相图可看出，组成为 c_1 点的固态 Cd 和固态 Bi 的混合物熔点，比其他各组分的都低，所以把 c_1 点叫做最低共熔点（140℃），在该点析出的混合物叫最低共熔混合物。样品③的组成恰好与最低共熔混合物的组成相同，所以曲线上没有拐点，而是温度冷却到 c_1 点直接析出两种固体。

三、溶解度法

这种方法主要是来绘制水盐系统的相图。对水盐系统我们可以测出盐在水中不同温度下的溶解度和水中加盐后水的冰点。以不生成水合物的 H_2O-$(NH_4)_2SO_4$ 系统为例加以说明。

若冷却一个$(NH_4)_2SO_4$ 质量分数小于 39.75%的水溶液，在低于 0℃的某温度下开始有冰析出。溶液中盐的浓度较大时，开始析出冰的温度就较低。$(NH_4)_2SO_4$质量分数大于 39.75%的水溶液，当温度冷却使$(NH_4)_2SO_4$达到饱和时，就会有固体$(NH_4)_2SO_4$析出，这是因为$(NH_4)_2SO_4$在水中的溶解度随温度的降低而减少。溶液中盐的浓度越大，开始析出固体$(NH_4)_2SO_4$的温度也越高。若溶液中$(NH_4)_2SO_4$的质量分数等于 39.75%，冷却到－18.50℃时，冰和固体$(NH_4)_2SO_4$同时析出。－18.50℃是H_2O-$(NH_4)_2SO_4$系统中液相能够存在的最低温度。

理论上，测出不同温度下与固相平衡的溶液的组成，即可绘出相图。H_2O-$(NH_4)_2SO_4$系统的有关数据见表 5.2。

表 5.2　不同温度下 H_2O-$(NH_4)_2SO_4$ 系统的液-固平衡数据

t/℃	平衡时液相中$(NH_4)_2SO_4$质量分数	平衡时的固相
－1.99	6.52	冰
－5.28	17.10	冰
－10.15	28.97	冰
－13.99	34.47	冰
－18.50	39.75	冰+$(NH_4)_2SO_4$
0	41.22	$(NH_4)_2SO_4$
10	42.11	$(NH_4)_2SO_4$
20	43.00	$(NH_4)_2SO_4$
30	43.87	$(NH_4)_2SO_4$
40	44.80	$(NH_4)_2SO_4$
50	45.75	$(NH_4)_2SO_4$
60	46.64	$(NH_4)_2SO_4$
70	47.54	$(NH_4)_2SO_4$
80	48.47	$(NH_4)_2SO_4$
90	49.44	$(NH_4)_2SO_4$
100	50.42	$(NH_4)_2SO_4$
108.5	51.53	$(NH_4)_2SO_4$

根据表 5.2 的数据绘出 H_2O-$(NH_4)_2SO_4$系统的相图，如图 5.24 所示。相图分析如下：

区域：图 5.24 中有四个相区。

PLQ 线以上区域，是单一的液相区，系统点落在此区域，$\Phi=1$，$f=2$，温度和浓度可独立改变。

PLS_1 区，两相平衡区，$\Phi=2$，冰＋液相，$f=2-2+1=1$。

QLS_2 区：两相平衡区，$\Phi=2$，固体$(NH_4)_2SO_4$＋液相，$f=1$。

S_1LS_2 线以下：两固相平衡区，冰＋固体$(NH_4)_2SO_4$ 两相区，$\Phi=2$，$f=1$。

线：PL 线，冰+溶液两相共存时，溶液的组成曲线，也称为冰点下降曲线。

LQ 线，$(NH_4)_2SO_4$ +溶液两相共存时，溶液的组成曲线，也称为盐的饱和溶度曲线。LQ 线不能与右边的纵坐标相交，因为盐的熔点都很高，在加热时还没等加热到熔点，饱和溶液就沸腾了，所以 LQ 线不能与纵坐标相交，而只能达到饱和溶液的沸点为止。

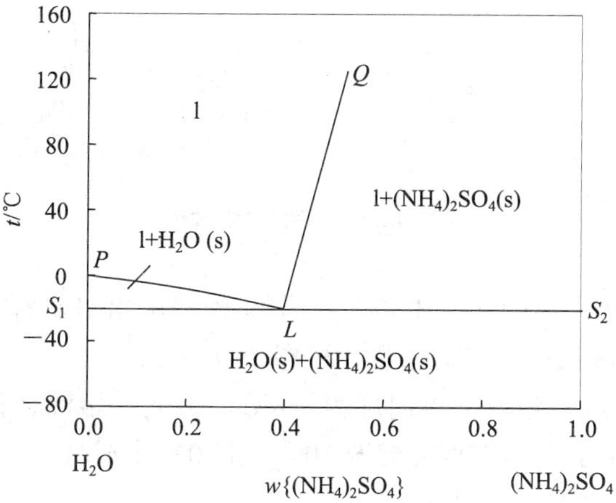

图 5.24　H_2O-$(NH_4)_2SO_4$ 系统

S_1LS_2 线，冰+固体$(NH_4)_2SO_4$ +溶液三相共存线。

点：P 点是水的凝固点，Q 点是在压力 101.325 kPa 下$(NH_4)_2SO_4$ 饱和溶液可能存在的最高温度。

L 点是冰 + 固体$(NH_4)_2SO_4$ +溶液三相共存点，L 点对应的温度即最低共熔点。溶液组成在 L 点以左者冷却，先析出冰；溶液组成在 L 点以右者冷却，先析出固体$(NH_4)_2SO_4$。状态为 L 点的溶液在冷却时析出的混合物冰和固体$(NH_4)_2SO_4$，称为最低共熔混合物，又称为低熔冰盐合晶。

水-盐系统相图可应用于结晶法分离盐类。例如，欲自$(NH_4)_2SO_4$ 的质量分数为 30%的水溶液中获得纯$(NH_4)_2SO_4$ 晶体，由图 5.24 可知，单凭冷却是不可能的，因为冷却过程中首先析出冰，冷却到－18.50℃时，固体盐与冰同时析出。所以应先将溶液蒸发浓缩，使溶液中$(NH_4)_2SO_4$ 的质量分数大于 39.75%（图中 L 点所对应的组成），再将浓缩后的溶液冷却，并控制温度使略高于－18.50℃，则可获得纯$(NH_4)_2SO_4$ 晶体。

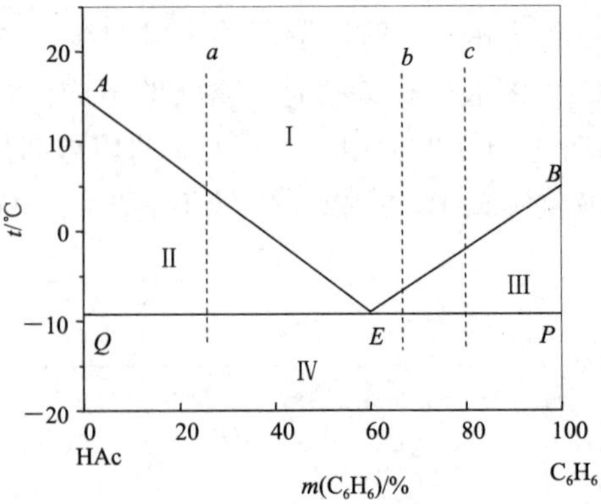

图 5.25　二组分固-液相

【例 5.3】　由 HAc 和 C_6H_6 的二组分固-液平衡相图如图 5.25 所示。

（1）分析各区域所存在的相数、相态和自由度；

（2）从图中可知最低共熔温度为－8℃，最低共熔混合物的质量分数为含 C_6H_6 64%，试问将含 C_6H_6 25%的溶液 100 g 由 20℃冷却时，首先析出的固体为何物？计算最多能析出这种固体多少克？

解：（1）相图分析列表如下：

表 5.3　相图分析

相区	相数	相态	条件自由度数
Ⅰ	1	l	2
Ⅱ	2	l＋HAc（s）	1
Ⅲ	2	l＋C_6H_6（s）	1
Ⅳ	2	HAc（s）＋C_6H_6（s）	1

（2）将含 C_6H_6 25%的溶液 100 g 由 20℃冷却时，从相图上看首先析出的固体为 HAc 固体。

最多能析出这种纯固体为当冷却到三相线之前，在 Q、E 两点间用杠杆原理计算，设析出固体 w，由杠杆规则得

$$w\,(0.25-0)=(100-w)\times(0.64-0.25)$$

解得　　$w=60.93$ g

四、生成化合物的固液平衡相图

若物质之间能发生化学反应而生成化合物，由组分数的定义 $C=S-R-R'$ 可知，系统中若有 N 个独立的化学反应发生，而且每个反应只生成一种化合物，则 $S=2+\mathrm{N}$，$R=\mathrm{N}$，$R'=0$，$C=2$，仍为二组分系统。当系统中 A 和 B 两种反应物质可全部转化为化合物 C 时，则有一个浓度限制条件 $R'=1$，故 $C=1$，成为单组分系统。下面根据所生成化合物的稳定性分两类进行讨论。

（一）生成稳定化合物的系统

这种系统是在两个纯组分之间能生成一稳定的分子间的化合物。该化合物在加热时，表现出良好的热稳定性，熔化为液态时也不分解，并且在熔化时液相和固相具有相同的组成，所以这种化合物又叫做具有相合熔点的化合物。这类系统中最简单的情况是两种物质只生成一种化合物，而且这种化合物与两纯物质在固态时相互之间完全不互溶。以苯酚（A）和苯胺（B）生成稳定化合物为例，此系统的液固平衡相图如图 5.26 所示。苯酚（A）的熔点为 40℃，苯胺（B）的熔点为－6.1℃，两者可生成 1∶1 的稳定化合物，反应如下：

$$C_6H_5OH\,(A) + C_6H_5NH_2\,(B) \longrightarrow C_6H_5OH{\cdot}C_6H_5NH_2\,(C)$$

$C_6H_5OH{\cdot}C_6H_5NH_2$（C）的熔点为 31℃。在组成坐标上，C 的位置应在 $x_B = 0.5$ 处。相区的稳定相已标于图中。图中 R 点与纯物质完全相同，系统点与相点重合，且表示 C（l）与 C（s）处于两相平衡态。这类相图可以看成两个相图组合而成：A 和 C 形成一个低共熔点 E_1 的相图，C 和 B 能形成一个低共熔点 E_2 的相图。

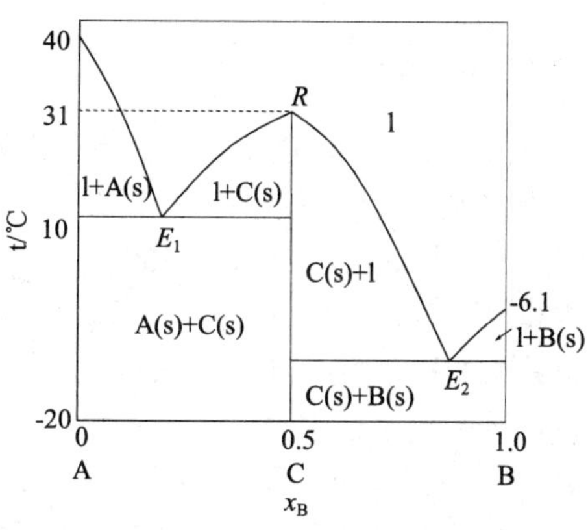

图 5.26 苯酚(A) 和苯胺(B)系统相

属于这类二组分系统的还有 Au-Fe 系统，Au 与 Fe 之间可形成组成为 $AuFe_2$ 的稳定化合物，且与 Au 和 Fe 在固态时完全不互溶。

另外有些系统在两个纯组分之间不止形成一种化合物，而是形成两种甚至几种稳定化合物，例如硫酸与水系统，可以生成 $H_2SO_4 \cdot 4H_2O$（C_1）、$H_2SO_4 \cdot 2H_2O$（C_2）和 $H_2SO_4 \cdot H_2O$（C_3）三种水合物。

图 5.27 是水-硫酸二组分系统的相图。此图中，在相当于三种水合物的组成处，有三个最高点，即为这些水合物的熔点，相应地把整个图形分为四个简单的相图，分别有四个最低共熔点。如需得到某一种水合物，则必须控制溶液浓度于一定范围，例如 E_2E_3 之间就结晶出 $H_2SO_4 \cdot 2H_2O$ 固体。

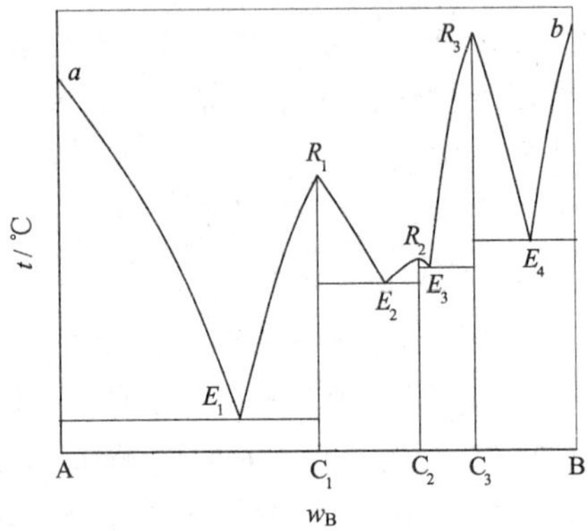

图 5.27 水(A)和硫酸(B)系统相

（二）生成不稳定化合物系统

这种系统是两个纯组分 A、B 之间能形成一个不稳定的化合物。该化合物热稳定性较差，当把该化合物进行加热时，还没等达到它的熔点就分解了，分解产物是形成了一个新固相和一个组成与化合物不同的溶液，这个分解反应又叫转熔反应。由于溶液的组成和该化合物的组成不同，不稳定化合物具有不相合熔点，所以把这种化合物叫做具有不相合熔点的化合物。

下边以 CaF_2-$CaCl_2$ 系统为例讨论这类系统的相图。

在 CaF_2（A）与 $CaCl_2$（B）系统相图上，C 是 A 和 B 生成的不稳定化合物。因为 C 没有自己的熔点，将 C 加热，到 O 点温度时分解成 CaF_2（s）和组成为 N 的熔液，所以将 O 点的温度称为转熔温度。

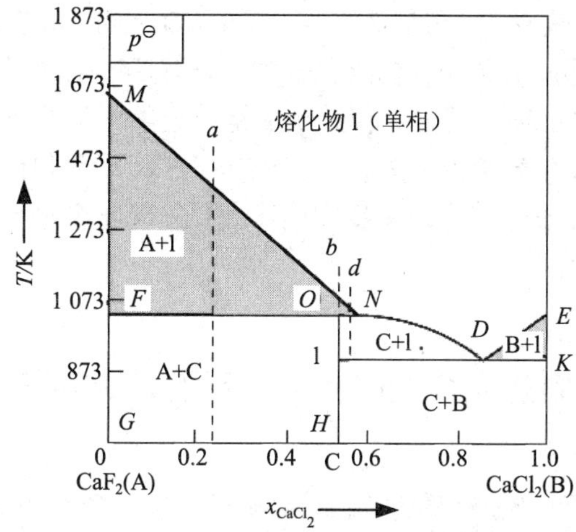

图 5.28 CaF_2(A)-$CaCl_2$(B)系统的相

FON 线也称为三相线，由 A（s），C（s）和组成为 *N* 的熔液三相共存，与一般三相线不同的是，组成为 *N* 的熔液在端点，而不是在中间。相区分析与简单二组分系统相图类似。

MNDE 线以上的区域：单相区，$\Phi=1$，$f=2$，两个自由度为温度和组成。

MNF 区：两相平衡区，是固体 CaF_2 和溶液成平衡，$\Phi=2$，$f=1$（温度或浓度）。

EDK 区：两相平衡区，是固体 $CaCl_2$ 和溶液成平衡，$\Phi=2$，$f=1$。

FO 线以下：两相平衡区，固体 CaF_2 和固体 $CaF_2\cdot CaCl_2$ 共存，$\Phi=2$，$f=1$。

OIDN 区：固体 $CaF_2\cdot CaCl_2$ 与熔液（l）两相共存，$\Phi=2$，$f=1$。

IK 线以下：固体 $CaCl_2$ 与固体 $CaF_2\cdot CaCl_2$ 两相共存区，$\Phi=2$，$f=1$。

D 点：最低共熔点，是由 $CaF_2\cdot CaCl_2$（s）和 CaF_2（s）所形成的。在该点及 *IK* 线上，系统是 $CaF_2\cdot CaCl_2$（s），$CaCl_2$（s），熔液（l）三相平衡共存。

O 点：是 $CaF_2\cdot CaCl_2$（s）的不相和熔点。系统点落在该点或 *FO* 线上，系统是呈三相平衡共存，即 CaF_2（s），$CaF_2\cdot CaCl_2$（s），熔液 *N* 三相共存。

分别从 *a*，*b*，*d* 三个系统点冷却熔液，与线相交就有相变，依次变化次序为：

a 线：$l \to A(s)+l \to A(s)+C(s)+l(N) \to A(s)+C(s)$

b 线：$l \to A(s)+l \to A(s)+C(s)+l(N) \to C(s)$

d 线：$l \to A(s)+l \to A(s)+C(s)+l(N) \to C(s)+l$

$$\to C(s)+B(s)+l(D) \to C(s)+B(s)$$

希望得到纯化合物C，要将溶液浓度调节在ND之间，温度在两条三相线之间。

二组分系统所形成的不相合熔点化合物，分解后产生的固相，它可以是A和B，也可以是另一化合物。同时，转熔反应是可逆的，加热时自左向右，冷却时由右向左移动。在发生转熔反应时，系统出现了三相平衡共存，$f=2-3+1=0$，即温度和组成都不能发生变化，在步冷曲线上要出现一个水平段，直到液相1消失后温度才继续下降。

第七节　二组分固态完全互溶与部分互溶系统的凝聚系统平衡相图

有一些二组分固-液凝聚系统，在熔融液降温时，所析出的固体不是纯组分，而是两种组分的固体溶液（固体和固体是以分子的状态相混合），这种系统叫做固溶体。根据两种组分在固相中互溶的程度不同，一般可分为“完全互溶”和“部分互溶”两种类型。

一、固相完全互溶系统的相图

这类系统中的两组分不仅在液态可完全互溶，而且在固态时也能彼此以任意比例互溶，也就是说，在固相中形成了一个均匀的单一固相（分子分散系统）。形成这类系统两组分必须具备晶格类型相同、晶格参数大小及熔点均接近、原子结构相似的条件。这种系统最多可出现两相平衡共存，$\Phi=2$，$f=2-2+1=1$，系统的自由度最少为1。固相完全互溶系统的相图与完全互溶双液系统相图类似，其相图也分为三种。

（一）具有居间熔点的完全互溶相图

这种系统的液-固平衡相图如图5.29所示。图中al_2b线是液相线，aS_3b线是固相线，这两条线都是液相和固溶体两相平衡共存，$\Phi=2$，$f=1$。液相线以上的区域是熔液的单相区，固相线以下的区域则是固溶体的单相区，液相线与固相线之间的梭形区则是液相与固溶体两相平衡共存区。

在单相区内，$f=2$，在两相区内$f=1$。由于此系统内只有液相和固溶体两相，不可能出现三相平衡状态，这种类型相图的特点是没有一般二组分相图上常常出现的无变量点。

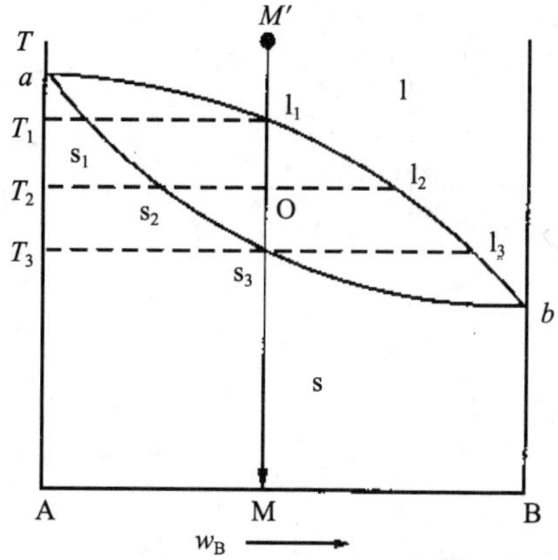

图 5.29 具有居间熔点的完全互溶系统相

高温熔体 M 冷却到 T_1 温度时开始析出组成为 s_1 的固溶体，随后液相组成沿液相线向 l_3 变化，固相组成沿固相线向 s_3 变化。冷却到 T_2 温度，液相点到达 l_2 点，固相点到达 S_2 点，系统的状态点则在 O 点。根据杠杆规则，此时液相量∶固相量＝Os_2∶Ol_2。冷却到 T_3 温度，固相点 s_3 与系统的状态点重合，意味着最后一滴液相在 l_3 消失，液相消失，结晶结束。所以熔体 M 的结晶结束点在 l_3 点，结晶产物是单相的固溶体 s。液相从 l_1 到 l_3 的析晶过程中，固溶体的组成从 S_1 变化到 s_3。由结线 l_1s_1 线、l_2s_2 线可以看出，在互成平衡的两相中，液相总是含有较多的低熔点组分 B，而固相则含有较多的高熔点组分 A。由于在析晶过程中固溶体要不断地调整组成以便与液相保持平衡，而固溶体是晶体，原子的扩散迁移速度很慢，不像液态溶液那样容易调节组成，因此系统在冷却时，两相保持平衡是很不容易的，只有冷却速率非常缓慢的情况下，才能保持平衡。属于这类系统的有 Sb-Bi，Au-Ag，Cu-Pd 等。

（二）具有最低熔点的完全互溶相图

图 5.30 是 p-C_6H_4ICl 和 p-$C_6H_4Cl_2$ 系统的完全互溶固溶体相图，这种相图类似于具有最低恒沸点的二组分系统气-液平衡相图。

（三）具有最高熔点的完全互溶相图

图 5.31 是 D-$C_{10}H_{14}$=NOH 和 L-$C_{10}H_{14}$=NOH 系统的完全互溶固溶体相图，这种相图类似于具有最高恒沸点的二组分系统气-液平衡相图。

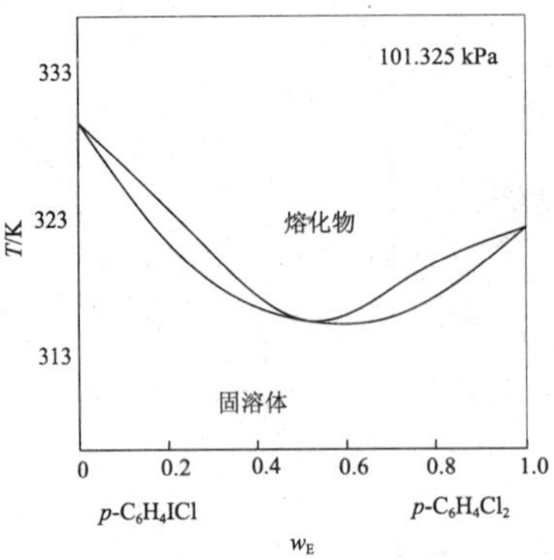

图 5.30 具有最低熔点的完全互溶固溶体相图

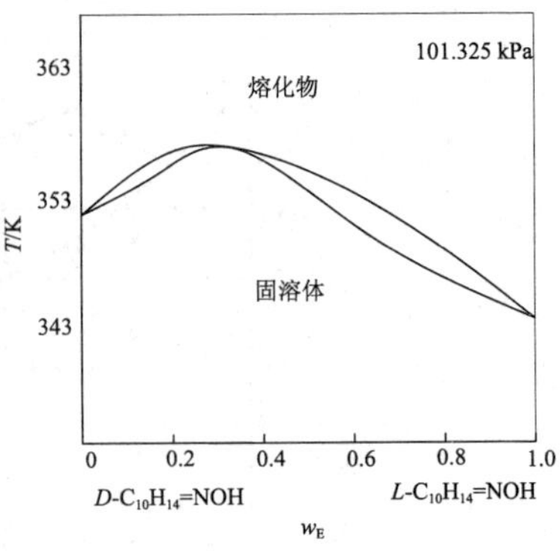

图 5.31 具有最高熔点的完全互溶固溶体相图

二、固相部分互溶系统相图

两个组分在液态可无限混溶，而在固态只能部分互溶，这类系统中固相部分互溶与二组分液液系统中液相部分互溶的现象类似，也是一种物质在另一种物质中有一定的溶解度，超过这一溶解度就会有另一种固溶体产生。这类相图又可以分为具有低共熔点的固溶体和具有转熔点的固溶体两种类型。

（一）有一低共熔点的固溶体相图

图 5.32 是 A、B 两组分液态完全互溶，固态部分互溶系统的相图。在形成有限固溶系统中，以 $s_{A(B)}$ 表示 B 组分溶解在固体 A 中所形成的固溶体，$s_{B(A)}$ 表示 A 组分溶解在固体 B 中所形成的固溶体。图中 *aE* 线是与 $s_{A(B)}$ 固溶体平衡的液相线，*bE* 线是与 $s_{B(A)}$ 固溶体平衡的液相线。*aC* 和 *bD* 是两条固相线。*E* 点是低共熔点，在 *E* 点上进行的过程是：$l \rightleftharpoons s_{A(B)} + s_{B(A)}$。*C* 点表示了组分 B 在组分 A 中的最大固溶度，*D* 点则表示了组分 A 在组分 B 中的最大固溶度。*CF* 是固溶体 $s_{A(B)}$ 的溶解度曲线，*DG* 则是固溶体 $s_{B(A)}$ 的溶解度曲线。从这两条溶解度曲线的走向可以看出 A、B 两个组分在固态互溶的溶解度是随温度下降而下降的。相图中的六个相区中，三个单相区为：*aEb* 线以上，熔液相 l，*aCF* 以左，固溶体 $s_{A(B)}$，*bDG* 以右，固溶体 $s_{B(A)}$；三个两相区为：*aCE* 区，熔液相 $l+s_{A(B)}$，*bED* 区，熔液相 $l+s_{B(A)}$，*CDGF* 区，固溶体 $s_{A(B)}$+ 固溶体 $s_{B(A)}$。

将熔体 M 冷却到 T_1 温度，液相对固溶体 $s_{B(A)}$ 饱和，并从液相中析出组成为 s_1 的固溶体 $s_{B(A)}$。继续冷却，液相点沿着液相线向 *E* 点移动，固相点沿着固相线

从 s_1 向 D 点移动，到达低共熔温度 T_E 时，进行低共熔过程，从液相中同时析出固溶体 $s_{B(A)}$ 和 $s_{A(B)}$ 系统进入三相平衡状态，f=0，系统的温度不能变，液相的组成也不能变，但液相量在不断减少，$s_{B(A)}$ 和 $s_{A(B)}$ 的量在不断增加。由于有 $s_{A(B)}$ 析出，所以固相组成要由 D 向 H 点移动，当固相组成到达 H 点与系统的状态点重合时，最后一滴液相在 E 点消失，结晶结束。最后的析晶产物是 $s_{B(A)}$ 和 $s_{A(B)}$ 两种固溶体。温度继续下降时，$s_{A(B)}$ 的组成沿 CF 线变化，$s_{B(A)}$ 的组成沿 DG 变化，到达 T_3 温度时 $s_{A(B)}$ 的组成为 Q，而 $s_{B(A)}$ 的组成为 N，两种固溶体的相对含量为：$s_{A(B)}：s_{B(A)}=ON：OQ$。属于这类系统有 Ag-Cu、KNO_3-$TiNO_3$、Ca-Ag、Ag-Ni、Pb-Sn、Pb-Sb、CaO-MgO 等。

这类相图在生产合金时具有指导意义。如 Pb 不耐磨，Sb 质硬耐磨，使用 Pb-Sb 合金作轴承时，既要耐磨又要质硬，Pb-Sb 系统在 Sb 质量分数小于 11.1%时，首先析出的固溶体中含 Pb 量较大而不耐磨，Sb 质量分数大于 11.1%时，析出的固溶体含 Sb 量较大，质硬耐磨，实践证明：Sb 质量分数处于 17%～18%其合金性能最好。

（二）具有一转熔温度的固溶体相图

如图 5.33 所示，固溶体 $s_{A(B)}$ 和 $s_{B(A)}$ 之间没有低共熔点，而有一个转熔点 P。在 P 点进行的平衡过程为：$l_P + s_{B(A)} \rightleftharpoons s_{A(B)}$。在这类相图中，组成在 P—D 范围内的熔体冷却到 T_P 温度时都将发生上述转熔过程，但是只有组成在 C—D 范围内的熔体在 P 点液相消失，结晶结束。组成在 P—C 范围内的熔体是 $s_{B(A)}$ 先消失，转熔过程结束，但结晶并没有结束，它们和组成在 A—P 范围的熔体都是在与 $s_{A(B)}$ 平衡的液相线上的某一点结晶结束。组成在 D—B 范围内的原始熔体则在与 $s_{B(A)}$ 平衡的液相线上结晶结束。

与图 5.32 比较，两类系统均具有 $s_{A(B)}$ 与 $s_{B(A)}$ 两种固溶体，两者的区别在于三相平衡时平衡转移过程不同。在图 5.32 中，系统是从液态低共熔物中析出 $s_{A(B)}$ 及 $s_{B(A)}$ 两种固溶体，而在图 5.33 中，系统温度降至 PCD 线的三相平衡温度时，一方面 $s_{B(A)}$ 固溶体（D 点）溶解进入熔融液（P 点），另一方面又从熔融液中析出 $s_{A(B)}$ 固溶体（C 点），即出现熔融液+固溶体 $s_{B(A)} \rightleftharpoons$ 固溶体 $s_{A(B)}$ 平衡。属于这类系统的实例有 Hg-Cd，Pt-W，AgCl-LiCl 等。

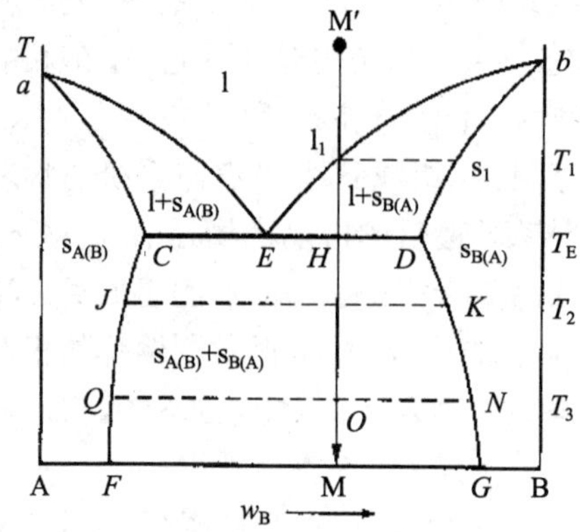

图 5.32　具有低共熔点的二组分固态部分互溶系统相图

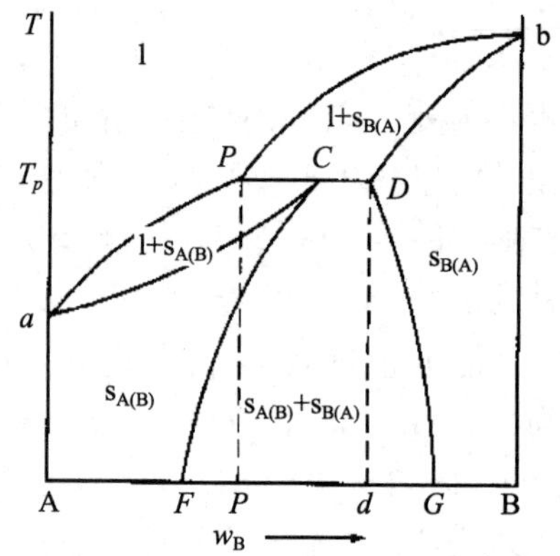

图 5.33　具有转熔点的二组分固态部分互溶系统相图

第八节　三组分系统液液平衡相图

根据相律，单相三组分系统的最大自由度数 $f=C-\Phi+2=3-1+2=4$，即三组分系统的自由度数最多可为 4。这四个自由度为温度、压力和任意两个组分的浓度（如 x_1 和 x_2）。因此对三组分系统，要想完整地描述系统所处的状态，需要四维坐标，这实际上是不可能的。为了研究问题的方便，在三组分系统中，我们要同时固定系统的温度和压力，这时系统的自由度为：$f=2$，这样就可以用一个平面图形来描述系统的状态。下面介绍等温、等压下部分三组分系统的相平衡图。

一、三组分系统的组成表示法

在等温等压下，三组分系统通常用等边三角形来表示三组分系统各组分的浓度，如图 5.34 所示。等边三角形的三个顶点分别代表纯组分 A、B、C，三角形的三条边各代表两个顶点的纯物质所形成的二组分系统。如 AB 边，代表 A 和 B 所形成的二组分系统。每条边上的坐标刻度为三组分系统中一种组分的浓度，通常是沿着逆时针的方向在三角形的三条边上标出 B、C、A 三个组分的质量分数，如图 5.34 所示，即 AB、BC 和 CA 三条边上的刻度分别为 w_B、w_C 和 w_A。越靠近某顶点的系统中，含该顶点表示的物质越多，见图 5.34。三角形内任意一点代表三组分系统的组成，例如，读取图中任意一点 P 组成的方法：过点 P 分别作三角形三边的平行线 Pa、Pb 和 Pc，交 AC、AB 和 BC 于 a、b 和 c 三点。a、b 与 c 点对应的刻度即为系统 P 中组分 A、B 与 C 的含量，即 P 中含 a%的 A、b%的 B 与 c%的 C。

如要考虑温度对相平衡的影响，则要将表示组成的等边三角形平放，在三个顶点作三角形平面的垂线，形成三维的等边三角棱柱体，以垂直轴的高度表示温度。立体的相图被三维空间的曲面划分成不同的相区。

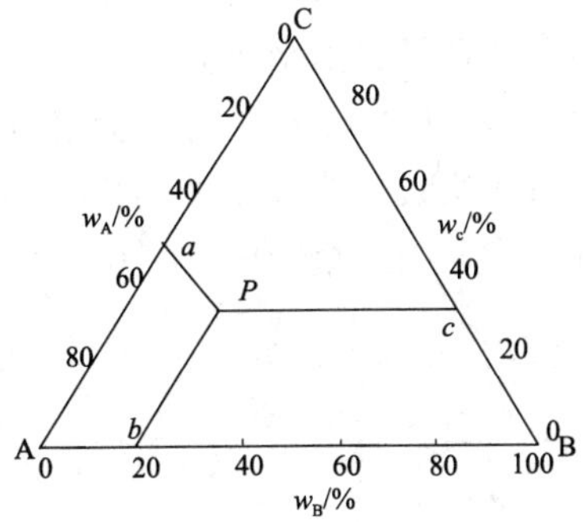

图 5.34 三角形相图的表示方法

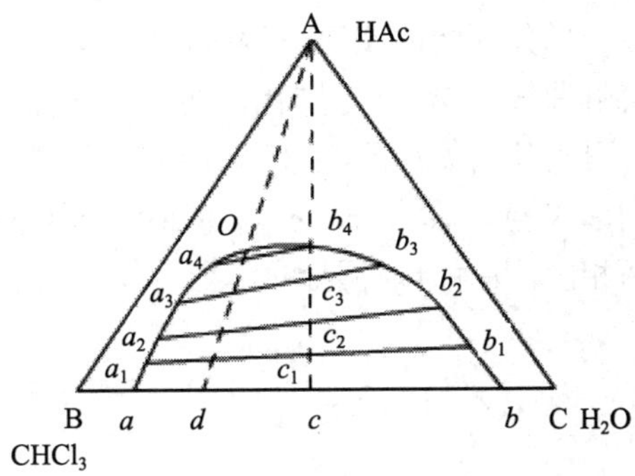

图 5.35 醋酸、氯仿及水构成的三组分系统相图

二、部分互溶的三液体系统

对于部分互溶液体的三组分系统，现在以两个液对完全互溶、一个液对部分互溶的系统为例，作简单介绍。在醋酸、氯仿及水构成的三组分系统中，醋酸（A）和氯仿（B）以及醋酸（A）和水（C）这两个液对完全互溶，但氯仿（B）和水（C）液对只能部分互溶，如图 5.35 所示。图中三角形的底边 BC 代表由氯仿及水构成的二组分系统。当氯仿中含水很少或水中含氯仿很少时，系统溶成均匀一相。但当氯仿中的水饱和之后再增加水，或水中的氯仿饱和之后再增加氯仿时，系统就会分成 a、b 两个液层平衡共存：a 代表水在氯仿中的饱和溶液的组成；b 代表氯仿在水中的饱和溶液的组成。只要氯仿-水二组分系统的系统点处在 a、b 两点之间，系统就会分成相点 a 和 b 的两个液层平衡共存。平衡共存的两个液层称为“共轭溶液”。一层是在醋酸存在下，水在氯仿中的饱和液，如一系列 a 点所示；另一层是氯仿在水中的饱和液，如一系列 b 点所示。为了表示平衡时两个液相的关系，将两个相点 a_1 和 b_1 连接起来，连接线称为结线。由于醋酸在两层中含量不等，所以结线 $a_1 b_1$ 不一定与底边平行。从图 5.35 可以看出，继续加醋酸，结线越来越短，最后结线缩为一点 O，O 点称为会溶点或临界点。曲线 aOb 以内（帽形区）为液-液两相区，帽形区以外系统为单相区。

在系统点为 d（dA 线正好通过 O 点）的样品中加入醋酸，系统点将沿 dA 线向 A 点方向移动。在 aOb 区域内，系统为两个共轭的三组分溶液。继续加入醋酸，平衡时两液相分别沿 aO 及 bO 曲线移动，两液相的相对数量之比只有少量的变化。当系统点达到 O 点时，不是哪一个液相先消失，而是两液相间的界面消失，成为均匀的一相。再加入醋酸，则此单一液相的组成沿 OA 变化。

将三组分中有一对液体部分互溶的系统画成正三棱柱形立体图，纵坐标为温度，每个水平截面为等边三角形组成图，如图 5.36 所示。图中 aKb 曲线代表 B-C 二组分部分互溶的相对溶解度曲线。aDb，$a'D'b'$ 分别代表两个不同温度下的三组分溶解曲线，D，D' 分别代表两个不同温度下的会溶点，$DD'K$ 是这些会溶点的连线。可见随着温度不断升高，互溶程度加大，两液相共存的帽形区逐渐缩小，最后到达 K 点，成均一单相。将所有等温下的双结线连成一个曲面，在这曲面之内是两相区，曲面以外是单相区。

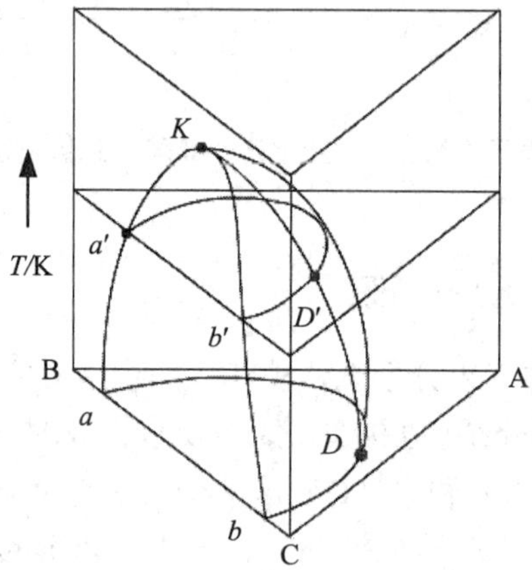

图 5.36　一对液体部分互溶的三组分系统温度—组成

部分互溶三组分系统中也有两液对部分互溶，或三液对都是部分互溶的情况，系统的相图将分别是图 5.37 和图 5.38 所示的形状。例如，乙烯腈-水-乙醇三组分系统中，乙烯腈与水、乙烯腈与乙醇只能部分互溶，而水与乙醇可无限混溶，其相图与图 5.37 类似，出现了两个溶液分层的帽形区。而乙烯腈-水-乙醚三组分系统中，彼此都只能部分互溶，其相图与图 5.38 类似，出现了三个溶液分层的帽形区。帽形区以内是两液相共存区，帽形区以外是单一液相区。

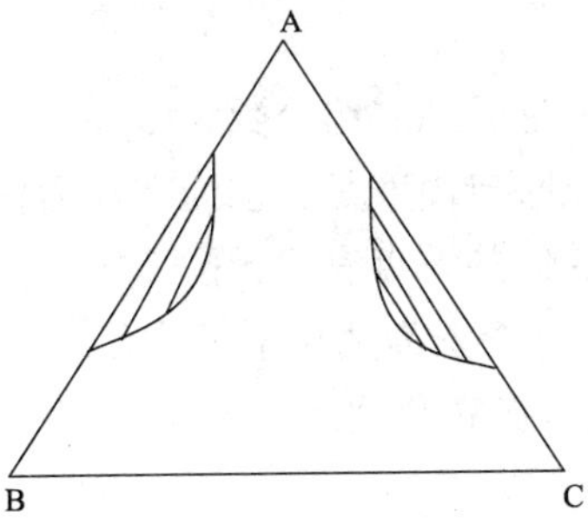

图 5.37 三组分液体中两对部分互溶系统的相图

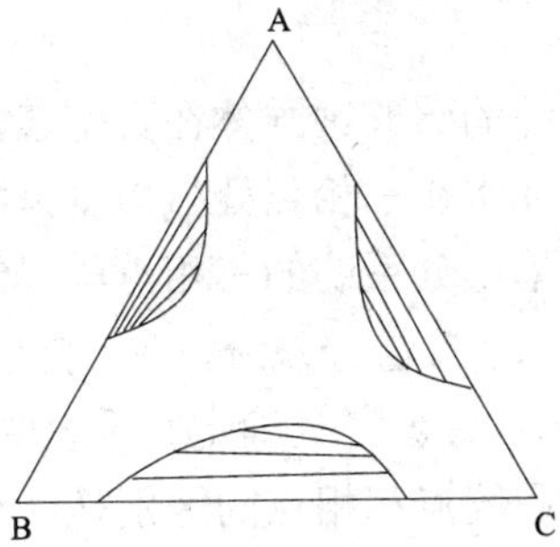

图 5.38 三组分液体中三对部分互溶系统的相图

部分互溶液体三组分系统的相图对于萃取过程有重要用途。对沸点靠近或有共沸现象的液体混合物，可以用萃取的方法分离。例如，对芳烃和烷烃的分离，常用二乙二醇醚为萃取剂，如图 5.39 所示。在相图上可见，芳烃（A）与烷烃（B）完全互溶，芳烃（A）与萃取剂（S）也能互溶，而烷烃（B）与萃取剂（S）互溶度很小。将组成为 F 的 A 和 B 的混合物装入分液漏斗，加入萃取剂 S，摇动，物系点沿 FS 线移动，设到达 O 点（根据加入 S 的量，由杠杆规则计算），静置分层。萃取相的组成为 y_1，蒸去 S，物系点沿 Sy_1 移动，直到 G 点，这时含芳烃量比 F 点明显提高。萃余相组成为 x_1，蒸去 S，物系点沿 Sx_1 移动，到达 H 点，含烷烃量比 F 点高。重复多次，可得纯的芳烃和烷烃。

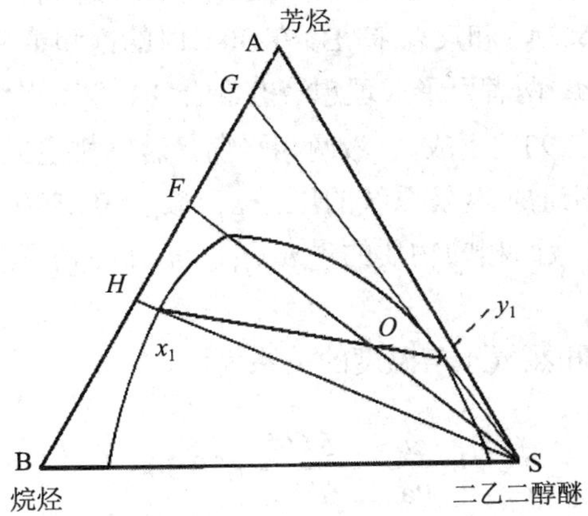

图 5.39 萃取过程

复习与思考题

1．纯的碳酸钙固体在真空容器中分解，这时独立组分数为多少？

2．纯水在三相点处自由度为零，在冰点时自由度是否也为零？为什么？

3．单组分系统的三相点与二组分系统的低共熔点有何异同点？

4．一个二组分系统，在一定温度和压力下系统为两相平衡共存，试问两平衡相的组成是否被完全确定？系统的总组成是否被完全确定？

5．系统点和相点的区别是什么？

6．在汞面上加一层水能降低汞的蒸气压吗？

7．在恒定温度下保持水和水蒸气平衡共存，若将系统的体积缩小，系统压力是否会升高？

8．二组分液态系统若形成共沸混合物，试讨论在共沸点时组分数、自由度数和相数各为多少？

9．在二组分固-液平衡相图中，若一物系点处于水平线段上，系统为三相平衡共存，若一物系点处于水平线的端点上，此时系统是否仍为三相平衡共存？

10．试用相律解释为什么恒沸混合物有恒定的沸点？改变系统的压力，恒沸混合物的组成是否会变化？

11．确定下列系统的组分数 C，相数Φ及自由度数 f。

（1）C_2H_5OH 与水的溶液。

（2）$CHCl_3$ 溶于水中、水溶于 $CHCl_3$ 中的部分互溶系统及其蒸气达到相平衡。

（3）气态的 N_2，O_2 溶于水中且达到相平衡。

（4）固态的 NH_4Cl 与任意量的气态 NH_3 及 HCl 达到平衡。

12. 已知液态甲苯（A）和液态苯（B）在 90℃时的饱和蒸气压分别为 $p_A^*=54.22$ kPa 和 $p_B^*=136.12$ kPa。两者可形成理想液态混合物。今有系统组成 $x_{B,0}=0.3$ 的甲苯-苯混合物 5 mol，在 90℃下成气-液两相平衡，若气相组成为 $y_B=0.455\,6$，求：

（1）平衡时液相组成 x_B 及系统的压力 p；（$x_B=0.2500$，$p=74.695$ kPa）

（2）平衡时气、液两相的物质的量 n（g）、n（l）。[n（l）$=3.784$ mol，n（g）$=1.216$ mol]

13．液态砷的饱和蒸气压与温度的关系为：

$$\ln\frac{p}{\text{Pa}}=-\frac{5\,665}{T/\text{K}}+20.300$$

固态砷的饱和蒸气压与温度的关系为：

$$\ln\frac{p}{\text{Pa}}=-\frac{15\,999}{T/\text{K}}+29.765$$

试求砷的三相点的温度和压力。(T=1 092 K，p=3.66×10^6 Pa)

14．下图为二组分液相完全不互溶的气-液平衡相图，指出下图中各区域的相数Φ和自由度数f。

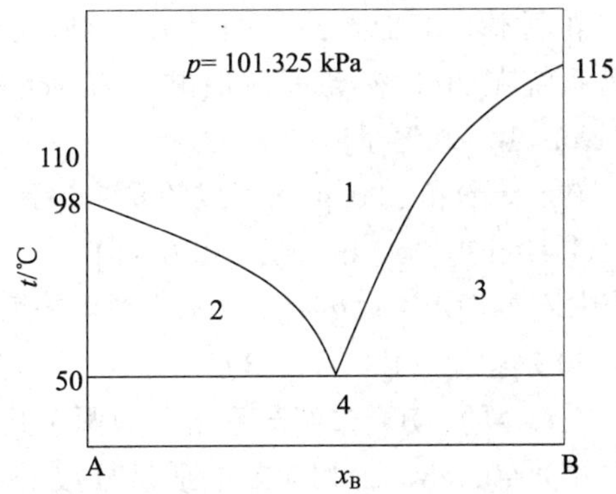

15．25℃丙醇（A）-水（B）系统气液两相平衡时两组分蒸气分压与组分 B 液相组成的关系如下：

x_B	0	0.1	0.2	0.4	0.6	0.8	0.95	0.98	1
p_A/kPa	2.90	2.59	2.37	2.07	1.89	1.81	1.44	0.67	0
p_B/kPa	0	1.08	1.79	2.65	2.89	2.91	3.09	3.13	3.17

（1）画出完整的压力—组成图（包括蒸气分压及总压，液相线及气相线）；

（2）组成为 $x_{B,0}$=0.3 的系统在平衡压力 p=4.16 kPa 下，气-液两相平衡，求平衡时气相组成 y_B 及液相组成 x_B；(y_B = 0.429，x_B = 0.2)

（3）上述系统 5 mol，在 p=4.16 kPa 下达到平衡时，气相、液相的物质的量各为多少？气相中含丙醇和水的物质的量各为多少？[n(g)= 2.18 mol，n(l)= 2.82 mol；n_A（g）= 1.25 mol，n_B（g）= 0.94 mol]

16．101.325 kPa 下 H_2O（A）和 HAc（B）溶液的正常沸点与液相组成、气相组成的关系如下：

t/℃	100.0	102.1	104.4	107.5	113.8	118.1
x_B	0	0.300	0.500	0.700	0.900	1.000
y_B	0	0.185	0.374	0.575	0.833	1.000

（1）试作气液平衡的温度—组成相图。

（2）由相图确定 x_B=0.800 时溶液的沸点。（110.2℃）

（3）由相图确定 105℃时平衡的气、液组成。（$y_B = 0.417$，$x_B = 0.544$）

17. AB（s）放入抽空的瓶内，发生如下分解反应：AB（s）$\longrightarrow$ A（g）+ B（g），298 K 下实验测得系统达到平衡时压力为 66.66 kPa。

（1）分解达到平衡时，该系统的独立组分数、相数、自由度各为多少？

（2）在同温下有 A（g）和 B（g）的混合气，已知 A（g）的分压为 13.33 kPa，为使系统中不形成 AB 的固体，问 B（g）的压力应控制多少？（83.33 kPa 以下）

18. 已知水-苯酚系统在 30℃液-液平衡时共轭溶液的组成 w（苯酚）为：l_1（苯酚溶于水），8.75%；l_2（水溶于苯酚），69.9%。

（1）在 30℃，100 g 苯酚和 200 g 水形成的系统达到液-液平衡时，两液相的质量各为多少？[m（l_1）=179.4 g，m（l_2）=120.6 g]

（2）在上述系统中若再加入 100 g 苯酚，又达到相平衡时，两液相的质量各变到多少？[m（l_1）=130.2 g，m（l_2）=269.8 g]

19. 在 60℃时水（A）-酚（B）二组分系统分成两个共轭液相，其中水相含酚的质量分数 w_B（水相）=0.168，酚相含酚的质量分数 w_B（酚相）=0.551。假若这个系统含有水 90 g 和酚 60 g，试问各相的质量是多少。[m（水相）=59.1 g，m（酚相）=90.9 g]

20. 为了将含非挥发性杂质的甲苯提纯，在 86.0 kPa 压力下用水蒸气蒸馏。已知：在此压力下该系统的共沸点为 80℃，80℃时水的饱和蒸气压为 47.3 kPa。试求：

（1）气相的组成（含甲苯的摩尔分数）。（0.450）

（2）欲蒸出 100 kPa 纯甲苯，需要消耗水蒸气多少千克？（23.9 kg）

21. 下图为二组分系统固-液平衡相图，请列表说明每一个区域所存在的相数、相态、自由度数。

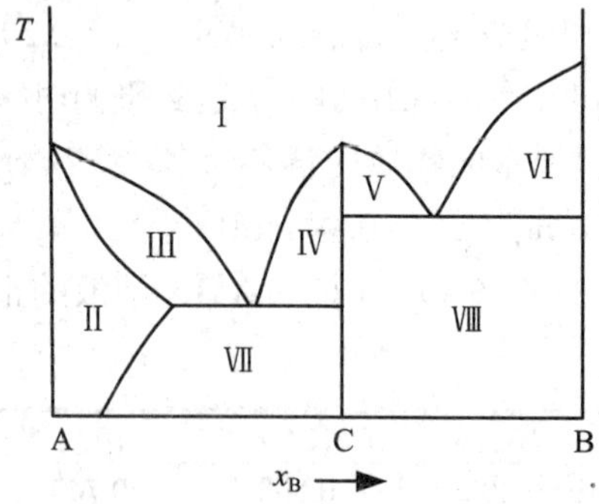

22. NaCl和H_2O（A）能形成不相合熔点化合物$NaCl\cdot 2H_2O$。在0.15℃时化合物分解，生成NaCl的质量分数w_B=0.262 8的NaCl水溶液和无水NaCl。在一21.1℃有一个最低共熔点，此时冰、$NaCl\cdot 2H_2O$（s）和w_B=0.232 2的NaCl水溶液平衡共存。又知无水NaCl在水中的溶解度随温度升高而略有增加。

（1）试画出此二组分系统相图的大致形状。

（2）若将1 000 g组成为28.00% NaCl水溶液冷却，最多可得到多少纯的无水NaCl？[m（NaCl）=23.3 g]

（3）若将（2）中残留的溶液加以冷却，最多可得到多少纯的$NaCl\cdot 2H_2O$？[m（$NaCl\cdot 2H_2O$）=77.3 g]

23. Cu（A）-Ni（B）二组分系统的实验数据如下：

Ni的质量分数w_B	0	0.100	0.400	0.700	1.000
开始结晶的温度T/K	1 356	1 413	1 543	1 648	1 725
结晶终了的温度T/K	1 356	1 373	1 458	1 583	1 725

（1）画出相图。

（2）含w_B = 0.500的熔体从1 673 K冷却到1 473 K，试问在什么温度开始有固体析出，析出的固体组成如何？最后一滴熔体凝固时的温度是多少？此时熔体的组成如何？[T = 1583 K，w_B（固）=0.700；T = 1 498 K，w_B（液）=0.270]

（3）含w_B = 0.300的熔体0.250 kg冷却到1 473 K时，固体和熔体中Ni的质量各为多少？[m（Ni，液）=0.033 9 kg，m（Ni，固）=0.044 1 kg]

24. 某A-B二组分凝聚系统相图如右图所示。

（1）指出各相区稳定存在时的相。

（2）指出图中的三相线。在三相线上哪几个相成平衡？三者之间的相平衡关系如何？

（3）绘出图中状态点为a，b，c三个样品的冷却曲线，并注明各阶段时的相变化。

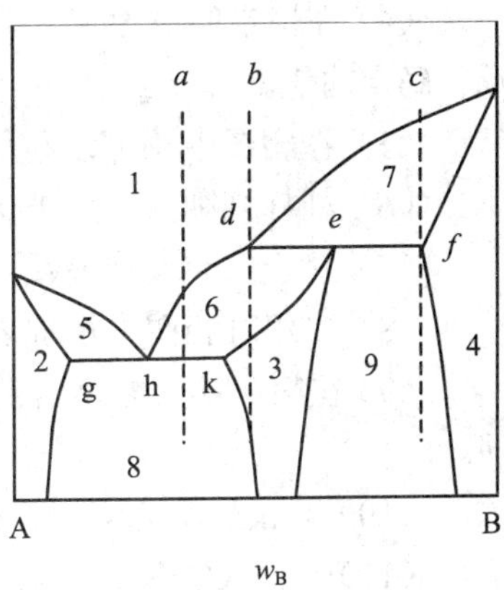

25. 固态完全互溶、具有最高熔点的A-B二组分凝聚系统相图如下图所示。指出各相区的相平衡关系、各条线的意义并绘出状态点为a，b的样品的冷却曲线。

26. 某二元凝聚系统相图如下图所示。已知A、B可生成化合物。解答下列问题：

（1）写出A与B生成稳定化合物和不稳定化合物的组成。

（2）指出相图上自由度为0的线。

（3）根据此二元凝聚系统相图列表分析所标区域的相数、相态及自由度数。

（4）画出从系统点 $O \to O'$ 的步冷曲线，并说明冷却过程的相变化。

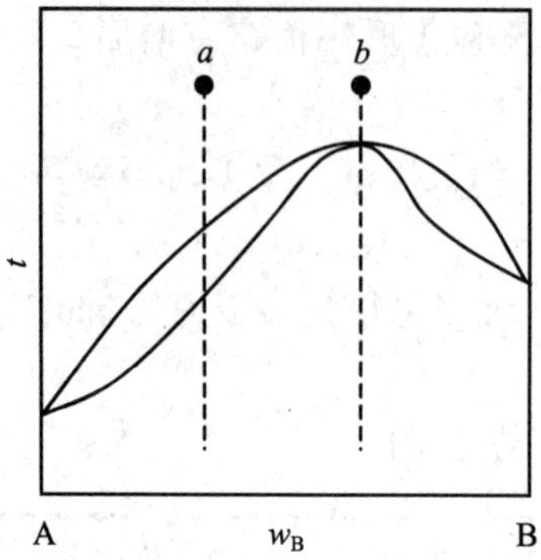

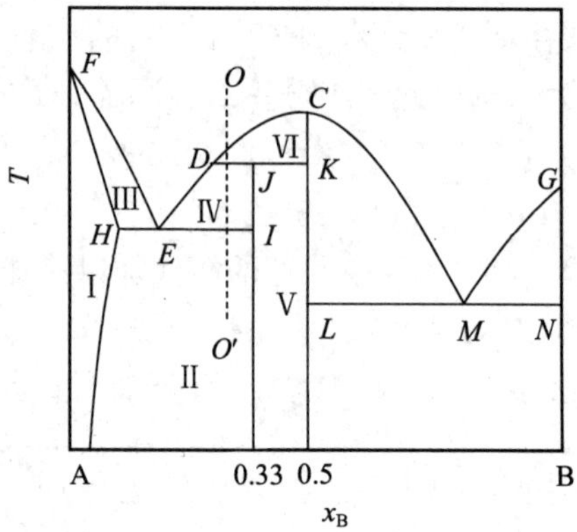

自 测 题

1．判断正误

（1）单组分系统的物种数一定等于 1。（ ）

（2）自由度就是可以独立变化的变量。（ ）

（3）相图中的点都是代表系统状态的点。（ ）

（4）在恒定的压力下，根据相律得出某一系统的 $f=1$，则该系统的温度就有唯一确定的值。（ ）

（5）在相图中总可以利用杠杆规则计算两相平衡时两相的相对的量。（ ）

（6）杠杆规则只适用于 T-x 图的两相平衡区。（ ）

（7）对于二元互溶液系，通过精馏方法总可以得到两个纯组分。（ ）

（8）二组分相图中恒沸混合物的组成随外压力的不同而不同。（ ）

（9）在简单低共熔物的相图中，三相线上的任何一个系统点的液相组成都相同。（ ）

（10）1 mol NaCl 溶于 1 L 水中，在 298 K 只有一个平衡蒸气压。（ ）

（11）1 L 水中含 1 mol NaCl 和少量 KNO_3，在一定外压下，当气液平衡时，温度必有定值。（ ）

（12）二组分的理想溶液混合物的蒸气总压力介于二纯组分的蒸气压之间。（ ）

（13）在一定压力下，A-B 二组分溶液的温度—组成图的最高（或最低）恒沸点处，气-液两相组成相等。（ ）

（14）水的冰点与水的三相点没有区别。（ ）

（15）二组分沸点—组成图中，处于最高或最低恒沸点时其自由度为零。（ ）

2. 选择题

（1）在一定温度下，在水和 CCl_4 组成的液相不相溶的系统中，向水层中加入 1∶1 的 KI 和 I_2，此系统的自由度数是（）。

（A）1　　（B）2　　（C）3　　（D）4

（2）H_2SO_4 与 H_2O 可形成 $H_2SO_4\cdot H_2O$（s）、$H_2SO_4\cdot 2H_2O$（s）与 $H_2SO_4\cdot 4H_2O$（s）三种水合物，在 $p^{\ominus}$ 下，能与硫酸水溶液和冰达平衡的硫酸水合物最多可有几种？（ ）

（A）3　　（B）2　　（C）1　　（D）0

（3）组分 A 与组分 B 形成液相完全互溶系统，在一定温度下，若纯 B 的饱和蒸气压大于纯 A 的饱和蒸气压（$p_B^* > p_A^*$），当此系统处于气液平衡时，则（ ）。

（A）$y_B > x_B$　　（B）$y_B < x_B$　　（C）$y_B = x_B$　　（D）ABC 都有可能

（4）当克拉佩龙方程用于纯物质两相平衡时，下列说法正确的是（ ）。

（A）p 不随温度而变化　　（B）p 随温度的升高而降低

（C）p 随温度的升高而升高　　（D）p 随温度的升高可降低可升高

（5）三相点是（ ）

（A）某一温度，超过此温度，液相就不能存在

（B）通常发现在很靠近正常沸点的某一温度

（C）液体的蒸气压等于 25℃时的蒸气压三倍数值时的温度

（D）固体、液体和气体可以平衡共存时的温度和压力

（6）由 2 mol A 和 2 mol B 形成的理想液态混合物，$p_A^* = 90$ kPa，$p_B^* = 30$ kPa，则气相摩尔分数之比 $y_A : y_B$ 为（ ）。

（A）3∶1　　（B）4∶1　　（C）6∶1　　（D）8∶1

（7）A-B 二组分组成的气液平衡系统，在 T-x 图上有最高点，判断该系统对拉乌尔定律产生（ ）。

（A）正偏差　　（B）负偏差　　（C）没有偏差　　（D）不确定

（8）哪一种相变过程可以用来提纯化学药品？（ ）

（A）凝固　　（B）沸腾　　（C）升华　　（D）其中任一种

（9）碘的三相点处在 115℃和 12 kPa 上，这意味着液态碘（　）

（A）比固态碘密度大　　　　（B）在 115℃以上不能存在

（C）在大气压力下不能存在　　　　（D）不能有低于 12 kPa 的蒸气压

（10）在两组分固-液相图中（下图），当系统从系统点 *P* 冷却到点 *L* 时，系统为（　）。

（A）A（s）、*E*（l）、C（s）三相共存

（B）B（s）、*D*（l）、C（s）三相共存

（C）C（l）

（D）C（s）

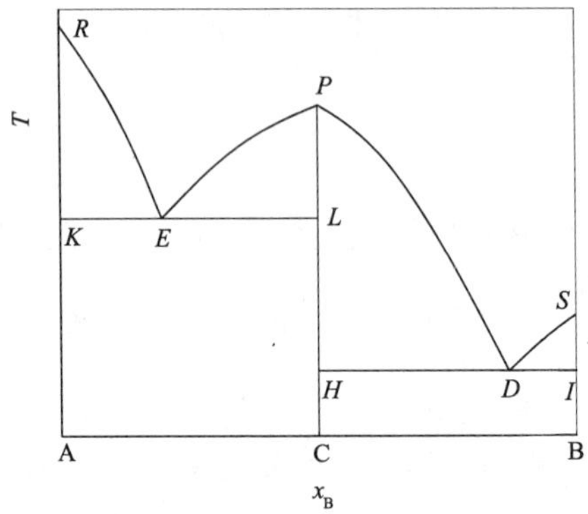

3．Au 和 Sb 分别在 1 333 K 和 903 K 时熔化，并形成一种化合物 $AuSb_2$，在 1 073 K 熔化时固液相组成不一致，在 773 K，$AuSb_2$ 与 Sb 形成低共熔物 *w*（Sb）＝90%。试画出符合上述数据的简单相图，并标出所有相区名称，画出 *w*（Au）＝80%熔融物的步冷曲线。

4．某有机物与水完全不互溶，在标准压力下用水蒸气蒸馏时，于 90℃沸腾，馏出物中水的质量分数为 0.24，已知 90℃时水的蒸气压为 70.13 kPa，请计算该有机物的摩尔质量。

第六章　化学平衡

在实际生产中我们需要知道，在给定的条件下反应能否实现？如何控制反应条件，使反应按我们所需要的方向进行。需要清楚反应物的单程转化率或产物的单程收率最大有多少？归根结底就是了解化学反应的方向、限度及各种条件对平衡移动的影响问题。这些问题尤其是在开发新反应、设计反应途径中是非常重要的。关于这类问题的研究要依赖于热力学知识，把热力学基本原理和规律应用于化学反应，这样我们就可以从原则上确定反应进行的方向、平衡的条件、反应所能达到的最高限度以及推导出平衡时物质的数量关系，并能用平衡常数来表示。

本章中我们将热力学基本原理应用于化学平衡，来处理有关化学平衡的一些问题，将会得到了两个最重要的方程，即化学反应等温式和化学反应等压式。前者给出了化学反应方向和限度的判据，后者给出了温度与平衡常数的关系，在此基础上进一步讨论了影响平衡移动的因素。

第一节　化学反应等温方程

化学反应的等温方程是表示在一定的温度、压力条件下化学反应达到平衡时，摩尔反应吉布斯函数$\Delta_r G_m$与系统组成之间的关系。

一、化学反应方向的判据

根据吉布斯函数判据公式可知，在恒温恒压及非体积功为零的条件下，对于某一化学反应，其化学反应能否正向进行还是达到平衡可根据下式判断。

$$(\Delta_r G_m)_{T,p} \leqslant 0 \quad \begin{pmatrix} <\text{自发} \\ =\text{平衡} \end{pmatrix}$$

$(\Delta_r G_m)_{T,p} < 0$，反应自发向右进行。

$(\Delta_r G_m)_{T,p}=0$，反应达到平衡。

1922 年，比利时热力学专家德唐德（De donder）首先引进了化学反应亲和势的概念。他定义化学反应亲和势 A 为：

$$A = -(\Delta_r G_m)_{T,p} \tag{6.1}$$

$A>0$，化学反应正向进行；

$A<0$，化学反应逆向进行；

$A=0$，化学反应达平衡。

定义 A 的意义，一是叙述简洁，不再强调等温等压不做非体积功的条件，这些条件已经隐含在定义之中；二是化学反应亲和势与化学势一样，代表了一种能量"势"，自发进行的方向总是能量降低的方向。化学反应自发进行的方向虽不那么直观，但在本质上与水总是从高处往低处流、自由落体总是朝向地心的方向没有区别。

二、摩尔反应吉布斯自由能与反应进度的关系，平衡条件

设有任意封闭系统，在没有非体积功的情况下发生任意化学反应：

$$a\mathrm{A}+b\mathrm{B} \longrightarrow y\mathrm{Y}+z\mathrm{Z}$$

在反应过程中各物质的量必须满足：$0=\sum_{\mathrm{B}}\nu_{\mathrm{B}}\mathrm{B}$

根据反应进度的定义：

$$\mathrm{d}n_{\mathrm{B}}=\nu_{\mathrm{B}}\mathrm{d}\xi \qquad \mathrm{d}\xi=\frac{\mathrm{d}n_{\mathrm{B}}}{\nu_{\mathrm{B}}}$$

根据多组分系统热力学公式，恒温恒压下：

$$(\mathrm{d}G)_{T,p}=\sum_{\mathrm{B}}\mu_{\mathrm{B}}\mathrm{d}n_{\mathrm{B}}=\sum_{\mathrm{B}}\nu_{\mathrm{B}}\mu_{\mathrm{B}}\mathrm{d}\xi \tag{6.2}$$

于是

$$\left(\frac{\partial G}{\partial \xi}\right)_{T,p}=\sum_{\mathrm{B}}\nu_{\mathrm{B}}\mu_{\mathrm{B}} \tag{6.3a}$$

当反应进度为 1 mol 时，

$$(\Delta_r G_m)_{T,p}=\sum_{\mathrm{B}}\nu_{\mathrm{B}}\mu_{\mathrm{B}} \tag{6.3b}$$

$(\Delta_r G_m)_{T,p}$ 为一定温度、压力和反应进度为 1 mol 时化学反应的摩尔反应吉布斯自由能。

式（6.3b）表示化学反应的吉布斯自由能变化等于产物的化学势之和减去反应物的化学势之和。

在等温等压条件，可用（$\Delta_r G_m$）$_{T,p}$$\leqslant 0$ 来判断反应的方向和限度。也可用 $\left(\dfrac{\partial G}{\partial \xi}\right)_{T,p} \leqslant 0$，这相当于 G-ξ图上曲线的斜率，因为是微小变化，反应进度介于 0～1 mol。

$\left(\dfrac{\partial G}{\partial \xi}\right)_{T,p} < 0$，反应正向进行；

$\left(\dfrac{\partial G}{\partial \xi}\right)_{T,p} > 0$，反应逆向进行；

$\left(\dfrac{\partial G}{\partial \xi}\right)_{T,p} = 0$，反应达到平衡。

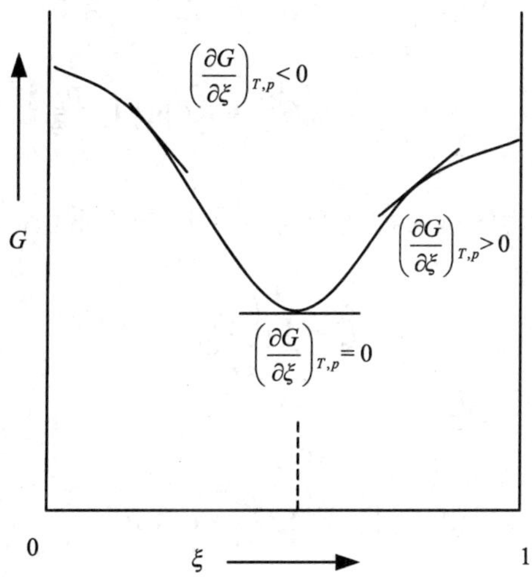

图 6.1　恒温恒压下均相反应 G-ξ曲线

三、化学反应等温方程

对于恒温恒压下 $0=\sum_{B}\nu_B B$ 的理想气体反应，混合物中任一组分 B 的化学势 μ_B，为 $\mu_B = \mu_B^{\ominus} + RT\ln\left(p_B/p^{\ominus}\right)$，将此式代入式（6.3b），于是反应吉布斯自由能改变为：

$$(\Delta_r G_m)_{T,p} = \sum_B \nu_B (\mu_B^\ominus + RT\ln\frac{p_B}{p^\ominus})$$

$$= \sum_B \nu_B \mu_B^\ominus + \sum_B \nu_B RT\ln\frac{p_B}{p^\ominus} \tag{6.4}$$

式中，$\sum_B \nu_B \mu_B^\ominus$ 为各组分 B 均处于标准态时，系统的吉布斯自由能的变化，常以 $\Delta_r G_m^\ominus$ 表示，称为化学反应的标准摩尔吉布斯自由能变化量，即

$$\Delta_r G_m^\ominus = \sum_B \nu_B \mu_B^\ominus \tag{6.5}$$

$\Delta_r G_m^\ominus$ 仅是温度的函数，它的单位为 $J\cdot mol^{-1}$，代入式（6.4）得

$$(\Delta_r G_m)_{T,p} = \Delta_r G_m^\ominus + RT\sum_B \ln\left(\frac{p_B}{p^\ominus}\right)^{\nu_B}$$

$$= \Delta_r G_m^\ominus + RT\ln\prod_B \left(\frac{p_B}{p^\ominus}\right)^{\nu_B} \tag{6.6}$$

式中，$\prod_B \left(\frac{p_B}{p^\ominus}\right)^{\nu_B}$ 为各反应物及产物 $\left(\frac{p_B}{p^\ominus}\right)^{\nu_B}$ 的连乘积，常用 $J_p^\ominus$ 来表示，称为压力商，即

$$J_p^\ominus = \prod_B \left(\frac{p_B}{p^\ominus}\right)^{\nu_B} \tag{6.7}$$

将 $J_p^\ominus$ 代入式（6.6），得

$$(\Delta_r G_m)_{T,p} = \Delta_r G_m^\ominus + RT\ln J_p^\ominus \tag{6.8}$$

此式即为理想气体的化学反应等温方程。如果已知温度 T 时的 $\Delta_r G_m^\ominus$ 和各气体的分压 p_B，即可求出该温度下的（$\Delta_r G_m$）$_{T,p}$。

第二节　化学反应的标准平衡常数

一、标准平衡常数

由图 6.1 可知，恒温恒压条件下，随着理想气体化学反应的进行，化学反应

亲和势 $A=-\left(\frac{\partial G}{\partial \xi}\right)_{T,p}=-(\Delta_r G_m)_{T,p}$ 越来越小，直至 $A=0$，系统达到化学平衡为止。这时

$$(\Delta_r G_m)_{T,p}=\Delta_r G_m^{\ominus}+RT\ln J_p^{eq,\ominus}=0 \tag{6.9}$$

式中，$J_p^{eq,\ominus}$ 称为平衡压力商。

因为恒温条件下，对某一特定的化学反应来说 $\Delta_r G_m^{\ominus}$ 为确定的数值，故平衡压力商 $J_p^{eq,\ominus}$ 也为定值，与系统的压力和组成无关，只要温度一定，$J_p^{eq,\ominus}$ 均为同一数值。将平衡压力商称为标准平衡常数，并以符号 $K_p^{\ominus}$ 表示。理想气体标准平衡常数的表达式为

$$K_p^{\ominus}=\prod_B\left(\frac{p_B^{eq}}{p^{\ominus}}\right)^{\nu_B} \tag{6.10}$$

根据式（6.9），系统达到平衡时 $(\Delta_r G_m)_{T,p}=0$，则有

$$\Delta_r G_m^{\ominus}=-RT\ln K_p^{\ominus} \tag{6.11}$$

$$K_p^{\ominus}=\exp\left(-\frac{\Delta_r G_m^{\ominus}}{RT}\right) \tag{6.12}$$

式（6.12）表示了标准平衡常数与化学反应的标准摩尔吉布斯自由能变化量之间的关系，它是一个普遍的公式。不仅适合于理想气体化学反应，也适合于高压下的真实气体、液态混合物及溶液中的化学反应。只不过另外三种情况下标准平衡常数不再是平衡压力商，其所代表的意义将在后面章节叙述。

将式（6.11）代入式（6.8），化学反应等温方程又可表示为

$$(\Delta_r G_m)_{T,p}=-RT\ln K_p^{\ominus}+RT\ln J_p^{\ominus} \tag{6.13}$$

当 $K_p^{\ominus}>J_p^{\ominus}$ 时，$(\Delta_r G_m)_{T,p}<0$，反应正向自发进行；

当 $K_p^{\ominus}<J_p^{\ominus}$ 时，$(\Delta_r G_m)_{T,p}>0$，反应逆向自发进行；

当$K_p^{\ominus}=J_p^{\ominus}$时，$(\Delta_r G_m)_{T,p}=0$，反应达到平衡。

在讨论化学平衡时，式（6.11）和式（6.13）是两个很重要的方程式，$\Delta_r G_m^{\ominus}$和平衡常数相联系，而$(\Delta_r G_m)_{T,p}$则和反应的方向相联系。式（6.13）还表明了反应进行的限度。

【例题 6.1】 已知反应 $2SO_2$（g）$+O_2$（g）$\longrightarrow$ $2SO_3$（g），在 1 000 K 时的$K_p^{\ominus}$为 3.45，若将 2 mol SO_2，1 mol O_2与 1 mol SO_3放在一个容器中，总压为 121.2 kPa，温度为 1 000 K，问反应将向哪个方向进行？

解：先计算各个物质的实际分压：

$p_{SO_3}=1/(2+1+1)\times 121.2\ \text{kPa}=30.3\ \text{kPa}$

$p_{O_2}=1/4\times 121.2\ \text{kPa}=30.3\ \text{kPa}$

$p_{SO_2}=2/4\times 121.2\ \text{kPa}=60.6\ \text{kPa}$

于是

$$J_p^{\ominus}=\frac{(p_{SO_3}/p^{\ominus})^2}{(p_{SO_2}/p^{\ominus})^2(p_{O_2}/p^{\ominus})}=\frac{(30.3/100)^2}{(30.3/100)(60.6/100)^2}=0.84$$

因$K_p^{\ominus}>J_p^{\ominus}$，故反应向生成 SO_3 的方向进行。

二、平衡常数与反应式之间的关系

$\Delta_r G_m^{\ominus}$与反应方程式写法有关，因而的$K_p^{\ominus}$值也与方程式写法有关。如合成碘化氢反应，可用下列两种方程式表示，$\Delta_r G_m^{\ominus}$与$K_p^{\ominus}$值也不一样。

① H_2（g）$+ I_2$（g）$=\!=\!=$ 2HI（g）　　$\Delta_r G_m^{\ominus}(1)$，$K_p^{\ominus}(1)$

② $\frac{1}{2}H_2$（g）$+\frac{1}{2}I_2$（g）$=\!=\!=$ HI（g）　　$\Delta_r G_m^{\ominus}(2)$，$K_p^{\ominus}(2)$

两者的数量关系为

$$\Delta_r G_m^{\ominus}(1)=2\,\Delta_r G_m^{\ominus}(2)\qquad K_p^{\ominus}(1)=\left[K_p^{\ominus}(2)\right]^2$$

三、复相反应的标准平衡常数

前面我们讨论的理想气体化学反应的平衡常数表示方法，反应物和产物都是处在同一相中，这些反应就叫均相反应。但是如果参加反应的反应物或产物不是在同一个相中，这类反应就叫“复相反应”。在常压下，纯凝聚态的化学势可近似认为等于其标准化学势，即 $\mu_{\mathrm{B}} = \mu_{\mathrm{B}}^{\ominus}$。又设气相是理想气体混合物或是单纯理想气体，则这种反应的标准平衡常数只与气相物质的压力有关。

例如，对于如下反应：

$$CaCO_3\text{（s）} \xlongequal{\quad} CaO\text{（s）} + CO_2\text{（g）}$$

$$(\Delta_{\mathrm{r}} G_{\mathrm{m}})_{T,p} = \sum_{\mathrm{B}} \nu_{\mathrm{B}} \mu_{\mathrm{B}} = \mu(\mathrm{CaO,s}) + \mu(\mathrm{CO_2,g}) - \mu(\mathrm{CaCO_3,s})$$

设固态为纯固态，气体为理想气体，则

$$\mu(\mathrm{CaO,s}) \approx \mu^{\ominus}(\mathrm{CaO,s}),\quad \mu(\mathrm{CaCO_3,s}) \approx \mu^{\ominus}(\mathrm{CaCO_3,s})$$

$$\mu(\mathrm{CO_2,g}) = \mu^{\ominus}(\mathrm{CO_2,g}) + RT\ln\frac{p(\mathrm{CO_2})}{p^{\ominus}}$$，于是有

$$(\Delta_{\mathrm{r}} G_{\mathrm{m}})_{T,p} = \mu^{\ominus}(\mathrm{CaO,s}) + \mu^{\ominus}(\mathrm{CO_2,g}) + RT\ln\frac{p(\mathrm{CO_2})}{p^{\ominus}} - \mu^{\ominus}(\mathrm{CaCO_3,s})$$

$$= \sum_{\mathrm{B}} \nu_{\mathrm{B}} \mu_{\mathrm{B}}^{\ominus} + RT\ln\frac{p(\mathrm{CO_2})}{p^{\ominus}}$$

当达到平衡时，$(\Delta_{\mathrm{r}} G_{\mathrm{m}})_{T,p}=0$，则

$$\sum_{\mathrm{B}} \nu_{\mathrm{B}} \mu_{\mathrm{B}}^{\ominus} = -RT\ln\frac{p(\mathrm{CO_2})}{p^{\ominus}} \qquad \text{即} \qquad \Delta_{\mathrm{r}} G_{\mathrm{m}}^{\ominus} = -RT\ln\frac{p(\mathrm{CO_2})}{p^{\ominus}}$$

根据平衡常数的定义，得

$$K_p^{\ominus} = \frac{p(\mathrm{CO_2})}{p^{\ominus}}$$

从而可知，这种复相反应的标准平衡常数与纯的凝聚相物质无关，而只与气相物质的压力有关。对于一般的复相反应，其标准平衡常数的表达式即为

$$K_p^{\ominus} = \prod_{\mathrm{B}} \left(\frac{p_{\mathrm{B(g)}}^{\mathrm{eq}}}{p^{\ominus}} \right)^{\nu_{\mathrm{B(g)}}} \tag{6.14}$$

上例中 $p(\mathrm{CO_2})$ 称为碳酸钙在该温度下的解离压力。如果分解产物不止一种气

体，则气体产物的总压力称为解离压力。

四、标准平衡常数的测定与计算

标准平衡常数是化工工艺流程设计中重要的工艺参数。只要测出已达平衡的反应系统中各物质的平衡分压或浓度，就可算出该反应的标准平衡常数。首先根据以下特点可确定反应是否达到了平衡：①反应条件不变时，系统组成不再随时间而改变。②在同样反应条件下，改变原料的配比，平衡常数的值不变。③在一定温度下，无论反应从正向还是逆向达到平衡，平衡组成相同。测定反应平衡时各组分的分压或浓度，既可以采用物理方法，也可以采用化学方法。物理方法是直接测定与浓度或压力呈线性关系的物理量，如折光率、电导率、颜色、光的吸收、定量的色谱图谱和磁共振谱等，求出平衡的组成。这种方法一般不会影响平衡状态。化学方法是采用骤冷、抽去催化剂或冲稀等方法使反应停止，然后用化学分析的方法求出平衡的组成，从而求出平衡常数。

【例 6.2】 在 55℃及 100.00 kPa 下，$N_2O_4(g) \rightleftharpoons 2NO_2(g)$ 反应达平衡时，测得平衡混合物的平均摩尔质量 $\overline{M}=61.2\ g\cdot mol^{-1}$。计算上述反应的标准平衡常数 $K_p^{\ominus}$。

解：设反应达平衡时系统中 $N_2O_4(g)$ 的摩尔分数为 $y_{N_2O_4}$，$NO_2(g)$ 的摩尔分数为 y_{NO_2}，理想气体混合物的平均摩尔质量 $\overline{M}=y_{N_2O_4}M_{N_2O_4}+y_{NO_2}M_{NO_2}$

$y_{N_2O_4}+y_{NO_2}=1$

整理得

$$y_{NO_2}=\frac{\overline{M}-M_{N_2O_4}}{M_{NO_2}-M_{N_2O_4}}=\frac{61.2-92}{46-92}$$

$$=0.67$$

$$y_{N_2O_4}=1-y_{NO_2}=1-0.67=0.33$$

因为

$$K_p^{\ominus}=\frac{\left(\dfrac{p_{NO_2}}{p^{\ominus}}\right)^2}{\dfrac{p_{N_2O_4}}{p^{\ominus}}}=\frac{\left(\dfrac{y_{NO_2}p}{p^{\ominus}}\right)^2}{\dfrac{y_{N_2O_4}p}{p^{\ominus}}}$$

所以 $$K_p^{\ominus}=\frac{y_{NO_2}^2}{y_{N_2O_4}}(\frac{p}{p^{\ominus}})^{2-1}=\frac{(0.67)^2}{0.33}(\frac{100.00}{100})=1.360$$

五、平衡组成的计算

已知某一化学反应在温度 T 下的 $K_p^{\ominus}$ 或 $\Delta_r G_m^{\ominus}$，即可由系统的起始组成及压力计算在该温度下的平衡组成。在计算平衡组成时常用到平衡转化率这一概念。平衡转化率又称为理论转化率，达到平衡后，反应物转化为产物的百分数，其表达式如下：

$$平衡转化率=\frac{达平衡后反应物转化为产物的量}{起始反应物的量}\times 100\%$$

若两反应物 A、B 起始的物质的量之比与其化学计量数之比相等，两反应物的平衡转化率是相同的；相反，若两反应物 A、B 起始的物质的量之比与其化学计量数之比不相等，则两反应物的平衡转化率是不同的。

工业生产中称的转化率是指反应结束时，反应物转化为产物的百分数，因这时反应未必达到平衡，所以实际转化率往往小于平衡转化率。平衡常数可以用来计算一个化学反应的平衡组成，现举例如下：

【例 6.3】 已知反应 H_2O（g）+CO（g）$\rightleftharpoons$ CO_2（g）+H_2（g），在 1 000 K 时的 $K_p^{\ominus}$ =1.391，若取 H_2O（g）和 CO（g）各 1 mol [没有 CO_2（g）和 H_2（g）]，放入一个容器中，升温到 1 000 K，使其达到平衡，设平衡的总压为 101 325 Pa，求平衡时的系统组成。

解： 设平衡时，H_2O（g）与 CO（g）的物质的量分别为 x mol，则 CO_2（g）与 H_2（g）的物质的量分别为（$1-x$）mol。将反应前和平衡时各物质的量分别写在各自的下面。

	H_2O（g） +	CO（g） $\rightleftharpoons$	CO_2（g） +	H_2（g）
反应前	1 mol	1 mol	0	0
平衡时	x mol	x mol	（$1-x$）mol	（$1-x$）mol

故总的物质的量为： （$x+x+1-x+1-x$）=2 mol

$$p_{CO}=p_{H_2O}=101.325\,(x/2)\ \text{kPa}$$

$$p_{CO_2}=p_{H_2}=101.325[(1-x)/2]\ \text{kPa}$$

于是 $K_p^\ominus = \dfrac{(p_{CO_2}/p^\ominus)(p_{H_2}/p^\ominus)}{(p_{CO}/p^\ominus)(p_{H_2O}/p^\ominus)} = \dfrac{(101.325)^2[(1-x)/2]^2}{(101.325)^2(x/2)^2} = 1.391$

解得： $x = 0.46$

于是：H_2O 或 CO 的组成为（0.46/2）×100%=23%

CO_2 或 H_2 的组成为[（1－0.46）/2]×100%=27%

第三节　影响理想气体化学平衡的因素

一、温度对平衡的影响

前面我们讨论的理想气体标准平衡常数 $K_p^\ominus$，通常是指 25℃下的数值。只要温度不同，其平衡常数的值就不同。也就是说，不同温度下所进行的反应，其限度是不同的。

由化学反应等温方程式得到：

$$\frac{\Delta_r G_m^\ominus}{T} = -R\ln K_p^\ominus$$

在等压下对温度求偏微商

$$\left[\frac{\partial\left(\frac{\Delta_r G_m^\ominus}{T}\right)}{\partial T}\right]_p = -R\left(\frac{\partial \ln K_p^\ominus}{\partial T}\right)_p$$

将吉布斯-亥姆霍兹方程应用于化学反应 $0=\sum_B \nu_B B$ 中标准压力下的每种物质，得到公式：

$$\left[\frac{\partial\left(\frac{\Delta_r G_m^\ominus}{T}\right)}{\partial T}\right]_p = -\frac{\Delta_r H_m^\ominus}{T^2}$$

由上述两式可得到： $\left(\dfrac{\partial \ln K_p^\ominus}{\partial T}\right)_p = \dfrac{\Delta_r H_m^\ominus}{RT^2}$ 或者 $\dfrac{d\ln K_p^\ominus}{dT} = \dfrac{\Delta_r H_m^\ominus}{RT^2}$　（6.15）

此式称为范特霍夫方程，因是在等压的条件下得出的，所以称为化学反应等压方程式。该式表明温度对于标准平衡常数的影响与反应的标准摩尔反应焓有关。

由式（6.15）可以看出：对于吸热反应，$\Delta_r H_m^\ominus > 0$，升高温度，则 $K_p^\ominus$ 增大，已达平衡的化学反应将向生成产物方向移动；对于放热反应，$\Delta_r H_m^\ominus < 0$，升高温度，则 $K_p^\ominus$ 减少，已达平衡的化学反应将向生成反应物方向移动。

化学反应等压方程式不仅定性地说明了平衡常数与温度的关系，而且对它积分，还能定量地计算出平衡常数随温度的变化。当温度变化不大时，ΔH 可以认为是常数，取定积分得

$$\ln\frac{K_p^\ominus(T_2)}{K_p^\ominus(T_1)} = \frac{\Delta_r H_m^\ominus}{R}\left(\frac{1}{T_1} - \frac{1}{T_2}\right) \tag{6.16}$$

式（6.16）常用来从已知一个温度下的平衡常数求出另一温度下的平衡常数。

【例 6.4】 在高温下，制备水煤气的反应为

$$C\text{（s）} + H_2O\text{（g）} \rightleftharpoons H_2\text{（g）} + CO\text{（g）}$$

已知反应在 1 000 K 和 1 200 K 时的平衡常数分别为 2.472 和 37.58。试求

（1）该反应在该温度区间内的ΔH（假设ΔH 在该温度区间内为常数，$\Delta H \approx \Delta_r H_m^\ominus$）。

（2）在 1 100 K 时的平衡常数。

解：（1）设 T_1=1 000 K，T_2=1 200 K，代入

$$\ln\frac{K_p^\ominus(T_2)}{K_p^\ominus(T_1)} = \frac{\Delta_r H_m^\ominus}{R}\left(\frac{1}{T_1} - \frac{1}{T_2}\right)$$

$$\ln\frac{37.58}{2.472} = \frac{\Delta_r H_m^\ominus}{8.314}\left(\frac{1}{1\,000} - \frac{1}{1\,200}\right)$$

$$\Delta H \approx \Delta_r H_m^\ominus = 135.8\ \text{kJ}\cdot\text{mol}^{-1}$$

（2）T_1=1 000 K，T_2=1 100 K

$$\ln\frac{K_p^\ominus(T_2)}{2.472} = \frac{1.358\times10^5}{8.314}\left(\frac{1}{1\,000} - \frac{1}{1100}\right)$$

解得 $$K_p^\ominus(T_2) = 10.91$$

当温度变化范围较大，$\Delta_r H_m^\ominus$ 就不能看做常数了。根据基尔霍夫公式

$$\Delta_r H_m^\ominus(T) = \Delta_r H_{m,0}^\ominus + \int \sum_B \nu_B C_{p,m,B}^\ominus dT$$

若参加化学反应的任一种物质均有，$C_{p,m,B}^\ominus = a + bT + cT^2$

则：$\Delta_r H_m^\ominus(T) = \Delta_r H_{m,0}^\ominus + T\sum_B \nu_B a_B + \frac{1}{2}T^2 \sum_B \nu_B b_B + \frac{1}{3}T^3 \sum_B \nu_B c_B$

把 $\Delta_r H_m^\ominus(T)$ 与温度的函数关系代入式（6.15）中，得到下列关系式：

$$\frac{d\ln K_p^\ominus}{dT} = \frac{\Delta_r H_{m,0}^\ominus}{RT^2} + \frac{\sum_B \nu_B a_B}{RT} + \frac{\sum_B \nu_B b_B}{2R} + \frac{T\sum_B \nu_B c_B}{3R}$$

移项积分得：$\ln K_p^\ominus = \frac{-\Delta_r H_{m,0}^\ominus}{RT} + \frac{\sum_B \nu_B a_B}{R}\ln T + \frac{\sum_B \nu_B b_B}{2R}T + \frac{\sum_B \nu_B c_B}{6R}T^2 + I$ （6.17）

式（6.17）是 $K_p^\ominus$ 与 T 的一般形式，I 是积分常数。把 $\Delta_r G_m^\ominus = -RT\ln K_p^\ominus$ 代入式（6.17），又可求得 $\Delta_r G_m^\ominus$ 与温度关系的公式：

$$\Delta_r G_m^\ominus = \Delta_r H_{m,0}^\ominus - T\sum_B \nu_B a_B \ln T - \frac{T^2}{2}\sum_B \nu_B b_B - \frac{T^3}{6}\sum_B \nu_B c_B - RTI \quad (6.18)$$

若已知 $\Delta_r H_{m,0}^\ominus$ 和 I，则可根据式（6.17）和式（6.18）可以求得在一定温度范围内任何温度时的 $\Delta_r G_m^\ominus$ 或 $K_p^\ominus$。

二、压力对平衡的影响

标准平衡常数 $K_p^\ominus$ 仅是温度的函数。系统压力的改变不会改变标准平衡常数的数值，但对反应的平衡组成有影响。对于理想气体，若气体总压力为 p，任一反应组分的分压 $p_B = x_B p$，由 $K_p^\ominus$ 的表达式

$$K_p^{\ominus}=\prod_{\rm B}\left(\frac{p_{\rm B}}{p^{\ominus}}\right)^{\nu_{\rm B}}=\prod_{\rm B}\left(\frac{x_{\rm B}p}{p^{\ominus}}\right)^{\nu_{\rm B}}=\left(\frac{p}{p^{\ominus}}\right)^{\Sigma\nu_{\rm B}}\times\prod_{\rm B}x_{\rm B}^{\nu_{\rm B}}$$

可见$\sum_{\rm B}\nu_{\rm B}\neq 0$，则改变总压将影响平衡系统的$\prod_{\rm B}x_{\rm B}^{\nu_{\rm B}}$。当$\sum_{\rm B}\nu_{\rm B}<0$时，$p$ 增大，$\prod_{\rm B}x_{\rm B}^{\nu_{\rm B}}$必增大，表明平衡系统中产物的含量增高而反应物的含量降低，即平衡向体积缩小方向移动；当$\sum_{\rm B}\nu_{\rm B}>0$时，正好相反，这与平衡移动原理是一致的。

【例 6.5】 某温度及标准压力下，N_2O_4有 50.2%分解成 NO_2，问当压力增大 10 倍，N_2O_4分解的百分数为多少？

解： $N_2O_4\text{(g)}\rightleftharpoons 2NO_2\text{(g)}$

	N_2O_4	NO_2	
$t=0$	1	0	
$t=t$	$1-\alpha$	2α	$n_{总}=1+\alpha$
$x_{\rm B}$	$\dfrac{1-\alpha}{1+\alpha}$	$\dfrac{2\alpha}{1+\alpha}$	

$$K_p^{\ominus}=\prod_{\rm B}\left(\frac{p_{\rm B}}{p^{\ominus}}\right)^{\nu_{\rm B}}=\left\{\frac{(2\alpha)p}{(1+\alpha)p^{\ominus}}\right\}^2\times\left\{\frac{(1-\alpha)p}{(1+\alpha)p^{\ominus}}\right\}^{-1}$$

由于反应在标准压力下进行，且 $\alpha=0.502$，故有

$$K_p^{\ominus}=\left\{\frac{(2\alpha)}{(1+\alpha)}\right\}^2\times\left\{\frac{(1-\alpha)}{(1+\alpha)}\right\}^{-1}=1.34$$

当压力增加 10 倍时，$K_p^{\ominus}$数值不变。

$$K_p^{\ominus}=\left\{\frac{(2\alpha)p}{(1+\alpha)p^{\ominus}}\right\}^2\times\left\{\frac{(1-\alpha)p}{(1+\alpha)p^{\ominus}}\right\}^{-1}$$
$$=\left\{\frac{10\times2\alpha}{(1+\alpha)}\right\}^2\times\left\{\frac{10\times(1-\alpha)}{(1+\alpha)}\right\}^{-1}$$
$$=1.34$$

则得到，α＝18%。

说明当压力增加 10 倍，N_2O_4的分解率降为 18%。可见增加压力不利于 N_2O_4的分解。

三、惰性气体对平衡的影响

惰性气体指的是系统中未参加反应的气体。对气相反应来说，温度和压力一定时，如果往反应系统中加入惰性气体，则也会改变平衡混合物的组成。对反应

$$aA + bB \rightleftharpoons yY + zZ$$

$$K_p^{\ominus} = \prod_B \left(\frac{x_B p}{p^{\ominus}}\right)^{\nu_B} = \frac{n_Y^y \cdot n_Z^z}{n_A^a \cdot n_B^b}\left(\frac{p/p^{\ominus}}{\sum_B n_B}\right)^{\sum_B \nu_B} \quad (6.19)$$

式（6.19）中 x_B 代表任意组分的摩尔分数，p 为系统总压，$\sum_B n_B$ 为系统总的物质的量。惰性气体的加入使 $\sum_B n_B$ 增加，若总压 p 不变，而 $K_p^{\ominus}$ 不变，必然影响各物质量的比例。总压不变，加入惰性气体，相当于减少了每一种物质的分压，与降低系统总压的效应是一致的。惰性气体的影响，归根结底，还是每一种物质分压的影响，其前提条件是总压不变。根据式（6.19），对于 $\Sigma\nu_B>0$ 的化学反应，增加惰性气体，$\sum_B n_B$ 值增加，式（6.19）中括号项下降。因为 $K_p^{\ominus}$ 为定值，则 $\frac{n_Y^y \cdot n_Z^z}{n_A^a \cdot n_B^b}$ 项应增加，平衡向生成产物反向移动。对于 $\sum \nu_B<0$ 的化学反应，增加惰性气体，则会使反应物的含量会增加，平衡向逆反向移动。

【例 6.6】 工业上用乙苯脱氢制苯乙烯 $C_6H_5C_2H_5$（g）$\rightleftharpoons$ $C_6H_5C_2H_3$（g）$+H_2$（g），如反应在 900 K 下进行，其 $K_p^{\ominus}=1.51$。试分别计算在下述情况下，乙苯的平衡转化率。

① 反应压力为 100 kPa；

② 反应压力为 10 kPa；

③ 反应压力为 100 kPa，且加入水蒸气使原料气中水与乙苯蒸气的物质的量之比为 10∶1。

解：设乙苯的转化率为 α

	$C_6H_5C_2H_5$（g） $\rightleftharpoons$	$C_6H_5C_2H_3$（g）	$+H_2$（g）
开始	1	0	0
平衡	$1-\alpha$	α	α
平衡总量		$1+\alpha$	

$$K_p^{\ominus}=\frac{\dfrac{p_{C_6H_5C_2H_3}}{p^{\ominus}}\dfrac{p_{H_2}}{p^{\ominus}}}{\dfrac{p_{C_6H_5C_2H_5}}{p^{\ominus}}}=\frac{\left(\dfrac{\alpha}{1+\alpha}\dfrac{p}{p^{\ominus}}\right)^2}{\dfrac{1-\alpha}{1+\alpha}\dfrac{p}{p^{\ominus}}}=\frac{\alpha^2}{1-\alpha^2}\frac{p}{p^{\ominus}}$$

① 将 $K_p^{\ominus}$=1.51，反应压力 p=100 kPa 代入上式，解得 α=77.6%

② 将 $K_p^{\ominus}$=1.51，反应压力 p=10 kPa 代入上式，解得 α=96.8%

③ 加入水蒸气后

$$C_6H_5C_2H_5\text{（g）} \rightleftharpoons C_6H_5C_2H_3\text{（g）}+H_2\text{（g）}+H_2O$$

开始	1	0	0	10
平衡	$1-\alpha$	α	α	10
平衡总量		$11+\alpha$		

$$K_p^{\ominus}=\frac{\dfrac{p_{C_6H_5C_2H_3}}{p^{\ominus}}\dfrac{p_{H_2}}{p^{\ominus}}}{\dfrac{p_{C_6H_5C_2H_5}}{p^{\ominus}}}=\frac{\left(\dfrac{\alpha}{11+\alpha}\dfrac{p}{p^{\ominus}}\right)^2}{\dfrac{1-\alpha}{11+\alpha}\dfrac{p}{p^{\ominus}}}=\frac{\alpha^2}{(11+\alpha)(1-\alpha)}\frac{p}{p^{\ominus}}$$

将 $K_p^{\ominus}$=1.51，反应压力 p=100 kPa 代入上式，解得 α=95.0%

上述例题计算结果表明，温度一定时，减小压力，平衡向体积增大方向移动；保持压力不变，加入惰性气体，平衡向气体分子数增大方向移动。

四、反应物摩尔比对平衡的影响

对于气相反应

$$a\text{A}+b\text{B} \rightleftharpoons y\text{Y}+z\text{Z}$$

若原料气中只有反应物而没有产物，令反应物的摩尔比 $n_B/n_A=r$，r 的变化范围为 $r>0$，在保持总压不变的情况下，随 r 的增加，气体 A 的转化率增加，气体 B 的转化率减少。存在一个 r 值，产物的平衡摩尔分数在此 r 值时达到极大。可以证明，当 $r=n_B/n_A=b/a$ 时，产物在混合气体中的摩尔分数为最大。因此，在合成氨生产过程中，总使原料气中氢和氮的体积比为 3∶1，以使氨的含量最高。

如果两种原料气中，B 气体较 A 气体便宜，而 B 气体又容易从混合气体中分离，那么，根据平衡移动原理，为了充分利用 A 气体，可以使 B 气体大大过量，以便尽量提高 A 气体的转化率。虽然这样做混合气体中产物的含量会降低，但通过分离可得到更多的产物，经济上还是有益的。

第四节 真实气体反应的化学平衡

在前面推导理想气体化学平衡时，将理想气体化学势$\mu_B = \mu_B^\ominus + RT\ln\left(p_B/p^\ominus\right)$代入$(\Delta_r G_m)_{T,p} = \sum_B \nu_B \mu_B$ 得出化学反应等温方程式。然后，结合平衡条件$(\Delta_r G_m)_{T,p}=0$。

推导出一定温度下的标准平衡常数$K_p^\ominus$。

对于$0 = \sum_B \nu_B B$的真实气体化学反应，其标准平衡常数$K_p^\ominus$可用相同的原理推导。真实气体化学平衡的条件仍然为：

$$\left(\frac{\partial G}{\partial \xi}\right)_{T,p} = \sum_B \nu_B \mu_B = 0$$

真实气体混合物中组分 B 的化学势为：

$$\mu_B = \mu_B^\ominus + RT\ln\left(\tilde{p}_B/p^\ominus\right)$$

这里$\tilde{p}_B$为组分 B 在某指定温度下的逸度。将此式代入上式，得到：

$$\sum_B \nu_B \mu_B^\ominus + RT\sum_B \nu_B \ln\frac{\tilde{p}_{B,eq}}{p^\ominus} = 0$$

$$\Delta_r G_m^\ominus + RT\ln\prod_B\left(\frac{\tilde{p}_{B,eq}}{p^\ominus}\right)^{\nu_B} = 0 \qquad (6.20)$$

式中，$p^\ominus$是标准态压力，通常选取压力$p^\ominus$=100 kPa 的纯理想气体作为标准态；$\tilde{p}_{B,eq}$是化学平衡时组分 B 的逸度，即平衡逸度。根据式（6.20）可知在温度一定时$\prod_B\left(\frac{\tilde{p}_{B,eq}}{p^\ominus}\right)^{\nu_B}$为定值，即为标准平衡常数：

$$K_p^{\ominus}=\prod_{\rm B}\left(\frac{\tilde{p}_{\rm B,eq}}{p^{\ominus}}\right)^{\nu_{\rm B}} \tag{6.21}$$

于是有

$$\Delta_{\rm r}G_{\rm m}^{\ominus}=-RT\ln K_p^{\ominus} \tag{6.22}$$

式中 $\Delta_{\rm r}G_{\rm m}^{\ominus}$ 是真实气体化学反应的标准摩尔吉布斯自由能变化量，$K_p^{\ominus}$ 是真实气体化学反应的标准平衡常数。在一定温度下，某一化学反应的 $K_p^{\ominus}$ 是一个常数，它只是温度 T 的函数。

由于逸度和压力之间存在 $\tilde{p}_{\rm B,eq}=\gamma_{\rm B}p_{\rm B,eq}$ 关系，故

$$\begin{aligned}K_p^{\ominus}&=\prod_{\rm B}\left(\frac{\tilde{p}_{\rm B,eq}}{p^{\ominus}}\right)^{\nu_{\rm B}}=\prod_{\rm B}\left(\frac{\gamma_{\rm B}p_{\rm B,eq}}{p^{\ominus}}\right)^{\nu_{\rm B}}\\&=\prod_{\rm B}(\gamma_{\rm B})^{\nu_{\rm B}}\prod_{\rm B}\left(\frac{p_{\rm B,eq}}{p^{\ominus}}\right)^{\nu_{\rm B}}\end{aligned} \tag{6.23}$$

式（6.23）中 $\gamma_{\rm B}$ 为组分 B 的逸度因子，它是温度和压力的函数，故 $\prod_{\rm B}(\gamma_{\rm B})^{\nu_{\rm B}}$ 也取决于温度和压力。

对于理想气体 $\prod_{\rm B}(\gamma_{\rm B})^{\nu_{\rm B}}=1$，对于低压下的真实气体 $\prod_{\rm B}(\gamma_{\rm B})^{\nu_{\rm B}}\approx1$，故

$$K_p^{\ominus}=\prod_{\rm B}\left(\frac{p_{\rm B,eq}}{p^{\ominus}}\right)^{\nu_{\rm B}}$$

对于高压下的真实气体，$\prod_{\rm B}(\gamma_{\rm B})^{\nu_{\rm B}}\neq1$，故 $K_p^{\ominus}\neq\prod_{\rm B}\left(\frac{p_{\rm B,eq}}{p^{\ominus}}\right)^{\nu_{\rm B}}$。也就是说，高压下的真实气体反应的平衡常数不等于标准压力平衡常数 $K_p^{\ominus}$。

【例 6.7】 已知反应

$$\frac{1}{2}N_2(g)+\frac{3}{2}H_2(g)\rightleftharpoons NH_3(g)$$

在 500℃、低压下的 $K_p^{\ominus}=3.80\times10^{-3}$，试计算 500℃、30 MPa 下，由反应物开始，且氮、氢比例为 1∶3，求反应达平衡时 NH_3 的摩尔分数，并与实际值 26.44%（NH_3）比较。

（1）按理想气体计算；

（2）按真实气体计算，且 $\prod_B(\gamma_B)^{\nu_B}=0.773$。

解：（1）按理想气体计算，设平衡转化率为α

$$\frac{1}{2}N_2(g)+\frac{3}{2}H_2(g)\rightleftharpoons NH_3(g)$$

起始　　1 mol　　3 mol　　0

平衡　1 mol×（1－α）　3 mol×（1－α）　1 mol×2α

$$K_p^{\ominus}=\frac{2\alpha}{(1-\alpha)^{\frac{1}{2}}[3(1-\alpha)]^{\frac{3}{2}}}\left(\frac{p/p^{\ominus}}{4-2\alpha}\right)^{1-\frac{1}{2}-\frac{3}{2}}$$

$$=\frac{4\alpha(2-\alpha)}{3^{\frac{3}{2}}(1-\alpha)^2 p/p^{\ominus}}$$

$$K_p^{\ominus}3^{\frac{3}{2}}\frac{p}{p^{\ominus}}(1-\alpha)^2 2^{-2}=\alpha(2-\alpha)=1-(1-\alpha)^2$$

$$(1-\alpha)^2=\frac{1}{1+3^{\frac{3}{2}}2^{-2}K_p^{\ominus}p/p^{\ominus}}$$

于是　$$\alpha=1-\frac{1}{\left[1+1.299K_p^{\ominus}(p/p^{\ominus})\right]^{\frac{1}{2}}}$$

将 $K_p^{\ominus}=3.80\times10^{-3}$，$p$=30 MPa 代入上式，可得到：

$$\alpha=1-(1+1.299\times3.8\times10^{-3}\times300)^{-\frac{1}{2}}=0.365$$

故平衡时 NH_3 的摩尔分数为：

$$x_{NH_3}=\frac{2\alpha}{4-2\alpha}=\frac{0.365}{1.635}\times100\%=22.32\%$$

该结果与实际值的相对误差为

$$\frac{26.44-22.32}{26.44}\times 100\%=16.0\%$$

（2）由于上面推导时假设各组分均为理想气体，故 $K_p^{\ominus}$ 代表的实际上应为

$\prod_{B}\left(\frac{p_{B,eq}}{p^{\ominus}}\right)^{\nu_B}$，即有

$$\alpha=1-\frac{1}{\left\{1+1.299[\prod_{B}\left(\frac{p_{B,eq}}{p^{\ominus}}\right)^{\nu_B}](p/p^{\ominus})\right\}^{\frac{1}{2}}}$$

现按真实气体计算，这时

$K_p^{\ominus}=\prod_{B}(\gamma_B)^{\nu_B}\prod_{B}\left(\frac{p_{B,eq}}{p^{\ominus}}\right)^{\nu_B}$，故而$\prod_{B}\left(\frac{p_{B,eq}}{p^{\ominus}}\right)^{\nu_B}=K_p^{\ominus}/\prod_{B}(\gamma_B)^{\nu_B}$。

即为

$$\prod_{B}\left(\frac{p_{B,eq}}{p^{\ominus}}\right)^{\nu_B}=\frac{3.80\times 10^{-3}}{0.773}=4.92\times 10^{-3}$$

于是
$$\alpha=1-\frac{1}{(1+1.299\times 4.92\times 10^{-3}\times 300)^{\frac{1}{2}}}=0.414$$

故平衡时 NH_3 的摩尔分数为：

$$x_{NH_3}=\frac{2\alpha}{4-2\alpha}=\frac{0.414}{1.586}\times 100\%=26.10\%$$

该结果与实际值的相对误差为

$$\frac{26.44-26.10}{26.44}\times 100\%=1.3\%$$

计算结果表明，若按真实气体计算，其结果准确得多。

第五节　混合物和溶液中的化学平衡

本节主要讨论常压下液态混合物和液态溶液中的化学平衡。

一、液态混合物中的化学平衡

液态混合物是指混合物中各物质均为液态，且各组分之间没有溶质、溶剂之分，各组分完全互溶，各组分的相对量不同。

对液态混合物中的化学反应 $0=\sum_{B}\nu_B B$，常压下任一组分 B 的化学势为

$$\mu_B=\mu_B^{\ominus}+RT\ln a_B$$

上式中 a_B 为组分 B 的活度。恒温恒压下，化学反应等温方程式为

$$(\Delta_r G_m)_{T,p}=\sum_{B}\nu_B\mu_B=\Delta_r G_m^{\ominus}+RT\ln\prod_{B}a_B^{\nu_B}$$

上式中 $\Delta_r G_m^{\ominus}=\sum_{B}\nu_B\mu_B^{\ominus}$，为标准摩尔反应吉布斯自由能变化量，它只是温度的函数。当化学反应达到平衡时，$(\Delta_r G_m)_{T,p}=0$，则有

$$\Delta_r G_m^{\ominus}=-RT\ln\prod_{B}a_{B,eq}^{\nu_B} \tag{6.24}$$

因在一定温度下 $\Delta_r G_m^{\ominus}$ 为确定值，根据标准平衡常数的定义式（6.12），得到液相中标准平衡常数的表达式：

$$K_a^{\ominus}=\prod_{B}a_{B,eq}^{\nu_B} \tag{6.25}$$

对任一组分 B，因为 $a_B=f_B x_B$，故常压下

$$K_a^{\ominus}=\prod_{B}a_{B,eq}^{\nu_B}=(\prod_{B}x_{B,eq}^{\nu_B})\times(\prod_{B}f_{B,eq}^{\nu_B}) \tag{6.26}$$

假若反应系统能形成理想液态混合物，因 $f_{B,eq}=1$，所以 $\prod_{B}f_{B,eq}^{\nu_B}=1$，应有

$$K_a^{\ominus}=\prod_{B}x_{B,eq}^{\nu_B} \tag{6.27}$$

需要说明的是，液态反应系统接近理想的很少，因此按式（6.27）求 $K_a^\ominus$ 准确度较低。

【例 6.8】　有一均相的液相反应

$$C_5H_{10}(l)+CCl_3COOH(l) \rightleftharpoons CCl_3COOC_5H_{11}(l)$$

可近似看做理想液态混合物反应。当温度为 100℃，将 2.150 mol 戊烯与 1.000 mol 三氯乙酸混合，平衡时得到 0.762 mol 酯。试计算 7.13 mol 戊烯与 1.00 mol 三氯乙酸混合时生成酯的物质的量。

解：　$C_5H_{10}(l)$ + $CCl_3COOH(l) \rightleftharpoons CCl_3COOC_5H_{11}(l)$

平衡时各物质的量 2.150−0.762=1.388　1.000−0.762 =0.238　0.762

平衡时系统中总的物质的量

$$n_{总} = (2.150-0.762)+(1.000-0.762)+0.762=2.388\ \text{mol}$$

根据平衡常数公式（6.25），$K_x^\ominus = \prod_B x_{B,eq}^{\nu_B} = \dfrac{\dfrac{0.762}{2.388}}{\dfrac{1.388}{2.388}\times\dfrac{0.238}{2.388}} = 5.51$

当 7.13 mol 戊烯与 1.00 mol 三氯乙酸混合，反应达平衡时戊烯、三氯乙酸、酯的物质的量分别为：（7.13−α）mol，（1.00−α）mol，α mol。

平衡时系统中总的物质的量 $n_{总}$ =（7.13−α）+（1.00−α）+α =（8.13−α）mol。

平衡常数 $K_x^\ominus$ 不变，于是有

$$K_x^\ominus = \frac{\dfrac{\alpha}{8.13-\alpha}}{\dfrac{7.13-\alpha}{8.13-\alpha}\times\dfrac{1.00-\alpha}{8.13-\alpha}} = 5.51$$

解得　　$\alpha = 0.82\ \text{mol}$

生成酯的物质的量为 0.82 mol。

二、液态溶液中的化学平衡

液态溶液中的化学反应可分为有溶剂参与化学反应和只在溶质之间反应两类不同情况。

液态溶液中的化学反应可表示为

$$0=\nu_{\mathrm{A}}\mathrm{A}+\sum_{\mathrm{B}}\nu_{\mathrm{B}}\mathrm{B}$$

式中，A 代表溶剂，B 代表任一种溶质。当 $\nu_{\mathrm{A}}<0$，表明溶剂为反应物；当 $\nu_{\mathrm{A}}>0$，表明溶剂为产物；当 $\nu_{\mathrm{A}}=0$，溶剂不参与化学反应，反应只在溶质之间进行。常压下忽略压力对化学势的影响，则溶剂 A 和溶质 B 的化学势表达式分别为

$$\mu_{\mathrm{A}}=\mu_{\mathrm{A}}^{\ominus}+RT\ln a_{\mathrm{A}}$$

$$\mu_{\mathrm{B}}=\mu_{\mathrm{B}}^{\ominus}+RT\ln a_{\mathrm{B}}$$

将其代入 $(\Delta_{\mathrm{r}}G_{\mathrm{m}})_{T,p}=\sum_{\mathrm{B}}\nu_{\mathrm{B}}\mu_{\mathrm{B}}+\nu_{\mathrm{A}}\mu_{\mathrm{A}}$，得到溶液中化学反应的等温方程为

$$(\Delta_{\mathrm{r}}G_{\mathrm{m}})_{T,p}=\Delta_{\mathrm{r}}G_{\mathrm{m}}^{\ominus}+RT\ln(a_{\mathrm{A}}^{\nu_{\mathrm{A}}}\times\prod_{\mathrm{B}}a_{\mathrm{B}}^{\nu_{\mathrm{B}}})\tag{6.28}$$

式中 $\Delta_{\mathrm{r}}G_{\mathrm{m}}^{\ominus}=\sum_{\mathrm{B}}\nu_{\mathrm{B}}\mu_{\mathrm{B}}^{\ominus}+\nu_{\mathrm{A}}\mu_{\mathrm{A}}^{\ominus}$，为同一温度下的标准摩尔吉布斯自由能变化量。需要说明的是，这里溶剂 A 和溶质 B 的标准态是不同的。溶剂 A 的标准态是同样温度标准压力下的纯液体 A，任一溶质 B 的标准态是同样温度标准压力下质量摩尔浓度 $b_{\mathrm{B}}=b^{\ominus}=1\,\mathrm{mol\cdot kg^{-1}}$ 且具有理想稀溶液性质的溶质。

当溶液中化学反应达到平衡时，$(\Delta_{\mathrm{r}}G_{\mathrm{m}})_{T,p}=\sum_{\mathrm{B}}\nu_{\mathrm{B}}\mu_{\mathrm{B}}+\nu_{\mathrm{A}}\mu_{\mathrm{A}}=0$，则存在：

$$\Delta_{\mathrm{r}}G_{\mathrm{m}}^{\ominus}=-RT\ln(a_{\mathrm{A,eq}}^{\nu_{\mathrm{A}}}\times\prod_{\mathrm{B}}a_{\mathrm{B,eq}}^{\nu_{\mathrm{B}}})$$

一定温度下的 $\Delta_{\mathrm{r}}G_{\mathrm{m}}^{\ominus}$ 为确定值，根据 $K_a^{\ominus}$ 定义式，即 $K_a^{\ominus}=\exp(-\frac{\Delta_{\mathrm{r}}G_{\mathrm{m}}^{\ominus}}{RT})$，得到溶液中化学反应 $K_a^{\ominus}$ 的表达式为：

$$K_a^{\ominus}=a_{\mathrm{A,eq}}^{\nu_{\mathrm{A}}}\times\prod_{\mathrm{B}}a_{\mathrm{B,eq}}^{\nu_{\mathrm{B}}}\tag{6.29}$$

因在常压下溶液中 $a_{\mathrm{B}}=\gamma_{\mathrm{B}}b_{\mathrm{B}}/b^{\ominus}$，代入式（6.29），得到：

$$K_a^{\ominus}=a_{\mathrm{A,eq}}^{\nu_{\mathrm{A}}}\times\prod_{\mathrm{B}}(\gamma_{\mathrm{B,eq}}b_{\mathrm{B,eq}}/b^{\ominus})^{\nu_{\mathrm{B}}}\tag{6.30}$$

若溶液为理想稀溶液，$\gamma_B = 1$，$a_{A,eq}^{\nu_A} \approx 1$，则平衡常数的表达式可简化为：

$$K_a^{\ominus} \approx \prod_B (b_{B,eq} / b^{\ominus})^{\nu_B} \tag{6.31}$$

【例 6.9】 试求 25℃时，下列水溶液中的化学反应丙氨酸（aq）+苷氨酸（aq）$\rightleftharpoons$ 丙氨酰苷氨酸（aq）+水（1）的 $K_a^{\ominus}$。已知：$\Delta_f G_m^{\ominus}$（水，1）= $-273.2\ \mathrm{kJ \cdot mol^{-1}}$，$\Delta_f G_m^{\ominus}$（丙氨酰苷氨酸，aq，$b$=1 mol·kg^{-1}）=$-491.6\ \mathrm{kJ \cdot mol^{-1}}$，$\Delta_f G_m^{\ominus}$（丙氨酸，aq，$b$=1 mol·kg^{-1}）=$-373.6\ \mathrm{kJ \cdot mol^{-1}}$，$\Delta_f G_m^{\ominus}$（苷氨酸，aq，$b$=1 mol·kg^{-1}）=$-372.8\ \mathrm{kJ \cdot mol^{-1}}$

解：该化学反应的 $\Delta_r G_m^{\ominus}$=（$-491.6-273.2$）－（$-373.6-372.8$）

$$= -18.4\ (\mathrm{kJ \cdot mol^{-1}})$$

$$K_a^{\ominus} = \exp(-\frac{\Delta_r G_m^{\ominus}}{RT}) = \exp\left(-\frac{-18.4 \times 10^3}{8.314 \times 298}\right) = 1.68 \times 10^3$$

复习与思考题

1．反应达到平衡时，宏观和微观特征有何区别？

2．在等温等压下，一个化学反应之所以能自发进行，是由于反应物的化学势的总和大于产物的化学势总和，那么为什么化学反应通常不能进行到底，而要达到平衡态？

3．什么是标准摩尔生成吉布斯自由能？

4．对于理想气体反应的标准平衡常数而言，当气体起始浓度不同时，$K_p^{\ominus}$ 是不是相同？平衡组成是不是也相同？

5．根据公式 $\Delta_r G_m^{\ominus} = -RT \ln K_p^{\ominus}$，所以 $\Delta_r G_m^{\ominus}$ 是在平衡状态时的吉布斯自由能的变化值，这种说法对不对？

6．标准平衡常数改变了，平衡一定会移动。反之，平衡移动了，标准平衡常数也一定会改变。这种说法对吗？

7．若用下列两个化学方程式来表示合成氨反应，两者的$\Delta_r G_m^\ominus$和$K_p^\ominus$的关系如何？

$$N_2(g)+3H_2(g) \rightleftharpoons 2NH_3(g)$$

$$\frac{1}{2}N_2(g)+\frac{3}{2}H_2(g) \rightleftharpoons NH_3(g)$$

8．某一化学反应的标准摩尔吉布斯函数$\Delta_r G_m^\ominus>0$，这就说明该反应不能自发进行，这个说法对吗？为什么？

9．复相反应的$K_p^\ominus$表达式中为什么不必出现固体（或液体）纯物质的蒸气压？

10．反应 $CO(g)+H_2O(g) \rightleftharpoons CO_2(g)+H_2(g)$ 因为反应前后分子数相等，所以无论压力如何变化，对平衡均无影响。这种说法正确吗？

11．在某恒定的温度和压力下，取 $n_0=1$ mol 的 A（g）进行如下化学反应

$$A(g) \rightleftharpoons B(g)$$

若$\mu_B^\ominus=\mu_A^\ominus$，试证明，当反应进度$\xi=0.5$ mol时，系统的吉布斯函数 G 值为最小，这时 A、B 间达到化学平衡。

12．已知反应$CO(g)+H_2O(g) \rightleftharpoons CO_2(g)+H_2(g)$，973 K 时的$K_p^\ominus=0.71$，若：

（1）反应系统中各组分的分压都是 1.52×10^5 Pa，试判断反应的方向。（$J_p^\ominus>K_p^\ominus$，反应向左进行）

（2）反应系统中$p_{CO}=1.013\times10^6$ Pa，$p_{H_2O}=5.065\times10^5$ Pa，$p_{CO_2}=p_{H_2}=1.52\times10^5$ Pa。试判断反应的方向。（$J_p^\ominus<K_p^\ominus$，反应向右进行）

13．已知气相反应$N_2O_4 \rightleftharpoons 2NO_2$，在25℃的标准平衡常数$K_p^\ominus=0.14$，判断总压为标准大气压时下列系统中反应的方向：

（1）N_2O_4与NO_2含量为 1∶3（物质的量之比）的气体混合物；（反应逆方向进行）

（2）N_2O_4与NO_2含量为 4∶1 的气体混合物（气体假定为理想气体）。（反应正方向自发进行）

14．在真空容器中放入固态的 NH_4HS，25℃下分解为 NH_3（g）和 H_2S（g），平衡时容器内的压力为 66.66 kPa。

（1）当放入 NH_4HS 时容器中已有 39.99 kPa 的 H_2S（g），求平衡时容器内的压力；（77.7 kPa）

（2）容器中原有 6.666 kPa 的 NH_3（g），问需加入多大压力的 H_2S，才能形成 NH_4HS 固体？（$p_{H_2S} > 166\ kPa$）

15．已知同一温度，两化学反应方程及其标准平衡常数如下：

$$CH_4(g) + CO_2(g) \rightleftharpoons 2CO(g) + 2H_2(g) \qquad K_{p_1}^{\ominus}$$

$$CH_4(g) + H_2O(g) \rightleftharpoons CO(g) + 3H_2(g) \qquad K_{p_2}^{\ominus}$$

求下列反应的 $K_p^{\ominus}$：

$$CH_4(g) + 2H_2O(g) \rightleftharpoons CO_2(g) + 4H_2(g)$$

$$\left[K_p^{\ominus} = \frac{(K_{p_2}^{\ominus})^2}{K_{p_1}^{\ominus}}\right]$$

16．在 288 K 将适量 CO_2 引入某容器，测得 CO_2 压力为 $0.025\,9\,p^{\ominus}$，若加入过量 NH_4COONH_2（s），平衡后测得系统总压为 $0.063\,9\,p^{\ominus}$，求 288 K 时反应 $NH_4COONH_2(s) = 2NH_3(g) + CO_2(g)$ 的 $K_p^{\ominus}$（$K_p^{\ominus} = 2.47\times10^{-5}$）。

17．已知铁在高温下的氧化反应为

$$2Fe(s) + O_2 \rightleftharpoons 2FeO(s)$$

在 1 000 K 时，$\Delta_r G_m^{\ominus} = -400.82$ kJ/mol，求：

（1）$K_p^{\ominus}$；（8.28×10^{20}）

（2）FeO（s）的分解压；（1.17×10^{-16} Pa）

（3）铁在 1 000 K 时能否被氧化？（容易被氧化）

18．在一个抽空的恒容容器中引入 Cl_2（g）和 SO_2（g），若它们之间没有发生反应，则在 375.3 K 时的分压应分别为 47.836 kPa 和 44.786 kPa。将容器保持在

375.3 K，经一定时间后，总压力减少至 86.096 kPa，且维持不变。求下列反应的 $K_p^\ominus$：

SO_2Cl_2（g）$\rightleftharpoons$ SO_2（g）+ Cl_2（g）（$K_p^\ominus$=2.42）

19．放热反应 CO（g）+H_2O（g）$\rightleftharpoons$ CO_2（g）+H_2（g），在 1 000 K 时的平衡常数为 1.34。若 CO 和 H_2O 的摩尔比为 1∶5，试求 1 000 K 时 CO 的最大转化率。若增大压力，最大转化率如何变化？若升高温度，最大转化率如何变化（86.5%）？

20．25℃时氯化铵在真空容器中按下式分解并建立平衡：

$$NH_4Cl（s）\rightleftharpoons NH_3（g）+HCl（g）$$

设气体服从理想气体状态方程，且已知 NH_4Cl（s）、NH_3（g）、HCl（g）25℃的标准生成吉布斯自由能分别为 $-202.870\ kJ\cdot mol^{-1}$、$-16.450\ kJ\cdot mol^{-1}$、$-95.299\ kJ\cdot mol^{-1}$。试计算 25℃时反应的标准平衡常数 $K_p^\ominus$ 及 NH_3 的平衡分压。（$K_p^\ominus$=1.085×10^{-16}，p_{NH_3}=1.042×10^{-6} kPa）

21．甲烷转化反应 CH_4（g）+ H_2O（g）$\rightleftharpoons$ CO（g）+ 3 H_2（g），在 900 K 下的标准平衡常数为 1.28，若取等物质的量的甲烷与水蒸气反应，求在 900 K 及标准压力下，达到平衡时系统的组成。（x_{CH_4}=0.197，x_{H_2O}=0.197，x_{CO}=0.152，x_{H_2}=0.455）

22．PCl_5（g）的分解反应如下：

$$PCl_5\ (g) \rightleftharpoons PCl_3(g) + Cl_2\ (g)$$

在 200℃时的 $K_p^\ominus$=0.312，计算：

（1）200℃，200 kPa 下 PCl_5 的转化率；（36.7%）

（2）摩尔比为 1∶5 的 PCl_5 与 Cl_2 的混合物，在 200℃，101.325 kPa 下，求达到化学平衡时 PCl_5 的转化率。（26.8%）

23．已知反应 A（g）$\rightleftharpoons$ 2B（g）在 298 K 时 $\Delta_r G_m^\ominus$=4.75 $kJ\cdot mol^{-1}$，试求：

（1）反应开始只有 A，在 298 K、100 kPa 下 A（g）的转化率？（18.83%）

（2）当温度不变，总压增至 1 000 kPa，A（g）的转化率？（6.053%）

（3）反应开始时原料气中 A（g）与惰性气体的摩尔比为 1∶2，在 298 K、100 kPa 下 A（g）的转化率？（29.26%）

24．在 323 K 时，下列反应的解离压力为 3.998 kPa

$$2NaHCO_3（s）\rightleftharpoons Na_2CO_3（s）+H_2O（g）+CO_2（g）$$

假设气体为理想气体，求 323 K 时反应的标准吉布斯自由能变化$\Delta_r G_m^\ominus$。

（$\Delta_r G_m^\ominus$=21.01 kJ·mol^{-1}）

25．CO_2与H_2S在高温下有如下反应：

$$CO_2\text{（g）}+H_2S\text{（g）}\rightleftharpoons COS\text{（g）}+H_2O\text{（g）}$$

在 610 K 时，将 4.4×10^{-3} kg 的 CO_2 加入 2.5 dm^3 体积的空瓶中，然后再充入 H_2S 使总压为 1 013.25 kPa。平衡后取样分析其中含水的摩尔分数为 0.02。同样重复上述实验，但温度维持在 620 K，平衡后取样分析，其中含水的摩尔分数为 0.03。（计算时可假定气体为理想气体）

（1）计算 610 K 时的$K_p^\ominus$。（2.849×10^{-3}）

（2）求 610 K 时的$\Delta_r G_m^\ominus$。（29.73 kJ · mol^{-1}）

（3）在 610 K 时，在反应器中充入不活泼气体，使压力加倍（若保持反应器的体积不变），试问 COS 的产率是增加、减少还是不变？如充入不活泼气体后保持压力不变，而使体积加倍，问 COS 的产率是否受到影响？[不影响 COS（g）的产率]

26．已知反应（CH_3）$_2$CHOH（g）$\rightleftharpoons$（CH_3）$_2$CO（g）+H_2（g）

在 457.4K 时，$K_p^\ominus$ =0.36，本反应的$\Delta C_{p,m}^\ominus$=0，$\Delta_r H_m^\ominus$（298.15 K）=6.15×10^4J · mol^{-1}。试求 500 K 时的$K_p^\ominus$。（$K_p^\ominus$=1.428）

27．一定温度下，在含过量硫的容器中通入压力为 200 kPa 的 CO 气体，发生如下反应：

$$S(s)+2CO(g)\rightleftharpoons SO_2(g)+2C(s)$$

反应达到平衡时的总压力为 103 kPa。试计算标准平衡常数$K_p^\ominus$。（$K_p^\ominus$=269）

28．已知 Br_2（g）的标准生成焓$\Delta_f H_m^\ominus$和标准生成自由能$\Delta_f G_m^\ominus$分别为 30.71 kJ·mol^{-1}和 3.14 kJ·mol^{-1}。

（1）计算液态溴在 298 K 时的蒸气压。（28.53 kPa）

（2）近似计算溴在 323 K 时的蒸气压。（74.47 kPa）

自 测 题

1．选择题

（1）合成氨反应 N_2（g）+3H_2（g）$\rightleftharpoons$ 2NH_3（g）达平衡后加入惰性气体，且保持系统温度、总压不变（气体为理想气体），则（ ）。

（A）n_{N_2}减少，n_{H_2}减少，n_{NH_3}增加，$K_p^\ominus$不变

（B）n_{N_2}减少，n_{H_2}减少，n_{NH_3}增加，$K_p^\ominus$增加

（C）n_{N_2}不变，n_{H_2}不变，n_{NH_3}不变，$K_p^\ominus$不变

（D）n_{N_2}增加，n_{H_2}增加，n_{NH_3}减少，$K_p^\ominus$不变

（2）已知某温度下，反应 CO（g）+H_2O（g）$\rightleftharpoons$ H_2（g）+CO_2（g）放热，达平衡后，采取下列哪种措施能使反应的进度发生变化？（ ）。

（1）加大压力；（2）升高温度；（3）保持温度和压力不变；（4）加入惰性气体。

（A）2　　（B）3、4　　（C）1　　（D）2、3

（3）反应 2C（s）+O_2（g）$\rightleftharpoons$ 2CO（g），$\Delta_r G_m^\ominus/(J\cdot mol^{-1}) = -232\,600 - 167.8\, T/K$，若温度增加，则：

（A）$\Delta_r G_m^\ominus$变负，反应更完全　（B）$K_p^\ominus$变大，反应更完全

（C）$K_p^\ominus$变小，反应更不完全　（D）无法判断

（4）PCl_5的分解反应 PCl_5（g）$\rightleftharpoons$ PCl_3（g）+Cl_2（g），在 473 K 达平衡时，PCl_5有 48%分解，在 573K 时 PCl_5有 97%分解，则此反应为（ ）。

（A）放热　（B）吸热　（C）既不吸热也不放热　（D）无法确定

（5）在等温等压下，当反应的$\Delta_r G_m^\ominus = 5\ kJ\cdot mol^{-1}$时，该反应能否进行？（ ）。

（A）能正向自发进行　（B）能逆向自发进行

（C）不能判断　（D）不能进行

（6）同一化学反应，若反应式的计量系数不同，其平衡常数$K_p^\ominus$和标准吉布斯自由能变化为（ ）。

（A）$K_p^\ominus$相同　$\Delta_r G_m^\ominus$不同　（B）$K_p^\ominus$不同　$\Delta_r G_m^\ominus$相同

（C）$K_p^{\ominus}$、$\Delta_r G_m^{\ominus}$都不同　　　　（D）$K_p^{\ominus}$、$\Delta_r G_m^{\ominus}$都相同

（7）已知反应 $2NH_3 \rightleftharpoons N_2 + 3H_2$，在等温条件下，标准平衡常数为 0.25，那么，在此条件下，氨的合成反应$\frac{1}{2}N_2(g)+\frac{3}{2}H_2(g) \rightleftharpoons NH_3(g)$的标准平衡常数为（　）。

（A）4　　　　（B）0.5　　　　（C）2　　　　（D）1

（8）理想气体反应 N_2O_5（g）$\rightleftharpoons$ N_2O_4（g）+1/2 O_2（g）的 $\Delta_r H_m^{\ominus}=41.84\ kJ\cdot mol^{-1}$，$\Delta_r C_{p,m}^{\ominus}=0$ 。试问增加 N_2O_4（g）平衡产率的条件是（　）。

（A）降低温度　　　　（B）提高温度

（C）提高压力　　　　（D）等温等容加入惰性气体

（9）某化学反应在 298 K 时的标准吉布斯自由能变化为负值，则该温度时反应的 $K_p^{\ominus}$ 将是（　）。

（A）$K_p^{\ominus}=0$　　（B）$K_p^{\ominus}<0$　　（C）$K_p^{\ominus}>1$　　（D）$0<K_p^{\ominus}<1$

（10）在一定温度和压力下，对于一个化学反应，能用以判断其反应方向的是：

（A）$\Delta_r G_m^{\ominus}$　　（B）$K_p^{\ominus}$　　（C）$(\Delta_r G_m)_{T,p}$　　（D）$\Delta_r H_m^{\ominus}$

2．填空题

（1）分解反应 A（s）$\rightleftharpoons$ B（s）+2C（g），反应平衡常数 $K_p^{\ominus}$ 和离解压 $p_{离}$的关系式是________。

（2）在 T、p 及组成一定的条件下反应 $0=\sum \nu_B B$ 的 $(\Delta_r G_m)_{T,p}$ 与此反应的反应进度 ξ，$K_p^{\ominus}$ 及化学势 μ_B 之间的定量关系式为：

$$(\Delta_r G_m)_{T,p}=(\quad)=(\quad)=(\quad)$$

（3）化学反应等温方程式中，表示系统标准状态下性质的是_____，用来判断反应方向的是_____，用来判断反应进行限度的是_____。

（4）气体反应 $CO + 2H_2 \rightleftharpoons CH_3COOH$ 的 $\Delta_r G_m^{\ominus}=(-90.625-0.211T/K)$ $kJ\cdot mol^{-1}$，若使平衡常数 $K_p^{\ominus}>1$，温度应为________。

（5）在 298 K 时反应 N_2O_4（g）$\rightleftharpoons$ $2NO_2$（g）的 $K_p^\ominus=0.1132$，当 $p_{N_2O_4}=p_{NO_2}=1\text{ kPa}$ 时反应将向________移动。当 $p_{N_2O_4}=10\text{ kPa}$，$p_{NO_2}=1\text{ kPa}$ 时，反应将向________移动。

（6）已知等温反应 CH_4（g）$\rightleftharpoons$ C（s）＋2 H_2（g），若提高系统总压力，则平衡移动的方向为 _____。

（7）反应 C（s）＋H_2O（g）$\rightleftharpoons$ CO（g）＋H_2（g），在 400℃时达到平衡，$\Delta_r G_m^\ominus=133.5\text{ kJ·mol}^{-1}$，为使平衡向右移动，可采取的措施有________。

（8）已知 298.15 K，水蒸气的标准摩尔生成吉布斯函数 $\Delta_r G_m^\ominus$（H_2O，g）＝－228.572 kJ·mol^{-1} 同样的温度下，反应 $2H_2O$（g）$\rightleftharpoons$ $2H_2$（g）＋O_2（g）的标准平衡常数______。

（9）反应 C_2H_4（g）+H_2O（l）$\rightleftharpoons$ C_2H_5OH（aq）的 $\Delta_r G_m^\ominus$（298 K）＝－12.34 kJ·mol^{-1}，若反应处于平衡状态，则$(\Delta_r G_m)_{T,p}=$ ______kJ·mol^{-1}。

（10）在刚性密闭容器中，有下列理想气体反应达平衡 A（g）+B（g）$\rightleftharpoons$ C（g），若在恒温下加入一定量惰性气体，则平衡将___________。

3．在 929 K 时，硫酸亚铁按如下反应分解：

$$2FeSO_4(s) \rightleftharpoons Fe_2O_3(s)+SO_2(g)+SO_3(g)$$

反应达到平衡后，在两种固体存在下的气体总压力为 90.0 kPa。（1）计算 929 K 时的 $K_p^\ominus$；（2）若开始时在 929 K 的容器中含过量的硫酸亚铁和压力为 60.0 kPa 的 SO_2，试计算最后平衡压力。

4．在 630 K 时，反应 2HgO（s）═══ 2Hg（g）＋O_2（g）的 $\Delta_r G_m^\ominus=44.3\text{ kJ·mol}^{-1}$。

（1）求上述反应的标准平衡常数 $K_p^\ominus$；

（2）在 630 K 时 HgO（s）的分解压力。

5．某反应在 1 100 K 附近，温度每升高 1 K，$K_p^\ominus$ 比原来增大 1%，试求在此温度附近的 $\Delta_r H_m^\ominus$。

第七章　化学动力学

对任何相变化和化学变化来说，总是存在两个方面的问题：第一，在某一条件下，该反应有没有进行的可能性，如果可能反应达到平衡后，产物的产率是多少？这就是反应的方向和限度问题。第二，此反应欲达到最后的结果需多长时间，即变化的速率。同时我们还要知道由反应物生成产物经过哪些具体步骤，即反应的机理问题。第一类问题的研究属于化学热力学的研究范畴。而第二类问题的研究属于化学动力学（chemical kinetics）的研究范畴。热力学解决了物质变化过程的可能性，而动力学则是把这种可能性变为现实性。如果一个反应在热力学上判断是可以自动发生的，则须从动力学上考虑如何使可能性变成可行性。但如果一个反应在热力学上判断是不可能发生的，则探讨动力学就毫无意义。

化学动力学主要研究化学反应速率以及各种因素如浓度、温度、催化剂、溶剂、光照等对反应速率的影响，另外还研究一个化学反应从反应物到生成物具体经历哪些具体步骤，即所谓的反应机理（reaction mechanism）。其目的是控制反应的进行，使反应按照人们所希望的速率进行，得到所希望的物质。即通过化学动力学的研究，可知道如何控制反应条件，提高主反应的速率以增进化工生产的质量；可知道如何抑制或减慢副反应的速率，以减少原料的消耗，减轻后序分离操作的负担。化学动力学还提供如何避免危险品的爆炸、材料的腐蚀或产品的老化变质等方面的知识。由此可见，化学动力学的研究无论是理论上还是实践上，都具有重要的意义。

化学动力学的发展比化学热力学要迟，而且没有热力学那样完整的系统。1850年，德国化学家L.F.威廉米（Ludwig Ferdinand Wilhelmy）测定了蔗糖水解反应的速率，并采用微分方程对该反应的速率进行定量处理，还提出一个描述反应速率与反应温度关系的经验关系式，从此化学反应动力学正式诞生。此后一百多年中，化学反应动力学取得巨大发展。挪威化学家瓦格（Peter Waage）和数学家古德伯格（Cato Maximilian Guldberg）发现了质量作用定律，瑞典化学家阿仑尼乌斯（S.Arrhenius，1903年诺贝尔化学奖获得者）提出了阿仑尼乌斯公式及其解释。这些工作的完成，基本确定了宏观动力学的结构。20世纪后，化学动力学取得了进一步的发展，从总化学反应研究深入到基元反应的研究，实现了从宏观到微观的过渡，建立起微观反应动力学。总体上说，化学动力学的发展相对较为迅速，但所形成的理论尚不够完善，要定量地说明和解决化学反应的动力学问题，还需要不断的努力。

第一节　化学反应速率的定义

一、反应速率的定义

对于化学反应$0=\sum_{B}\nu_B B$，当反应过程体积恒定时，用单位体积反应进度随时间的变化率表示反应速率。即

$$r\overset{\text{def}}{=}\frac{1}{V}\frac{d\xi}{dt} \tag{7.1}$$

式中，V为反应系统的体积；ξ为反应进度；t为反应时间。根据反应进度的定义：

$$\xi=\frac{n_B(t)-n_B(0)}{\nu_B}$$

$$d\xi=\frac{dn_B}{\nu_B} \tag{7.2}$$

式（7.1）可写为：

$$r=\frac{1}{\nu_B V}\frac{dn_B}{dt}=\frac{1}{\nu_B}\frac{dc_B}{dt} \tag{7.3}$$

对于反应：

$$aA+bB\longrightarrow yY+zZ$$

则有：

$$r=-\frac{1}{a}\frac{dc_A}{dt}=-\frac{1}{b}\frac{dc_B}{dt}=\frac{1}{y}\frac{dc_Y}{dt}=\frac{1}{z}\frac{dc_Z}{dt} \tag{7.4}$$

式（7.4）中，$-\frac{dc_A}{dt}$、$-\frac{dc_B}{dt}$分别为反应物A、B的消耗速率；$\frac{dc_Y}{dt}$、$\frac{dc_Z}{dt}$分别为生成物Y、Z的增长速率。

$$
\begin{aligned}
r_{\mathrm{A}} &= -\frac{\mathrm{d}c_{\mathrm{A}}}{\mathrm{d}t} \\
r_{\mathrm{B}} &= -\frac{\mathrm{d}c_{\mathrm{B}}}{\mathrm{d}t} \\
r_{\mathrm{Y}} &= \frac{\mathrm{d}c_{\mathrm{Y}}}{\mathrm{d}t} \\
r_{\mathrm{Z}} &= \frac{\mathrm{d}c_{\mathrm{Z}}}{\mathrm{d}t}
\end{aligned} \tag{7.5}
$$

根据对化学反应方程式中化学计量系数的规定，对反应物而言，ν_{B}和 $\mathrm{d}c_{\mathrm{B}}$均为负值；对产物而言，ν_{B}和 $\mathrm{d}c_{\mathrm{B}}$均为正值。因此 r 恒为正值，其单位为 $\mathrm{mol\cdot dm^{-3}\cdot s^{-1}}$。因为化学计量方程式有不同的写法，所以用 r 表示的反应速率与化学计量方程式的写法有关，但反应物的消耗速率或产物的生成速率与化学计量方程式的写法无关。为了研究的方便，经常采用反应物的消耗速率或产物的生成速率来表示反应速率。由于各物质的计量系数不同，所表示的反应速率的数值也可能不相同，它们之间的关系如下：

$$
\frac{r_{\mathrm{A}}}{a} = \frac{r_{\mathrm{B}}}{b} = \frac{r_{\mathrm{Y}}}{y} = \frac{r_{\mathrm{Z}}}{z} \tag{7.6}
$$

对于恒容气相反应，常用混合气体组分的分压力的消耗速率或增长速率来表示反应速率，即

$$
r_{\mathrm{B}(p)} = \pm\frac{\mathrm{d}p_{\mathrm{B}}}{\mathrm{d}t} \tag{7.7}
$$

对于低压下的恒温气相反应

$$
r_{\mathrm{B}(p)} = RT\,r_{\mathrm{B}} \tag{7.8}
$$

二、化学反应速率的实验测定

对于恒容均相反应，在反应开始后的不同时刻 t_1，t_2，…，分别测量出某个反应物或生成物的浓度 c_1，c_2，…，以浓度对时间作图（图 7.1），得到的曲线称为动力学曲线。动力学曲线上某一点切线的斜率即是 $\mathrm{d}c/\mathrm{d}t$，由此斜率值即可求得相应时刻的反应速率。

反应速率的测定实际上就是测定不同时刻反应物或生成物的浓度。测定浓度的方法一般有化学法和物理法。化学法是定期地从反应系统中取出部分样品来测定反应物或生成物浓度。在某个时刻，采取骤冷、稀释或加入阻化剂等方法使反应停止，然后进行分析，得到此时的被测物质的浓度。此法的特点是能直接得出

不同时刻的浓度，但实际操作比较烦琐而且慢。物理法是测量反应系统某些与浓度有关的物理量，如压力、体积、颜色、旋光度、折光率、电导、介电常数、电动势等，从这些物理量随时间的变化关系来衡量反应速率。对于不同的方法可选用不同的仪器，如各种光谱仪、色谱、质谱、电导率仪、折光仪、磁共振仪等。该法的特点是迅速方便，特别是可以不停止反应系统进行测定，便于自动记录。此外还常采用流动法测量浓度的变化，即反应物从管式反应器一端流入，而产物自另一端流出，测定在管子不同位置的物质浓度，即可绘出动力学曲线。对于一些快速反应必须采取一些特殊的方法或特殊的仪器才能进行测量。由于反应速率受温度的影响，因此在测定过程中必须保持反应系统温度的恒定。

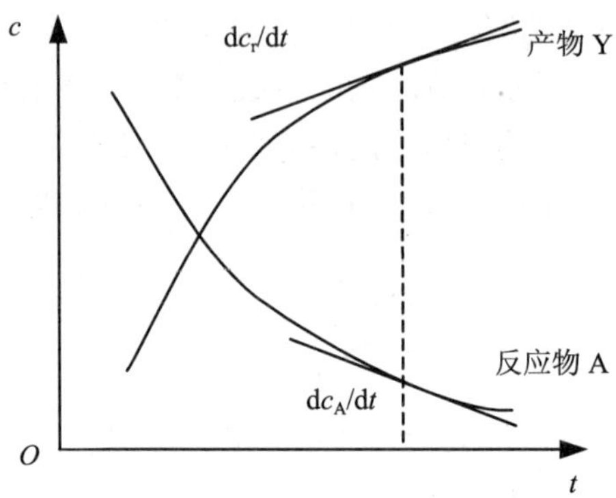

图 7.1 反应物和产物浓度变化曲线

第二节 化学反应的速率方程

表示反应速率与浓度等参数的关系，或表示浓度等参数与时间关系的方程称为化学反应的速率方程（rate equation），通常也称为动力学方程（kinetic equation）。

一、基元反应

化学反应通常并不是按化学反应计量方程式表示的那样一步直接完成的，反应物分子一般总是经历若干个简单的步骤，最后才转化为产物分子的。每一个简单的反应步骤就是一个基元反应。

例如，$H_2+Cl_2 \longrightarrow 2HCl$，已证明是由以下四步来完成的：

（1）$Cl_2 + M \longrightarrow 2Cl\cdot + M$

（2）$Cl\cdot + H_2 \longrightarrow HCl + H\cdot$

（3）$H\cdot + Cl_2 \longrightarrow HCl + Cl\cdot$

（4）$2Cl\cdot + M \longrightarrow Cl_2 + M$

式中，Cl·和 H·称为氯自由基和氢自由基。自由基是含有不成对价电子的原子或原子团等。M 是起能量传递作用的第三体。

以上反应实际进行的转化过程的每一步反应称为基元反应（elementary reaction），也称为元反应。简而言之，基元反应就是一步能完成的反应。上述反应（1）～（4）就是基元反应，这些基元反应代表了反应所经过的途径，称为反应机理或反应历程。而反应 $H_2 + Cl_2 \longrightarrow 2HCl$ 称为总反应。

在基元反应中，实际参加反应的分子数目称为反应分子数。根据反应分子数可把基元反应分为单分子反应、双分子反应和三分子反应，四分子反应目前尚未发现。如上面反应（1）、（2）、（3）为双分子反应，反应（4）为三分子反应。

仅由一个基元反应组成的总反应称为简单反应，由两个或两个以上基元反应所组成的总反应称为复杂反应。绝大多数宏观总反应都是复杂反应。

二、质量作用定律

对于基元反应，反应速率与反应物浓度的幂乘积成正比。幂指数就是基元反应方程式中各反应物的系数，这就是质量作用定律。

例如，对于基元反应 $2A + B \longrightarrow Z$，根据质量作用定律，其反应速率为

$$r = kc_A^{\ 2}c_B$$

质量作用定律只适用与基元反应，对于复杂反应，不能直接由质量作用定律给出其反应速率方程。

三、反应速率方程

基元反应的速率方程可根据质量作用定律直接写出，而对于复杂反应的速率方程必须通过实验来确定。

以复杂反应 $aA + bB \longrightarrow yY + zZ$ 为例，实验测得其速率方程为

$$r = kc_A^{\ \alpha}c_B^{\ \beta} \tag{7.9}$$

（1）反应级数。式（7.9）中，指数α、β分别称为参加反应的组分 A、B 的级数。各指数之和 $n(n=\alpha+\beta)$称为反应的总级数。反应级数的大小表示反应物的浓度对反应速率的影响，级数越高，表明浓度对反应速率影响越强烈。反应级数可以是正数或负数，可以是整数或分数，也可以是零。反应级数是由实验测定的。

（2）反应速率系数。式（7.9）中，比例系数 k 称为反应速率系数，其物理意义是各有关物质的浓度为单位浓度时的反应速率。它与反应物的浓度无关，但随温度、溶剂和催化剂等而变化。k 的单位随着反应总级数的不同而不同，即 $[k]=[t]^{-1}[c]^{1-n}$。用反应物或生成物等不同组分表示反应速率时，其反应速率系数的值一般是不一样的。

对于反应：
$$aA + bB \longrightarrow yY + zZ$$

$$r_A = k_A c_A^{\alpha} c_B^{\beta}$$
$$r_B = k_B c_A^{\alpha} c_B^{\beta}$$
$$r_Y = k_Y c_A^{\alpha} c_B^{\beta}$$
$$r_Z = k_Z c_A^{\alpha} c_B^{\beta}$$

由式（7.6）知：

$$\frac{k_A}{a} = \frac{k_B}{b} = \frac{k_Y}{y} = \frac{k_Z}{z} \tag{7.10}$$

（3）以混合气体分压力表示的气相反应速率方程

对于反应：
$$aA(g) + bB(g) \longrightarrow yY(g)$$

其反应速率方程可表示为：
$$r_A = -\frac{dc_A}{dt} = k_{A(c)} c_A^{\alpha} c_B^{\beta}$$

也可表示为：
$$r_{A(p)} = -\frac{dp_A}{dt} = k_{A(p)} p_A^{\alpha} p_B^{\beta}$$

式中，$k_{A(c)}$，$k_{A(p)}$ 分别为用物质的量的浓度和分压力表示时的速率方程中的反应速率系数。通常 $k_{A(c)}$ 也可简写为 k_A。

若气体可视为理想混合气体，$p_A = c_A RT$，$p_B = c_B RT$，则

$$r_{A(p)} = -\frac{dp_A}{dt} = -RT\frac{dc_A}{dt} = RTk_A c_A^{\alpha} c_B^{\beta}$$

$$r_{A(p)} = -\frac{dp_A}{dt} = k_{A(p)} p_A^{\alpha} p_B^{\beta} = (RT)^{(\alpha+\beta)} k_{A(p)} c_A^{\alpha} c_B^{\beta}$$

所以

$$k_{A(p)} = k_A (RT)^{1-(\alpha+\beta)} = k_A (RT)^{1-n} \qquad (7.11)$$

式中，$n=\alpha+\beta$，即反应的总级数。

【例 7.1】 理想气体反应 $2A(g) \longrightarrow P(g)$ 在恒定 500 K 温度下在定容反应器中进行反应，其反应速率可表示为 $r_A = -\dfrac{dc_A}{dt} = k_A c_A^2$，也可以表示为 $r_{A(p)} = -\dfrac{dp_A}{dt} = k_{A(p)} p_A^2$，已知 $k_A = 8.20\times10^{-3}\ mol^{-1}\cdot dm^3\cdot s^{-1}$，求 $k_{A(p)}$。

解：根据式（7.11）可得：

$$k_{A(p)} = k_A (RT)^{1-n} = \frac{k_A}{RT} = \left\{\frac{8.20\times10^{-6}}{8.314\times500}\right\} Pa^{-1}\cdot s^{-1} = 1.97\times10^{-9}\,Pa^{-1}\cdot s^{-1}$$

用式（7.11）计算时需注意 k_A 的单位，如本题中计算时需先把 k_A 化成以 $mol^{-1}\cdot m^3\cdot s^{-1}$ 为单位，而不是直接以 $mol^{-1}\cdot dm^3\cdot s^{-1}$ 代入计算。即式（7.11）中 k_A 的单位中关于体积部分的单位必须为 m^3，而不是 dm^3。

第三节 简单级数反应的速率方程

反应速率方程是微分形式，进行积分后可以得到浓度和时间的关系，称为反应速率方程积分形式。本节主要讨论具有简单级数反应的速率方程的微分式、积分式、速率系数、半衰期等动力学特征。

一、零级反应

反应速率与反应物浓度的零次方成正比，即与反应物的浓度无关，这类反应称为零级反应。一些光化学反应和表面催化反应是零级反应。显然，这种反应不是一个基元反应。

如零级反应 $A \longrightarrow Z$，反应开始时 A 的浓度为 $c_{A,0}$，进行时间 t 后，A 的浓度为 c_A，即

$$A \longrightarrow Z$$

$t=0 \qquad c_{A,0} \qquad 0$

$t=t \qquad c_A \qquad c_{A,0}-c_A$

其速率方程为

$$r_A = -\frac{dc_A}{dt} = k_A c_A^0 = k_A \tag{7.12}$$

式（7.12）进行定积分 $\int_{c_{A,0}}^{c_A} dc_A = -k_A \int_0^t dt$

即

$$t = \frac{c_{A,0}-c_A}{k_A} \tag{7.13}$$

对于定容系统，A 的转化率

$$x_A = \frac{n_{A,0}-n_A}{n_{A,0}} = \frac{c_{A,0}-c_A}{c_{A,0}} \tag{7.14}$$

则

$$x_A = \frac{k_A t}{c_{A,0}} \tag{7.15}$$

由式（7.13）可知，对于零级反应，反应物浓度 c_A 对时间 t 作图，应得到一条直线（图 7.2），直线的斜率为 $-k_A$。k_A 的单位为 $[c]\cdot[t]^{-1}$。

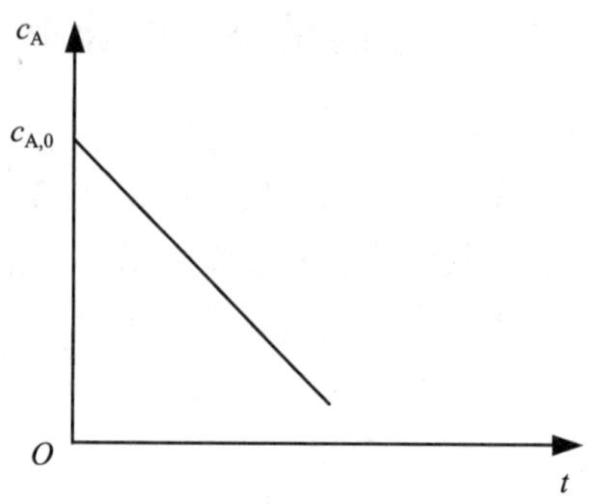

图 7.2 零级反应 c_A-t 关系

当反应物 A 的浓度由 $c_{A,0}$ 变为 $c_A=\frac{1}{2}c_{A,0}$ 或 $x_A=0.5$ 时所需的时间用 $t_{1/2}$ 表示，称为反应的半衰期。由式（7.13）或式（7.15）可知，零级反应的半衰期 $t_{1/2}=\frac{c_{A,0}}{2k_A}$。

二、一级反应

反应速率与反应物浓度的一次方成正比的反应称为一级反应。放射性元素的蜕变过程，大多数的热裂解反应，分子重排反应，异构化反应常为一级反应。

设有某一级反应

$$\begin{array}{lcc} & A \longrightarrow & Z \\ t=0 & c_{A,0} & 0 \\ t=t & c_A & c_{A,0}-c_A \end{array}$$

其速率方程为

$$r_A = -\frac{dc_A}{dt} = k_A c_A \tag{7.16}$$

式（7.16）进行定积分

$$\int_{c_{A,0}}^{c_A} \frac{1}{c_A} dc_A = -k_A \int_0^t dt$$

$$t = \frac{1}{k_A} \ln \frac{c_{A,0}}{c_A} \tag{7.17}$$

由式（7.14）和式（7.17）得

$$t = \frac{1}{k_A} \ln \frac{1}{1-x_A} \tag{7.18}$$

由式（7.17）和式（7.18）可知，一级反应的 k_A 的单位为$[t]^{-1}$。半衰期 $t_{1/2} = \frac{\ln 2}{k_A} = \frac{0.693}{k_A}$，与反应物的浓度无关，这是一级反应的一个特征，据此可判断一个反应是否是一级反应。

由式（7.17）可得

$$\ln c_A = \ln c_{A,0} - k_A t \tag{7.19}$$

从式（7.19）可以看出，$\ln c_A$ 对 t 作图，应得到一条直线（如图 7.3 所示），直线的斜率为$-k_A$。这是一级反应的另一个特征，也可以作为判断一级反应的判据。

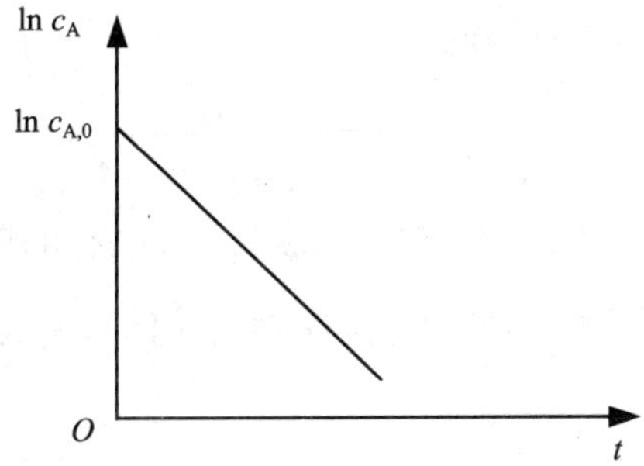

图 7.3 一级反应 $\ln c_A$-t 关系

【例 7.2】 某金属的同位素进行β放射，14 d 后，同位素活性下降了 6.85%。试求该同位素的：（1）蜕变常数，（2）半衰期，（3）分解掉 90%所需时间。

解：（1）经过 14 d 后，同位素的转化率为 $x_A = \dfrac{6.85}{100} = 0.0685$

$$k_A = \frac{1}{t}\ln\frac{1}{1-x_A} = \left\{\frac{1}{14}\ln\frac{1}{1-0.0685}\right\}\text{d}^{-1} = 5.07\times10^{-3}\ \text{d}^{-1}$$

（2）$t_{1/2} = \dfrac{\ln 2}{k_A} = \dfrac{0.693}{k_A} = \left\{\dfrac{0.693}{5.07\times10^{-3}}\right\}\text{d} = 136.7\ \text{d}$

（3）$t = \dfrac{1}{k_A}\ln\dfrac{1}{1-x_A} = \left\{\dfrac{1}{5.07\times10^{-3}}\ln\dfrac{1}{1-0.9}\right\}\text{d} = 454.2\ \text{d}$

三、二级反应

反应速率与反应物浓度的二次方成正比的反应称为二级反应。在溶液中进行的许多有机化学反应属于二级反应，如某些加成反应、分解反应和取代反应等。

（1）反应物只有一种

$$\begin{array}{lcc} & \text{A} \longrightarrow & \text{Z} \\ t=0 & c_{A,0} & 0 \\ t=t & c_A & c_{A,0}-c_A \end{array}$$

其速率方程为
$$r_A = -\frac{\text{d}c_A}{\text{d}t} = k_A c_A^2 \tag{7.20}$$

式（7.20）进行定积分
$$\int_{c_{A,0}}^{c_A}\frac{1}{c_A^2}\text{d}c_A = -k_A\int_0^t \text{d}t$$

$$t = \frac{1}{k_A}\left(\frac{1}{c_A} - \frac{1}{c_{A,0}}\right) \tag{7.21}$$

由式（7.14）和式（7.21）得

$$t = \frac{x_A}{k_A c_{A,0}(1-x_A)} \tag{7.22}$$

由式（7.21）和式（7.22）可知，二级反应的 k_A 的单位为$[c]^{-1}[t]^{-1}$。半衰期 $t_{1/2} = \dfrac{1}{k_A c_{A,0}}$，即二级反应的半衰期与反应物的初始浓度成反比，这是二级反应的一个特征。

由式（7.21）可得

$$\frac{1}{c_A} = k_A t + \frac{1}{c_{A,0}} \tag{7.23}$$

从式（7.23）可以看出，$\frac{1}{c_A}$ 对 t 作图，应得到一条直线（如图 7.4 所示），直线的斜率为 k_A。这是二级反应的另一个特征。

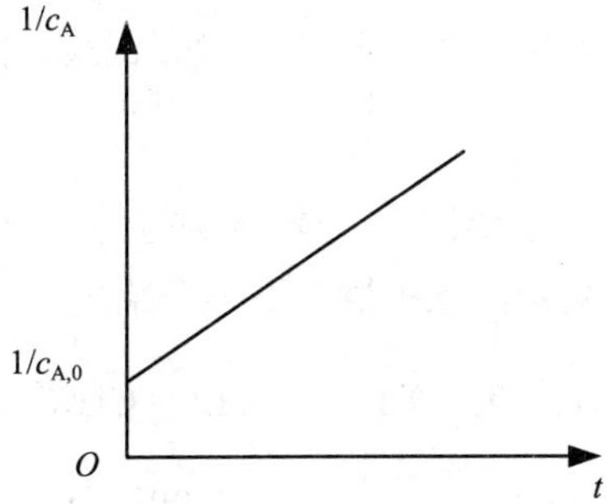

图 7.4　二级反应 $1/c_A$-t 关系

（2）反应物有两种

设有二级反应　　　　　　　A　+　B ⟶ Z

$$\begin{array}{llll} t=0, & c_{A,0} & c_{B,0} & 0 \\ t=t, & c_{A,0}-x & c_{B,0}-x & x \end{array}$$

$c_{A,0}$、$c_{B,0}$ 分别表示反应物 A、B 的初始浓度，x 为反应 t 时刻反应物反应掉的浓度，其速率方程为

$$r_A = -\frac{dc_A}{dt} = k_A c_A c_B \tag{7.24}$$

即

$$\frac{dx}{dt} = k_A (c_{A,0} - x)(c_{B,0} - x)$$

式（7.24）进行定积分

$$\int_0^x \frac{1}{(c_{A,0} - x)(c_{B,0} - x)} dx = k_A \int_0^t dt$$

当 $c_{A,0} \neq c_{B,0}$ 时

$$t = \frac{1}{k_A \left(c_{A,0} - c_{B,0}\right)} \ln \frac{c_{B,0}(c_{A,0} - x)}{c_{A,0}(c_{B,0} - x)} \tag{7.25}$$

由式（7.14）和式（7.25）得

$$t=\frac{1}{k_A\left(c_{A,0}-c_{B,0}\right)}\ln\frac{c_{B,0}(1-x_A)}{c_{B,0}-c_{A,0}x_A} \tag{7.26}$$

因为 $c_{A,0}\neq c_{B,0}$，所以半衰期对 A 和 B 而言是不一样的，没有统一的表示式。

当 $c_{A,0}=c_{B,0}$ 时，式（7.24）可化为式（7.20），最后的积分结果如式（7.21）和式（7.22）。

式（7.25）和式（7.26）适用于反应物 A 和 B 的计量系数相同，若两者的计量系数不同，则计算会更复杂，此种情况不再介绍。

【例 7.3】 反应 $CH_3CH_2NO_2+OH^- \longrightarrow H_2O+CH_3CHNO_2^-$ 是二级反应，0℃时，反应速率系数为 39.1 $dm^3\cdot mol^{-1}\cdot min^{-1}$。若有 0.004 $mol\cdot dm^{-3}$ $CH_3CH_2NO_2$ 和 0.005 $mol\cdot dm^{-3}$ NaOH 的水溶液，问多少时间后有 90%的 $CH_3CH_2NO_2$ 发生反应？

解：

$$\begin{aligned}t&=\frac{1}{k_A\left(c_{A,0}-c_{B,0}\right)}\ln\frac{c_{B,0}(1-x_A)}{c_{B,0}-c_{A,0}x_A}\\&=\left\{\frac{1}{39.1\times(0.004-0.005)}\ln\frac{0.005\times(1-0.9)}{0.005-0.004\times0.9}\right\}\text{min}\\&=26.3\ \text{min}\end{aligned}$$

【例 7.4】 在 719 K 时，在定容下乙醛的分解反应为：

$$CH_3CHO(g)=\!=\!=CH_4(g)+CO(g)$$

若乙醛的起始压力 p_0 为 48.4 kPa，经一定时间后，容器内的总压力为 $p_{总}$：

t/s	42	105	242	384	665	1 070
$p_{总}$/kPa	52.9	58.3	66.3	71.6	78.3	83.6

证明该反应为二级反应。

解： $CH_3CHO(g) =\!= CH_4(g) + CO(g)$

$$\begin{array}{llll} t=0 & p_0 & 0 & 0\\ t=t & p_0-p & p & p\end{array}$$

$$p_{总} = p_0 - p + p + p = p_0 + p \qquad p = p_{总} - p_0$$

证明二级反应就应用二级反应的速率方程，将 $k_{A(p)}$ 求出来，看是不是常数，是常数就证明是二级反应，否则不是。

假设上述反应为二级反应

$$t = \frac{1}{k_{A(c)}}\left(\frac{1}{c_A} - \frac{1}{c_{A,0}}\right) = \frac{RT}{k_{A(c)}}\left(\frac{1}{p_0 - p} - \frac{1}{p_0}\right)$$
$$= \frac{RT}{k_{A(c)}}\frac{p}{p_0(p_0 - p)} = \frac{1}{k_{A(p)}}\frac{p}{p_0(p_0 - p)}$$

所以 $$k_{A(p)} = \frac{1}{t}\frac{p}{p_0(p_0 - p)}$$

当 t= 42 s 时，$p = \{52.9-48.4\}$ kPa = 4.5 kPa

$$k_{A(p)} = \left\{\frac{1}{42} \times \frac{4.5}{48.4 \times (48.4 - 4.5)}\right\}(\text{kPa})^{-1}\text{s}^{-1} = 5.04 \times 10^{-5}\,(\text{kPa})^{-1} \cdot \text{s}^{-1}$$

同理，当 t =105 s 时，$k_{A(p)} = 5.06 \times 10^{-5}\,(\text{kPa})^{-1} \cdot \text{s}^{-1}$

当 t =242 s 时，$k_{A(p)} = 5.01 \times 10^{-5}\,(\text{kPa})^{-1} \cdot \text{s}^{-1}$

当 t =348 s 时，$k_{A(p)} = 4.95 \times 10^{-5}\,(\text{kPa})^{-1} \cdot \text{s}^{-1}$

当 t =665 s 时，$k_{A(p)} = 5.02 \times 10^{-5}\,(\text{kPa})^{-1} \cdot \text{s}^{-1}$

当 t =1 070 s 时，$k_{A(p)} = 5.15 \times 10^{-5}\,(\text{kPa})^{-1} \cdot \text{s}^{-1}$

根据上述结果可知，计算所得的 $k_{A(p)}$ 为常数，其平均值 $\overline{k_{A(p)}} = 5.04 \times 10^{-5}\,(\text{kPa})^{-1} \cdot \text{s}^{-1}$，证明该反应为二级反应。

四、*n* 级反应

反应速率与反应物浓度的 n 次方成正比的反应称为 n 级反应。n 的值可以是

整数也可以是分数。设有 n 级反应

$$
\begin{array}{lcc}
 & A \longrightarrow & Z \\
t=0 & c_{A,0} & 0 \\
t=t & c_A & c_{A,0}-c_A
\end{array}
$$

该反应的速率方程为

$$r_A = -\frac{dc_A}{dt} = k_A c_A^n \tag{7.27}$$

式（7.27）进行定积分 $\int_{c_{A,0}}^{c_A} \frac{1}{c_A^n} dc_A = -k_A \int_0^t dt$

当 $n \neq 1$ 时

$$t = \frac{1}{k_A(n-1)} \left(\frac{1}{c_A^{n-1}} - \frac{1}{c_{A,0}^{n-1}} \right) \tag{7.28}$$

由式（7.14）和式（7.28）得

$$t = \frac{1}{k_A(n-1)} \left[\frac{1-(1-x_A)^{n-1}}{c_{A,0}^{n-1}(1-x_A)^{n-1}} \right] \quad (n \neq 1) \tag{7.29}$$

将 $c_A = \frac{1}{2} c_{A,0}$ 或 $x_A = 0.5$ 代入式（7.28）或式（7.29）得，n 级反应的半衰期为

$$t_{1/2} = \frac{2^{n-1}-1}{(n-1)k_A c_{A,0}^{n-1}} \quad (n \neq 1) \tag{7.30}$$

【例 7.5】 某反应 $A \longrightarrow Y + Z$ 在一定温度下进行，此反应对反应物 A 为 2.5 级。反应物 A 的初始浓度 $c_{A,0}$=1 mol·dm^{-3}，初始反应速率 $r_{A,0}$=0.01 mol·dm^{-3}·s^{-1}，试分别计算反应物 A 的物质的量浓度为 c_A=0.50 mol·dm^{-3} 及 x_A=0.75 时所需的时间。

解：此反应对反应物 A 为 2.5 级，所以 $r_{A,0}=k_A c_{A,0}^{2.5}$

$$k_A = \frac{r_{A,0}}{c_{A,0}^{2.5}} = \left\{ \frac{0.01}{1^{2.5}} \right\} \text{mol}^{-1.5} \cdot \text{dm}^{4.5} \cdot \text{s}^{-1} = 0.01\,\text{mol}^{-1.5} \cdot \text{dm}^{4.5} \cdot \text{s}^{-1}$$

当 c_A=0.50 mol·dm^{-3} 时，由式（7.28）得

$$
\begin{aligned}
t&=\frac{1}{k_A(n-1)}\left(\frac{1}{c_A^{n-1}}-\frac{1}{c_{A,0}^{n-1}}\right)\\
&=\left\{\frac{1}{0.01\times(2.5-1)}\left[\frac{1}{0.5^{2.5-1}}-\frac{1}{1^{2.5-1}}\right]\right\}s\\
&=121.8\,s
\end{aligned}
$$

当 $x_A=0.75$ 时，由式（7.29）得

$$
t=\frac{1}{k_A(n-1)}\left[\frac{1-(1-x_A)^{n-1}}{c_{A,0}^{n-1}(1-x_A)^{n-1}}\right]=\left\{\frac{1}{0.01\times(2.5-1)}\left[\frac{1-(1-0.75)^{2.5-1}}{(1)^{2.5-1}(1-0.75)^{2.5-1}}\right]\right\}s=466.7\,s
$$

表 7.1　符合 $r_A=-\frac{dc_A}{dt}=k_Ac_A^n$ 反应的动力学方程微分式、积分式及特征

级数	动力学方程微分式	动力学方程积分式	特征		
			直线关系	k_A 的单位	半衰期 $t_{1/2}$
0	$r_A=-\frac{dc_A}{dt}=k_A$	$t=\frac{c_{A,0}-c_A}{k_A}$	c_A—t	$mol\cdot m^{-3}\cdot s^{-1}$	$\frac{c_{A,0}}{2k_A}$
1	$r_A=-\frac{dc_A}{dt}=k_Ac_A$	$t=\frac{1}{k_A}\ln\frac{c_{A,0}}{c_A}$	$\ln c_A$—t	s^{-1}	$\frac{\ln 2}{k_A}$
2	$r_A=-\frac{dc_A}{dt}=k_Ac_A^2$	$t=\frac{1}{k_A}\left(\frac{1}{c_A}-\frac{1}{c_{A,0}}\right)$	$\frac{1}{c_A}$—t	$m^3\cdot mol^{-1}\cdot s^{-1}$	$\frac{1}{k_Ac_{A,0}}$
n	$r_A=-\frac{dc_A}{dt}=k_Ac_A^n$	$t=\frac{1}{k_A(n-1)}\left(\frac{1}{c_A^{n-1}}-\frac{1}{c_{A,0}^{n-1}}\right)$	$\frac{1}{c_A^{n-1}}$—t	$m^{3(n-1)}\cdot mol^{1-n}\cdot s^{-1}$	$\frac{2^{n-1}-1}{(n-1)k_Ac_{A,0}^{n-1}}$

第四节　反应速率方程的建立

反应速率方程的确定，就是要找出反应速率与反应物浓度的关系。反应速率方程都是根据大量的实验数据或用拟合法来确定的。在一定温度下，反应速率系数为一定值，因此求算反应级数是建立反应速率方程的关键。确定反应级数有下列几种方法。

一、积分法

积分法又称尝试法。当实验测得了一系列 c_A— t 或 x_A— t 的动力学数据后，

作以下两种尝试：

（1）在一定温度下，不同时刻测得的反应物浓度的数据代入反应速率方程的积分公式中，求算其速率系数 k_A 的数值。如按某个公式计算的 k_A 为一常数，则该公式对应的级数即为反应的级数。

（2）根据反应物浓度与时间关系的图形特征来确定反应级数。对一级反应，以 $\ln c_A$ 对 t 作图应得直线；对二级反应，以 $1/c_A$ 对 t 作图应得直线；对三级反应，以 $1/c_A^2$ 对 t 作图应得直线；对零级反应，以 c_A 对 t 作图应得直线。将一组 c_A-t 数据分别按上述方法作图，如若有一种图呈直线关系，则该图所代表的级数即为反应的级数。

这种方法的缺点是只能确定整数级数反应的级数，当反应的级数为分数时，这种方法很不准确。

【例 7.6】 乙酸乙酯在碱性溶液中的反应为

$$CH_3COOC_2H_5 + OH^- \longrightarrow CH_3COO^- + C_2H_5OH$$

此反应在 25℃下进行，两种反应物的起始浓度均为 $6.40\times10^{-2}\ mol\cdot dm^{-3}$。在反应的不同时刻取样，并立即加入过量盐酸使反应停止，然后再用 NaOH 滴定多余的 HCl，可求得在反应停止时溶液中 OH^- 的浓度，所测得的结果如下

t/min	0	5	15	25	35	55
c_{OH^-} /（$mol\cdot dm^{-3}$）	0.064 0	0.041 0	0.025 0	0.017 0	0.014 0	0.009 0

试求反应级数和反应速率系数。

解：在此反应中，由于两种反应物的化学计量数相同，起始浓度相同，所以速率方程可写为

$$-\frac{dc_A}{dt} = k_A c_{OH^-}^{\alpha} c_{CH_3COOC_2H_5}^{\beta} = k_A c_{OH^-}^{n} \qquad 其中\quad n=\alpha+\beta$$

将第 2～6 组数据分别代入二级反应速率方程的积分形式 $k_A=\frac{1}{t}\left(\frac{1}{c_A}-\frac{1}{c_{A,0}}\right)$

可得

$$k_{A,1}=\frac{1}{t_1}\left(\frac{1}{c_{A,1}}-\frac{1}{c_{A,0}}\right)=\left\{\frac{1}{5}\times\left(\frac{1}{0.0410}-\frac{1}{0.0640}\right)\right\}dm^3\cdot mol^{-1}\cdot min^{-1}$$
$$=1.75\ dm^3\cdot mol^{-1}\cdot min^{-1}$$

$$k_{A,2}=1.74\,dm^3\cdot mol^{-1}\cdot min^{-1}$$

$$k_{A,3}=1.71\,dm^3\cdot mol^{-1}\cdot min^{-1}$$

$$k_{A,4}=1.73\,dm^3\cdot mol^{-1}\cdot min^{-1}$$

$$k_{A,5}=1.60\,dm^3\cdot mol^{-1}\cdot min^{-1}$$

以上 k_A 值基本一致，故可确定此反应为二级反应，k_A 的平均值为

$$k_A=\left\{\frac{1.75+1.74+1.71+1.73+1.60}{5}\right\}dm^3\cdot mol^{-1}\cdot min^{-1}=1.71\,dm^3\cdot mol^{-1}\cdot min^{-1}$$

二、微分法

根据实验数据作 c_A- t 曲线，在不同时刻 t 求 $-dc_A/dt$，设反应为 n 级，则

$$-\frac{dc_A}{dt}=k_A c_A^n$$

上式两边分别取对数

$$\ln(-dc_A/dt)=\ln k_A+n\ln c_A \tag{7.31}$$

以 $\ln(-dc_A/dt)$ 对 $\ln c_A$ 作图，直线的斜率为反应级数 n。

三、半衰期法

由式（7.30）可知，当 $n\neq1$ 时，半衰期与反应物的初始浓度的（$n-1$）次方成反比，即

$$\frac{(t_{1/2})_2}{(t_{1/2})_1}=\left[\frac{(c_{A,0})_1}{(c_{A,0})_2}\right]^{n-1}$$

上式两边取对数后化简可得

$$n=1+\frac{\ln\frac{(t_{1/2})_1}{(t_{1/2})_2}}{\ln\frac{(c_{A,0})_2}{(c_{A,0})_1}}\qquad(n\neq1) \tag{7.32}$$

【例 7.7】 氰酸铵在水溶液中转化为尿素的反应为：

$$NH_4OCN\longrightarrow CO(NH_2)_2$$

测得下列数据，试确定反应级数。

	1	2	3
$c_{A,0}$/（$mol\cdot dm^{-3}$）	0.05	0.10	0.20
$t_{1/2}$/h	37.03	19.15	9.45

解： 根据第 1 组数据和第 2 组数据可得

$$n=1+\frac{\ln\dfrac{(t_{1/2})_1}{(t_{1/2})_2}}{\ln\dfrac{(c_{A,0})_2}{(c_{A,0})_1}}=1+\frac{\ln\dfrac{37.03}{19.15}}{\ln\dfrac{0.1}{0.05}}=1.95\approx 2$$

根据第 1 组数据和第 3 组数据可得

$$n=1+\frac{\ln\dfrac{(t_{1/2})_1}{(t_{1/2})_2}}{\ln\dfrac{(c_{A,0})_2}{(c_{A,0})_1}}=1+\frac{\ln\dfrac{37.03}{9.45}}{\ln\dfrac{0.20}{0.05}}=1.99\approx 2$$

根据上述结果可知，此反应为二级反应。

四、隔离法

以上三种确定反应级数的方法，通常是直接应用于仅有一种反应物的情况。对于两种反应物，若其反应速率方程为

$$-\frac{dc_A}{dt}=k_A c_A^{\alpha} c_B^{\beta}$$

则可采用隔离法，再应用上述三种方法之一分别确定α和β。

实验时使$c_{B,0}\gg c_{A,0}$，则反应过程中 c_B 可看为常数，则反应速率方程可写为

$$-\frac{dc_A}{dt}=k_A{}' c_A^{\alpha}$$

上式中$k_A{}'=k_A c_B^{\beta}$，然后可采用前述的三种方法之一来确定α。同理，实验时使$c_{A,0}\gg c_{B,0}$，则反应过程中 c_A 可看为常数，则反应速率方程可写为

$$-\frac{dc_A}{dt}=k_A{}'' c_B^{\beta}$$

上式中$k_A{}''=k_A c_A^{\alpha}$，然后可采用前述的三种方法之一来确定β。

第五节 温度对反应速率的影响

上节讨论浓度对反应速率的影响时将温度恒定，这一节讨论温度对反应速率的影响时也把浓度保持恒定。此时讨论温度对反应速率的影响通常是讨论反应速率系数随温度的变化。

一、温度对反应速率影响的类型

温度对反应速率的影响有如图 7.5 所示的五种情况。

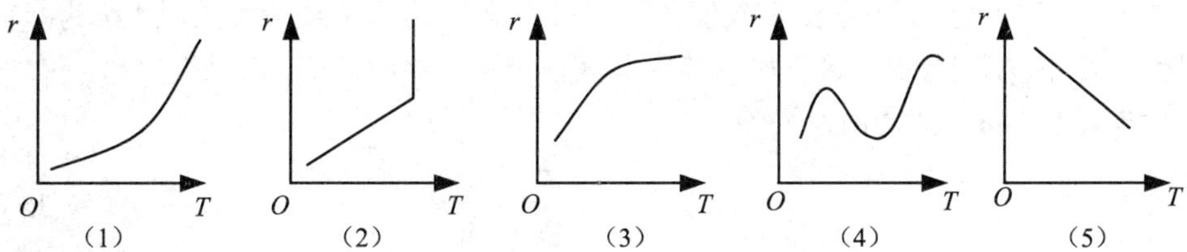

图 7.5 温度对反应速率影响的五种情况

（1）反应速率随温度的升高而逐渐加快，它们之间呈指数关系，这类反应最为常见。

（2）开始时温度影响不大，到达一定极限时，反应以爆炸的形式迅速进行。这类反应是属于有爆炸极限的反应。

（3）在温度不太高时，速率随温度的升高而加快，到达一定的温度，速率反而下降。如多相催化反应和酶催化反应。

（4）速率在随温度升到某一高度时下降，再升高温度，速率又迅速增加，可能发生了副反应使反应复杂化。

（5）温度升高，速率反而下降。这种类型很少，如一氧化氮氧化成二氧化氮。

二、范特霍夫（van't Hoff）规则

范特霍夫根据大量的实验数据总结出一条经验规律：温度每升高 10 K，反应速率近似增加 2～4 倍。这个经验规律可以用来估计温度对反应速率的影响。

$$\frac{k(T+10)}{k(T)}=2\sim4 \tag{7.33}$$

【例 7.8】 某反应温度每升高 10 K，速率增加 2 倍。此反应在 390 K 时进行

需 10 min。若降温到 290 K，达到相同的程度，需多长时间？

解：

$$\frac{k(390\ \mathrm{K})}{k(290\ \mathrm{K})}=\frac{t(290\ \mathrm{K})}{t(390\ \mathrm{K})}=2^{10}=1\,024$$

$$t(290\ \mathrm{K})=1\,024\times 10\ \mathrm{min}\approx 7\ \mathrm{d}$$

三、阿仑尼乌斯方程

温度对反应速率的影响比浓度的影响更为显著。1889 年阿仑尼乌斯总结大量实验数据，提出了经验方程

$$k=A\exp(-\frac{E_a}{RT}) \tag{7.34}$$

式（7.34）称为阿仑尼乌斯方程。式中 A 和 E_a 为两个经验常数，A 称为指前因子，E_a 称为活化能。阿仑尼乌斯因此获得了 1903 年度诺贝尔化学奖。

将式（7.34）两边取对数得

$$\ln k_A=-\frac{E_a}{RT}+\ln A \tag{7.35}$$

由式（7.35）可知，若以 $\ln k_A$ 对 $1/T$ 作图可得一直线，其斜率为 $-\frac{E_a}{R}$，截距为 $\ln A$。从而可以用多组实验数据求得反应的活化能和指前因子。式（7.35）称为阿仑尼乌斯方程的对数形式。

式（7.35）对 T 求导得

$$\frac{\mathrm{d}\ln k_A}{\mathrm{d}T}=\frac{E_a}{RT^2} \tag{7.36}$$

式（7.36）称为阿仑尼乌斯方程的微分形式。

将式（7.36）在 T_1 和 T_2 之间做定积分得

$$\ln\frac{k_{A,2}}{k_{A,1}}=\frac{E_a}{R}\left(\frac{1}{T_1}-\frac{1}{T_2}\right) \tag{7.37}$$

式（7.37）称为阿仑尼乌斯方程的积分形式。

阿仑尼乌斯方程不仅适用于基元反应，还适用于计量反应。但若温度变化范围过宽，阿仑尼乌斯方程则会产生误差。此外还有一些不符合阿仑尼乌斯方程的特征，如爆炸反应、酶催化反应等，这些将在后面的内容中介绍。

【例 7.9】 设有 $E_{a,1}$=50.00 kJ·mol^{-1}，$E_{a,2}$=100.00 kJ·mol^{-1}，$E_{a,3}$=200.00 kJ·mol^{-1} 的三个反应。试计算：（1）它们分别在 50℃和 300℃两个起始温度下，为使反应速率系数加倍，所需升高的温度是多少？（2）讨论上述三个反应速率系数对温度

变化的敏感性。

解：（1）根据式（7.37） $\ln\frac{k_{A,2}}{k_{A,1}}=\frac{E_a}{R}\left(\frac{1}{T_1}-\frac{1}{T_2}\right)$

为使反应速率系数加倍，则 $\frac{k_{A,2}}{k_{A,1}}=2$，代入上式整理得

$$T_2=\frac{E_a}{E_a/T_1-R\ln 2}$$

分别将 $E_{a,1}=50.00\text{ kJ}\cdot\text{mol}^{-1}$、$E_{a,2}=100.00\text{ kJ}\cdot\text{mol}^{-1}$，$E_{a,3}=200.00\text{ kJ}\cdot\text{mol}^{-1}$ 以及 $T_1=(273+50)\text{K}$ 或 $T_1=(273+300)\text{K}$ 代入上式计算 T_2，并计算所需升高的温度 $\Delta T=T_2-T_1$，计算结果列入下表。

起始温度 T_1/K	ΔT / K		
	反应 1	反应 2	反应 3
273+50	12.49	6.13	3.03
273+300	40.52	19.57	9.62

（2）由上表得到的计算结果可知，当起始温度相同时，反应的活化能 E_a 越高，使速率系数加倍所需提高的温度 ΔT 越小。即活化能 E_a 越大，反应的速率系数对温度的变化越敏感。

对于同一反应，起始温度越低，使速率系数加倍所需提高的温度 ΔT 越小。即活化能一定时，起始温度越低，反应的速率系数对温度的变化越敏感。

【例 7.10】 某药物在一定温度下每小时分解率与物质的量的浓度无关，速率系数与温度的关系为

$$\ln(k_A/\text{h}^{-1})=-\frac{8\,938}{T/\text{K}}+20.40$$

（1）若此药物分解 30%即无效，问在 30℃保存，有效期为多久？

（2）欲使有效期延长到 2 年以上，保存温度不能超过多少摄氏度？

解：因为此药物在一定温度下每小时分解率与物质的量的浓度无关，所以此药物的分解反应为一级反应。

当 $T=(273+30)\text{ K}$ 时

$$\ln(k_A/\text{h}^{-1})=-\frac{8\,938}{T/\text{K}}+20.40=-\frac{8\,938}{273+30}+20.40=-9.10$$

$$k_A = 1.12 \times 10^{-4}\ \text{h}^{-1}$$

根据式（7.18）

$$t = \frac{1}{k_A}\ln\frac{1}{1-x_A} = \frac{1}{1.12\times10^{-4}\ \text{h}^{-1}}\ln\frac{1}{1-0.3} = 3.18\times10^{3}\,\text{h}$$

由式（7.18）得

$$k_A = \frac{1}{t}\ln\frac{1}{1-x_A} = \left\{\frac{1}{2\times365\times24}\ln\frac{1}{1-0.3}\right\}\text{h}^{-1} = 2.04\times10^{-5}\,\text{h}^{-1}$$

由式 $\ln(k_A/\text{h}^{-1}) = -\dfrac{8\,938}{T/\text{K}} + 20.40$ 得

$$T = -\frac{8\,938}{\ln k_A - 20.40} = -\frac{8\,938}{\ln\left(2.04\times10^{-5}\right) - 20.40} = 286\ \text{K}$$

即保存温度不能超过 13℃。

四、活化能 E_a

通常采用阿仑尼乌斯方程作为活化能 E_a 的定义式，即

$$E_a = RT^2\frac{\mathrm{d}\ln k_A}{\mathrm{d}T} \tag{7.38}$$

活化能的概念是阿仑尼乌斯对他的经验公式进行解释时提出来的。由式（7.38）可知，活化能的大小对反应速率系数影响很大。活化能越小，反应速率系数越大。在基元反应中，活化能具有明确的物理意义。阿仑尼乌斯认为，在任何基元反应中，并不是反应系统中所有反应物分子都能发生反应，参加反应的是一些能量较高的分子，这种分子称为活化分子。而活化能就是把一般的反应物分子变成活化分子所需要的能量。

活化能是分子反应时需要克服的一种能峰，反应物分子首先要相互碰撞才能发生反应，而且必须是活化分子的碰撞才能发生反应。如图 7.6 所示。由图可知，当反应物 A 变成产物 Z 时，必须要经过一个活化状态 C 的过程。活化分子 C 的能量比反应物的能量高出 E_1 值，E_1 为正向反应的活化能，这就是上面所说的能峰。即由反应物变成产物要越过一个能峰。这是因为化学反应过程是旧键破坏、新键建立的过程。为了克服新键形成前的斥力和旧键断裂前的引力，两个相撞的分子必须具有足够大的能量。如果相撞分子不具备这个起码的能量，就不能达到化学键新旧交替的活化状态，因此需要先供给足够的能量，即反应物要吸收能量。对可逆反应来说，产物 Z 必须吸收 E_2 的能量达到活化状态 C，才能生成 A，E_2 为逆

向反应的活化能。能峰越高，化学反应的阻力就越大，反应就越难进行。活化能的大小代表了能峰的高低。

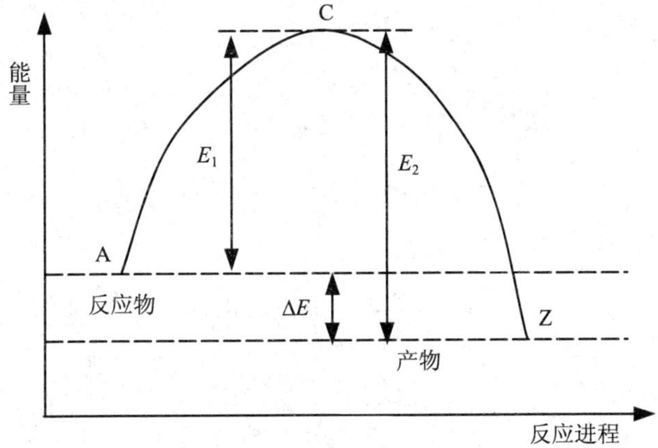

图 7.6　基元反应活化能

第六节　复合反应动力学

所谓复合反应是两个或两个以上基元反应的组合。前面速率方程适用于具有简单级数的复合反应或基元反应。有简单级数的复合反应或基元反应还可以进一步组合为更为复杂的反应。典型的组合方式有三类：平行反应、对行反应和连串反应，其动力学处理相对就比较复杂，本节分别对这三种典型的复合反应进行讨论。

一、平行反应

由相同的反应物同时进行不同的反应而得到不同的产物，这种类型的反应称为平行反应。甲苯硝化生成邻位、间位、对位硝基甲苯就是一个典型的例子。这类反应在有机化学中很多，一般将反应较快或产物较多的反应称为主反应，其他称为副反应。

由两个一级反应组合而成的平行反应，简单形式可表示为：

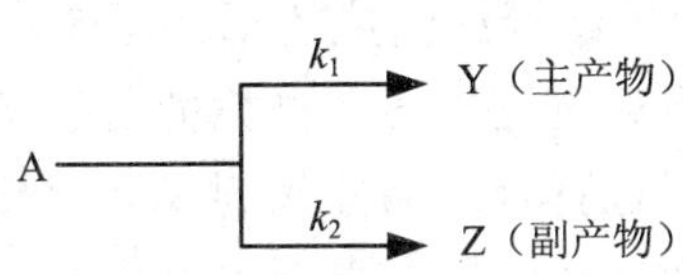

式中，k_1 和 k_2 分别为生成 Y 和 Z 的反应速率系数。根据反应速率方程：

$$\frac{\mathrm{d}c_\mathrm{Y}}{\mathrm{d}t}=k_1c_\mathrm{A}$$

$$\frac{\mathrm{d}c_\mathrm{Z}}{\mathrm{d}t}=k_2c_\mathrm{A}$$

则：

$$-\frac{\mathrm{d}c_\mathrm{A}}{\mathrm{d}t}=\frac{\mathrm{d}c_\mathrm{Y}}{\mathrm{d}t}+\frac{\mathrm{d}c_\mathrm{Z}}{\mathrm{d}t}=k_1c_\mathrm{A}+k_2c_\mathrm{A}=(k_1+k_2)c_\mathrm{A} \tag{7.39}$$

式（7.39）为两个一级反应组成的平行反应的微分速率方程。

将式（7.39）积分得：

$$\int_{c_\mathrm{A}}^{c_\mathrm{A,0}}-\frac{\mathrm{d}c_\mathrm{A}}{c_\mathrm{A}}=(k_1+k_2)\int_0^t\mathrm{d}t$$

$$t=\frac{1}{k_1+k_2}\ln\frac{c_\mathrm{A,0}}{c_\mathrm{A}} \tag{7.40}$$

由式（7.14）和式（7.40）得：

$$t=\frac{1}{k_1+k_2}\ln\frac{1}{1-x_\mathrm{A}} \tag{7.41}$$

式（7.40）和式（7.41）为两个一级反应组成的平行反应的积分速率方程。

由式（7.40）可知：

$$\frac{\mathrm{d}c_\mathrm{Y}}{\mathrm{d}t}=k_1c_\mathrm{A}=k_1c_\mathrm{A,0}\mathrm{e}^{-(k_1+k_2)t} \tag{7.42}$$

$$\frac{\mathrm{d}c_\mathrm{Z}}{\mathrm{d}t}=k_2c_\mathrm{A}=k_2c_\mathrm{A,0}\mathrm{e}^{-(k_1+k_2)t} \tag{7.43}$$

若产物 Y 和 Z 的初始浓度均为 0，将式（7.42）和式（7.43）积分得：

$$c_\mathrm{Y}=\frac{k_1c_\mathrm{A,0}}{k_1+k_2}[1-\mathrm{e}^{-(k_1+k_2)t}] \tag{7.44}$$

$$c_\mathrm{Z}=\frac{k_2c_\mathrm{A,0}}{k_1+k_2}[1-\mathrm{e}^{-(k_1+k_2)t}] \tag{7.45}$$

由式（7.44）和式（7.45）得

$$\frac{c_\mathrm{Y}}{c_\mathrm{Z}}=\frac{k_1}{k_2} \tag{7.46}$$

式（7.46）表明，两个一级反应组成的平行反应，其主、副产物浓度之比等于其速率系数之比，即在反应过程中各产物数量之比保持恒定，这是平行反应的特征。由此可知，我们可以选择合适的催化剂或者调节温度使主反应的速率系数远远超过副反应的速率系数，从而提高主产物的产量。

二、对行反应

对行反应又称可逆反应，是指那些正方向和逆方向同时进行的反应。下面以正、逆反应均为一级的反应为例来讨论对行反应的特征和规律。设反应

$$\mathrm{A} \underset{k_{-1}}{\overset{k_1}{\rightleftharpoons}} \mathrm{B}$$

$$\begin{array}{lll} t=0 & c_{\mathrm{A},0} & 0 \\ t=t & c_{\mathrm{A},0}(1-x_{\mathrm{A}}) & c_{\mathrm{A},0}x_{\mathrm{A}} \end{array}$$

总反应的速率为正、逆反应速率之差，即

$$-\frac{\mathrm{d}c_{\mathrm{A}}}{\mathrm{d}t}=k_1c_{\mathrm{A}}-k_{-1}c_{\mathrm{B}}=k_1c_{\mathrm{A},0}(1-x_{\mathrm{A}})-k_{-1}c_{\mathrm{A},0}x_{\mathrm{A}} \tag{7.47}$$

所以

$$\frac{\mathrm{d}x_{\mathrm{A}}}{\mathrm{d}t}=k_1(1-x_{\mathrm{A}})-k_{-1}x_{\mathrm{A}} \tag{7.48}$$

式（7.48）为两个一级反应组成的对行反应的微分速率方程。

积分得：

$$\int_0^{x_{\mathrm{A}}}\frac{\mathrm{d}x}{k_1(1-x_{\mathrm{A}})-k_{-1}x_A}=\int_0^t\mathrm{d}t$$

即

$$\ln\frac{k_1}{k_1-(k_1+k_{-1})x_{\mathrm{A}}}=(k_1+k_{-1})t \tag{7.49}$$

式（7.49）为两个一级反应组成的对行反应的积分速率方程。

反应达平衡时，正、逆反应速率相等，即净速率等于零。由式（7.48）知

$$k_1(1-x_{\mathrm{A,e}})-k_{-1}x_{\mathrm{A,e}}=0 \tag{7.50}$$

其中 $x_{\mathrm{A,e}}$ 为达到平衡时 A 的转化率。

则：

$$k_{-1}=\frac{k_1(1-x_{\mathrm{A,e}})}{x_{\mathrm{A,e}}} \tag{7.51}$$

由式（7.49）和式（7.51）得：

$$k_1=\frac{x_{\mathrm{A,e}}}{t}\ln\frac{x_{\mathrm{A,e}}}{x_{\mathrm{A,e}}-x_{\mathrm{A}}} \tag{7.52}$$

$$k_{-1}=\frac{1-x_{\mathrm{A,e}}}{t}\ln\frac{x_{\mathrm{A,e}}}{x_{\mathrm{A,e}}-x_{\mathrm{A}}} \tag{7.53}$$

测定了 t 时刻的 A 的转化率 x_{A}，已知 A 的平衡转化率 $x_{\mathrm{A,e}}$，就可分别求出

k_1和k_{-1}。

由式（7.50）得：

$$\frac{k_1}{k_{-1}}=\frac{x_{A,e}}{1-x_{A,e}}=\frac{c_{A,0}x_{A,e}}{c_{A,0}(1-x_{A,e})}=K_c \tag{7.54}$$

即对行反应正、逆反应速率系数之比等于平衡常数。

则

$$\frac{d\ln k_1}{dT}-\frac{d\ln k_{-1}}{dT}=\frac{d\ln K_c}{dT}$$

由范特荷夫方程：

$$\frac{d\ln K_c}{dT}=\frac{\Delta_r U_m(T)}{RT^2}$$

得：

$$\frac{E_1}{RT^2}-\frac{E_{-1}}{RT^2}=\frac{\Delta_r U_m(T)}{RT^2}$$

$$E_1-E_{-1}=\Delta_r U_m(T) \tag{7.55}$$

式（7.55）中，E_1，E_{-1}分别为正逆反应的活化能，$\Delta_r U_m(T)$为定容反应的热力学能变。

若反应为定压反应，则有：

$$E_1-E_{-1}=\Delta_r H_m(T) \tag{7.56}$$

由式（7.47）和式（7.54）得

$$-\frac{dc_A}{dt}=k_1c_A-k_{-1}c_B=k_1(c_A-\frac{1}{K_c}c_B) \tag{7.57}$$

由式（7.57）可知，总反应速率同时和k_1、K_c有关。温度对对行反应的影响可分以下两种情况讨论：

（1）对于正向吸热的对行反应而言，从范特荷夫方程的角度来看，温度升高将使平衡常数增大，即平衡转化率提高；从动力学的角度来分析，温度升高，正、逆向反应速率都加快，由平衡常数增大可知正向速率系数增大的幅度更大，故总反应速率是加快的。所以，升高温度，热力学和动力学都得出了一致的结论，即对反应都是有利的。当然也不能无限升高反应温度，还要考虑设备材质的承受力等其他客观因素的限制。

（2）对于正向放热对行反应，温度升高k_1值增大，而K_c减小，这就使温度对可逆放热反应速率的影响表现出特殊的规律，因而总反应速率不一定随温度的升高而加快。在温度较低的阶段，K_c 大亦即 $1/K_c$ 小，这时 k_1 为影响速率的主导因素，因此温度升高，则速率增大；但随着温度的升高，$1/K_c$ 逐渐上升为主导因素，所以温度升高到一定程度，再升温则速率反而降低。如图 7.7 所示，图中曲线最高点即为总反应速率达到最大。该点所对应的温度 T_{m} 称为最佳反应温度。放热的其他级数的对行反应也存在着最佳反应温度。

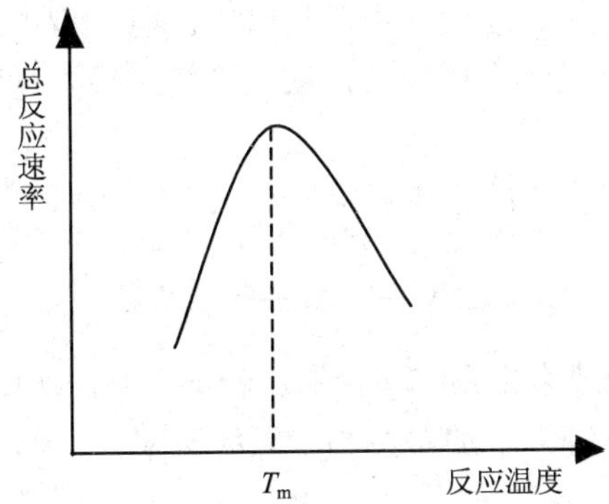

图 7.7　最佳反应温度

【例 7.11】 某气相对行反应 $A(g) \underset{k_{-1}}{\overset{k_1}{\rightleftharpoons}} B(g) + C(g)$，正逆反应均为基元反应。298 K 时，$k_{p,1} = 0.20\,\mathrm{s^{-1}}$，$k_{p,-1} = 5.0\times10^{-9}\,\mathrm{Pa^{-1}\cdot s^{-1}}$，当温度升高到 310 K 时，$k_{p,1}$ 和 $k_{p,-1}$ 均增大一倍。试计算：（1）该反应在 298 K 时的反应平衡常数 $K^{\ominus}$；（2）正逆反应的活化能。

解：（1）根据式（7.54）$K_c = \dfrac{k_1}{k_{-1}}$ 可得：

$$K_p = \frac{k_{p,1}}{k_{p,-1}} = \left\{\frac{0.20}{5.0\times10^{-9}}\right\}\mathrm{Pa} = 4.0\times10^{7}\,\mathrm{Pa}$$

对于题中反应　$K^{\ominus} = \dfrac{K_p}{p^{\ominus}} = \dfrac{4.0\times10^{7}}{1.0\times10^{5}} = 400$

（2）根据式（7.37）$\ln\dfrac{k_{A,2}}{k_{A,1}} = \dfrac{E_a}{R}\left(\dfrac{1}{T_1} - \dfrac{1}{T_2}\right)$，当温度从 298 K 升高到 310 K 时，

正逆反应的反应速率系数均增大一倍，所以：

$$E_1 = E_{-1} = \frac{RT_1T_2}{T_2 - T_1}\ln 2 = \left\{\frac{8.314\times 298\times 310}{310-298}\ln 2\right\}\mathrm{J\cdot mol^{-1}} = 44\,364\ \mathrm{J\cdot mol^{-1}}$$

三、连串反应

有很多化学反应是经过连续几步才完成的，前一步生成物中的一部分或全部作为下一步反应的部分或全部反应物，依次连续进行，这种反应称为连续反应或连串反应。

由两个一级反应组合成的连串反应：

$$\mathrm{A} \xrightarrow{k_1} \mathrm{B} \xrightarrow{k_2} \mathrm{Y}$$

若 k_1>>k_2，则反应速率由第二步控制；若 k_2>>k_1，则反应速率由第一步控制。为加快总反应速率，关键在于加快控制步骤的速率。

A 的消耗速率：
$$-\frac{\mathrm{d}c_\mathrm{A}}{\mathrm{d}t} = k_1 c_\mathrm{A} \tag{7.58}$$

B 的增长速率：
$$\frac{\mathrm{d}c_\mathrm{B}}{\mathrm{d}t} = k_1 c_\mathrm{A} - k_2 c_\mathrm{B} \tag{7.59}$$

Y 的增长速率：
$$\frac{\mathrm{d}c_\mathrm{Y}}{\mathrm{d}t} = k_2 c_\mathrm{B} \tag{7.60}$$

式（7.58）、式（7.59）、式（7.60）为由两个一级反应组合成的连串反应的微分速率方程。

对式（7.58）积分得：
$$\ln\frac{c_{\mathrm{A},0}}{c_\mathrm{A}} = k_1 t \text{ 或 } c_\mathrm{A} = c_{\mathrm{A},0}e^{-k_1 t} \tag{7.61}$$

将式（7.61）代入式（7.59），并积分得：

$$c_\mathrm{B} = \frac{k_1 c_{\mathrm{A},0}}{k_2 - k_1}(\mathrm{e}^{-k_1 t} - \mathrm{e}^{-k_2 t}) \tag{7.62}$$

由 $c_\mathrm{A} + c_\mathrm{B} + c_\mathrm{Y} = c_{\mathrm{A},0}$ 得：

$$c_\mathrm{Y} = c_{\mathrm{A},0} - c_\mathrm{A} - c_\mathrm{B} = c_{\mathrm{A},0}[1 - e^{-k_1 t}\frac{k_1}{k_2 - k_1}(\mathrm{e}^{-k_1 t} - \mathrm{e}^{-k_2 t})]$$

$$= c_{\mathrm{A},0}[1 - \frac{1}{k_2 - k_1}(k_2\mathrm{e}^{-k_1 t} - k_1\mathrm{e}^{-k_2 t})] \tag{7.63}$$

式（7.61）、式（7.62）、式（7.63）为由两个一级反应组合成的连串反应的积分速率方程。

根据式（7.61）、式（7.62）、式（7.63）作 c- t 图，如图 7.8 所示。由图可知，物质 A 浓度总是随时间增长而减低；物质 Y 的浓度总是随时间的增加而增大；物质 B 的浓度先增大，经过一极大值后又降低，曲线出现极大值。这就是连串反应的特点。对式（7.62）求导并令其一阶导数为零，可求得极大值 $c_{\mathrm{B,m}}$ 和其相应的时间 t_{m}，即：

$$\frac{\mathrm{d}c_{\mathrm{B}}}{\mathrm{d}t}=\frac{c_{\mathrm{A,0}}k_1}{k_2-k_1}(-k_1\mathrm{e}^{-k_1 t}+k_2\mathrm{e}^{-k_2 t})=0 \tag{7.64}$$

解得：

$$t_{\mathrm{m}}=\frac{\ln(k_1/k_2)}{k_1-k_2} \tag{7.65}$$

将式（7.65）代入式（7.62）中，即可得物质 B 的最大浓度：

$$c_{\mathrm{B,m}}=c_{\mathrm{A,0}}\left(\frac{k_1}{k_2}\right)^{\frac{k_2}{k_2-k_1}} \tag{7.66}$$

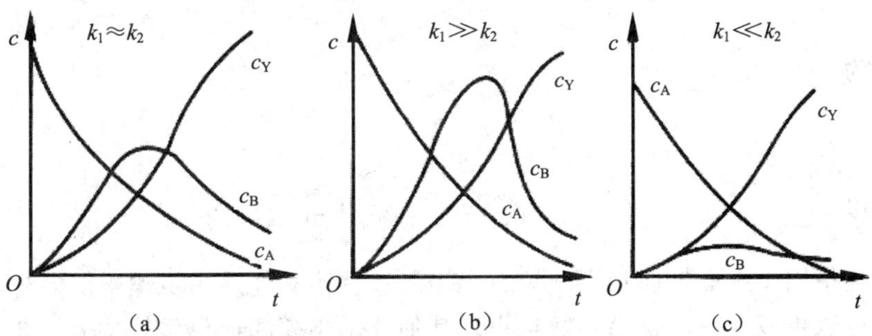

图 7.8　连串反应的 c- t 关系

掌握连串反应的特征即可控制目的产物的浓度。如物质 B 是目的产物，即可通过控制反应时间使物质 B 尽可能多，Y 尽可能少。

第七节　复合反应速率方程的近似处理法

我们在前面讨论了三种典型的复合反应，实际上这些复合反应还可以进一步组合成一些更为复杂的复合反应。由于反应物、生成物、反应步骤的增加，使其微分速率方程复杂化，对于这些复杂反应倘若严格求解微分方程，从而找出浓度随时间的变化关系，往往是很困难的，甚至难以做到。因此，化学动力学常用一些近似处理方法。

一、选取控制步骤法

连串反应的总速率决定于最慢一步的速率。最慢的一步就称为反应速率的控制步骤。要想提高反应速率，关键在于提高控制步骤的速率。所谓选取控制步骤法就是用控制步骤的反应速率代替整个反应的速率。

对于由两个一级反应组合成的连串反应

$$A \xrightarrow{k_1} B \xrightarrow{k_2} Y$$

若 $k_1 << k_2$，说明第一步是慢步骤即为速率控制步骤，所以总反应速率等于第一步反应的速率。上述反应可按 $A \xrightarrow{k_1} Y$ 处理，相当于 B 不积累。即

$$\frac{dc_Y}{dt} = -\frac{dc_A}{dt} = k_1 c_A$$

则 $$c_A = c_{A,0} e^{-k_1 t}$$

因为 $$c_{A,0} = c_A + c_B + c_Y$$

且 $$c_B = 0$$

所以 $$c_Y = c_{A,0} - c_A = c_{A,0}(1 - e^{-k_1 t}) \qquad (7.67)$$

应当指出，选取控制步骤法只有当控制步骤比其他连串步骤慢得多时，才能适用。控制步骤的反应速率系数越小，其他连串步骤的速率系数越大，此方法的准确度越高。

二、平衡态近似法

平衡态假设，就是因为速控步骤的反应速率很慢，能够使速控步骤之前的中间产物与反应物建立起一个快速平衡不受慢反应的影响，从而可利用平衡常数 K 及反应物的浓度来求算中间产物的浓度，这种处理方法称为平衡态假设。

设反应： $$A + B \underset{k_{-1}}{\overset{k_1}{\rightleftharpoons}} C \xrightarrow{k_2} D$$

其中最后一步为控制步骤，因而前面的对行反应能近似维持平衡，即：

$$k_1 c_A c_B = k_{-1} c_C$$

则：
$$\frac{c_C}{c_A \cdot c_B} = \frac{k_1}{k_{-1}} = K_c \tag{7.68}$$

因为最后一步为控制步骤，故反应的总速率为：
$$\frac{dc_D}{dt} = k_2 c_C = K_c k_2 c_A c_B = \frac{k_1 k_2}{k_{-1}} c_A c_B \tag{7.69}$$

对于上述反应的总反应：　$A + B \longrightarrow D$

若其反应速率方程为：　$-\frac{dc_A}{dt} = \frac{dc_D}{dt} = k_A c_A c_B$

则：
$$k_A = \frac{k_1 k_2}{k_{-1}} \tag{7.70}$$

式（7.70）中 k_A 称为复合反应的表观速率系数。

由式（7.34）得：
$$k_1 = A_1 \exp(-\frac{E_{a,1}}{RT})$$
$$k_2 = A_2 \exp(-\frac{E_{a,2}}{RT})$$
$$k_{-1} = A_{-1} \exp(-\frac{E_{a,-1}}{RT})$$
$$k_A = A \exp(-\frac{E_a}{RT})$$

式中，$E_{a,1}$，$E_{a,2}$，$E_{a,-1}$ 分别为复合反应中每个基元反应的活化能，E_a 为复合反应的表观活化能。A_1，A_2，A_{-1} 分别为复合反应中每个基元反应的指前因子，A 为复合反应的表观指前因子。

将上式代入式（7.70）得：
$$A = \frac{A_1 A_2}{A_{-1}} \tag{7.71}$$
$$E_a = E_{a,1} + E_{a,2} - E_{a,-1} \tag{7.72}$$

表观活化能与各元反应活化能的关系决定于表观速率系数与元反应速率系数之间的关系，因此式（7.72）并不是普遍适用的方程。

三、稳态近似法

复杂反应的稳定态是指活泼的中间产物生成速率与消耗速率相等，即中间物

B 的浓度不再随时间而变化的状态。即

$$\frac{dc_B}{dt}=0 \tag{7.73}$$

利用稳定态的假设处理复合反应的速率方程的方法叫稳态近似法。

对于由两个一级反应组合成的连串反应

$$A \xrightarrow{k_1} B \xrightarrow{k_2} Y$$

若 $k_1 \ll k_2$，就是说第二步反应比第一步反应快得多，B 一旦生成，就立即反应掉，相当于 B 不积累。可表示为

$$\frac{dc_B}{dt}=k_1c_A-k_2c_B=0$$

即

$$c_B=\frac{k_1}{k_2}c_A \tag{7.74}$$

所以

$$c_B=\frac{k_1}{k_2}c_{A,0}e^{-k_1t} \tag{7.75}$$

第八节　链反应

链反应又称连锁反应，是一种具有特殊规律的、常见的复合反应。只要用光、热、辐射或其他方式使反应引发，它便可以通过活性组分（自由基或原子）相继发生一系列的连串反应。这是一类特殊的有重要意义的化学反应，现代许多重要化工工艺过程如合成橡胶、塑料、合成纤维及其高分子化合物的制备、烃类的氧化等都与链反应有关。

在参加链反应的物质中，有一种称为自由基的特殊物质。所谓自由基就是一种具有未成对电子的原子或原子团，它们具有很高的化学活泼性，很不稳定，很容易更新结合成普通分子。因此可引起一般稳定分子所不能进行的反应，而且一个自由基与一个分子起反应，经常会在产物中重新生成一个或几个自由基。

一、链反应的步骤

所有的链反应都是由三个基本步骤组成的，下面以 $H_2+Cl_2 \longrightarrow 2HCl$ 反应为例进行说明。在光照条件下，此反应由于有自由基的产生，反应速率大大加快，其反应机理为

$$E_a/kJ\cdot mol^{-1}$$

链的引发：① $Cl_2 + M \xrightarrow{k_1} 2Cl\cdot + M$ 243

链的传递：② $Cl\cdot + H_2 \xrightarrow{k_2} HCl + H\cdot$ 25

③ $H\cdot + Cl_2 \xrightarrow{k_3} HCl + Cl\cdot$ 12.6

链的终止：④ $2Cl\cdot + M \xrightarrow{k_4} Cl_2 + M$ 0

式中，M 为第三体，它不参加反应，只起能量传递的作用，它可以是器壁也可以是气相中的其他分子。链的传递反应②和③交错进行，使 H_2 分子和 Cl_2 分子不断变成 HCl 分子，此反应可以连续不断地进行下去，或是像④那样自由基本身相互结合成稳定分子而使反应中断。

链反应的基本步骤分析如下：

（1）链的引发：用加热、光照以及加入引发剂等方法，将反应物裂解为自由基。上例中的反应①即为链的引发。该步的活化能比较高，与反应物分子的化学键同一个数量级。

（2）链的传递：自由基与分子起反应生成产物，同时又形成一个或几个自由基的步骤。上例中的反应②和③即为链的传递。由于自由基的能量较高，这一步反应的活化能一般都在 40 $kJ\cdot mol^{-1}$ 以下，所以反应瞬间完成。

（3）链的终止：自由基结合成稳定分子，或与器壁及惰性分子碰撞而失去活性，使得链反应终止。上例中的④即为链的终止。链反应的速率与器壁的形状或加入惰性的粉末有关，这是链反应的特征之一。

按照链的传递形式链反应可分为直链反应和支链反应。在链传递过程中若每反应掉一个自由基只再产生一个新的自由基的链式反应则称直链反应；若一个自由基消失的同时产生出两个或两个以上新的自由基的链式反应则称为支链反应（图 7.9 所示）。

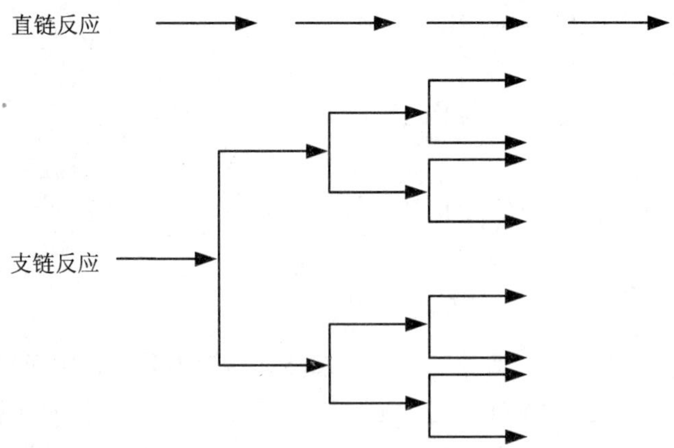

图 7.9　直链反应和支链反应

二、直链反应的速率方程

H_2 和 Cl_2 的反应就是直链反应的典型例子。总反应：

$$H_2+Cl_2 \longrightarrow 2HCl$$

经实验研究证实其速率方程为：

$$\frac{dc_{HCl}}{dt}=kc_{H_2}c_{Cl_2}^{1/2} \tag{7.76}$$

由该反应的机理，根据质量作用定律，得：

$$\frac{dc_{HCl}}{dt}=k_2c_{H_2}c_{Cl\cdot}+k_3c_{H\cdot}c_{Cl_2} \tag{7.77}$$

由于 H·，Cl· 是自由基非常活泼，在反应系统中浓度很小，故可采用稳态近似法求出，即：

$$\frac{dc_{H\cdot}}{dt}=k_2c_{H_2}c_{Cl\cdot}-k_3c_{H\cdot}c_{Cl_2}=0$$

所以：

$$k_2c_{H_2}c_{Cl\cdot}=k_3c_{H\cdot}c_{Cl_2} \tag{7.78}$$

$$\frac{dc_{Cl\cdot}}{dt}=k_1c_{Cl_2}-k_2c_{H_2}c_{Cl\cdot}+k_3c_{H\cdot}c_{Cl_2}-k_4c_{Cl\cdot}^2=0$$

将式（7.78）代入上式得：

$$k_1 c_{Cl_2} = k_4 c_{Cl\cdot}^2$$

故
$$c_{Cl\cdot} = \left[\left(k_1/k_4 \right) \cdot c_{Cl_2} \right]^{1/2} \tag{7.79}$$

将式（7.78）及式（7.79）代入式（7.77），得：

$$\frac{dc_{HCl}}{dt} = 2k_2 c_{H_2} c_{Cl\cdot} = 2k_2 \left(k_1/k_4 \right)^{1/2} c_{H_2} c_{Cl_2}^{1/2} = k c_{H_2} c_{Cl_2}^{1/2}$$

其中

$$k = 2k_2 \left(k_1 / k_4 \right)^{1/2} \tag{7.80}$$

式（7.80）中的 k 为总反应的表观速率系数，由此可得总反应的表观活化能为

$$E_a = E_{a,2} + \frac{1}{2}(E_{a,1} - E_{a,4}) = 25\ \text{kJ} \cdot \text{mol}^{-1} + \frac{1}{2} \times 243\ \text{kJ} \cdot \text{mol}^{-1}$$
$$= 146.5\ \text{kJ} \cdot \text{mol}^{-1}$$

表观活化能与实验值基本一致，这是一条能量最低的通道，如果从 H_2 引发（H_2 的键能为 435 $\text{kJ} \cdot \text{mol}^{-1}$），则表观活化能就要高得多。

由上述分析可知，得到的速率方程的反应级数与实验测定的一致，HCl 的生成速率与 H_2 浓度的一次方成正比，与 Cl_2 浓度的 1/2 次方成正比，此反应的总级数为 1.5 级。

三、链爆炸反应

爆炸是瞬间即完成的高速化学反应。它的研究对于化工安全生产以及经济建设和国防都具有重要的意义。爆炸反应可分为两类：一类是热爆炸，另一类为链爆炸。

热爆炸是由于反应大量放热引起的。若放热反应在一个小空间内进行，反应释放出的能量不能及时地以热的形式传给环境，则温度升高；因为反应速率系数与温度是指数函数关系，所以温度升高又促使反应速率加快，反应速率加快所释放的热量就更多，温度升高得更快。如此恶性循环，结果使反应速率在瞬间变大到无法控制而引起爆炸。

链爆炸是由支链反应引起的。若支链反应是在一个体积恒定的小容器内发生，自由基由 1 个变 2 个，2 个变 4 个，4 个变 8 个……，如此进行下去，发展速率异常迅猛，一瞬间就达到爆炸的程度。

链爆炸反应的温度、压力、组成通常都有一定的爆炸区间，称为爆炸极限。现以分子比为 1∶2 的氧、氢混合气体为例来说明温度和压力对链爆炸反应的影

响。此反应的机理如下：

链的引发 $H_2 + O_2 \xrightarrow{k_1} 2OH\cdot$ ①

链的增长 $OH\cdot + H_2 \xrightarrow{k_2} H_2O + H\cdot$ （快） ②

$H\cdot + O_2 \xrightarrow{k_3} OH\cdot + O\cdot$ （慢） 分支 ③

$H_2 + O\cdot \xrightarrow{k_4} OH\cdot + H\cdot$ （快） 分支 ④

链的终止 $H\cdot \xrightarrow{k_5}$ 器壁 （低压） ⑤

$H\cdot + O_2 + M \xrightarrow{k_6} HO_2\cdot + M$ （高压） ⑥

此反应的实验结果如图 7.10 所示，温度低于 400℃时，系统在任何压力下都不爆炸，在有火花引发的情况下平稳反应。温度高于 600℃时则会爆炸，温度在 400～600℃内是否爆炸与压力有关。例如混合气体在 500℃时，压力只要不超过约 0.2 kPa，就不会爆炸；在 0.2～7 kPa 都会爆炸；但若压力高于 7 kPa 又不发生爆炸。由图可知，当压力高至 400 kPa 以上时又发生爆炸，所以，773 K 时的爆炸下限为 0.2 kPa，上限为 7 kPa；压力再高（约为 400 kPa）又爆炸，称为第三限。上述系统在无爆炸区内遇明火则燃而不爆，在爆炸区内遇明火（如电火花）会立即爆炸。其他温度也有类似的情况，温度越高，则爆炸界限越宽而且第一限对温度更为敏感，爆炸界限还受容器大小以及表面形状、表面性质的影响，图 7.10 是在直径为 7.4 cm 的球形反应容器中的实验结果，而且容器表面涂有一层氯化钾。

爆炸下限的压力数值与容器的性质及大小有关。在分支步骤③和④中，自由基由一个变为两个，这是迅速加快反应速率的主要原因。自由基在器壁销毁的速率取决自由基扩散到器壁的速率，压力越低，分子间的碰撞就越少，自由基向器壁的扩散就越快，当压力低到这样的数值恰好自由基在器壁上销毁的速率和产生自由基的速率相等时，此压力即为爆炸下限；当压力小于此压力时，由于自由基销毁速率大于再生速率，故不能发生爆炸；高于此压力时，自由基销毁速率小于再生速率，当然发生爆炸。反应容器越大，自由基能跑到器壁上去的数目越少。

爆炸上限主要由压力来决定。在压力较高时，自由基的销毁主要在气相中发生。压力越高，分子间碰撞数增多，自由基在气相中的销毁速率就越大。当压力大到这样的程度，恰好自由基在气相销毁的速率和再生速率相等，此压力即为爆炸上限。当压力超过此值时，由于自由基在气相中的销毁速率大于再生速率，故不能发生爆炸。另外，爆炸下限随温度的变化而变化，是由于自由基的产生需要活化能，而自由基的销毁不需要活化能，所以在升温时，产生自由基的速率增大，故必须提高压力方能增加自由基的销毁速率。爆炸第三限的出现一般认为是热爆炸。

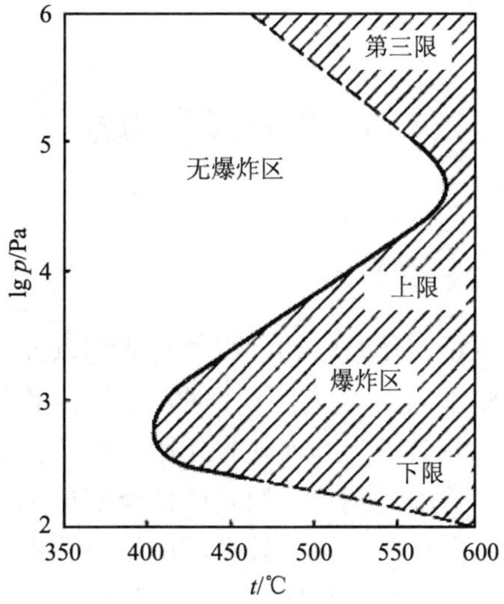

图 7.10 氢气和氧气混合物的爆炸界限与温度压力的关系

可燃气体的爆炸除与温度、压力有关外还与气体的组成有关。可燃气体与空气或氧的混合物在一定组成范围内可能爆炸，在此范围以外就不会爆炸。表 7.2 列出了某些可燃气体在空气中的爆炸界限。

表 7.2 某些可燃气体在空气中的爆炸极限

可燃气体	可燃气体在空气中的体积分数/%	
	爆炸下限	爆炸上限
H_2	4	74
NH_3	16	27
CS_2	1.25	44
CO	12.5	74
CH_4	5.3	14
C_2H_2	2.5	80
C_2H_4	3.0	29
C_3H_8	2.4	9.5

可燃气体	可燃气体在空气中的体积分数/%	
	爆炸下限	爆炸上限
C_5H_{12}	1.6	7.8
C_6H_6	1.4	6.7
C_2H_5OH	4.3	19
$(C_2H_5)O$	1.9	48

第九节　催化反应动力学

一、催化反应中的基本概念

许多化学反应，当在反应体系中加入少量反应物以外的其他组分时，反应速率可有很大改变，而这些添加物在反应终了时，其数量和化学性质均保持不变，则该类物质称为催化剂，此类行为称为催化作用。当催化剂的作用是加快反应速率的，称为正催化剂；如果催化剂的作用是降低反应速率的，称为负催化剂，或称为阻化剂。通常由于正催化剂用得比较多，所以一般不特别说明，所说的催化剂都是指正催化剂。催化剂是参加反应的，反应最后它又被释放出来，而且化学性质也没有改变，但是它的物理性质有时候会发生变化。例如，有的金属催化剂在反应前后，其光泽、粒度会有所改变。

现代的许多大型化工生产，如合成氨、石油裂解、高分子材料的合成、药物的合成等均使用催化剂。据统计，化工生产中 80%～90%的反应过程都使用催化剂。在生命现象中也大量存在催化作用，如植物的光合作用，有机体内的代谢，蛋白质、碳水化合物和脂肪的分解作用等基本上都是酶催化反应。在人体内酶催化反应的终止意味着生命的终止。

若少量添加物能使一催化剂对某一反应的催化作用减弱甚至失效，则称之为毒物。阻化剂与毒物的作用有时也统称为“阻化”作用，或分别称为初级与次级的阻化作用。如少量添加物使催化剂的作用加强，而该添加物单独存在（无催化剂）时不能加速反应，则称之为助催化剂。对于固态催化剂，常常分散在其他惰性固体表面上，此惰性固体称之为载体。若催化剂系反应的产物之一，则称这类反应为自催化。

二、催化作用的分类

催化作用按催化剂和反应物所存在的相，可分为均相催化和非均相催化（或称为多相催化）。

（1）均相催化。反应物、产物及催化剂都处于同一个相内，称为均相催化。如气相均相催化反应

$$SO_2+\frac{1}{2}O_2 \xrightarrow{NO} SO_3$$

其反应机理为

$$NO+\frac{1}{2}O_2 \longrightarrow NO_2$$

$$SO_2+NO_2 \longrightarrow SO_3+NO$$

此反应中 NO 即为催化剂，它与反应物及产物均处于同一相中。也有液体均相催化反应，如蔗糖水解反应

$$C_{12}H_{22}O_{11}(\text{蔗糖})+H_2O \xrightarrow{H^+} C_6H_{12}O_6(\text{葡萄糖})+C_6H_{12}O_6(\text{果糖})$$

此反应是以 HCl 或 H_2SO_4 为催化剂，反应在水溶液中进行。

（2）多相催化。反应物、产物及催化剂处于不同的相内，称为多相催化。有气-固相催化、气-液相催化、液-固相催化、气-液-固三相催化。如有气-固相催化反应

$$N_2+3H_2 \xrightarrow[K_2O,\ Al_2O_3]{Fe} 2NH_3$$

此反应催化剂为固相，反应物及产物为气相，这种气-固相催化反应应用最为普遍。

催化反应也可按催化剂的特征来分类，有酸碱催化反应、酶催化反应、络合催化反应、金属催化反应和半导体催化反应等。

三、催化作用的共同特征

（1）催化剂不能改变反应的方向和限度。在反应前后催化剂的量和化学性质不变，它在反应计量方程式中没有出现，也就不会影响反应的平衡常数。反应能否进行是由$\Delta_r G_m$ 决定的，平衡组成是由平衡常数决定，催化剂不能影响$\Delta_r G_m$ 和$\Delta_r G^{\ominus}_m$ 这两个数值，所以不能改变反应的方向和限度。催化剂不能使热力学认为不能发生的反应进行。

（2）催化剂同时改变正逆反应的速率。对于一级对行反应的平衡常数 $K_c=\frac{k_1}{k_{-1}}$，既然催化剂的加入不改变平衡常数，又使反应加速，故能使正反应加

速的催化剂必然也能使逆反应加速。这一规律为催化剂的研究提供了方便。比如可以通过研究氨分解的催化反应寻找合成氨的有效催化剂。

（3）催化剂不改变反应热。催化剂的加入不能改变反应的始末态，因而反应前后状态函数的改变不因催化剂的加入而有所改变。在恒容非体积功为零时，$Q_V=\Delta U$。在恒压非体积功为零时，$Q_p=\Delta H$。这一特点可以方便地用来在较低温度下测定反应热。许多非催化反应需在高温下进行量热测定，在有适当催化剂时，则可在接近常温下进行测定，这显然比高温测定容易得多。

（4）催化剂对反应的加速作用具有选择性。对于平行反应，哪一个反应速率快，哪一个反应的产率就高，所以可以通过选择合适的催化剂来加速主反应的进行。对于连串反应，选用合适的催化剂，可使反应停留在某步或某几步上，而得到所希望的产品。

四、催化反应的一般机理

尽管催化剂本身在反应终了时其化学组成和数量不变，但它是反应的积极参与者：即在反应中催化剂参与形成某种不稳定的中间物或中间络合物，从而使反应可能沿着能量上择优的途径进行，而后又在反应中再生。下面以均相催化反应为例进行说明。

总反应：
$$\mathrm{A+B \longrightarrow AB}$$

此反应可以被催化剂 K 加速，反应机理为：

$$\mathrm{A+K} \underset{k_{-1}}{\overset{k_1}{\rightleftharpoons}} \mathrm{AK}$$

$$\mathrm{AK+B} \xrightarrow{k_2} \mathrm{AB+K}$$

催化剂 K 与 A 形成的中间物为活性物质，它与反应物 A 及催化剂 K 很快达到平衡，整个反应取决于最后一步。

根据平衡近似法：

$$K_c = \frac{k_1}{k_{-1}} = \frac{c_{\mathrm{AK}}}{c_{\mathrm{A}} c_{\mathrm{K}}}$$

则：
$$c_{\mathrm{AK}} = \frac{k_1}{k_{-1}} c_{\mathrm{A}} c_{\mathrm{K}}$$

对于最后一步反应：

$$\frac{\mathrm{d}c_{\mathrm{AB}}}{\mathrm{d}t} = k_2 c_{\mathrm{AK}} c_{\mathrm{B}} = \frac{k_1 k_2}{k_{-1}} c_{\mathrm{K}} c_{\mathrm{A}} c_{\mathrm{B}} = k c_{\mathrm{A}} c_{\mathrm{B}}$$

其中：
$$k = \frac{k_1 k_2}{k_{-1}} c_{\mathrm{K}} \tag{7.81}$$

k 称为催化剂存在下计量反应的速率系数，它与催化剂浓度成正比。

式（7.81）两边取对数得：

$$\ln k = \ln k_1 + \ln k_2 - \ln k_{-1} + \ln c_K$$

在反应过程中催化剂浓度不变，上式两边分别对温度求导得

$$\frac{d\ln k}{dT} = \frac{d\ln k_1}{dT} + \frac{d\ln k_2}{dT} - \frac{d\ln k_{-1}}{dT}$$

将式（7.36）代入上式得：

$$E_a = E_1 + E_2 - E_{-1} \tag{7.82}$$

式（7.82）是催化反应的表观活化能与三个基元反应的活化能之间的关系，如图 7.11 所示。

显然，表观活化能 E_a 远小于不加催化剂所需的活化能 E_0，所以反应速率大大加快。

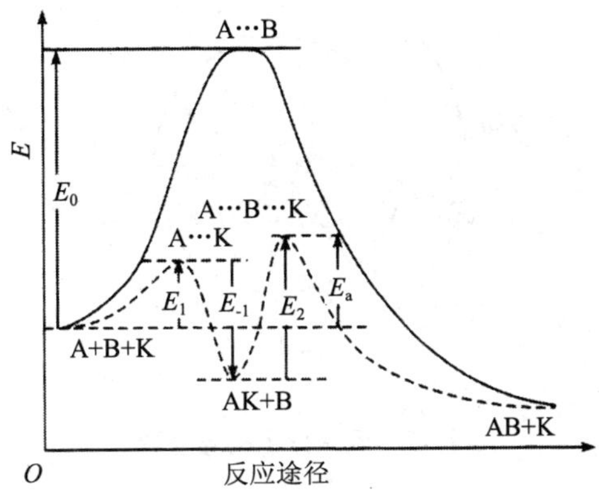

图 7.11　活化能与反应途径

第十节　气体反应的碰撞理论

前面几节介绍的内容均属于宏观反应动力学范畴，而 7.9 节和 7.10 节的内容则属于微观反应动力学范畴。在 7.5 节中介绍了阿仑尼乌斯方程，并引出了活化能和指前因子。在本节的气体碰撞理论中将对活化能和指前因子给予定量的解释。气体碰撞理论是以双分子气相基元反应为对象进行说明的。

以双分子气相基元反应 $A+B \longrightarrow Y$ 为例。该理论有如下的基本假设：

（1）气体分子可看做是无内部结构的简单硬球，分子必须发生碰撞才能发生

反应，发生碰撞的分子称为碰撞分子对；

（2）气体分子运动速率、方向各异，各个碰撞分子对的碰撞动能各不相同，而只有当碰撞动能超过某一数值ε_c时，才能发生反应，这种碰撞称为活化碰撞。ε_c称为阈能或临界能。

（3）反应过程中，反应分子的速率分布始终遵循麦克斯韦-玻耳兹曼分布。

一、气体反应的碰撞理论

（1）碰撞截面。运动着的 A 分子和 B 分子，两者质心的投影落在半径为 r 的圆截面之内，都有可能发生碰撞。r 称为有效碰撞半径，数值上等于 A 分子和 B 分子的半径之和，即 $r=(d_A+d_B)/2$。图 7.12 中虚线圆的面积称为碰撞截面（collision cross section），以σ_{AB}表示，即$\sigma_{AB}=\pi r^2$。

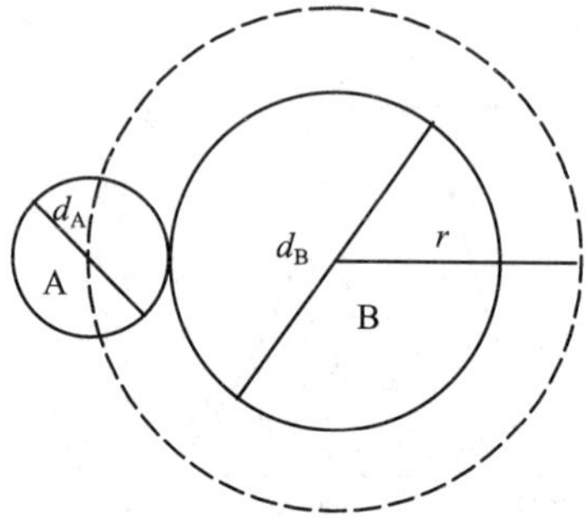

图 7.12 硬球分子的碰撞截面

（2）碰撞数。单位时间单位体积 A 分子和 B 分子的碰撞次数称为碰撞数，以Z_{AB}表示，单位为 $m^{-3}\cdot s^{-1}$。根据气体分子运动论，A、B 分子的平均相对运动速率为

$$u_{AB}=\left(\frac{8RT}{\pi\mu}\right)^{1/2} \tag{7.83}$$

其中，μ为 A、B 分子的折合摩尔质量，即

$$\mu=\frac{M_A M_B}{M_A+M_B} \tag{7.84}$$

如图 7.13 所示，假定 B 静止不动，当 A 分子以平均运动速率 u_{AB} 向 B 运动时，在时间 t 内 A 走过的路程为 $u_{AB}t$，在此过程中，凡质心在以 $r=(d_A+d_B)/2$ 为

半径，$u_{AB}t$ 为高的圆柱形体积 $\sigma_{AB}t\left(\frac{8RT}{\pi\mu}\right)^{1/2}$ 内的 B 分子均与 A 分子发生碰撞。因此在时间 t 内，一个 A 分子与 B 分子碰撞的次数为 $\sigma_{AB}t\left(\frac{8RT}{\pi\mu}\right)^{1/2}C_B$，故单位时间单位体积内所有 A 分子和 B 分子发生碰撞的总次数为

$$Z_{AB}=\frac{\sigma_{AB}t\left(\frac{8RT}{\pi\mu}\right)^{1/2}C_AC_B}{t}=\sigma_{AB}\left(\frac{8RT}{\pi\mu}\right)^{1/2}C_AC_B \tag{7.85}$$

其中，σ_{AB} 是碰撞截面，C_A、C_B 分别为 A、B 分子的分子浓度。

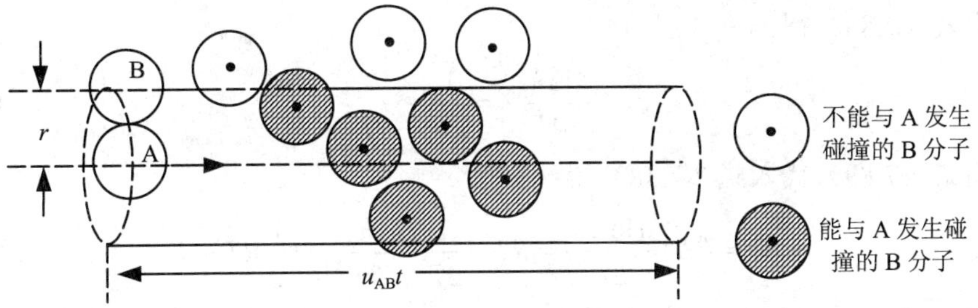

图 7.13　A、B 分子碰撞

（3）气体反应的碰撞理论的数学表达式。由分子运动论可知，碰撞分子对的碰撞动能 $\varepsilon\geqslant\varepsilon_c$ 的活化碰撞数占碰撞数的分数，即活化碰撞分数为

$$q=\mathrm{e}^{-E_c/RT} \tag{7.86}$$

其中，$E_c=\varepsilon_cL$，L 为阿伏伽德罗常数。E_c 为摩尔临界能，常简称为临界能。按照碰撞理论的假设，对于前述的反应，其反应速率方程为：

$$-\frac{\mathrm{d}C_A}{\mathrm{d}t}=Z_{AB}q=\sigma_{AB}\left(\frac{8RT}{\pi\mu}\right)^{1/2}C_AC_B\mathrm{e}^{-E_c/RT}$$

将 $C_A=c_AL$ 和 $C_B=c_BL$ 代入上式得：

$$-\frac{dc_A}{dt}=\sigma_{AB}L\left(\frac{8RT}{\pi\mu}\right)^{1/2}e^{-E_c/RT}c_Ac_B \tag{7.87}$$

对于前述的反应，根据质量作用定律得：

$$-\frac{dc_A}{dt}=k_Ac_Ac_B$$

则：

$$k_A=\sigma_{AB}L\left(\frac{8RT}{\pi\mu}\right)^{1/2}e^{-E_c/RT} \tag{7.88}$$

式（7.88）就是气体反应的碰撞理论的数学表达式。

二、摩尔临界能与活化能的关系

由式（7.88）得：

$$\frac{d\ln k_A}{dT}=\frac{1}{2T}+\frac{E_c}{RT^2} \tag{7.89}$$

将式（7.89）代入式（7.38）得：

$$E_a=RT^2\frac{d\ln k_A}{dT}=RT^2\left(\frac{1}{2T}+\frac{E_c}{RT^2}\right)=\frac{1}{2}RT+E_c \tag{7.90}$$

根据式（7.34）、式（7.88）和式（7.90）可得：

$$A=\sigma_{AB}L\left(\frac{8RTe}{\pi\mu}\right)^{1/2} \tag{7.91}$$

对于一般的反应，$E_a\gg\frac{1}{2}RT$，则可以认为$E_a\approx E_c$，因此可用E_a代替E_c，但两者的含义是不同的，E_c才是与温度无关的常数。根据$E_a\approx E_c$，比较式（7.34）和式（7.88）可得：

$$A=\sigma_{AB}L\left(\frac{8RT}{\pi\mu}\right)^{1/2} \tag{7.92}$$

【例 7.12】 有如下基元反应

$$Cl\cdot+H_2\longrightarrow HCl+H\cdot$$

已知 Cl· 和 H_2 的摩尔质量分别为 0.035 4 kg·mol^{-1} 和 0.002 02 kg·mol^{-1}，它们的直径分别为 0.20 nm 和 0.15 nm，用碰撞理论计算在 350 K 时的指前因子 A。

解： $$r=\frac{d_A+d_B}{2}=\left\{\frac{(0.20+0.15)\times10^{-9}}{2}\right\}\text{m}=1.75\times10^{-10}\,\text{m}$$

$$\mu=\frac{M_AM_B}{M_A+M_B}=\left\{\frac{0.035\,4\times0.002\,02}{0.035\,4+0.002\,02}\right\}\text{kg}\cdot\text{mol}^{-1}=1.91\times10^{-3}\,\text{kg}\cdot\text{mol}^{-1}$$

$$A=\sigma_{AB}L\left(\frac{8RTe}{\pi\mu}\right)^{1/2}=\pi r^2L\left(\frac{8RTe}{\pi\mu}\right)^{1/2}$$

$$=\left\{3.14\times\left(1.75\times10^{-10}\right)^2\times6.02\times10^{23}\times\frac{8\times8.314\times350\times2.718}{3.14\times1.91\times10^{-3}}\right\}\text{mol}^{-1}\cdot\text{m}^3\cdot\text{s}^{-1}$$

$$=1.88\times10^{11}\,\text{mol}^{-1}\cdot\text{m}^3\cdot\text{s}^{-1}$$

三、概率因子

对于一些双分子气相反应，按照式（7.92）计算的 A 和由实验测定的 A 相比较，只有个别反应两者符合得较好，多数反应两者相差较大，所以用概率因子 P 来校正理论计算值与实验值的偏差。表 7.3 列出了某些气相反应的指前因子 A 的理论计算值和实验值和概率因子。

$$P=\frac{A_{\text{实验}}}{A_{\text{理论}}} \tag{7.93}$$

从表 7.3 可以看出，有的反应的指前因子 A 的理论计算值和实验值偏差好几个数量级。碰撞理论假设气体分子可看做硬球，这跟实际区别较大，引起偏差的主要原因有下面几方面：

（1）从理论计算认为分子已被活化，但由于真实分子一般都会有复杂的内部结构，只有在某一方向相撞才有效；

（2）发生碰撞时传递能量需要一定的时间，如果相对速率过大，碰撞时接触时间过短而来不及传递能量或这时又与另外的分子相撞而失去能量，则反应仍不会发生；

（3）有的分子在能引发反应的化学键附近有较大的原子团，由于位阻效应，减少了这个键与其他分子相撞的机会。

气体反应的碰撞理论虽然比较粗糙，并且对指前因子 A 的计算与实际有一定的偏差，但它在反应速率理论的发展中起着重要作用，特别是对阿仑尼乌斯方程中的指前因子和活化能都提出了较明确的物理意义。

表 7.3 某些气相反应的指前因子 A 的理论计算值和实验值和概率因子

反应	$A/dm^3\cdot mol^{-1}\cdot s^{-1}$		$E_a/kJ\cdot mol^{-1}$	P
	实验值	理论值		
$2NOCl \longrightarrow 2NO+Cl_2$	1.0×10^{10}	6.3×10^{10}	103.0	0.16
$2NO_2 \longrightarrow 2NO+O_2$	2.0×10^{9}	4.0×10^{10}	111.0	5×10^{-2}
$2ClO \longrightarrow Cl_2+O_2$	6.3×10^{7}	2.5×10^{10}	0.0	2.5×10^{-3}
$K+Br_2 \longrightarrow KBr+Br$	1.0×10^{12}	2.1×10^{11}	0.0	4.8
$H_2+C_2H_4 \longrightarrow C_2H_6$	1.24×10^{6}	7.3×10^{11}	180	1.7×10^{-6}

第十一节 过渡状态理论

过渡态理论又称活化络合物理论，是 1935 年由艾林（Eyring）和波兰尼（Polany）等人在统计热力学和量子力学的基础上提出来的，在理论的形成过程中又引入了一些模型假设。该理论认为由反应物变成生成物必须经过一个势能较高的过渡状态，形成这个过渡状态需要一定的活化能，这个过渡状态就称为活化络合物。活化络合物很不稳定，它一方面与原来的反应很快建立热力学平衡，另一方面它能进一步分解为产物。活化络合物分解为产物的一步是最慢的一步，称为整个反应的速率控制步骤，即活化络合物分解的速率就是反应的总速率。

一、势能面

现以一个单原子分子和一个双原子分子的反应为例

$$A + BC \longrightarrow AB + C$$

这个反应的过程可以看为以下几个阶段：

$$\underset{\rightarrow}{A} + \underset{\leftarrow}{B-C} \longrightarrow A\cdots B\cdots C \longrightarrow [A\cdots B\cdots C]^{\neq} \longrightarrow A\cdots B\cdots C \longrightarrow \underset{\leftarrow}{A-B} + \underset{\rightarrow}{C}$$

上述五个阶段，实质是随 A、B、C 间距离的变化，碰撞动能逐渐变为原子间的势能，反应后多余的势能又逐渐变为动能的过程。随着核间距 r_{AB} 和 r_{BC} 的变化，势能也随之改变，即势能 $E = f(r_{AB}, r_{BC})$。若用 x 轴表示 r_{BC}，y 轴表示 r_{AB}，用垂直于 xy 平面的 z 轴表示势能 E，则在 xy 平面的任意一点，代表一定的 r_{BC}、r_{AB}

所对应的 E 值。这些不同点在空间构成高低不平的曲面，称为势能面，如图 7.14 所示。这个势能面有两个山谷，山谷的两个低口分别对应于反应的始态和终态（相应于图上的 R 点和 P 点）。连接两个山谷的山脊顶点（RP 连线中的最高点 $T^{\neq}$）是势能面上的鞍点。反应物从左山谷的谷底，沿着山谷爬上鞍点，这时形成活化络合物，然后再沿着右边山谷下降到右边的谷底，形成生成物，其所经过路线如图中虚线 $R\cdots T^{\neq}\cdots P$ 所示。

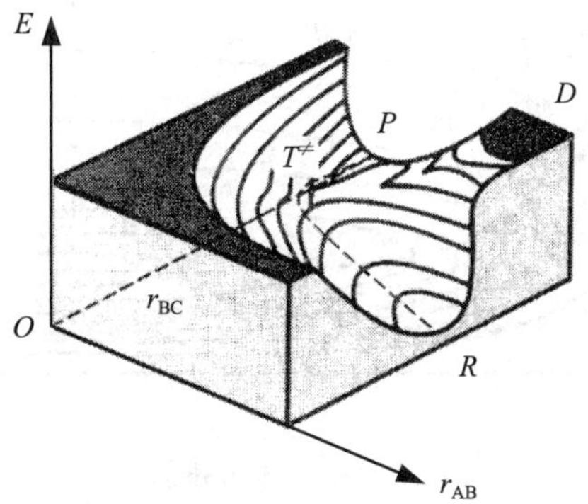

图 7.14 A + BC ⟶ AB + C 反应势能面

路线 $R\cdots T^{\neq}\cdots P$ 是一条能量最低的反应途径，称为反应坐标。处于 R 点的 BC 分子由于 A 分子的靠近，反应物势能由 R 点沿着途中的虚线逐步往上攀升，能量的获得来源于加温和分子间的碰撞。到达 $T^{\neq}$ 点时，处于山脊上分子是活化络合物 $[A\cdots B\cdots C]^{\neq}$，这时 A 与 B 之间的键尚未完全断裂。随着 C 分子逐渐远去，BC 键断裂，AB 键形成，势能沿着虚线下降，直至另一个谷底 P 点。通常将活化络合物所处的 $T^{\neq}$ 点称为鞍点，该点的势能与 D 点和 O 点相比是最低点，而与 R 点和 P 点相比又是最高点，将势能面看做马鞍的话，则 $T^{\neq}$ 点处于马鞍的中央，因此称为鞍点。

将三维势能面投影到平面上，就得到势能面的投影图。图 7.15 中曲线是相同势能的投影，称为等势能线。曲线上的数字表示每一条等势能线的能量数值，数值越大，则势能越高。

如以势能为纵坐标，反应坐标为横坐标，画出的图可以表示反应过程中体系势能的变化，这是一条能量最低的途径。沿势能面上 $R\cdots T^{\neq}\cdots P$ 虚线切剖面图，把 $R\cdots T^{\neq}\cdots P$ 曲线作横坐标，这就是反应坐标。以势能作纵坐标，标出反应进程中每一点的势能，就得到势能面的剖面图，如图 7.16 所示。从图 7.16 可以看出从反应物 A+BC 到生成物 AB+C，沿反应坐标通过鞍点前进，这是能量最低的通道，但也必须通过势能垒 E_b，E_b 是活化络合物与反应物两者最低势能之差值。势能垒的存在从理论上表明了实验活化能 E_a 的实质。

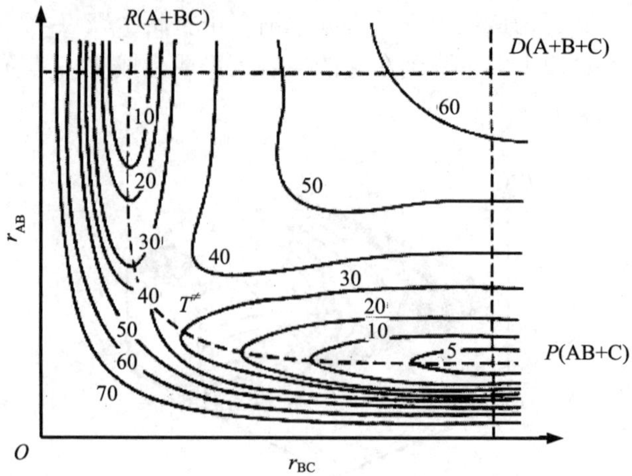

图 7.15　势能面投影

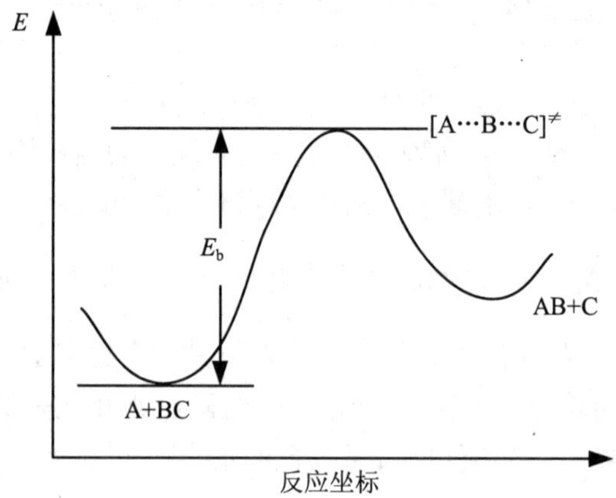

图 7.16　势能面的剖面

二、由过渡状态理论计算反应速率系数

根据过渡态理论的基本假设，反应物到达过渡态后，它一方面可以转化为产物，另一方面还可以和反应物建立起一个快速平衡，转化为产物是整个反应的速控步，即活化络合物分解的速率就是反应的总速率。

$$A + B - C \xrightleftharpoons{K_c^{\neq}} [A \cdots B \cdots C]^{\neq} \xrightarrow{k_2} A - B + C$$

根据选取速控步骤法，该反应的反应速率为：

$$r = k_2[A \cdots B \cdots C]^{\neq} \tag{7.94}$$

而：

$$K_c^{\neq} = \frac{[A \cdots B \cdots C]^{\neq}}{[A][BC]}$$

则：

$$r = k_2[A \cdots B \cdots C]^{\neq} = k_2 K_c^{\neq}[A][BC] = k[A][BC] \tag{7.95}$$

其中：

$$k = k_2 K_c^{\neq} \tag{7.96}$$

设$[A \cdots B \cdots C]^{\neq}$是线型三原子分子，其平动和转动不会使它分解，只有振动可能会使它分解。线型三原子分子的振动自由度为 $3n-5=4$（其中 n 为分子中的原子数，$n=3$），其中两个弯曲振动不会使它分解，一个对称伸缩振动也不会使它分解，而只有一个不对称伸缩振动会导致络合物分解，且单位时间内不对称伸缩振动的频率 ν 就可以造成 ν 个活化分子的分解，即 $k_2 = \nu$ 。

根据统计热力学，不对称伸缩振动 ν 的值近似为：

$$\nu = \frac{k_B T}{h}$$

式中，k_B 为 Boltzmann 常量；h 为 Planck 常量；$\frac{k_B T}{h}$ 称为普适常量，在通常温度下等于$10^{13}s^{-1}$。

则：

$$k_2 = \frac{k_B T}{h} \tag{7.97}$$

式（7.97）代入（7.96）得：

$$k = \frac{k_B T}{h} K_c^{\neq} \tag{7.98}$$

因为假设第一步是快速平衡，所以第一步反应的标准平衡常数 $K_c^{\neq\ominus}$ 为：

$$K_c^{\neq\ominus} = \frac{[A \cdots B \cdots C]^{\neq} / c^{\ominus}}{[A]/c^{\ominus} \times [BC]/c^{\ominus}} = K_c^{\neq} c^{\ominus}$$

即：

$$k = \frac{k_B T}{h} \frac{K_c^{\neq\ominus}}{c^{\ominus}} \tag{7.99}$$

根据标准平衡常数与吉布斯函数的关系可得：

$$\Delta_r^{\neq}G_m^{\ominus} = -RT\ln K_c^{\neq\ominus} = \Delta_r^{\neq}H_m^{\ominus} - T\Delta_r^{\neq}S_m^{\ominus}$$

上式中$\Delta_r^{\neq}G_m^{\ominus}$、$\Delta_r^{\neq}H_m^{\ominus}$、$\Delta_r^{\neq}S_m^{\ominus}$分别为反应物生成络合物时的标准摩尔吉布斯自由能、焓和熵的变化值。

所以
$$K_c^{\neq\ominus} = \exp(-\frac{\Delta_r^{\neq}G_m^{\ominus}}{RT}) = \exp(\frac{\Delta_r^{\neq}S_m^{\ominus}}{R})\exp(-\frac{\Delta_r^{\neq}H_m^{\ominus}}{RT}) \tag{7.100}$$

将式（7.100）代入式（7.99）得：

$$k = \frac{k_B T}{hc^{\ominus}}\exp\left(-\frac{\Delta_r^{\neq}G_m^{\ominus}}{RT}\right) = \frac{k_B T}{hc^{\ominus}}\exp(\frac{\Delta_r^{\neq}S_m^{\ominus}}{R})\exp(-\frac{\Delta_r^{\neq}H_m^{\ominus}}{RT}) \tag{7.101}$$

式（7.101）为过渡状态理论用热力学方法计算双分子反应速率系数的公式，称为艾林（Eying H）方程。从式（7.101）可以看出，反应速率不仅决定于反应物生成络合物时的标准摩尔焓变$\Delta_r^{\neq}H_m^{\ominus}$，还决定于反应物生成络合物时的标准摩尔熵变$\Delta_r^{\neq}S_m^{\ominus}$。

若为单分子反应，艾林方程可表示为：

$$k = \frac{k_B T}{h}\exp(\frac{\Delta_r^{\neq}S_m^{\ominus}}{R})\exp(-\frac{\Delta_r^{\neq}H_m^{\ominus}}{RT}) \tag{7.102}$$

若为三分子反应，艾林方程可表示为：

$$k = \frac{k_B T}{h(c^{\ominus})^2}\exp(\frac{\Delta_r^{\neq}S_m^{\ominus}}{R})\exp(-\frac{\Delta_r^{\neq}H_m^{\ominus}}{RT}) \tag{7.103}$$

反应物生成络合物时的标准摩尔焓变$\Delta_r^{\neq}H_m^{\ominus}$与实验活化能$E_a$的物理意义并不相同，但其数值间存在一定的关系。对于理想气体反应：

$$E_a = (1-\sum_B \nu_B^{\neq})RT + \Delta_r^{\neq}H_m^{\ominus} \tag{7.104}$$

式（7.104）中$\sum_B \nu_B^{\neq}$是反应物生成络合物时，参与反应的气态物质的计量系数之和。

对于双分子气相反应，根据式（7.104）可得

$$E_a = 2RT + \Delta_r^{\neq} H_m^{\ominus} \tag{7.105}$$

将式（7.105）代入式（7.101）可得

$$k = \frac{k_B T}{hc^{\ominus}} e^2 \exp(\frac{\Delta_r^{\neq} S_m^{\ominus}}{R}) \exp(-\frac{E_a}{RT}) \tag{7.106}$$

将式（7.106）与阿仑尼乌斯方程对比可知，阿仑尼乌斯方程的指前因子 A 为：

$$A = \frac{k_B T}{hc^{\ominus}} e^2 \exp(\frac{\Delta_r^{\neq} S_m^{\ominus}}{R}) \tag{7.107}$$

从式（7.107）可以看出，指前因子 A 与反应物生成络合物过程的熵变有关。

活化络合物理论，对化学反应过程提出了新的物理模型，和碰撞理论相比，它解决了反应的活化能的求算问题，通过对反应的势能面的计算，可以预言化学反应进行的途径，可以对阿仑尼乌斯的指前因子作出理论说明，认为它与反应的活化熵有关，形象地说明了反应为什么需要活化能以及反应遵循的能量最低原理。但由于微观世界的复杂性，对复杂的原子反应，绘制势能面有困难，使理论的应用受到一定的限制，并且引进的平衡假设和速控步假设并不能符合所有的实验事实。

复习与思考题

1. 化学动力学和化学热力学所解决的问题有何不同？举例说明。

2. 反应速率是如何定义的？它与反应物的消耗速率、产物的生成速率有什么区别和联系？

3. 如何区分反应级数与反应分子数两个不同的概念？二级反应一定是双分子反应吗？双分子反应一定是二级反应吗？

4. 某反应 $A \longrightarrow B+C$，当 A 的初始浓度增加一倍时，反应的半衰期也增加一倍，该反应为几级反应？

5. 反应 $A \longrightarrow B$，当 A 反应掉 3/4 所需的时间恰好是它反应掉 1/2 所需时间的 3 倍，该反应为几级？

6. 零级反应是不是基元反应？

7. 平行反应 $A \xrightarrow{E_1} B$，$A \xrightarrow{E_2} C$。$E_1 > E_2$，若 B 是所需的产品，从动力学角度定性的考虑应采用怎样的反应温度？

8. 阿仑尼乌斯经验式的适用条件是什么？实验活化能 E_a 对基元反应和复杂反应有何不同？

9. 对同一反应，活化能一定，则反应的起始温度越低，反应速率系数对温度的变化越敏感。这句话对吗？

10．催化剂为什么会加快反应速率？

11．一反应在一定条件下的平衡转化率为37%，当加入某催化剂后，保持其他反应条件不变，反应速率增加了10倍，问平衡转化率将是多少？

12．简述链反应的基本步骤？

13．碰撞理论和过渡状态理论是否适用于所有的反应？

14．为什么在简单碰撞理论中，要引入概率因子 P？

15．某反应$A+2B \longrightarrow 3P$，若A的消耗速率为$r_A=-\dfrac{dc_A}{dt}=4\times10^{-4}\,mol{\cdot}dm^{-3}{\cdot}s^{-1}$，求B的消耗速率$r_B$、P的生成速率$r_p$以及反应速率$r$。（$r_B=8\times10^{-4}\,mol\cdot dm^{-3}\cdot s^{-1}$；$r_P=1.2\times10^{-3}\,mol\cdot dm^{-3}\cdot s^{-1}$；$r=4\times10^{-4}\,mol\cdot dm^{-3}\cdot s^{-1}$）

16．某一级反应，反应进行10 min后，反应物反应掉30%。问反应掉50%所需的时间？（19.4 min）

17．40℃时，N_2O_5在CCl_4溶液中进行分解反应，反应为一级，测得初始速率为$1.00\times10^{-5}\,mol{\cdot}dm^{-3}{\cdot}s^{-1}$，1 h时的瞬时反应速率为$3.26\times10^{-6}\,mol{\cdot}dm^{-3}{\cdot}s^{-1}$，试求：（1）反应速率系数$k_A$；（2）半衰期$t_{1/2}$；（3）初始浓度$c_{A,0}$。[（1）$3.11\times10^{-4}\,s^{-1}$；（2）$2.23\times10^{3}\,s$；（3）$0.032\,2\,mol\cdot dm^{-3}$]

18．25℃时，N_2O_5（g）分解反应的半衰期为5 h 42 min。此数值与N_2O_5（g）的起始压力无关。试求：（1）速率系数；（2）反应完成90%所需的时间（以h为单位）。[（1）$0.121\,6\,h^{-1}$；（2）18.94 h]

19．含有相同物质量的A、B溶液，等体积混合，发生反应$A+B \longrightarrow C$，在反应经过1.0 h后，A已消耗了75%，当反应经过2.0 h时，在下列情况下，A还有多少未反应？

（1）该反应对A为一级，对B为零级；

（2）该反应对A和B均为一级；

（3）该反应对A和B均为零级。[（1）0.062 5；（2）0.142 9；（3）1.33 h已完全反应]

20．某二级反应$A+B \longrightarrow C$，初始速率为$5\times10^{-2}\,mol\cdot dm^{-3}\cdot s^{-1}$，反应物的初始浓度均为$0.2\,mol\cdot dm^{-3}$，求该反应的速率系数$k$。（$1.25\,dm^{3}\cdot mol^{-1}\cdot s^{-1}$）

21．某气相反应$2A(g) \longrightarrow A_2(g)$为二级反应，在恒温恒容的总压$p$数据如下：

t/s	0	100	200	400	∞
p/kPa	41.33	34.397	31.197	27.331	20.665

求该反应的速率系数 k_A。　（$1.17\times10^{-7}\,Pa^{-1}\cdot s^{-1}$）

22．反应 $A+2B \longrightarrow C$ 的速率方程为 $-\dfrac{dc_A}{dt}=k_Ac_Ac_B$，298.2 K 时，测得 $k_A=6.06\times10^{-3}\,dm^3\cdot mol^{-1}\cdot s^{-1}$，试求 A 消耗 25%时所需的时间。

（1）若 $c_{A,0}=5.00\times10^{-3}\,mol\cdot dm^{-3}$，$c_{B,0}=1.00\,mol\cdot dm^{-3}$；

（2）若 $c_{A,0}=5.00\times10^{-3}\,mol\cdot dm^{-3}$，$c_{B,0}=1.00\times10^{-2}\,mol\cdot dm^{-3}$

[（1）47.5 s；（2）5.50×10^3 s]

23．反应 $2A+B \longrightarrow C$ 为二级反应，其反应速率方程为 $-\dfrac{dc_A}{dt}=k_Ac_Ac_B$。70℃时，已知反应速率系数 $k_B=0.400\,dm^3\cdot mol^{-1}\cdot s^{-1}$，若 $c_{A,0}=0.200\,mol\cdot dm^{-3}$，$c_{B,0}=0.100\,mol\cdot dm^{-3}$，试求反应物 A 转化 90%所需要的时间。　（113 s）

24．某抗生素注入人体后，在血液中呈简单级数反应，如果人体中注射 0.50 g 该抗生素，然后在不同时间 t 测定它在血液中的浓度 c_A（以 mg/100mL）表示，得下面数据：

t/h	4	8	12	16
c_A/（mg/100 mL）	0.48	0.326	0.222	0.151

（1）确定反应级数；

（2）计算反应速率系数；

（3）求半衰期；

（4）若要使血液中抗生素的浓度不低于 0.37 mg/100 mL，问需要几小时后注射第二针？[（1）一级；（2）0.096 3 h^{-1}；（3）7.197 h；（4）6.7 h]

25．双光气分解反应

$$ClCOOCCl_3 \longrightarrow 2COCl_2$$

可以进行完全，将反应物置于密闭容器中，保持 280℃，于不同时间测得的总压如下：

t/s	0	500	800	1 300	1 800
p/Pa	2 000	2 520	2 760	3 066	3 306

求反应级数和双光气的消耗速率系数 k_A。（一级；$k_A = 5.9\times10^{-4}\ s^{-1}$）

26．反应

$$2NOCl \longrightarrow 2NO + Cl_2$$

在 200℃下的动力学数据如下：

t/s	0	200	300	500
c_{NOCl}/（$mol\cdot dm^{-3}$）	0.02	0.015 9	0.014 4	0.012 1

反应开始只含有 NOCl，并认为反应能进行到底，求反应级数和速率系数。（二级：$k = 0.065\ dm^3\cdot mol^{-1}\cdot s^{-1}$）

27．反应

$$2NO_2 \longrightarrow N_2 + 2O_2$$

测得如下动力学数据：

c_{NO_2}/（$mol\cdot dm^{-3}$）	0.022 5	0.016 2
$-\dfrac{dc_{NO_2}}{dt}$/（$mol\cdot dm^{-3}\cdot s^{-1}$）	0.003 3	0.001 6

试确定该反应级数。（二级）

28．在 500℃及初压为 101.33 kPa 时，某碳氢化物的气相热分解反应的半衰期为 2 s。若初压将为 10.133 kPa，则半衰期为 20 s。求速率常数。（$k = 4.93\ MPa^{-1}\cdot s^{-1}$）

29．气相反应 $aA + bB \longrightarrow C$ 的速率方程为 $r = k_p p_A^{\alpha} p_B^{\beta}$，在不同反应物初始压力时，测得初始速率数据如下：

实验次数	$p_{A,0}$/kPa	$p_{B,0}$/kPa	r_0/$Pa\cdot s^{-1}$
1	27.8	11.2	4.24
2	27.8	5.60	2.12
3	13.9	11.2	1.06

试求反应级数及速率系数。（α=2，β=1；$k_p = 4.90\times10^{-10}\ Pa^{-2}\cdot s^{-1}$）

30．N_2O(g)的热分解反应 $2N_2O(g) \longrightarrow 2N_2(g) + O_2(g)$，在一定温度下，反

应的半衰期与初始压力成反比。在 694℃，$N_2O(g)$的初始压力为3.92×10^4Pa 时，半衰期为 1 520 s；在 757℃，初始压力为4.8×10^4Pa 时，半衰期为 212 s；

（1）求 694℃和 757℃时的反应速率系数；

（2）求反应的活化能和指前参量；

（3）在 757℃，初始压力为5.33×10^4Pa 时[开始只有 $N_2O(g)$存在]。求总压力达6.4×10^4Pa 所需的时间。[（1）$1.678\times10^{-3}\ \mathrm{Pa^{-1}\cdot s^{-1}}$，$9.83\times10^{-8}\ \mathrm{Pa^{-1}\cdot s^{-1}}$；（2）$740.74\ \mathrm{kJ\cdot mol^{-1}}$，$1.678\times10^{5}\ \mathrm{Pa^{-1}\cdot s^{-1}}$；（3）$4.45\times10^{-3}$ s]

31．药物阿司匹林水解为一级反应，在 107℃时的速率系数为 $8\mathrm{d}^{-1}$，在 77℃时的速率系数为 $12\mathrm{d}^{-1}$。求 27℃时，阿司匹林水解 30%需多少时间？（1.25 d）

32．乙醛蒸气的热分解反应

$$CH_3CHO(g) \longrightarrow CH_4(g) + CO(g)$$

518℃下在一定容积中的压力变化如下：

纯乙醛初压 $p_{A,0}$/kPa	100s 后系统总压 p/kPa
53.329	66.661
26.664	30.531

（1）求反应级数及速率系数；

（2）若活化能为$190.4\ \mathrm{kJ\cdot mol^{-1}}$，问在什么温度下其速率系数为 518℃时的 2 倍？[（1）二级，$k_p = 6.3\times10^{-5}\ \mathrm{kPa^{-1}\cdot s^{-1}}$；（2）$T = 810$ K]

33．已知某反应的活化能为$80\ \mathrm{kJ\cdot mol^{-1}}$，试计算反应温度从 T_1 到 T_2 时，反应速率系数增大的倍数：

（1）$T_1 = 293.0\ \mathrm{K}$，$T_2 = 303.0\ \mathrm{K}$；

（2）$T_1 = 373.0\ \mathrm{K}$，$T_2 = 383.0\ \mathrm{K}$；

计算结果说明什么？ [（1）2；（2）1]

34．定容气相反应$2A + B \longrightarrow C$，已知速率系数 k_B 与温度的关系为（对 A 和 B 均为一级）

$$\ln(k_B / \mathrm{dm^3\cdot mol^{-1}\cdot s^{-1}}) = -\frac{9\,622}{T/\mathrm{K}} + 24.00$$

（1）计算反应的活化能E_a；

（2）若反应开始时，$c_{A,0} = 0.1\ \mathrm{mol\cdot dm^{-3}}$，$c_{B,0} = 0.2\ \mathrm{mol\cdot dm^{-3}}$，欲使 A 在 10 min 内转化率达 90%，则反应温度 T 应为多少？

[（1）$80.00\ \mathrm{kJ\cdot mol^{-1}}$；（2）371.5 K]

35．正逆反应都是一级的可逆反应 $A \underset{k_{-1}}{\overset{k_1}{\rightleftharpoons}} B$，$k_1 = 10^{-2}\ s^{-1}$，平衡常数 K_c=4，如果 $c_{A,0} = 0.01\ mol \cdot m^{-3}$，$c_{B,0} = 0$，计算 30 s 后 B 的浓度。（$2.50 \times 10^{-3}\ mol \cdot m^{-3}$）

36．对于平行反应

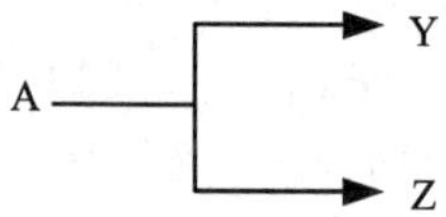

若总活化能为 E，试证明：

$$E = \frac{k_1 E_1 + k_2 E_2}{k_1 + k_2}$$

37．连串反应 $A \xrightarrow{k_1} B \xrightarrow{k_2} C$，其中 B 为主产物，C 为副产物。一定条件下测得 50℃时，$k_1 = 0.42 \times 10^{-2}\ min^{-1}$，$k_2 = 0.20 \times 10^{-4}\ min^{-1}$，试求 50℃时，生成 B 的最适宜的反应时间及相应的最大产率。（1 279.2 min；97.5%）

38．某气相复合反应的机理为：

$$A \underset{k_{-1}}{\overset{k_1}{\rightleftharpoons}} B \qquad B + D \xrightarrow{k_2} E$$

其中 B 为不稳定中间产物。试用稳态近似法导出该反应的速率公式，并证明高压条件下该反应表现为一级，而在低压条件下表现为二级。（低压 $r = -\dfrac{dc_E}{dt} = \dfrac{k_1 k_2}{k_{-1}} c_A c_D$，高压 $r = -\dfrac{dc_E}{dt} = k_1 c_A$）

39．$N_2O(g)$ 的热分解反应 $2N_2O(g) \longrightarrow 2N_2(g) + O_2(g)$ 为二级反应，其在不同温度下的速率系数如下：

T/K	603	627
$k/(cm^3 \cdot mol^{-1} \cdot s^{-1})$	755	1 700

（1）求活化能 E_a；

（2）根据简单碰撞理论的数学公式，推出 E_a 与阈能 E_0 的关系式；

（3）求 610K 时，上述反应的 E_0。

［（1）$1.063 \times 10^5\ J \cdot mol^{-1}$；（3）$1.038 \times 10^3\ J \cdot mol^{-1}$］

40．在 500 K 附近，反应 $H\cdot+CH_4 \longrightarrow H_2+\cdot CH_3$ 的指前因子 $A=10^{13}$ $cm^3\cdot mol^{-1}\cdot s^{-1}$。求该反应的活化熵 $\Delta_r^{\neq}S_m^{\ominus}$。（$-74.4\ J\cdot K^{-1}\cdot mol^{-1}$）

自 测 题

1．选择题

（1）反应 $A+2B \longrightarrow C$，其速率方程为 $-\dfrac{dc_A}{dt}=k_Ac_Ac_B$ 或 $-\dfrac{dc_B}{dt}=k_Bc_Ac_B$，则 k_A 和 k_B 的关系为（　）。

（A）$k_A=k_B$　（B）$k_A=2k_B$　（C）$2k_A=k_B$　（D）不确定

（2）某反应物反应掉 7/8 所需的时间恰好是它反应掉 1/2 所需时间的 3 倍，则该反应的级数是（　）。

（A）零级　（B）一级反应　（C）三级反应　（D）二级反应

（3）放射性 ^{201}Pb 的半衰期为 8 h，1 g 放射性 ^{201}Pb 在 24 h 后还剩下（　）。

（A）1/8 g　（B）1/4 g　（C）1/3 g　（D）1/2 g

（4）某二级反应，反应物消耗 1/3 需时间 10 min，若再消耗 1/3 还需时间为（　）。

（A）10 min　（B）20 min　（C）30 min　（D）40 min

（5）一级反应完成 99.9%所需时间是完成 50%所需时间的（　）。

（A）2 倍　（B）5 倍　（C）10 倍　（D）20 倍

（6）一个反应的活化能是 $33\ kJ\cdot mol^{-1}$，当 $T=300$ K 时，温度每增加 1 K，反应速率常数增加的百分数约是（　）。

（A）4.5%　（B）90%　（C）11%　（D）50%

（7）连串反应 $A \xrightarrow{k_1} B \xrightarrow{k_2} C$，其中 $k_1=0.1\ min^{-1}$，$k_2=0.2\ min^{-1}$，假定反应开始时只有 A，且浓度为 $1\ mol\cdot dm^{-3}$，则 B 浓度达最大的时间为（　）。

（A）0.3 min　（B）5.0 min　（C）6.93 min　（D）∞

（8）物质 A 发生两个平行的一级反应，若 $k_1>k_2$，两个反应的指前参量相近且与温度无关，则升温时，下列叙述正确的是（　）。

（A）对反应 1 有利　（B）对反应 2 有利

（C）对反应 1 和反应 2 的影响相同　（D）不能确定

（9）反应 $A \longrightarrow B$（Ⅰ），$A \longrightarrow D$（Ⅱ），已知反应Ⅰ的活化能 E_1 大于反应Ⅱ的活化能 E_2，以下措施中（　）不能改变获得 B 和 D 的比例。

（A）提高反应温度　　（B）降低反应温度

（C）延长反应时间　　（D）加入适当的催化剂

（10）关于催化剂的作用，下列说法中不正确的是（　　）。

（A）催化剂能改变反应途径　　（B）催化剂能改变反应的速率

（C）催化剂能改变体系的始末态　　（D）催化剂能改变反应的活化能

（11）关于基元反应的过渡状态有下列说法：

① 过渡状态是反应途径上活化能的最高点

② 过渡状态是势能面上能量最高的状态

③ 过渡状态是一个反应途径中反应物分子组能量最高的状态

④ 过渡状态就是活化络合物所处的状态

其中正确的是（　　）。

（A）①②　　（B）③④　　（C）①③　　（D）②④

2. 填空题

（1）某一级反应当 $t = 3t_{1/2}$ 时，反应物的转化率为__________。

（2）若反应 $A + 2B \longrightarrow C$ 为基元反应，则反应速率方程 $-\dfrac{dc_A}{dt} =$ __________。

（3）在 300 K 时，鲜牛奶 5 h 后即变酸，但在 275 K 的冰箱里，可保存 50 h，牛奶变酸反应的活化能是________________。

（4）丁二烯的液相聚合反应，实验已确定对丁二烯为一级，并测得在 323 K 时，其速率常数为 $3.300\times10^{-2}\ \mathrm{min}^{-1}$，当丁二烯的转化率为 80%时，反应时间为____________。

（5）N_2O_5 热分解反应在 288 K 时速率系数为 $9.67\times10^{-6}\ \mathrm{s}^{-1}$，$E_a = 100.7\ \mathrm{kJ\cdot mol^{-1}}$，338 K 时，速率系数为________________。

（6）二级反应半衰期与反应物起始浓度关系 ________________。

（7）对于平行反应，一般地说：E_a 值小的反应，，k 值随 T 变化率________，升温对 E_a 值______的反应影响更大。

（8）反应分子数只能是__________，一般不会大于____________。

（9）链反应的一般步骤：__________；__________；__________。

（10）链反应可分为__________反应和__________反应。

第八章　电 化 学

电化学是研究电能和化学能之间相互转换规律的科学。

法拉第（Michael　Fraday，英国物理学家、化学家）于 1833 年根据多次实验结果归纳出了著名的法拉第定律，该定律的出现为电化学的定量研究和电解工业的发展奠定了理论基础。1870 年发电机的出现，使电化学广泛地应用于工业生产中。在今天，电化学工业已经成为国民经济的重要组成部分。

电化学在工业上一个重要的应用是电解。用电解方法可以获得许多有色金属及稀有金属。例如铝、镁、钾、钠、锆、锂和铪等都是用电解来冶炼的，其他如铜、铅和锌的精炼，也都是利用电解的方法来实现的，利用电解方法可以制备许多基本的化工产品，如氢氧化钠、氯气、氯酸钾、过氧化氢以及一些有机化合物等。电镀工业发展很快，像电解加工、电铸、电抛光、铝的氧化保护、电着色以及电泳喷漆等也都是采用电化学方法。电化学在工业上另一个重要应用是电池。锌锰干电池、铅酸蓄电池等以其稳定又便于移动等特点在日常生活和汽车工业方面已起了重要作用，随着尖端科技如火箭、宇宙飞船、航天飞机的迅速发展，对化学电源也提出了新的要求，能连续工作较长时间的燃料电池、各种体积小重量轻既安全又便于存放的新型高能电池、微型电池等不断地被研制开发，使得它们在各行业得到了越来越广泛的应用。

无论是电解池还是原电池，它们的工作介质都离不开电解质溶液，因而本章在重点讨论原电池及电解池之前，首先讨论电解质溶液的导电性质和热力学性质。

第一节　电解质溶液的导电机理及法拉第定律

一、电解质溶液的导电机理

电解质溶液的导电机理和电子导体不同，电子导体是依靠自由电子的定向运动而导电，如金属、石墨和某些金属氧化物属于电子导体，这类导体的特点是当电流通过时，导体本身不发生任何化学变化，但当温度升高时导体内部质点的热运动加剧，阻碍自由电子的定向运动使电阻增大，同时电子导体的导电能力降低。而电解质溶液的导电是依靠离子的定向运动(离子迁移)，导电的同时导体本身(电解质溶液）发生化学变化，当温度升高时由于电解质溶液黏度降低、离子运动速度加快及溶液中离子水化作用降低等原因，导电能力增强。

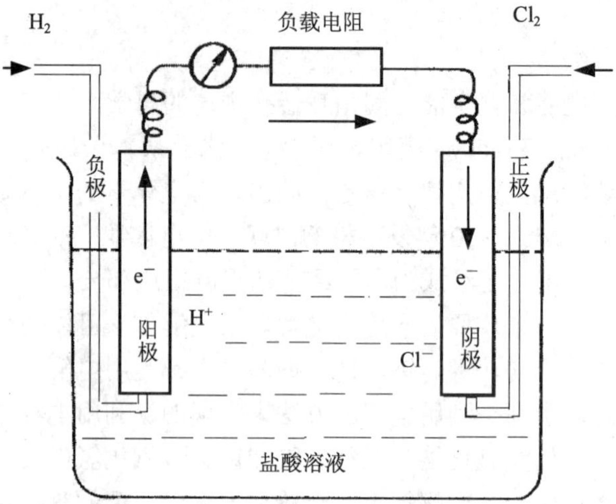

图 8.1 原电池

如图 8.1 所示的原电池，当氢气和氯气气流吹打插入盐酸溶液的铂片时，在电极和溶液界面处便发生了如下反应。

在 H_2 电极上：

$$H_2 \longrightarrow 2H^+ + 2e^-$$

H_2 在电极上失去电子给电极，被氧化成 H^+ 进入溶液，这样 H_2 电极上因电子密度较大而具有较低的电势成为负极。

在 Cl_2 电极上：

$$Cl_2 + 2e^- \longrightarrow 2Cl^-$$

Cl_2 在电极上夺取了电子，被还原成 Cl^-进入溶液，这样 Cl_2 电极上因缺少电子而具有较高的电势成为正极，以导线接通正、负极形成一个闭合的回路，通过回路的电流可以对环境做功。两电极有电流通过的同时，溶液中的 H^+向 Cl_2 电极方向迁移，而 Cl^-向 H_2 电极方向迁移，形成了通过溶液的电流，两极间外电路上靠电子的定向移动导电，溶液内部通过离子的定向运动导电，这样就形成了整个回路中连续的电流。

如图 8.2 所示的电解池，外加电源连接两个铂片插入盐酸溶液中构成电解池。当外加电源施加一定电压时，溶液中的 H^+和 Cl^-在电场的作用下分别向阴极和阳极迁移，这些离子定向迁移的结果使电流在溶液中通过，在电极和溶液界面处发生了以下反应：

阴极：H^+在电极上夺取了电子被还原成 H_2

$$2H^+ + 2e^- \longrightarrow H_2$$

阳极：Cl^-在阳极上释放了电子被氧化成 Cl_2

$$2\,Cl^- \longrightarrow Cl_2 + 2e^-$$

阴极和阳极的反应使得电流在电极和溶液界面处构成通路连同外电路，形成一个闭合的回路。

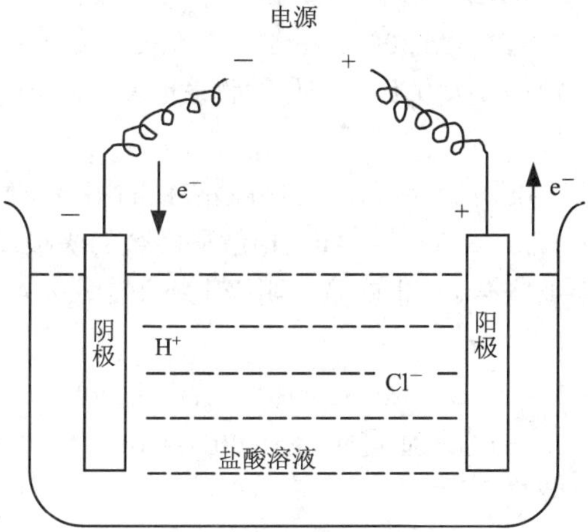

图 8.2　电解池

电化学中把电极进行的有电子得失的化学反应称为电极反应。两个电极反应的总和称为电池反应。同时规定：发生氧化反应的电极为阳极，发生还原反应的电极为阴极。因电源正极、负极是依电势高低来确定的，所以电解池的阳极即正极，阴极即负极；而在原电池中，阳极是负极，阴极则为正极。

由此可见，电解质溶液的导电机理是：溶液中的正、负离子向两电极做定向迁移，迁移到电极与溶液界面处的离子分别在电极放出或得到电子而发生氧化或还原反应。通过离子的迁移和电极反应，从而使电流不断在电解质溶液中流过。

从上述可知，电解质溶液导电包括电极反应和溶液中离子的定向迁移，这就要涉及电极反应的物质的量和通过的电量之间的定量关系，即法拉第定律。

二、法拉第定律

法拉第定律是法拉第于 1833 年研究电解时从实验结果归纳总结出的一条基本规律。法拉第定律的内容是：在电极上发生化学变化的物质的量与通入的电量成正比；若将几个电解池串联，通入一定的电量后，在几个电解池的电极上发生反应的物质的量相等。

其表达式为：

$$Q = nzF \tag{8.1}$$

式中 F 为法拉第常数，其值为 1 mol 电子所带电量的绝对值，即 $F = eL$，其中 e 为每个电子所带电量的绝对值，其值为 $1.602\,177\,33 \times 10^{-19}$C（库仑）。$L$ 为阿伏伽德罗常数，其值为 $6.022\,136\,7 \times 10^{23}\ \text{mol}^{-1}$，可得

$$F = eL = 96\,485.309\ \text{C} \cdot \text{mol}^{-1} \approx 96\,500\ \text{C} \cdot \text{mol}^{-1}$$

式（8.1）中 n 为电极上发生化学变化的物质的量；z 为电极反应中电子转移的计量系数。

如：a 电极反应 $Ag^+ + e^- == Ag$（电解硝酸银的阴极反应）

b 电极反应 $Au^{3+} + 3e^- == Au$（电解硝酸金的阴极反应）

在 a 的电极反应中，$z = 1$。也就是在阴极上析出 1 mol Ag，需要转移的电子数是 1×1 mol 个电子。

在 b 的电极反应中，$z = 3$。这时在阴极上析出 1 mol Au，需要转移的电子数是 3×1 mol 个电子。Au 的摩尔质量应为 $197.0\ \text{g} \cdot \text{mol}^{-1}$。

如果将 b 电极反应式写为：

$$\frac{1}{3}\ Au^{3+} + e^- == \frac{1}{3}\ Au$$

这时，$z = 1$。也就是在阴极上析出 $\frac{1}{3}$ mol Au，需要转移的电子数是 1×1 mol 个电子，此时 Au 的摩尔质量应为 $\frac{1}{3} \times 197.0\ \text{g} \cdot \text{mol}^{-1}$。

【例 8.1】 镀锌槽中，在 1 小时内，通过的电流是 2 A，问该析出多少克锌？（设电流效率为 100%）

解：电极反应为：$Zn^{2+} + 2e^- == Zn$

根据法拉第定律：$Q = It = nzF$

$$2 \times 1 \times 60 \times 60 = \frac{m}{65.38} \times 2 \times 96\,500$$

可得锌的析出量为：m=2.44 g

第二节　离子的迁移数及其测定

一、离子的迁移数

电化学中，常将正、负离子在电场作用下引起的定向运动称为电迁移。并且离子的迁移速度决定电解质的导电能力。当电流通过电解质溶液时，正、负离子分别向阴、阳两极移动，由正、负离子的迁移完成导电的任务。但正、负离子所完成的导电量是否相同？这个迁移过程可用图 8.3 及图 8.4 来说明。两图中上半部均表示迁移中的情况，下半部表示迁移后的情况。

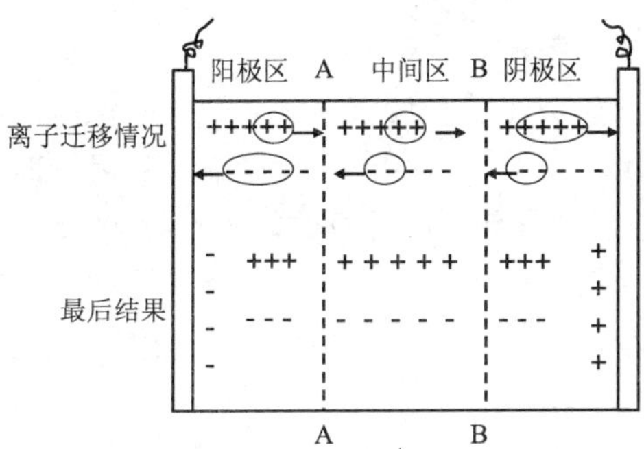

图 8.3　正负离子迁移速率相等的情况

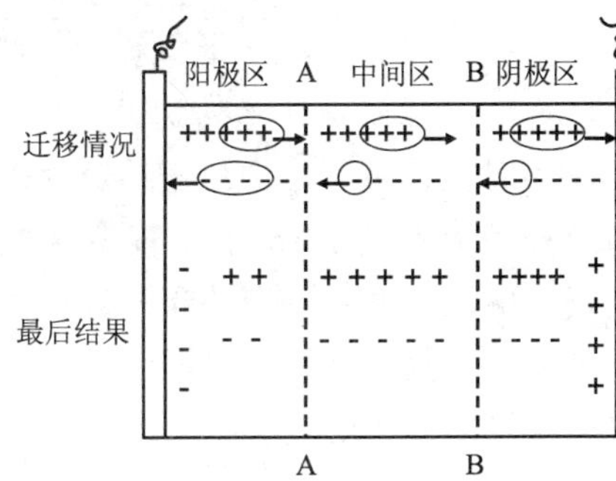

图 8.4　正负离子迁移速率不相等的情况

假设在两个惰性电极之间有平面 AA 和 BB 将溶液分为阳极区、中间区及阴极区三个部分。假定在未通电前各部分均含有正、负离子各 5 mol，分别用＋、－的数量来代表正、负离子的物质的量。有 4 mol 电子的电量通过后，阳极上应有 4 mol 负离子发生氧化反应；同时阴极上有 4 mol 正离子发生还原反应，溶液中的离子也同时发生迁移。当溶液中通过 4 mol 电子的电量时，整个导电任务是由正、负离子共同分担的，每种离子所迁移的电量随着它们迁移的速度不同而不同，假设以下两种情况：

（1）正、负离子的迁移速率相等，那么导电任务各分担一半。AA 平面上，各有 2 mol 正、负离子逆向通过，BB 平面上也是如此（图 8.3）。通电完毕后，中部溶液浓度不变，而阴、阳两极区溶液浓度相同，但与原溶液相比各少了 2 mol。

（2）正离子的迁移速率是负离子的三倍，则在任一平面上有 3 mol 正离子及 1mol 负离子逆向通过（图 8.4），通电完毕后，中部溶液的浓度仍保持不变，但阴、阳两极区的浓度各不相同，且两极区的浓度比原溶液都有所下降；但降低的程度不同。从上述可归纳出如下规律：

$$\frac{\text{正离子运动速度}v_+}{\text{负离子运动速度}v_-}=\frac{\text{阳离子运载的电量}Q_+}{\text{阴离子运载的电量}Q_-}=\frac{\text{阳极区物质的量的变化}}{\text{阴极区物质的量的变化}}$$

正、负离子迁移的速率不同，传递的电量也不同，为了表示各种离子传递电量的比例关系，提出了离子的迁移数的概念。所谓离子的迁移数是指每种离子所传递的电量与正、负离子传递的总电量之比。离子的迁移数常用 t 表示。对于只含有正、负离子各一种的电解质溶液，正离子的迁移数为：

$$t_+=\frac{\text{正离子传递的电量}}{\text{正负离子传递的总电量}}=\frac{Q_+}{Q_++Q_-}$$

负离子的迁移数：

$$t_-=\frac{\text{负离子传递的电量}}{\text{正负离子传递的总电量}}=\frac{Q_-}{Q_++Q_-}$$

Q_+、Q_-为正负离子所传递的电量。迁移数也就是迁移速率分数，即该离子的迁移速率对正、负离子的总迁移速率之比。当然，正离子的迁移数与负离子的迁移数之和等于 1。如果溶液中有多种离子，则各离子的迁移数之和仍等于 1。

离子的迁移数主要取决于溶液中离子的运动速率，所以影响离子运动速率的因素如离子半径、离子水化程度、离子所带电荷、溶剂的性质（如黏度等)、电位梯度等都影响离子的迁移数。

二、离子迁移数的测定

离子迁移数最常用的测定方法有希托夫法、界面移动法和电动势法等。这里重点介绍前两种方法。

（1）希托夫法。图 8.5 是希托夫法的实验装置示意图。在管内装有已知浓度的电解质溶液，接通电源后，让较小的电流通过溶液，这时正离子向阴极迁移而负离子向阳极迁移；同时电极上有反应发生，使电极附近的溶液浓度不断变化，而中部溶液的浓度基本不变。通电一段时间后，把阴极区（或阳极区）的溶液小心放出进行称重，根据阴极区（或阳极区）溶液中电解质含量的变化及串联在电路中的电量计上测出的通过的总电量，就可算出离子的迁移数。希托夫法的原理简单，但在实验过程中很难避免由于对流、扩散、振动等原因引起的溶液混合，所以不易获得准确结果。

（2）界面移动法。界面移动法是通过测定溶液界面在迁移管中移动的距离来求迁移数的，具体装置如图 8.6 所示，阳极为固态镉，阴极为铂，迁移管上部是 HCl 溶液，下部是 $CdCl_2$ 溶液，两者有共同的阴离子。实验一开始先加入 $CdCl_2$

溶液，等 $CdCl_2$ 溶液稳定后，再缓慢加入 HCl 溶液。因为 $CdCl_2$ 溶液是绿色的，HCl 溶液是无色的，同时 HCl 溶液的比重比 $CdCl_2$ 溶液小，所以两种溶液之间可以形成一个明显的界面 aa'。

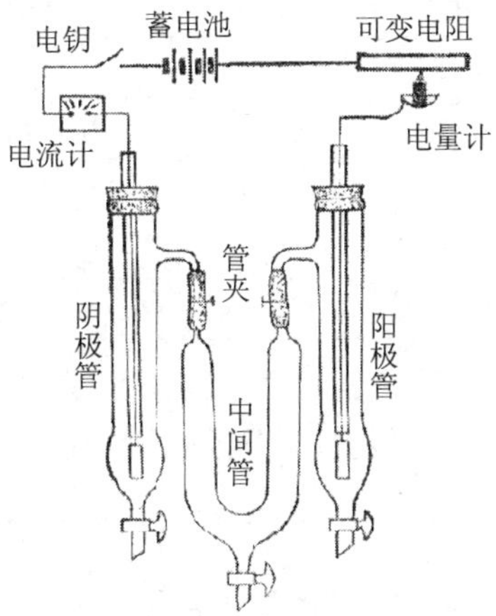

图 8.5　希托夫法测定迁移数实验装置

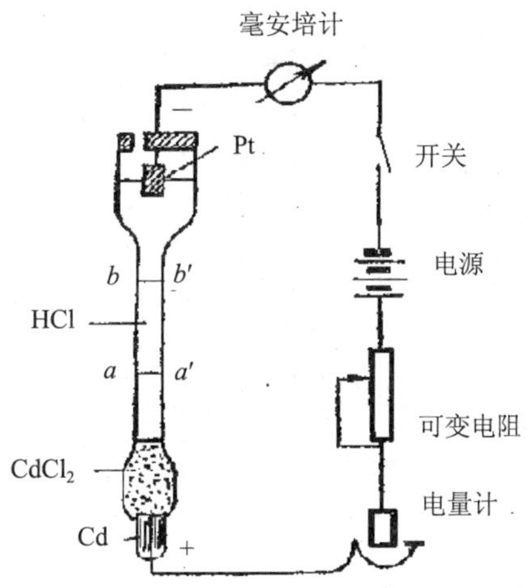

图 8.6　界面移动法测定迁移数装置

通电后：阳极　Cd － 2e ══ Cd^{2+}（Cd 溶解进入到溶液中去）

阴极　$2H^+ + 2e$ ══ H_2（H^+逐渐上移）

由于 H^+向上移动，溶解下来的 Cd^{2+}也逐渐地跟在它后面向上移动，所以界面也要移动。

设溶液的浓度为 c，通过溶液的总电量为 $Q=It$，界面 aa'移动到 bb'，移动的体积为 V，通过 bb'界面的 H^+的摩尔数为：cV，

通过 bb'界面的 H^+离子数为：cVL，

这些离子所带的电荷为：z^+cVL

这些离子所迁移的电量：$z^+cVLe = z^+cVF$

$$t_{H^+} = \frac{z^+cVF}{It} \tag{8.2}$$

【例 8.2】 用界面移动法测定 H^+的迁移数，试验数据如下：所用盐酸溶液的浓度为 10.0 $mol \cdot m^{-3}$，玻璃管的截面积为 1.0×10^{-5} m^2，通过 0.01A 的电流 200 s，界面从 a 移动到 b 共 0.17 m，计算 H^+的迁移数。

解：根据式（8.2）可得

$$t_{H^+} = \frac{1.0 \times 10^{-5} \times 0.17 \times 1 \times 96\,500 \times 10.0}{0.01 \times 200} = 0.82$$

表 8.1 是用界面移动法测定的正离子在不同浓度时的迁移数。

表 8.1 298.15 K 时水溶液中某些正离子的迁移数

盐类	c/（mol·dm^{-3}）				
	0.01	0.05	0.10	0.50	1.00
$AgNO_3$	0.464 8	0.466 4	0.468 2		
$BaCl_2$	0.440 0	0.431 7	0.425 3	0.398 0	0.379 2
LiCl	0.328 9	0.321 1	0.316 8	0.300 0	0.287 0
NaCl	0.391 8	0.387 6	0.385 4		
KCl	0.490 2	0.489 9	0.489 8	0.488 8	0.488 2
KNO_3	0.508 4	0.509 3	0.510 3		
$LaCl_2$	0.462 5	0.448 2	0.437 5	0.395 8	
HCl	0.825 1	0.829 2	0.831 4		

从表 8.1 中可见，浓度对离子的迁移数有影响，较浓的溶液离子间相互引力较大，正、负离子的速率均减慢，若正、负离子的价数相同，则所受影响也大致相同，迁移数的变化不大；如价数不同，则价数大的离子的迁移数减小比较明显。

除了浓度之外，温度对离子的迁移也有影响，主要是影响离子的水合程度。温度升高时，正、负离子的速率均加快，两者的迁移趋于相等。而外加电压的大小，一般不影响迁移数，因外加电压增加时，正、负离子的速率成比例地增加。而迁移数则基本不变。

第三节　电导、电导率、摩尔电导率

一、电导、电导率与摩尔电导率的意义

（1）电导。电解质溶液中正、负离子导电能力的大小用迁移数来表示，而电解质溶液的导电能力是用电导来表示。电导即为电阻的倒数，用 G 表示。即 $G=\frac{1}{R}$。电导单位为 S（西门子），1S =1 Ω^{-1}。电解质溶液的电导 G 与浸入电解质溶液内的电极面积 A、电极距离 l 有关。其关系为：

$$G=\kappa\frac{A}{l} \tag{8.3}$$

（2）电导率。式（8.3）中的比例系数 κ 称为电导率。电导率 κ 的物理意义是指两电极面积各为 1 m^2，两电极间相距 1 m 时溶液的电导。单位是 $S\cdot m^{-1}$。电解质溶液的电导率大小不仅与电解质的种类有关，而且还与溶液的浓度有关。因为即使同一种电解质溶液，当浓度不同时，电解质溶液中所含电解质的量是不同的，也就是导电的离子数目不同，所以电导率不同。

（3）摩尔电导率。由于电解质溶液的电导率与浓度有关，不能反映电解质本身对导电性的贡献。为了比较不同电解质在溶液中的导电能力，引入摩尔电导率的概念。摩尔电导率的含义是把含有 1 mol 的某电解质溶液放在相距为 1 m 的两平行电极之间，这时所具有的电导，称为该电解质溶液的摩尔电导率，用符号 Λ_m 表示。摩尔电导率单位为 $S\cdot m^2\cdot mol^{-1}$。因为电解质溶液中电解质的物质的量规定为 1 mol，放入两电极之间的电解质溶液的体积不同，而体积大小与电解质的浓度有关，因此，摩尔电导率与电导率之间有如下关系：

$$\Lambda_m = \kappa / c \tag{8.4}$$

这里应予以说明，c 的单位为 $mol\cdot m^{-3}$，用 mol 作单位时必须指明基本单元，例如，$MgCl_2$ 的摩尔电导率可以写成：

$$\Lambda_m（MgCl_2）= 0.0258\ S\cdot m^2\cdot mol^{-1}（298.15\ K）$$

或$\Lambda_m（\frac{1}{2}MgCl_2）= 0.0129\ S\cdot m^2\cdot mol^{-1}（298.15\ K）$

习惯上将一个电荷数为 z 的离子的 $\frac{1}{z}$ 作为基本单元，如钾、镁、铝离子的基本单元分别为 K^+、$\frac{1}{2}Mg^{2+}$、$\frac{1}{3}Al^{3+}$，相应的摩尔电导率分别为 $\Lambda_m（K^+）$、$\Lambda_m（\frac{1}{2}Mg^{2+}）$、$\Lambda_m（\frac{1}{3}Al^{3+}）$，1 mol 这样单元的不同离子均含有 1 mol 的基本电荷。

二、电导率、摩尔电导率与浓度的关系

电解质溶液的电导率、摩尔电导率均随浓度的变化而变化，但强、弱电解质的变化规律不相同。强电解质溶液的电导率随浓度的增加（导电粒子数的增多）而升高，但当浓度增加到一定程度以后，由于正、负离子之间的相互作用力增大，使离子的运动速度降低，电导率随之下降。所以在电导率与浓度的关系曲线上会出现一个最高点。弱电解质溶液的电导率随浓度的变化不显著，因为浓度增加使其电离度减小，溶液中离子数目变化不大，所以电导率变化也不大，见图 8.7。

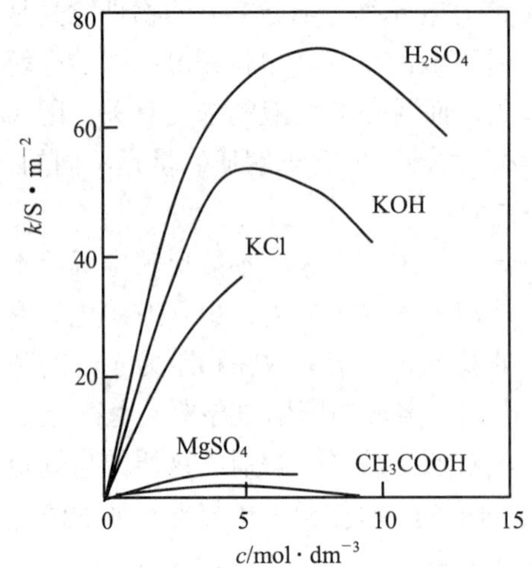

图 8.7 电导率随浓度变化曲线

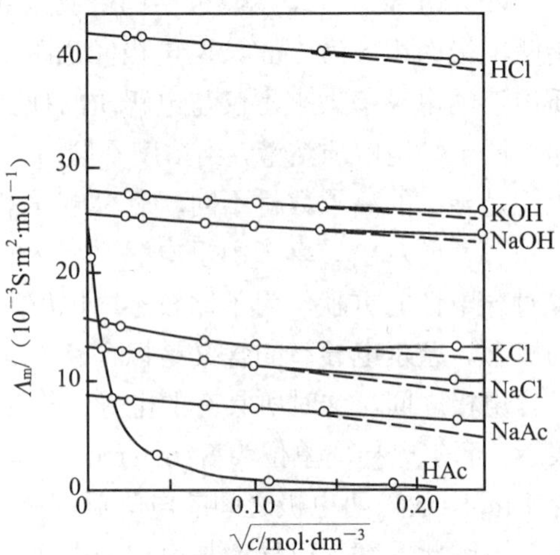

图 8.8 摩尔电导率与浓度的关系

与电导率不同，无论是强电解质还是弱电解质，摩尔电导率均随浓度的增加而减小。因溶液中能导电的物质的量都为 1 mol，当浓度降低时，由于粒子之间相互作用力减弱，正、负离子的运动速度因而增加，故摩尔电导率增加。当浓度降低到一定程度之后，强电解质的摩尔电导率的值几乎保持不变，图 8.8 是 298 K 时电解质在水溶液中的摩尔电导率与浓度的关系。

科尔劳施（德国化学家、物理学家）根据实验结果发现。如以 $\sqrt{c}$ 的值为横坐标，以 Λ_m 值为纵坐标作图，则在浓度极稀时强电解质的 Λ_m 与 $\sqrt{c}$ 几乎成线性关系，用公式表示为：

$$\Lambda_m = \Lambda_m^{\infty} - A\sqrt{c} \tag{8.5}$$

式中 A 在一定温度下，对于一定的电解质和溶剂来说是一个常数。将直线外推至与纵坐标相交处即得到溶液在无限稀释时的摩尔电导率 Λ_m^{∞}。

强电解质的 Λ_m^{∞} 可用外推法求得，但对弱电解质如 HAC、$NH_3 \cdot H_2O$ 等，在极稀的溶液中，摩尔电导率随浓度的降低而急剧增大，因为弱电解质的解离度随溶液浓度的降低而增加，因此，浓度越低离子越多，摩尔电导率越大，所以弱电解质的摩尔电导率无法用外推法求得。式（8.5）不适用于弱电解质，但下边讲到的科尔劳施的离子独立运动定律解决了这个问题。

三、离子的独立运动定律

科尔劳施比较大量电解质的 Λ_m^{∞} 实验数据时，发现具有同一阴离子（或阳离子）

的盐类，它们的摩尔电导率的差值在同一温度下为一定值，而与另一阳离子（或阴离子）的存在无关。如表 8.2 所示。

表 8.2　某些电解质无限稀释时摩尔电导率Λ_m^∞

电解质	$\frac{\Lambda_m^\infty}{S\cdot m^2\cdot mol^{-1}}$	差数	电解质	$\frac{\Lambda_m^\infty}{S\cdot m^2\cdot mol^{-1}}$	差数
KCl	0.014 986	34.83×10^{-4}	HCl	0.042 616	4.9×10^{-4}
LiCl	0.011 503		HNO_3	0.042 130	
$KClO_4$	0.014 004	35.06×10^{-4}	KCl	0.014 986	4.9×10^{-4}
$LiClO_4$	0.010 598		KNO_3	0.014 496	
KNO_3	0.014 50	34.9×10^{-4}	LiCl	0.011 503	4.9×10^{-4}
$LiNO_3$	0.011 01		$LiNO_3$	0.011 01	

从表 8.2 可以看出，KCl 和 LiCl 的极限摩尔电导率的差值$\Delta\Lambda_m^\infty$与 KNO_3 和 $LiNO_3$ 的$\Delta\Lambda_m^\infty$相同。这表明在同一温度下，正离子在无限稀释的溶液中的导电能力与负离子的存在无关。同样在 KCl 和 KNO_3 的$\Delta\Lambda_m^\infty$与 LiCl 和 $LiNO_3$ 的$\Delta\Lambda_m^\infty$也相同。这表明在一定的温度下，负离子在无限稀释溶液中的导电能力与正离子的存在无关。

根据这些实验事实，科尔劳施认为，在无限稀释溶液中，离子彼此独立运动，互不影响，无限稀释电解质的摩尔电导率等于无限稀释时阴、阳离子的摩尔电导率之和，此即为科尔劳施离子独立运动定律。

根据离子独立运动定律可以得出；在无限稀释的电解质溶液中，电解质的极限摩尔电导率Λ_m^∞应是正、负离子的摩尔电导率之和，即

$$\Lambda_m^\infty = \nu_+\Lambda_{m,+}^\infty + \nu_-\Lambda_{m,-}^\infty \tag{8.6}$$

离子独立运动定律还指出：在极稀的溶液中，一定温度下、一定的溶剂中同一种离子的摩尔电导率都是同一数值。如表 8.3 所示。

根据离子独立运动定律，可以运用强电解质无限稀释摩尔电导率计算弱电解质无限稀释摩尔电导率。

表 8.3　298 K 时无限稀释水溶液中离子的摩尔电导率

阳离子	Λ_m^∞/ $S\cdot m^2\cdot mol^{-1}$	阴离子	Λ_m^∞/ $S\cdot m^2\cdot mol^{-1}$
H^+	349.82×10^{-4}	OH^-	198.0×10^{-4}
Li^+	38.69×10^{-4}	Cl^-	76.34×10^{-4}
Na^+	50.11×10^{-4}	Br^-	78.4×10^{-4}
K^+	73.52×10^{-4}	I^-	76.8×10^{-4}

阳离子	Λ_m^∞/ S · m^2 · mol^{-1}	阴离子	Λ_m^∞/ S · m^2 · mol^{-1}
NH_4^+	73.4×10^{-4}	NO_3^-	71.44×10^{-4}
Ag^+	61.92×10^{-4}	CH_3COO^-	40.9×10^{-4}
$\frac{1}{2}Ca^{2+}$	59.50×10^{-4}	ClO_4^-	68.0×10^{-4}
$\frac{1}{2}Ba^{2+}$	63.64×10^{-4}	$\frac{1}{2}SO_4^{2-}$	79.8×10^{-4}
$\frac{1}{2}Sr^{2+}$	59.46×10^{-4}		
$\frac{1}{2}Mg^{2+}$	53.06×10^{-4}		
$\frac{1}{3}La^{3+}$	69.60×10^{-4}		

【例 8.3】 已知在 298 K 时 HCl 无限稀释摩尔电导率为 42.6×10^{-3} S·m^2·mol^{-1}，CH_3COONa 及 NaCl 的无限稀释摩尔电导率分别为 9.1×10^{-3} S·m^2·mol^{-1} 和 12.7×10^{-3} S·m^2·mol^{-1}，试计算弱电解质 CH_3COOH 的无限稀释摩尔电导率？

解：根据离子独立运动定律可知：

$$\begin{aligned}\Lambda_m^\infty(CH_3COOH) &= \Lambda_m^\infty(H^+) + \Lambda_m^\infty(CH_3COO^-)\\ &= [\Lambda_m^\infty(H^+) + \Lambda_m^\infty(Cl^-)] + [\Lambda_m^\infty(CH_3COO^-) + \Lambda_m^\infty(Na^+)]\\ &\quad - [\Lambda_m^\infty(Na^+) + \Lambda_m^\infty(Cl^-)]\\ &= \Lambda_m^\infty(HCl) + \Lambda_m^\infty(CH_3COONa) - \Lambda_m^\infty(NaCl)\\ &= (42.6 + 9.1 - 12.7)\times10^{-3}\ S\cdot m^2\cdot mol^{-1}\\ &= 39\times10^{-3}\ S\cdot m^2\cdot mol^{-1}\end{aligned}$$

第四节 电导的应用

测定电解质溶液的电导不仅有助于选择合适的电解质以降低电解过程的电能消耗，而且还可以推算电解质的物理性质，又能快速测定溶液中电解质的浓度，像高速定碳、定硫以及大气中二氧化硫的测定都是利用电导测定的原理。因此，电导测定在工业生产和科学研究中应用广泛。

一、检验水的纯度

普通蒸馏水的电导率约为 1×10^{-3} S·m^{-1}，重蒸馏水（蒸馏水经用 $KMnO_4$ 除去有机杂质和 KOH 溶液处理除去 CO_2，然后在石英器皿中重新蒸馏 1～2 次）和去离子水的电导率值可小于 1×10^{-4} S·m^{-1}，由于水本身有微弱的离解：

$$H_2O \rightleftharpoons H^+ + OH^-$$

故虽经反复蒸馏，仍有一定的电导。理论计算纯水的电导率应为 5.5×10^{-6} $S\cdot m^{-1}$。在半导体工业及使用电导测量的研究中，常需要高纯度的水，即所谓“电导水”，要求水的电导率值小于 $1\times10^{-4}S\cdot m^{-1}$。所以我们只要测定水的电导率 κ，就可知道其纯度是否符合要求。

二、弱电解质离解度和离解常数的测定

在无限稀释溶液中可认为弱电解质已全部电离且离子之间没有相互作用力，此时溶液的摩尔电导率为Λ_m^∞，而一定浓度下的摩尔电导率Λ_m 反映的是部分电离且离子之间存在相互作用力。如果一弱电解质的电离度比较小，电离产生的离子浓度较低，且离子间的作用力可以忽略不计，那么Λ_m 与Λ_m^∞ 的差别就可以看成是部分电离与全部电离产生的离子数目不同所致，所以弱电解质的电离度α可以表示为：

$$\alpha = \frac{\Lambda_m}{\Lambda_m^\infty} \tag{8.7}$$

若电解质为 AB 型（1-1 价型或 2-2 价型），c 为电解质的起始浓度，则：

	$AB \longrightarrow$	A^+	$+\ B^-$
起始时	c	0	0
平衡时	$c(1-\alpha)$	$c\alpha$	$c\alpha$

那么电离平衡常数 $K^\ominus$为：

$$K^\ominus = \frac{(\alpha c/c^\ominus)^2}{(1-\alpha)c/c^\ominus}$$

将式（8.7）代入整理后可得：

$$K^\ominus = \frac{\frac{c}{c^\ominus}\Lambda_m^{\ 2}}{\Lambda_m^\infty(\Lambda_m^\infty - \Lambda_m)} \tag{8.8}$$

这就是奥斯特瓦尔德（Ostwald，物理化学家）稀释定律。根据该定律，可由Λ_m和Λ_m^∞计算弱电解质的离解常数和离解度。

【例 8.4】 在 298 K 时，测得 0.100 0 $mol\cdot dm^{-1}$ CH_3COOH 的摩尔电导率为 $5.201\times10^{-4}\ S\cdot m^2\cdot mol^{-1}$，从表中查出该温度下的 CH_3COOH 的极限摩尔电导率为 $390.7\times10^{-4}\ S\cdot m^2\cdot mol^{-1}$。试计算其电离度。

解：按式（8.7）得电离度为：

$$\alpha=\frac{\Lambda_m}{\Lambda_m^\infty}=\frac{5.201\times10^{-4}}{390.7\times10^{-4}}=0.013\ 3$$

三、电导滴定

容量滴定法测定某成分含量时，常常选择一种合适的指示剂来判断滴定终点，但当滴定的溶液有颜色或选择不到理想的指示剂时，电导滴定便是一种方便、有效的选择。利用滴定过程中溶液电导变化的转折来确定滴定终点的方法称为电导滴定。

如图 8.9 所示，*ABC* 曲线是用 NaOH 溶液滴定 HCl 溶液的电导变化曲线，加入 NaOH 前，溶液中只有 HCl，因为 H^+离子电导率很大，所以溶液的电导率很大。当逐渐滴入 NaOH 后，溶液中 H^+与加入的 OH^-结合生成 H_2O，溶液的电导率逐渐变小（图中的 *AB* 段）。当加入的 NaOH 与 HCl 的物质的量相等时溶液电导率最小，*B* 点即为滴定终点。当 NaOH 加入过量后，由于过量的 OH^-离子电导率很大，所以溶液电导率又增加了，图中的 *BC* 段，根据 *B* 点横坐标所对应 NaOH 溶液的体积，就可计算未知溶液的浓度。

如图 8.9 所示，*A′B′C′*曲线是以强碱（NaOH）滴定弱酸（如 CH_3COOH）的电导变化曲线。开始时弱酸溶液的电导很低，加入 NaOH 后，弱酸变成盐类（NaAc），电导沿 *A′B′*增加，超过终点后，过量的 NaOH 使溶液的电导沿 *B′C′*较快地增大。转折点 *B′*即为滴定的终点。在 *B′*点附近由于盐的水解作用，可能使终点不甚明确，但可通过两条直线的交点来求得。这种滴定只需测定若干个实验点，然后将各个点连接求两条直线的交点。对于有颜色的溶液，由于观察指示剂的终点变色不太明显，采用电导滴定可得到更好的效果。

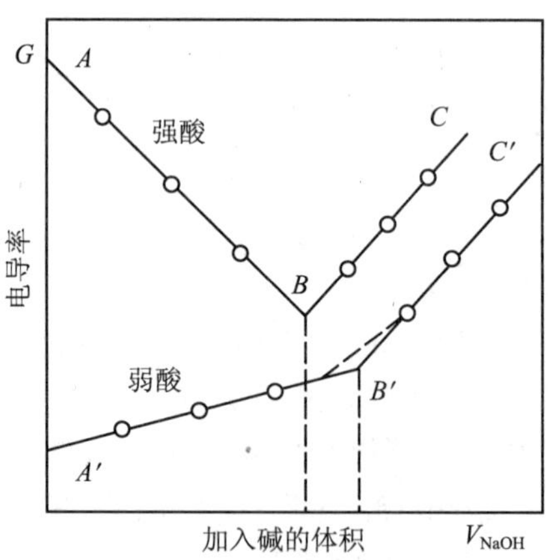

图 8.9　电导滴定曲线

某些沉淀反应也可使用电导滴定，例如氯化钾与硝酸银溶液的反应，在滴定过程中，起初溶液的电导几乎不变，超过终点后，由于溶液中有过量的盐存在，电导很快地增大。如果反应后的两种产物都是微溶性的盐，如用 $BaCl_2$ 滴定 Ti_2SO_4 溶液，产物 TiCl 和 $BaSO_4$ 均为沉淀，则终点前后电导的变化就更明显。

四、测定难溶盐的溶解度

$BaSO_4$、AgCl 等这些难溶盐在水中的溶解度很小，其浓度不能用普通的滴定方法测定，但可用电导法来求得。

【例 8.5】 在 298 K 时，测得 AgCl 饱和溶液的电导率为 $3.41\times10^{-4}\,S\cdot m^{-1}$，已知在该温度下水的电导率为 $1.60\times10^{-4}\,S\cdot m^{-1}$，试求 AgCl 在该温度下的溶解度。

解：AgCl 是难溶盐，在水中的溶解度很小，其饱和水溶液的电导率 κ（溶液）为氯化银的电导率 κ（AgCl）与所用水的电导率 κ（H_2O）之和，即

$$\kappa(\text{溶液}) = \kappa(\text{AgCl}) + \kappa(\text{H}_2\text{O}) \tag{8.9}$$

$$\begin{aligned}\text{得}\ \kappa(\text{AgCl}) &= \kappa(\text{溶液}) - \kappa(\text{H}_2\text{O}) \\ &= (3.41\times10^{-4} - 1.60\times10^{-4})\ \text{S}\cdot\text{m}^{-1} \\ &= 1.81\times10^{-4}\ \text{S}\cdot\text{m}^{-1}\end{aligned}$$

由于溶液极稀，AgCl 饱和水溶液的电导率 Λ_m 可以看做是无限稀释溶液的摩尔电导率 Λ_m^∞，故可以根据式（8.9）由阴、阳离子的无限稀释摩尔电导率求和计算。由表 8.3 可知：

$$\Lambda_m^\infty(\text{Ag}^+) = 61.92\times10^{-4}\ \text{S}\cdot\text{m}^2\cdot\text{mol}^{-1}$$

$$\Lambda_m^\infty(\text{Cl}^-) = 76.34\times10^{-4}\ \text{S}\cdot\text{m}^2\cdot\text{mol}^{-1}$$

故
$$\begin{aligned}\Lambda_m(\text{AgCl}) \approx \Lambda_m^\infty(\text{AgCl}) &= \Lambda_m(\text{Ag}^+) + \Lambda_m^\infty(\text{Cl}^-) \\ &= 138.26\times10^{-4}\ \text{S}\cdot\text{m}^2\cdot\text{mol}^{-1}\end{aligned}$$

由式（8.4）$\Lambda_m=\kappa/c$

即可计算的 AgCl 溶解度：

$$c = \frac{\kappa}{\Lambda_m} = \frac{1.81\times10^{-4}}{138.26\times10^{-4}} = 0.013\,09\ \text{mol}\cdot\text{m}^{-3}$$

第五节 电解质溶液的平均离子活度及德拜-休克尔极限公式

一、电解质溶液的平均离子活度及平均活度系数

理想溶液中某一组分的化学势可以写为：

$$\mu_B = \mu_B^{\ominus}(T) + RT\ln\frac{b_B}{b^{\ominus}} \quad (b^{\ominus} = 1\ \mathrm{mol\cdot kg^{-1}})$$

而非理想溶液则不遵守上式。为了使热力学的计算仍能够保持简单的数学关系，于是引出了“活度”这一概念，对“活度”通俗的解释应是：由于离子相互作用等原因使溶液表现出来的实际起作用的“浓度”称为活度。用公式表示为：

$$a_{B,b} = \gamma_{B,b}\frac{b_B}{b^{\ominus}}，当 b_B \to 0，\gamma_{B,b} \to 1$$

于是，非理想溶液的化学势可以表示为：

$$\mu_B = \mu_B^{\ominus}(T) + RT\ln\gamma_{B,b}\frac{b_B}{b^{\ominus}}$$

$$= \mu_B^{\ominus}(T) + RT\ln a_{B,b}$$

电解质溶液比非电解质溶液的情况要复杂一些，强电解质溶于水后，全部电离成正、负离子，且离子之间存在着静电作用，对各种正、负离子分别有：

$$a_+ = \gamma_+\frac{b_+}{b^{\ominus}}，a_- = \gamma_-\frac{b_-}{b^{\ominus}} \tag{8.10}$$

式中，a_+（a_-）、γ_+（γ_-）、b_+（b_-） 分别表示正（负）离子的活度、离子活度系数、离子质量摩尔浓度。

对于任意价型的强电解质 B，有

$$M_{\nu+}A_{\nu} \longrightarrow \nu_+M^{z+} + \nu_-A^{z-}$$

式中，z_+、z_-为正、负离子的价数。其化学式为：

$$\mu_B = \mu_B^{\ominus}(T) + RT\ln a_B$$

$$\mu_B = \nu_+\mu_+ + \nu_-\mu_-、\mu_B^{\ominus} = \nu_+\mu_+^{\ominus} + \nu_-\mu_-^{\ominus}$$

$$\mu_+ = \mu_+^{\ominus}(T) + RT\ln a_+$$

$$\mu_{-}=\mu_{-}^{\ominus}(T)+RT\ln a_{-}$$

可得：$\mu_{B}=\nu_{+}(\mu_{+}^{\ominus}+RT\ln a_{+})+\nu_{-}(\mu_{-}^{\ominus}+RT\ln a_{-})$

$$=(\nu_{+}\mu_{+}^{\ominus}+\nu_{-}\mu_{-}^{\ominus})+\nu_{+}RT\ln a_{+}+\nu_{-}RT\ln a_{-}$$

$$=\mu^{\ominus}(T)+RT\ln(a_{+}^{\nu_{+}}\cdot a_{-}^{\nu_{-}})$$

$$=\mu^{\ominus}(T)+RT\ln a_{B}$$

$$a_{B}=a_{+}^{\nu_{+}}\cdot a_{-}^{\nu_{-}} \tag{8.11}$$

定义平均离子活度为：

$$a_{\pm}=(a_{+}^{\nu_{+}}\cdot a_{-}^{\nu_{-}})^{\frac{1}{\nu}} \tag{8.12}$$

平均离子活度系数为：

$$\gamma_{\pm}=(\gamma_{+}^{\nu_{+}}\cdot \gamma_{-}^{\nu_{-}})^{\frac{1}{\nu}} \tag{8.13}$$

离子平均质量摩尔浓度为：

$$b_{\pm}=(b_{+}^{\nu_{+}}\cdot b_{-}^{\nu_{-}})^{\frac{1}{\nu}} \tag{8.14}$$

在式（8.12）、式（8.13）、式（8.14）中

$$\nu=\nu_{+}+\nu_{-} \qquad a_{\pm}=\gamma_{\pm}\left(\frac{b_{\pm}}{b^{\ominus}}\right)$$

则：

$$a_{B}=a_{\pm}^{\nu} \tag{8.15}$$

之所以要提出离子平均活度系数的概念，是因为在电解质溶液中，正、负离子总是同时存在的，我们还没有严格的实验方法可用来测定单个离子的活度和活度系数，而离子的平均活度系数是可以通过实验求得的。另外，强电解质是全部电离的，很容易从电解质的质量摩尔浓度 b_B 求出离子平均质量摩尔浓度 $b_{\pm}$。

$$b_{+}=\nu_{+}b_{B} \qquad b_{-}=\nu_{-}b_{B} \tag{8.16}$$

$$b_{\pm}=(b_{+}^{\nu_{+}}\cdot b_{-}^{\nu_{-}})^{\frac{1}{\nu}}=(\nu_{+}^{\nu_{+}}\cdot \nu_{-}^{\nu_{-}})^{\frac{1}{\nu}}b_{B} \tag{8.17}$$

例如，$Al_2(SO_4)_3$ 在水溶液中有如下电离式：

$Al_2(SO_4)_3 \longrightarrow 2Al^{3+}+3SO_4^{2-}$ $\nu_+=2$　$\nu_-=3$　$\nu=\nu_++\nu_-=5$，如果 $Al_2(SO_4)_3$ 的浓度为 b，则：

$$b_+=\nu_+b_B=2b$$

$$b_-=\nu_-b_B=3b$$

$$b_\pm=(b_+^{\nu_+}\cdot b_-^{\nu_-})^{\frac{1}{\nu}}=(\nu_+^{\nu_+}\cdot \nu_-^{\nu_-})^{\frac{1}{\nu}}b_B$$

$$=b\sqrt[5]{2^2\times 3^3}=b\sqrt[5]{108}$$

表 8.4 是一些电解质的平均离子活度系数。

表 8.4　298 K 时水溶液中一些电解质的平均离子活度系数$\gamma_\pm$

$b/mol\cdot kg^{-1}$	0.001	0.005	0.01	0.05	0.10	0.50	1.0	2.0	4.0
HCl	0.965	0.928	0.904	0.830	0.796	0.757	0.809	1.009	1.762
NaCl	0.966	0.929	0.904	0.823	0.778	0.682	0.658	0.671	0.783
KCl	0.965	0.927	0.901	0.815	0.769	0.650	0.605	0.575	0.582
HNO_3	0.965	0.927	0.902	0.823	0.785	0.715	0.720	0.783	0.982
NaOH			0.899	0.818	0.766	0.693	0.679	0.700	0.890
$CaCl_2$	0.887	0.783	0.724	0.574	0.518	0.448	0.500	0.792	2.934
K_2SO_4	0.890	0.780	0.710	0.520	0.430				
H_2SO_4	0.830	0.639	0.544	0.340	0.265	0.154	0.130	0.124	0.171
$CdCl_2$	0.819	0.623	0.524	0.304	0.228	0.100	0.066	0.044	
$BaCl_2$	0.880	0.770	0.720	0.560	0.490	0.390	0.390		
$CuSO_4$	0.740	0.530	0.410	0.210	0.160	0.068	0.047		
$ZnSO_4$	0.734	0.477	0.387	0.202	0.148	0.063	0.043	0.035	

【例 8.6】　利用表 8.4 的数据，计算 298 K 时 0.1 $mol\cdot kg^{-1}$ 硫酸水溶液中平均离子活度。

解：先求出硫酸的平均离子质量摩尔浓度 $b_\pm$。H_2SO_4 在水溶液中有如下电离式：

$$H_2SO_4 \longrightarrow 2H^++SO_4^{2-}$$

则：$\nu_+=2$，$\nu_-=1$，$\nu=\nu_++\nu_-=3$

$$b_+=\nu_+b_B=2b，\ b_-=\nu_-b_B=b，\ b=0.1mol\cdot kg^{-1}$$

根据式（8.17）得：$b_\pm=(\nu_+^{\nu_+}\cdot \nu_-^{\nu_-})^{\frac{1}{\nu}}b_B=0.158\ 7\ mol\cdot kg^{-1}$

根据表 8.4 查得 298 K 时 0.1 $mol\cdot kg^{-1}$ 硫酸的$\gamma_\pm$为 0.265，得：

$$a_{\pm}=\gamma_{\pm}\left(\frac{b_{\pm}}{b^{\ominus}}\right)=0.265\times0.158\,7=0.042\,1$$

二、离子强度的定义

根据表 8.4 所列数据可知：

（1）电解质平均离子活度因子$\gamma_{\pm}$与溶液的质量摩尔浓度有关，在稀溶液范围内，随质量摩尔浓度降低而增加。

（2）在稀溶液范围内，相同价型的电解质，当质量摩尔浓度相同时，其$\gamma_{\pm}$相近。不同价型的电解质，虽质量摩尔浓度相同，其$\gamma_{\pm}$并不相同，高价型电解质的$\gamma_{\pm}$较小。

这表明，稀溶液中浓度和价型是影响$\gamma_{\pm}$的主要因素，离子强度的概念就体现了这两个因素对$\gamma_{\pm}$的综合影响。在 1921 年，路易斯（Lewis）提出了离子强度这一概念，并定义为：离子强度 I 等于溶液中每种离子的质量摩尔浓度 b_B 乘以该离子的价数 z_B 的平方所得逐项之和的一半，即：

$$I=\frac{1}{2}\left(b_1z_1^2+b_2z_2^2+b_3z_3^2+\cdots\right)$$

$$=\frac{1}{2}\sum b_B z_B^2 \tag{8.18}$$

【例 8.7】 某溶液中含有 KCl 的质量浓度为 0.1 $mol\cdot kg^{-1}$，$BaCl_2$ 的质量浓度为 0.2 $mol\cdot kg^{-1}$，求该溶液的离子强度。

解：溶液中共有三种离子：钾离子 $b(K^+)=0.1\ mol\cdot kg^{-1}$，$z(K^+)=1$；钡离子 $b(Ba^{2+})=0.2\ mol\cdot kg^{-1}$，$z(Ba^{2+})=2$；氯离子 $b(Cl^-)=0.5\ mol\cdot kg^{-1}$，$z(Cl^-)=1$。

将数据代入式（8.18）得：

$$I=\frac{1}{2}\sum b_B z_B^2=\frac{1}{2}\left(0.1\times1^2+0.2\times2^2+0.5\times1^2\right)=0.7\ mol\cdot kg^{-1}$$

三、离子氛及德拜-休克尔极限公式

1923 年，德拜（Debye）和休克尔（Huckel）提出强电解质溶液的离子互吸理论，这一理论的基本观点是：强电解质在溶液中是完全电离的，离子在静电作用力的影响下，趋向于离子晶体那样规则排列，而离子的热运动则使它们均匀地分散在溶液中，这两种力相互作用的结果使得正离子的周围出现负离子的机会大于正离子；而负离子的周围出现正离子的机会大于负离子，结果使中心离子好像被一层异电性离子包围着。如图 8.10 所示。

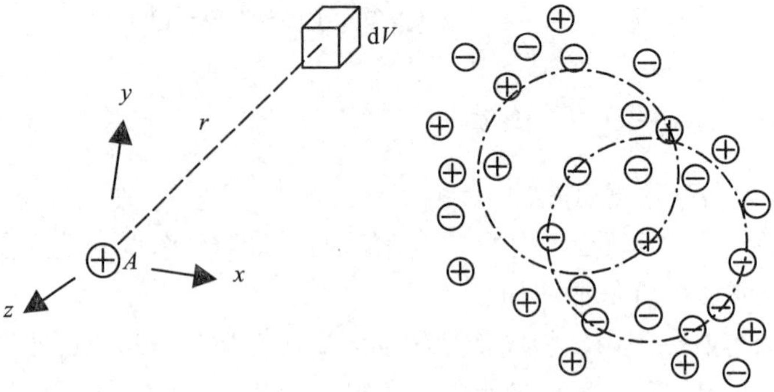

图 8.10 离子氛

统计地看，这层异电性离子是球形对称的，它们所构成的球体称为离子氛。任意一个离子的周围，可设想均存在一个异电性离子构成的离子氛，即中心离子是任意选择的。如果选择离子氛中任意一个离子作为新的中心离子，则原来的中心离子就成为新的中心离子的离子氛中的一员了。这种情况在一定程度上可以与离子晶体中的单位晶格相似。但与晶格不同，由于离子的热运动，离子在溶液中所处的位置经常发生变化，因而离子氛是瞬息万变的。

离子氛的概念把电解质稀溶液中各种离子之间存在的错综复杂的静电吸引及排斥作用归结为中心离子和离子氛之间的静电吸引作用，使电解质溶液的理论大大简化。在极稀的溶液中，离子间的距离很大，离子间的作用力可以忽略，可以不考虑离子氛的存在，离子运动速度不受其他离子的影响。但对一般浓度的电解质而言必须考虑离子氛的存在及其对中心离子的影响。

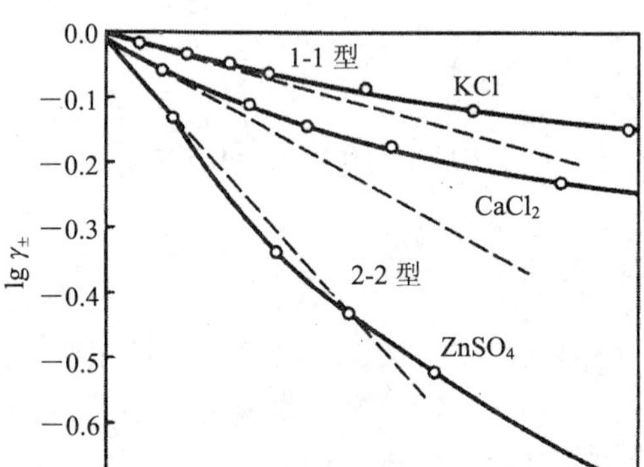

图 8.11 德拜-休克尔极限公式实验图

德拜-休克尔极限公式是建立在德拜和休克尔提出的强电解质离子互吸理论基础上，采用适当的数学处理后，推导出溶液中一种离子的活度系数公式：

$$\lg\gamma_{\pm}=-Az_{B}^{2}\sqrt{I} \tag{8.19}$$

由于单种离子的活度系数无法直接测出，因此需要将上述公式转变为平均活度系数的形式：

$$\lg\gamma_{\pm}=-A\,|\,z_{+}z_{-}\sqrt{I}\,| \tag{8.20}$$

式（8.20）称为德拜-休克尔极限公式。式中 A 为与溶剂的性质、温度等有关的常数。在 298 K 水溶液中为 0.509。因在推导过程中作过一些假设，这些假设只有在稀溶液中（$<0.1\ mol\cdot kg^{-1}$）才适用，因此称为极限公式，并且只有在稀溶液中适用。

该公式的正确性已为实验结果所证实，由公式可知，不同电解质只要其价型相同，即$|z_{+}z_{-}|$积相同，在 $\lg\gamma$ 对 $\sqrt{I}$ 的图上均应为一条直线。如图 8.11 中虚线是德拜-休克尔极限公式预期结果，实线为德拜-休克尔极限公式的实验测定结果，从图中可以看出，在稀溶液中，虚线和实线是相符的。

【例 8.8】 计算 $0.002\ mol\cdot kg^{-1}$ $CuCl_2$ 溶液的$\gamma_{\pm}$。

解：先求出离子强度 I：

$$I=\frac{1}{2}\sum b_{B}z_{B}^{2}=\frac{1}{2}\left(0.002\times2^{2}+2\times0.002\times1^{2}\right)=0.006\ mol\cdot kg^{-1}$$

$$\lg\gamma_{\pm}=-A\,|\,z_{+}z_{-}\sqrt{I}\,|=-0.509\,|\,2\times(-1)\,|\sqrt{0.006}=-0.078\,9$$

$$\gamma_{\pm}=0.834$$

第六节　可逆电池和可逆电极

要想将化学反应转变为一个能够产生电流的电池，首要条件是该化学反应是一个氧化还原反应或在整个过程中经历了氧化还原作用，另外还必须有适当的装置，使化学反应通过电极来完成。组成电池必须有两个电极以及能与电极建立电化反应平衡的相应电解质溶液。如果两个电极插在同一个电解质溶液中，称为单液电池；若两个电极插在不同的电解质溶液中，则为双液电池，也可把两个电解质溶液放在不同的容器中用盐桥相连。

只有可逆电池的电动势才有热力学上的价值，所以本节重点讨论可逆电池。要构成可逆电池，其电极也必须是可逆电极。

一、可逆电池——丹尼尔电池和韦斯顿电池

可逆电池必须满足以下两个条件，缺一不可。首先，电极上的化学反应可向正、反两个方向进行，也就是说电池反应是可逆的。此时若将电池与一外加电动势$E_{外}$并联，当电池的$E_{池}>E_{外}$时，电池仍将通过化学反应而放电；当$E_{外}>E_{池}$时，电池变为电解池，电池将获得电能而被充电。电池中的化学反应完全可以逆向进行。其次，能量变化是可逆的。可逆电池在工作时，不论是充电或放电，所通过的电流必须十分微小，此时电池在接近平衡状态下工作，作为电池能做出最大有用功，作为电解池它消耗的电能最小。如果设想能把电池放电时所放出的能量全部储存起来，则用这些能量充电，就恰好可以使体系和环境都回复到原来的状态，即能量的转移也达到可逆状态。满足以上两个条件才能称为可逆电池。即可逆电池在充电和放电时，不仅物质的转变是可逆的，而且能量的转变也是可逆的。结合以下两个具体的电池加以分析。

（一）丹尼尔电池

丹尼尔（Daniel）电池即 Cu-Zn 电池，如图 8.12 所示该电池是将锌片插入 $1\ mol\cdot kg^{-1}$ $ZnSO_4$水溶液中作为负极，将铜片插入 $1mol\cdot kg^{-1}$ $CuSO_4$水溶液中作为正极。两种溶液之间用多空塞隔开，防止两种溶液直接混合，而离子可以通过多孔隔板。

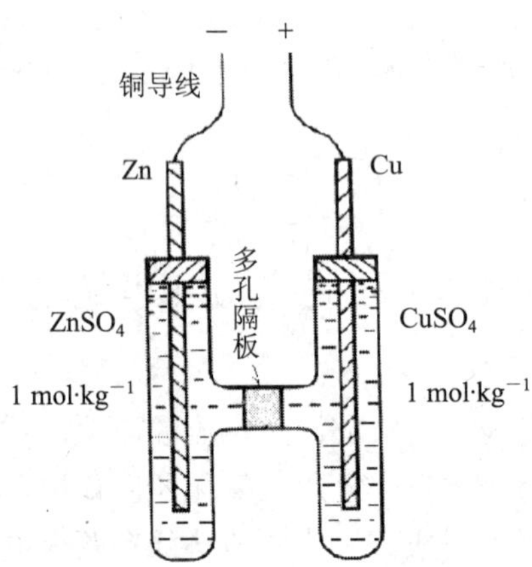

图 8.12　丹尼尔电池

其电极反应为：

负极： $Zn(s) \longrightarrow Zn^{2+} + 2e^-$

正极： $Cu^{2+} + 2e^- \longrightarrow Cu(s)$

电池反应为 $Zn(s) + Cu^{2+} \longrightarrow Zn^{2+} + Cu(s)$

该电池用如下图式书写：

$$Zn(s) \mid ZnSO_4(a) \mid CuSO_4(a) \mid Cu(s)$$

电池图式的书写按如下规定：原电池的阳极写在左边，阴极写在右边；并按顺序从左到右依次排列，标明各相物质组成（a 或 p）及相态（g、l、s）；用单垂线“｜”表示相与相之间的界面；用双垂线“‖”表示盐桥消除了液体接界电势的两液体的接界面。

阳极 Zn 氧化成 Zn^{2+}，失去的电子由 Zn 极板通过导线转移到阴极 Cu 板上，使 Cu^{2+}还原。Zn 极电势低于 Cu 极电势，电流由 Cu 极流向 Zn 极，即电子由 Zn 极流向 Cu 极。故原电池的阳极为负极，阴极为正极。

该电池电极反应具有可逆性，但在液体接界处的扩散过程是不可逆的，严格地讲双液电池均为不可逆电池。若不考虑液体接界处的不可逆性，在可逆充、放电的条件下，可将丹尼尔电池近似看成可逆电池。

（二）韦斯顿电池

韦斯顿（Weston）标准电池是一个高度可逆的电池。其装置如图 8.13 所示。电池的负极是镉汞齐（含 Cd 12.5%），正极为汞与硫酸亚汞的糊状体，两极浸入硫酸镉饱和溶液中，该溶液为 $CdSO_4 \cdot \frac{8}{3}H_2O$ 晶体的饱和溶液。为了使引出的导线与糊状体接触紧密，在糊状体的下面放少许汞。当电池作用时进行的电池反应如下：

负极： $Cd(\text{汞齐}) \longrightarrow Cd^{2+} + 2e^-$

正极： $Hg_2SO_4(s) + 2e^- \longrightarrow 2Hg(l) + SO_4^{2-}$

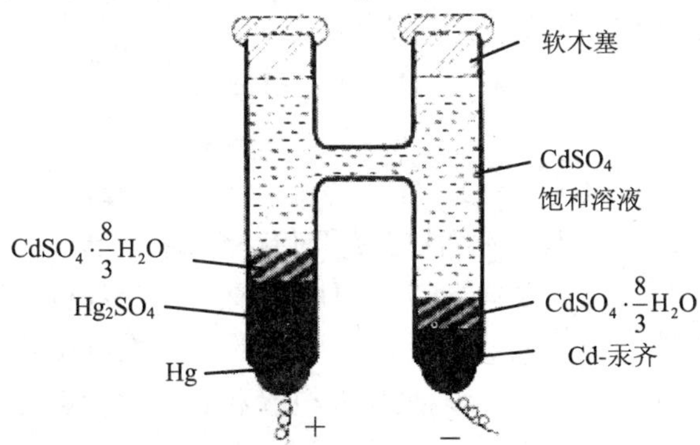

图 8.13 韦斯顿标准电池

电池反应如下：

$$Hg_2SO_4\text{（s）} + Cd\text{（汞齐）} + \frac{8}{3}\ H_2O \longrightarrow 2Hg\text{（l）} + CdSO_4 \cdot \frac{8}{3}\ H_2O$$

韦斯顿标准电池的优点是它的电动势稳定，随温度改变很小。除了上述饱和的韦斯顿标准电池外，还有不饱和的韦斯顿标准电池，其电动势受温度影响更小。由于韦斯顿标准电池的优点，所以在测定原电池的电动势时多用该电池。

二、可逆电极的种类及电极反应

（1）第一类电极。包括金属电极、氢电极、氧电极、卤素电极、汞齐电极等。

金属电极是将金属浸在含有该金属离子的溶液中构成。如锌片插入 $ZnSO_4$ 水溶液中可表示为

$$Zn\text{（s）} \mid ZnSO_4\text{（}a\text{）} \qquad \text{做负极}$$

$$ZnSO_4\text{（}a\text{）} \mid Zn\text{（s）} \qquad \text{做正极}$$

其电极反应为：

当 Zn（s）为负极时（氧化反应）：$Zn\text{（s）} \longrightarrow Zn^{2+} + 2e^-$

当 Zn（s）为正极时（还原反应）：$Zn^{2+} + 2e^- \longrightarrow Zn\text{（s）}$

氢电极、氧电极、氯电极分别由 H_2、O_2、Cl_2 气流冲击浸入含有该气体所对应离子（H^+、OH^-、Cl^-）的溶液中的铂片而构成。电极表示式分别为：

$$Pt, H_2 \mid H^+;\ Pt, O_2 \mid OH^- \text{或} Pt, O_2 \mid H_2O;\ Pt, Cl_2 \mid Cl^-$$

电极反应为：

$$H_2\text{（g）} \longrightarrow 2H^+ + 2e^-$$

$$O_2\text{（g）} + 2\,H_2O + 4e^- \longrightarrow 4\,OH^-$$

或

$$O_2\text{（g）} + 4H^+ + 4e^- \longrightarrow 2H_2O$$

$$Cl_2\text{（g）} + 2e^- \longrightarrow 2Cl^-$$

汞齐电极如钠汞齐电极，其电极表示式：

$$Na^+\text{（}a_+\text{）} \mid Na\text{（Hg）（}a\text{）}$$

电极反应为：

$$Na^+\text{（}a_+\text{）} + Hg\text{（l）} + e^- \longrightarrow Na\text{（Hg）（}a\text{）}$$

（2）第二类电极。包括难溶盐电极和难溶氧化物电极。

难溶盐电极是将金属表面覆盖一薄层该金属的难溶盐，然后浸入含有该难溶盐的负离子的溶液中而构成的。这种电极的特点是对难溶盐的负离子可逆而不是对金属离子可逆。例如，银-氯化银电极和甘汞电极就属于这一类。电极表示式为：

$$Ag, AgCl \mid Cl^-$$

$$Hg, Hg_2Cl_2 \mid Cl^-$$

银-氯化银的电极反应为：

$$Ag+Cl^- \longrightarrow AgCl+e^-$$

甘汞电极的电极反应为：

$$2Hg+2Cl^- \longrightarrow Hg_2Cl_2+2e^-$$

难溶氧化物电极是将金属表层覆盖一层该金属的氧化物，然后浸在含有 H^+ 或 OH^- 的溶液中构成电极，例如，锑-氧化锑电极。

酸性溶液中，电极表示式为：

$$H^+, H_2O \mid Sb_2O_3(s) \mid Sb$$

电极反应为：

$$Sb_2O_3(s)+6H^++6e^- \longrightarrow 2Sb+3H_2O$$

碱性溶液中，电极表示式为：

$$OH^-, H_2O \mid Sb_2O_3(s) \mid Sb$$

电极反应为：

$$Sb_2O_3(s)+3H_2O+6e^- \longrightarrow 2Sb+6OH^-$$

应注意该电极不能在强酸性溶液中使用。

（3）第三类电极。称为氧化还原电极，由惰性金属如铂片插入含有某种离子的不同氧化态的溶液中构成电极。金属铂片只起导电作用，这里氧化还原电极是指两种不同价态的离子之间的相互转换而言，氧化还原反应在溶液中进行。例如；Fe^{3+}-Fe^{2+}电极，电极表示式为：

$$Pt \mid Fe^{3+}(a_1), Fe^{2+}(a_2)$$

电极反应为：

$$Fe^{3+}+e^- \longrightarrow Fe^{2+}$$

类似的电极还有 Sn^{4+}与 Sn^{2+}，$[Fe(CN)_6]^{3-}$与$[Fe(CN)_6]^{4-}$等。

第七节　可逆电池热力学

一、可逆电动势与电池反应的吉布斯自由能

热力学原理指出恒温恒压条件下，反应进行时吉布斯自由能的减少（$-\Delta_r G_m$）等于该反应在可逆条件下进行时所做的最大非体积功。如果该反应在可逆条件下进行，其所做的最大非体积功（W_r'）即最大电功应等于可逆电动势和电量的乘积。如反应的电荷为 z，法拉第常数为 F，则电量为 zF，应有下式：

$$\Delta_r G_m = W_r' = -zFE \tag{8.21}$$

根据式（8.21），只要测出一定温度、压力下原电池的可逆电动势即可计算电池反应的吉布斯自由能。

式中的$\Delta_r G_m$与 z 有关。如：

$2Ag^+ + Cu \longrightarrow 2Ag + Cu^{2+}$　　此式中 $z=2$

$Ag^+ + \frac{1}{2}Cu \longrightarrow Ag + \frac{1}{2}Cu^{2+}$　　此式中 $z=1$

对于同一原电池，若电池反应计量式写法不同，则转移电子数不同，但该电池的电动势不变，而与计量式对应的摩尔吉布斯自由能则不同，故电池反应的摩尔吉布斯自由能与电池反应计量式相对应。

二、由电动势的温度系数计算电池反应的摩尔焓变和摩尔熵变

将式（8.21）代入吉布斯-亥姆霍兹方程式

$$\Delta_r G_m = \Delta_r H_m + T\left(\frac{\partial \Delta_r G_m}{\partial T}\right)_p$$

得：

$$\Delta_r H_m = -zFE + zFT\left(\frac{\partial E}{\partial T}\right)_p \tag{8.22}$$

依式（8.22）可以看出，只要测出可逆电动势 E 及温度系数$\left(\frac{\partial E}{\partial T}\right)_p$，即可计算出电池反应的$\Delta_r H_m$，或有$\left(\frac{\partial E}{\partial T}\right)_p$及$\Delta_r H_m$可以计算出温度为 T 时的电动势 E。

由式$\Delta_r H_m = \Delta_r G_m + T\Delta_r S_m$与式（8.22）相比，可得：

$$\Delta_r S_m = zF\left(\frac{\partial E}{\partial T}\right)_p \tag{8.23}$$

式中$\left(\frac{\partial E}{\partial T}\right)_p$称为原电池的温度系数，表示恒压下电动势 E 随温度的变化速率，单位为 $V \cdot K^{-1}$，可以通过测定一系列不同温度下的电动势求得。

三、原电池可逆放电时的反应热

原电池恒温可逆放电时，化学反应过程的摩尔反应热 $Q_{r,m}$ 为可逆热，故

$$Q_{r,m} = T\Delta_r S_m = zFT\left(\frac{\partial E}{\partial T}\right)_p \qquad (8.24)$$

由式（8.24）可知，在恒温、恒压可逆放电时：

若 $\left(\frac{\partial E}{\partial T}\right)_p > 0$，则 $Q_{r,m} > 0$，电池将从环境吸热；

若 $\left(\frac{\partial E}{\partial T}\right)_p < 0$，则 $Q_{r,m} < 0$，电池反应过程将向环境放热；

若 $\left(\frac{\partial E}{\partial T}\right)_p = 0$，则 $Q_{r,m} = 0$，电池不吸热也不放热。

【例 8.9】 298.15 K 时，电池

$$\text{Ag} \mid \text{AgCl（s）} \mid \text{HCl（}a\text{）} \mid \text{Cl}_2\text{（g，100 kPa）} \mid \text{Pt}$$

电动势为 1.136 V，温度系数 $\left(\frac{\partial E}{\partial T}\right)_p$ 为 $-5.95\times10^{-4}\text{V}\cdot\text{K}^{-1}$。电池反应为

$$\text{Ag}+\frac{1}{2}\ \text{Cl}_2\text{（g，100 kPa）} \longrightarrow \text{AgCl（s）}$$

计算该反应过程的 $\Delta_r G_m$、$\Delta_r S_m$、$\Delta_r H_m$ 以及电池恒温可逆放电时过程的可逆热 $Q_{r,m}$。

解：电池反应　$\text{Ag}+\frac{1}{2}\ \text{Cl}_2\text{（g，100 kPa）} \longrightarrow \text{AgCl（s）}$ 过程两极上转移电子的化学计量数 $z=1$

$$\Delta_r G_m(T,p) = -zFE = -1\times 96\,484.6\ \text{C}\cdot\text{mol}^{-1}\times 1.136\ \text{V}$$
$$= -109.6\ \text{kg}\cdot\text{mol}^{-1}$$

$$\Delta_r S_m = zF\left(\frac{\partial E}{\partial T}\right)_p = 1\times 96\,484.6\ \text{C}\cdot\text{mol}^{-1}\times(-5.95\times10^{-4}\text{V}\cdot\text{K}^{-1})$$
$$= -57.4\ \text{J}\cdot\text{K}^{-1}\cdot\text{mol}^{-1}$$

恒温下有 $\Delta_r G_m = \Delta_r H_m - T\Delta_r S_m$ 故

$$\Delta_r H_m = \Delta_r G_m + T\Delta_r S_m$$

$=-109.6\ \text{kg}\cdot\text{mol}^{-1}+298.15\ \text{K}\times(-57.4\times10^{-3}\text{kJ}\cdot\text{K}^{-1}\cdot\text{mol}^{-1})$

$=-126.7\ \text{kJ}\cdot\text{mol}^{-1}$

$Q_{\text{r, m}}=T\Delta_{\text{r}}S_{\text{m}}=298.15\ \text{K}\times(-57.4\times10^{-3}\text{kJ}\cdot\text{K}^{-1}\cdot\text{mol}^{-1})$

$=-17.11\ \text{kJ}\cdot\text{mol}^{-1}$

四、能斯特（Nernst）方程

对于任一化学反应

$$0=\sum_{\text{B}}\nu_{\text{B}}\text{B}$$

化学反应的等温方程为：

$\Delta_{\text{r}}G_{\text{m}}=\Delta_{\text{r}}G_{\text{m}}^{\ominus}+RT\ln\prod(a_{\text{B}})^{\nu_{\text{B}}}$ （凝聚相反应）

$\Delta_{\text{r}}G_{\text{m}}=\Delta_{\text{r}}G_{\text{m}}^{\ominus}+RT\ln\prod(p_{\text{B}}/p^{\ominus})^{\nu_{\text{B}}}$ （气相反应）

若参加反应的各组分都处于标准状态，则$\prod(a_{\text{B}})^{\nu_{\text{B}}}$、$\prod(p_{\text{B}}/p^{\ominus})^{\nu_{\text{B}}}$都为 1，电池反应的标准摩尔吉布斯函数变：

$$\Delta_{\text{r}}G_{\text{m}}^{\ominus}=-zFE^{\ominus} \tag{8.25}$$

式（8.25）中$E^{\ominus}$为原电池的标准电动势，它等于参加电池反应的各物质均处在各自标准状态时的电动势。

将式（8.21）及式（8.25）代入等温方程$\Delta_{\text{r}}G_{\text{m}}=\Delta_{\text{r}}G_{\text{m}}^{\ominus}+RT\ln\prod_{\text{B}}(a_{\text{B}})^{\nu_{\text{B}}}$，得到：

$$E=E^{\ominus}-\frac{RT}{nF}\ln\prod(a_{\text{B}})^{\nu_{\text{B}}} \tag{8.26}$$

式（8.26）即为能斯特方程，是原电池的基本方程，它表示在一定温度下，可逆电池电动势与参加电池反应各物质的活度或分压之间的定量关系。

298 K 时，RT/F=0.025 69 V。

当电池反应在一定的温度、压力下达到平衡时，$\Delta_{\text{r}}G_{\text{m}}=0$，$E$=0，$\prod(a_{\text{B}})^{\nu_{\text{B}}}=K$，代入式（8.26）可得：

$$\ln K^{\ominus}=zFE^{\ominus}/RT \tag{8.27}$$

式中$K^{\ominus}$为电池的标准平衡常数，由式（8.27）可知，如能求得原电池的标准电动势$E^{\ominus}$，则可根据式（8.27）求得电池反应的标准平衡常数$K^{\ominus}$。

【例 8.10】 （1）求 298 K 时，下列电池的温度系数

Pt，H_2（$p^{\ominus}$）｜H_2SO_4（0.01 mol·kg^{-1}）｜O_2（$p^{\ominus}$），Pt

已知该电池的电动势E=1.228V，H_2O（l）的生成热$\Delta_{\text{r}}H_{\text{m}}$为$-286.06\ \text{kJ}\cdot\text{mol}^{-1}$。

（2）求 273 K 时，该电池的电动势E，设在 273～298 K 之间H_2O（l）的生成热不变。

解：（1）电极与电池反应为

反应 a：H_2（$p^\ominus$）$\longrightarrow$ $2H^+$（a_{H+}）$+ 2e^-$

反应 b：$\frac{1}{2}O_2$（$p^\ominus$）$+ 2H^+$（a_{H+}）$+ 2e^- \longrightarrow H_2O$（l）

由反应 a、b 得：

$$H_2(p^\ominus) + \frac{1}{2}O_2(p^\ominus) = H_2O(l)$$

根据式（8.22）$\Delta_r H_m = -zFE + zFT\left(\frac{\partial E}{\partial T}\right)_p$ 得：

$$\begin{aligned}\left(\frac{\partial E}{\partial T}\right)_p &= \frac{E}{T} + \frac{\Delta_r H_m}{zFT} \\ &= \frac{1.228\ \text{V}}{298\ \text{K}} + \frac{-286.06\times10^3\ \text{J}\cdot\text{mol}^{-1}}{2\times96\,500\ \text{C}\cdot\text{mol}^{-1}\times298\ \text{K}} \\ &= -8.54\times10^{-4}\ \text{V}\cdot\text{K}^{-1}\end{aligned}$$

（2）将（$\Delta_r G_m$）$_{T,p} = -zFE$ 式和$\Delta S = ZF\left(\frac{\partial E}{\partial T}\right)_p$式代入$\Delta G = \Delta H - T\Delta S$式，得

$$-ZFE = \Delta_r H_m - TZF\left(\frac{\partial E}{\partial T}\right)_p$$

两边同除以T^2，并移项得

$$ZF\left[\frac{1}{T}\left(\frac{\partial E}{\partial T}\right)_p - \frac{E}{T^2}\right] = \frac{\Delta_r H_m}{T^2}$$

方括号中的内容为$\frac{E}{T}$对T的微商，所以

$$ZF\left[\frac{\partial\left(\frac{E}{T}\right)}{\partial T}\right] = \frac{\Delta_r H_m}{T^2}$$

$$ZF\int_{\left(\frac{E}{T}\right)_1}^{\left(\frac{E}{T}\right)_2} d\left(\frac{E}{T}\right) = \int_{T_1}^{T_2}\frac{\Delta_r H_m}{T^2}dT$$

移项积分后得：

$$zF\left(\frac{E_2}{T_2} - \frac{E_1}{T_1}\right) = \Delta_r H_m\left(\frac{1}{T_1} - \frac{1}{T_2}\right)$$

将数据代入求得 E_1=1.249 V。

第八节　电极电势与电池的电动势

原电池的电动势应等于构成电池的各相间的各种界面上所产生电势差的代数和。其中主要是正、负两极分别与周围溶液界面上的电势差，常称这种电势差为电极电势。到目前为止，还不能从实验测定或从理论计算出个别电极的电极电势，只能选择某一电极作标准，而与之相比测出其相对值。国际上采用的标准电极是标准氢电极，并规定其电动势 E 为零。

一、标准氢电极

氢电极的结构是：把镀铂黑的铂片（用电镀法在铂片的表面上镀一层铂黑）插入含有氢离子（a_{H^+}=1）的溶液中，并不断用氢气冲打到铂片上，使吸收达到平衡即构成氢电极。如图 8.14 所示。

电极表示式：Pt，H_2（$p^\ominus$）｜H^+（a=1）

电极反应为：

$$H^+ (a=1) + e^- \longrightarrow \frac{1}{2} H_2 (p^\ominus)$$

因氢电极受外界压力、浓度等影响较大，对杂质比较敏感，所以不经常使用。甘汞电极是常用的参比电极，其构造如图 8.15 所示，少量汞放在底部，加入少量由甘汞、汞和氯化钾溶液制成的糊状物，再用饱和了甘汞的氯化钾溶液将容器填满即成。

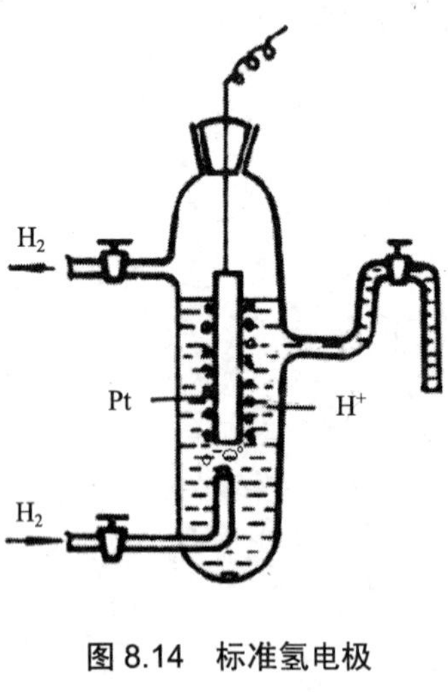

图 8.14　标准氢电极

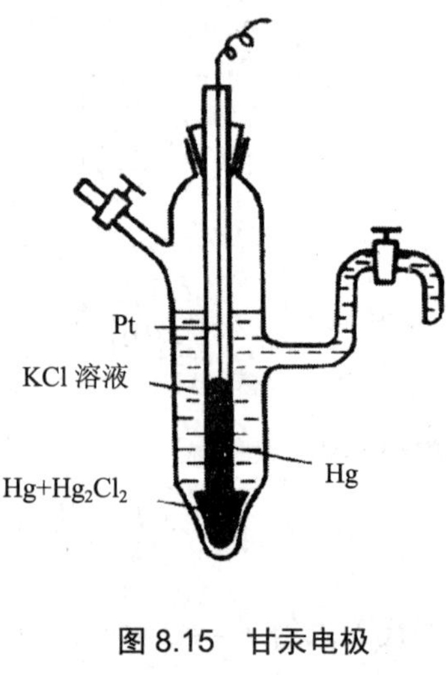

图 8.15　甘汞电极

二、电极电势定义

原电池的电动势等于构成电池的各相间的各种界面上所产生电势差的代数和。如丹尼尔电池：

$$Cu \mid Zn(s) \mid ZnSO_4(a_1) \parallel CuSO_4(a_2) \mid Cu$$

$$\Delta\varphi_1 \qquad \Delta\varphi_- \qquad \Delta\varphi_{接界} \qquad \Delta\varphi_+$$

其电动势 E 为：

$$E = \Delta\varphi_1 + \Delta\varphi_- + \Delta\varphi_{接界} + \Delta\varphi_+$$

式中：$\Delta\varphi_1$——金属接触电势，Zn 与 Cu 间的电势差；

$\Delta\varphi_-$——阳极电势差，即 Zn 与 $ZnSO_4$ 溶液间的电势差；

$\Delta\varphi_{接界}$——液体接界电势，即 $ZnSO_4$ 溶液与 $CuSO_4$ 溶液间的电势差；

$\Delta\varphi_+$——阴极电势差，即 $CuSO_4$ 与 Cu 溶液间的电势差。

电极电势是利用下列电池的电动势定义的：

$$Pt \mid H_2(g,\ 100kPa) \mid H^+(a_{H^+}=1) \parallel 给定电极$$

以标准氢电极为阳极，给定电极作为阴极，规定此电池的电动势 E 为该给定电极的电极电势，以 E 表示。当给定电极中各反应组分均处在各自的标准状态时，电池的电动势即给定电极的电极电势称为该电极的标准电极电势，以 $E^\ominus$ 表示。按规定，任意温度下，氢电极的标准电极电势为零。即

$$E^\ominus [H^+ \mid H_2(g)] = 0$$

下面以锌电极为给定电极来进行讨论。

将锌电极作为阴极，标准氢电极作为阳极构成如下原电池：

$$Pt \mid H_2(g,\ 100\ kPa) \mid H^+(a_{H^+}=1) \parallel Zn^{2+}(a) \mid Zn(s)$$

锌电极：　$Zn^{2+}(a) + 2e^- \longrightarrow Zn(s)$

标准氢电极：$H_2(g,\ 100\ kPa) \longrightarrow 2H^+(a_{H^+}=1) + 2e^-$

电池反应：　$Zn^{2+}(a) + H_2(g,\ 100\ kPa) \longrightarrow Zn(s) + 2H^+(a_{H^+}=1)$

根据能斯特方程得：

$$E = E^\ominus - \frac{RT}{2F}\ln\frac{a_{Zn(s)}a_{H^+}^2}{a_{Zn^{2+}}a_{H_2}}$$

因为标准氢电极中 $a_{H^+}=1$，$p(H_2) = p^\ominus = 100\ kPa$，代入上式即为：

$$E = E^\ominus - \frac{RT}{2F}\ln\frac{1}{a_{Zn^{2+}}}$$

按照规定上述电池的电动势即为锌电极的电极电势 E（Zn^{2+} | Zn），上述电池的标准电动势即是锌电极的标准电极电势 $E^{\ominus}$（Zn^{2+} | Zn）。

$$E(Zn^{2+}|Zn) = E^{\ominus}(Zn^{2+}|Zn) - \frac{RT}{2F}\ln\frac{1}{a_{Zn^{2+}}}$$

由此可见，对于任一指定电极，电极电势的通式为：

$$E(\text{电极}) = E^{\ominus}(\text{电极}) - \frac{RT}{nF}\ln\frac{a(\text{还原态})}{a(\text{氧化态})}$$

由电极电势定义可知，给定电极总是做阴极，相应的电极反应为还原反应，故所定义的电极电势为还原电极电势。若 $E^{\ominus}$（电极）为正值，例如 $E^{\ominus}$（Cu^{2+} | Cu）=0.340 0 V，则 $\Delta G_m^{\ominus}(T, p) < 0$，表示当各反应组分均处在标准状态时，电池反应：

$$Cu^{2+} + H_2(g) \longrightarrow Cu + 2H^+$$

能自发进行，即在该条件下 H_2（g）能还原 Cu^{2+}，电池自然放电，铜电极上进行的为还原反应。相反，若 $E^{\ominus}$（电极）为负值，例如 $E^{\ominus}$（Zn^{2+} | Zn）=−0.763 0 V，则 $\Delta G_m^{\ominus}(T, p) > 0$，表示当各反应组分均处在标准状态时，电池反应：

$$Zn^{2+}(a) + H_2(g) \longrightarrow Zn(s) + 2H^+$$

不能自发进行，即在该条件下 H_2（g）不能还原 Zn^{2+}，而逆反应能自发进行。也就是说锌电极上进行的不是还原反应，而是氧化反应。

由此可见，还原电极电势的高低为该电极氧化态物质获得电子被还原成还原态物质这一反应趋势大小的量度。

如有两个任意电极构成的电池，其电动势 E 等于阴极电极电势 $E_{右}$与阳极电极电势 $E_{左}$之差，即

$$E = E_{右} - E_{左}$$

同样有

$$E^{\ominus} = E^{\ominus}_{右} - E^{\ominus}_{左}$$

若 E 为正值，表明该条件下电池反应能自发进行；若 E 为负值，说明该反应逆向自发。

三、原电池电动势的计算

计算电池的电动势有两种方法。

方法一：根据电池的电极电势计算电池的电动势。对于任一电池，它的电动势等于两个电极电势之差，根据惯例电动势的计算式为：

$$E=E_{右}（右电极还原电势）-E_{左}（左电极还原电势）$$

例如反应

$$Zn（s）+Cu^{2+}（a_{Cu^{2+}}）\longrightarrow Zn^{2+}（a_{Zn^{2+}}）+Cu（s）$$

电池表示式为

$$Zn（s）|Zn^{2+}（a_{Zn^{2+}}）\|Cu^{2+}（a_{Cu^{2+}}）|Cu（s）$$

电池电动势为

$E=E_{右}$（右电极还原电势）$-E_{左}$（左电极还原电势）

$$=（E^{\ominus}_{Cu^{2+},Cu}-\frac{RT}{2F}\ln\frac{a_{Cu}}{a_{Cu^{2+}}}）-（E^{\ominus}_{Zn^{2+},Zn}-\frac{RT}{2F}\ln\frac{a_{Zn}}{a_{Zn^{2+}}}）$$

方法二：根据电池的总反应式，直接利用能斯特方程式（8.26）计算电池的电动势。以方法一中的电池为例

左，负极　$Zn（s）\longrightarrow Zn^{2+}（a_{Zn^{2+}}）+2e^-$

右，正极　$Cu^{2+}（a_{Cu^{2+}}）+2e^-\longrightarrow Cu（s）$

电池反应为　$Zn（s）+Cu^{2+}（a_{Cu^{2+}}）\longrightarrow Zn^{2+}（a_{Zn^{2+}}）+Cu（s）$

根据能斯特方程（8.26）

$$E=E^{\ominus}-\frac{RT}{nF}\ln\prod(a_B)^{\nu_B}$$

$$=E^{\ominus}-\frac{RT}{2F}\ln\frac{a_{Cu}a_{a_{Zn^{2+}}}}{a_{Zn}a_{Cu^{2+}}}$$

式中的 $E^{\ominus}=E^{\ominus}_{Cu^{2+},Cu}-E^{\ominus}_{Zn^{2+},Zn}$。可以看出，两种计算电池电动势的方法实际上是一样的。

【例 8.11】 写出下述电池的电极和电池反应，并计算 298 K 时电池电动势。H_2（g）可看做理想气体。

$$Pt|H_2（91.19\ kPa）|H^+（a_{H^+}=0.01）\|Cu^{2+}（a_{Cu^{2+}}=0.1）|Cu（s）$$

解：

负极：$H_2（91.19\ kPa）\longrightarrow 2H^+（a_{H^+}=0.01）+2e^-$

正极：Cu^{2+}（$a_{Cu^{2+}}$=0.1）＋2e$^-$ ⟶ Cu（s）

电池反应：H_2（91.19 kPa）＋Cu^{2+}（$a_{Cu^{2+}}$=0.1）⟶ Cu（s）+ 2 H^+（a_{H^+}=0.01）

$$a_{Cu}=1,\ a_{H_2}=\frac{\gamma\cdot p_{H_2}}{p^{\ominus}}=\frac{91.19}{100}=0.9$$

从表 8.5 查得：$E^{\ominus}_{Cu^{2+},Cu}=0.337\ V$；$E^{\ominus}_{H^+,H_2}=0.0V$

方法一：

$E=E_{右}$（右电极还原电势）$-E_{左}$（左电极还原电势）

$$=\left(E^{\ominus}_{Cu^{2+},Cu}-\frac{RT}{2F}\ln\frac{1}{a_{Cu^{2+}}}\right)-\left(E^{\ominus}_{H^+,H_2}-\frac{RT}{2F}\ln\frac{a_{H_2}}{a^2_{H^+}}\right)$$

$$=\left(0.337\ V-\frac{RT}{2F}\ln\frac{1}{0.10}\right)-\left(0-\frac{RT}{2F}\ln\frac{0.9}{(0.01)^2}\right)$$

$=0.424V$

方法二：

$$E=E^{\ominus}-\frac{RT}{nF}\ln\prod(a_B)^{\nu_B}$$

$$=\left(E^{\ominus}_{Cu^{2+},Cu}-E^{\ominus}_{H^+,H_2}\right)-\frac{RT}{2F}\ln\frac{a^2_{H^+}}{a_{H_2}a_{Cu^{2+}}}$$

$$=(0.337-0)-\frac{RT}{2F}\ln\frac{(0.01)^2}{0.9\times0.10}$$

$=0.424\ V$

【例 8.12】 用电动势 E 的数值判断在 298K 时亚铁离子（Fe^{2+}）能否依下式使碘（I_2）还原为碘离子（I^-）？

$$Fe^{2+}(a_{Fe^{2+}}=1)+\frac{1}{2}I_2(s)\longrightarrow Fe^{3+}(a_{Fe^{3+}}=1)+I^-(a_{I^-}=1)$$

解：将该反应设计成如下电池：

Pt | Fe^{3+}（$a_{Fe^{2+}}=1$），Fe^{3+}（$a_{Fe^{3+}}=1$）‖ I^-（$a_{I^-}=1$）| I_2（s），Pt

因为所有物质都处于标准状态，所以

$$E=E^{\ominus}=E^{\ominus}_{右}-E^{\ominus}_{左}=0.536\ V-0.771\ V=-0.235\ V$$

电动势小于 0，该反应不能自发进行，也就是说它的逆反应是自发的，即 Fe^{3+} 能够使 I^- 氧化为 I_2（s）。

四、液体接界电势

两种不同溶液界面上存在微小的电势差，称为液体接界电势（Liquid Potential）或扩散电势（Diffusion Potential）。它的大小一般不超过 0.03 V。液体接界电势产生的原因是由于离子迁移速率的不同而引起的。例如，在两种浓度不同的 HCl 溶液的界面上，HCl 将从浓度大的一边向浓度小的一边扩散，因为 H^+的运动速率比 Cl^-快，所以在浓度稀的一方将出现过剩的 H^+而带正电；在浓度大的一方由于有过剩的 Cl^-而带负电，所以它们之间产生了电势差。电势差的产生使 H^+的扩散速度减慢、同时加快了 Cl^-的扩散速度，最后到达平衡状态。此时，两种离子以相同的速度扩散，电势差就保持恒定。

由于扩散过程是不可逆的，过程是不可重复的，所以电池中如包含有液体接界电势，实验测定时就难以测出稳定的数值，即使同样两种溶液，在相同的情况下进行实验，液体接界电势的数值也经常不能重复。电动势的测定常用于计算各种热力学变量，在准确的工作中总是避免使用有液体接界的电池，但在很多情况下，还是不能消除不同电解质的接界，只能尽量减小液体接界电势。

减小液体接界电势的方法是在两个溶液之间插入一个盐桥，即在两个溶液之间安装一个倒置的 U 形管，管内装满正、负离子运动速率相近似的电解质溶液（用琼胶固定），一般是用饱和 KCl 溶液。在盐桥和两溶液的接界处，因为 KCl 溶液的浓度远远大于两旁溶液中电解质的浓度，界面上主要是 K^+和 Cl^-同时向溶液扩散，又因为 K^+和 Cl^-运动速率很接近，迁移数几乎相同，$\Delta\varphi_{接界}$的值接近为零，所以盐桥基本上消除了液体接界电势。若组成电池的电解质中含有能与盐桥中填充的电解质（如 KCl）发生反应或生成沉淀的离子，例如含有 Ag^+、Hg^{2+}等，这时就不能用 KCl 做盐桥，应换成 KNO_3、NH_4NO_3 做盐桥。

第九节　电池的设计

物理化学中有时为了说明问题，可以将一些物理化学过程设计成原电池。设计原电池的方法是将给定反应分解成两个电极反应，使两个电极反应的总和等于该反应。然后按顺序从左到右依次列出阳极板至阴极板间的各个相，相与相之间用垂线隔开，若为双液电池，在两溶液间用双垂线表示用盐桥。

【例 8.13】　将下列反应设计成电池

（1）氧化还原反应：$H_2(g,\ p) + \frac{1}{2}O_2(g,\ p) \longrightarrow H_2O(l)$

（2）离子扩散过程：$H^+(a_1) \longrightarrow H^+(a_2)$，$a_1>a_2$，使每一电极发生氧化还原反应。

解：（1）$H_2(g, p)+\frac{1}{2}O_2(g, p) \longrightarrow H_2O(l)$

上述反应在酸性、碱性电解质溶液中是不同的。

碱性电解质中：

阳极：$H_2(g, p)+2OH^- \longrightarrow 2H_2O(l)+2e^-$

阴极：$H_2O(l)+\frac{1}{2}O_2(g, p)+2e^- \longrightarrow 2OH^-$

设计电池

$$Pt \mid H_2(g, p) \mid OH^- \mid O_2(g, p) \mid Pt$$

酸性电解质中：

阳极：$H_2(g, p) \longrightarrow 2H^+ + 2e^-$

阴极：$2H^+ + \frac{1}{2}O_2(g, p)+2e^- \longrightarrow H_2O(l)$

设计电池

$$Pt \mid H_2(g, p) \mid H^+ \mid O_2(g, p) \mid Pt$$

（2）离子扩散过程：$H^+(a_1) \longrightarrow H^+(a_2)$，$a_1>a_2$

阳极：$\frac{1}{2}H_2(g, p) \longrightarrow H^+ + e^-$

阴极：$H^+ + e^- \longrightarrow \frac{1}{2}H_2(g, p)$

设计电池

$$Pt \mid H_2(g, p) \mid H^+(a_2) \parallel H^+(a_1) \mid H_2(g, p) \mid Pt$$

上述（2）电池中电动势的产生是由于阴、阳极反应物浓度有差别产生的，称之为浓差电池。

氧化还原反应及离子扩散过程可以设计成电池，中和反应和沉淀反应在恒温、恒压下为自动进行的过程，$Q_{r,m}<0$ 可以做非体积功，此非体积功在电池放电过程中实现。

【例 8.14】 设计电池

（1）中和反应　$H^+ + OH^- \longrightarrow H_2O(l)$ 用氢电极

（2）沉淀反应　$Ag + I^- \longrightarrow AgI(s)$

解：（1）$H^+ + OH^- \longrightarrow H_2O(l)$

用氢电极

阳极：$\frac{1}{2}H_2$（g，p）$+OH^- \longrightarrow H_2O$（l）$+ e^-$

阴极：$H^+ + e^- \longrightarrow \frac{1}{2}H_2$（g，$p$）

设计电池

$$Pt \mid H_2(g, p) \mid OH^-(a_1) \parallel H^+(a_2) \mid H_2(g, p) \mid Pt$$

（2）沉淀反应　$Ag + I^- \longrightarrow AgI$（s）

阳极：Ag（s）$+I^- \longrightarrow AgI$（s）$+ e^-$

阴极：$Ag^+ + e^- \longrightarrow Ag$（s）

设计电池

$$Ag(s) \mid AgI(s) \mid I^- \parallel Ag^+ \mid Ag(s)$$

第十节　分解电压

电解就是在电池上外加一电压，逐渐增大电压致使电池中的化学反应发生逆转，并在电极上有产物析出。但外加电压多大合适？用电解 HCl 溶液来加以讨论。

用 Pt 作为电极来电解 HCl 溶液。如图 8.16 所示。图中 V 是伏特计，G 是毫安计。将电解池接到由电源和可变电阻所组成的分压器上，逐渐增大外加电压，同时记录相应的电流，绘制电流—电压曲线，如图 8.17 所示。在开始时，外加电压很小，几乎没有电流通过，然后增大电压，电流稍有增加，但当电压增大到某一数值后，曲线的斜率突然增大，继续增加电压，电流就随电压直线上升。在外加电压的作用下，盐酸溶液中的氢离子向负极移动，并在阴极上得到电子被还原为氢气（H_2），而氯离子在阳极上失去电子被氧化为氯气（Cl_2）。

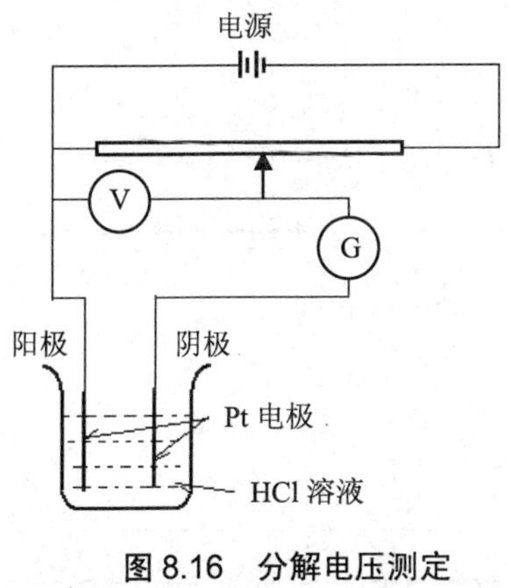

图 8.16　分解电压测定

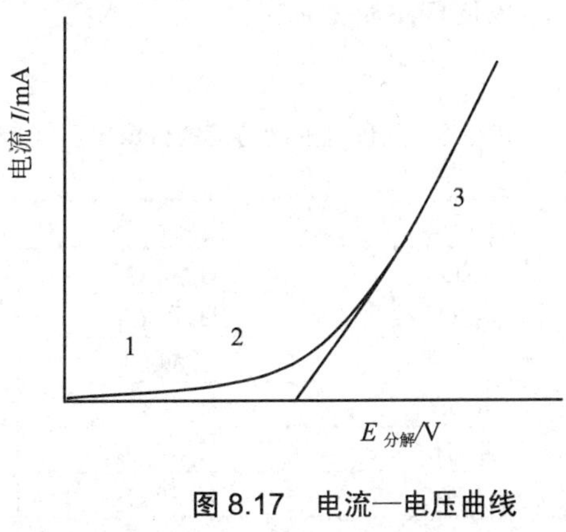

图 8.17　电流—电压曲线

电极反应是：

阴极：$2H^+$（a_{H^+}）$+2e^- \longrightarrow H_2$（g，$p$）

阳极：$2Cl^-$（a_{Cl^-}）$\longrightarrow Cl_2$（g，p）$+2e^-$

总的电解反应是：

$$2H^+ + 2Cl^- \longrightarrow H_2(g, p) + Cl_2(g, p)$$

开始加外电压时，电极上没有 H_2 和 Cl_2 生成，它们的压力几乎为零。稍稍增大电压，电极表面上产生了少量的氢气和氯气，其电压虽小，但却构成了一个原电池，它产生了一个与外加电压方向相反的反电动势 E_b。因为电极表面氢气和氯气的压力远远低于大气的压力，微量的气体不能离开电极而自由逸出，而可能扩散到溶液中而消失。由于电极上的产物扩散后需要通过极微小的电流使电极产物得到补充，而继续增大外加电压，电极上就有氢气和氯气产生并向溶液中扩散，因而电流也有少许增加，这种情况相应于图 8.17 中的 1～2 段。此时由于 p_{H_2} 和 p_{Cl_2} 不断增加，对抗外加电压的反电动势也不断增加，至 p_{H_2} 和 p_{Cl_2} 增加到等于外界的大气压力时，电极上就开始有气泡逸出，此时反电动势 E_b 达到最大值 $E_{b,\max}$。如果这时再继续增大外加电压，就只增加溶液中的电位降（$E_{外}-E_{b,\max}$）$=IR$，从而使电流急增。这相当于图 8.17 中 2～3 段的直线部分。将直线部分外延到电流强度为零处所得的电压就是 $E_{b,\max}$，$E_{b,\max}$ 是某种电解质溶液能连续不断发生电解时所必需的最小外加电压，称为电解质溶液的分解电压。从理论讲 $E_{b,\max}$ 应当等于原电池的可逆电动势 $E_{可逆}$，但实际上 $E_{b,\max}$ 却大于 $E_{可逆}$，超出的部分是由于电极上的极化作用所致。

表 8.5 中列出一些实验数据。前几个数据表明，如果用平滑的铂片做电极，则无论在酸或碱的溶液中分解电压几乎都是 1.7 V，这是因为无论是酸还是碱的水溶液，在外加电压下都是水被分解，阴极上都是析出 H_2，阳极上都是析出 O_2。它们的理论分解电压都是 1.23 V，由此可见．即使在铂电极上，H_2 和 O_2 都有相当大的极化作用发生。

表 8.5　几种电解质溶液的分解电压（室温，Pt 电极，浓度为 $\frac{1}{z}$ mol·dm^{-3}）

电解质	电解产物	$E_{分解}$/V	$E_{理论}$/V
HNO_3	H_2 和 O_2	1.69	1.23
H_2SO_4	H_2 和 O_2	1.67	1.23
HCl	H_2 和 Cl_2	1.31	1.37
NaOH	H_2 和 O_2	1.69	1.23
KOH	H_2 和 O_2	1.67	1.23
NH_3H_2O	H_2 和 O_2	1.74	1.23

电解质	电解产物	$E_{分解}$/V	$E_{理论}$/V
H_3PO_4	H_2和O_2	1.70	1.23
$CdSO_4$	Cd和O_2	2.03	1.26
$NiCl_2$	Ni和Cl_2	1.85	1.64

第十一节　极化作用

由上节内容可知，电解是在不可逆的情况下进行的，所用的电压常大于自发电池的电动势（表8.5），实际分解电压超过可逆的电动势，可用式表示为

$$E_{分解}=E_{可逆}+\Delta E_{不可逆}+IR$$

$$\Delta E_{不可逆}=\eta_{阳}+\eta_{阴}$$

$E_{可逆}$是指相应的原电池的电动势，即理论分解电压；IR是由于电池内溶液、导线和接触点等的电阻（不包括电极表层的电阻）所引起的电势降；$\Delta E_{不可逆}$则是由于电极极化所致，$\eta_{阴}$和$\eta_{阳}$表示阴阳两极上的超电势。

电极上无电流通过时，电极处于平衡状态，与之相对应的电势称为平衡电势$\varphi_{平衡}$，随着电极上电流密度的增加，电极的不可逆程度越来越大，其电势值偏离平衡电势的值也越来越大。电极电势偏离平衡值的现象称为电极极化。为了明确地表示出电极极化的状况，常把某一电流密度下的电势$\varphi_{不可逆}$与$\varphi_{平衡}$之间的差值称为超电势，用η表示。由于超电势的存在，在实际电解时要使正离子在阴极上析出，外加于阴极的电势必须比可逆电极电势更负一些；要使负离子在阳极析出，外加于阳极的电势必须比可逆电极电势更正一些。

电极的极化是产生上述偏差的主要原因。电极的极化可简单地分为浓差极化和电化学极化两类。

一、浓差极化

浓差极化是由于电解过程中电极附近溶液的浓度和本体溶液浓度发生差别所致。例如当把两个银电极插到一定浓度的$AgNO_3$溶液中进行电解时，在阴极附近的Ag^+沉积到电极上去，使得该处溶液中的Ag^+浓度不断地降低。如果本体溶液中的Ag^+扩散到该处进行补充的速度稍慢，赶不上沉积的速度，则在阴极附近Ag^+的浓度势必比本体溶液的浓度稍低一些。在一定的电流密度下，达到稳定状态后整个溶液形成了一定的浓度梯度，此时，在阴极附近的Ag^+的浓度具有一定的稳定值，就好像是把电极浸入一个浓度较小的溶液中一样。由于这种浓度差别所引起的极化称为浓差极化。在一定的电流密度下的电极电势与平衡电极电势之差的

绝对值称为浓差超电势。

在外加电势不太大的情况下，把溶液剧烈搅拌可降低极化。但由于电极表面有扩散层的存在，所以浓差极化不可能完全消除。有时人们也利用这种极化，例如极谱分析，就是利用滴汞电极上所形成的浓差极化来进行分析的一种方法。

二、电化学极化

电极反应过程是按若干个具体步骤来完成的，其中最慢的一步对整个反应过程起到控制作用。在电流密度一定时，如果 Ag^+获得电子的速率较慢，不能及时消耗掉外电源输送来的电子，结果阴极上积累了多余的电子，相当于使阴极电势变得更负。相反，对于阳极，则 Ag 变为 Ag^+速率较慢，使阳极正电荷多于平衡态时的正电荷。这种由于电化学反应本身的迟缓性而引起的极化，称为电化学极化。由电化学极化产生的超电势称为电化学超电势。

用图 8.18 所示的仪器装置来测定电极的极化曲线。电解池内盛电解质溶液，两个电极 1、2 的面积是已知的，将两电极通过安培计 A 和可变电阻与外电池相连。调节可变电阻，可改变通过电极中电流的大小，其数值可由安培计 A 读出。当待测电极上有电流流过时，其电势偏离平衡电势。为了测量待测电极在不同电流密度下的电极电势，需在电解池中加入一个比较稳定的甘汞电极，与待测电极组成原电池，将待测电极和参比电极连上电位计，由电位计测出不同电流密度下的电动势，由于甘汞电极的电极电势是已知的，故可得到不同电流密度下待测电极的电极电势。每改变一次电流密度，在待测电极达到稳定后，就可以测出一个稳定的电势值。这样就得到电极 1 的电流密度—电极电势的关系图。同样方法可以测得另一电极的电流密度—电极电势的关系图。

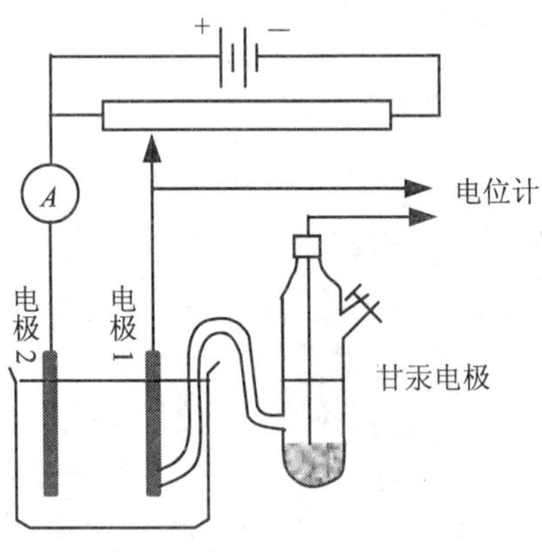

图 8.18　极化曲线测定装置

实验证明，当电流密度不同时，两电极的电极电势不同，因而超电势也不同，图 8.19（a）是电解池通电时电流密度—电极电势的示意图，即电解池中两电极的极化曲线。

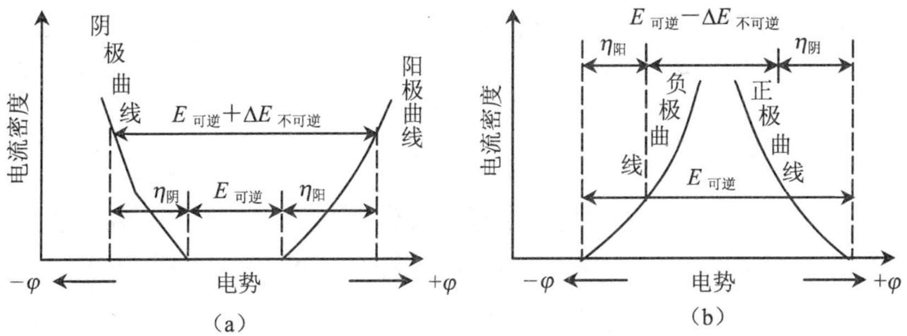

图 8.19　电流密度—电极电势关系

图 8.19（a）中$\eta_{阴}$是电流密度下的阴极超电势，$\eta_{阳}$是在同一情况下的阳极超电势。从图中可以看出，电解时电流密度越大，超电势越大，外加的电压也要增大，则消耗的能量也增多。

对于原电池，控制其放电电流，同样可以在其放电过程中分别测定两电极的极化曲线。原电池的阳极是负极，阴极是正极。因此，原电池中负极的极化曲线即为阳极极化曲线，正极的极化曲线即为阴极极化曲线，如图 8.19（b）所示，当原电池放电时，有电流在电极上通过，随着电流密度增大，由于极化作用，负极（阳极）的电极电势比可逆电势值越来越大，正极（阴极）电极电势比可逆电势值越来越小，两条曲线有相互靠近的趋势，原电池的电动势逐渐减小，它所能做的电功则逐渐减小。

$$E_{不可逆}=E_{可逆}-\Delta E_{不可逆}$$

$$\Delta E_{不可逆}=\eta_{阳}+\eta_{阴}$$

电极极化造成的影响有利有弊。例如电解时要消耗较多的电功，使用化学电源时只能获得较少的电功等。但有时电极极化却能为我们所用，正是由于 H_2 有较高的超电势，而使得许多电势较 E_{H^+,H_2} 更低的金属能在电解过程中从水溶液中析出。例如电解 Zn 时，H_2 在 Zn 上的超电势较高，在阴极上放电的是 Zn 而不是 H_2。

第十二节　电解时的电极反应

当外加电压达到分解电压时，电解反应便开始进行，因溶液中离子的析出电势不同，所以电解时的电极反应就有不同的顺序。下边讨论电解时的阴极反应和阳极反应。

一、阴极反应

当电解金属盐类（MA）的水溶液时，溶液中的阳离子 M^+和 H^+都向阴极移动，何种阳离子先在阴极上析出呢？若不考虑浓差极化，阴极的极化电极电势为：

$$E_{阴} = E_{阴,平} - \eta_{阴}$$

阴极上，极化电极电势越高反应越易发生。如在 298 K 时，用惰性电极来电解 $AgNO_3$ 溶液（假设 a =1），在阴极可析出氢或金属银。

析出银：

$$Ag^+ (a=1) + e^- \longrightarrow Ag(s)$$

$$E_{Ag^+,Ag} = E^{\ominus}_{Ag^+,Ag} = 0.799\ V$$

析出氢：

$$H^+ (a_{H^+} = 10^{-7}) + e^- \longrightarrow \frac{1}{2} H_2 (g, p^{\ominus})$$

$$E_{H^+,H_2} = 0.059\lg\frac{1}{10^{-7}} = -0.414\ V$$

银的电极电势高于氢，银首先析出。实际上，氢在阴极上还有超电势（电极电势还要更负些），析出氢当然更困难。

因此，在阴极上，（还原）电势越大，其氧化态越先还原而析出。利用这个原理，可以将不同的金属离子加以分离。一般为了更有效地将两种金属离子分开，两种金属的析出电势至少应该相差 0.2 V。例如溶液中有 Cu^{2+}及其他金属离子。设 Cu^{2+}先析出，由于 Cu^{2+}的析出，反电动势发生改变。当 Cu^{2+}的浓度降至原浓度的 0.1 倍时，反电动势增加大约为 0.03 V（$\frac{0.059\ V}{2}$），为使电解继续进行，则外加电压须再增加；当 Cu^{2+}的浓度降至原浓度的 0.01 倍时，外加电压须再增加 0.03 V，依此类推，当外加电压增加 0.21 V 时，此时 Cu^{2+}浓度约为原浓度的 $\frac{1}{10^7}$，可以认为 Cu^{2+}已全部沉积出来。此时可将阴极取出称量，由称量的增值可计算溶液中该金属的含量。然后调换另一新的电极，再增加外加电压，使另一种金属离子继续沉积出来。

如果要使两种离于同时在阴极上析出形成合金，需调整两种离子的浓度，使其具有相等的析出电势。例如，相同浓度的 Cu^{2+} 与 Zn^{2+}，其析出电势相差大约为 1 V，不能同时析出。如在溶液中加 CN^- 离子使 Cu^{2+} 成为配合物，这样调整了 Cu^{2+} 与 Zn^{2+} 的浓度比，可使铜和锌同时析出而形成合金。如果进一步控制温度、电流密度以及 CN^- 离子的浓度，还可以得到不同组成的黄铜合金。

二、阳极反应

阳极上发生氧化反应。阳极的极化电极电势为：

$$E_{阳} = E_{阳,平} + \eta_{阳}$$

电极电势越低的离子越易在阳极上放出电子而氧化，因此，电解时阳极电势逐渐由低变高，各种不同的离子依其析出电势由低到高先后放电进行氧化反应。

如果阳极材料是 Pt 等惰性金属，则电解时的阳极反应只能是负离子放电，即 Cl^-、Br^-、I^- 及 OH^- 等离子氧化成 Cl_2、Br_2、I_2、O_2 等。一般含氧酸根离子如 $SO_4{}^{2-}$、$PO_4{}^{3-}$、$NO_3{}^-$ 等，因析出电势高在溶液中不可能放电。

如果阳极材料是 Zn、Cu 稍活泼金属，则电解时的阳极反应既可能是电极溶解为金属离子，又可能是 Cl^-、Br^-、I^- 及 OH^- 等负离子放电。哪一个反应电势低就会首先发生。如用 Cu 做电极，插入 $1\ mol\cdot kg^{-1}$ $CuSO_4$ 中性溶液中，Cu 溶解为 Cu^{2+} 所需要的阳极电势为 0.337 V，而 OH^- 离子放电析出 O_2 所需要的阳极电势为：

$$E_{O_2} = E^{\ominus}_{O_2} - \frac{RT}{F}\ln a_{OH^-} = (0.4-0.059\ 16\lg10^{-7})\ V = 0.8\ V$$

因此，首先发生的是 Cu 的溶解而不是 O_2 的析出。

复习与思考题

1．在氯化铜溶液中通过 0.1A 的电流 10 min，求：（1）能析出多少千克铜和氯气？（2）实际测定结果是析出 1.877×10^{-5} kg 的铜，问电流效率是多大？[（1）$m_{Cu}=1.974\times10^{-5}$kg　$m_{Cl_2}=2.20\times10^{-5}$kg；（2）95.1%]

2．电导率与摩尔电导率概念有何不同？ 它们各与哪些因素有关？

3．25℃时测得 $0.1\ mol\cdot dm^{-3}$ 的 HAc 水溶液的电阻为 6 983 Ω，若用同一个电导池，测得 $0.01\ mol\cdot L^{-1}$ 的 KCl 溶液的电阻为 2 573 Ω，已知 25℃时 $0.01 mol\cdot dm^{-3}$ KCl 溶液导电率 k=0.141 3 $S\cdot m^{-1}$ 试求该 HAc 溶液的电导率和摩尔电导率。（0.052 01 $\Omega^{-1}\cdot m^{-1}$；$5.201\times10^{-4}\ \Omega^{-1}\cdot m^2\cdot mol^{-1}$）

4．在一定温度下，稀释电解质溶液，电导率 κ 和摩尔电导率 Λ_m 将怎样变化？

5．无限稀释时，HCl，KCl，NaCl 三种溶液在相同温度、相同浓度和相同电位梯度下，三种溶液中 Cl^- 的运动速度是否相同？三种溶液中 Cl^- 的迁移数是否相同？

6．已知NaAc、HCl和NaCl在298.15 K时的Λ_m^∞分别为426.2×10^{-4} $S\cdot m^2\cdot mol^{-1}$、91.0×10^{-4} $S\cdot m^2\cdot mol^{-1}$ 和 126.5×10^{-4} $S\cdot m^2\cdot mol^{-1}$，求 HAc 溶液在 298.15 K 时的 $\Lambda_m^\infty(HAc)$。（$390.7\times10^{-4} S\cdot m^2\cdot mol^{-1}$）

7. 研究电解质溶液离子平均活度系数的意义和重要性何在？非电解质溶液的活度系数能用该公式计算吗？

8．德拜-休克尔关于强电解质溶液中离子氛模型及其定量处理的基本假设有哪几点？

9．在对消法测电池电动势的图中 *AB* 线段为电阻为什么能表示电势的数值呢？

10．对氧化还原电极：Pt | Fe^{2+}，Fe^{3+}；Pt | Sn^{2+}，Sn^{4+}。若将Pt换为Fe和Sn是否可以？为什么？

11．同一反应如 $Cu^{2+}+Zn = Cu+Zn^{2+}$，化学反应的热效应和电化学反应的热效应是否相同？为什么？

12．写出电极 MnO_4^-| MnO_2 的电极反应及在298K时该电极的能斯特方程表达式。

13．分别用两种方法计算下列电池在25℃时的电动势

Cd | Cd^{2+}（a=0.01）|| Cl^-（a=0.5）| Cl_2（p=101 325Pa）|Pt（1.837V）

14．金属钠和钠汞齐两个反应的电极电势公式如何表示？这两个反应的 E 是否相同？

15．已知下列标准电极电势数据

$$I^- \xrightarrow{0.54} I_3^- \xrightarrow{1.20} IO_3^- \xrightarrow{1.70} H_5IO_6$$

$$Mn^{2+} \xrightarrow{1.23} MnO_2 \xrightarrow{1.69} MnO_4^-$$

利用标准电极电势的数据，回答下列问题：

（1）将高锰酸盐逐滴加入氢碘酸溶液中，可得到什么产物？

（2）将碘化物溶液逐滴加入高锰酸盐溶液中得到什么产物？

16．写出下列原电池的电池反应：

（1）Pt | H_2（g，p） | HCl（a=1） || AgCl（s），Ag（s）

（2）Pt | Sn^{4+}，Sn^{2+} || Ti^{3+}，Ti^+ | Pt

17．什么叫电池的分解电压？实际测量所得的分解电压与理论分解电压有什么区别？

18．试比较电化学极化和浓差极化的基本特征。

19．用铂做电极，电解 $ZnCl_2$ 水溶液，在阴极上可能发生哪些电极反应？用锌代替铂电极，在阴极上又进行什么反应？

20．在锌的湿法冶炼过程中，经过中性浸出之后，溶液中含有下列离子：Zn^{2+}浓度为 3.67 $mol\cdot L^{-1}$，Cd^{2+}浓度为 0.008 9 $mol\cdot L^{-1}$，Co^{2+}浓度 0.001 7 $mol\cdot L^{-1}$，H^+浓度为 10^{-7} $mol\cdot L^{-1}$，试分析这些离子沉积的先后次序。设 Co，H_2 析出超电位分别为 0.4 V 和 0.7 V。

21．在 25℃时测得浓度为 0.100$mol\cdot dm^{-3}$ 的 HAc 溶液的 Λ_m 为 5.20×10^{-4} $S\cdot m^2\cdot mol^{-1}$，求 HAC 在该浓度下的标准电离平衡常数。（1.772×10^{-5}）。

22．在 25℃时，测出 AgCl 饱和溶液及配制此溶液的高纯水的电导率分别为 3.12×10^{-4} 和 $1.6\times10^{-4}S\cdot m^{-1}$ 试求 AgCl 在 25℃时的溶解度。（$1.1\times10^{-5}mol\cdot dm^{-3}$）

23．25℃时，用 Pt 片为电极电解 0.5$mol\cdot dm^{-3}$ $CuSO_4$ 溶液，若 H_2 在 Cu 上的超电势为 0.23 伏，试问在阴极上开始析出 H_2 时，残留的 Cu^{2+}浓度为多少？（$a_{Cu^{2+}}=6.76\times10^{-20}$）

自　测　题

1. 选择

（1）设某浓度时 $CuSO_4$ 的摩尔电导率为 $1.4\times10^{-2}S\cdot m^2\cdot mol^{-1}$，若在溶液中加入 1 m^3 的纯水，这时 $CuSO_4$ 的摩尔电导率将（　）。

（A）降低　　（B）增高　　（C）不变　　（D）无法确定

（2）在界面移动法测定离子迁移数的实验中，其结果是否正确最关键决定于（　）。

（A）界面移动的清晰程度　　（B）外加电压的大小

（C）阴、阳离子迁移速度是否相同　　（D）阴、阳离子的价数是否相同

（3）电解质的摩尔电导率可看作是阴阳离子摩尔电导率之和，这一定律适用于下列哪种溶液（　）。

（A）强电解质溶液　　（B）弱电解质溶液

（C）无限稀溶液　　（D）摩尔浓度为 1 $mol\cdot dm^{-3}$ 的溶液

（4）下列化合物中哪几种溶液的无限稀释的摩尔电导率可以用 Λm 对 $C^{1/2}$ 作图外推至 $C\rightarrow0$，求得？

（A）HAc　　（B）NaCl　　（C）$CuSO_4$　　（D）$NH_3 \cdot H_2O$

（5）电解质溶液离子平均活度系数的大小主要决定于下列何种因素？（　）

（A）决定于离子之间的静电引力　（B）决定于离子强度

（C）决定于电解质的内因，即离子的平均直径

（6）德拜-休克尔极限公式适用于（　）。

（A）弱电解质稀溶液　（B）强电解质稀溶液

（C）弱电解质浓溶液　（D）强电解质浓溶液

（7）盐桥的作用是（　）。

（A）降低电池的内阻　（B）减少液体接界电势

（C）完全消除液体接界电势　（D）沟通电路

（8）298K 0.1 $mol \cdot dm^{-3}$ 的 HCl 溶液中氢电极的热力学电势为 −0.06 V，电解此溶液时，氢在铜电极上的析出电势 EH2（　）。

（A）大于 −0.06 V　（B）等于 −0.06 V

（C）小于 −0.06 V　（D）不能判断

（9）用铂电极电解氯化钾水溶液，两极间置一隔膜，分别于两电极附近溶液内加数滴酚酞，通电后观察到的现象是（　）。

（A）阴极区显红色　（B）阳极区显红色

（C）阴极区显红色，同时还有气泡产生

（D）阳极区显红色，同时还有气泡产生

（10）电池在恒温、恒压和可逆条件下放电，则其与环境间的热交换为（　）。

（A）一定为零　（B）为 ΔH

（C）为 $T\Delta S$　（D）与 ΔH 和 $T\Delta S$ 均无关

2．为什么难溶盐电极都是对阴离子可逆的电极？

3．当某一氧化还原反应在化学电池中进行时，有人说化学能的转换效率可不受热力学第二定律的限制；有人说不受卡诺循环所规定的最高转换效率所限制。如何评价这两种说法？

4．什么叫极化？什么叫超电势？由于超电势的存在，阴极、阳极不可逆电极电势的变化有什么规律？

5．在电解过程中，阴、阳离子分别在阳、阴两极上析出，析出的先后顺序有何规律？

6．某溶液中含有活度均为 1.00 的 Zn^{2+}和 Fe^{2+}。已知 H_2 在 Fe 上析出的超电势为 0.40 V，如果要使离子析出的顺序为 Fe、H_2、Zn，问 25℃时溶液的 pH 值不得超过多少？在此最大 pH 的溶液中 H^+开始析出放电时 Fe^{2+}浓度为多少？

第九章　界面现象

自然界中物质通常以气、液、固三种相态存在，三种相态相互接触可以产生五种界面即液-气界面、固-气界面、液-液界面、固-液界面和固-固界面。两相之间的接触面称为界面。通常将其中一个接触相为气相时产生的界面如气-液界面或气-固界面称为表面。界面并不是一个没有厚度的纯粹几何面，而是由单分子层，也可以是多分子层构成，一般假设有几个分子厚度。这一层的结构和性质与相邻两侧的体相不同。如图 9.1 所示，ASA'为 α 和 β 两个体相相互接触的界面。

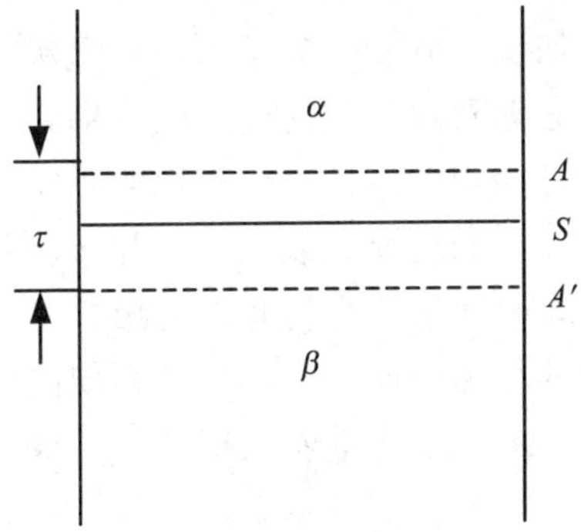

图 9.1　界面层

自然界的众多现象都与界面的特殊性质有关，如微小汞滴在光滑玻璃表面上自动呈球形；脱脂棉易被水润湿；水在毛细管中自动上升；固体表面容易吸附其他物质；微小液滴易于蒸发等。表面与界面现象包罗万象，迄今已发展成为一门独立的分支学科——表面与界面物理化学，它是一门实用性较强的学科。

表面和界面现象涉及物理及化学等许多领域，其在胶体科学、材料科学、生物科学、催化化学等领域具有广泛的应用。表面和界面现象研究的问题既涉及平衡规律和速率规律，也与物质的结构和性质等相关。对其研究的主要方法有热力学方法、动力学方法、统计热力学方法和量子力学方法等。

第一节 表面张力与表面吉布斯函数

一、表面现象

凡物质处于凝聚状态，在相表面上发生的一切物理化学现象均称表面现象。表面现象研究的是在相表面上所发生的一些物理化学行为和现象。对于任何一个相表面，分布在表面层的分子与相内部的分子的受力情况、能量状态和所处的环境均不相同。以前，我们处理问题时，并没有将表面分子与相内部的分子加以区别，而是把它们完全等同起来。这是由于通常的系统表面积不大，表面层上的分子数目相对相内部而言是微不足道的，因此忽略表面性质对系统的影响，认为它不妨碍一般结论的正确性。

当物质形成高度分散系统时，所研究的系统有巨大的表面积，表面层分子在整个系统中所占的比例较大，表面性质就显得十分突出，比如将大块固体碾成粉末或做成多孔性物质时，如多孔硅胶、分子筛、活性炭等其吸附量便显著增加。在处理这类问题时，若不考虑表面分子的特殊性，将会导致错误的结论。

研究表面现象，就是把相表面当做一个特殊的系统，研究它的性质、结构及所产生的各种现象，其中以表面现象、表面张力和表面吸附最为重要。不论是纯物质还是溶液，一系列的表面现象，都与此密切相关。

当研究在表面上发生的行为或研究多相分散系统的性质时，必须考虑表面的特性。通常用体积表面积（A_v）或质量表面积（A_m）表示多相分散系统的分散程度，其定义式为：

$$A_v = A_s / V \qquad (9.1)$$

$$A_m = A_s / m \qquad (9.2)$$

式中，A_s代表体积为 V 或质量为 m 的物质所具有的表面积。A_v或 A_m 就是单位体积或质量的物质所具有的表面积，物质的总质量不变，或总体积不变时，如果将其粉碎，其表面积将会极大地增加。如表 9.1 所示，把一个边长为 1 cm 的立方体，分散为更小的立方体，其总表面积迅速增加。

由表 9.1 可见，粒子分割得越细，表面积就越大，表面积越大，表现出的表面效应越强。如胶体粒子的大小为 1 nm～0.1 μm，具有很大的表面积，突出地表现出表面效应。如多孔硅胶其表面积可达 300～700 $m^2 \cdot g^{-1}$，活性炭可高达 1 000～2 000 $m^2 \cdot g^{-1}$。多孔硅胶及活性炭的重要应用，正是基于其高度分散而增强的表面性质。

表 9.1 边长为 1 cm 的立方体分散为小立方体时表面积的变化

边长 L/m	小立方体数	总表面积 A_s/m^2	体积表面积 A_v/m^{-1}	线性大小与此相近的系统
10^{-2}	1	6×10^{-4}	6×10^{2}	—
10^{-3}	10^{3}	6×10^{-3}	6×10^{3}	—
10^{-4}	10^{6}	6×10^{-2}	6×10^{4}	牛奶内的油粒
10^{-5}	10^{9}	6×10^{-1}	6×10^{5}	—
10^{-6}	10^{12}	6×10^{0}	6×10^{6}	—
10^{-7}	10^{15}	6×10^{1}	6×10^{7}	藤黄溶胶
10^{-8}	10^{18}	6×10^{2}	6×10^{8}	金溶胶
10^{-9}	10^{21}	6×10^{3}	6×10^{9}	细分散的金溶胶

二、表面张力、表面功及表面吉布斯函数

表面或界面张力是普遍存在的，不仅在液体、固体表面有表面张力，在液-液界面、液-固界面以及固-固界面处也存在相应的界面张力。表面张力及界面张力是表面与界面化学中最重要的物理量，是产生一切表面与界面现象的根源。

物质表面层的分子与内部分子周围的环境不同，任何一个相表面分子与内部分子的受力情况不同（如图 9.2 所示）。如一杯液体，液面上是它的蒸气或空气。液相内部任何一个分子受四周邻近相同分子的作用力是对称的，各个方向的力彼此抵消，合力为零，分子在液体内部移动时不需要做功。但液体表面层的分子，下方受到邻近液体分子的引力，上方受到气体分子的引力。由于与气体分子间的力小于液体分子间的力，所以表面分子所受的作用力是不对称的，合力指向液体内部，所以液体表面都有自动缩成最小的趋势。这就是为什么小液滴总是呈球形、肥皂泡或气球要用力吹才能变大。因为球形表面积最小，扩张表面就需对系统做功。

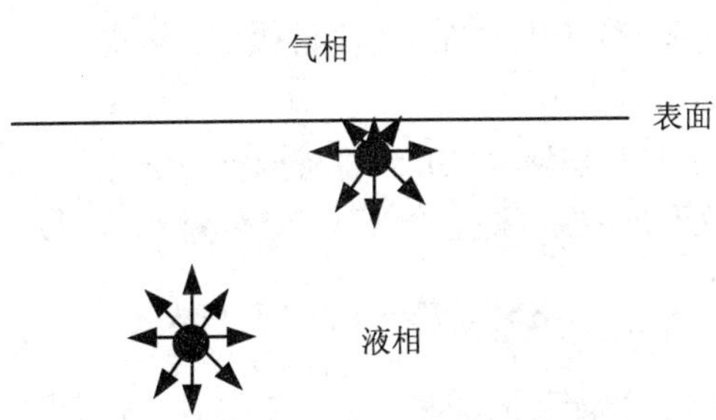

图 9.2 分子在液相内和在表面所受不同引力的示意图

设想在液面上任意画一条线，将液面分作两部分，由于两部分液面上的表面

张力都趋向于使各自的表面收缩，所以表面张力总是作用在该线的两侧，垂直于该线，沿着液面拉向两侧；在液体表面的边界上，表面张力垂直于边界线向着表面的中心，并与表面相切；如果表面是弯曲的，例如水滴的表面，则表面张力的方向与液面的切线相垂直。

假如用一个细钢丝制成的框架，中间有一根可以自由移动的金属丝。若将此框架浸入肥皂水中，然后取出，即可在整个矩形框架中形成一层肥皂水薄膜（如图 9.3 所示）。

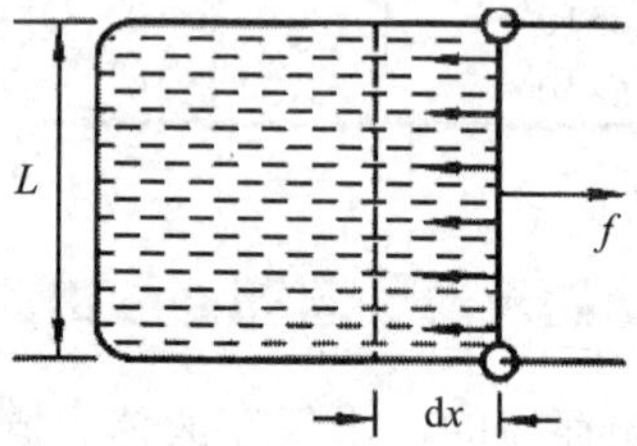

图 9.3　表面功

此时金属丝静止于膜上，金属丝受力达到平衡。如果将金属丝右边的肥皂膜刺破，则会发现金属丝向左移动，这说明左面的膜对金属丝有向左的拉力，使液膜面积收缩，这就是表面张力。实际上在右面膜被刺破之前，这种表面张力也存在，只是左面膜与右面膜作用在金属丝上的表面张力呈现平衡而已。这时欲使膜保持平衡，需在金属丝上施加一相反的力 F，其大小与金属丝的长度 L 成正比，比例系数用γ表示，因膜有两个表面，故可得：

$$F = 2\gamma L$$

即：

$$\gamma = \frac{F}{2L} \tag{9.3}$$

我们把这个作用在单位长度表面上引起表面收缩的力定义为表面张力，用符号γ表示。其单位为 $\mathrm{N \cdot m^{-1}}$。

若使图 9.3 中液膜的面积增大 $\mathrm{d}A_\mathrm{s}$，则需抵抗力 F 使金属丝向右移动 $\mathrm{d}x$ 距离而做非体积功——表面功。在可逆条件下应忽略摩擦力，故可逆表面功为：

$$\delta W_\mathrm{r}' = F\mathrm{d}x = 2\gamma L\mathrm{d}x = \gamma \mathrm{d}A_\mathrm{s} \tag{9.4}$$

式中，$\mathrm{d}A_\mathrm{s} = 2L\mathrm{d}x$ 为增大的液体表面积，式（9.4）可改写为：

$$\gamma = \delta W_\mathrm{r}' / \mathrm{d}A_\mathrm{s} \tag{9.5}$$

所以γ亦表示为使液体增加单位表面时环境所需做的可逆功，单位为 $\mathrm{J \cdot m^{-2}}$。由于恒温恒压下，可逆非体积功等于系统的吉布斯函数变，即：

$$\delta W_{\mathrm{r}}^{'} = \mathrm{d}G_{T,p} = \gamma \mathrm{d}A_{\mathrm{s}} \tag{9.6}$$

故：

$$\gamma = \left(\frac{\partial G}{\partial A_{\mathrm{s}}}\right)_{T,p} \tag{9.7}$$

式（9.7）说明，定量定组成的封闭系统在恒温恒压下，表面张力γ等于增加单位表面积所需的吉布斯函数变。因此，表面张力又称为表面吉布斯函数。单位为 $\mathrm{J \cdot m^{-2}}$。

表面张力、单位面积的表面功、单位面积的表面吉布斯函数三者虽为不同的物理量，但它们的数值和量纲却是等同的，因为 1 J=1 N·m，故 1 $\mathrm{J \cdot m^{-2}}$=1 $\mathrm{N \cdot m^{-1}}$。三者的单位皆可化为 $\mathrm{N \cdot m^{-1}}$。

从热力学分析看，均相系统的吉布斯自由能除与 T、p、S、V 和各个相中各物质的量（n_{B}）有关外，还与系统的表面积（A_{s}）有关，其热力学基本方程为：

$$\mathrm{d}G = -S\mathrm{d}T + V\mathrm{d}p + \gamma \mathrm{d}A_{\mathrm{s}} + \sum_{\mathrm{B}} \mu_{\mathrm{B}} \mathrm{d}n_{\mathrm{B}} \tag{9.8}$$

$$\mathrm{d}U = T\mathrm{d}S - p\mathrm{d}V + \gamma \mathrm{d}A_{\mathrm{s}} + \sum_{\mathrm{B}} \mu_{\mathrm{B}} \mathrm{d}n_{\mathrm{B}} \tag{9.9}$$

$$\mathrm{d}H = T\mathrm{d}S + V\mathrm{d}p + \gamma \mathrm{d}A_{\mathrm{s}} + \sum_{\mathrm{B}} \mu_{\mathrm{B}} \mathrm{d}n_{\mathrm{B}} \tag{9.10}$$

$$\mathrm{d}A = -S\mathrm{d}T - p\mathrm{d}V + \gamma \mathrm{d}A_{\mathrm{s}} + \sum_{\mathrm{B}} \mu_{\mathrm{B}} \mathrm{d}n_{\mathrm{B}} \tag{9.11}$$

可得：

$$\gamma = \left(\frac{\partial G}{\partial A_{\mathrm{s}}}\right)_{T,p,n_{\mathrm{B}}} = \left(\frac{\partial U}{\partial A_{\mathrm{s}}}\right)_{S,V,n_{\mathrm{B}}} = \left(\frac{\partial H}{\partial A_{\mathrm{s}}}\right)_{S,p,n_{\mathrm{B}}} = \left(\frac{\partial A}{\partial A_{\mathrm{s}}}\right)_{T,V,n_{\mathrm{B}}} \tag{9.12}$$

可见，γ 是在指定相应变量不变的情况下，每增加单位表面积时，系统吉布斯自由能的增值。

在恒温恒压各相中物质的量不变时，由式（9.8）得：

$$\mathrm{d}G = \gamma \mathrm{d}A_{\mathrm{s}} \tag{9.13}$$

dG 为上述条件下由于相界面面积变化引起的系统的吉布斯函数变，因这一变化反应在界面上，所以称为界面吉布斯函数变，并用 dG^{s} 表示。

若界面张力不变，界面面积从 0 增到 A_{s}，则：

$$G_{\mathrm{s}} = \gamma A_{\mathrm{s}}$$

若系统内有多个界面，界面 i 的界面张力为γ_{i}，界面面积为 A_{s}^{i}，则：

$$G^{s}=\sum_{i}\gamma_{i}A_{s}^{i} \tag{9.14}$$

式（9.14）说明了在温度、压力一定的情况下，系统的总界面吉布斯函数等于系统内各界面张力与其界面面积乘积之和。在恒温恒压条件下，系统总界面吉布斯函数的减少为自发过程。如表面张力不变，表面面积减少的过程有液体润湿固体、小液滴聚集成大液滴；界面面积不变，界面张力减少的过程则如多孔固体表面吸附气体等。

系统总表面或界面吉布斯函数的减少是很多表面和界面现象产生的热力学原因。

【例 9.1】 25℃时，把半径为 1.00×10^{-3} m 的水滴分散成半径为 1.00×10^{-6} m 的小水滴。问：①其体积表面增加了多少倍？②表面吉布斯函数增加了多少？③完成该变化时，环境至少要做多少功？已知该温度时，水的表面张力为 $0.072\ 75\ \mathrm{N\cdot m^{-1}}$。

解：已知：$r_1=1.00\times10^{-3}\,\mathrm{m},\ r_2=1.00\times10^{-6}\,\mathrm{m},\ \gamma=0.072\ 75\ \mathrm{N\cdot m^{-1}}$

① $A_V=\dfrac{A_s}{V}=\dfrac{4\pi r^2}{\dfrac{4}{3}\pi r^3}=\dfrac{3}{r}$

$$\frac{A_{V,2}}{A_{V,1}}=\frac{r_1}{r_2}=\frac{1.00\times10^{-3}\,\mathrm{m}}{1.00\times10^{-6}\,\mathrm{m}}=1\,000$$

② $\Delta G=\int \mathrm{d}G=\int\gamma\,\mathrm{d}A_s=\gamma\Delta A_s$

$$\Delta A_s=V\left(A_{V,2}-A_{V,1}\right)=\frac{4}{3}\pi r_1^3\left(\frac{3}{r_2}-\frac{3}{r_1}\right)=4\pi r_1^2\left(\frac{r_1}{r_2}-1\right)$$

$$=\left\{4\pi\left(1.00\times10^{-3}\right)^2\left(\frac{1.00\times10^{-3}}{1.00\times10^{-6}}-1\right)\right\}\mathrm{m}^2=1.26\times10^{-2}\,\mathrm{m}^2$$

$$\Delta G=(0.07275\times1.26\times10^{-2})\mathrm{J}=9.17\times10^{-4}\,\mathrm{J}$$

③ $W_r=\Delta G=9.17\times10^{-4}\,\mathrm{J}$

三、表面（界面）张力及其影响因素

表面（界面）张力取决于表面（界面）的性质，凡能影响物质性质的因素，对表面（界面）张力均有影响，现分述如下：

（1）与物质的本性有关。即与物质分子间的作用力有关。分子间作用力越大，表面张力也越大。一般说来，固态物质的表面张力大于液态物质，极性物质大于非极性物质，相同凝聚态下，物质的表面张力γ与其分子间力或化学键力存在如下关系：

$$\gamma（金属键）>\gamma（离子键）>\gamma（极性共价键）>\gamma（非极性共价键）$$

在一定条件下，同一种物质与不同性质的其他物质接触时，表面层分子所处力场也不同，表面张力出现明显的不同。表 9.2 给出了一些物质在实验温度下呈液态时的表面张力。而不同液体表面张力之间的差异主要是由于液体分子之间的作用力不同而造成的。一般来说，极性液体，例如水，有较大的表面张力，而非极性液面的表面张力则较小。另外，熔融的盐以及熔融的金属，分子间分别以离子键和金属键相互作用，故它们的表面张力也很高。

表 9.2　一些物质呈液态时的表面张力

物　质	温度 t/℃	表面张力 γ/N·m^{-1}
乙醇	20	22.3
乙醚	25	26.43
H_2O	20	72.75
NaCl	803	113.8
Ag	1 100	878.5
Cu	1 083	1 300
Pt	1 773.5	1 800

固体分子间的相互作用力远大于液体的，所以固体物质一般要比液体物质具有更高的表面张力。表 9.3 为一些固体物质在实验温度下的表面张力。

表 9.3　一些固态物质的表面张力

物　质	气氛	温度 t/℃	表面张力 γ/mN·m^{-1}
铜	Cu 蒸气	1 050	1 670
锡	真空	215	685
氧化镁	真空	25	1 000
氧化铝	—	1 850	905
云母	真空	20	4 500

一种液体与不互溶的其他液体形成液-液界面时，因界面层分子所处力场取决于两种液体，故不同液-液界面的界面张力不同。某些液-液界面的界面张力见表 9.4。

表 9.4 20℃某些两液体已相互达到饱和的液-液界面张力

界 面	界面张力γ/mN·m^{-1}	界 面	界面张力γ/mN·m^{-1}
水-正己烷	51.1	水-苯	35
水-氯仿	32.8	水-硝基苯	25.66
水-四氟化碳	45	水-汞	375
水-乙醚	10.7	苯-汞	357

（2）与温度的关系。当温度升高时物质体积膨胀，分子间距离增加，分子间相互作用减弱，所以表面张力一般随温度升高而降低。当温度接近临界温度 T_c 时，液相与气相的界限逐渐消失，表面张力最终降为零。表面张力与温度的关系可用经验公式——拉姆齐（Ramsay）和希尔荻（Shields）公式：

$$\gamma\left(\frac{M}{\rho}\right)^{\frac{2}{3}}=k\left(T_c-T-6.0\right) \qquad (9.15)$$

式（9.15）中，M，ρ和 T_c 分别为液体的摩尔质量、密度及临界温度，k 是经验常数。对于非极性液体约为 2.2×10^{-7}J·K^{-1}。表 9.5 为不同温度下液体的表面张力。

表 9.5 不同温度下液体的表面张力 单位：mN·m^{-1}

液体	0℃	20℃	40℃	60℃	80℃	100℃
水	75.64	72.75	69.58	66.18	62.61	58.85
乙醇	24.05	22.27	20.60	19.01	—	—
甲醇	24.5	22.6	20.9	—	—	15.7
四氯化碳	—	26.8	24.3	21.9	—	—
丙酮	26.2	23.7	21.2	18.6	16.2	—
甲苯	30.74	28.43	26.13	23.81	21.53	19.39
苯	31.6	28.9	26.3	23.7	21.3	—

（3）压力及其他因素对表面张力的影响。增加气相的压力，可使气相的密度增加，同时减小液体表面分子受力不对称的程度；此外可使气体分子更多地溶解于液体，改变液相成分。上述因素的综合效应，通常使得表面张力下降。一般压力每增加 1 MPa，表面张力约降低 1 mN·m^{-1}。如 20℃时，101.325 kPa 下水和 CCl_4 的表面张力分别为 72.8 mN·m^{-1} 和 26.8 mN·m^{-1}，而在 1 MPa 下则分别为 71.8 mN·m^{-1} 和 25.8 mN·m^{-1}。

分散度对表面张力的影响只有当物质分散到曲率半径接近分子大小的尺寸时才较明显。

第二节　弯曲液面的附加压力及其后果

一、弯曲液面的附加压力——拉普拉斯方程

一般情况下液体表面是水平的，而液滴、水中的气泡的表面则是弯曲的。液面可以是凸的，也可以是凹的。当液体表面呈弯曲形状时，液体内部除了承受外界环境的压力 p 外，还受到因表面张力的作用而产生的附加压力Δp。对于图 9.4（a）中所示凸液面，由于表面张力的方向是切于表面并垂直作用于切线上、使表面趋向于缩小，因此产生的附加压力其方向是指向液体内部。

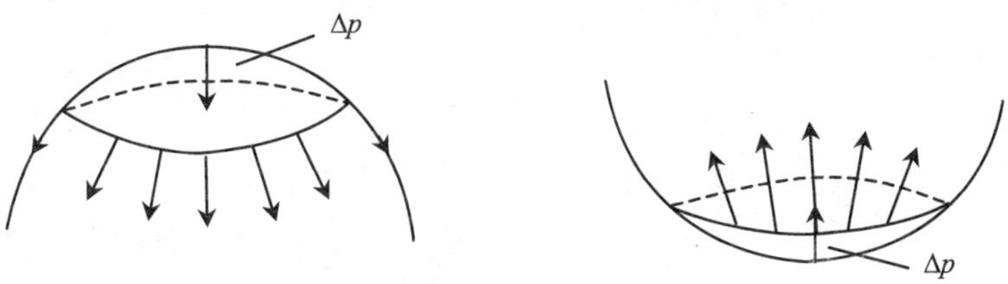

（a）凸液面　　（b）凹液面

图 9.4　弯曲液面下的附加压力

凸液面下的压力可表示为：　$p_{凸} = p + \Delta p$　（9.16）

式（9.16）表明，液体内部的压力 $p_{凸}$大于外部压力 p。对于图 9.4（b）中的凹液面。由于表面张力驱使凹面变成平面，因此，凹液面下的压力为：

$$p_{凹} = p - \Delta p \qquad (9.17)$$

此时，液体内部的压力 $p_{凸}$小于外面的压力 p 。表面张力使弯曲液面下产生附加压力的事实可通过图 9.5 的实验验证。当打开连接小泡和大泡的活塞时，小泡越缩越小，而大泡越胀越大，说明气泡内气流是从小泡流向大泡。这是由于小泡半径小，曲率大，产生的附加压力比大泡大。因此，小泡内部气体所受的压力大于大泡，故气流由小泡流向大泡。此实验表明，附加压力与曲率半径和表面张力有关。

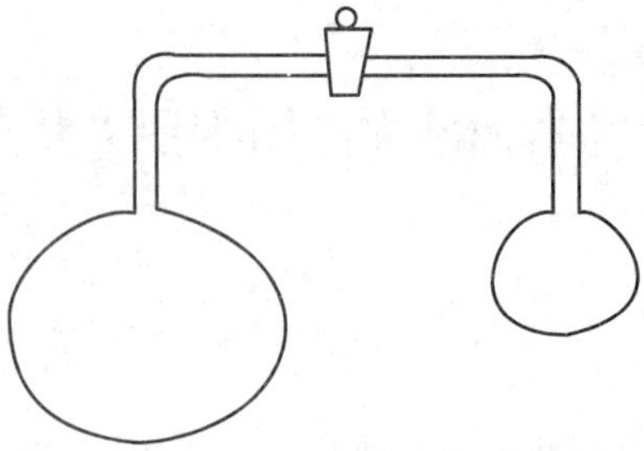

图 9.5 小气泡的体积变化

在弯曲的液面上割取一小块四边形曲面 $abcd$，其面积 xy，令四顶角为直角（图 9.6）。根据图示，应有：

$ab = cd = x$ ，曲率半径为 R_1

$bc = ad = y$ ，曲率半径为 R_2

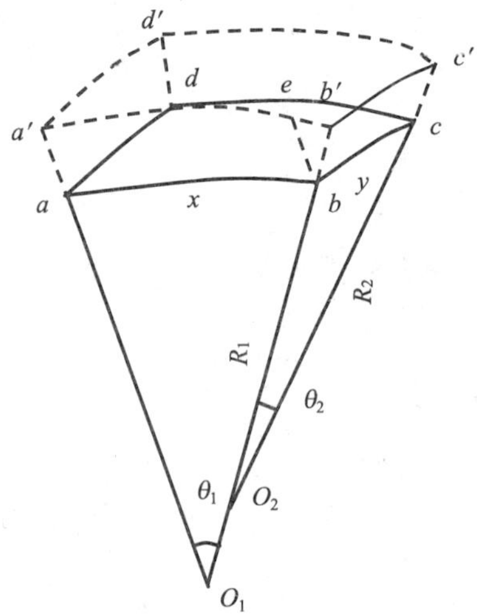

图 9.6 分析任意液面扩大时所做的功

由于选取的四边形很小，所以面积为：

$$A \approx ab \times cd = xy$$

当曲面 $abcd$ 向上移动一微小距离 dz 时，曲面移到 $a'b'c'd'$ ，其面积为：

$$A' = (x + \mathrm{d}x)(y + \mathrm{d}y) \approx xy + x\mathrm{d}y + y\mathrm{d}x \tag{9.18}$$

为了求 dx，可从 b 引 be 平行于 aa' 。由于 $\Delta bb'e \backsim \Delta O_1ba$ ，因此，得：

$$\frac{b'e}{bb'}=\frac{ab}{O_1b}$$

由于 $b'e=a'b'-ab=\mathrm{d}x$ ，所以：

$$\mathrm{d}x=\frac{x}{R_1}\mathrm{d}z \tag{9.19}$$

同理得：

$$\mathrm{d}y=b'c'-bc=\frac{y}{R_2}\mathrm{d}z \tag{9.20}$$

将式（9.19）和式（9.20）代入式（9.18），得：

$$A'=xy+\frac{xy}{R_2}\mathrm{d}z+\frac{xy}{R_1}\mathrm{d}z$$

因此移动后曲面积的积增量为：

$$\mathrm{d}A=A'-A=xy\left(\frac{1}{R_1}+\frac{1}{R_2}\right)\mathrm{d}z$$

曲面 $abcd$ 移到 $a'b'c'd'$ 后，表面自由能的增量或系统得到的表面功为：

$$\gamma\mathrm{d}A=\gamma\left(\frac{1}{R_1}+\frac{1}{R_2}\right)xy\mathrm{d}z$$

因为曲面两边存在压差Δp，所以当曲面位移 dz 时，系统对外做的体积功：

$$\Delta p\mathrm{d}V=\Delta pxy\mathrm{d}z$$

当系统达平衡时，上述的表面功和体积功必相等，即：

$$\Delta p=\gamma\left(\frac{1}{R_1}+\frac{1}{R_2}\right) \tag{9.21}$$

式（9.21）称为杨-拉普斯（Young-LaPlace）方程式。适用于任意曲面液体。它表明，附加压力Δp与表面张力成正比，而与曲率半径成反比，即曲率半径越小，附加压力越大，平面的曲率半径无穷大，故附加压力Δp=0。

若曲面是球面的一部分，则任意的曲率半径都相等，即 $R=R_1=R_2$，式（9.21）可写成如下关系，即只适用于球面液体的杨-拉普拉斯方程：

$$\Delta p=\frac{2\gamma}{R} \tag{9.22}$$

式（9.22）表明，附加压力与球的半径成反比，即半径越小，产生的附加压力越大，这就解释了上述（图 9.5）的实验。

应强调指出：由于表面张力总是指向曲面的球心，球内的压力一定大于球外。因此，对空气中的液滴（凸液面）来说，液体的压力 p' 是空气压力 p 与附加压力 Δp 之和。即 $p'=p+\Delta p$；而对液体中的气泡（凹液面）来说，则 $p'=p-\Delta p$；若是液泡，如肥皂泡，因其有内外两个气-液界面，故其差值为 $\Delta p=4\gamma/R$。

二、毛细管现象

将毛细管插入液面后，会发生液面沿毛细管上升（或下降）的现象，称为毛细管现象。

对于毛细管现象，图 9.7 绘出毛细管内液面升高的示意图，这时毛细管内为凹液面。图中接触角 θ <90°，说明该液体能够润湿管壁。由于附加压力 Δp 指向大气，而使凹液面下的液体所承受的压力小于管外水平液面下的压力。在这种情况下，液体将被压入管内，直至上升的液柱所产生的静压力 ρgh 与附加压力 Δp 在数值上相等时，才可达到力的平衡状态。即：

$$\Delta p=\frac{2\gamma}{r_1}=\rho gh \tag{9.23}$$

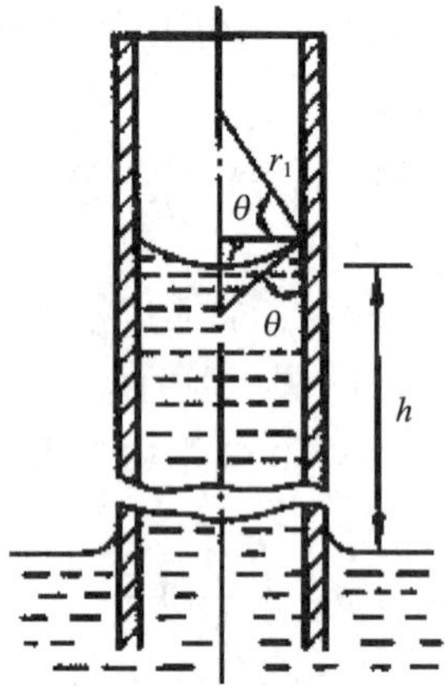

图 9.7 毛细管现象

由图 9.7 中的几何关系可以看出：接触角 θ 与毛细管的半径 r 及弯曲液面的曲率半径 r_1 之间的关系为：

$$\cos\theta=r/r_1$$

将上式代入式（9.23）中可得到液体在毛细管中上升的高度：

$$h=\frac{2\gamma\cos\theta}{r\rho g} \tag{9.24}$$

式中，γ 为液体的表面张力，ρ 为液体的密度，g 为重力加速度。由式（9.24）可知，在一定温度下，毛细管越细，液体密度越小，液体对管壁润湿得越好，液体在毛细管中上升得越高。

当液体不能润湿管壁，$\theta>90°$，$\cos\theta<0$ 时，h 为负值，表示管内凸液面下降的深度。例如将玻璃毛细管插入汞内，则呈现毛细管内水银面下降的现象。

由上述讨论可知，表面张力的存在是弯曲液面产生附加压力的根本原因，而毛细管现象则是弯曲液面具有附加压力的必然结果。

【例 9.2】 用最大泡压法测量液体的表面张力的装置如图 9.8 所示：将毛细管垂直插入液体中，其深度为 h。由上端通入气体，在毛细管下端呈小气泡放出，小气泡内的最大压力可由 U 形管压力计测出。已知 300 K 时，某液体的密度 $\rho=1.6\times10^3\ \mathrm{kg\cdot m^{-3}}$，毛细管的半径 r=1 mm，毛细管插入的深度 h=0.01 m，小气泡的最大表压（气泡内气体压力与大气压力之差）$p_{最大}$=207 Pa。该液体在 300 K 时的表面张力为多少？

解：当不断向系统压入空气时，毛细管出口将出现一小气泡，且不断增大。若毛细管足够细，管下端气泡将呈球缺形，液面可视为球面的一部分。随着小气泡的变大，气泡的曲率半径将变小。当气泡的半径等于毛细管的半径时，气泡的曲率半径最小，液面对气体的附加压力达到最大。此后气泡若再增大，气泡半径也将增大，并且气泡将从液体内部逸出。

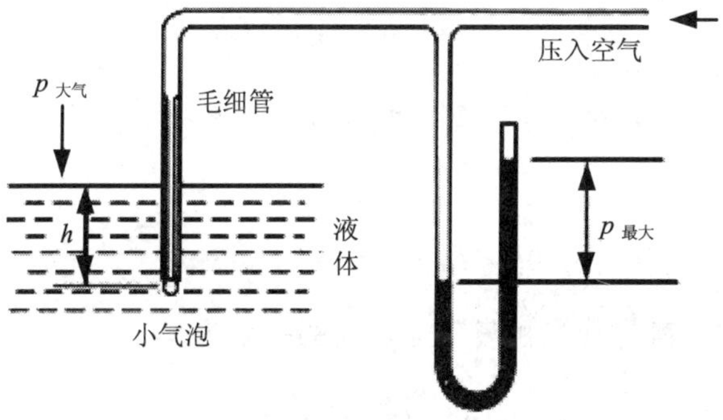

图 9.8 最大泡压法测定液体表面张力

在气泡的半径等于毛细管半径时：

气泡内的压力 $p_{内}=p_{大气}+p_{最大}$

气泡外的压力 $p_{外}=p_{大气}+\rho gh$

根据附加压力的定义及拉普拉斯方程，半径为 r 的凹面对小气泡的附加压力为：

$$\Delta p = p_{内} - p_{外} = p_{最大} - \rho gh = 2\gamma / r$$

于是求得所测液体的表面张力为：

$$\gamma = \frac{\Delta p \times r}{2} = \frac{(p_{最大} - \rho gh)r}{2}$$

$$= \left[\left(207 - 1.6 \times 10^3 \times 9.807 \times 0.01\right) \times 10^{-3} / 2\right] \text{N} \cdot \text{m}^{-1}$$

$$= 25.04\ \text{N} \cdot \text{m}^{-1}$$

三、微小液滴的饱和蒸气压——开尔文（Kelvin）公式

平液面的饱和蒸气压只与物质的本性、温度及压力有关。而弯曲液面的饱和蒸气压不仅与物质的本性、温度及压力有关，而且还与弯曲液面的弯曲程度（曲率半径 r 的大小）有关。

在一个密闭的容器中放置一大液滴和许多小液滴，在一定温度和压力下，经过一段时间后，小液滴消失而大液滴变大，这是由于小液滴的饱和蒸气压比大液滴高，液滴比液体呈平面时的饱和蒸气压大所造成的。设外压力 p，小液滴的半径为 r，内部压力为 $p_{内}$，小液滴（凸形液面）产生的附加压力：

$$\Delta p = p_{内} - p = \frac{2\gamma}{r}$$

若把 1 mol 大块液体（液面呈平面）变成半径为 r 的小液滴，则化学势之差为：

$$\Delta\mu = \mu_{\text{r}} - \mu = \int_{p}^{p+\frac{2\gamma}{r}} V_{\text{m}} \text{d}p = \frac{2\gamma V_{\text{m}}}{r} \quad (9.25)$$

小液滴的化学势与其饱和蒸气压 p_{r} 间的关系为：

$$\mu_{\text{r}} = \mu^{\ominus} + RT \ln p_{\text{r}} \quad (9.26)$$

同理，大块液体的化学势与其饱和蒸气压之间的关系为：

$$\mu = \mu^{\ominus} + RT \ln p_0 \quad (9.27)$$

由式（9.26）和式（9.27）得到小液滴的化学势与大块液体的化学势之差为：

$$\mu_{\text{r}} - \mu = RT \ln \frac{p_{\text{r}}}{p_0} \quad (9.28)$$

将式（9.25）代入式（9.28），得：

$$RT\ln\frac{p_r}{p_0}=\frac{2\gamma V_m}{r}=\frac{2\gamma M}{r\rho} \tag{9.29}$$

式（9.29）称为开尔文公式。式中 V_m，M，ρ分别为液体的摩尔体积、摩尔质量和密度。式（9.29）表明，液滴越小，饱和蒸气压越大。表 9.6 列出不同半径的水滴的相对蒸气压变化。

表 9.6　25℃时水滴半径和相对蒸气压的关系

r/m	p_r/p_0
10^{-6}	1.001
10^{-7}	1.011
10^{-8}	1.111
10^{-9}	2.950

表 9.6 中的数据说明，需要很高的蒸气压，水蒸气才能凝聚为小水滴，空气中的水蒸气往往难以凝聚成小水滴。运用开尔文公式可以说明许多表面效应。如液体能在固体毛细管的表面良好润湿，则毛细管内液面应呈凹面，其饱和蒸气压低于同温度下平面液体的饱和蒸气压。对于平面液体尚未达到饱和的蒸气，对毛细管内呈凹面的液体可能已达到饱和，此时蒸气在毛细管中开始凝结。易液化的蒸气不仅可以在多孔性吸附剂表面上发生多分子层吸附，而且还可以在吸附剂的毛细孔隙中凝结为液体，称为毛细管凝结现象。当蒸气压逐渐增加，较大的微孔也将被填满，吸附量将随压力增大而迅速增加。硅胶是一种多孔性物质，具有很大的内表面，可自动地吸附空气中的水蒸气，在毛细管内发生凝结现象，而达到使空气干燥的目的。

表 9.6 中数据说明，水蒸气可以达到很高的过饱和蒸气压而不凝结为水滴。当液体在毛细管内形成凹液面时，情况正相反，半径为 r 的液滴的饱和蒸气压 p_r 要小于液面呈平面的饱和蒸气压 p_0。凹面处液体的压力为 $p-(2\gamma/r)$，此时式（9.25）的积分结果为：

$$\Delta\mu=\mu_r-\mu=\int_p^{p-\frac{2\gamma}{r}}V_m\mathrm{d}p=-\frac{2\gamma V_m}{r}$$

代入式（9.28）后，得：

$$RT\ln\frac{p_0}{p_r}=\frac{2\gamma M}{r\rho} \tag{9.30}$$

式（9.30）也称为开尔文公式，它表明，毛细管越细，与液体成平衡的饱和蒸气压就越小。所以在蒸气压小于正常饱和蒸气压 p_0 时就会发生毛细管凝聚现象。

土壤、纤维织物含有很多毛细管空隙，因水在毛细管中湿润呈凹月面，故对平面液体尚未饱和的蒸气，在毛细管中可能已开始凝结，因此，土壤的毛细管结构具有保持水分的作用。多孔固体催化剂孔径大小及其分布也是利用毛细管凝结作用并通过开尔文公式得到。

通过开尔文公式还可以解释很多的亚稳状态现象。

四、亚稳状态与新相形成

由于曲率半径（分散度）的变化而引起的饱和蒸气压、溶解度以及一些其他性质的变化，只有在颗粒非常小时才能产生显著影响。但在蒸气冷凝、液体凝固和沸腾以及溶液结晶等过程中，由于要从无到有生成新相，初始生成的新相的颗粒极其微小，其表面积和表面吉布斯函数都很大，因此在系统中产生新相极为困难。因为新相难以形成，所以会出现过饱和蒸气、过饱和溶液以及过热或过冷液体等。这些状态均是亚稳状态，是热力学不完全稳定的状态。一旦新相形成，亚稳状态则失去稳定，最终达到稳定的相态。

（1）过饱和蒸气。在一定温度下，当蒸气分压力已超过该温度下的饱和蒸气压，而蒸气仍不凝结的现象称为蒸气的过饱和现象，此时的蒸气称为过饱和蒸气。

过饱和蒸气能够存在，是由于新生成的极微小液滴的蒸气压大于水平液面的蒸气压。如图 9.9 所示，曲线 OC 和 $O'C'$ 分别代表通常液体和微小液滴的饱和蒸气压曲线。若将压力为 p_0 的蒸气，恒压降温至温度 t_0（A 点），蒸气对通常液体已达到饱和状态，但对微小液滴却未达到饱和状态，所以，蒸气在 A 点不可能凝结出微小的液滴。可见，若蒸气的过饱和程度不高，对微小液滴还未达到饱和状态时，微小液滴既不可能产生也不可能存在。此时的蒸气称为过饱和蒸气。

当蒸气中不存在凝结中心时，蒸气可以达到很高的过饱和度而不凝结出液体，因为这时对平面液体而言蒸气达到过饱和，而对于最开始形成的微小液滴而言，其蒸气压尚未达到饱和，所以在没有凝结中心时往往容易形成过饱和蒸气。如夏天常出现有云无雨的气象，就属这种情况。人工降雨的基本原理也就是向云层中过饱和水蒸气喷射小的 AgI 颗粒，提供凝聚中心而使新相（水滴）生成时所需要的过饱和度大大降低，云层中的水蒸气就容易凝结成雨滴落下。

（2）过饱和溶液。在一定温度、压力下，当溶液中溶质的浓度已超过该温度、压力下溶质的溶解度，而溶质仍不析出的现象称为溶液的过饱和现象，此时的溶液称为过饱和溶液。某些物质的微小晶体在水中溶解度增加率如表 9.7 所示。之所以同一温度下微小颗粒的溶解度大于普通晶体溶解度，是由于微小颗粒晶体的饱和蒸气压大于普通晶体的饱和蒸气压。

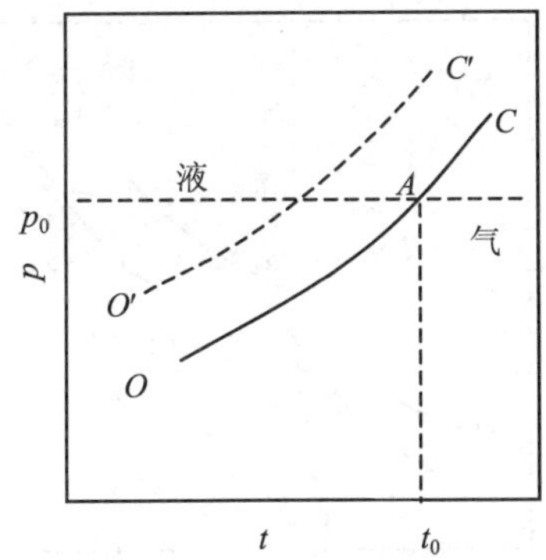

图 9.9 产生蒸气过饱和现象

表 9.7 物质的微小晶体在水中溶解度增加率

物质	t/℃	颗粒直径 d/μm	较普通晶体溶解度增加率/%
PbI_2	30	0.4	2
$CaSO_4 \cdot 2H_2O$	30	0.2～0.5	4.4～12
Ag_2CrO_4	26	0.3	10
PbF_2	25	0.3	9
$SrSO_4$	30	0.25	26
$BaSO_4$	25	0.1	80
CaF_2	30	0.3	18

如图 9.10 所示，AO 和 $A'O'$分别代表某物质普通晶体和微小颗粒晶体的饱和蒸气压曲线，微小颗粒晶体的饱和蒸气压大于普通晶体的饱和蒸气压。因此，AO 位于 $A'O'$线下方，OC 线和 $O'C'$线分别代表稀溶液和浓溶液中该物质在气相中的蒸气分压，OC 位于 $O'C'$线的下方。在温度 t_0 时，稀溶液的 OC 线与普通晶体的蒸气压曲线相交，表明稀溶液达到饱和，理应析出晶体，但由于微小颗粒晶体溶解度高，故事实上未能从溶液中析出晶体。必须当溶液的浓度达到某一值使得 $O'C'$ 线与微小颗粒晶体 $A'O'$线在 O'点相交才能析出微小晶体，并发生晶粒生长。此时的溶液浓度高于普通晶体饱和溶液，是过饱和溶液。

在结晶操作中，若溶液过饱和程度过大，将生成很多细小的晶粒，对过滤和洗涤工艺会产生不利影响。在生产过程中，常通过向结晶器中投放小晶体作为新相种子，以防止溶液过饱和程度过大，以制备较大颗粒的晶体。

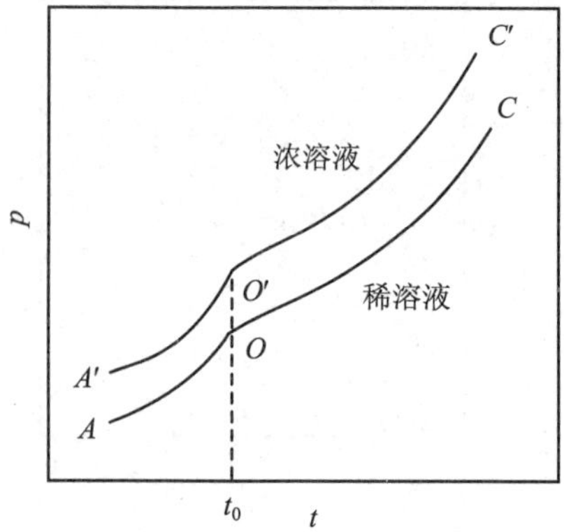

图 9.10 产生过饱和溶液

（3）过热液体。在一定压力下，当液体的温度已超过该压力下的沸点，而液体仍不沸腾的现象称为液体的过热现象，此时的液体称为过热液体。液体沸腾时不仅液体表面发生汽化，其内部亦通过不断生成大量微小气泡，由小变大，逸出表面而汽化。若使小气泡生成，小气泡内的蒸气压力必须克服其内凹液面产生的附加压力$\Delta p_{凹}$、小气泡生成处液体产生的静压力 $p_{静}$及外压力 $p_{外}$三种压力的共同作用。小气泡内的蒸气压力等于上述三种压力之和时，小气泡才可能产生。

如图 9.11 所示，在 101.325 kPa、100℃的纯水中，在离液面 0.02 m 深处，若存在一半径为 10 nm 的气泡，在此环境条件下，纯水的表面张力为 58.85 $N\cdot m^{-1}$，密度为 958.1 $kg\cdot m^{-3}$，可以计算出：

弯曲液面对小气泡的附加压力：$\Delta p = 11.77\times10^{3}$ kPa

小气泡所受的静压力：$p_{静}=\rho gh = 0.187\ 8$ kPa

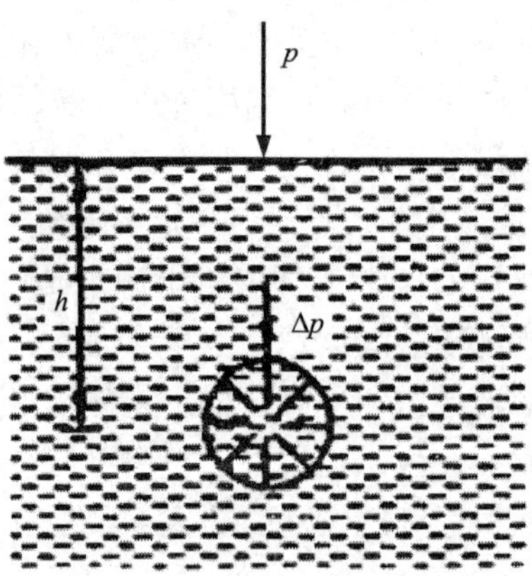

图 9.11 产生过热液体

小气泡存在时内部气体的压力：$p_{内}=p_{大气}+p_{静}+\Delta p=11.87\times10^3$ kPa

通过以上计算可知，小气泡承受的压力远高于 100°C 时水的饱和蒸气压，所以小气泡难以长大，必须继续加热使小气泡内水蒸气压力达到气泡存在所需压力，才能产生小气泡并长大，使液体沸腾。此时液体的温度高于其正常沸点。称为过热液体。

在这种过热液体里，外界扰动，克服微小气泡阶段，就会产生暴沸，即过热溶液容易产生暴沸。在液体中加入素烧瓷片、沸石（多孔性物质），加热时其孔中储气泡逸出，这些气体成为新相种子，绕过了微小气泡产生困难的阶段，使液体过热程度大大降低，达到防止暴沸的目的。

（4）过冷液体。在一定压力下，当液体的温度已低于该压力下的凝固点，而液体仍不凝固的现象称为液体的过冷现象，此时的液体称为过冷液体。据相平衡原理，当液态与固态的化学势相等时，液态可逆地转化为固态。但由于最初形成的晶体颗粒极小，其蒸气压较大，液体在正常凝固点不能析出固体而成为过冷液体。必须继续降温至液体的饱和蒸气压等于固体的饱和蒸气压，小晶体才可能存在，凝固才可能发生。

如图 9.12 所示，CO'线为平面液体的蒸气压曲线。AO 为普通晶体的饱和蒸气压曲线。因为微小晶体的饱和蒸气压大于普通晶体的饱和蒸气压，所以微小晶体的饱和蒸气压曲线 $A'O'$位于普通晶体的饱和蒸气压曲线 AO 之上方。O 点和 O'点对应的温度 t_f和 t'_f分别为普通晶体和微小晶体的熔点。当液体冷却时，其饱和蒸气压沿 CO'曲线降至 O 点，此时与普通晶体的蒸气压相等，根据相平衡条件，应当有晶体析出，但由于新生成的晶粒极其微小，其熔点较低，对微小晶体而言，尚未达到饱和状态，此时无微小晶体析出。温度必须下降到正常熔点以下如 O'点，液体才能达到微小晶体的饱和状态从而开始凝固。如纯净的水有时冷至−40℃仍不结冰，但若向过冷液体中投入小晶粒做晶种，则能使其迅速凝固。

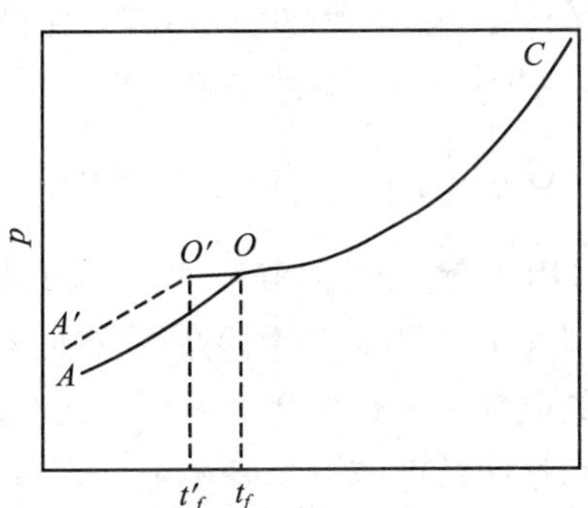

图 9.12　产生过冷液体

液体冷却时，黏度增大，分子运动阻力增大，分子有序整齐排列受到阻碍，不利于形成结晶中心也不利于晶体生长，但却有利于过渡到非晶状态的固体即玻璃体。

上述状态从热力学角度讲均非真正的平衡状态，而是处于相对不稳定的亚稳态也称为介稳状态，常常这些状态能维持相当长的时间而不改变，这均与新相种子难以生成有较大关系。在实际生产和生活中，常常利用亚稳状态，如金属淬火就是通过快速冷却，保持金属在高温时的某种结构，这种结构虽为亚稳态，却不易转变。所以经过淬火可以改变金属制品的性能，从而达到制品所要求的质量。

第三节　润湿和接触角

与固体吸附气体的情况类似，固体表面由于立场的不对称，对溶液也同样有着吸附作用。固体和液体接触后，系统的吉布斯函数总是降低的，液体取代固体表面的气体而与固体接触产生液-固界面的过程称为润湿。

一、润湿现象

在一干净的玻璃板上滴一小滴水，可发现水会在玻璃表面铺展开；而如将水滴在石蜡板上，水滴则呈小球状。人们通常把前一种情况叫“湿”，后一种情况叫“不湿”。不过，要具体说明湿的程度就不那么容易了。在许多工业领域中，如选矿、采油、洗涤、防水、油漆等，润湿的程度都是一个非常重要的性能指标。

固体和液体接触后系统吉布斯自由能降低的现象叫润湿。可以用自由能降低的多少来表示润湿程度。设有单位面积（1 cm^2）的固体和液体（如图 9.13 所示）未接触前，表面自由能是$\gamma_{气\text{-}液}+\gamma_{气\text{-}固}$，接触后形成单位面积（1 cm^2）的液-固表面，表面自由能为$\gamma_{液\text{-}固}$，在恒温恒压下，固-液接触过程中系统的自由能降低为：

$$-\Delta G=-\gamma_{气\text{-}液}-\gamma_{气\text{-}固}+\gamma_{液\text{-}固}=W_{黏} \tag{9.31}$$

称 $W_{黏}$为黏附功，可用来衡量润湿程度，即 $W_{黏}$越大，液固表面结合越牢固。式中$\gamma_{气\text{-}液}$、$\gamma_{气\text{-}固}$、$\gamma_{液\text{-}固}$分别表示气-液、气-固和液-固表面的表面张力。

润湿是固体表面上的气体被液体取代的过程。在一定的温度和压力下，润湿的程度可用润湿过程吉布斯函数的改变量来衡量，吉布斯函数减少得越多，则越易润湿。按润湿程度的深浅或润湿性能的优劣一般可将润湿分为三类：沾湿、浸湿和铺展。

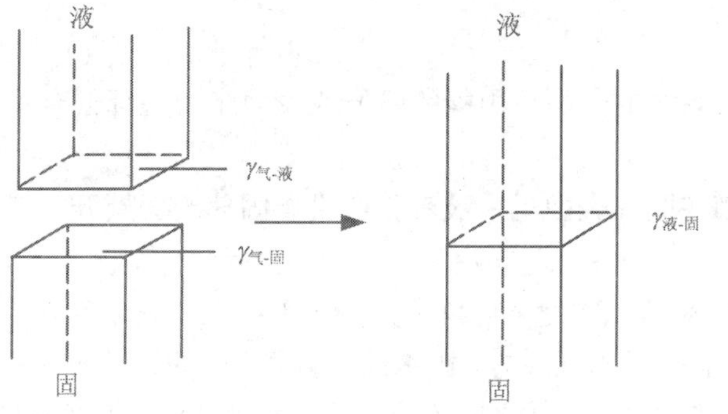

图 9.13　液体对固体的黏附功

沾湿过程是气-固和气-液界面消失，形成液-固界面的过程，若沾湿过程为自发的过程，则有$\Delta G<0$。此时的黏附功称为沾湿功。即 $W_{黏湿}=-\Delta G$。

浸湿是将固体浸入液体，气-固界面完全被液-固界面取代的过程，若浸湿过程为自发的过程，则有$\Delta G<0$。此时的黏附功称为浸湿功。即 $W_{浸湿}=-\Delta G$。

铺展是少量液体在固体表面上自发展开，形成一层薄膜的过程，此时 $-\Delta G=S$，式中 S 称为铺展系数。液体在固体表面铺展的必要条件是 $S\geqslant 0$。S 越大，铺展性能越好。若 $S<0$，则不能铺展。

需要说明的是，前面提到的ΔG、W 及 S 的单位均为 $\mathrm{J \cdot m^{-2}}$。

由于液-固和气-固的表面张力至今还不能用实验准确测定，故上式只用于理论分析。但实验发现，润湿与接触角有关。故可以通过气-液表面的表面张力$\gamma_{气\text{-}液}$和接触角的测定来判断液体是否润湿固体表面。图 9.14 显示了上述三种不同的润湿方式：

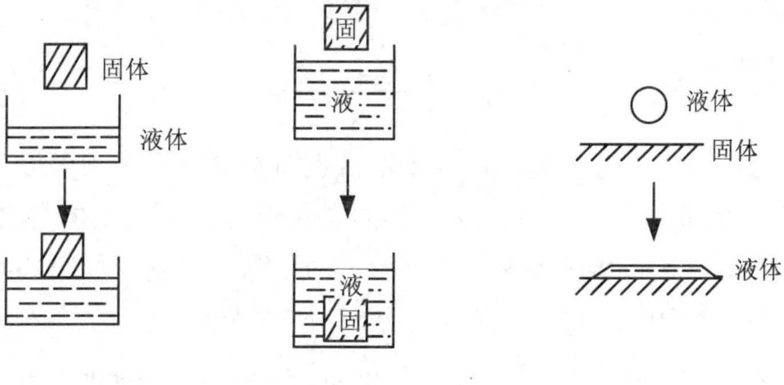

（a）沾湿　　（b）浸湿　　（c）铺展润湿

图 9.14　润湿的三种形式

二、接触角与润湿的关系

润湿作用与系统的表面自由能的降低或表面张力的降低有关。可通过图 9.15 的讨论来揭示。

若将液体滴在固体表面上，液滴就会沿着固体表面展开，最后达到平衡。如图 9.15（a）所示。图中$\gamma_{气-固}$、$\gamma_{气-液}$、$\gamma_{液-固}$分别表示气-固、气-液和液-固界面间的表面张力，在固体和水滴接触点 O 上，同时受到上述三个作用力。如果这三个力的合力使 O 点上的水滴拉向左方，则水滴与固体之间的接触面积扩大，固体被润湿；如果拉向右方，则水滴与固体之间的接触面积变小，水滴变成球形，成为不润湿；由图 9.15（b）看出，拉向左方的力是$\gamma_{气-固}$，拉向右方的力是$\gamma_{气-液}\cos\theta+\gamma_{液-固}$。平衡时三个表面张力在三相交界线任意点上力的矢量之和为零，由此得出表面张力与接触角有如下关系：

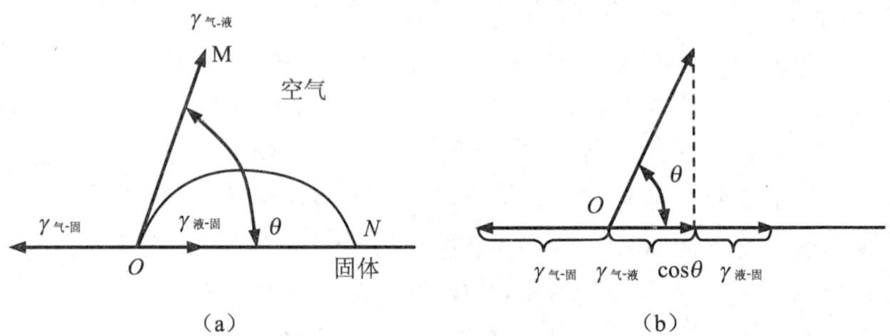

图 9.15 接触角与表面张力的关系

$$\gamma_{气-固}=\gamma_{气-液}\cos\theta+\gamma_{液-固}$$

或：
$$\cos\theta=\frac{\gamma_{气-固}-\gamma_{液-固}}{\gamma_{气-液}} \tag{9.32}$$

式（9.32）称为杨氏（Young）方程，又称润湿方程。式中的 θ 角是三相交界线上任意点 O 的液体表面张力$\gamma_{气-液}$和液-固表面张力$\gamma_{液-固}$的夹角，定义为接触角。它是指液体与固体间的表面 ON 与通过液、固、气三相点 O 作液体表面的切线所夹（包括液体）的角度。从式（9.32）可得如下结论：

（1）如果$\gamma_{气-固}-\gamma_{液-固}=\gamma_{气-液}\cos\theta$，则$\cos\theta=1$，即 $\theta=0°$，表示液体完全润湿固体。

（2）如果$\gamma_{气\text{-}固}-\gamma_{液\text{-}固}<\gamma_{气\text{-}液}$，则$1>\cos\theta>0$，即$\theta<90°$，表示液体能润湿固体。

（3）如果$\gamma_{气\text{-}固}<\gamma_{液\text{-}固}$，则$\cos\theta<0$，即$\theta>90°$表示液体不能润湿固体。

将式（9.32）代入式（9.31）得：

$$W_{黏}=\gamma_{气\text{-}液}\left(\cos\theta+1\right) \tag{9.33}$$

因此，通过液体表面张力$\gamma_{气\text{-}液}$和接触角的测定就可用式（9.33）判断润湿情况。若接触角为零，则$\cos\theta=1$，则$W_{黏}=2\gamma_{气\text{-}液}=W_{内}$，式中的$W_{内}$称液体的内聚功，它相当于把一个横截面积为单位面积的液柱拉开成两部分所需的功。所以，当液-固间的吸引力等于或大于液-液间的吸引力时，接触角为零；而当液-固间的吸引力小于液体本身的内聚力时，接触角将呈现一定角度。接触角为零时，固体完全被液体润湿，如水在洁净的玻璃上；接触角为某个定值时，固体被部分润湿；接触角为 180°时，则 $\cos\theta=-1$，$W_{黏}=0$，固体完全不被润湿，如汞在洁净的玻璃上缩成圆珠。

润湿作用在生产过程和日常生活中得到了广泛的应用。例如，钢铁生产中，粗糙的、润湿性不好的耐火材料可以防止铁液渗入炉衬中，延长炉衬寿命。浇注时熔融金属对模子的润湿情况与获得的铸件是否准确有很大关系。如果金属表面张力过大，不润湿模型，则所成铸件在尖角或转弯处呈圆角，就是说不能与模型很好吻合。但是金属表面张力若不够大，对模型材料润湿太好，又易浸入模型空隙内而形成不光滑铸件。加入其他物质（如硅）到金属中，是控制润湿情况的方法之一。杀虫剂喷洒到植物上，希望能润湿叶片和虫体，则应加入适当的表面物质，使之通过改变表面张力来减小θ，以达到$\theta<90°$。

接触角与润湿的关系可以用来判断固体在液体中的可浮性。当接触角$\theta=0°$即 $\cos\theta=1$ 时，为完全湿润，即固体完全被液体浸没，所以是不可浮的；当接触角$\theta<90°$，固体易被水液润湿，就是亲水性强，难与气体或油液接触，即亲气性或亲油性弱，可浮性小。反之，接触角$\theta>90°$时，固体难被水液润湿，就是亲水性弱或疏水性强，易与气体或油接触，亲水性或亲油性强，可浮性大。当$\theta=180°$即 $\cos\theta=-1$ 时，为完全不湿润，即固体浮在液体上面，则可浮性好。因此我们可以看出，θ越小，润湿性越好，其可浮性越差。

一般矿物对水的接触角大致依下列顺序递减：非极性物、硫化物、氧化物、硅酸盐及石英、金属。室温时一些矿物对水的接触角度数列于表 9.8。润湿与铺展在生产实践中有着广泛的应用。在机械设备的润滑、矿物的浮选、注水采油、金属焊接、印染及洗涤等方面皆涉及与润湿理论有密切关系的技术。

表 9.8 一些矿物对水的接触角度数（室温）

矿物	石蜡	辉锑矿	硫黄	辉钼矿	闪锌矿	方铅矿	萤石
接触角度/（°）	>105	84	78	60	48	47	41
矿物	黄铁矿	重晶石	方解石	石灰石	石英	云母	金属
接触角度/（°）	33	30	20	<10	<4	<1	0

第四节 表面活性剂

一、表面活性剂的结构

某些物质当它们以低浓度存在于某一系统中时，可被吸附在该系统的表面（界面）上，使这些表面的自由能发生明显降低的现象，这些物质被称为表面活性剂。表面活性剂分子是由具有亲水性的极性基团和具有憎水性的非极性基团所组成的有机化合物。它的非极性憎水基团通常是含 8～18 碳的直链烃或环烃原子。例如，常见的表面活性剂肥皂是脂肪酸的钠盐，它的分子结构如图 9.16 所示。

亲油基是非极性的，结构与石油或油脂的主要成分类似。亲水基则是容易水化的极性基团。这种分子的不对称两性结构，就决定了表面活性物质的表面吸附、分子的定向排列以及形成胶束的基本性质。表面活性剂的很多用途都与这些基本性质有关。

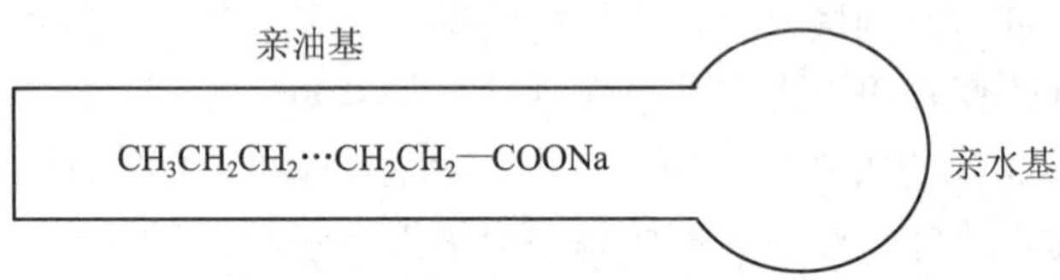

图 9.16 肥皂分子模型

吸附在水表面时，表面活性剂极性基团向着亲水基浸入水中，非极性基团尾部竖立在水面上，呈表面定向。这种定向排列使表面上不饱和力场得到某种程度上的平衡，从而降低了表面或界面张力。

图 9.17（a）说明当表面活性剂浓度很稀时，其分子在溶液本体及表面层中的

分布情况。稍微增加表面活性剂浓度，表面活性剂物质一部分分子将自动聚集于表面层，减少水与空气之间的接触面，使溶液表面张力急剧下降。

当表面活性剂浓度足够大时达到饱和状态，在液面上挤满一层定向排列的表面活性物质分子，形成单分子表面膜。在溶液本体则形成具有一定形状的胶束。胶束一般由几十个到几百个表面活性分子组成，这些表面活性分子的憎水基向里，亲水基向外，亲水基与水接触，憎水基被包围在里边，这样，胶束在水中可以稳定存在。胶束可以是球状，也可以是棒状、层状等其他形状。见图 9.17（b），形成一定形状的胶束所需表面活性物质的最低浓度称为临界胶束浓度，以 CMC 表示。实验表明，CMC 不是一个确定的数值，而常表现为一个窄的浓度范围。例如，离子型表面活性剂的 CMC 一般在 10^{-2}～10^{-3} $mol\cdot dm^{-3}$。

超过临界胶束浓度，再增加表面活性剂浓度，只能增加胶束个数，如图 9.17（c）所示，胶束是亲水的，不具表面活性，不能进一步降低表面张力。

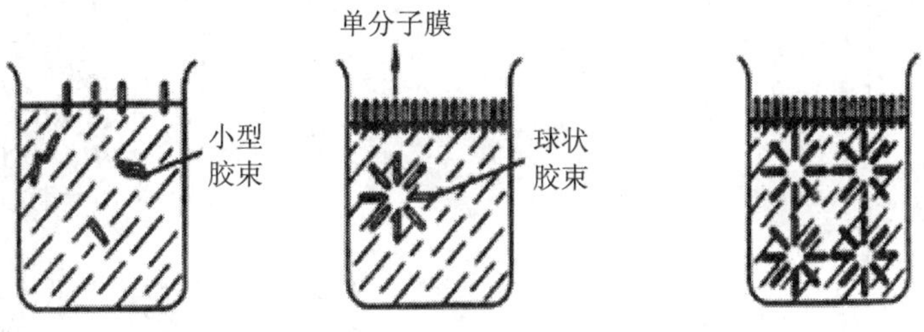

（a）稀溶液　（b）开始形成胶束的溶液　（c）大于临界胶束浓度的溶液

图 9.17 表面活性物质的分子在溶液本体及表面层中的分布

为了从结构上区分表面活性物质的亲水、亲油能力，格里芬（Griffin）提出用 HLB（hydrophile-lipophile balance）值来表示表面活性剂的亲水性，HLB 值计算式最初是在研究聚乙二醇型非离子表面活性剂时提出的，即

$$\mathrm{HLB}=\frac{\text{亲水基质量}}{\text{憎水基质量}+\text{亲水基质量}}\times\frac{100}{5} \tag{9.34}$$

由于石蜡完全没有亲水基，其 HLB＝0；而完全是亲水基的聚乙二醇的 HLB＝20，所以非离子型表面活性剂的 HLB 值介于 0～20。

例如 1 mol 壬烷基酚（相对分子质量为 220）和 9 mol 环氧乙烷（相对分子质量为 44）形成的非离子表面活性剂——壬烷基酚聚乙二醇醚，其 HLB 为

$$\mathrm{HLB}=\frac{44\times 9}{220+44\times 9}\times\frac{100}{5}=12.8$$

由于 HLB 的计算或测定有一部分是经验的，且表面活性剂的种类不同时，尚

没有统一的计算公式和测定方法。

二、表面活性剂的分类

表面活性剂的分类方法有多种，一般认为按化学结构分类比较合适。即当表面活性剂溶于水时，凡能电离生成离子的就叫离子型表面活性剂；凡在水中不电离的就叫非离子型表面活性剂。离子型的还按生成的活性基团是阳离子、阴离子或阴阳离子再分类为阳离子型或阴离子型以及两性表面活性剂。概括如表 9.9 所示。

表 9.9 表面活性物质的分类

- 表面活性剂
  - 离子型表面活性剂
    - 阴离子表面活性剂
      - 羧酸盐 $RCOONa$
      - 硫酸酯盐 $ROSO_4Na$
      - 磺酸盐 $ROSO_4Na$
      - 磷酸酯盐 $ROPO_4Na$
    - 阳离子表面活性剂
      - 伯胺盐 $R—NH_2·HCl$
      - 仲胺盐 $R—NH(CH_5)·HCl$
      - 叔胺盐 $R—N(CH_5)_5·HCl$
      - 季胺盐 $[R—N(CH_5)_5]^+·Cl^-$
    - 两性表面活性剂
      - 氨基酸型 $RNHCH_2—CH_2COOH$
      - 甜菜碱型 $RN+(CH_5)_2—CH_2COO^-$
  - 非离子型表面活性剂
    - 聚氧乙烯型 $RO(H_2CH_2O)_n$
    - 多元醇型 $RCOOCH_2(CH_2OH)_5$

值得注意的是，如某表面活性物质是阴离子型，它就不能与阳离子型混合使用，否则会发生沉淀而达不到应有的效果。

三、表面活性物质的实际应用

表面活性物质的种类很多，不同的表面活性物质常具有不同的作用。如表面活性具有润湿作用，主要用做润湿剂、渗透剂和捕集剂；表面活性剂的乳化、分散和增溶作用主要用于乳化剂、分散剂和增溶剂；表面活性剂发泡和消泡作用主要用于起泡剂和消泡剂；表面活性剂的洗涤作用主要用于洗涤剂。此外，表面活性物质还具有助磨、匀染、防锈、杀菌、消除静电等作用。在许多生产、科研和日常生活中被广泛地使用。下面简单介绍两个例子：

（1）去污作用：许多油类对衣物、餐具等润湿良好，在其上能自动地铺展开来，但却很难溶于水中，只用水是洗不干净衣物、餐具上的油污的。在洗涤时，必须用肥皂、洗涤剂等表面活性物质。这是因为这些表面活性物质可以降低水溶液与衣物等固体物质间的界面张力γ^{ws}，当γ^{ws}小于油污对衣物等的界面张力γ^{os}时，使得水对衣物的接触角$\theta<90°$，而油则不能润湿衣物，经机械摩擦和水流的带动，油污可以从固体表面上脱落。另外表面活性剂还有乳化作用，使脱落的油污分散在水中，最终达到洗涤的目的。

（2）助磨作用：我国古代劳动人民，早就有水磨比干磨效率高的经验。如米粉、豆粉之类，水磨的要比干磨的细得多。在固体物料的粉碎过程中，若加入表面活性物质（称为助磨剂），可增加粉碎程度，提高粉碎的效率，这是因为当磨细到颗粒度达几十微米以下时，颗粒度很微小，比表面很大，使系统具有很大的表面吉布斯函数，系统处在热力学的高度不稳定状态。在一定的温度和压力下，表面吉布斯函数有自动减小的趋势，在没有表面活性物质存在的情况下，只能靠表面积自动地变小，即颗粒度变大，以降低系统的表面吉布斯函数。因此，若想提高粉碎效率，得到更细的颗粒，必须加入适量的助磨剂，如水、油酸、纸浆废液等。

第五节 溶液表面的吸附

一、溶液表面的吸附现象

溶质在溶液表面层（或表面相）中的浓度与在溶液本体（或体相）中浓度不同的现象，称为溶液表面的吸附。

前已述及，液体的表面具有表面张力。表面张力的大小除与温度、表面性质等因素有关外，还与液体组成有关。例如水的表面张力因加入溶质形成溶液而改变。溶液表面张力在温度恒定下随浓度而变的规律，大致有（如图 9.18 所示）的三种情况。第一种情况（Ⅰ线）为表面张力随浓度的增加而升高。属于这种情况的不是很多，如水中溶入无机盐（如 NaCl），不挥发性酸（如 H_2SO_4）、碱（如 KOH）以及含有多个—OH 基的有机化合物（如蔗糖、甘油等）。第二种情况（Ⅱ线）是最普遍的，表面张力随溶质浓度的增加而降低。大部分的低脂肪酸、醇、醛、酯等有机化合物的水溶液便是如此。第三种情况（Ⅲ线），浓度增加时表面张力急剧下降，到一定浓度后表面张力随浓度的变化不大。在某些情况下，表面张力降至最低点后反而缓慢上升，最后几乎不变。属于这种情况的化合物可以表示为 RX，其中 R 代表含有 10 个或 10 个以上碳原子的烷基；X

则代表极性基团，一般可以是—OH、—COOH、—CN、—$CONH_2$等，也可以是离子基团，如—SO_3^-、—NH_3^+、—COO^-等。这类曲线有时会出现如图 9.18 所示的虚线部分，这可能是由于某种杂质的存在而引起的。

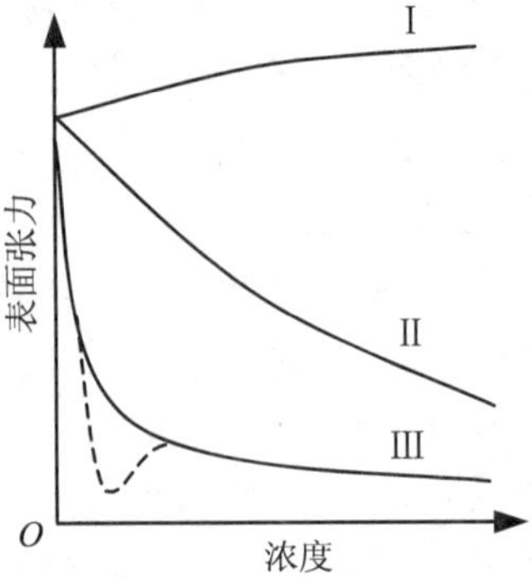

图 9.18　表面张力与浓度关系

研究发现溶质在溶液表面层的浓度与其在溶液内部的浓度是不同的。这种浓度的差别，称为溶液表面的吸附现象。当表面层浓度大于溶液内部浓度时称为正吸附，反之则称为负吸附。一般来说，凡是能使溶液表面张力升高的物质，皆称为表面惰性物质；凡是能使溶液表面张力降低的物质，皆称为表面活性物质。溶质吸附量的大小，可用吉布斯公式来计算。

二、吉布斯吸附等温式

在单位面积的表面层中，所含溶质的物质的量与同量溶剂在溶液本体中所含溶质物质的量的差值，称为溶质的表面吸附量。

1877 年，英国科学家吉布斯（Gibbs）从热力学原理出发，导出了溶液表面层的吸附量与溶液浓度和表面张力的关系。其推导过程如下：

设表面层是一个几何面（没有体积），根据热力学基本关系。表面吉布斯能的微小变化为：

$$dG^s = -S^s dT + \gamma dA_s + \sum_B \mu_B^s dn_B^s \tag{9.35}$$

式中，μ_B^s是溶液表面相中 B 物质的化学势。

在等温条件下：

$$dG^s = \gamma dA_s + \sum_B \mu_B^s dn_B^s \tag{9.36}$$

若维持γ及μ_B^s等强度性质不变，积分上式，其容量性质由零增加到某一定值时，则：

$$G^s = \gamma A_s + \sum_B \mu_B^s n_B^s \tag{9.37}$$

G^s是状态函数，全微分式（9.37）得$dG^s=\gamma dA_s + A_s d\gamma + \sum_B \mu_B^s dn_B^s + \sum_B n_B^s d\mu_B^s$与式（9.36）比较，得到表面相的吉布斯-杜亥姆方程式

$$A_s n_B^s d\gamma + \sum_B n_B^s d\mu_B^s = 0$$

对双组分系统而言：

$$A_s d\gamma = -n_1^s d\mu_1^s - n_2^s d\mu_2^s \tag{9.39}$$

根据体相吉布斯-杜亥姆方程$\sum_B n_B^b d\mu_B^b = 0$得：

$$d\mu_1^b = -\frac{n_2^b}{n_1^b} d\mu_2^b$$

当溶液表面吸附平衡时，有：$\mu_1^b = \mu_1^s \quad \mu_2^b = \mu_2^s$

将以上这些关系代入式（9.39）中，则得：

$$d\gamma = -\left[\frac{n_2^s - n_1^s \dfrac{n_2^b}{n_1^b}}{A_s}\right] d\mu_2^s \tag{9.40}$$

式中，n_2^s表示表面中与溶剂n_1^s相结合的溶质的物质的量，而$n_1^s \dfrac{n_2^b}{n_1^b}$相当于按体相中溶质、溶剂的比例计算在溶剂$n_1^s$中所应有的溶质的物质的量。两者的差值除以表面积，即表示单位表面的表面层里溶质的表面过剩量。以此作为溶液表面溶质的吸附量，用Γ_2表示。则式（9.40）可写成：

$$d\gamma = -\Gamma_2 d\mu_2^s \tag{9.41}$$

平衡时：$d\mu_2^s - d\mu_2^b = RT d\ln a_2$

a_2为溶液中溶质的活度，将此式代入式（9.41），略去注脚“2”则得到：

$$\Gamma = -\frac{a}{RT}\left(\frac{\partial \gamma}{\partial a}\right)_T \tag{9.42}$$

该式即为著名的吉布斯吸附等温式。如果溶液较稀，也可写成：

$$\Gamma = -\frac{c}{RT}\left(\frac{\partial \gamma}{\partial c}\right)_T \tag{9.43}$$

Γ是溶液表面溶质的吸附量，其单位为 $mol \cdot m^{-2}$。当$\left(\frac{\partial \gamma}{\partial c}\right)_T < 0$时，即溶质的加入降低溶液的表面张力时，$\Gamma$为正值，表现为正吸附；反之，$\left(\frac{\partial \gamma}{\partial c}\right)_T > 0$时，$\Gamma$为负值，表现为负吸附。

应当明确，吸附量Γ 并非是溶液表面浓度，而是溶液单位表面上与溶液内部相比时溶质的过剩量，但对表面活性物质来说，溶液浓度相当小，表面过剩量与溶液内部相比要大得多，这时吸附量可近似看做表面浓度。

用吉布斯吸附等温式计算某溶质的吸附量时，可由实验测定一组恒温下不同浓度c时的表面张力γ，以γ对c作图，得到$\gamma - c$ 曲线。将曲线上某指定浓度c下的斜率$\frac{\partial \gamma}{\partial c}$代入吉布斯吸附等温式，即可求得该浓度下溶质在溶液表面的吸附量。将不同浓度下求得的吸附量对溶液浓度作图，可得到$\Gamma - c$ 曲线，即溶液表面的吸附等温线。

第六节 固体表面的吸附

吸附作用可以发生在各种不同的相界面上。固体表面有吸附气体或从溶液中吸附溶质的特性。例如在一个充满溴气的玻璃瓶中加入一些活性炭，可以看到棕红色的溴蒸气逐渐消失，这表明活性炭的表面有富集溴分子的能力。这种在一定条件下，一种物质的分子、原子或离子能自动地附着在某固体表面上的现象，或者在任意两相之间的界面层中某物质的浓度能自动地发生变化的现象，皆称为吸附。具有吸附能力的物质称为吸附剂；被吸附的物质则称为吸附质。用活性炭吸附溴时，活性炭为吸附剂，溴为吸附质。

在生产和科学实验中吸附作用应用很广，例如用活性炭吸附糖水溶液中的杂质使之脱色，用硅胶吸附气体中的水汽使之干燥，用分子筛吸附混合气体中某一组分使之分离等都是吸附作用的应用。

一、物理吸附和化学吸附

气体在固体表面的吸附有两种类型，即物理吸附和化学吸附，它们各具有不同的特点。物理吸附主要是由于范德华力而引起的，化学吸附主要是在固体表面上形成化学键，涉及吸附分子和吸附剂之间的电子交换或共有。

物理吸附具有如下特点：（1）它是非选择性的，在适当的条件下任何气体可以吸附在任何固体上；（2）吸附热与气体的液化热数值相近；（3）吸附速率和解吸速率都很快，且一般不受温度的影响。

化学吸附具有高度的选择性，它不仅因不同金属而异。而且同一种金属的不同晶面对某一特定气体的反应性也显示出巨大差别。当表面键的形成需要分子解离时，人们很容易看出发生这种选择性的理由。如氮在钨上的解离化学吸附是一个很好的例子，反应可写成：

$$2W_{表} + N_2 \longrightarrow 2(W-N)_{表}$$

吸附焓为：

$$\Delta H_{表} = D_{N_2} - 2X \qquad (9.44)$$

式中，X是 W−N 表面键的强度，D_{N_2}为氮的离解能（941 kJ·mol^{-1}）。根据热力学的吉布斯自由能降低原理，在恒温恒压下上述吸附反应发生的条件下，吉布斯自由能变化必须为负。

$$\Delta G = \Delta H - T\Delta S$$

对大多数的吸附，当一个气相分子变成局限于二维表面时，运动自由的丧失将导致熵的减小，即$\Delta S<0$。由上式看出，为了使ΔG为负，$\Delta H_{表}$通常必定为负，即化学吸附一般为放热。由式（9.44）知，只有当$X>D_{N_2}/2$时才满足这一条件。换言之，W—N 表面键强度的大小决定了是否发生吸附，即使某一特定表面对氮原子形成一强键，但如果这个键能不超过（941/2）kJ·mol^{-1}，则不会发生吸附。实验中已发现室温时氮分子很容易吸附在钨（100）面。但不吸附在钨（110）面。

化学吸附的一般特点概括为：（1）具有特殊的选择性；（2）吸附热的数值很大（>42 kJ·mol^{-1}），与化学反应热大致相同，因此，化学吸附本质上是化学反应；（3）吸附与解吸速率都很小，而且温度升高时吸附与解吸速率增加；（4）吸附只进行到单分子层为止。且不易解吸。为了便于比较，可以把两种吸附的特点列于表 9.10 中。

表 9.10 物理吸附与化学吸附的比较

	物理吸附	化学吸附
吸附力	范德华力	化学键力
吸附分子层	被吸附分子可形成单分子层，也可形成多分子层	被吸附分子只能形成单分子层
吸附的选择性	无选择性，任何固体均能吸附任何气体，易液化者易被吸附	有选择性，指定吸附剂只对某些气体有吸附作用
吸附热	较小，与气体凝聚热相近	较大，接近与化学反应热
吸附速度	较快，速度较少受温度影响，易达平衡，较易脱附	较慢，升温速度加快，不易达平衡，较难脱附
吸附温度	较低	较高
吸附稳定性	不稳定，易解吸	较稳定，不易解吸

二、吸附量与吸附等温线的类型

描述吸附系统中吸附能力的大小，往往采用吸附平衡时的吸附量来表示。吸附量定义是：在一定的温度、压力下，气体在固体表面达到吸附平衡时，单位质量的固体所吸附的气体体积（一般换算成 273.15 K、101.325 kPa 下的体积）。用符号Γ 表示，即：

$$\Gamma = \frac{V}{m} \tag{9.45}$$

式中，m 为固体的质量，V 为被吸附的气体在标准状况下的体积。实验表明，对于一个给定的吸附系统，其吸附量与温度、气体压力有关。即$\Gamma = f(T, p)$式中因有三个变量，常固定一个变量，测出其他两个变量间关系。则可绘得相应吸附曲线。当温度恒定时，则$\Gamma = f(p)$，获得吸附等温线；当 p 恒定时，则$\Gamma = f(T)$，绘得吸附等压线；当Γ 恒定时，则 $p=f(\Gamma)$，获得吸附等量线。显见三种吸附曲线是相互联系的，从一种曲线可转化为另一种曲线。

最常用的是吸附等温曲线，将吸附等温曲线区分为五种类型，如图 9.19 所示。图中横坐标为压力 p，p 为吸附平衡时吸附质的压力。纵坐标代表吸附量。

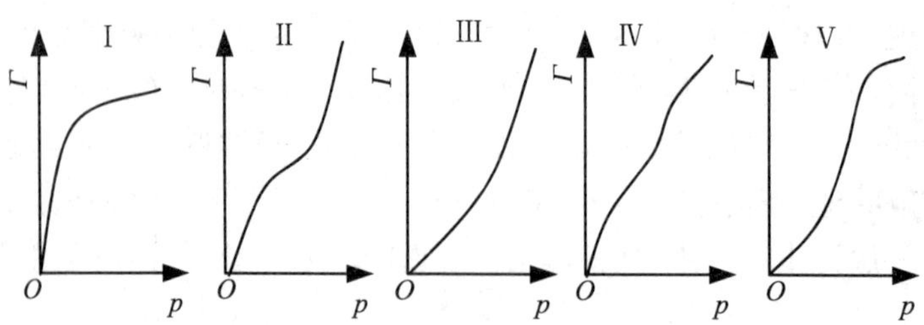

图 9.19 几种类型的吸附等温线

类型Ⅰ吸附等温线（例如 78 K 时，N_2 在活性炭上的吸附）表现吸附量随压力的升高很快达到一个极限值，这种类型称为朗缪尔（Langmuir）型（简称 L 型）。L 型吸附是单分子层的，极限值表明以单分子盖满了固体吸附表面，吸附量不再增加。

类型Ⅱ吸附等温线（例如 78 K 时，N_2 在硅胶上或铁催化剂上的吸附）表现固体表面上的多分子层物理吸附，低压时为单分子层吸附，高压时形成多分子层吸附。这种吸附类型比较常见，通常又称 S 型吸附等温线。

类型Ⅲ（例如 352 K 时，溴在硅胶上的吸附）和类型Ⅴ（例如 373 K 时，水蒸气在木炭上的吸附）两种吸附等温线在压力较低部分都是向上凹的，说明中分子层中的吸附力较弱。这两类吸附比较少见。

类型Ⅳ吸附等温线（例如 323 K 时，苯蒸气在氧化铁凝胶上的吸附）的低压部分与Ⅱ很相似，表明单层吸附较快，在较高压力部分与Ⅴ型相似，发现有毛细管凝结现象发生。在压力增大时趋于饱和，这个饱和值相当于吸附剂的孔中充满了吸附质液体，由此可以求得吸附剂的孔体积。

三、气-固表面的吸附等温式

建立恒定温度下的吸附量与压力的关系式称为吸附等温式。常用的有朗缪尔吸附等温式、弗伦德利希（Freundlich）吸附等温式等。

（1）朗缪尔吸附等温式。1918 年朗缪尔根据一些实验事实，提出了一个简单的固体表面上的吸附模型，从而导出了吸附等温式。该模型认为固体表面是均匀一致的；表面剩余力场使碰撞到固体表面的气体分子被吸附，当表面上吸附了一层分子后，这种力场就得到饱和，因此只能形成单分子吸附层；吸附的分子之间无相互作用；吸附热与表面覆盖度无关；在吸附平衡时，固体吸附剂表面上的气体分子的吸附速度等于脱附速度。

设在某一瞬间，表面被吸附气体覆盖的分数为θ，则（$1-\theta$）表示表面尚未被覆盖的分数。根据气体分子运动论，气体的吸附速率 r_a 与气体的压力成正比，同时也与表面未被覆盖的分数成正比，即：

$$r_a = k_a p(1-\theta)$$

式中，k_a 为吸附速率常数。另外，被吸附的分子的解吸速率 r_d 与θ成正比，即：

$$r_d = k_d \theta$$

k_d 为解吸速率常数。在恒温下吸附作用达到平衡时，吸附速率等于解吸速率：

$$k_a p(1-\theta) = k_d \theta$$

亦即：

$$\theta = \frac{k_a p}{k_d + k_a p} \tag{9.46}$$

如令 $k_a/k_d = b$，则得：

$$\theta = \frac{bp}{1+bp} \tag{9.47}$$

如以Γ_n表示压力为 p 时的实际吸附量，Γ_∞表示该吸附剂表面吸满单分子层时所能吸附的吸附质最大物质的量，则$\theta = \Gamma_n / \Gamma_\infty$，代入式（9.47）后得到：

$$\Gamma_n = \Gamma_\infty \frac{bp}{1+bp} \tag{9.48}$$

式（9.46）、式（9.47）和式（9.48）都叫朗缪尔吸附等温式，朗缪尔吸附等温式能很好地说明 L 型等温线（图 9.19 类型 I）。朗缪尔吸附等温式中，常数 b 的物理意义是吸附平衡常数（也叫吸附系数），其大小代表了固体吸附气体能力的强弱程度，它与固体和被吸附的气体的本质、温度有关。

① 当压力足够低或吸附很弱时，$bp \ll 1$，则$\Gamma_n \approx \Gamma_\infty bp$，即$\Gamma$ 与 p 呈直线关系。

② 当压力足够高或吸附很强时，$bp \gg 1$，则$\Gamma_n \approx \Gamma_\infty$，即$\Gamma$ 与 p 无关，吸附达到饱和。

③ 当压力适中时，$\Gamma_n = \Gamma_\infty \dfrac{bp}{1+bp}$，即$\Gamma$与 p 仍保持曲线形式。

将式（9.48）重排可得：

$$\frac{p}{\Gamma_n} = \frac{1}{\Gamma_\infty b} + \frac{p}{\Gamma_\infty} \tag{9.49}$$

意即$(p/\Gamma)/p$ 作图，应得直线，由直线的斜率和截距可求得Γ_∞和 b。如果是气体混合物在固体表面上发生竞争或混合吸附时朗缪尔公式可写成如下通式：

$$\theta_b = \frac{\Gamma_B}{\Gamma_{\infty,B}} = \frac{V_B}{V_{\infty,B}} = \frac{b_B p_B}{1+\sum_B b_B p_B} \tag{9.50}$$

此外，如果一个吸附质分子吸附时离解成两个粒子，而且各占一个吸附中心，则吸附速率：

$$r_a = k_a p(1-\theta)^2$$

而脱附时因为两个粒子都可以脱附，所以解吸速率：

$$r_d = k_d \theta^2$$

平衡时，$r_a = r_d$，则可得到：

$$\theta = \frac{b^{\frac{1}{2}} p^{\frac{1}{2}}}{1 + b^{\frac{1}{2}} p^{\frac{1}{2}}} \tag{9.51}$$

式中，$b = k_a / k_d$，在低压下，$b^{\frac{1}{2}} p^{\frac{1}{2}} << 1$，式（9.51）简化为：

$$\theta = b^{\frac{1}{2}} p^{\frac{1}{2}} \tag{9.52}$$

即$\theta \propto p^{\frac{1}{2}}$，此结果可以作为双原子分子在吸附时发生离解的标志。

朗缪尔吸附等温式适用于大多数化学吸附以及低压高温时的物理吸附。但应该指出的是，该模型所作的假定有些不符合实际情况，如大多数固体表面是不均匀的，脱附速度与被吸附分子所处的位置有关；被吸附分子间的相互作用力往往是不能忽略的；吸附热与覆盖度有关。正因为如此，大多数系统不能在比较大的θ范围内都符合朗缪尔等温式。为此，人们后来又提出了其他一些等温式，并从理论上给出了解释。

（2）弗伦德利希吸附等温式。弗伦德利希吸附等温式开始是以经验式提出来的，后来才给予理论上的说明，并根据理论模型可以推导出此式。该模型修正了朗缪尔的固体表面绝对均匀的假定，而把固体表面上的吸附中心按不同吸附热分成若干种。每一种吸附中心具有一定的吸附热，若假定吸附热是以指数形式随表面覆盖度而变化的话，便可推导出弗伦德利希吸附等温式：

$$\varGamma_V = kp^n \tag{9.53}$$

式中，p 是气体的平衡压力，k 和 n 在一定温度和一定的系统下为常数。式（9.53）取对数后得到：

$$\ln\{\varGamma_V / [\varGamma_V]\} = \ln\{k / [k]\} + n\ln\{p / [p]\} \tag{9.54}$$

即以$\ln\{\varGamma_V / [\varGamma_V]\}$对$\ln\{p / [p]\}$作图应为一条直线，由直线的截距和斜率便可求得常数 k 和 n。n 一般在 0～1，对于一定的吸附剂，k 与吸附剂性质有关，k 值越大，表明吸附剂的吸附性越好。

弗伦德利希吸附等温式应用于广阔的物理吸附或化学吸附的中压部分，所得结果能很好地与实验数据相符，因而应用较为广泛。如 CO 在炭上的吸附等温线能很好地符合弗伦德利希吸附等温式（如图 9.20 所示）。但当应用于吸附等温线的低压部分和高压部分时有较大的偏差。

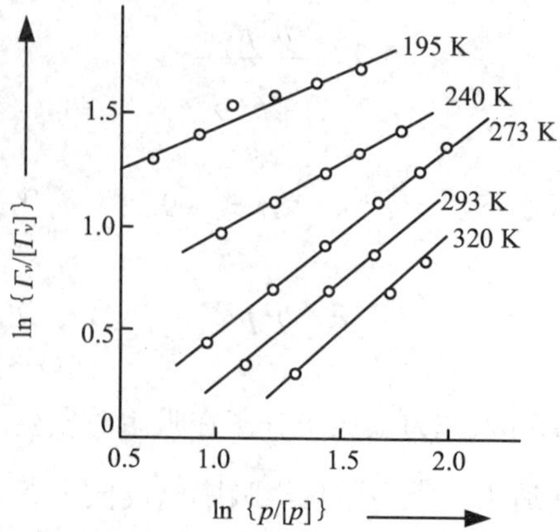

图 9.20　CO 在炭上的吸附

（3）BET 多分子层吸附等温式。1938 年，布尤瑙尔（Brunauer）、爱梅特（Emmett）、特勒尔（Teller）三人在朗缪尔单分子层吸附理论基础上提出了多分子层吸附理论，简称 BET 理论。它采用了朗缪尔的假设：固体表面是均匀的，被吸附气体分子间无横向相互作用力，吸附与脱附处于动态平衡中。所不同的是，BET 理论假设吸附靠分子间力，表面与第一层吸附取决于该种气体分子同固体分子之间的作用力，第二吸附层及其之后的吸附层则靠该种分子本身的分子间力，由此形成多层吸附。并且认为，第一层吸附未满前其他层吸附也开始。由 BET 理论得到的 BET 多分子层吸附等温式为：

$$\frac{p}{\Gamma(p^*-p)}=\frac{1}{\Gamma_\infty}+\frac{c-1}{c\Gamma_\infty}\cdot\frac{p}{p^*} \tag{9.55}$$

式中，Γ为压力 p 下的吸附量，Γ_∞为单分子层的饱和吸附量，p^*为吸附温度下吸附质溶液的饱和蒸气压，c 为与吸附热有关的吸附常数。式（9.55）一般适用于(p/p^*)在 0.05～0.35 的情况。在低压或高压部分则存在极大误差。误差的原因主要是这个理论没有考虑表面的不均匀性，同一层上吸附分子之间的相互作用力以及在压力很高时多孔性吸附剂可能发生毛细管凝结现象等因素。尽管如此，它仍是现今应用最广、最成功的吸附理论。这是一个很大的成就。

复习与思考题

1．表面张力、表面功、表面吉布斯函数是否是一个概念？有何异同？

2．表面分子受到的力是不平衡的，且方向垂直指向液体内部，而表面张力的方向却是与平面液面平行，两者是否矛盾？

3．在滴管内的液体为什么必须给橡胶乳头加压时液体才能滴出，并呈球形？

4．在进行蒸馏实验时要在蒸馏烧瓶中加些素烧瓷片或沸石以防止暴沸，其道理何在？

5．试判断分散度很高的细小固体颗粒的熔点比普通晶体熔点要高些、低些，还是一样？为什么会有过冷液体不凝固的现象？

6．如果在一杯含有极微小蔗糖晶粒的蔗糖饱和溶液中，投入一块较大的蔗糖晶体，在恒温密闭的条件下，放置一段时间，这时这杯溶液有什么变化？

7．将水滴在洁净的玻璃上，水会自动铺展开来，此时水的表面积不是变小而是变大，这与液体有自动缩小其表面积的趋势是否矛盾？请说明理由。

8．表面活性剂在溶液中是采取定向排列吸附在溶液表面上，还是以胶束的形式存在于溶液中？为什么？

9．表面浓度、表面吸附量是否是同一个概念？为什么？

10．朗缪尔吸附公式适用于哪一种吸附？BET 吸附公式主要区别于朗缪尔吸附公式之处是什么？

11．在 293 K 时把半径为 1×10^{-3} m 的水滴分散成半径为 1×10^{-9} m 的小水滴。问表面积增加了多少倍？单位表面吉布斯函数增加了多少倍？完成了该变化时环境至少需做多少功？已知 293 K 水的表面张力为 0.072 88 $N\cdot m^{-1}$。（增加了 10^6 倍；ΔG=0.915 8 J；W_s=0.915 8 J）

12．在 293.15 K 及 101.325 kPa 下，把半径为 1×10^{-3} m 的汞滴分散成半径为 1×10^{-9} m 的小汞滴。试求此过程中系统的表面吉布斯函数变化若干？已知 293.15 K 时汞的表面张力为 0.470 $N\cdot m^{-1}$。（5.906 J）

13．20℃时，水的表面张力为 72.8 $mN\cdot m^{-1}$，汞的表面张力为 483 $mN\cdot m^{-1}$，而汞和水的界面张力为 375 $mN\cdot m^{-1}$。请判断：（1）水能否在汞的表面上铺展开？（2）汞能否在水的表面上铺展开？（S＝35.2 $mN\cdot m^{-1}$＞0，能铺展开；S＝−785.2 $mN\cdot m^{-1}$＜0，不能铺展开）

14．已知 20℃时乙醇和汞的表面张力分别为 0.022 0 $N\cdot m^{-1}$ 和 0.471 6 $N\cdot m^{-1}$，汞和乙醇间的界面张力为 0.364 3 $N\cdot m^{-1}$。试问乙醇能否在汞面上铺展。（S=0.085 3 $N\cdot m^{-1}$＞0，能铺展）

15．在 293.15 K 时乙醚-水、乙醚-汞及水-汞的表面张力分别为 0.011 $N\cdot m^{-1}$、0.379 $N\cdot m^{-1}$ 及 0.375 $N\cdot m^{-1}$。若在乙醚与汞的界面上滴一滴水，试求其润湿角。（θ= 68.7°）

16．在 298 K，101.325 kPa 下，将直径为 1×10^{-6} m 的毛细管插入水中，问需在管内加多大压力才能防止水面上升？若不加额外的压力，让水面上升，达到平衡后管内液面上升多高？已知该温度下：水的表面张力为 0.072 $N\cdot m^{-1}$，密度为 1 000 $kg\cdot m^{-3}$，设接触角为 0°，重力加速度 g=9.81 $m\cdot s^{-2}$。（p=288 kPa；h=29.39 m）

17．用毛细上升法测定某液体的表面张力。此液体的密度为 0.790 $g\cdot cm^{-3}$，在半径为 0.235 mm 的玻璃毛细管中上升的高度为 2.56×10^{-2} m。设此液体能很好地润湿玻璃，试求此液体的表面张力。（23.3 $mN\cdot m^{-1}$）

18．将内径为 1×10^{-4} m 的毛细管插入水银中，问管内液面将下降多少？已知水银的表面张力为 0.48 $N\cdot m^{-1}$，密度为 1.35×10^{4} $kg\cdot m^{-3}$，设接触角为 180°，重力加速度 g=9.81 $m\cdot s^{-2}$。（h=0.145 m）

19．293.15 K 时，水的饱和蒸气压为 2.337 kPa，体积质量为 998.3 $kg\cdot m^{-3}$，表面张力为 0.072 75 $N\cdot m^{-1}$。试求半径为 1×10^{-9} m 的小水滴在 293.15 K 时的饱和蒸气压为多少？（6.865 kPa）

20．将正丁醇（M=0.074 $kg\cdot m^{-1}$）蒸气骤冷至 273 K，发现其过饱和度即 $p_r/p=4$ 时，方能自行凝结为液滴。在 273 K 时，正丁醇的表面张力为 0.026 1 $N\cdot m^{-1}$，密度为 1 000 $kg\cdot m^{-3}$。试计算：（1）在此过饱和度下开始凝结的液滴的半径。（2）每一液滴中所含正丁醇的分子数。（r=1.23×10^{-10} m；N=63 个）

21．水蒸气骤冷会发生过饱和现象。在夏天的乌云中，用飞机撒干冰颗粒，使温度骤降至 293 K。水气的过饱和度（p_r/p）为 4。已知 293 K 时，水的表面张力为 0.072 88 $N\cdot m^{-1}$，密度为 997 $kg\cdot m^{-3}$。试计算：（1）在此时开始形成雨滴的半径。（2）每一雨滴中所含水分子数。（r=7.8×10^{-10} m；N=66 个）

22．在 373 K 时，水的表面张力为 0.058 9 $N\cdot m^{-1}$，密度为 958.4 $kg\cdot m^{-3}$。问直径为 1×10^{-7} m 的气泡内（球形凹面上），在 373 K 时的水蒸气压力为多少？在 101.325 kPa 外压力下，能否从 373 K 的水中蒸发出直径为 1×10^{-7} m 的蒸气泡。（p_r=100.6 kPa；气泡出不来）

23．298.15 K 时，将少量的某表面活性物质溶解在水中，当溶液的表面吸附达到平衡后，实验测得该溶液的浓度为 0.2 $mol\cdot dm^{-3}$。用很薄的刀片快速地刮去已知面积的该溶液的表面薄层，测得在表面薄层中活性物质的吸附量为 3×10^{-6} $mol\cdot m^{-2}$。已知 298.15 K 时纯水的表面张力为 0.072 $N\cdot m^{-1}$。假设在很稀的浓度范围内，溶液的表面张力呈线性关系，试计算上述溶液的表面张力。（0.064 56 $N\cdot m^{-1}$）

24．在 351.45 K 时，用焦灰吸附 NH_3（g），测得如下数据：

p/kPa	0.722 4	1.307	1.723	2.898	3.931	7.528	10.102
$\Gamma_V/dm^3\cdot kg^{-1}$	10.2	14.7	17.3	23.7	28.4	41.9	50.1

试用图解法求方程式 $\Gamma_V=kp^n$ 中的常数项 k 及 n 的数值。（n=0.603；k=12.4 $dm^3\cdot kg^{-1}$）

25．473.15 K 时，测定氧在某催化剂表面上的吸附作用，当平衡压力分别为 101.325 kPa 及 1 013.25 kPa 时，每千克催化剂的表面吸附氧的体积分别为 2.5×10^{-3} 及 $4.2\times10^{-3}\ m^3$，已换算成标准状况（*STp*）下的体积。假设该吸附作用服从朗缪尔公式，试计算当氧的吸附量为饱和吸附量的一半时，氧的平衡压力为多少？（82.81 kPa）

26．已知某硅胶的表面被单分子覆盖时，每克硅胶所需氮气体积为 129 m^3（*STp*）。若氮气分子所占面积为 $1.62\times10^{-10}\ m^2$，试计算该硅胶的表面积。（562 m^2）

27．已知在 273.15 K 时用活性炭吸附 $CHCl_3$，其饱和吸附量为 93.8 $dm^3\cdot kg^{-1}$。若 $CHCl_3$ 的分压力为 13.375 kPa，其平衡吸附量为 82.5 $dm^3\cdot kg^{-1}$。求：（1）朗缪尔吸附等温式中的 b 值。（2）$CHCl_3$ 分压力为 6.667 2 kPa 时，平衡吸附量为若干？（b=0.545 9 kPa^{-1}；Γ= 73.58 $dm^3\cdot kg^{-1}$）

28．19℃时，丁酸水溶液的表面张力可表示为 $\gamma=\gamma^*-a\ln(1+bc)$，$\gamma^*$ 为纯水的表面张力，a、b 为常数。（1）试求 Γ_B 与 c 的关系式。（2）若 a=0.013 1 $N\cdot m^{-1}$，b=19.62 $dm^3\cdot mol^{-1}$，试计算 c=0.200 $mol\cdot dm^{-3}$ 时 Γ_B。（$\Gamma_B=ab/(RT)$；4.30×10^{-6} $mol\cdot m^{-2}$）

29．在 77.2 K 时，用微球型硅酸铝催化剂吸附氮气，测得每千克催化剂的吸附量（*STp*）与氮气的平衡压力的关系如下：

p/kPa	8.70	13.64	22.11	29.93	38.91
$\Gamma/m^3\cdot kg^{-1}$	0.115 6	0.126 3	0.150 7	0.166 4	0.184 4

试用 BET 公式求该催化剂的质量表面积。已知 77.2 K 时 N_2 的饱和蒸气压为 99.10 kPa，N_2 分子所占截面积为 $1.62\times10^{-19}\ m^2$。（$4.96\times10^5\ m^3\cdot kg^{-1}$）

自　测　题

1．是非题（在题后括号内对的画“√”，错的画“×”）

（1）液体表面张力的存在力图扩大液体的表面积。（　）

（2）液体表面张力的方向总是与液面垂直。（　）

（3）弯曲液面产生的附加压力的方向总是指向曲面的曲心。（　）

（4）弯曲液面产生的附加压力与表面张力成反比。（ ）

（5）同温度下，小液滴的饱和蒸气压总是大于平面液体的蒸气压。（ ）

（6）产生毛细现象的先决条件是液体能润湿毛细管。（ ）

（7）凸液面内部的压力等于液体的蒸气压与吸附压力之和。（ ）

（8）表面活性剂在溶液表面的浓度大于其体相中的浓度。（ ）

（9）吉布斯溶液表面等温吸附理论认为，两不互溶的液体之间的实际界面是一个十分分明的几何面。（ ）

（10）化学吸附无选择性。（ ）

（11）朗缪尔吸附等温式也适用于固体在溶液中的吸附。（ ）

（12）朗缪尔吸附等温式是 BET 公式中分子层数 n=1 时的特殊形式。（ ）

2．单项选择题（选择正确答案的编号填在各题后括号内）

（1）在相同温度及压力下，把一定体积的水分散成许多小水滴，经这一变化过程以下性质保持不变的是（ ）。

（A）总表面能　（B）比表面　（C）液面下的附加压力　（D）表面张力

（2）晶体物质的溶解度和熔点与其颗粒半径的关系是（ ）。

（A）半径越小，溶解度越小，熔点越低

（B）半径越小，溶解度越大，熔点越低

（C）半径越小，溶解度越大，熔点越高

（D）半径越小，溶解度越小，熔点越高

（3）介稳状态都是在相变过程出现，其原因是微小新相（ ）。

（A）易形成　（B）化学势高　（C）蒸气压低　（D）比表面小

（4）在毛细管中装有润湿性物质形成下图，如果加热左端液体，则液体在管中（ ）。

（A）向左移动　（B）向右移动　（C）不移动　（D）来回移动

（5）一定温度压力下，润湿性液体在毛细管中上升的高度与哪些量成正比（ ）。

（A）表面张力　（B）毛细管半径

（C）液体密度　（D）液体黏度

（6）当一毛细管插入水中时，毛细管中水面上升 5 cm，在 3 cm 处将毛细管截断，此时毛细管上端的现象是（ ）。

（A）水从上端溢出　（B）水面呈凸面形

（C）水面呈凹形弯月面　　（D）水面呈水平面

（7）液体在毛细管中上升的高度（　）。

（A）与表面张力形成反比　　（B）与管子半径成反比

（C）与附加压力成反比　　（D）与温度成正比

（8）多孔硅胶有强烈的吸水性能，硅胶吸附水后其表面吉布斯自由能将（　）。

（A）升高　　（B）降低　　（C）不变　　（D）无法确定

（9）对亲水性固体表面，界面张力间的关系是（　）。

（A）$\gamma_{s\text{-}l} > \gamma_{s\text{-}g}$　　（B）$\gamma_{s\text{-}l} < \gamma_{s\text{-}g}$　　（C）$\gamma_{s\text{-}l} = \gamma_{s\text{-}g}$　　（D）不确定

（10）将含有表面活性剂的水溶液，形成下列四种半径为 R 的液滴或气泡，受到附加压力最大的是（　）。

（A）在空气中形成的液滴　　（B）在空气中吹成的气泡

（C）在此溶液中吹出的气泡　　（D）将此溶液滴入石蜡中所形成的液滴

（11）根据吉布斯吸附等温方程式（　）。

（A）浓度越大，吸附量越小

（B）浓度越大，吸附量越大

（C）表面张力随浓度变化率越正，吸附量越大

（D）表面张力随浓度变化率越负，吸附量越大

（12）BET 公式的建立是多相吸附理论的进展，它的主要成就是（　）。

（A）只适用于多分子层吸附

（B）能较好地表达各类吸附等温线的低压部分

（C）能较好地表达各类吸附等温线的高压部分

（D）适用压力范围比朗缪尔公式大

3．填空题（在题中括号内填上正确的答案）

（1）自然界中物质通常以（　）、（　）、（　）三种相态存在，三种相态相互接触可以产生五种界面，即（　）、（　）、（　）、（　）、（　）。

（2）影响表面张力与界面张力的主要因素有（　）、（　）、（　）。

（3）请列举出四种亚稳状态，它们分别是（　）、（　）、（　）、（　）。

（4）请列举出润湿的三种方式，它们分别是（　）、（　）、（　）。

（5）表面活性剂分子按化学结构分为（　）、

（　　　　　　）两种类型。

（6）物理吸附的特点为（　　　　　　　　　　）、（　　　　　　　　　　）、（　　　　　　　　　　）。

（7）化学吸附的特点为（　　　　　　　　　　）、（　　　　　　　　　　）、（　　　　　　　　　　）、（　　　　　　　　　　）。

（8）朗缪尔等温吸附理论的基本假设为（　　　　　　　　　　）、（　　　　　　　　　　）、（　　　　　　　　　　）、（　　　　　　　　　　）、（　　　　　　　　　　）。

第十章　胶体分散系统与粗分散系统

胶体分散系统与粗分散系统是物理化学的一个重要分支。它所研究的主要对象是高度分散的多相系统。胶体分散系统在自然界尤其是在生物界普遍存在，它与人类生活及环境有着非常密切的关系。因此，研究胶体分散系统的形成、破坏及其物理化学性质具有重要意义。如在石油、冶金、化工、印染、涂料、造纸、橡胶、塑料、纤维、肥皂等工业部门，以及生物学、土壤学、医学、气象学、地质学等学科中都广泛地接触到与胶体分散系统及粗分散系统有关的问题。由于实际的需要，也由于本身具有丰富的内容，因此胶体分散系统与粗分散系统的研究得到了迅速的发展，已经成为一门独立的学科。

第一节　胶体分散系统与粗分散系统概述

一、胶体分散系统与粗分散系统的分类

将一种或几种物质分散在另一种物质中构成的系统，称为分散系统。被分散的物质称为分散相（或分散质），另一种起分散作用的物质称为分散介质。分散系统是由分散相和分散介质组成。人们常按分散相粒子的大小，将分散系统区分为分子（或离子）分散系统、胶体分散系统和粗分散系统，它们的特征对照如表 10.1 所示。

表 10.1　按分散相颗粒大小对分散系统的分类

类别	颗粒大小	主要特征
分子与离子分散系统（真溶液）	$<10^{-9}$ m	颗粒能通过滤纸及半透膜，扩散很快，超显微镜看不见
胶体分散系统（溶胶）	$10^{-9}\sim10^{-6}$ m	颗粒能通过滤纸，但不能通过半透膜，扩散很慢，普通显微镜下看不见，但在超显微镜下可以分辨
粗分散系统（悬浊液、乳浊液）	$>10^{-6}$ m	颗粒不能通过滤纸和半透膜，不扩散，普通显微镜下可见

对于胶体分散系统则常按分散介质的聚集状态来命名和分类，如分散介质为液态者称为液溶胶，依此类推。表 10.2 所列的泡沫和乳状液就粒子大小而言虽然已属粗分散系统，但由于它们的许多性质特别是表面性质与胶体分散系统有着密切的关系。所以通常也归并在胶体分散系统中讨论。

表 10.2　胶体分散系统按聚集状态的分类

分散介质	分散相	名称	实例
液 （液溶胶）	固 液 气	溶胶、悬浮体、软膏 乳状液 泡沫	金溶胶、碘化银溶胶、牙膏 牛奶、含水原油 肥皂泡沫
固 （固溶胶）	固 液 气	固态悬浮体 固态乳状液 固态泡沫	红玉玻璃、照相胶片 珍珠、黑磷 泡沫塑料
气 （气溶胶）	固 液	气溶胶	烟、尘 雾

按 IUPAC 关于胶体分散系统的定义，分散相可以是一种或多种物质，可以是由大量的原子或分子（通常是 10^3～10^9 个）组成的粒子，也可以是一个高分子，只要其中至少有一维空间尺寸在 10^{-9}～10^{-6} m 内，并分散于另一介质中，即构成胶体分散系统。按此定义，胶体分散系统应包括：溶胶、缔合胶体（胶体电解质）、高分子溶液。

溶胶一般是由许多原子和分子聚集成的，其三维空间尺寸均在 10^{-9}～10^{-6}m 的粒子分散于另一分散介质之中，并且与分散介质间存在相界面的分散系统，其主要特征是高度分散的、多相的、热力学不稳定系统，其分散相具有明显的憎水性，也称为憎液胶体。

缔合胶体通常是由结构中含有非极性的碳氢化合物部分和较小的极性基团的电解质分子（如表面活性剂分子）缔合成的粒子，通常称为胶束。胶束可以是球状、层状、棒状等，其三维空间尺寸在 10^{-9}～10^{-6} m，溶解于溶剂之中，形成了高度分散的、均相的、热力学稳定系统。

高分子溶液是一维空间尺寸达到 10^{-9}～10^{-6} m 的大分子（蛋白质分子、高分子化合物分子等）分散于分散介质之中形成的高度分散的、均相的热力学稳定系统；另外，在性质上它与溶胶也有某些相似之处（如扩散慢、高分子不通过半透膜），它们与水或其他溶剂有很强的亲和力，所以把它称为亲液胶体，也作为胶体分散系统研究的对象。因高分子溶液与溶胶有着本质的差别，亲液溶胶一词已被高分子溶液所取代。

二、胶体分散系统与粗分散系统的研究方法

胶体是一种高度分散的多相系统，其分散相颗粒的线度为1～1 000 nm。早在1861年，格雷厄姆（Graham）就提出了胶体的概念，他在研究各种物质的水溶液中的扩散性质及能否通过半透膜时把物质分为晶体（其溶液能通过半透膜，蒸发析出晶体）和胶体（不能通过半透膜，蒸发得到胶状物）。后来经过许多科学家研究得出，胶体是在一定分散度范围内物质存在的一种状态，而不是某一类物质的固有特性。如氯化钠溶液在水中是真溶液，而分散在酒精中则成为胶体。1903年发明了超显微镜，第一次成功地观察到溶胶中粒子的运动，证明了溶胶的超微不均匀性。

随着人们认识手段的不断进步（如各种新的谱学仪器的出现），人们已经对分子、原子、电子、中子、介子和超子等十分微小的领域有所了解，时间概念也已缩小到分秒的数量级，一些描述微观世界的学科如量子力学、原子物理学和粒子物理学等相继建立。但是直到20世纪80年代，自从纳米材料出现后，人们才发现在宏观与微观之间，还存在着有一个介观世界被遗忘了。在胶体和表面化学中所涉及超细微粒，其大小，尺寸在1～1 000 nm，基本属于介观领域。

胶体分散系统与粗分散系统其研究方法涉及热力学、量子力学、统计力学及动力学等多学科且与数学、生物学、材料科学等所用的研究方法交叉与重叠。已成为这些学科的基础理论。在20世纪40年代以前，胶体理论只能对一些现象和性质作粗略、定性的解释。40年代以后，借助量子力学，应用其方法建立了胶体间的相互作用理论（DLVO理论的基础）；应用统计热力学方法研究高分子溶液在固体表面上的吸附过程；应用热力学及动力学方法在研究溶胶的稳定性（如空间稳定理论及溶胶的聚沉速率与机理）等对胶体进行了定量的研究。但是，胶体分散系统与粗分散系统与化学动力学类似，理论尚不成熟，很多结论是从实验中得出的。现代光散射技术、超显微技术、能谱技术、高速离心技术及电泳散射技术的应用，有力地推动了该领域的发展。

本章主要讨论胶体分散系统与高分子溶液。胶体分散系统实际上是不溶于溶剂的固体以小颗粒的形式分散在分散介质中，由于它的分散程度高，具有很大的相界面，从热力学上讲是一个不稳定的系统。又由于它具有独特的分散程度，具有一些独特的性质，在生命科学，工农业生产，日常生活以及基础理论研究等方面都有广泛的应用。大分子溶液实际上是橡胶，蛋白质等的溶液，是一种真溶液，是热力学稳定的系统，但由于分子量比较大，溶液中粒子的尺度落在胶体分散系统的范围内，所以也具有胶体分散系统的一些特性，同时它又是分子分散系统，还具有一些不同于胶体分散的特性，本章的第三部分内容是粗分散系统。

第二节 胶体系统的制备

胶体系统中分散相高度分散，具有很大的相界面，是热力学上的一个不稳定系统，但有的胶体却是十分稳定的，所以胶体稳定性、胶体的制备和破坏，也都是胶体化学的研究的内容。下面主要介绍溶胶的制备方法。

一、溶胶的制备

胶体既然是物质处于某一定分散度范围的一种物质，所以其制备方法不外乎分散与凝聚两大类，其目的是设法让分散相的粒子的尺度落在胶体分散体系的范围以内，并使体系中存在适当的稳定剂使之稳定。通常所制备的溶胶中的粒子的大小不一，是一个多级分散体系。

将粗分散系统进一步分散，达到胶体粒子分散的程度；或是将真溶液中的溶质聚集成胶体质点。前者称为分散法，后者称为凝聚法。如图 10.1 所示。此外要制得稳定的憎液溶胶，分散相在介质中的溶解度很小，且要有稳定剂保护。

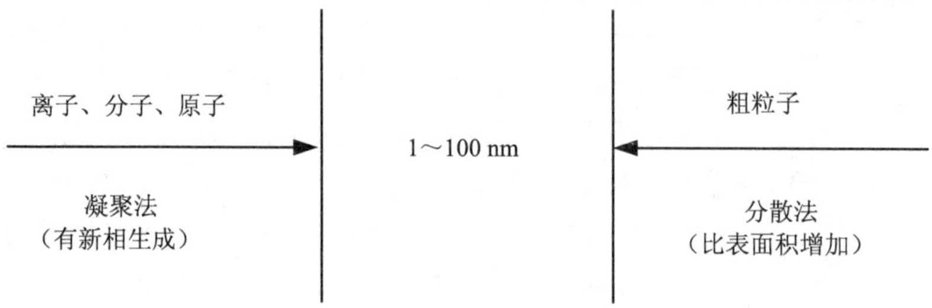

图 10.1 胶体的形成过程

（1）分散法。利用机械设备，将粗分散的物料分散成为胶体。分散过程所消耗的机械功或电功，远大于系统的表面吉布斯函数变，大部分能量则以热的形式传导给环境。分散法常采用下列设备和方法：

① 气流粉碎或机械研磨法。用气流粉碎机或胶体磨、球磨机等将质点粉碎或研磨至胶体粒子尺度，如墨汁的制造过程。机械粉碎的方法通常适用于脆而易碎的物质，对于柔韧性物质必须先硬化后（如用液态空气处理）再分散。胶体磨种类很多，其分散能力因构造和转速不同而不同。

② 胶溶法（也称解胶）。它不是使粗粒分散成溶胶，而只是使暂时凝聚起来的分散相重新分散的方法。许多新鲜的沉淀如氢氧化铁、氢氧化铝，经洗涤除去过多电解质，再加入一定量的稳定剂（又称胶溶剂）后可以形成溶胶，这种作用

称为胶溶作用。胶溶剂的选用要看胶核表面所能吸附的离子而决定。如：$Fe(OH)_3$（新鲜沉淀）加 $FeCl_3$ 可得到 $Fe(OH)_3$ 溶胶，AgCl 新鲜沉淀加 $AgNO_3$ 或 KCl 可得到 AgCl 溶胶，$SnCl_4$ 经水解得到 SnO_2 新鲜沉淀，加 $K_2Sn(OH)_6$ 可得到 SnO_2 溶胶。

③ 超声波分散法　高频超声波在介质中产生同频率的疏密交替的波动，如图 10.2 所示，在电极上加高频高压交流电，使石英片发生高频震荡，频率约 10^6 Hz。此高频机械波经变压器油传入试管内，其能量对分散相产生很大的撕碎力，使得分散相均匀分散，从而达到分散的效果。目前多用于制备乳状液。

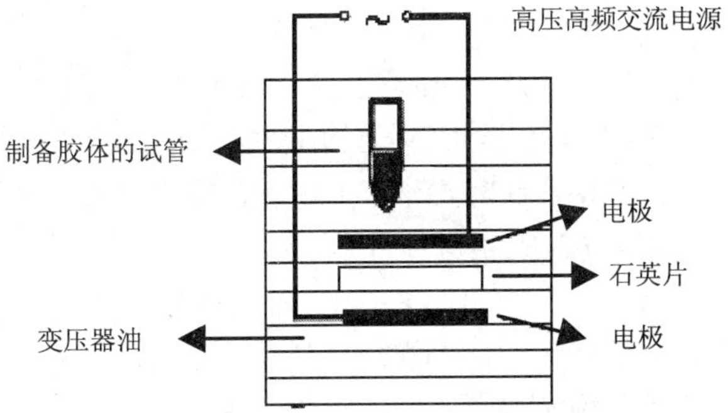

图 10.2　超声波分散装置

④ 电弧法。将欲分散的金属如 Au、Pt、Ag 作为电极，浸入不断冷却的水中，水中加少量 NaOH，通 20～100 V 的直流电压，调节两电极间的距离，使其放电产生电弧。高温电弧使电极表面的金属气化，金属蒸气遇冷却水冷凝成胶体系统。在制备时，如先加入少量碱作为稳定剂，可得到较为稳定的水溶胶。此法实际上包括了分散与凝聚两个过程。

（2）凝聚法。与分散法相反，这种方法是先制成难溶物的分子或离子的过饱和溶液，再使之结合成胶体粒子而得到溶胶，即由分子（或原子、离子）的分散状态凝聚为胶体分散状态的一种方法。通常可分为：

① 物理凝聚法。利用适当的物理过程，由蒸汽状态的物质或溶解状态的物质凝聚为胶体状态的方法。如蒸气骤冷改变溶剂可以使某些物质凝聚成胶体粒子；如将汞蒸气通入冷水中可得到汞溶胶。

蒸气凝聚法：罗金斯基（Roginskii）和沙尔尼科夫（Shal'nikov）用此法制得碱金属的有机溶胶，如钠的苯溶胶。

过饱和法：其特点是先制成可以生成难溶物的分子（离子）的过饱和溶液，再使之结合成胶体粒子而得到溶胶。如改变溶剂或冷却使溶质的溶解度降低，由于过饱和，溶质从溶剂中分离出来凝聚成溶胶。

更换溶剂法：改换溶剂也可以得到溶胶，例如将松香酒精溶液滴入水中，由于松香在水中的溶解度很低，溶质呈胶粒的大小析出，形成松香的水溶胶。

② 化学凝聚法。通过化学反应（复分解反应、水解、氧化或还原反应等）使生成物呈过饱和状态，进而生成小颗粒的不溶性物质，通过控制析晶过程，使其停留在胶核尺度的阶段，而得到溶胶的方法。最常用的是复分解反应，如：

$$As_2O_3 + 3\ H_2S \longrightarrow As_2S_3\text{（溶胶）} + H_2O$$

贵金属的溶胶可以通过还原反应来制备，硫溶胶可以通过氧化还原反应制备，如：

$$2H_2S+SO_2 = 2H_2O+3S\text{（溶胶）}$$

$$Na_2S_2O_3+2HCl = 2NaCl+H_2O+SO_2+S\text{（溶胶）}$$

Fe、Al、Cr、Cu 等的氢氧化物溶胶通过其盐类的水解反应来制备。例如，在不断搅拌的条件下，把几滴 $FeCl_3$ 溶液加到沸腾的蒸馏水中，则发生水解反应，可生成棕红色、透明的 $Fe(OH)_3$ 溶胶：

$$FeCl_3+3H_2O \longrightarrow Fe(OH)_3\text{（溶胶）}+3HCl$$

以上这些制备溶胶的例子中，都没外加稳定剂。这是因为胶粒的表面吸附了过量的具有溶剂化层的反应物离子，因而溶胶变得稳定。离子的浓度对溶胶的稳定性有直接的影响，电解质浓度太大，会引起胶粒聚沉。在定量分析中，为防止溶胶形成，常加入电解质或加热使溶胶聚沉以形成颗粒较大的沉淀。

二、溶胶的纯化

一般制备的溶胶中常含有一些电解质，通常除了形成胶团所需要的电解质以外，过多电解质会破坏胶体的稳定性，因此必须设法使之纯化。纯化的方法有：

（1）渗析法。该方法的特点是利用胶粒不能透过半透膜，而分子、离子可以透过半透膜的特性，把要净化的溶胶放在装有半透膜的容器内（常见的半透膜有羊皮纸、动物膀胱膜、硝酸纤维、醋酸纤维等），然后将半透膜放在溶剂中，这样，由于膜内外杂质浓度的差别，膜内离子或其他能过的水分子向半透膜外迁移。若不断地更换膜外溶剂，则可逐渐降低溶胶中的电解质或杂质的浓度，从而达到净化的目的。这种方法叫做渗析法。

这种方法应用广泛，如制备照相底片或相纸用无灰明胶，皮革鞣质提净和某些染料的制备等，渗析法是常用的方法。为了提高渗析速率，可以增加半透膜的面积、提高膜两侧液体的浓度梯度，也可提高渗析进行时的温度，要注意提高温度可能造成胶体失去稳定性，因此温度上限要严格选定。

外加电场可以提高离子迁移的速度，在外电场作用下进行的渗析称为电渗析，这种方法主要用于普通渗析法难以除去的少量电解质。在电渗析的过程中，电流密度不宜过大，以免因发热使溶胶变质。如图 10.3 所示为电渗析示意图。

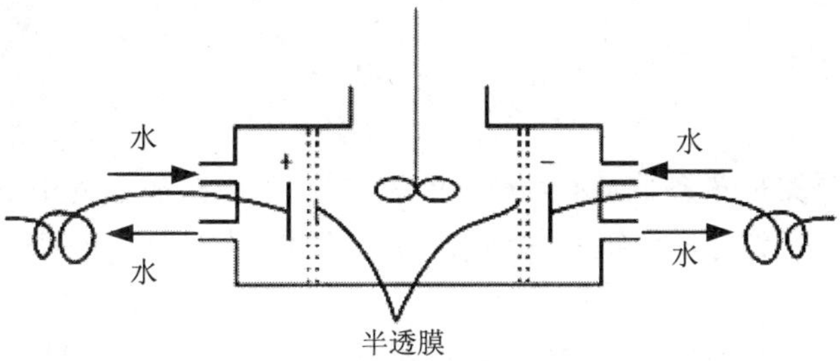

图 10.3 电渗析净化过程

（2）超过滤法。用孔径细小的半透膜（10^{-8}～3×10^{-7} m）在加压或吸滤的作用下使胶粒与介质分开，这种方法称为超过滤法。可溶性杂质能透过滤膜而被分离。有些胶粒可以反复分散到分散介质中，多次进行上述过滤操作。所得的胶粒，最后应立即分散到新的分散介质中，以免聚集结块。如果上述过程是在半透膜两边安放电极并施加一定电压下进行，则此过程称为电超过滤法，这种方法是同时将电渗析和超过滤两种方法组合运用，其优点是可以降低超过滤的压力且较快地去除溶胶中多余的电解质。

渗析与超过滤不仅用于提纯溶胶及高分子化合物，也广泛用于污水处理、海水淡化及水的纯化等。在生物化学领域中可以用超过滤法测定蛋白质分子、酶分子以及病毒和细菌分子的大小；在医药领域可用于草药中淀粉、多聚糖等高分子杂质的分离，进而提取有效成分制备针剂；用人工高分子膜可制成人工肾，除去肾衰竭患者血液中的毒素和水分，“人工透析”正是基于此原理。

三、溶胶的形成条件和老化机理

在溶胶的形成过程中要经历两个阶段，即晶核的形成和晶体的生长，如果晶核形成很快，而晶核生长的速率很慢或接近于停止，则可得到分散度很高的溶胶。反之只能得到颗粒很粗的溶胶，甚至发生沉淀。

晶核形成过程的速率决定于形成和生长两个因素：

（1）从溶液析出固体的速率。要从溶液中析出固体溶质，溶质的浓度必须超过其平衡浓度 s（溶解度）达到过饱和的程度。设过饱和浓度为 Q，则溶质的析出速率必正比于$(Q-s)$，所以晶核形成的速率 v_1，即单位时间内析出的颗数 v_1 为（k 为析出系数）：

$$v_1 = k\frac{Q-s}{s} \tag{10.1}$$

（2）当晶核一旦形成后，溶质在其上面沉积，进一步逐渐长大，晶体长大的速率为 v_2：

$$v_2 = DA\frac{Q-s}{\delta} \tag{10.2}$$

式中，D 为溶质的扩散系数，A 为晶核的表面积，δ为扩散过程中溶质粒子所移动的距离。如果要得到分散度很高的溶胶，则必须控制 v_1 和 v_2 的值，使 v_2 很小或接近于零。

① $(Q-s)/s$ 的值很大时，则超过过饱和的浓度较多，v_1 很快，溶液内生成的晶核较多。而当有大量晶核生成后，$(Q-s)$值将陡然下降，使 v_2 减慢，这有利于形成溶胶。

② 当$(Q-s)/s$ 的值较小时，生成的胶核少，$(Q-s)$的值下降不多，v_2 较大，于是晶核就长大得较快，这有利于生成大块沉淀。

③ 当$(Q-s)/s$ 的值很小时，溶液的浓度超过溶质的溶解度不多，所以生成晶核极少，而且晶核的成长也很缓慢。此种情况有利于溶胶的形成。

新制成的溶胶往往含有很多电解质，其中只有一小部分是胶体粒子表面上所需要吸附的离子，以保持平衡，其余电解质的存在反而会影响胶体粒子的稳定性，要经过纯化手续去除（如采用半透膜纯化，电渗析纯化或超过滤的方法等）。即使是经过纯化手续以后，胶粒也会随时间的推移而慢慢变大，最终导致沉淀，这一过程称之为溶胶的老化。在老化过程中系统的表面能降低，所以老化是自发过程。

溶胶的特点之一是具有多分散性，是大小不一的胶体颗粒组成的多聚体，其大小有一定的分布规律（通常所说的溶胶颗粒的大小尺度，含有平均的意义）。而固体的溶解度与颗粒的大小有关，可以证明，对半径为 R_1' 和 R_2' 的颗粒与其相应的溶解度 s_1和s_2 之间有如下的关系：

$$\ln\frac{s_2}{s_1} = \frac{M}{RT}\cdot\frac{2\gamma}{\rho}\left(\frac{1}{R_1'}-\frac{1}{R_2'}\right) \tag{10.3}$$

式中，M 为颗粒的平均摩尔质量，ρ为颗粒的密度，γ为颗粒与其饱和溶液间的界面张力。

若有大小颗粒同时在一个溶胶中，由于 $R'_2>R'_1$，则必然有 $s_1>s_2$，即较小颗粒附近的饱和浓度大于较大颗粒的饱和浓度，所以溶质有从小颗粒附近自动扩散到大颗粒附近的趋势。对大颗粒来说，s_2 已是其饱和浓度，扩散过来的溶质必然会在大颗粒上沉淀，这种情况不断进行，结果是小者越小，大者越大，直到小颗粒全部溶解为止。而大颗粒大到一定程度即发生沉淀，这就是产生老化过程的原因。

四、均匀分散胶体的制备和应用

在通常情况下制得的沉淀颗粒，其形状和尺寸都是不均匀的，尺寸分布范围较宽。但是如果在严格控制的条件下，则可能制备出形状相同、尺寸相差不大的的沉淀颗粒，由这样的颗粒所组成的系统则称为均匀分散系统，也称单分散系统。颗粒尺寸在胶体颗粒的范围内的均匀分散系统则称为均匀分散胶体系统。在自然界存在的均匀分散系统有蛋白质、某些细菌等。人工制造成的均匀分散胶体是 1906 年首先制备的金溶胶。直到 1970—1984 年制备出一系列金属氧化物或水合物的均匀分散胶体，并对其性质进行了广泛深入的研究，才引起了科技人员的重视。

原则上讲，任何物质都能制成均匀分散系统。其原理就是：制成过饱和溶液以后，在极短时间内很快生成许多晶核，此时浓度有所下降，但仍处于过饱和状态，有晶核生成，同时存在晶核的长大。此时，就需要抑制晶核的生长，以保证晶核均匀生成。需要控制的因素有：反应物的浓度、pH 值、温度和外加特定的离子等。这个原则不仅适用于水溶液，而且适用于非水溶液乃至气溶胶。

这种均匀分散的溶胶不但具有理论的意义，同时还具有实际的应用价值。由于胶体化学家研究胶体粒子的诸项性质时，常以粒子的均一性为基础的，但实际上制备出来的粒子是分散的，因而使验证理论和校正仪器遇到了困难。例如，从理论上研究粒子的扩散作用时，因为无法得到大小均匀的球形粒子，理论一直得不到证实。直到用大小均匀的藤黄粒子做悬浮体，才证明了理论的正确性（因此而获得了 1926 年的诺贝尔奖）。

第三节　胶体系统的动力性质

胶体的动力性质指胶粒的不规则运动而产生的扩散、渗透等现象，以及在重力场的作用下，浓度随高度分布等性质，而动力性质的根源来自于溶剂分子的无规则运动。

一、布朗运动

1827 年，英国的植物学家布朗（Brown）发现悬浮在液体上面的花粉不断地进行无规则的运动，后来又发现许多其他的物质也会有类似的运动。但很长一段时间内，对这一现象的本质没有阐明。

1903 年，人们发明了超显微镜，使人们可以通过它来观察胶粒的运动，即不断的不规则的“之”形连续运动，胶粒的这种无规则运动的特性即布朗运动（如图 10.4 所示）。1905 年，爱因斯坦和斯莫鲁霍夫斯基分别提出了布朗运动的理论，对布朗运动的本质进行比较完满的说明，他们认为：

（1）胶粒运动和分子热运动完全类似，每个胶粒的热运动的能量都是 2/3 kJ，由于胶粒的摩尔质量要比溶剂的摩尔质量大得多，所以它的运动的速度就要小得多。

（2）胶粒的无规则运动来自于溶剂分子对胶粒的不断碰撞，如图 10.5 所示，又由于胶粒的体积有限，它某一时刻所受的力不对称，因而运动的方向不断在改变。

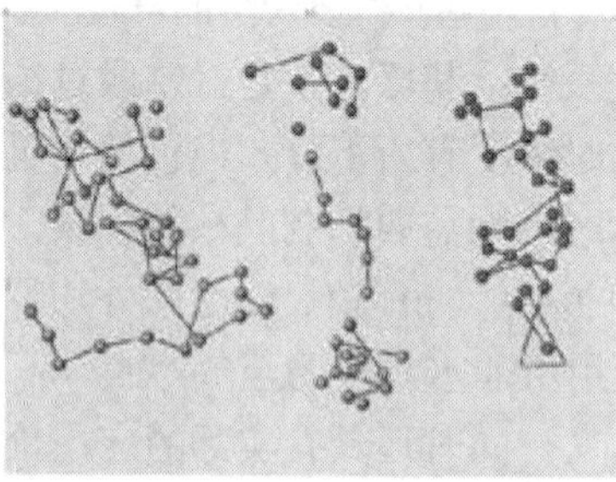

图 10.4 胶粒的布朗运动

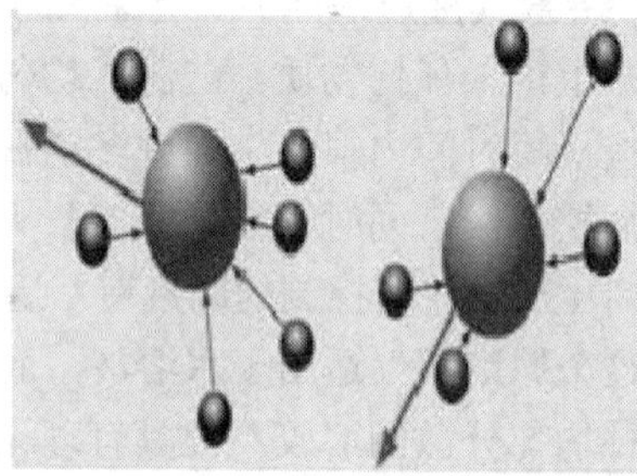

图 10.5 介质分子对胶粒的冲击

通过对胶粒在相同时间间隔内的运动所处的位置，就可以确定胶粒布朗运动的轨迹（它不是胶粒实际运动的轨迹），并可以测量胶粒在观察时间 t 内在 x 轴的方向上所移动的距离 $\bar{x}$。根据以上的假设，爱因斯坦推导出：

$$\bar{x}=\sqrt{\frac{RT}{L}\frac{t}{3\pi\eta r}}=\sqrt{2Dt} \tag{10.4}$$

式中，r 为粒子半径，L 为阿伏伽德罗常量，η 为介质黏度，该式称为爱因斯坦-布朗平均位移公式。

该公式的正确性检验：

（1）佩林（Pirrin）用半径为 0.212 μm 的藤黄溶胶水溶液测定 $\bar{x}$，求得 $L=6.05\times10^{23}$。

（2）斯韦特伯格（Svedberg）用超显镜测定 270 nm 和 52 nm 的两种溶胶的 $\bar{x}$，并且和实验值进行比较，证明了该公式的正确性。

用超显微镜观察涨落现象，即在一个较大的体积范围内，观察到溶胶粒子的分布是均匀的，但观察一个有限的小体积单元，胶粒的数目时多时少。此种现象称为涨落现象，是布朗运动的结果。

爱因斯坦-布朗运动理论是对分子运动论的贡献。

二、扩散与渗透压

由于胶粒具有布朗运动的特征，因此也应该有扩散和渗透作用，但因为粒子的体积比一般真溶液的粒子的体积大得多，而浓度又比真溶液的小得多，所以溶胶的扩散和渗透作用很不明显。

（1）扩散。在有浓度梯度存在时，物质粒子因热运动（布朗运动）而发生宏观上的定向迁移现象，称为扩散。扩散的推动力为浓度梯度。因为系统总是要向着均匀分布的方向变化。

胶体系统的扩散与溶液中溶质的扩散相似，可用菲克扩散第一定律描述为：

$$\frac{\mathrm{d}n}{\mathrm{d}t}=-DA_{\mathrm{s}}\frac{\mathrm{d}c}{\mathrm{d}x} \tag{10.5}$$

式（10.5）表示在单位时间通过某一截面的物质的量 $\mathrm{d}n/\mathrm{d}t$ 与该处的浓度梯度 $\mathrm{d}c/\mathrm{d}x$ 及面积大小 A_{s} 成正比，其比例系数 D 为扩散系数。负号指扩散方向与浓度梯度方向相反。扩散系数 D 的物理意义是：单位浓度梯度下，单位时间通过单位面积的物质的量。D 的单位为 $\mathrm{m^2 \cdot s^{-1}}$。

通常以扩散系数的大小来衡量扩散速率。表 10.3 给出了不同半径金溶胶的扩散系数 D，可以看出，粒子越小，扩散系数越大，粒子的扩散能力也越强。胶体粒子与真溶液相比，粒子要大得多，所以胶体粒子的扩散速率一般要比真溶液小约几百倍。

表 10.3　18℃时金溶胶的扩散系数

粒子半径 r/nm	$D/10^{-9}\mathrm{m^2 \cdot s^{-1}}$
1	0.213
10	0.021 3
100	0.002 13

对于球形粒子，扩散系数 D 可由爱因斯坦-斯托克斯方程计算：

$$D=\frac{RT}{6L\pi r\eta} \tag{10.6}$$

对于由单级分散（粒子大小一定）的球形粒子组成的稀溶液，将式（10.6）与（10.4）结合得到：

$$\bar{x}^2=\frac{RTt}{3L\pi\eta r}=\frac{RT}{6L\pi\eta r}\times 2t=2Dt$$

所以：
$$D=\frac{\bar{x}^2}{2t} \tag{10.7}$$

式（10.7）给出了一种测定扩散系数 D 的方法，即在一定时间间隔 t 内，观测出粒子的平均位移 $\bar{x}$，就可求出 D 值。

从布朗运动的实验值可以求出扩散系数，再用式（10.6）可以求出粒子的半径 $r=RT/(6L\pi\eta D)$。根据分散相的密度ρ，结合式（10.4）可以求出一个胶粒的质量：

$$m=\frac{4}{3}\pi r^3\rho=\frac{\rho}{162\pi^2}\left(\frac{RT}{L\eta D}\right)^3 \tag{10.8}$$

胶体粒子的摩尔质量为：

$$M=mL=\frac{\rho}{162(\pi L)^2}\left(\frac{RT}{\eta D}\right)^3 \tag{10.9}$$

应当注意的是：当胶体粒子为多级分散时，则由 D 计算出的粒子半径和摩尔质量分别为平均粒子半径和平均摩尔质量；当胶体粒子是非球形质点，则由 D 计算出的粒子半径为表观半径；在粒子有溶剂化时，计算出的粒子半径为溶剂化粒子半径。

（2）溶胶的渗透压（Π）。溶胶的渗透压Π可以借助于稀溶液的渗透压公式来计算：

$$\Pi=\frac{n}{V}RT \tag{10.10}$$

对溶胶来说，n 为体积为 V 的溶胶中所含的胶粒的物质的量。

三、沉降与沉降平衡

多相分散系统中的粒子，因受重力作用而下沉的过程，称为沉降。沉降与扩散是两个相对抗的过程，沉降使质点聚集，扩散则使质点在介质中均匀分布。处于重力场中的溶胶粒子，平衡时受到两种力的共同作用。一种是重力的作用，当质点较大或力场很强时它使胶粒下沉，表现为沉降运动；另一种是当质点较小、力场较弱，胶粒的布朗运动产生的扩散力，它使胶粒的浓度趋于一致，当两种效应达到平衡时，胶粒的浓度分布也达到了平衡，形成了一定的浓度梯度，这就是沉降平衡。

分散相在分散介质中的沉降速度由式（10.11）表示：

$$\frac{\mathrm{d}x}{\mathrm{d}t}=\frac{2r^2(\rho_{\mathrm{B}}-\rho_0)g}{9\eta} \tag{10.11}$$

式中，$\mathrm{d}x/\mathrm{d}t$ 为沉降速度，r 为分散相粒子半径，ρ_{B} 和ρ_0 分别为分散相及分散介质的密度，g 为自由落体加速度，η为分散介质的黏度。

贝林曾推导出在重力场下达到沉降平衡时，体积粒子数随高度变化的高度分布定律，对于溶胶则为：

$$\ln\frac{n_2}{n_1}=\frac{M_{\mathrm{B}}g}{RT}\left(\frac{\rho_0}{\rho_{\mathrm{B}}}-1\right)(h_2-h_1) \tag{10.12}$$

式中，n_2、n_1 分别为在高度 h_2、h_1 截面上的体积粒子数，ρ_{B}、ρ_0 分别为胶团粒子和介质的密度，M_{B} 为胶团粒子的摩尔质量，g 为重力加速度，R 为摩尔气体常数。

胶体分散系统由于分散相的粒子很小，在重力场中沉降的速度极为缓慢，无法测定其沉降速度。可用超离心机增加沉降速度（离心力可达到地心引力的 10^6 倍），这样就大大扩大了测定沉降速度的范围，可把它应用在测定溶胶胶团的摩尔质量或高分子化合物的摩尔质量中。则：

$$M_{\mathrm{B}}=\frac{2RT\ln\dfrac{n_1}{n_2}}{\left(1-\dfrac{\rho_0}{\rho_{\mathrm{B}}}\right)\varpi^2\left(x_2^2-x_1^2\right)} \tag{10.13}$$

式中，ϖ 为超离心机旋转的角速度，x 为从旋转轴到溶胶中某一平面的距离。

【例 10.1】 粒子直径 d 为 $8.35\times10^{-9}\mathrm{m}$ 的金溶胶，试计算在 273.15 K 时体积粒子数降低一半时的高度差。已知金和水的密度ρ_{B} 和ρ_0 分别为 $19.3\times10^3\,\mathrm{kg\cdot m^{-3}}$ 和 $1.0\times10^3\,\mathrm{kg\cdot m^{-3}}$。

解：因为：$n_2=n_1/2, r=d/2=4.175\times10^{-9}\,\mathrm{m}$

M_{B} 胶团粒子的摩尔质量 $M_{\mathrm{B}}=(4/3)\pi r^3\rho_{\mathrm{B}}L$，所以：

$$x_2-x_1=\frac{3RT}{4\pi r^3(\rho_{\mathrm{B}}-\rho_0)gL}\ln\frac{n_1}{n_2}$$

$$=\left[\frac{(3\times8.314\times273.15)\ln2}{4\times3.14\times(4.175\times10^{-9})^3\times(19.3-1.0)\times10^3\times9.81\times6.022\times10^{23}}\right]\mathrm{m}$$

$$=4.78\times10^{-2}\,\mathrm{m}$$

第四节 胶体系统的光学性质

胶体的光学性质是其高度分散性和不均匀性特点的反映。通过光学性质的研究，不仅可以解释溶液胶体系统的一些光学现象，而且在观察胶体粒子的运动时，可以研究它们的大小和形状以及其他应用。

一、丁达尔效应

1869年英国物理学家丁达尔（Tyndall）发现，若令一束经聚集的光通过溶胶，从侧面（与光束垂直的方向）可以看到一个发光的圆锥体，这就是丁达尔效应。如图10.6所示。其他分散体系也会产生一点散射光，但远不如溶胶显著。丁达尔效应实际上已成为判别溶胶与分子溶液的最简便的方法。丁达尔效应的另一个特点就是当光束通过分散系统时，在不同的方向观察光柱有不同的颜色，例如AgCl、AgBr的溶胶，在光束透过的方向观察，呈浅红色，而在与光垂直的方向观察，则呈淡蓝色（有时称为Tyndall blue）。研究发现真溶液和高分子溶液也能产生这种丁达尔效应，但强度十分微弱。

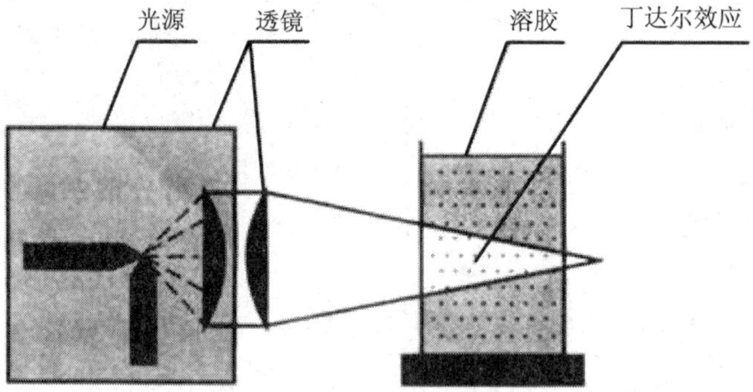

图10.6 丁达尔效应

当光束通过分散体系时，一部分自由地透过，另一部分被吸收、反射或散射。可见光的波长在400～700 nm。一般胶体粒子的尺寸为1～1 000 nm。

（1）当光束与系统不发生任何相互作用时，光线则可透过。

（2）当光束通过分子溶液，入射光的频率与分子的固有频率相同时，主要是光的吸收。由于溶液十分均匀，散射光因相互干涉而完全抵消，看不见散射光。

（3）当光束通过粗分散体系如悬浮体和乳状液时，由于分散粒子直径大于入射光的波长，主要发生反射，使体系呈现混浊。

（4）当光束通过胶体溶液，由于胶粒直径小于可见光波长，主要发生散射，光绕过粒子向各个方向传播。故可以看见光柱，由此可知，产生丁达尔现象的实质是光的散射。对于溶胶应该说以散射为主，对有色溶胶（如氢氧化铁溶胶）除散射作用外尚存在光的选择吸收作用。

散射光的强度，可用瑞利公式计算。

二、瑞利公式

光是一种电磁波，照射溶胶时，分子中的电子分布发生位移而产生偶极子，这种偶极子像小天线一样向各个方向发射与入射光频率相同的光，这就是散射光。1871 年，瑞利（Rayleigh）研究了大量的光散射现象，对于粒子半径在 47 nm 以下的溶胶，导出了散射光总能量的计算公式，称为瑞利公式：

$$I=\frac{24\pi^2A^2nV^2}{\lambda^4}\left[\frac{n_1^{\ 2}-n_2^{\ 2}}{n_1^{\ 2}+2n_2^{\ 2}}\right]^2 \qquad (10.14)$$

式中，A 为入射光的振幅，λ为入射光的波长，n 为单位体积中的粒子数，V 为每个分散相粒子的体积，n_1 和 n_2 分别为分散相与分散介质的折射率。这个公式为瑞利散射公式。它适用于不导电粒子的系统，对于分散度更高的系统，该式的应用不受限制。这个公式可以很好地解释了一些溶胶的光散射现象。

当强度为 I_0、波长为λ_0 的光作用于球形粒子（其大小约为 $\lambda_0/20$）时，若入射光为非偏振光，粒子间无相互作用，则在与它成θ角的方向上距离粒子为 l 处的散射光强度 I 可表示如下：

$$I=\frac{9\pi V^2n}{2\lambda_0^{\ 4}l^2}\left(\frac{n_1^{\ 2}-n_2^{\ 2}}{n_1^{\ 2}+2n_2^{\ 2}}\right)^2(1+\cos^2\theta)I_0 \qquad (10.15)$$

式（10.15）也是瑞利公式。V 为每个粒子的体积，n 为体积粒子数，n_2 和 n_1 分别为分散相和分散介质的折射率。由式（10.15）可知，单位体积的散射光强度与每个粒子体积的平方成正比。一般真溶液溶质粒子的体积甚小，仅可产生极微弱的散射光；粗分散的悬浮液，粒子的尺寸大多大于可见光的波长，则不能产生散射光；只有溶胶粒子的尺寸小于可见光的波长，可产生强烈的散射光。故小分子溶液无丁达尔效应，高分子溶液有微弱的丁达尔效应，而溶胶的丁达尔效应较强烈。由此来鉴别分散系统的种类。

散射光强度与入射光波长的 4 次方成正比。即波长越短其散射光越强。白光中的蓝、紫光波长最短，散射光最强；而红光的波长最长，其散射作用最弱。因此，当用白光照射溶胶时，在与入射光垂直的方向上观察呈淡蓝色，而透过光则呈现橙红色。

分散相与介质的折射率相差越大，散射光越强。憎液溶胶分散相与介质之间有明显的相界面存在，其折射率相差较大，散射光效应很强。而高分子真溶液是均相系统，散射光很弱。故可依此来区别高分子溶液与溶胶。

散射光强度与单位体积中的粒子数成正比。浊度计就是根据这一原理设计的。

三、超显微镜的基本原理和粒子大小的测定

利用肉眼所能辨别的物体的直径最小极限为 0.2 mm，有了显微镜后，能辨别的最小极限约为 200 nm，若小于这个尺度，就需要用超显微镜。

用超显微镜来观察丁达尔效应，即用足够强的入射光从侧面照射溶胶，然后在黑暗的背景上进行观察，由于散射作用，胶粒成为闪闪发光的光点，可以清楚地看到其布朗运动。超显微镜的目镜看到的是胶粒的散射光。如果溶液中没有胶粒，视野将是一片黑暗。如图 10.7 所示为超显微镜的原理图。

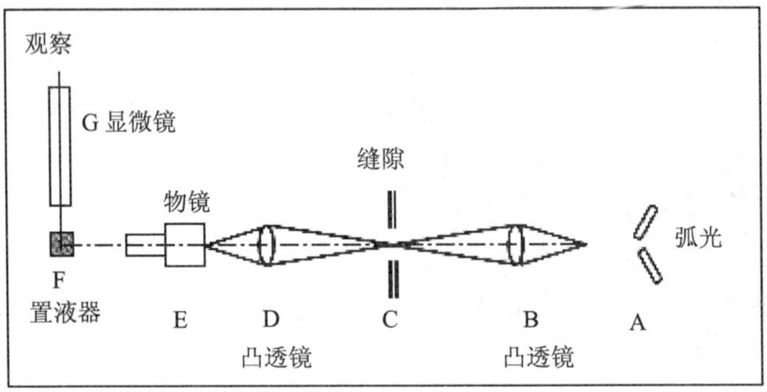

图 10.7　超显微镜的原理

超显微镜大大扩大了人们的视野，可以观察到光点半径大小的粒子。但是超显微镜只能看到粒子散射后所成的光点而不是胶粒本身。这种光点通常要比粒子本身大好多倍。因此用超显微镜不可能观察到胶粒的大小和形状，就其实质来讲，超显微镜并没有提高光学显微镜的分辨率，而只是充分利用了光学显微镜的分辨率。

虽然超显微镜看不到胶体粒子的形状与大小，但可用它来估算胶体粒子的平均大小。由缝隙的调节可以得到光束的高度及宽度，再结合样品的厚度，即可算出发生散射光的溶胶的体积。将溶胶稀释到在超显微镜下可直接地数出粒子的个数，即可得到粒子的数密度。

如果已知单位体积溶胶中分散相的质量，则可由数密度求得每个胶体粒子的质量 m。再假设粒子为圆球形，其半径为 r，分散相的密度为 ρ，则由：

$$m = \frac{4}{3}\pi r^3 \rho \tag{10.16}$$

即可求得胶体粒子的半径 r：

$$r = \left(\frac{3m}{4\pi\rho}\right)^{1/3} \tag{10.17}$$

此外，可以根据超显微镜视野中光点亮度的强弱差别，来估计溶胶粒子的大小是否均匀；观察一个小体积范围内粒子数的变化情况，了解溶胶的涨落现象，同时还可以大体判断胶粒的形状。超显微镜虽然只能看到粒子的光点，但由于设备简单、方法简便，在普通实验室内都可以进行。如果要观察胶粒的全貌，则需借助于电子显微镜。

第五节　溶胶系统的电学性质

溶胶的分散相与分散介质间存在明显的相界面，在外电场的作用下，固、液两相可发生相对运动；或在外力作用下，迫使固、液两相进行相对运动时产生电势差。溶胶这种与电势差有关的相运动称为电动现象。电动现象与分散相粒子表面带电密切相关。

在液-固界面处，固体表面上与其附近的液体通常会分别带有电性相反、电荷数量相等的两层离子，从而形成双电层。在固体表面的带电离子称为定位离子，在固体表面附近的溶液中，存在与定位离子电荷相反的离子称为反离子。固体表面产生定位离子的原因，可归纳为以下几个方面：

（1）吸附。胶粒在形成过程中，胶核优先吸附某种离子，使胶粒带电。例如：在 AgI 溶胶的制备过程中，如果 $AgNO_3$ 过量，则胶核优先吸附 Ag^+离子，使胶粒带正电；如果 KI 过量，则优先吸附 I^-离子，胶粒带负电。

（2）电离。可电离的高分子溶胶，由于高分子本身发生电离，而使胶粒带电。例如蛋白质分子，有许多羧基和氨基，在 pH 值较高的溶液中，离解生成 P—COO^-离子而带负电；在 pH 较低的溶液中，生成 P—NH^+_3 离子而带正电。在某一特定的 pH 值条件下，生成的—COO^-和—NH^+_3 数量相等，蛋白质分子的净电荷为零，这时的 pH 值称为蛋白质的等电点。

（3）同晶置换。黏土矿物中如高岭土，主要由铝氧四面体和硅氧四面体组成。如果 Al^{3+}被 Mg^{2+}或 Ca^{2+}同晶置换，则黏土微粒带负电。

（4）溶解量的不均衡。离子型固体电解质形成溶胶时，由于正、负离子溶解量不同，使胶粒带电。例如，将 AgI 制备溶胶时，由于 Ag^+较小，活动能力强，比 I^- 容易脱离晶格而进入溶液，使胶粒带负电。

（5）摩擦。分散相与分散介质之间的摩擦产生电荷分离。对于非水介质作为分散介质时，它们之间可通过摩擦而产生电荷分离。

下面简单介绍几个有代表性的关于双电层的理论以及一些主要的电动现象。

一、双电层理论

胶粒的电动现象，其根源是胶粒界面的双电层的存在。但双电层具有怎样的结构，其理论有一个不断完善的过程。在这个过程中，有亥姆霍兹（Helmholtz）1879 年提出的平板型双电层结构，有古依（Gouy）1910 年和查普曼（Chapman）1913 年提出的扩散双电层模型，现在能够被人们接受的，同时也可以比较好地解释实验事实的理论为斯特恩（Stern）双电层模型。

1924 年，斯特恩提出：① 离子有一定大小、离子中心与质点表面的距离不能小于离子半径。② 离子与质点表面之间除静电相互作用外，还有范德华作用力。斯特恩模型如图 10.8 所示。胶粒的表面由于各种原因可能带有电荷，固体表面的电势为热力学电势φ_0。φ_0 是固体表面与溶液本体的电势差。溶液中的一部分反离子会强烈地吸附在固体的表面上，形成紧密层，吸附在固体表面的紧密层有 1～2 个分子层的厚度，用δ表示，后被称为斯特恩层，在这个层上，电势下降到φ_δ称为斯特恩电势。φ_δ是斯特恩层与溶液本体的电势差。第二层为扩散层，它是由第一层（紧密层）边界开始至溶液本体由多至少的扩散分布的过剩反离子层。由斯特恩层中反离子中心线所形成的假想面称为斯特恩面。在外加电场作用下，由于离子的溶剂化作用，胶粒在移动时，紧密层会结合一定数量的溶剂分子一起移动，带着紧密层的固体颗粒与扩散层间做相对移动，其间的界面称为滑动面或切动面。滑移的切动面由斯特恩层略右的曲线表示，此切动面的电势为ζ，这个电势称为电动电势，或称为ζ电势。ζ电势是滑动面与溶液本体的电势差。因为胶粒在电场中移动时，其切动面电势是决定移动方向和速度的主要因素，所以将ζ称为电动电势。

ζ 电势随溶剂化层中离子的浓度值而改变，当溶液中电解质的浓度增加时，其数值下降。当电解质的浓度足够大时，对扩散层产生压缩的作用，可使ζ电势降低为零，这时称为等电点。如外加电解质中反离子价数很高，或者其强烈地吸附在固体的表面，则在溶剂化层内可能吸附了过多的反离子，就可使ζ电势改变符号。

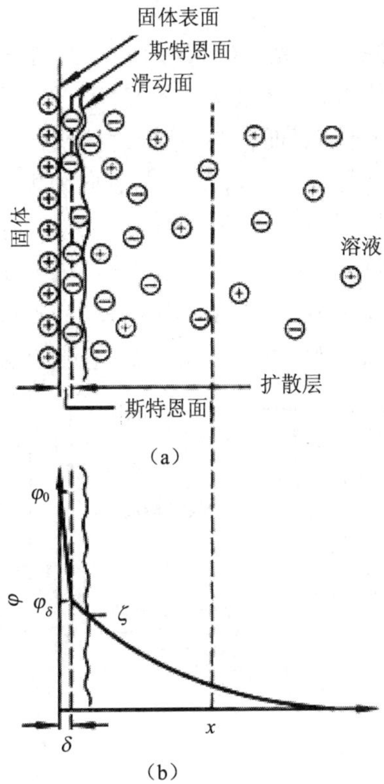

图 10.8 斯特恩双电层模型

利用双电层和电势的概念，可以解释电动现象。斯特恩模型虽能解释一些事实，但在理论处理上遇到了困难，于是又有人对模型中提出的斯特恩层的结构作了更为详尽的描述，有代表性的模型是 BDM 理论。BDM 理论仍将双电层分为紧密层和扩散层，但将紧密层又细分为内紧密层和外紧密层。在内紧密层被固体表面所吸附的反离子由于紧粘在固体的表面，所以是非溶剂化的（至少在与固体表面接触的那一侧无溶剂分子）。由这一侧反离子所构成的面称为内层（缩写为 IHP）。在斯特恩层内，在 IHP 外的反离子则是溶剂化的反离子，以这些为中心构成外亥姆霍兹层（缩写为 OHP），分布在外紧密层中的反离子是不均匀且是断续的，因而存在电荷不连续效应。尽管如此，目前的各种关于双电层的理论尚未达到尽善尽美的程度，仍需不断的充实与补充。

二、溶胶的电动现象

(1) 电泳。带电胶粒或高分子在外加电场的作用下向带相反电荷的电极做定向移动的现象称为电泳。

界面移动电泳的实验装置如图 10.9 所示，实验时先在 U 形管中装入适量的 NaCl 溶液，再通过支管从 NaCl 溶液下面缓慢地压入棕红色的 $Fe(OH)_3$ 溶胶，使其与 NaCl 溶液之间有清楚的界面存在，通入直流电后可以观察到电泳管中阳极一端界面下降，阴极一端界面上升，$Fe(OH)_3$ 溶胶向阴极方向移动。这说明 $Fe(OH)_3$ 胶体粒子带正电。被测系统是有色溶胶则可直接观察到界面的移动。若试样是无色溶胶，则可在仪器的侧面用光照射，通过所产生的丁达尔现象以判定胶粒的移动方向和速度。实验证明，$Fe(OH)_3$、$Al(OH)_3$ 等碱性溶胶带正电，而金、银、铅、硅酸溶胶以及淀粉颗粒、微生物等颗粒带负电。电泳的现象证明了胶粒是带电的。

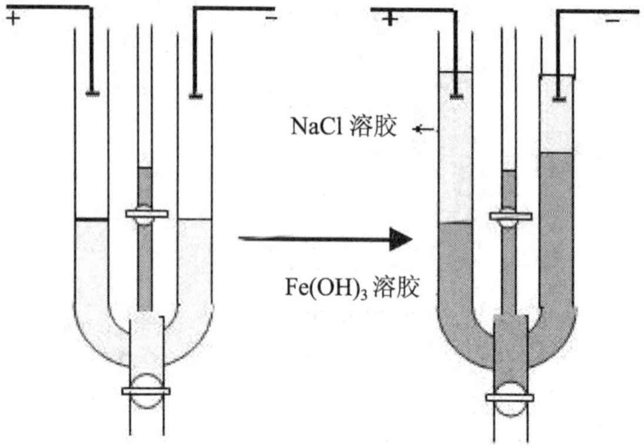

图 10.9 电泳现象

影响电泳的因素有：带电粒子的大小、形状、粒子表面的电荷数目、溶剂中电解质的种类、离子强度以及温度和所加的电压等。要注意介质的 pH 值以及溶胶的制备条件，这些常常会影响溶胶所带电荷的正负号。例如蛋白质（是由多种氨基酸结合而成的有机高分子化合物），当介质的 pH 值大于等电点时荷负电，小于等电点时荷正电。在其等电点处，粒子在外加电场中不移动，不发生电泳现象。

电泳的实验除了上述的装置以外，还有纸上电泳（近年来发展了用聚丙烯酰胺、凝胶、淀粉凝胶和醋酸纤维等来替代以前的滤纸的电泳），以及毛细管电泳、显微电泳等。

电泳的应用：①生物化学中分离蛋白质，在医学上利用血清在纸上的电泳，在纸上可得到不同蛋白质前进的次序，可以作为诊断疾病的依据。②乳胶制品的制造。③高岭土的提纯等。

利用双电层和电动势的概念可以说明电泳的作用。以上所讨论的双电层结构在胶体粒子表面上也完全适用，溶胶中的独立运动单位是胶粒，它实际上就是固相连同其溶剂化层所构成的，胶粒与其余的处于扩散层中的导电性离子之间的电位降即为ζ电势。如图 10.10 所示。因此在外加电场之下胶粒与扩散层中其余异电性离子彼此向相反方向移动，而发生电泳作用。在电泳时胶粒移动的速度显然与胶粒本身的大小、形状及所带的电荷有关，还与外加电场的电场强度 E、ζ 电势、介质的介电常数ε和黏度η等因素有关，可见关系复杂，很难用统一的公式来计算值。

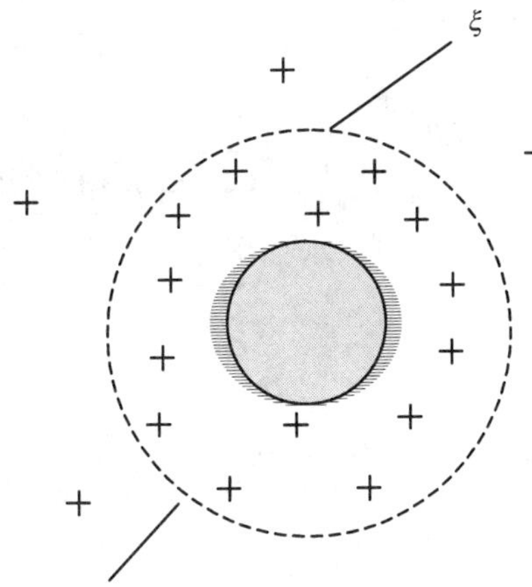

图 10.10 胶粒表面双电层结构

（2）电渗。在外加电场作用下，可以观察到分散相会通过多孔性物质（如素瓷片或固体粉末压制成的多孔塞）而移动，即固相不动而液相移动，这种现象称为电渗。电渗的实验装置如图 10.11 所示，在 U 型管 1、2 中盛电解质溶液，将电极 3、4 接通直流电后，可从有刻度的毛细管中准确地读出液面的变化。多孔性物质为素瓷片或固体粉末压制的多孔塞。

如果多孔塞吸附阴离子，则介质带正电，通电时向阴极移动；反之，多孔塞吸附阳离子，则带负电的介质向阳极移动。多孔塞实际上是许多半径极细的毛细管的集合，对于其中每一根毛细管而言，固-液界面上都有如上所述的双电层结构存在，在外加电场下固体及其表面溶剂化层不动，而扩散层中其他与固体表面带相反电荷的离子则可以发生移动。因此就观察到分散介质的移动。

外加电解质对电渗速度影响显著，随着电解质浓度的增加，电渗速度降低，甚至会改变电渗的方向。电渗方法有许多实际应用，如溶胶净化、海水淡化、泥炭和染料的干燥等。

（3）沉降电势与流动电势。在重力场的作用下，带电的分散相粒子，在分散介质中迅速沉降时，使底层与表面层的粒子浓度悬殊，从而产生电势差，这就是沉降电势。沉降电势是电泳的逆现象。

贮油罐中的油内常会有水滴，水滴的沉降会形成很高的电势差，有时会引发事故。通常在油中加入有机电解质，增加介质电导，降低沉降电势。

含有离子的液体在加压或重力等外力的作用下，流经多孔膜或毛细管时会产生电势差。这种因流动而产生的电势称为流动电势。显然，流动电势是电渗的逆过程。如图 10.12 所示。

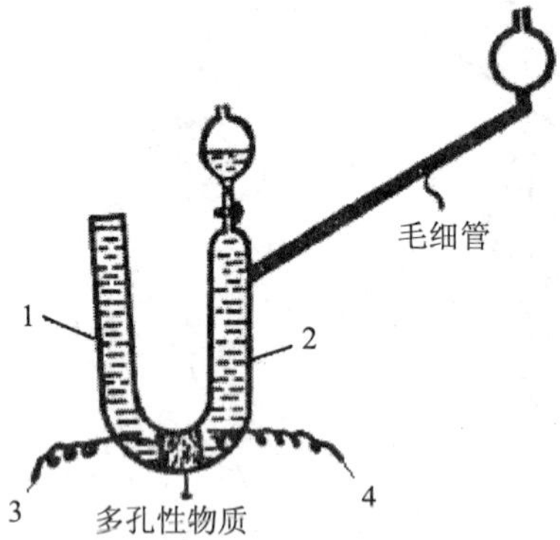

图 10.11 电渗的实验装置

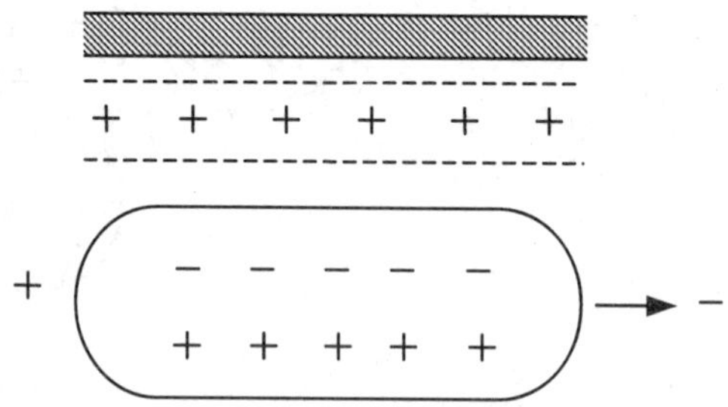

图 10.12 流动电势

因为管壁会吸附某种离子，使固体表面带电，电荷从固体到液体有个分布梯度。当外力迫使扩散层移动时，流动层与固体表面之间会产生电势差，当流速很快时，有时会产生电火花。

在用泵输送原油或易燃化工原料时，要使管道接地或加入油溶性电解质，增加介质电导率，防止流动电势可能引发的事故。

三、溶胶的胶团结构

根据吸附及扩散双电层理论，可以想象出溶胶的胶团结构。由分子、原子或离子形成的固态微粒，称为胶核。胶核常具有晶体结构。过剩的反离子一部分分布在滑动面以内，另一部分呈扩散状态分布于介质之中。若分散介质为水，所有的反离子都应当是水化的。滑动面所包围的带电体，称为胶体粒子。整个扩散层及其所包围的胶体粒子，则构成电中性的胶团。

以 AgI 的胶粒结构为例：若在稀的 $AgNO_3$ 溶液中，缓慢地滴加少量 KI 稀溶液，则得到 AgI 正溶胶，过剩的 $AgNO_3$ 则起到稳定剂的作用。由 m 个 AgI 分子形成的固体微粒的表面上吸附 n 个 Ag^+，即形成带正电荷的 AgI 胶体粒子，其胶团结构式可以表示为：

$$\underbrace{\overbrace{\left\{\underbrace{[\mathrm{AgI}]_m}_{\text{胶核}}\, n\mathrm{Ag}^+ \cdot (n-x)\mathrm{NO_3^-}\right\}^{x+}}^{\text{胶体粒子}} \;\overset{\text{可滑动面}}{\vdots}\; x\mathrm{NO_3^-}}_{\text{胶团}}$$

若在稀的 KI 溶液中，滴加少量 $AgNO_3$ 稀溶液，KI 过量。AgI 颗粒表面将吸附 I^- 离子，胶核表面则带负电荷，K^+ 为反离子，生成 AgI 的负溶胶，这时胶团结构表示为：

$$\left\{[\mathrm{AgI}]_m\, n\mathrm{I}^- \cdot (n-x)\mathrm{K}^+\right\}^{x-} \cdot x\mathrm{K}^+$$

在同一个溶胶中，每个固体微粒所含的分子个数 m 可以大小不等，其表面上所吸附的离子的个数 n 也不尽相等。在滑动面两侧，过剩的反离子所带的电量应与固体微粒表面所带的电量大小相等而符号相反。即 $(n-x)+x=n$ 。KI 为稳定剂的 AgI 溶胶的胶团剖面图，如图 10.13 所示。图中的小圆圈表示 AgI 微粒；AgI 微粒连同其表面上的 I^- 则为胶核；第二个圆圈表示滑动面；最外边的圆圈则表示扩散层的范围，即整个胶团的大小。

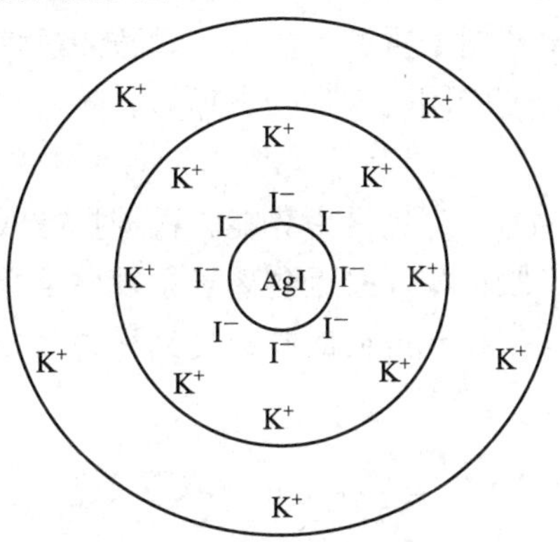

图 10.13　AgI 胶团剖面图

根据扩散双电层理论所书写的胶团结构，目前尚存在不同的看法，我们应把它视为胶团结构的近似描述。

第六节 溶胶的稳定与聚沉

溶胶是热力学不稳定的系统，溶胶粒子间有相互聚结而降低其表面自由能趋势，胶粒有发生聚沉的趋势。但它具有动力学稳定作用，因为胶粒很小，布朗运动激烈，因此在重力场中不易聚沉。更重要的，由于溶胶粒子表面的双电层的存在，粒子之间就产生了一种抗聚沉能力，这个因素才是溶胶稳定性的最根本的原因。稳定的溶胶必须同时兼备聚结稳定性和动力稳定性。

一、溶胶稳定理论

（1）DLVO 理论。胶体质点间存在范德华力，在质点相互接近时由于双电层的重叠而产生排斥作用，胶体的稳定性就取决于质点之间的吸引与排斥作用的相对大小。在 20 世纪 40 年代，前苏联学者德查金（Ddrjaguin）、朗道（Landau）、荷兰学者维韦（Verwey）、奥弗比可（Overbeek）分别提出了带电胶体粒子稳定性的理论，简称 DLVO 理论。该理论认为：

胶团之间既存在着斥力势能，也存在引力势能。两个胶团的扩散层未重叠时，两者之间不产生斥力；当两个胶团的扩散层重叠时，重叠区内反离子浓度增加，两个胶团扩散层的对称性同时遭到破坏。这样既破坏了扩散层中反离子的平衡分布，使重叠区内过剩反离子向未重叠区扩散，导致渗透性斥力的产生；同时也破坏了双电层的静电平衡，使胶团间产生静电斥力。随着重叠区域加大，这两种斥力势能都将增加。

胶粒间存在静电排斥力，产生斥力势能。根据扩散双电层模型，胶粒是带电的并为离子氛所包围。当胶粒相互接近到离子氛发生重叠时，处于重叠区中的离子浓度显然过大，结果使带相同电荷的胶粒受到斥力而相互脱离。理论证明胶团间的斥力势能 E_R 为：

$$E_R = \frac{1}{2}\varepsilon a\varphi_e^2 \exp(-kx) \tag{10.18}$$

式中，a 为球形胶团的半径，x 为两个胶团间最短的距离，k 为胶团的离子半径，φ_e 为胶团表面的热力学电势，ε 为溶剂的介电常数。由此可见，胶粒间的斥力势能取决于胶粒的大小与形状、表面的热力学电势φ_e，它与 k 和 x 呈指数关系。

胶团是许多分子的聚结体，胶团间的吸引力本质上主要是胶粒中所有分子引力的总和。胶粒间的吸引力主要是范德华引力。这种胶粒之间的引力与一般分子间的引力（与距离 x^7 成反比）不同，是远程作用的范德华引力（与距离 x^2 成反比）。

设两个半径为 a 的球形胶团间的最短距离为 x，当 $x \ll a$ 时，从理论上导得胶粒间的引力势能 E_A 为：

$$E_A = -\frac{Aa}{12x} \tag{10.19}$$

式中，A 为有效范德华引力常数，与胶粒的物性有关。式（10.19）说明吸引势能与距离 x 成反比，一般为负值，$x \to \infty$ 时，其值为零。

胶粒间相互作用的总势能应是斥力势能和引力势能之和：

$$E = E_R + E_A$$

图 10.14 中 x 代表粒子间的距离，虚线 E_A、E_R 分别为引力势能和斥力势能曲线，实线为总势能曲线。距离较远时，E_A、E_R 皆趋于零；在较短距离时，E_A 曲线要比 E_R 曲线陡得多；当 x 趋于零时，E_A、E_R 分别趋于负无穷大和正无穷大；当两个粒子从远处逐渐接近时，首先起作用的是引力势能，即在 a 点以前 E_A 起主导作用；在 a 点与 b 点之间斥力势能 E_R 起主导作用，且使总势能曲线出现极大值 E_{max}。此后，引力势能 E_A 在数值上迅速增加，且形成第一最小值。若两粒子再进一步靠近，由于两带电胶核之间产生强大的静电斥力而使总势能急剧加大。

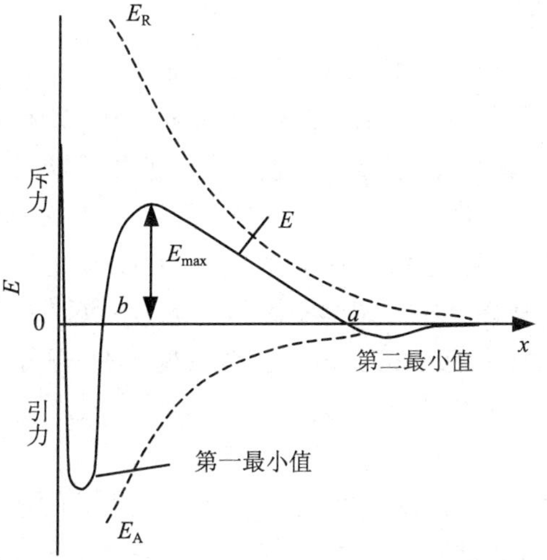

图 10.14　斥力势能、引力势能、总势能曲线

图 10.14 中 E_{max} 为胶体粒子间净的斥力势能的数值。它代表溶胶发生聚沉时必须克服的“势垒”，当迎面相碰的一对胶体粒子所具有的平动能足以克服这一势垒，它们才能进一步靠拢而发生聚沉。如果势垒足够高，超过 $15kT$（k 为玻尔兹曼常数），一般胶体粒子的热运动则无法克服它，而使溶胶处于相对稳定的状态；

倘若该势垒不存在或很小，则溶胶易于发生聚沉。

在总势能曲线中有两个最小值，距离近而谷底深的称为第一最小值。在此引力作用范围内的粒子将形成结构紧密而又稳定的聚沉物，称为不可逆聚沉或永久性聚沉。距离较远而谷底浅的最小值称为第二最小值。并非所有溶胶皆出现第二最小值，当粒子的线度小于 10 nm，即便出现第二最小值谷底也很浅。对于较大的粒子，特别是形状不对称的粒子，第二最小值会明显，其值一般为几个 kT，粒子处在此范围将形成较疏松的沉积物，但不稳定。当外界条件略为变动，沉积物可重新分离成为溶胶。

除胶粒带电是溶胶稳定的主要因素之外，溶剂化作用也是使溶胶稳定的重要原因，若水为分散介质，构成胶团双电层结构的全部离子都应当是水化的，在分散相粒子的周围，形成一个具有一定弹性的水化外壳。因布朗运动使一对胶团互相靠近时，水化外壳因受到挤压而变形，但每个胶团都力图恢复其原来的形状而又被弹开，由此可见，水化外壳的存在势必增加溶胶聚合的机械阻力，而有利于溶胶的稳定。当分散相粒子的布朗运动足够强时，就能克服重力场的影响而不下沉，溶胶的这种性质称为动力稳定。一般来说，分散相与分散介质的密度相差越小，分散介质的黏度越大，分散相的颗粒越小，布朗运动越强烈，溶胶的动力稳定就越强。

由此可见，分散相粒子带电、溶剂化作用和布朗运动是溶胶三个重要的稳定因素；若中和分散相粒子所带电荷、降低溶剂化作用，均可使溶胶聚沉。此外，分散系统中电解质的浓度，能强烈影响胶粒之间的排斥能量。

（2）空间稳定理论。向溶胶中加入高聚物或非离子表面活剂，虽降低了 ζ 电势，但却显著地提高了溶胶系统的稳定性，用 DLVO 理论不能解释该现象，空间稳定理论可以很好解释该现象。空间稳定理论认为，溶胶胶粒表面吸附高分子化合物，使得胶粒靠近时系统的 $\Delta G>0$。由 $\Delta G=\Delta H-T\Delta S$ 可知，凡是促使 $\Delta G>0$ 的变化均可使系统稳定。此外吸附高分子化合物层所产生的弹性力亦对溶胶起到稳定作用。

（3）空缺稳定理论。当溶剂对高分子化合物有良好的溶胶性能时，向溶胶中加入高分子化合物，胶粒对高分子化合物分子可能产生负吸附，即胶粒表面层高分子化合物分子可能产生负吸附，即胶粒表面层高分子化合物浓度低于溶胶本体中的高分子化合物浓度，导致胶粒表面形成“空缺层”。当空缺层重叠时会发生排斥作用。这是空缺稳定理论的基本思想，它要求溶剂有好的对高分子化合物的溶解性能。

二、溶胶的聚沉

溶胶中的分散相微粒相互聚结，颗粒变大，进而发生沉淀的现象称为聚沉。任何溶胶从本质上来看都是不稳定的，通过加热、辐射或加入电解质等均可造成溶胶的聚沉。影响溶胶稳定性的因素有：外加电解质影响胶粒的带电情况，使ζ电位下降，促使胶粒聚结；胶体浓度增加，粒子碰撞机会增多；温度升高，粒子碰撞机会增多，碰撞强度增加；以及胶体体系的相互作用，带不同电荷的胶粒相互吸引等都能造成胶体聚沉。

（1）外加电解质的影响。溶胶受电解质的影响非常敏感，其作用机理也很复杂。随电解质浓度增加，溶胶发生聚沉需克服的势垒高度相应降低，当电解质浓度到某一值时，引力势能占绝对优势。分散相粒子一旦碰撞，即可聚结，使溶胶发生明显聚沉所需要电解质的最小浓度，称为电解质的聚沉值。该值越小，表面电解质聚沉能力越大，聚沉值的倒数称为聚沉能力。电解质的浓度增加或含高价反离子电解质离子数增加，会使扩散层压缩变薄，降低斥力势能。可以总结出如下的规律：

① 舒尔策（Schulze）-哈迪（Hardy）规则指出：聚沉能力主要与胶粒带相反电荷的电解质离子（反离子）的离子价数决定。聚沉值与反离子价数的6次方成反比。例如，对于某溶胶，反离子分别为一价、二价、三价，则聚沉值的比例为：

$$\left(\frac{1}{1}\right)^6:\left(\frac{1}{2}\right)^6:\left(\frac{1}{3}\right)^6$$

② 反离子就是价数相同，其聚沉能力也有差异。例如，对胶粒带负电的溶胶，一价阳离子硝酸盐的聚沉能力次序为：

$$H^+ > Cs^+ > Rb^+ > NH_4^+ > K^+ > Na^+ > Li^+$$

对带正电的胶粒，一价阴离子的钾盐的聚沉能力次序为：

$$F^- > Cl^- > Br^- > NO_3^- > I^-$$

这种次序称为感胶离子序。这种顺序和离子的水合半径的顺序相同。

③ 许多有机化合物的离子都有很强的聚沉能力，可能与其具有强吸附能力有关。

④ 聚沉不仅仅是反离子和胶体之间作用的结果。反离子相同时，则另一与胶粒电荷相同的同性离子的价数也会影响聚沉值，该同性离子的价数越高，反离子的聚沉能力越低。

⑤ 不规则聚沉，在溶胶中加入少量的电解质可以使溶胶聚沉，电解质浓度稍高，沉淀又重新分散成溶胶，并使胶粒改变符号。如果电解的浓度再次升高，可以使新生成的溶胶再次沉淀，这种现象称为不规则聚沉。不规则聚沉是溶胶粒子对高价反离子强烈吸附的结果。

⑥ 胶体之间的相互作用，将胶粒带相反电荷的溶胶互相混合，也会发生聚沉。与加入电解质情况不同的是，当两种溶胶的用量恰能使其所带电荷的量相等时，才会完全聚沉，否则会不完全聚沉，甚至不发生聚沉。溶胶的混合类似于加入电解质的一种特殊情况。

（2）高分子化合物对溶胶的絮凝作用和稳定作用。

① 高分子化合物对溶胶的絮凝作用。加入少量某种高分子溶液，有时能明显地破坏溶胶的稳定性，或者是使电解质的聚沉值显著减小，称为敏化作用；或者是高分子化合物直接导致胶粒聚集而沉降，称为絮凝过程。

产生絮凝作用的原因有下述方式，一是当加入的高分子物质的量不足时，溶胶的胶粒黏附在高分子上，高分子起搭桥作用，把胶粒联系在一起，使之更容易聚沉。二是利用高分子化合物对水有更强的亲和力，具有溶解与水化作用，使胶体粒子脱水，失去水化外壳而聚沉，这种效应称为脱水效应。三是利用离子型高分子化合物吸附在带电的胶体粒子上，可以中和分散相粒子的表面电荷，利用电中和效应，降低粒子间的斥力势能，从而使溶胶聚沉。

高分子化合物的絮凝作用有如下特点：

a. 一般具有链状结构。凡交联的或者是含支链的高分子，其絮凝作用就差，甚至无絮凝作用。

b. 加入量有一个最佳值，此时絮凝效果最好；超过此值，絮凝效果就下降；此量过大，反而起到保护作用。

c. 分子量越大，架桥能力越强，絮凝能力也越高。

d. 基团性质与絮凝有关。有良好的絮凝作用的高分子化合物至少应该具备能吸附于固体表面的基团，这类基团还能溶解于水中。常见的基团有：—COOH、—$CONH_3$、—OH、—SO_4Na 等。这些极性基团的特点是亲水性很强，在固体表面上能吸附，产生吸附的原因可能是静电吸引、氢键和范德-瓦尔斯（Vander-Waals）引力。吸附力的大小还与液体和固体的性质，如 pH 值，外加高价离子、表面活性剂等有关，它们使高分子化合物在某些固体表面上有选择性吸附。

e. 絮凝过程的快慢与作用程度，取决于絮凝物的大小和结构、絮凝物的性能、絮凝剂的混合条件、搅拌速度和强度等。

② 高分子化合物对溶胶的稳定作用。控制高分子物质的量，吸附在溶胶粒子的表面上，形成一层高分子保护膜，包围了胶体粒子，把亲液性基团伸向水中，

并且有一定厚度，当胶体质点在相互接近时的吸引力就大为削弱，同时这一层黏稠的高分子膜，还会增加相互排斥力，因而增加了胶体的稳定性。当所加高分子化合物的量较少时，由于没有形成保护膜，絮凝作用是主要的，加入高分子化合物的量较多时，以稳定作用为主。

第七节　高分子溶液

一、高分子及高分子溶液

高分子按来源分为天然的、半天然的和合成的；按聚合反应的机理和反应的类别分为连锁聚合（加聚）和逐步聚合（缩聚）两大类；按高分子主链结构分为碳链、杂链和元素有机高分子等；按聚合物性能和用途分类为塑料、橡胶、纤维和黏合剂等；按高分子的形状分线型、支链型和交联型等。斯陶丁格（Staudinger）把摩尔质量在 $1\sim10^4\,\mathrm{kg\cdot mol^{-1}}$ 的大分子化合物称为高分子化合物，在适宜的溶剂中可分散为高分子（或大分子）溶液。如淀粉、蛋白质等天然高分子；合成橡胶、聚烯烃、树脂和合成纤维等人工合成的聚合物；以及光敏高分子、导电性高分子、医用高分子和高分子膜等功能高分子材料。

高分子化合物以分子或离子的状态均匀地分布在溶液中，在分散质与分散介质之间无相界面存在。故高分子溶液是均匀分布的真溶液，即热力学平衡系统。这是高分子溶液与溶胶最本质的差别。由于高分子化合物分子的大小，恰好是在胶体范围之内，而且又具有胶体的某些特性，因此又将高分子溶液称为亲液溶胶。为了便于比较，现将高分子溶液与溶胶在主要性质上的异同列于表 10.4 中。

表 10.4　高分子溶液与溶胶性质的比较

	高分子溶液	溶胶
相同之处	高分子化合物的尺寸 $10^{-9}\sim10^{-6}$m	分散相粒子的尺寸 $10^{-9}\sim10^{-6}$m
	扩散慢	扩散慢
	不能通过半透膜	不能通过半透膜
不同之处	热力学稳定系统	热力学不稳定系统
	稳定原因主要是溶剂化	不稳定原因主要是分散相粒子带电
	均相系统，丁达尔效应微弱	多相系统，丁达尔效应强
	对电解质稳定性大	加入少量电解质就会聚沉
	黏度大	黏度小，与纯溶剂的黏度相似
	将溶剂蒸发掉，可得干燥的高分子化合物，再加入溶剂又可自动地溶解成溶液，即具有可逆性	将溶剂蒸发掉，可得干燥的沉淀物，若再加入溶剂，不能复原成溶胶，即具有不可逆性

二、高分子化合物的平均摩尔质量

聚合过程中，每个分子的聚合程度可以不一样，所以大分子的摩尔质量具有一定的分布范围。实测摩尔质量是各级分布的统计平均值。测定方法不同，得到的平均摩尔质量也不同。常用有四种测量方法即渗透压法、黏度法、超离心沉降法与光散射法，因而有四种平均摩尔质量表示法。

（1）数均摩尔质量$\overline{M}_n$。有一高分子溶液，各组分的分子数分别为N_1，N_2，…，N_i…，其对应的摩尔质量为M_1，M_2，…，M_i…，则数均摩尔质量的定义为：

$$\overline{M}_n=\frac{N_1M_1+N_2M_2+\cdots+N_iM_i}{N_1+N_2+\cdots+N_i}=\frac{\sum_i N_iM_i}{\sum_i N_i}=\sum_i x_iM_i \qquad (10.20)$$

式中，x_i为i组分在该溶液中所占的分数，即：

$$x_i=\frac{N_i}{\sum_i N_i} \qquad (10.21)$$

数均摩尔质量可用渗透压法测得。

（2）质均摩尔质量$\overline{M}_m$。质均摩尔质量习惯上也称为重均摩尔质量。因为单个分子质量为M_i的组分i的质量为$N_iM_i=m_i$，所以：

$$\overline{M}_m=\frac{\sum_i N_iM_i^2}{\sum_i N_iM_i}=\frac{\sum_i m_iM_i}{\sum_i m_i}=\sum_i w_iM_i \qquad (10.22)$$

式中，w_i是i组分的质量分数，即：

$$w_i=\frac{m_i}{\sum_i m_i} \qquad (10.23)$$

质均摩尔质量可通过光散法测得。

（3）Z均摩尔质量$\overline{M}_z$。Z均摩尔质量的定义是：

$$\overline{M}_z=\frac{\sum_i N_iM_i^3}{\sum_i N_iM_i^2}=\frac{\sum_i m_iM_i^2}{\sum_i m_iM_i}=\frac{\sum_i Z_iM_i}{\sum_i Z_i} \qquad (10.24)$$

式中，$Z_i=m_iM_i$

Z均摩尔质量可通过超离心沉降法测得。

（4）黏均摩尔质量$\overline{M}_v$。它的定义是：

$$\overline{M}_v=\left[\frac{\sum_i N_i M_i^{(a+1)}}{\sum_i N_i M_i}\right]^{\frac{1}{a}}=\left[\frac{\sum_i m_i M_i^a}{\sum_i m_i}\right]^{\frac{1}{a}}=\left[\sum_i w_i M_i^a\right]^{\frac{1}{a}} \qquad (10.25)$$

式中，α是指$[\eta]=KM^{\alpha}$公式中的指数。黏均摩尔质量可通过黏度法测得。

数均摩尔质量$\overline{M}_n$对高分子化合物中摩尔质量较低的部分较为敏感，而质均摩尔质量$\overline{M}_m$和Z均摩尔质量$\overline{M}_z$则对摩尔质量较高的部分比较敏感。

三、高分子溶液的渗透压

利用溶液的某些依数性质如渗透压、冰点降低、沸点升高、蒸气压降低等可以测定溶质的摩尔质量。依数性质与溶质的分子数目相关，由此测出的摩尔质量为数均摩尔质量。但溶胶为热力学不稳定系统，且具有聚结不稳定性，质点数随时间变化，渗透压效应小，若用于溶胶研究，测量误差大。由于高分子溶液浓度一般很小，溶质分子数少，所以依数性效应也小。只有渗透压法适于测定高分子的摩尔质量。

（1）不离解的高分子溶液。如图 10.15 所示。高分子 P 不能透过半透膜，而H_2O分子可以，所以在膜两边会产生渗透压。渗透压可以用不带电粒子的范特霍夫公式计算。

即：

$$\Pi_1=c_2RT \qquad (10.26)$$

其中c_2是高分子溶液的浓度。

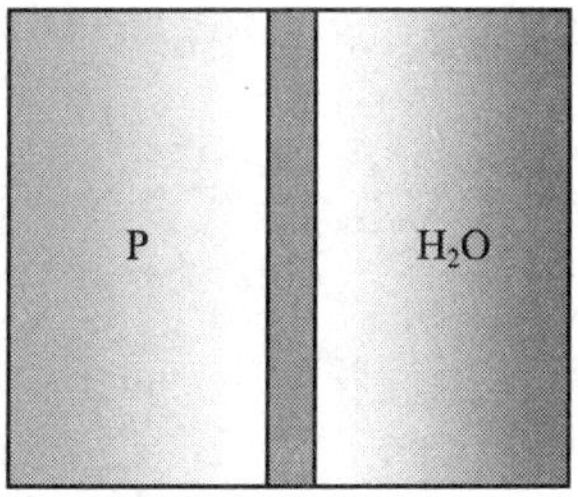

图 10.15 渗透压产生

该法测定高分子摩尔质量的范围是 $10 \sim 10^3\ kg\cdot mol^{-1}$，摩尔质量太低，高分子化合物易通过半透膜，摩尔质量太高，Π_1 很低，测试误差大。该法只适于不电离的高分子稀溶液，对于蛋白质水溶液，只在等电点时才适用。

（2）能电离的高分子溶液。在高分子溶液中通常含有少量电解质杂质，即使杂质含量很低，但按离子数目计还是很可观的。在半透膜两边，一边放高分子电解质，另一边放纯水。高分子离子不能透过半透膜，而离解出的小离子和杂质电解质离子可以透过半透膜。膜两边要保持电中性，使得达到渗透平衡时小离子在两边的浓度不等，这种平衡称为膜平衡或唐南平衡。如图 10.16（a）所示。

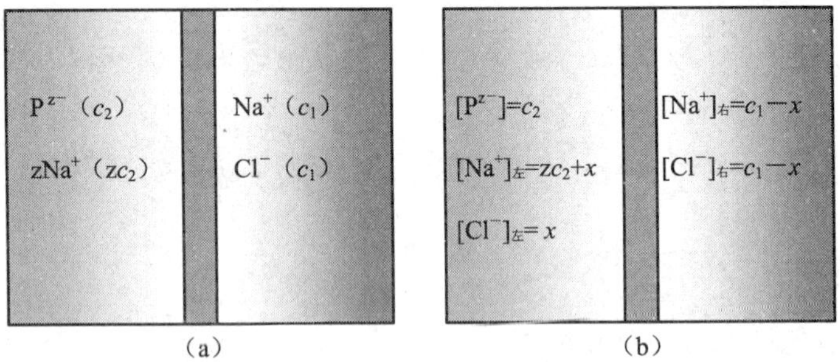

图 10.16 唐南膜平衡（两侧体积相等）

以蛋白质的钠盐为例，它在水中发生如下离解：

$$Na_zP \longrightarrow zNa^+ + P^{z-}$$

蛋白质分子 P^{z-} 不能透过半透膜，而 Na^+ 可以，但为了保持溶液的电中性，Na^+ 也必须留在 P^{z-} 同一侧。

Na^+ 在膜两边浓度不等，处于唐南平衡状态。由于离子分布的不平衡会造成额外的渗透压，影响高分子摩尔质量的测定，这种效应称为唐南效应，要设法消除。因为渗透压只与粒子的数量有关，所以：

$$\Pi_2 = (z+1)c_2RT \tag{10.27}$$

由于高分子中 z 的数值不确定，就是测定了 Π_2 也无法正确地计算高分子的摩尔质量。

（3）外加电解质时的高分子溶液。在蛋白质钠盐的另一侧加入浓度为 c_1 的小分子电解质，如图 10.16（b）所示。达到膜平衡时，为了保持电中性，有相同数量的 Na^+ 和 Cl^- 扩散到了左边。虽然膜两边 NaCl 的浓度不等，但达到膜平衡时，NaCl 在两边的化学势应该相等，即：

$$RT\ln a_{NaCl,左} = RT\ln a_{NaCl,右} \quad 或 \quad \left(a_{Na^+}a_{Cl^-}\right)_左 = \left(a_{Na^+}a_{Cl^-}\right)_右$$

对于稀溶液，设所有的活度系数均为 1，则得到：

$$\lfloor a_{Na^+} \rfloor_{左} \lfloor a_{Cl^-} \rfloor_{左} = \lfloor a_{Na^+} \rfloor_{右} \lfloor a_{Cl^-} \rfloor_{右}$$

则：$(x + zc_2) \cdot x = (c_1 - x)^2$

得到：$x = \dfrac{c_1^2}{zc_2 + 2c_1}$

由于渗透压是因半透膜两边粒子数不同引起的，所以：

$$\begin{aligned} \Pi_3 &= \left[(c_2 + zc_2 + x + x)_{左} - 2(c_1 - x)_{右} \right] RT \\ &= (c_2 + zc_2 - 2c_1 + 4x) RT \end{aligned}$$

将 x 代入，整理得：

$$\Pi_3 = \frac{zc_2^2 + 2c_1c_2 + z^2c_2^2}{zc_2 + 2c_1} RT \tag{10.28}$$

如果 $c_1 << c_2$ 时，即右边所加的电解质浓度很低，式（10.28）可近似为：

$$\Pi_3 \approx (c_2 + zc_2) RT = c_2 (z + 1) RT \tag{10.29}$$

这时计算的蛋白质的摩尔质量可能会偏低。

如果 $c_1 >> c_2$，即在右边电解质的浓度比原来蛋白质的浓度大得多，式（10.29）可近似为：

$$\Pi_3 \approx c_2 RT \tag{10.30}$$

这就相当于第一种情况的简化式，即蛋白质在等电点时的情况。

由上述可知，若在测定电离的电解质渗透压时，在另一边加较多的小分子电解质，可以不用电离物质的渗透压公式计算高分子物质的平均摩尔质量。这样误差较小。唐南平衡最重要的功能是控制物质的渗透压，这对医学、生物学等研究细胞膜内外的渗透平衡有重要意义。

四、高分子溶液的黏度

液体流动时，其内部的分子会产生阻碍液体相对流动的摩擦力。牛顿型液体在稳态流动状态下，推动液体流动的外力 F，在数值上等于液体流动产生的内摩擦力，即：

$$F = \eta A_s \mathrm{d}v / \mathrm{d}x \tag{10.31a}$$

式中 A_s 为液体相邻两平行层的面积，层间距为 $\mathrm{d}x$，流速差为 $\mathrm{d}v$，两层间速度梯度 $\mathrm{d}v/\mathrm{d}x$ 也称切变速率。η为摩擦系数，即动力黏度，简称黏度，其单位为 Pa·s。

式（10.31a）可改写为：
$$\tau = F / A_s = \eta \mathrm{d}v / \mathrm{d}x \tag{10.31b}$$
式中τ为液体中的剪切应力。式（10.31a）和式（10.31b）即为牛顿黏性流动定律。对于牛顿型液体，在一定温度下η为常数，它不随 $\mathrm{d}v/\mathrm{d}x$ 的变化而变化。

黏度是高分子溶液的一个重要特征。设纯溶剂的黏度为η_0，溶液的黏度为η，ρ_B代表溶液中高分子的体积质量浓度，适于高分子溶液的黏度定义常用的有如下几个：

（1）相对黏度。表示溶液黏度对溶剂黏度的倍数，量纲为 1。
$$\eta_r = \eta / \eta_0 \tag{10.32}$$
（2）增比黏度。表示溶液黏度比纯溶剂黏度增加的分数，量纲为 1。
$$\eta_{sp} = (\eta - \eta_0) / \eta_0 = \eta_r - 1 \tag{10.33}$$
（3）比浓黏度。表示单位体积质量浓度的增比黏度，其数值仍随质量浓度的增加而增加，单位为 $m^3 \cdot kg^{-1}$。
$$\eta_{sp} / \rho_B = \frac{\eta - \eta_0}{\eta_0} / \rho_B = (\eta_r - 1) / \rho_B \tag{10.34}$$
（4）特性黏度。为比浓黏度在体积质量浓度无限稀时的极限，其单位为 $m^3 \cdot kg^{-1}$。
$$[\eta] = \lim_{\rho_B \to 0} \left(\eta_{sp} / \rho_B\right) \tag{10.35a}$$
并且
$$[\eta] = \lim_{\rho_B \to 0} (\ln \eta_r / \rho_B) \tag{10.35b}$$
特性黏度与高分子化合物的摩尔质量 M_v 有如下经验关系：
$$[\eta] = K \cdot M_v^{\ a}$$
写成对数形式为：
$$\ln[\eta] = \ln K + a \ln M_v \tag{10.36}$$
式中，K，a 是与溶剂、高分子化合物和温度有关的经验常数，可从相关手册中查阅。

当温度、聚合物和溶剂体系选定后，高分子溶液的黏度仅与浓度和聚合物分子的大小有关。特性黏度是几种黏度中最能反映溶质分子本性的一种物理量，由于它是外推到无限稀释时溶液的性质，已消除了高分子之间相互作用影响，且代表了无限稀释溶液中单位浓度高分子溶液黏度变化的分数。

实验方法是用黏度计测出溶剂和溶液的黏度η_0 和η，计算相对黏度η_r 和增比黏度η_{sp}。如图 10.17 所示，以η_{sp}/c 对 c 作图，得一条直线，以$(\ln\eta_r)/\rho_B$对ρ_B、η_{sp}/ρ_B

对ρ_B作图得另一条直线。将两条直线外推至浓度$c \to 0$，得到特性黏度$[\eta]$。

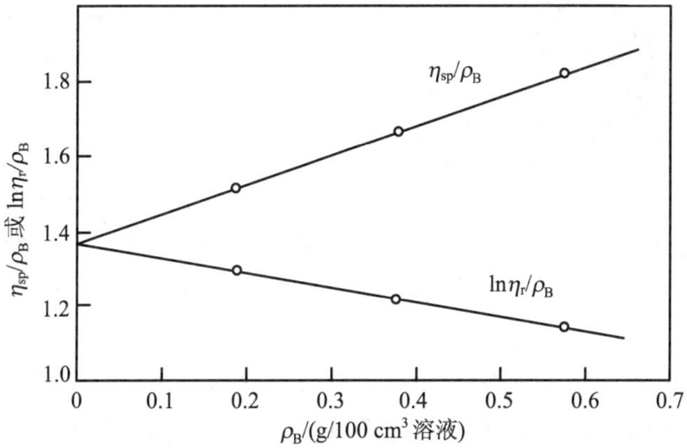

298 K 时聚氯乙烯在环乙烷溶液中η_{sp}/ρ_B和$\ln\eta_r/\rho_B$对ρ_B作图

图 10.17　实验法求特性黏度

第八节　粗分散系统

一、乳状液

一种或几种液体以液珠的形式分散在另一种与其不互溶（或部分互溶）的液体之中形成的粗分散体系称为乳状液。乳状液中分散相的粒子为 1 000 nm 以上，用显微镜可以清楚地观察到，属于粗分散系统。具有多相和易聚结的不稳定性等特点，是胶体化学研究的对象。在自然界、生产实际以及日常生活中，经常接触到乳状液，如从油井喷出的原油、橡胶类植物的乳浆、杀虫剂的乳剂、牛奶等都是乳状液。

乳状液的分散相和分散介质都是液体，但不互溶或相互溶解度极小；其中一个通常是有极性的水或水溶液（W），另一个则是非极性物质，通称为油（O）。分为以水为连续相的水包油乳状液（O/W），或以油为连续相的油包水乳状液（W/O）两种类型。如图 10.18 所示。连续相又称外相，非连续相又称内相。通过稀释法、染色法、电导法可鉴别乳状液的类型。如水包油乳状液（O/W）的电导率比油包水乳状液（W/O）的电导率高，因此可以通过测定电导率区分两种类型的乳状液。

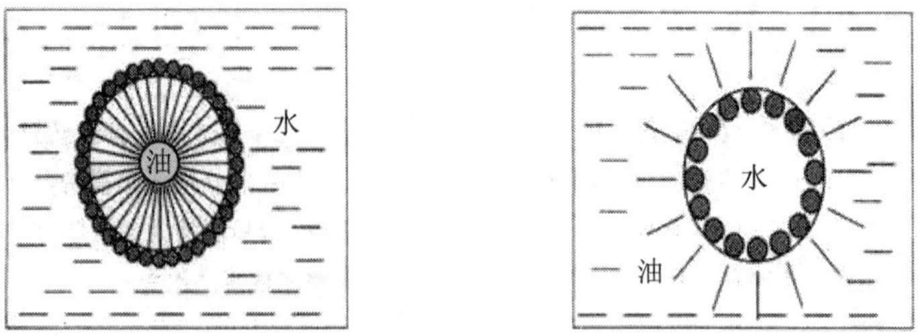

（a）水包油型（O/W）　　（b）油包水型（W/O）

图 10.18　乳状液的两种类型

（1）乳化剂的作用。通常用分散法制取乳状液，如机械搅拌、胶体磨、超声乳化等。但乳状液是热力学的不稳定系统，简单地将两种不相溶的液体混合，是制不成乳状液的，必须在第三种物质即乳化剂的作用下才能稳定存在。乳化剂通过降低界面能量，或在界面形成坚固的界面膜，或形成双电层，使由机械分散所得液滴不相互聚结。乳化剂的选用，要考虑乳化的物质和要形成的乳状液的类型，依据表面活性剂的 HLB 值，选取合适的表面活性剂，可选用天然物质如蛋白质、树胶、明胶、皂素、磷脂等常见乳化剂，可选用某些粉末状固体。

（2）乳状液的不稳定性。乳状液是热力学不稳定的系统，其不稳定性表现为分层、变型和破乳。

① 分层。往往是破乳的前兆。如分层的牛奶，它的上层是奶油，其上层中分散相乳脂约含 35%，下层约含 8%。

② 变型。是指乳状液 O/W 型与 W/O 型间的相互转换。通过改变乳化剂、改变两相的体积比、改变温度或加入电解质等可实现此类转换。例如，用油酸钠为乳化剂的苯和水系统是 O/W 型乳状液，加入 0.5 $mol\cdot dm^{-3}$ 的 NaCl 电解质溶液，则变为 W/O 型乳状液。

高价金属离子导致乳状液变型的作用可以用楔子理论来说明，离子的价数对变型所需要的电解质的浓度有很大影响。电解质的变型能力可按如下的次序排列：

$$Al^{3+} > Cr^{3+} > Ni^{2+} > Pb^{2+} > Ba^{2+} > Sr^{2+} (= Ca^{2+} = Fe^{2+} = Mg^{2+})$$

乳状液的变型可能与高价金属离子压缩液滴的双电层有关。

③ 破乳。在生产中有时需把形成的乳状液破坏，使其内外相分离（分层），称为破乳。

破坏乳状液的方法很多，如加热破乳、高压电破乳、过滤破乳、化学破乳等。原油脱水就是采用高压电破乳的方法，在电场的作用下液珠质点排队列成行，当电压升高到某一定值（约为 2 000 $V\cdot m^{-1}$ 的直流电），聚结过程瞬间完成。化学破乳是加入破乳剂，破坏乳化剂的吸附膜。例如，用皂作为乳化剂，在乳状液中加酸，皂就变成脂肪酸而析出，乳状液就分层而被破坏。当前最主要的化学破乳方法是选择一种能强烈吸附于油-水界面的表面活性剂，用以顶替在乳状液中生成牢固膜的乳化剂，产生一种新膜，膜的强度显著降低而导致破乳。

实际过程的破乳总是几种方法的综合运用，例如使原油破乳往往是加热，电场和破乳剂等几种方法同时并用，以提高破乳效果使油水分离。

乳状液在工农业生产和日常生活中有着广泛的应用。例如，在农药工业的生产中，为了节省药量、提高药效，常将农药配成乳状液使用；又如，一种液体肥料的使用，也是先配成乳状液后喷洒在作物的叶子上，大大节省肥料，提高肥效；再如，可在柴油中加入7%～15%的水，在乳化剂存在下用超声波使其形成乳状液，作为车用柴油可提高燃烧值10%，且减少大气污染。此外，乳液聚合法制备高分子化合物，油脂在人体内的输送和消化都与乳状液的形状有关，许多食品、饮料和化妆品也都制成乳状液的形式。

二、泡沫

气体分散在液体或固体中所形成的分散系统称为泡沫，分别称为液体泡沫或固体泡沫。气泡大小一般在 10^{-6} m 以上，目视可见，所以泡沫为粗分散系统。

泡沫的产生方法有物理方法、化学方法和外加起泡剂等方法。其中物理方法有：送气鼓泡法、溶解度降低法、加热沸腾法等。化学方法一般是利用热分解反应产生气体鼓泡。如小苏打（$NaHCO_3$）的加热分解。

泡沫稳定存在的时间称为泡沫的寿命。泡沫的寿命与所加稳定剂的性质、温度、压力、介质的黏度等有关。一般来说，使泡沫稳定的因素应包括以下方面：

（1）降低界面张力。泡沫系统是一个热力学不稳定的系统。为了提高它的稳定性，必须在保持巨大相界面的前提下，设法降低界面张力。表面活性剂如皂类和合成洗涤剂等能起此作用。

（2）形成气泡的保护膜。具有一定机械强度的保护膜，是泡沫稳定的最重要因素。表面活性剂分子在包围气体的液膜上形成双层吸附，其亲水基形成水化层，从而防止了液膜内液体的流失；伸向气相的亲油基团相互吸引，使液膜强度大大提高。蛋白质类（明胶、蛋白质等）之所以能稳定气泡，是因为它们在界面上形成坚固的保护膜。固体粉末（石墨、矿粉等）附于气泡上时，既能阻止气泡的相互聚结，也增大了液膜中流体的阻力。高分子聚合物（聚乙烯醇、甲基纤维素等）对气泡的稳定作用，也是在于形成有一定强度的保护膜。

（3）增大表面黏度。指液膜的黏度，而非膜间液体的黏度。单一的表面活性剂产生的泡沫，其稳定性不高，加入一些助剂后，往往能够显著提高泡沫的稳定性。其原因在于使表面黏度增加，液膜不易收缩变薄而破裂。另外，增加表面黏度减小了气体的渗透，使泡沫更加稳定。

（4）使液膜表面带电。若液膜的两个表面带有相同的电荷，在液膜较薄时，因相同电荷间的排斥作用，阻止了液膜继续变薄。从而达到了保护泡沫的目的。

破坏泡沫的过程称为消泡，通过破坏泡沫的稳定因素，如把构成液膜的液体提纯、减少形成泡沫液体的黏度、去除起泡剂及添加消泡剂等，均可起到消泡作用。消泡的方法主要有如下两类：

（1）物理方法。主要是以搅拌击破泡沫，利用温度及压力的改变使气泡破坏。此外，还有离心方法，或紫外、红外、X 射线照射等。

（2）化学方法。加入少量短碳链（如 C_5～C_8）的醇或醚等类型的消泡剂。由于它们表面活性大，故能顶替原来的气泡剂；又由于碳链短，故不能在气泡外围形成牢固的保护膜。此类消泡剂还有天然油脂类、聚醚类、磷酸酯类、硅树脂类以及高氟卤化物等。

泡沫技术的应用也很广泛，矿物的浮选就是其中之一。先将矿石粉碎成尺寸在 0.1 mm 以下的颗粒，加入足量的水、适量的浮选剂及少量的起泡剂，再强烈鼓入空气，即形成大量气泡。这时憎水性强的有用矿物附着在气泡上并随之浮至液面，而被水润湿的长石、石英等废石则沉入水底。加入浮选剂的目的是为了增加矿物的憎水性。一般当水对矿物的接触角在 50°～70°时即能达到浮选的效果。浮选后提高了矿物的品位，而利于冶炼。

常见的利用泡沫的实例有灭火剂、饮料、啤酒、泡沫冶金、泡沫浮选、泡沫金属、泡沫玻璃、泡沫塑料等。但在发酵、精馏、造纸、印染及污水处理等工艺过程中，泡沫的出现将会给操作带来诸多不便，因此在这类工艺操作中，必须设法防止泡沫的出现或破坏泡沫的存在，即消泡。

三、悬浮液

不溶性固体粒子分散在液体中形成的分散系统称为悬浮液。其中的分散相粒子是三维线度均在 10^{-6} m 以上的粗分散系统。其分散相粒子颗粒较大，因此体系具有如下特点：不存在布朗运动、不发生扩散和渗透现象、在重力场作用下易于沉降、对光的散射强度十分微弱等。利用悬浮液中粒子可选择性地吸附溶液中的某种离子而带电及某些高分子化合物对悬浮液的保护作用等可促进悬浮液暂时稳定地存在。

通常悬浮液为多级分散系统，即它是由大小不同的粒子构成的复杂系统。可利用沉降分析法测量悬浮液中粒子的含量，即粒度分布。例如测定黄河水不同区段的泥沙分布等。

因悬浮液中分散相粒子的半径较胶体粒子为大，粒子的布朗运动可以忽略不计，粒子主要受重力的影响而沉降。同时受到介质的阻力作用，当重力和阻力相等时，粒子做匀速运动，沉降速度为：

$$v=\frac{2r^2}{9\eta}(\rho-\rho_0)g \tag{10.37}$$

式中的ρ_0、η分别代表分散介质的密度和黏度。假设分散相粒子呈圆球形，其半径为 r，粒子无溶剂化现象，其密度即为纯固体的密度ρ，g 为重力加速度。粒子达到匀速沉降速度所需时间极短，一般只需 10^{-6}～10^{-3}s。

由式（10.37）可知：

（1）沉降速度与粒子半径平方成正比，粒子半径减小一半，沉降速度减至原来的 1/4，沉降分析法即以此为依据。

（2）选用不同密度和黏度的介质，可控制和调节沉降速度。这对许多工业过程和分析过程都是很重要的。

（3）实验测出时间 t 内粒子沉降的高度 h，并以 $v=h/t$ 代入式（10.37），得出粒子半径：

$$r=\left[\frac{9\eta h}{2(\rho-\rho_0)gt}\right]^{\frac{1}{2}} \tag{10.38}$$

式（10.38）表明，不同半径的粒子，下沉同样高度所需时间不同。对于多级分散系统，采用沉降分析法，可求出粒子的粒度分布。

沉降分析可使用沉降天平来进行。一般情况下，悬浮液都是由大小不等的粒子所构成的多级分散系统。在生产及科研中，通常利用沉降分析法测定悬浮液的粒度分布，这在许多领域如土壤学、硅酸盐、颜料等的科研和生产中都有着广泛的应用。

复习与思考题

1．如何定义胶体系统？溶胶的主要特征是什么？

2．溶胶为热力学不稳定系统，但它在相当长的时间范围内可以稳定存在，其主要原因是什么？

3．为何说我们观察到的布朗运动，不是胶粒真实的运动情况？

4．丁达尔效应是由光的什么作用引起的？其强度与入射光波长有什么关系？粒子大小范围落在什么区间内可以观察到丁达尔效应？

5．影响胶粒电泳速率的主要因素有哪些？电泳现象说明什么问题？

6．电泳与电渗有何异同点？流动电势与沉降电势有何不同？这些现象有什么应用？

7．什么是ζ电势？如何确定电势的正、负号？ζ电势在数值上一定要小于热力学电势吗？请予说明。

8．胶核吸附稳定离子时有何规律？

9．当唐南平衡建立后，与高分子溶液渗透压关系如何？

10．K、Na 等碱金属的皂类作为乳化剂时，易于形成 O/W 型乳状液；Zn、Mg 等高价金属的皂类作为乳化剂时，则有利于形成 W/O 型乳状液，试说明其原因。

11．含 Fe_2O_3 浓度为 1.5 $kg·m^{-3}$ 的溶胶，稀释 $1×10^4$ 倍后，在超显微镜下观察，数出视野中颗粒平均为 4.1 个（视野面积为半径 $4.0×10^{-5}$ m 的圆，厚度 $4.0×10^{-5}$ m），已知质点的密度ρ为 $5.2×10^3$ $kg·m^{-3}$，设胶粒为球形，试计算此胶粒平均半径。（r=0.7 $×10^{-7}$m）

12．某溶胶中粒子的平均直径为 $4.2×10^{-9}$m，设其黏度和纯水相同，$\eta=1.00×10^{-3}$ Pa·s，试计算：（1）298 K 时，胶体的扩散系数 D。（2）在 1 s 里，由于布朗运动，粒子沿 x 轴方向的平均位移〈x〉。（D=$1.04×10^{-10}$ $m^{-2}·s^{-1}$；〈x〉=$1.44×10^{-5}$m）

13．某粒子半径为 $3×10^{-8}$ cm 的金溶胶，298 K 时，在重力场中达到沉降平衡后，在高度相距 0.1 mm 的某指定体积内粒子数分别为 277 个和 166 个，已知金与分散介质的密度分别为 $1.93×10^4$ $kg·m^{-3}$ 及 $1.00×10^3$ $kg·m^{-3}$。试计算阿伏伽德罗常数为多少？（$6.25×10^{23}$ mol^{-1}）

14．在某内径为 0.02 m 的管中盛油，使直径为 $1.588×10^{-3}$ m 的钢球从其中落下，下降 0.15 m 需时 16.7 s。已知油和钢球的密度分别为 960 $kg·m^{-3}$ 和 7 650 $kg·m^{-3}$。试计算在实验温度时油的黏度为若干？（η=1.023 Pa·s）

15．直径为 1 μm 的石英微尘，从高度为 1.7 m 处降落到地面需要多少时间？已知石英的密度为 $2.63×10^3$ $kg·dm^{-3}$（约 6 h）

16．试计算在 293 K 时，地心力场中使粒子半径分别为：（1）$1.0×10^{-5}$ m；（2）$1.0×10^{-7}$ m；（3）$1.5×10^{-9}$ m 的金溶胶粒子下降 0.01 m 需要多少时间？已知分散介质的密度为 1 000 $kg·m^{-3}$，金的密度为 $1.93×10^4$ $kg·m^{-3}$，溶液的黏度近似等于水的黏度，为 0.001 Pa·s（2.5 s；$2.5×10^4$ s；$1.12×10^4$ s）

17．由电泳实验测得 Sb_2S_3 溶胶（设为球形粒子），在 210 V 电压下（两极相距 38.5 cm），通过电流的时间为 36 分钟 12 秒，引起溶液界面向正极移动 3.20 cm，该溶胶分散介质的相对介电常数ε_r=81.1 $F·m^{-1}$，黏度η=$1.03×10^{-3}$ Pa·s，试求该溶胶的 ζ 电势。已知相对介电常数ε_r及真空介电常数ε_0间有如下关系：$\varepsilon_r=\varepsilon/\varepsilon_0$ ε_0=$8.854×10^{-12}$$F·m^{-1}$　1F=$1C·V^{-1}$（ζ=$3.87×10^{-2}$V）

18．欲制备 AgI 的正溶胶。在质量浓度为 0.016 $mol·dm^{-3}$，体积为 0.025 dm^3 的 $AgNO_3$ 溶液中最多只能加入 0.005 $mol·dm^{-3}$ 的 KI 溶液多少立方厘米？试写出

该溶胶胶团结构的表示式。相同浓度的 $MgSO_4$ 及 $K_3Fe(CN)_6$ 两种溶液，哪一种更容易使上述溶胶聚沉？[0.08 dm^3；$K_3Fe(CN)_6$]

19. 在三个烧瓶中分别盛有 0.020 dm^3 的 $Fe(OH)_3$ 溶胶，分别加入 NaCl、Na_2SO_4 及 Na_3PO_4 溶液使溶胶发生聚沉，最少需要加入：1.00 $mol·dm^{-3}$ 的 NaCl 为 0.021dm^3；$5.0×10^{-3}$ $mol·dm^{-3}$ 的 Na_2SO_4 为 0.125dm^3 及 $3.333×10^{-3}$ $mol·dm^{-3}$ 的 Na_3PO_4 为 $7.4×10^{-3}$ dm^3。试计算各电解质的聚沉值、聚沉能力之比。[NaCl、Na_2SO_4 及 Na_3PO_4 的聚沉值（单位 $mol·dm^{-3}$）分别为 $512×10^{-3}$，$4.13×10^{-3}$，$0.90×10^{-3}$；聚沉能力之比为 1∶120∶569]

20. 如下图所示，27℃时，膜内某高分子水溶液的质量浓度为 0.1 $mol·dm^{-3}$，膜外 NaCl 质量浓度为 0.5 $mol·dm^{-3}$，R^+代表不能透过膜的高分子正离子，试求平衡后溶液的渗透压为多少？（269.5 kPa）

R^+，Cl^-	Na^+，Cl^-
0.1，0.1	0.5，0.5

21. 实验测得聚苯乙烯-苯溶液的比浓黏度η_{sp}/ρ_B 与溶质的质量浓度ρ_B 的关系有如下数据：

ρ_B /$g·dm^{-3}$	0.780	1.12	1.50	2.00
$(\eta_{sp}/\rho_B)/10^{-3}g^{-1}·dm^3$	2.65	2.74	2.82	2.96

且已知经验方程式$[\eta]=K\cdot M_\eta^a$ 中的常数项 $K=1.03×10^{-7}$ $g^{-1}·dm^3$，α=0.74，试计算聚苯乙烯的相对分子质量为若干？（$8.20×10^5$）

22. 把 $1×10^{-3}$ kg 的聚苯乙烯（M_n=200 $kg·mol^{-1}$）溶于 0.1 dm^3 苯中，试计算所生成溶液在 293 K 时的渗透压Π。（Π=121.8 Pa）

自 测 题

1. 是非题（在题后括号内对的画“√”，错的画“×”）

（1）溶胶是均相系统，在热力学上是稳定的。（ ）

（2）溶胶是亲液胶体，高分子溶液是憎液胶体。（ ）

（3）溶胶粒子因带有相同符号的电荷而互相排斥，因而在一定时间内能稳定存在。（ ）

（4）过量电解质的存在对溶胶起稳定作用，少量电解质的存在对溶胶起破坏

作用。（ ）

（5）对胶体粒子的布朗运动，温度越高，黏度越小，布朗运动速率越快。（ ）

（6）有无丁达尔效应是溶胶和分子分散系统的主要区别之一。（ ）

（7）胶体中电动电势易随外加电解质而改变。（ ）

（8）胶体中电动电势的绝对值总是大于热力学电势。（ ）

（9）在外加直流电场中，AgI 正溶胶的胶粒向负电极移动，而扩散层向正电极移动。（ ）

（10）同号离子对溶胶的聚沉起主要作用。（ ）

（11）电解质对溶胶的聚沉值的定义与聚沉能力的定义属于同一个定义。（ ）

（12）乳状液必须有乳化剂存在才能稳定。（ ）

2．选择题（选择正确答案的编号填在各题后的括号内）

（1）大分子溶液分散质的粒子尺寸为（ ）。

（A）$>10^{-6}$m （B）$<10^{-9}$m （C）$10^{-6}\sim10^{-9}$m （D）前三项均可

（2）憎液溶胶在热力学上是（ ）。

（A）不稳定，可逆体系 （B）不稳定，不可逆体系

（C）稳定，可逆体系 （D）稳定，不可逆体系

（3）下列（ ）体系能产生明显的丁达尔现象。

（A）牛奶 （B）As_2S_3 溶胶

（C）NaCl 的水溶液 （D）聚苯乙烯的甲苯溶液

（4）下面属于溶胶光学性质的是（ ）。

（A）布朗运动 （B）唐南平衡 （C）丁达尔效应 （D）电泳

（5）当胶粒带正电时，在一般情况下，随外加电解质浓度的增加，ζ电势（ ）。

（A）增加 （B）减少 （C）不变 （D）可增加也可减少

（6）外加直流电场于胶体溶液，向某一电极做定向移动的是（ ）。

（A）胶核 （B）胶粒 （C）胶团 （D）紧密层

（7）下述电动电势描述错误的是（ ）。

（A）表示胶粒溶剂化层界面至均匀相内的电位差

（B）电动电势值易随少量外加电解质而变化

（C）其值总是大于热力学电势的值

（D）当双电层被压缩到溶剂化层时，电动电势值变为零

（8）达到沉降平衡时（ ）。

（A）不同高度处粒子浓度相等 （B）不同高度处粒子的化学势相等

（C）沉降动力和扩散动力相等 （D）沉降动力和摩擦阻力相等

（9）将质量浓度为 0.5 $mol\cdot dm^{-3}$ 的 KI 溶液和质量浓度为 0.1 $mol\cdot dm^{-3}$ 的 $AgNO_3$

溶液等体积混合后制备而得到的 AgI 溶胶中，分别加入 $FeCl_3$、$MgSO_4$、$K_3Fe(CN)_6$ 三种电解质，其聚沉值由大到小的顺序为（　）。

（A）$FeCl_3 > MgSO_4 > K_3Fe(CN)_6$

（B）$K_3Fe(CN)_6 > MgSO_4 > FeCl_3$

（C）$MgSO_4 > FeCl_3 > K_3Fe(CN)_6$

（D）$K_3Fe(CN)_6 > FeCl_3 > MgSO_4$

（10）在 $Fe(OH)_3$、As_2S_3、$Al(OH)_3$ 和 AgI（$AgNO_3$ 过量），四种溶胶中，有一种不能和其他溶胶混合，否则会引起聚沉，这种溶胶是（　）。

（A）$Fe(OH)_3$　（B）As_2S_3　（C）$Al(OH)_3$　（D）AgI

（11）对分散系统沉降速度影响最大的因素是（　）。

（A）分散质本身的密度　（B）介质的密度

（C）分散质质点的大小　（D）重力加速度

（12）下面属于水包油型乳状液（O/W 型）基本性质之一的是（　）。

（A）易于分散在油中　（B）易于分散在水中

（C）有导电性　（D）无导电性

3．填空题（在题中括号内填上正确的答案）

（1）胶体分散系统的粒子尺寸为（　　　　　）之间，属于胶体分散系统的有（　　　　　）、（　　　　　）、（　　　　　）。

（2）溶胶的制备分为（　　　　　）和（　　　　　）两大类。

（3）布朗运动属于溶胶的（　　　　）性质，丁达尔效应属于溶胶的（　　　　）性质，电泳属于溶胶的（　　　　）性质。

（4）用 As_2O_3 与过量的 H_2S 制成的 As_2S_3 溶胶，试写出胶团结构的表示式（　　　　　）。

（5）写出由 $FeCl_3$ 水解制得 $Fe(OH)_3$ 溶胶的胶团结构表示式，已知稳定剂为 $FeCl_3$，（　　　　　）。

（6）溶胶的稳定理论有（　　　　　）、（　　　　　）、（　　　　　）。

（7）使溶胶完全聚沉所需电解质（　　　　　）的量，称为电解质对溶胶的（　　　　　）。

（8）乳状液可分为（　　　　）、（　　　　）两种类型，其符号为（　　　　）、（　　　　）。

附　录

附录 1 希腊字母表

序号	大写	小写	英文注音	国际音标注音	汉语注音	主要应用
1	Α	α	alpha	a:lfə	阿尔法	角度；相；反应级数
2	Β	β	beta	betə	贝塔	角度；相；反应级数
3	Γ	γ	gamma	ga:mə	伽马	相；活度因子；吸附量
4	Δ	δ	delta	deltə	德尔塔	差值
5	Ε	ε	epsilon	ep\`silon	伊普西龙	介电常数
6	Ζ	ζ	zeta	zatə	截塔	电动势
7	Η	η	eta	eitə	艾塔	热机效率；黏度
8	Θ	θ	thetə	θitə	西塔	覆盖率，角度
9	Ι	ι	iotə	aiotə	约塔	
10	Κ	κ	kappa	kapə	卡帕	电导率
11	Λ	λ	lambda	lambdə	兰布达	电导率
12	Μ	μ	mu	mju	缪	化学势
13	Ν	ν	nu	nju	纽	计量数
14	Ξ	ξ	xi	ksi	克西	反应进度
15	Ο	ο	omicron	omik\`ron	奥密克戎	
16	Π	π	pi	pai	派	渗透压；总积
17	Ρ	ρ	rho	rou	肉	体积质量
18	Σ	σ	sigma	\`sigma	西格马	总和；表面张力
19	Τ	τ	tau	tau	套	
20	Υ	υ	upsilon	jup\`silon	宇普西龙	
21	Φ	φ	phi	fai	佛爱	相数
22	Χ	χ	chi	phai	西	
23	Ψ	ψ	psi	psai	普西	
24	Ω	ω	omega	o\`miga	欧米伽	混乱程度

附录 2 化学元素表

以 $^{12}C=12$ 相对原子质量为标准

原子序数	元素符号	元素名称	相对原子质量	原子序数	元素符号	元素名称	相对原子质量
1	H	氢	1.0079	11	Na	钠	22.9897
2	He	氦	4.0026	12	Mg	镁	24.305
3	Li	锂	6.941	13	Al	铝	26.98154
4	Be	铍	9.012	14	Si	硅	28.0855
5	B	硼	10.811	15	P	磷	30.9737
6	C	碳	12.011	16	S	硫	32.066
7	N	氮	14.0067	17	Cl	氯	35.4527
8	O	氧	15.994	18	Ar	氩	39.948
9	F	氟	18.998	19	K	钾	39.0983
10	Ne	氖	20.1797	20	Ca	钙	40.078

原子序数	元素符号	元素名称	相对原子质量	原子序数	元素符号	元素名称	相对原子质量
21	Sc	钪	44.9559	62	Sm	钐	150.36
22	Ti	钛	47.88	63	Eu	铕	151.965
23	V	钒	50.9415	64	Gd	钆	157.25
24	Cr	铬	51.9961	65	Tb	铽	158.9253
25	Mn	锰	54.938	66	Dy	镝	162.5
26	Fe	铁	55.847	67	Ho	钬	164.9303
27	Co	钴	58.9332	68	Er	铒	167.26
28	Ni	镍	58.69	69	Tm	铥	168.9342
29	Cu	铜	63.546	70	Yb	镱	173.04
30	Zn	锌	65.39	71	Lu	镥	174.967
31	Ga	镓	69.723	72	Hf	铪	178.49
32	Ge	锗	72.61	73	Ta	钽	180.947
33	As	砷	74.9215	74	W	钨	183.85
34	Se	硒	78.96	75	Re	铼	186.207
35	Br	溴	79.904	76	Os	锇	190.2
36	Kr	氪	83.8	77	Ir	铱	192.22
37	Rb	铷	85.4678	78	Pt	铂	195.08
38	Sr	锶	87.62	79	Au	金	196.9665
39	Y	钇	88.9058	80	Hg	汞	200.59
40	Zr	锆	91.224	81	Tl	铊	204.383
41	Nb	铌	92.9063	82	Pb	铅	207.2
42	Mo	钼	95.94	83	Bi	铋	208.9804
43	Tc	锝	97	84	Po	钋	209
44	Ru	钌	101.07	85	At	砹	210
45	Rh	铑	102.9055	86	Rn	氡	222
46	Pd	钯	106.42	87	Fr	钫	223
47	Ag	银	107.8682	88	Ra	镭	226.0254
48	Cd	镉	112.411	89	Ac	锕	227.0278
49	In	铟	114.82	90	Th	钍	232.0381
50	Sn	锡	118.71	91	Pa	镤	231.0359
51	Sb	锑	121.75	92	U	铀	238.028
52	Te	碲	127.6	93	Np	镎	237.0482
53	I	碘	126.9045	94	Pu	钚	239.244
54	Xe	氙	131.29	95	Am	镅	243
55	Cs	铯	132.905	96	Cm	锔	247
56	Ba	钡	137.327	97	Bk	锫	247
57	La	镧	138.9055	98	Cf	锎	251
58	Ce	铈	140.15	99	Es	锿	252
59	Pr	镨	140.9077	100	Fm	镄	257
60	Nd	钕	144.24	101	Md	钔	258
61	Pm	钷	147	102	No	锘	259

附录 3　某些物质的临界参数表

物　质		临界温度 t_c / ℃	临界压力 p_c/MPa	临界密度 ρ_c/kg · m^{-3}	临界压缩因子 Z_c
H_e	氦	−267.96	0.227	69.8	0.301
Ar	氩	−122.4	4.87	533	0.291
H_2	氢	−239.9	1.297	31.0	0.305
N_2	氮	−147.0	3.39	313	0.290
O_2	氧	−118.57	5.043	436	0.288
F_2	氟	−128.84	5.215	574	0.288
Cl_2	氯	144	7.7	573	0.275
Br_2	溴	311	10.3	1260	0.270
H_2O	水	373.91	22.05	320	0.23
NH_3	氨	132.33	11.313	236	0.242
HCl	氯化氢	51.5	8.31	450	0.25
H_2S	硫化氢	100.0	8.94	346	0.284
CO	一氧化碳	−140.23	3.499	301	0.295
CO_2	二氧化碳	30.98	7.375	468	0.275
SO_2	二氧化硫	157.5	7.884	525	0.268
CH_4	甲烷	−82.62	4.596	163	0.286
C_2H_6	乙烷	32.18	4.872	204	0.283
C_3H_8	丙烷	96.59	4.254	214	0.285
C_2H_4	乙烯	9.19	5.039	215	0.281
C_3H_6	丙烯	91.8	4.62	233	0.275
C_2H_2	乙炔	35.18	6.139	231	0.271
$CHCl_3$	氯仿	262.9	5.329	491	0.201
CCl_4	四氯化碳	283.15	4.558	557	0.272
CH_3OH	甲醇	239.43	8.10	272	0.224
C_2H_6OH	乙醇	240.77	6.148	276	0.240
C_6H_6	苯	288.95	4.898	306	0.268
$C_6H_5CH_3$	甲苯	318.57	4.109	290	0.266

附录 4　某些气体的范德华常数表

元素符号	气体名称	10^3a/Pa · m^6 · mol^{-2}	10^6b/m^3 · mol^{-1}
Ar	氩	136.3	32.19
H_2	氢	24.76	26.61
N_2	氮	140.8	39.13
O_2	氧	137.8	31.83
Cl_2	氯	657.9	56.22
H_2O	水	553.6	30.49
NH_3	氨	422.5	37.07
HCl	氯化氢	371.6	40.81

元素符号	气体名称	$10^3a/Pa \cdot m^6 \cdot mol^{-2}$	$10^6b/m^3 \cdot mol^{-1}$
H_2S	硫化氢	449.0	42.87
CO	一氧化碳	150.5	39.85
CO_2	二氧化碳	364.0	42.67
SO_2	二氧化硫	680.3	56.36
CH_4	甲烷	228.3	42.78
C_2H_6	乙烷	556.2	63.80
C_3H_8	丙烷	877.9	84.45
C_2H_4	乙烯	453.0	57.14
C_3H_6	丙烯	849.0	82.72
C_2H_2	乙炔	444.8	51.36
$CHCl_3$	氯仿	1537	102.2
CCl_4	四氯化碳	2066	138.3
CH_3OH	甲醇	964.9	67.02
C_2H_5OH	乙醇	1218	84.07
$(C_2H_5)_2O$	乙醚	1761	134.4
$(CH_3)_2CO$	丙酮	1409	99.4
C_6H_6	苯	1824	115.4

附录 5 常见真实气体的摩尔定压热容数据表

$$C_{p,m}=a+bT+cT^2$$

物质		a/ $J \cdot mol^{-1} \cdot K^{-1}$	$b \times 10^3$/ $J \cdot mol^{-1} \cdot K^{-2}$	$c \times 10^6$/ $J \cdot mol^{-1} \cdot K^{-3}$	温度范围/K
H_2	氢	26.88	4.347	−0.3265	273～3800
Cl_2	氯	31.696	10.144	−4.038	300～1500
Br_2	溴	35.241	4.075	−1.487	300～1500
O_2	氧	28.17	6.297	−0.7494	273～3800
N_2	氮	27.32	6.226	−0.9502	273～3800
HCl	氯化氢	28.17	1.810	1.547	300～1500
H_2O	水	29.16	14.49	−2.022	273～3800
CO	一氧化碳	26.537	7.6831	−1.172	300～1500
CO_2	二氧化碳	26.75	42.258	−14.25	300～1500
CH_4	甲烷	14.15	75.496	−17.99	298～1500
C_2H_6	乙烷	9.401	159.83	−46.229	298～1500
C_2H_4	乙烯	11.84	119.67	−36.51	298～1500
C_3H_6	丙烯	9.427	188.77	−57.488	298～1500
C_2H_2	乙炔	30.67	52.810	−16.27	298～1500
C_3H_4	丙炔	26.50	120.66	−39.57	298～1500
C_6H_6	苯	−1.71	324.77	−110.58	298～1500
$C_6H_5CH_3$	甲苯	2.41	391.17	−130.65	298～1500
CH_3OH	甲醇	18.40	101.56	−28.68	273～1000
C_2H_6OH	乙醇	29.25	166.28	−48.898	298～1500

物质		a/ $J\cdot mol^{-1}\cdot K^{-1}$	$b\times10^3$/ $J\cdot mol^{-1}\cdot K^{-2}$	$c\times10^6$/ $J\cdot mol^{-1}\cdot K^{-3}$	温度范围/K
$(C_2H_5)_2O$	二乙醚	−103.9	1417	−248	300～400
HCHO	甲醛	18.82	58.379	−15.61	291～1500
CH_3CHO	乙醛	31.05	121.46	−36.58	298～1500
$(CH_3)_2CO$	丙酮	22.47	205.97	−63.521	298～1500
HCOOH	甲酸	30.7	89.20	−34.54	300～700
$CHCl_3$	氯仿	29.51	148.94	−90.734	273～773

附录 6 常见物质在 298.15 K 时的标准摩尔生成焓、标准摩尔生成吉布斯函数、标准摩尔熵和摩尔定压热容

($p^\ominus=100\,kPa$)

物质	$\frac{\Delta_f H_m^\ominus(298.15K)}{kJ\cdot mol^{-1}}$	$\frac{\Delta_f G_m^\ominus(298.15K)}{kJ\cdot mol^{-1}}$	$\frac{S_m^\ominus(298.15K)}{J\cdot K^{-1}\cdot mol^{-1}}$	$\frac{C_{p,m}}{J\cdot mol^{-1}\cdot K^{-1}}$
Ag(s)	0	0	42.55	25.351
AgCl(s)	−127.068	−109.789	96.2	50.79
Ag_2O(s)	−31.05	−11.20	121.3	65.86
Al(s)	0	0	28.33	24.35
Al_2O_3（α，刚玉）	−1675.7	−1582.3	50.92	79.04
Br_2（l）	0	0	152.231	75.689
Br_2（g）	30.907	3.110	245.463	36.02
HBr（g）	−36.40	−53.45	198.695	29.142
Ca(s)	0	0	41.42	25.31
CaC_2(s)	−59.8	−64.9	69.96	62.72
$CaCO_3$（方解石）	−1206.92	−1128.79	92.9	81.88
CaO(s)	−635.09	−604.03	39.75	42.80
$Ca(OH_2)$ (s)	−986.09	−898.49	83.39	87.49
C（石墨）	0	0	5.740	8.527
C（金刚石）	1.895	2.900	2.377	6.113
CO（g）	−110.525	−137.168	197.674	29.142
CO_2（g）	−393.509	−394.359	213.74	37.11
CS_2（l）	89.70	65.27	151.34	75.7
CS_2（g）	117.36	67.12	237.84	45.40
CCl_4（l）	−135.44	−65.21	216.40	131.75
CCl_4（g）	−102.9	−60.59	309.85	83.30
HCN（l）	108.87	124.97	112.84	70.63
HCN（g）	135.1	124.7	201.78	35.86
Cl_2（g）	0	0	223.066	33.907
Cl（g）	121.679	105.680	165.198	21.840
HCl（g）	−92.307	−95.299	186.908	29.12
Cu(s)	0	0	33.150	24.435

物　质	$\frac{\Delta_f H_m^\ominus(298.15K)}{kJ\cdot mol^{-1}}$	$\frac{\Delta_f G_m^\ominus(298.15K)}{kJ\cdot mol^{-1}}$	$\frac{S_m^\ominus(298.15K)}{J\cdot K^{-1}\cdot mol^{-1}}$	$\frac{C_{p,m}}{J\cdot mol^{-1}\cdot K^{-1}}$
$CuO(s)$	−157.3	−129.7	42.63	42.30
$Cu_2O(s)$	−168.6	−146.0	93.14	63.64
$F_2(g)$	0	0	202.78	31.30
$HF(g)$	−271.1	−273.2	173.779	29.133
$Fe(s)$	0	0	27.28	25.10
$FeCl_2(s)$	−341.79	−302.30	117.95	76.65
$FeCl_3(s)$	−399.49	−334.00	142.3	96.65
Fe_2O_3(赤铁矿)	−824.2	−742.2	87.40	103.85
Fe_3O_4(磁铁矿)	−1118.4	−1015.4	146.4	143.43
$FeSO_4(s)$	−928.4	−820.8	107.5	100.58
$H_2(g)$	0	0	130.684	28.824
$H(g)$	217.965	203.247	114.713	20.784
$H_2O(l)$	−285.830	−237.129	69.91	75.291
$H_2O(g)$	−241.818	−228.572	188.825	33.577
$I_2(s)$	0	0	116.135	54.438
$I_2(g)$	62.438	19.327	260.69	36.90
$I(g)$	106.838	70.250	180.791	20.786
$HI(g)$	26.48	1.70	206.594	29.158
$Mg(s)$	0	0	32.68	24.89
$MgCl_2(s)$	−641.32	−591.79	89.62	71.38
$MgO(s)$	−601.70	−569.43	26.94	37.15
$Mg(OH)_2(s)$	−924.54	−833.51	63.18	77.03
$Na(s)$	0	0	51.21	28.24
$Na_2CO_3(s)$	−1130.68	−1044.44	134.98	112.30
$NaHCO_3(s)$	−950.81	−851.0	101.7	87.61
$NaCl(s)$	−411.153	−384.138	72.13	50.50
$NaNO_3$（s）	−467.85	−367.00	116.52	92.88
NaOH（s）	−425.609	−379.494	64.455	59.54
Na_2SO_4（s）	−1387.08	−1270.16	149.58	128.20
N_2（g）	0	0	191.61	29.125
NH_3（g）	−46.11	−16.45	192.45	35.06
NO（g）	90.25	86.55	210.761	29.844
NO_2（g）	33.18	51.31	240.06	37.20
N_2O（g）	82.05	104.20	219.85	38.45
N_2O_3（g）	83.72	139.46	312.28	65.61
N_2O_4（g）	9.16	97.89	304.29	77.28
N_2O_5（g）	11.3	115.1	355.7	84.5
HNO_3（l）	−174.10	−80.71	155.60	109.87
HNO_3（g）	−135.06	−74.72	266.38	53.35
NH_4NO_3（s）l	−365.56	−183.87	151.08	139.3
$O_2(g)$	0	0	205.138	29.355

物质	$\Delta_f H_m^{\ominus}(298.15K)$ / $kJ\cdot mol^{-1}$	$\Delta_f G_m^{\ominus}(298.15K)$ / $kJ\cdot mol^{-1}$	$S_m^{\ominus}(298.15K)$ / $J\cdot K^{-1}\cdot mol^{-1}$	$C_{p,m}$ / $J\cdot mol^{-1}\cdot K^{-1}$
O(g)	249.170	231.731	161.055	21.912
O_3(g)	142.7	163.2	238.93	39.20
P(α-白磷)	0	0	41.09	23.840
P(红磷-三斜晶系)	−17.6	−12.1	22.80	21.21
P_4(g)	58.91	24.44	279.98	67.15
PCl_3(g)	−287.0	−267.8	311.78	71.84
PCl_5(g)	−374.9	−305.0	364.58	112.80
H_3PO_4(s)	−1279.0	−1119.1	110.50	106.06
S(正交晶系)	0	0	31.80	22.64
S(g)	278.805	238.250	167.821	23.673
S_8(g)	102.30	49.63	430.98	156.44
H_2S(g)	−20.63	−33.56	205.79	34.23
SO_2(g)	−296.830	−300.194	248.22	39.87
SO_3(g)	−395.72	−371.06	256.76	50.67
H_2SO_4(l)	−813.989	−690.003	156.904	138.91
Si(s)	0	0	18.83	20.00
$SiCl_4$(l)	−687.0	−619.84	239.7	145.31
$SiCl_4$(g)	−657.01	−616.98	330.73	90.25
SiH_4(g)	34.3	56.9	204.62	42.84
SiO_2(α石英)	−910.94	−856.64	41.84	44.43
SiO_2(s,无定形)	−903.49	−850.70	46.9	44.4
Zn(s)	0	0	41.63	25.40
$ZnCO_3$(s)	−812.78	−731.52	82.4	79.71
$ZnCl_2$(s)	−415.05	−369.398	111.46	71.34
ZnO(s)	−348.28	−318.30	43.64	40.25
CH_4(g)甲烷	−74.81	−50.72	186.264	35.309
C_2H_6(g)乙烷	−84.68	−32.82	229.60	52.63
C_2H_4(g)乙烯	52.26	68.15	219.56	43.56
C_2H_2(g)乙炔	226.73	209.20	200.94	43.93
CH_3OH(l)甲醇	−238.66	−166.27	126.8	81.6
CH_3OH(g)甲醇	−200.66	−161.96	239.81	43.89
C_2H_5OH(l)乙醇	−277.69	−174.78	160.7	111.46
C_2H_5OH(g)乙醇	−235.10	−168.49	282.70	65.44
$(CH_2OH)_2$(l)乙二醇	−454.80	−323.08	166.9	149.8
$(CH_3)_2O$(g)二甲醚	−184.05	−112.59	266.38	64.39
HCHO(g)甲醛	−108.57	−102.53	218.77	35.40
CH_3CHO(g)乙醛	−166.19	−128.86	250.3	57.3
HCOOH(l)甲酸	−424.72	−361.35	128.95	99.04
CH_3COOH(l)乙酸	−484.5	−389.9	159.8	124.3
CH_3COOH(g)乙酸	−432.25	−374.0	282.5	66.5
$(CH_2)O$(l)环氧乙烷	−77.82	−11.76	153.85	87.95

物质	$\dfrac{\Delta_f H_m^\ominus(298.15K)}{kJ \cdot mol^{-1}}$	$\dfrac{\Delta_f G_m^\ominus(298.15K)}{kJ \cdot mol^{-1}}$	$\dfrac{S_m^\ominus(298.15K)}{J \cdot K^{-1} \cdot mol^{-1}}$	$\dfrac{C_{p,m}}{J \cdot mol^{-1} \cdot K^{-1}}$
$(CH_2)O$(g)环氧乙烷	−52.63	−13.01	242.53	47.91
$CHCl_3$(l)氯仿	−134.47	−73.66	201.7	113.8
$CHCl_3$(g)氯仿	−103.14	−70.34	295.71	65.69
C_2H_5Cl(l)氯乙烷	−136.52	−59.31	190.79	104.35
C_2H_5Cl(g)氯乙烷	−112.17	−60.39	276.00	62.8
C_2H_5Br(l)溴乙烷	−92.01	−27.70	198.7	100.8
C_2H_5Br(g)溴乙烷	−64.52	−26.48	286.71	64.52
CH_2CHCl(g)氯乙烯	35.6	51.9	263.99	53.72
CH_3COCl(l)氯乙酰	−273.80	−207.99	200.8	117
CH_3COCl(g)氯乙酰	−243.51	−205.80	295.1	67.8
CH_3NH_2(g)甲胺	−22.97	32.16	243.41	53.1
$(NH_2)_2CO$(s)尿素	−333.51	−197.33	104.60	93.14

附录 7 常见有机化合物 298.15 K 时的标准摩尔燃烧焓

物质		$\dfrac{-\Delta_c H_m^\ominus}{kJ \cdot mol^{-1}}$	物质		$\dfrac{-\Delta_c H_m^\ominus}{kJ \cdot mol^{-1}}$
CIl_4(g)	甲烷	890.31	C_2H_5CHO(l)	丙醛	1816.3
C_2H_6(g)	乙烷	1559.8	$(CH_3)_2CO$(l)	丙酮	1790.4
C_3H_8(g)	丙烷	2219.9	$CH_3COC_2H_5$(l)	甲乙酮	2444.2
C_5H_{12}(l)	正戊烷	3509.5	HCOOH(l)	甲酸	254.6
C_5H_{12}(g)	正戊烷	3536.1	CH_3COOH(l)	乙酸	874.54
C_6H_{14}(l)	正己烷	4163.1	C_2H_5COOH(l)	丙酸	1527.3
C_2H_4(g)	乙烯	1411.0	C_3H_7COOH(l)	正丁酸	2183.5
C_2H_2(g)	乙炔	1299.6	$CH_2(COOH)_2$(s)	丙二酸	861.15
C_3H_6(g)	环丙烷	2091.5	$(CH_2COOH)_2$(s)	丁二酸	1491.0
C_4H_8(l)	环丁烷	2720.5	$(CH_3CO)_2O$(l)	乙酸酐	1806.2
C_5H_{10}(l)	环戊烷	3290.9	$HCOOCH_3$ (l)	甲酸甲酯	979.5
C_6H_{12}(l)	环己烷	3919.9	C_6H_5OH (s)	苯酚	3053.5
C_6H_6(l)	苯	3267.5	C_6H_5CHO(l)	苯甲醛	3527.9
$C_{10}H_8$(s)	萘	5153.9	$C_6H_5COCH_3$(l)	苯乙酮	4148.9
CH_3OH(l)	甲醇	726.51	C_2H_5COOH(s)	苯甲酸	3226.9
C_2H_5OH(l)	乙醇	1366.8	$C_6H_4(COOH)_2$(s)	邻苯二甲酸	323.5
C_3H_7OH(l)	正丙醇	2019.8	$C_6H_5COOCH_3$(l)	苯甲酸甲酯	3957.6
C_4H_9OH(l)	正丁醇	2675.8	$C_{12}H_{22}O_{11}$(s)	蔗糖	5640.9
$CH_3OC_2H_5$(g)	甲乙醚	2107.4	CH_3NH_2(l)	甲胺	1060.6
$(C_2H_5)_2O$(l)	二乙醚	2751.1	$C_2H_5NH_3$	乙胺	1713.3
HCHO(g)	甲醛	570.78	$(NH_3)_2CO$(s)	尿素	631.66
CH_3CHO(l)	乙醛	1166.4	C_5H_5N(l)	吡啶	2782.4

附录 8 标准电极电势（298.15 K）

电极反应 氧化型		还原型	$E^\ominus$/V
Li^+ + e^-	$\rightleftharpoons$	Li	−3.045
K^+ + e^-	$\rightleftharpoons$	K	−2.925
Rb^+ + e^-	$\rightleftharpoons$	Rb	−2.925
Cs^+ + e^-	$\rightleftharpoons$	Cs	−2.923
Ra^{2+} + $2e^-$	$\rightleftharpoons$	Ra	−2.92
Ba^{2+} + $2e^-$	$\rightleftharpoons$	Ba	−2.90
Sr^{2+} + $2e^-$	$\rightleftharpoons$	Sr	−2.89
Ca^{2+} + $2e^-$	$\rightleftharpoons$	Ca	−2.87
Na^+ + e^-	$\rightleftharpoons$	Na	−2.714
La^{3+} + $3e^-$	$\rightleftharpoons$	La	−2.52
Mg^{2+} + $2e^-$	$\rightleftharpoons$	Mg	−2.37
Sc^{3+} + $3e^-$	$\rightleftharpoons$	Sc	−2.08
$[AlF_6]^{3-}$ + $3e^-$	$\rightleftharpoons$	Al + $6F^-$	−2.07
Be^{2+} + $2e^-$	$\rightleftharpoons$	Be	−1.85
Al^{3+} + $3e^-$	$\rightleftharpoons$	Al	−1.66
Ti^{2+} + $2e^-$	$\rightleftharpoons$	Ti	−1.63
Zr^{4+} + $4e^-$	$\rightleftharpoons$	Zr	−1.53
$[TiF_6]^{2-}$ + $4e^-$	$\rightleftharpoons$	Ti + $6F^-$	−1.24
$[SiF_6]^{2-}$ + $4e^-$	$\rightleftharpoons$	Si + $6F^-$	−1.2
Mn^{2+} + $2e^-$	$\rightleftharpoons$	Mn	−1.18
* SO_4^{2-} + H_2O + $2e^-$	$\rightleftharpoons$	SO_3^{2-} + $2OH^-$	−0.93
TiO^{2+} + $2H^+$ + $4e^-$	$\rightleftharpoons$	Ti + H_2O	−0.89
*$Fe(OH)_2$ + $2e^-$	$\rightleftharpoons$	Fe + $2OH^-$	−0.887
H_3BO_3 + $3H^+$ + $3e^-$	$\rightleftharpoons$	B + $3H_2O$	−0.87
$SiO_2(s)$ + $4H^+$ + $4e^-$	$\rightleftharpoons$	Si + $2H_2O$	−0.86
Zn^{2+} + $2e^-$	$\rightleftharpoons$	Zn	−0.763
* $FeCO_3$ + $2e^-$	$\rightleftharpoons$	Fe + CO_3^{2-}	−0.756

电极反应		$E^{\ominus}$/V
氧化型	还原型	
$Cr^{3+} + 3e^- \rightleftharpoons$	Cr	−0.74
$As + 3H^+ + 3e^- \rightleftharpoons$	AsH_3	−0.60
* $2SO_3^{2-} + 3H_2O + 4e^- \rightleftharpoons$	$S_2O_3^{2-} + 6OH^-$	−0.58
* $Fe(OH)_3 + e^- \rightleftharpoons$	$Fe(OH)_2 + OH^-$	−0.56
$Ga^{3+} + 3e^- \rightleftharpoons$	Ga	−0.56
$Sb + 3H^+ + 3e^- \rightleftharpoons$	$SbH_3(g)$	−0.51
$H_3PO_2 + H^+ + e^- \rightleftharpoons$	$P + 2H_2O$	−0.51
$H_3PO_3 + 2H^+ + 2e^- \rightleftharpoons$	$H_3PO_2 + H_2O$	−0.50
$2CO_2 + 2H^+ + 2e^- \rightleftharpoons$	$H_2C_2O_4$	−0.49
* $S + 2e^- \rightleftharpoons$	S^{2-}	−0.48
$Fe^{2+} + 2e^- \rightleftharpoons$	Fe	−0.44
$Cr^{3+} + e^- \rightleftharpoons$	Cr^{2+}	−0.41
$Cd^{2+} + 2e^- \rightleftharpoons$	Cd	−0.403
$Se + 2H^+ + 2e^- \rightleftharpoons$	H_2Se	−0.40
$Ti^{3+} + 3e^- \rightleftharpoons$	Ti	−0.37
$PbI_2 + 2e^- \rightleftharpoons$	$Pb + 2I^-$	−0.365
$PbSO_4 + 2e^- \rightleftharpoons$	$Pb + SO_4^{2-}$	−0.355
* $Ag(CN)_2^- + e^- \rightleftharpoons$	$Ag + 2CN^-$	−0.31
$Co^{2+} + 2e^- \rightleftharpoons$	Co	−0.277
$Ni^{2+} + 2e^- \rightleftharpoons$	Ni	−0.246
$CuI + e^- \rightleftharpoons$	$Cu + I^-$	−0.185
$AgI + e^- \rightleftharpoons$	$Ag + I^-$	−0.152
$Sn^{2+} + 2e^- \rightleftharpoons$	Sn	−0.136
$Pb^{2+} + 2e^- \rightleftharpoons$	Pb	−0.126
* $Cu(NH_3)^+ + e^- \rightleftharpoons$	$Cu + 2NH_3$	−0.12
* $2Cu(OH)_2 + 2e^- \rightleftharpoons$	$Cu_2O + 2OH^- + H_2O$	−0.08
* $MnO_2 + H_2O + 2e^- \rightleftharpoons$	$Mn(OH)_2 + 2OH^-$	−0.05
* $[HgI_4]^{2-} + 2e^- \rightleftharpoons$	$Hg + 4I^-$	−0.039
$2H^+ + 2e^- \rightleftharpoons$	$H_2(g)$	0
$AgBr(s) + e^- \rightleftharpoons$	$Ag + Br^-$	0.071

电极反应		$E^{\ominus}$/V
氧化型	还原型	
$S + 2H^+ + 2e^-$ ⇌	$H_2S(aq)$	0.141
$Sn^{4+} + e^-$ ⇌	Sn^{2+}	0.154
$Cu^{2+} + e^-$ ⇌	Cu^+	0.159
$SO_4^{2-} + 4H^+ + 2e^-$ ⇌	$H_2SO_3 + H_2O$	0.17
$AgCl(s) + e^-$ ⇌	$Ag + Cl^-$	0.2223
$Hg_2Cl_2(s) + 2e^-$ ⇌	$2Hg + 2Cl^-$	0.268
$Cu^{2+} + 2e^-$ ⇌	Cu	0.337
* $Ag_2O + H_2O + 2e^-$ ⇌	$2Ag + 2OH^-$	0.342
$[Fe(CN_6)]^{3-} + e^-$ ⇌	$[Fe(CN_6)]^{4-}$	0.36
* $[Ag(NH_3)_2]^+ + e^-$ ⇌	$Ag + 2NH_3$	0.373
$2H_2SO_3 + 2H^+ + 4e^-$ ⇌	$S_2O_3^{2-} + 3H_2O$	0.40
* $O_2 + 2H_2O + 4e^-$ ⇌	$4OH^-$	0.401
$Ag_2CrO_4 + 2e^-$ ⇌	$2Ag + CrO_4^{2-}$	0.447
$H_2SO_3 + 4H^+ + 4e^-$ ⇌	$S + 3H_2O$	0.45
$Cu^+ + e^-$ ⇌	Cu	0.52
$I_2(s) + 2e^-$ ⇌	$2I^-$	0.5345
$MnO_4^- + e^-$ ⇌	MnO_4^{2-}	0.564
* $MnO_4^- + 2H_2O + 3e^-$ ⇌	$MnO_2 + 4OH^-$	0.588
* $MnO_4^{2-} + 2H_2O + 2e^-$ ⇌	$MnO_2 + 4OH^-$	0.60
* $BrO_3^- + 3H_2O + 6e^-$ ⇌	$Br^- + 6OH^-$	0.61
$2HgCl_2 + 2e^-$ ⇌	$2Hg_2Cl_2(s) + 2Cl^-$	0.63
$O_2(g) + 2H^+ + 2e^-$ ⇌	$H_2O_2(aq)$	0.682
$Fe^{3+} + e^-$ ⇌	Fe^{2+}	0.771
$Hg_2^{2+} + 2e^-$ ⇌	$2Hg$	0.793
$Ag^+ + e^-$ ⇌	Ag	0.799
$NO_3^- + 2H^+ + e^-$ ⇌	$NO_2 + H_2O$	0.80
* $HO_2^- + H_2O + 2e^-$ ⇌	$3OH^-$	0.88
* $ClO^- + H_2O + 2e^-$ ⇌	$Cl^- + 2OH^-$	0.89
$2Hg^{2+} + 2e^-$ ⇌	Hg_2^{2+}	0.920
$NO_3^- + 2H^+ + 2e^-$ ⇌	$HNO_2 + H_2O$	0.94

电极反应 氧化型	还原型	$E^\ominus$/V
$NO_3^- + 4H^+ + 3e^-$ ⇌	$NO + 2H_2O$	0.96
$HNO_2 + H^+ + e^-$ ⇌	$NO + H_2O$	1.00
$NO_2 + 2H^+ + 2e^-$ ⇌	$NO + H_2O$	1.03
$Br_2(l) + 2e^-$ ⇌	$2Br^-$	1.065
$NO_2 + H^+ + e^-$ ⇌	HNO_2	1.07
$Cu^{2+} + 2CN^- + e^-$ ⇌	$[Cu(CN)_2]^-$	1.12
$O_2 + 4H^+ + 4e^-$ ⇌	$2H_2O(l)$	1.229
$MnO_2 + 4H^+ + 2e^-$ ⇌	$Mn^{2+} + 2H_2O$	1.23
* $O_3 + H_2O + 2e^-$ ⇌	$O_2 + 2OH^-$	1.24
$2HNO_2 + 4H^+ + 4e^-$ ⇌	$N_2O + 3H_2O$	1.29
$Cr_2O_7^{2-} + 14H^+ + 6e^-$ ⇌	$Cr^{3+} + 7H_2O$	1.33
$Cl_2 + 2e^-$ ⇌	$2Cl^-$	1.36
$MnO_4^- + 8H^+ + 5e^-$ ⇌	$Mn^{2+} + 4H_2O$	1.51
$2BrO_3^- + 12H^+ + 10e^-$ ⇌	$Br_2(l) + 6H_2O$	1.52
$2HBrO + 2H^+ + 2e^-$ ⇌	$Br_2(l) + 2H_2O$	1.59
$2HClO + 2H^+ + 2e^-$ ⇌	$Cl_2 + 2H_2O$	1.63
$MnO_4^- + 4H^+ + 3e^-$ ⇌	$MnO_2 + 2H_2O$	1.695
$H_2O_2 + 2H^+ + 2e^-$ ⇌	$2H_2O$	1.77
$Co^{3+} + e^-$ ⇌	Co^{2+}	1.84
$Ag^{2+} + e^-$ ⇌	Ag^+	1.98
$2S_2O_8^{2-} + 2e^-$ ⇌	$2SO_4^{2-}$	2.01
$O_3 + 2H^+ + 2e^-$ ⇌	$O_2 + H_2O$	2.07
$F_2 + 2e^-$ ⇌	$2F^-$	2.87
$F_2 + 2H^+ + 2e^-$ ⇌	$2HF$	3.06

*本表中凡前面有*符号的电极反应是在碱性溶液中进行，其余为酸性溶液中进行。

参考文献

[1] 天津大学物理化学教研室. 物理化学（上册）[M]. 北京：高等教育出版社，2008.

[2] 沈文霞. 物理化学核心教程[M]. 北京：科学出版社，2008.

[3] 朱志昂，阮文娟. 近代物理化学[M]. 北京：科学出版社，2008.

[4] 傅献彩，沈文霞，姚天扬. 物理化学（上册）[M]. 北京：高等教育出版社，1996.

[5] 高职高专化学教材编写组. 物理化学[M]. 北京：高等教育出版社，2007.

[6] 何玉萼，袁永明，薛英. 物理化学（上册）[M]. 北京：化学工业出版社，2006.

[7] 邓景发，范康年，物理化学[M]. 北京：高等教育出版社，2002.

[8] 杜清枝，杨继舜，物理化学[M]. 重庆：重庆大学出版社，2003.

[9] 印永嘉，奚正楷，李大珍. 物理化学简明教程[M]. 北京：高等教育出版社，2003.

[10] 傅献彩，沈文霞，姚天扬. 物理化学[M]. 北京：高等教育出版社，1993.

[11] 高职高专化学教材编写组. 物理化学[M]. 北京：高等教育出版社，2004.

[12] 天津大学物理化学教研室. 物理化学（下册）[M]. 北京：高等教育出版社，2008.

[13] 胡英. 物理化学[M]. 北京：高等教育出版社，2008.

[14] 廖雨郊. 物理化学[M]. 北京：高等教育出版社，1992.

[15] 江林才，黄炳灯，李星华. 物理化学[M]. 北京：高等教育出版社，1995.

[16] 傅献彩，沈文霞，姚天扬，等．物理化学（第五版）[M]．北京：高等教育出版社，2006.

[17] 万洪文，詹正坤．物理化学[M]．北京：高等教育出版社，2002.